"十三五"军队重点学科专业建设教材

电子对抗原理

刘松涛　陈明荣　王丽颖　主编

U0255694

电子工业出版社
Publishing House of Electronics Industry
北京·BEIJING

内 容 简 介

本书系统阐述了电子对抗的基本原理和技术，共五章，第一章是电子对抗概述，介绍电子对抗的概念、特点、分类、应用领域、作用、发展史及发展趋势；第二章是雷达对抗原理，在综述雷达对抗的基础上，主要介绍雷达侦察测频、测向、无源定位、信号参数测量和信号处理，以及情报侦察、遮盖性干扰、欺骗性干扰、无源干扰和新体制雷达对抗等技术；第三章是光电对抗原理，在综述光电对抗的基础上，重点介绍光电主动侦察、光电被动侦察、光电有源干扰和光电无源干扰；第四章是通信对抗原理，在综述通信对抗的基础上，重点介绍通信侦察、通信干扰及扩频通信对抗等技术；第五章是电子对抗新概念和新技术，重点阐述综合射频、认知电子战、定向能武器和电磁脉冲武器等技术和手段。

本教材是"十三五"军队重点学科专业（防空反导作战）建设教材，内容深入浅出，材料翔实丰富，可作为舰艇情电指挥（电子信息工程）专业本科生及相关专业的教材，也可供电子对抗及其相关领域的科技工作者参考。

图书在版编目（CIP）数据

电子对抗原理 / 刘松涛等主编. -- 北京 ： 电子工业出版社，2024. 6. -- ISBN 978-7-121-48113-0

Ⅰ．TN97

中国国家版本馆 CIP 数据核字第 2024BD9834 号

责任编辑：张正梅　　文字编辑：底　波

印　　刷：三河市良远印务有限公司

装　　订：三河市良远印务有限公司

出版发行：电子工业出版社

　　　　　北京市海淀区万寿路 173 信箱　邮编　100036

开　　本：787×1 092　1/16　印张：26.25　字数：688.8 千字

版　　次：2024 年 6 月第 1 版

印　　次：2024 年 6 月第 1 次印刷

定　　价：139.00 元

前 言
FOREWORD

电子技术飞速发展，并且广泛渗透到军事领域的各个方面，战场上的电磁要素大大增加，使现代电子对抗已超越传统的作战保障手段，发展成为一种可采取大规模电磁攻势威慑对手和影响战争进程的军事行动。为了在电子对抗领域赶超军事领先国家的水平，国内各个相关军事院校都开设了电子对抗方面的课程，其中电子对抗原理是这些课程的基础，也是掌握电子对抗技术的关键。海军大连舰艇学院（以下简称学院）早期开设的电子对抗原理课程要么是用于任职专业教学的，原理部分介绍不够详细，新技术体现偏少；要么是用于合训专业教学的，与装备结合不紧，理论性偏强，都不适用于新的舰艇情电指挥专业人才培养方案。同时，由于电子对抗已经发展成为新型作战力量，新技术和新手段越来越多，需要在教材中得到体现，因此，为了适应新的电子对抗原理课程教学的需要，依据"十三五"军队重点学科专业（防空反导作战）建设教材实施方案，受"防空反导"双重学科建设资助，在前期学院自编教材的基础上，修改完善并形成了这本与装备结合紧密、理论难度适中、体现多样新技术的电子对抗原理教材。

本书共五章。第一章是电子对抗概述，介绍电子对抗的概念、特点、分类、应用领域、作用、发展史及发展趋势；第二章是雷达对抗原理，在综述雷达对抗的基础上，主要介绍雷达侦察测频、测向、无源定位、信号参数测量和信号处理，以及情报侦察、遮盖性干扰、欺骗性干扰、无源干扰和新体制雷达对抗等技术；第三章是光电对抗原理，在综述光电对抗的基础上，重点介绍光电主动侦察、光电被动侦察、光电有源干扰和光电无源干扰；第四章是通信对抗原理，在综述通信对抗的基础上，重点介绍通信侦察、通信干扰及扩频通信对抗等技术；第五章是电子对抗新概念和新技术，重点阐述综合射频、认知电子战、定向能武器和电磁脉冲武器等技术和手段。

在撰写本书的过程中，作者力求使本书具备如下四个特点。

（1）系统全面地构建电子对抗的知识架构，包括基本原理、技术和应用。

（2）引入电子对抗领域多种新技术，体现电子对抗装备及其作战对象的最新发展。

（3）从电子对抗装备中提炼原理和技术，有助于读者快速掌握电子对抗系统课程的基础。

（4）补充介绍电子对抗领域新的作战手段，有利于拓展读者的知识面，增强以电子对抗为新型作战力量的认识。

　　本书由刘松涛、陈明荣和王丽颖担任主编，其中刘松涛负责编写第一章、第二章前六节及第三章和第五章，陈明荣负责编写第二章后四节，王丽颖负责编写第四章，全书由刘松涛统稿。本书得到了学院教材审查组各位专家的认真审阅，硕士研究生雷震烁、温镇铭、葛杨、徐华志和冯路为本书做了大量的绘图、公式编辑及校对工作，在此一并表示感谢。本书在编写过程中参阅了大量国内外文献，谨向各位作者表示深深的谢意。

　　由于时间仓促及作者水平有限，因此书中难免存在疏漏和不足，希望读者不吝指正，以便今后逐步完善本书。作者联系方式：navylst@163.com。

作　者

2024 年 3 月

目 录
CONTENTS

第一章　电子对抗概述

随着电子技术的发展和广泛运用，现代战争对电子设备和电磁频谱的依赖性越来越大，从而使敌我双方争夺电磁频谱、破坏敌方电子信息系统的电子对抗登上历史舞台，成为高技术条件下现代战场上一种极为重要的作战手段。本章主要介绍电子对抗的概念、特点、分类、应用领域、作用、发展史及趋势。

第一节　电子对抗的概念和特点

电子对抗是现代化战争中的一种特殊作战方式，也是一种重要的作战手段，西方国家将其称为"电子战"（EW），苏联将其称为"无线电电子斗争"，我军的标准术语是"电子对抗"。

电子对抗概念的内涵是随着对抗措施的变化而逐渐丰富的。1969年，美军给出了电子对抗的概念：使用电磁能来确定、利用、削弱或以破坏、摧毁手段阻止敌方使用电磁频谱，同时保障己方使用电磁频谱的军事行动，包括电子战支援措施、电子对抗措施和电子反对抗措施三部分。1993年电子对抗概念演变为：使用电磁能和定向能控制电磁频谱或攻击敌军的任何军事行动，包括电子战支援、电子攻击、电子防护三部分。新定义的主要变化如下：①强调电子战的攻击性，因此包含了定向能武器，同时攻击的目标包括设备和操作人员。电子对抗措施（ECM）是指为阻止或降低敌方有效使用电磁频谱所采取的各种行动；电子攻击（EA）指以削弱、压制或摧毁敌方战斗能力为目的而使用电磁能或定向能攻击其人员、设施或装备。②电子防护包括对敌我双方的装备和人员的影响。电子反对抗措施（ECCM）是指敌方使用电子战时，为确保己方有效使用电磁频谱而采取的各种行动；电子防护（EP）是指为保护人员、设施和装备在己方实施电子战，或者敌方运用电子战削弱、压制、摧毁己方战斗能力时不受其影响而采取的各种行动。

国内给出的电子对抗概念是指为削弱、破坏敌方电子设备（系统）的使用效能，保护己方电子设备（系统）正常发挥效能而采取的各种措施和行动的统称，包括电子侦察、电子攻击和电子防御三部分。

（1）电子侦察是运用电子侦察装备，发现敌电子信息系统并获取其战术、技术特征参数（如频率、工作体制等）及位置信息，为电子干扰、电子摧毁和火力打击提供情报支援的行动。电子侦察包括信号情报和威胁告警两种。信号情报包含电子情报和通信情报两部分。电子情报用于收集除通信、核爆炸以外的敌方电磁辐射信号，进行测量和处理，获得辐射源的技术参数及方向、位置信息。通信情报用于收集通信信号，进行测量和处理，获取通信电台的技术参数、方向、位置及通信信息内容。威胁告警包含雷达告警和光电告警，用于实时收集、测量、处理对作战平台有直接威胁的雷达制导武器和光电制导武器辐射的信号，并且发出威胁警报，以便采取对抗措施。电子侦察是对敌雷达等电子设备的侦察，是不发射电磁波的无源侦察。电子侦察不仅在战时展开，而且在平时也不间断地进行。

（2）电子攻击是破坏敌电子设备正常工作的行动。从杀伤效果角度看，主要有电子干扰和电子摧毁两种作战手段。电子干扰是指利用专门的电子设备和器材，通过辐射、转发、反射相同频率的电磁波或吸收电磁能量，削弱或破坏敌方电子设备正常工作能力的战术和技术措施，又称软杀伤，它对电子系统的破坏是暂时的。电子摧毁是指专门对敌电子系统进行物理破坏和摧毁的新型武器装备和手段，又称硬杀伤，这些装备（如反辐射武器、激光武器、高功率微波武器等）在极短时间内爆发出极大的能量，烧毁敌电子设备的敏感元器件。从攻防角度，电子攻击包含自卫性电子对抗和进攻性电子对抗两大部分。自卫性电子对抗是应用自卫电子干扰、电子欺骗和隐身技术，保护作战平台或军事目标免遭敌精确制导武器的攻击。进攻性电子对抗是应用支援电子干扰、反辐射武器和定向能武器，攻击敌方的防御体系，以保证己方的安全突防。自卫电子干扰用于发射或反射特定的电子信号，以扰乱或破坏敌方军用电子设备的正常工作，它包含雷达干扰、通信干扰、光电干扰和对其他电子装备的干扰（如导航干扰、引信干扰、敌我识别干扰等）。电子欺骗用于辐射或反射特定的电磁信号，向敌方传送错误的电磁信息，它包含电子伪装、模拟欺骗、冒充欺骗。隐身技术用于降低目标的可检测性，缩短雷达、红外探测器的作用距离。反辐射武器用于截获、跟踪、摧毁电磁辐射源目标，它包含反辐射导弹、反辐射炸弹、反辐射无人机及它们的攻击引导设备。定向能武器应用定向辐射的大功率能量流（微波、激光、粒子束），在远距离使高灵敏的电磁传感器致盲、致眩，在近距离使武器平台因过热而烧损，它包含微波定向能武器、激光武器、粒子束武器等。

（3）电子防御是为了保护己方电子信息系统和设备的正常使用和保障己方对电磁频谱的占有而采取的反电子侦察、反电子干扰、反电子摧毁的综合措施和行动，它包含电子抗干扰、电磁加固、频率分配、信号保密、反隐身及其他电子防护技术和方法。电子抗干扰包含雷达、通信等各类军事电子设备专用的抗干扰技术和方法，如超低副瓣天线、旁瓣对消、自适应天线调零、频率捷变、直接序列扩频等，多数是设备的一个组成部分，一般不作为单独的对抗手段使用。电磁加固是采用电磁屏蔽、大功率保护等措施来防止高能微波脉冲、高能激光信号等耦合至军用电子设备内部，产生干扰或烧毁高灵敏的芯片，防止或削弱超级干扰机、高能微波武器、激光武器对电子装备工作的影响。频率分配是协调己方电子设备和电子对抗设备的工作频率，以防止己方电子对抗设备干扰己方电子设备，并防止不同电子设备相互干扰。信号保密是应用扩谱、跳频、加密等措施来防止传输信号被敌方侦收、分析、解密，并且应用电磁屏蔽措施防止己方信号泄漏、辐射，被敌方侦收。反隐身是针对隐身目标的特点，采用低波段雷达、多基地雷达、无源探测、大功率微波武器等多种手段，探测隐身目标，或者烧蚀其吸波材料。其他电子防护技术和方法包括应用雷达诱饵吸引反辐射武器攻击，保护真雷达的安全；应用无线电静默措施反侦察；应用组网技术反点源干扰；隐蔽关键电子设备；战时突发工作等战术和技术措施；等等。

电子对抗是信息对抗的重要形式之一，是信息对抗的核心和支柱。信息对抗是指阻止或破坏敌方信息设备与系统正常地获取、传递、处理和利用信息，保障己方信息设备与系统正常地获取、传递、处理和利用信息的各种措施及行动。信息对抗是围绕信息利用展开的，其中信息防御在于保护己方的信息利用能力，信息攻击在于削弱敌方的信息利用能力，两者的目的都是保持和提高信息优势。信息对抗的形式有多种。从攻防角度进行划分，攻击形式包括情报战、军事欺骗、电子对抗、网络对抗、心理战和物理摧毁，防御形式主要指作战安全。

从学科内容角度进行划分，包括 7 种对抗形式，即情报战、心理战、军事欺骗、作战安全、电子对抗、网络对抗和物理摧毁。本书主要阐述电子对抗的基本原理和技术。与其他对抗形式相比，电子对抗的主要特点如下。

（1）电子对抗是战争的先导，并贯穿战争的始终。

（2）电子对抗渗透战场的各个领域和方面，从通信对抗、雷达对抗，扩展到指挥、控制、光电等领域的对抗。

（3）电子对抗具有软杀伤、硬杀伤两种能力。

（4）电子对抗的重点是 C^4ISR 系统。干扰和摧毁 C^4ISR 系统可以削弱乃至瘫痪敌方的整体作战能力。

第二节　电子对抗的分类

电子对抗按工作频段分，包括射频对抗、光电对抗、水声对抗等。射频对抗、光电对抗、水声对抗是我军目前应用广泛的电子对抗专业领域，电子对抗的频段划分如图 1-2-1 所示。射频对抗的频率范围为 3MHz～300GHz，是雷达、通信、导航、敌我识别、无线电引信、制导等设备工作的主要频段。光电对抗的频率在 300GHz 以上，可分为红外、可见光和激光等子频段，是近距离精确制导武器和定向能武器工作的主要频段。声学对抗主要用于水下信息的对抗。从次声波至超声波，是声呐、水下导航定位设备工作的主要频段。

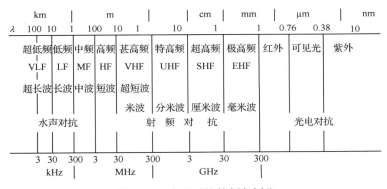

图 1-2-1　电子对抗的频段划分

电子对抗按作战对象分类，包括雷达对抗、通信对抗、光电对抗、导航对抗、敌我识别系统对抗、引信对抗和卫星对抗等。

雷达对抗是为削弱、破坏敌方雷达的使用效能和保护己方雷达使用效能的正常发挥所采取的措施和行动。雷达对抗的手段包括：有源干扰，即发射相同频率的干扰信号来淹没真实信号；无源干扰，即使用本身不产生电磁辐射的器材散射、反射或吸收敌方雷达辐射的电磁波，从而阻碍雷达对真目标的探测或使其产生错误跟踪，如箔条和角反射器；目标隐身，即改变目标形态和在目标表面涂上吸收雷达电磁波的涂层，如美国的 B-1 轰炸机、B-2 轰炸机和 F-117 战斗机等隐身飞机；反辐射摧毁，即运用能够沿电磁波方向飞行的反辐射导弹或反辐射无人机来攻击雷达。

常用的雷达工作频率范围为 220MHz～35GHz，实际上各类雷达工作的频率在两头都超出了上述范围，如天波超视距雷达的工作频率为 4MHz 或 5MHz，而地波超视距雷达的工作频率则低到 2MHz，在频谱的另一端，毫米波雷达可以工作到 94GHz。目前，雷达对抗领域常用频段的名称用 L、S、C、X 等英文字母来命名，这是在第二次世界大战中一些国家为了保密而采用的，后来就一直沿用了下来，我国也经常采用。表 1-2-1 列出了雷达频段和频率对应的关系。

表 1-2-1　雷达频段和频率对应的关系

频 段 名 称	频 率	波 长
HF 波段	3～30MHz	100～10m
VHF 波段	30～300MHz	10～1m
UHF 波段	300～1000MHz	1～0.3m
L 波段	1000～2000MHz	30～15cm
S 波段	2000～4000MHz	15～7.5cm
C 波段	4000～8000MHz	7.5～3.75cm
X 波段	8000～12000MHz	3.75～2.5cm
Ku 波段	12.0～18GHz	2.5～1.67cm
K 波段	18.0～27GHz	1.67～1.11cm
Ka 波段	27.0～40GHz	1.11～0.75cm
mm 波段	40.0～300GHz	7.5～1mm

通信对抗是为削弱、破坏敌方无线电通信系统使用效能和保护己方无线电通信系统使用效能的正常发挥所采取的措施和行动。通信对抗的基本原理是用频率相同的干扰信号阻塞、减弱、淹没敌方的通信，或者施放假信号欺骗迷惑敌方。电子战的起源是从通信对抗开始的，当前通信对抗的运用仍然十分广泛，是电子战的重要内容。

光电对抗是削弱、破坏敌方光电设备的使用效能，保护己方光电设备正常发挥效能而采取的各种措施和行动的统称。光电对抗是对付敌精确制导武器和抗敌空间侦察的重要手段，已成为发展最快的电子对抗新领域。光电对抗的主要方法包括：一是施放烟幕、水幕，来大量吸收激光和红外信号，在科索沃战场上，南联盟燃烧旧轮胎造成的烟雾，对激光制导武器产生了很大的破坏作用；二是光电隐身，即通过在物体表面涂上激光隐身和红外隐身涂料来达到不被敌光电侦察的目的；三是光电欺骗，即制造虚假的激光或红外源，诱骗敌方，如飞机上发射的用来对付红外制导导弹的红外诱饵弹；四是激光干扰，当敌方激光制导武器来袭时，激光干扰机可以发出或反射与敌激光特征参数相同的强激光照射激光制导导弹的导引头，使敌导弹被诱偏或因导引头不能正常工作而坠毁。

空间电子对抗也是近年来迅猛发展的一个领域。空间电子对抗是对敌军用卫星进行的电子对抗。空间电子对抗的主要目标是敌各种军用卫星，包括通信卫星、光学侦察卫星、合成孔径雷达侦察卫星（可日夜全天候工作）、监视卫星、导航定位卫星和气象卫星等。它们共同构成军事航天信息保障系统。现代信息化战场上军用卫星的作用正日益凸显，因此，敌军用卫星系统成为电子战的重点攻击目标，对遥远的卫星进行欺骗和干扰常常是对付卫星最有效，有时甚至是唯一的手段，可以起到四两拨千斤的作用。通常可利用通信干扰堵塞通信卫星的转发器、利用雷达干扰堵塞电子侦察卫星和合成孔径雷达卫星的雷达接收机、利用红外和可见光干扰卫星的光学探测和成像传感器、利用地面或升空平台干扰 GPS 导航定位卫星的星地信息链路，一架无人机载 GPS 干扰机可以干扰半径达 100km 的广大地域；利用燃烧的诱饵，伪装成导弹尾部的火焰，欺骗导弹预警卫星；在地面设立假目标，也可诱使光学照相卫星上当受骗；定向能摧毁是空间电子对抗中威力最大、很有发展前景的作战手段，运用高功率微波武器、激光武器等新概念电子攻击武器，对敌方卫星系统中的电子设备，特别是一些敏感的元器件实施致盲或毁坏就可以彻底摧毁卫星系统的工作效能。

第三节 电子对抗的应用领域和作用

本节在阐述电子对抗应用领域的基础上，主要概括电子对抗在现代战争中的作用。

一、电子对抗的应用领域

电子对抗的应用领域包括下列几个方面。

（一）和平时期的电子对抗

和平时期的电子对抗包括电子侦察、电子骚扰两部分。

和平时期的电子侦察是应用电子侦察卫星、电子侦察飞机、电子侦察船和电子侦察站不断监视、收集其他国家和地区的电磁辐射信号，进行分析、识别、定位，获取对方电子兵器及其相关平台的性能、部署、调动态势，为高层领导决策提供情报依据，并为更新电子对抗目标数据库提供数据，以便设计和研制针对性强的电子对抗装备。

和平时期的电子骚扰是应用电子对抗手段在他国上空制造异常空情，造成不明目标侵入纵深腹地的景象，以探测其防空能力，制造紧张和不安的氛围，同时获取情报。

在反恐维和等非战争行动中，通过电子侦察获取恐怖组织的活动信息，通过多种电子干扰手段阻止无线电控制简易爆炸物的爆炸破坏，通过特种电子攻击手段限制恐怖分子的活动范围，降低其破坏活动的能力，为维护正常军事活动和其他任务提供保障。

（二）危机时期的电子对抗

在危机时期，敌意国家利用电子对抗手段在危机地区制造大批飞机入侵的景象，同时利用广播、电视、传单等心理战工具，制造紧张局势，达到加剧危机和非武装干涉的目的。

（三）冲突时期的电子对抗

冲突时期的电子对抗包括战争时期的电子对抗支援措施、进攻作战中的电子对抗、防御作战中的电子对抗三部分。

（1）战争时期的电子对抗支援措施。在战争时期，陆、海、空、天电子侦察装备实时收集战区电子情报和通信情报，经过分析、处理形成敌方的战场态势，为作战指挥决策提供准实时的情报依据。在各作战平台上的战斗威胁告警设备和测向设备向驾驶员提供实时的电磁威胁信息，并在操作人员的干预下直接控制、引导电子干扰设备和电子攻击武器，实施电子对抗作战活动。

（2）进攻作战中的电子对抗。在进攻作战中，远距离支援干扰飞机、随队掩护干扰飞机、反辐射导弹攻击飞机、定向能武器、电子对抗无人机和地面、海面的电子干扰站在战场指挥官的统一控制和管理下，应用多种电子对抗手段，协调一致地干扰和攻击敌方的预警探测网、指挥通信网和武器拦截网，削弱和降低敌防御体系的综合作战能力，支援攻击机群和攻击舰队的进攻。

（3）防御作战中的电子对抗。在防御作战中，电子干扰飞机、反辐射武器、定向能武器、地面干扰站、点目标电磁防护系统等在战场指挥官的协调指挥下，对敌进攻体系的目标探测、通信导航、精确制导各个环节实施综合电子对抗作战活动，以最大限度瓦解敌攻击能力，削弱和降低其攻击效能。

（四）主战武器平台自卫用的电子对抗

对于高价值的作战飞机、舰艇、坦克，其主要威胁来自精确武器的攻击。因此需要运用电子对抗对精确制导武器进行威胁告警，并运用雷达干扰、光电干扰等综合性电子对抗手段，压制、诱骗敌精确制导武器的攻击，保障作战平台的安全。所以，主战平台自卫用的电子对抗系统是提高其生存能力，保障其作战效能的关键。

二、电子对抗的作用

从信息战的领域来看，战场信息优势是交战双方争夺的主要目标，因此信息战的一条重要原则就是强调在具体实施的作战行动中，无论是处于进攻的一方还是防御的一方，都必须以主动的信息进攻来夺取战场信息优势，而主动实施信息进攻最有效的手段是综合电子对抗，具体作用如下。

（1）收集敌方军事和技术情报。平时为研制电子对抗设备、制订电子对抗计划提供依据，战时为电子攻击和防御提供情报支援。

电子情报侦察是未来信息战的序幕和先导，并贯穿于信息战的全过程。例如，在海湾战争中，多国部队就严密组织了由各种侦察卫星、战略、战术电子情报侦察飞机、侦察直升机及地面电子侦察站等构成的从空间到地（海）面的电子信息侦察网，对伊拉克形成一个分层部署的全方位、多层次、多频谱和多手段的信息控制空间，保证了多国部队对伊拉克广大地区的军事目标和军事行动实施大面积不间断的侦察与监视，获取了大量的电子和图像情报，从中摸清了伊拉克雷达网、通信网、拦截网的性能、技术参数、运用特点及重要军事目标的性质和地理坐标，为多国部队制订空袭计划和确定重点攻击目标提供所需的战术技术数据信息，确保了多国部队的空中力量有条不紊地进行空袭活动。相反，伊拉克缺乏这种电子情报保障能力，不能提前收集和发现多国部队的军事部署和军事行动，结果把整个防空系统完全暴露给多国部队，成为被攻击的活靶子，从而在第一轮悄声的战斗中败下阵来。这些战例表明，由电子侦察、照相卫星、电子侦察飞机、电子侦察船及地面电子侦察站等构成优势互补的陆、海、空、天一体化的电子情报侦察网，是获取90%以上战场军事情报信息的重要手段，也是实施信息进攻的前提和保障。和平时期，可以通过这个电子情报侦察网截获、分析、识别、定位和记录敌方各种电子设备的电磁辐射信号，从而掌握敌方电子兵器的试验、部署、调动及行动企图等战略情报，为高层决策、研究电子对抗战术技术决策和发展电子对抗装备提供准确、可靠、全面的情报依据。在战争时期，用于实时或近实时地监视战场电磁环境态势（敌方各种电子设备的类型、技术参数、功能、位置及相关武器和作战平台的属性等），复查敌方电磁辐射源的变化情况，发现潜在的新的电磁辐射源和更新电子对抗数据库，以建立和显示战区内完整、准确、可靠的敌方电磁威胁环境态势图，为电子对抗和其他作战行动的实施提供实时或近实时的情报支援，并对电子对抗攻击效果进行检查评估，以便及时调整作战对策。

（2）扰乱、迷惑和破坏敌方电子设备，主要指 C⁴ISR 系统和精确制导武器。

以信息战为主旋律的高技术战争，是由各种作战力量组成的系统整体对抗。而由各种战争要素相互联结而构成的作战系统又是庞大而复杂的多元系统，其核心是起"黏合"作用的 C⁴ISR 系统。因此，交战双方的作战目标是着眼于瘫痪敌方最关键而又最脆弱的信息系统和信息控制，破坏敌方多元作战系统的整体结构，削弱敌方协同作战的整体效能。然而，在信息化战场上，仅依靠精确制导武器的火力能量难以对付敌上通下连、纵横交错的战场信息网络，而必须采用作战范围十分广泛的综合电子对抗手段才能奏效。因为综合电子对抗的首要攻击目标是敌方的支配信息和指挥控制两个要素，而这两个要素严重依赖大量的军事电子信息装备和系统，如雷达、通信、光电等探测预警系统、战场指挥通信网络、导航与敌我识别设备及高技术兵器的控制与制导系统等。所有这些军事电子装备和系统都是电子对抗的主要作战对象。通过电子干扰/欺骗、反辐射武器攻击、定向能致盲和隐身突袭等各种电子进攻手段的综合应用，就可全面瘫痪敌战场信息网络，使敌方从指挥控制到大型系统之间都不相互发生关联而大大削弱其总体战斗力。在海湾战争和北约对波黑塞族的空袭中，多国部队和北约都是利用各种最先进的进攻性电子对抗系统构成一个强大的电子进攻力量，在电子侦察情报的支援下，对敌方军事信息系统和武器控制与制导系统进行集中的、密集的电子干扰压制和反辐射导弹攻击，致使其整个防空体系完全瘫痪而无法组织有效的反击。这些战例充分表明，由电子干扰飞机、反辐射武器、综合雷达对抗、通信对抗、引信对抗、光电对抗等系统、各平台自卫电子对抗系统及正在发展的定向能致盲等电子对抗系统相结合、压制性干扰与欺骗性干扰相结合、有源干扰与无源干扰相结合、支援干扰与自卫干扰相结合、软杀伤与硬摧毁相结合，多种电子对抗作战手段综合应用和密切协同，构成一个多层次、多频谱、多手段、多用途、高强度的综合电子进攻力量，可以在关键时间、地点和主要作战方向上构成局部电磁优势，对敌方雷达网、通信网、拦截网、空中预警机等各类信息系统实施强力的电子干扰压制、反辐射武器攻击、定向能致盲，就可全面压制敌方的支配信息和指挥控制能力，使敌方得不到信息，不能掌握空情、海情，不能上报预警情报和下达作战指令，以及不能及时引导防御武器进行拦截打击，从而造成敌方混乱和防御作战行动无效，保证了己方联合作战意图的顺利实施。

（3）保护己方电子设备正常工作。

战场上情况瞬息万变，指挥员需要尽快得到各种情报信息，以便采取多种行之有效的反侦察、反干扰、反摧毁等防御措施，保障己方无线电通信迅速、准确、保密不间断，雷达和制导武器控制自如，这对取得作战胜利具有重要意义。

（4）为重要目标和高价值军事目标提供电子防护。

通过综合电子防卫系统，对敌空中信息平台的信息系统（如预警机的雷达、导航与敌我识别）进行综合干扰，瘫痪敌空袭作战指挥，瓦解敌方的空袭进攻态势；对敌空袭兵器的空—空和空—地通信、导航、敌我识别等系统实施强烈的电子干扰，以切断其对空袭兵器的协调通信指挥，扰乱其导航定位和敌我识别信息，造成敌空袭兵器被分割、孤立而无法形成有序的协调空袭能力；利用无源精密定位系统对敌电子干扰飞机等大功率电磁辐射源实施无源被动定位，并引导防空武器实施攻击，以阻断敌电子干扰飞机对其空袭兵器编队的电磁掩护，大大降低其突防的成功率并为消灭敌空袭兵器创造有利条件；综合利用分布在地面的雷达、光电对抗系统、假目标、电子伪装及各作战平台的自卫电子对抗系统来干扰和欺骗敌精确制导武器的攻击，使其偏离瞄准目标而自毁，保护地面重要军事目标和战略要地的安全。

综上所述，现代军事手段紧密地依赖于军事电子信息技术，战场上充满电磁波，因此以夺取电磁频谱的控制权与使用权为目标的电子对抗成为现代以信息战为核心的高技术战争的一条重要的无形战线。进攻时，有效的电子对抗能使敌方 C^4ISR 军事信息系统失效，防御体系瘫痪，迅速改变双方军力对比，使其有利于己方作战部队的有效突防；在防御时，有效的电子对抗能使敌方信息化武器失灵，大大降低其命中率和杀伤率，延缓战争进程，乃至变己方劣势为优势。因此，电子对抗不仅成为火力突袭的先导和保障，而且可以直接用于压制摧毁敌方 C^4ISR 军事信息系统和信息化武器系统，从而成为在整体上瓦解敌战斗力的"兵力倍增器"。

第四节 电子对抗的发展史及发展趋势

回顾电子对抗的发展史不难看出，随着战争形态的变异和科学技术进步的推动，作为军事斗争重要组成部分的电子对抗的发展过程经历了起源、形成和发展三个阶段。本节将以不同历史时期典型的电子对抗特点来描述这三个阶段，并概括总结电子对抗的发展趋势。

一、电子对抗的起源

从日俄海战到第一次世界大战，人类战争史上就逐渐兴起了利用电磁波来遂行战斗保障的电子对抗这一作战领域。在这一时期内，电子对抗的特点主要表现为对无线电通信的侦察、破译和分析，对无线电通信的干扰只是在战争中偶尔应用，因为当时普遍认为，通过侦察分析敌方的无线电通信，就可以得到有关敌方重要的军事情报，因此电子对抗的应用主要偏重于侦察、截获敌方的无线电发射信号，而不是中断或破坏他们的发射。此外，电子对抗的应用也仅仅局限于海上作战行动，并且无专用的电子对抗设备，只是利用无线电收/发信机实施侦察和干扰，因而是一种原始、简单的电子对抗。

二、电子对抗的形成

第二次世界大战和战后是电子对抗的真正形成和大量应用阶段。在这一阶段，随着电子技术的发展，许多国家开始研制和应用无线电导航系统和雷达系统，由此催生了导航对抗和雷达对抗等新兴电子对抗，使电子对抗从单一的通信对抗发展成为导航对抗、雷达对抗和通信对抗等多种电子对抗形式，同时也陆续研制出一些专用的电子对抗装备并且开始研究多种电子对抗措施综合应用的战术，应用领域不再局限于电子侦察，而是开始实施电子干扰、电子欺骗和威胁告警。电子对抗的作用也从海战扩展到空战和陆战领域，电子对抗的手段增多、能力提高，作战领域和作战对象不断扩大，对战争胜负起着更明显的作战保障作用。

三、电子对抗的发展

第二次世界大战后，随着电子技术、光电子技术、航空航天技术、导弹技术，以及火控技术和计算机技术的飞速发展，以光电和雷达控制的精确制导武器开始投入战场使用，C^4ISR

系统成为统率战场上一切活动的"神经中枢"，促使战争形式发生了重大变化。这些高新技术在战争中显示出巨大的威力，又促进了电子对抗的全面发展，电子对抗从第二次世界大战的战役、战斗保障手段，逐步发展成为现代高技术战争的一种攻防兼备的双刃"撒手锏"。

（一）越南战争中电子对抗的运用和发展

在整个越南战争期间，美国空军电子对抗运用和发展的主要特点如下。

（1）重点加强作战飞机的自卫电子对抗能力。

各型作战飞机相继加装了由雷达告警接收机、有源干扰机及无源干扰投放器组成的自卫电子对抗系统，用于实现自动告警、干扰和构成干扰走廊，掩护攻击机群突防。到越南战争后期，几乎所有参战的飞机都具有较强的电子对抗自卫能力，自卫电子对抗手段多，装备品种齐全，有源干扰、无源干扰和告警设备基本配套。电子对抗既用于空战又用于对地攻击，重点用于对付地面和机上各种制导武器，其针对性干扰效果极佳。

（2）大力发展专用电子干扰飞机。

如 EB-66 和 EA-6A，既可侦察又可干扰，在每次作战中，一架专用电子干扰飞机可掩护 10～15 架飞机突防。专用电子干扰飞机上装备的电子对抗设备比较完善，可对地面各种警戒、引导、炮瞄和导弹制导雷达实施全面的侦察和干扰。

（3）光电对抗的兴起扩大了电子对抗新领域。

光电制导技术的迅速发展，促进了利用红外、激光和电视制导的导弹、炸弹、炮弹等新一代精确制导武器的投入战场使用。这类武器具有命中精度高、杀伤破坏力大和多目标攻击能力强等特点，它的广泛应用加速了光电对抗的产生。光电对抗开始发展成为电子对抗的重要分支，光电对抗系统已普遍装备在飞机、军舰甚至坦克等作战平台上，在对付现代战争中的光电制导武器方面发挥了重要作用。

（4）反辐射导弹开始成为电子对抗领域中的一支生力军。

越南战争表明，执行空袭的飞机如果没有一种有效的对敌防空压制系统，就难以完成突防任务。为此，美空军研制出 AGM-45"百舌鸟"反辐射导弹，并且组建了特种航空兵部队，代号为"野鼬鼠"，该部队专门用反辐射导弹为其他战斗机和轰炸机群提供掩护，也可以直接攻击带辐射源的目标。这种导弹在越南战争中发挥了突出的作用。

以上特点表明，在越南战争中，美军把电子干扰飞机、反辐射导弹飞机和机载自卫电子对抗系统（含光电对抗）视为空军电子对抗三大支柱的观点就已形成，电子对抗也从传统的作战保障手段发展成为对付精确制导武器攻击的重要作战手段。

（二）海湾战争中电子对抗的运用和发展

在 1991 年年初爆发的海湾战争中，电子对抗从重要作战手段进一步发展成为高技术战争的重要组成部分。在这场战争中，电子对抗运用和发展的主要特点如下。

（1）以悄声的电子情报战作为战争的先导和序幕。

海湾战争爆发前的 5 个多月时间内，多国部队严密地组织了一个陆、海、空、天一体化的电子情报和图像情报侦察网，为多国部队战略战术决策提供大量翔实的情报数据。

在空间，美国部署了 KH-11、KH-12 照相侦察卫星和"长曲棍球"合成孔径雷达侦察卫星，摄取伊拉克地面军事装备和地下防御工事的分布概况，日夜监视伊军的各种军事行动；使用了电子侦察型"白云"海洋监视卫星，截收伊拉克的雷达和通信情报；秘密发射了"大酒瓶""旋涡"等通信侦察卫星，窃听伊军无线电报话机通信和小分队间的电话交谈情况。

在空中，多国部队按高空、中空、低空分层部署了美国 U-2R、TR-1A、RC-135B、RF-4B/C

等战略战术情报侦察飞机、RV-1D 固定翼侦察飞机、EH-60A 侦察直升机、"黄蜂" CL-289 和 CH-124A 无人侦察飞机。这些侦察飞机组成了分层部署、梯次覆盖的空中电子情报侦察网，担负对伊广大地区进行战略情报侦察、战区战术情报侦察和作战效果评价任务。同时把所获取的电子和图像情报与卫星摄取的情报互相印证和相应补充，从而保证了所获取的情报更及时、更准确、更可靠。

在地面，美国每个陆军师和空降师等都配有 AN/TSQ-112、AN/TSQ-114 通信侦察设备和 AN/TSQ-109、AN/MSQ-103A 雷达侦察设备，用于侦收离战区前沿 40km 纵深地带的电子情报。此外，美国把设在中东地区和地中海的 39 个地面电子侦察站组成一个电子情报收集网，远距离截收伊军的电子和通信情报。

为了全面监视伊拉克的军事行动，多国部队还出动了几十架 E-3A/C 和 E-2C 空中预警机及两架 E-8A "联合监视与目标雷达攻击系统"飞机，战前每天有两架预警机升空严密监视伊军的军事活动。

（2）以 C^3I 军事信息系统和精确制导武器为目标实施全面电子进攻。

在海湾战争中，多国部队共出动 EF-111A、EA-6B、EC-130H 和 F-4G 等一百多架电子对抗飞机，它们与一千多架攻击机携带的自卫电子对抗设备和大量地面电子对抗系统结合在一起，形成一个强大的电子攻击力量，对伊拉克的国土防空系统实施密集的"电子轰炸"，致使伊拉克对多国部队的空袭活动和通信往来一无所知，雷达操纵员看不见多国部队飞机的活动情况，甚至伊拉克广播电台的短波广播也听不清。

（3）以隐身飞机担任空中首攻任务。

在海湾战争中，为了保证突防飞机隐蔽突防到目标区实施攻击而不被敌方发现，多国部队用很难被雷达发现的、突防能力极强的 F-117A 隐身战斗轰炸机担任空中首攻任务。在 F-117A 的带领下，大批攻击机群突防到巴格达上空进行大规模的空袭，使伊拉克指挥系统和防空系统立即瘫痪。

（4）利用高功率微波弹头干扰破坏伊拉克防空系统。

在海湾战争中，美国的"战斧"巡航导弹采用一种把普通炸药的能量转换成电磁脉冲（功率为 10^9W，持续 10^{-12}s）的高功率电磁脉冲弹头的方法，破坏伊拉克 C^3I 系统中的电子设备，取得了较好的效果。

从以上多国部队电子对抗的应用特点可知，多国部队投入的电子对抗兵器种类之多，技术水平之高，作战规模之大和综合协同性之强，都是现代战争史上从未有过的。电子对抗从作战思想、装备使用到作战方式都发生了巨大的变化。

（三）伊拉克战争中电子对抗的运用和发展

伊拉克战争中电子对抗运用和发展的主要特点如下。

（1）电子战无人机。无人机在电子战方面的第一个作用是情报监视侦察，如在战争爆发后的第二天，联军的特种部队就使用美国空军的"捕食者"无人侦察机进行远程侦察巡逻，防止伊拉克用"飞毛腿"导弹袭击以色列。第二个作用是建立电子作战序列。在战争爆发之前，美国就采用"全球鹰"高空无人机及一些小型的无人机系统携带信号情报载荷，穿越伊拉克的防空网，对伊拉克进行情报侦察，辨别每个电子辐射源的作用、部署的位置，建立电子作战序列。这对摧毁伊拉克的防空雷达和指挥控制网至关重要。

（2）GPS 对抗。由于美军的武器装备和作战行动均高度依赖 GPS，所以美军特别关注 GPS 干扰机是否能够破坏其 GPS 的正常工作。

（3）网络攻击。美军的网络攻击主要是对伊拉克防空雷达网的攻击。美军花费了很长时间收集伊拉克境内的电子信号及其细微特征，利用 EC-130"罗盘呼叫"和 RC-135"铆钉"电子战飞机，希望能够对伊拉克的防空系统实施欺骗、植入假目标甚至获得设备的控制权。这标志着传统的电磁频谱领域斗争形式正在开始改变，电子战与网络战相结合正成为一种发展趋势。

（四）阿富汗战争中电子对抗的运用和发展

阿富汗战争中电子对抗运用和发展的主要特点如下。

（1）情报战。战争开始前后，美军动用了各类侦察卫星、侦察机和传感器等高技术侦察装备，对战区进行不间断侦察，实时传输阿兵力部署和机动情况、雷达电磁信号、塔利班和"基地"组织的通信联系等。战争开始后，美军将侦察情报的重点转向传统的人力侦察，向阿派出特种部队和 CIA 情报人员，通过战术侦察、走访当地民众等手段，获取战场第一手情报。

（2）侦察与打击一体化。其主要表现在以下两个方面。一是侦察平台首次携带攻击性武器，将侦察与打击一体化。美军将"捕食者"无人侦察机上配备 2 枚"地狱火"或阿尔法导弹，发现目标后可立即实施攻击。"捕食者"在阿富汗战场上共发射了一百多枚导弹，对可疑车辆和重要建筑物进行打击，取得了前所未有的战绩。这是美军第一次在无人侦察机上搭载武器用于实战，也是第一次在侦察平台上装载武器，真正做到了侦察与打击一体化。二是攻击性武器配备性能先进的侦察器材。美军所有的战斗机上都安装了性能先进的脉冲多普勒火控雷达、前视红外搜索跟踪系统、微光电子设备、夜视镜及地形跟随雷达等侦察设备，既能在各种恶劣天气条件下作战，又能执行侦察任务。

综上所述，通过对电子对抗发展史的回顾不难看出，军事电子技术与现代军事手段紧紧地融合在一起，使得军事电子技术成为直接影响武器系统乃至整个军事系统整体综合作战能力的关键因素，一旦先进的电子技术装备遭到破坏，军队的战斗力就会立刻被削弱。因此，围绕着电子技术的应用与反应用而展开的电子对抗，便成为一种崭新的作战样式，出现在陆、海、空、天各个战场上，并涉及参战的诸兵种及几乎所有的军事领域，成为继陆、海、空、天一体化地理作战空间之后的第五维作战空间，而且这个第五维作战空间将成为其他四维作战空间的关键纽带。

四、电子对抗的未来

关于电子对抗的发展趋势，主要从技术角度进行概括总结，具体如下。

（一）电子战系统的综合一体化

美军在电子战系统的综合一体化方面，从概念到装备技术的研究均投入了大量人力和财力。首先是综合防御电子对抗系统。它是由美国海军牵头、海/空军联合开发的一项计划，最初的目的是研制海军的 F/A-18E 和空军的 B-1 飞机，对付下一代射频威胁的自卫电子对抗系统，以取代原先的机载自卫干扰系统。综合防御电子对抗系统的特点是高灵敏度数字接收机和有源电子对抗设备，可保护战机免受防空雷达、制导导弹等的威胁。其次是美国陆军直升机"综合射频对抗系统"。这是美国陆军为适应未来数字化战场作战、增强直升机在作战威胁环境中的生存力而倡导的又一个综合电子战系统计划。虽然最早美国海军提出共用孔径和共用信号，但空军的 F-35 却装备了最先进的综合射频对抗系统。该系统的主要特点有：电子战天线嵌入在飞机结构中，隐身性能好；多传感器功能互补，具有全频段反应能力；具有现场重编程能力，能为特定电子战任务进行最佳组配；能根据威胁雷达的性质确定最佳的干扰样式，及时评价干扰效果，实时地修正参数。显然，美国海军、空军都在大力发展作战飞机的电子对抗能力，其原因在于：虽然有专门的电子战飞机，如空军的 EF-111 和海军的 EA-18G，但具有电子对抗能力的作战飞机可以更有效地向飞行员提供战场态势，增强攻击平台的态势感知能力，进而保证在没有电子战飞机支援的情况下，执行打击任务。最后是美海军的"先进综合电子战系统"。AN/SLQ-32(V)是美国海军 20 世纪一种标准的主战电子战系统。该系统则可以适应未来高密度和异常复杂的电磁环境，能同时对许多不同的威胁进行多种形式的干扰。美国海军水面电子战改进计划（SEWIP）也在不断改进 AN/SLQ-32(V)，该项目旨在以模块化开放式系统方法来升级传统电子战系统，主要实现针对反舰导弹的预警探测、分析、威胁告警、防护，以对抗未来的多重威胁。SEWIP 将提高水面作战能力，通过改进传感器和升级威胁数据库来保持在电磁频谱中的优势。

（二）外辐射源探测定位技术

美军 F-22、F-35 等作战飞机电磁隐身性能突出，可突破传统的预警探测体系。然而，隐身目标主要是针对易受攻击的正前方 RCS（雷达反射面积）较小，而在其他方向 RCS 并不小而设计的。另外，吸波材料涂层和吸波结构主要针对 1～18GHz 频段的信号发生作用，而对其他频段效果不佳。基于外辐射源的无源探测技术正是利用这种不足，通过多接收站以不同频率从不同角度接收隐身目标对外辐射源的反射信号，实现对侦察区域内隐身目标的高概率探测。所谓外辐射源探测定位是指利用第三方非合作辐射源（如广播电台、电视台、卫星或敌方雷达等）作为目标的照射源，对接收来自辐射源的直达波和经由目标反射的回波做相干处理，获得目标回波的多普勒频移、到达时间等信息，实现目标定位与跟踪。即使目标保持静默，此类系统依旧能对目标进行探测。

外辐射源探测定位技术优点突出。①外辐射源雷达具有反隐身特性。米波雷达探测隐身目标仍有较大的 RCS，而基于调频广播、电视信号的外辐射源雷达正好工作在甚高频和特高频波段，为探测隐身目标提供了良好的频段条件。再者，外辐射源雷达在形式上属多基地雷达，可探测隐身目标前向和侧向的散射信号，能够在空域上反隐身。②外辐射源雷达具有抗反辐射导弹的优势。外辐射源雷达的接收站完全静默，本身不向空中发射电磁波，反辐射导弹无法探测发现，相反，外辐射源雷达却能对反辐射导弹进行探测，并引导武器进行打击。③外辐射源雷达可以探测低空目标。外辐射源雷达利用的商用信号一般工作频段低、天线架设高、辐射功率大，因此，低空探测能力强。

从 20 世纪 80 年代开始，国外就开展了基于外辐射源的探测技术研究，典型代表是 1998 年美国洛克希德·马丁公司推出的"沉默哨兵"被动式空中监视系统。该系统利用商业无线电广播和电视广播信号探测和跟踪目标，能够探测飞机、直升机、巡航导弹或战术导弹等。目前，"沉默哨兵"系统已开发到第 3 代，能同时跟踪 200 多个目标，并能鉴别出间隔 15m 的 2 个目标。美国空军的 B-2 战略隐身轰炸机曾在 250km 外被"沉默哨兵"系统擒获。

（三）电子战无人机

目前无人机已发展成为能够执行电子侦察、电子干扰、反辐射攻击及战场目标毁伤效果评估等多种电子战任务的多用途电子战平台，将来的战场上，电子战无人机将发挥越来越重要的作用。与有人驾驶电子对抗飞机相比，无人机具有以下独特的优势。①较完善的隐蔽突防能力。无人机体积小、质量轻，易于采用低可观测性的隐身技术，雷达散射面积小，不易被敌方雷达发现，因而可飞临敌目标区或危险地区上空实施近距离的电子对抗任务。②有效提高电子干扰效果。作为电子干扰使用时，它可飞临高威胁目标上空盘旋飞行。对高价值目标的雷达辐射源实施近距离的阻塞干扰、假目标欺骗干扰和无源箔条干扰，因而可用简单的小功率干扰机，在最佳位置施放干扰，特别是能够接近目标进行干扰，所以不需要太精确的目标瞄准、频率引导，就可实施阻塞式干扰，从而既可大大提高干扰效果，又可避免阻塞干扰对己方电子设备造成的破坏。③软硬杀伤结合。用导引头与战斗部相结合的反辐射无人机，能够利用敌方雷达信号作为制导信息直接摧毁敌方雷达辐射源和杀伤操作人员。

因此，在未来信息化海战场上，各种用途的电子对抗无人机与各种电子对抗手段相结合，互为补充，将成为战术电子对抗的一个重要组成部分。当前电子对抗无人机主要包括下列几种类型。

（1）战场侦察、监视无人机。这类无人机是今后一段时间的重点发展方向。该无人机通常可装备电子情报和通信情报侦察设备、合成孔径成像雷达及红外照相机等侦察设备，主要用于在战场纵深地区遂行电子情报侦察、目标监视和战场目标毁伤效果评估任务。典型的装备如美国在波黑使用的"纳蚊""捕食者"无人机，以及正在研制的"蒂尔Ⅱ"和"蒂尔Ⅲ"长航时中高空侦察无人机等。

（2）电子干扰型无人机。这类无人机主要是装备雷达对抗、通信对抗和光电对抗等电子对抗设备，飞临目标区上空对敌方雷达、通信、光电等军用电子设备实施近距离压制性干扰或欺骗性干扰任务，以掩护攻击机群的安全突防。典型的电子干扰型无人机如美国在海湾战争中使用的"先锋"无人机、美国陆军的"苍鹰"无人机及德国与法国合作研制的"杜肯"无人机等。

（3）诱饵型无人机。这类无人机的作用是在战区前沿利用有源雷达转发器或无源箔条、角反射体等模拟攻击飞机，以引诱敌方雷达开机和发射导弹攻击，为己方情报收集、确认已查明的雷达辐射源的配置情况和位置、发现潜在的新威胁雷达辐射源提供目标指示；模拟大型机群或舰艇编队进行佯攻，以迷惑敌方，使其防空雷达无法判明敌情；在攻击机群到达之前，撒放大量无源干扰箔条，使作战空域饱和，干扰和压制敌防空系统。因此，诱饵型无人机在未来高密度电磁信号环境中支援攻击机群安全突防有十分重要的作用，是今后无人机发展的重要方向之一。典型的诱饵型无人机如美国在海湾战争中大量使用的 BQM-74 和 ADM-141、以色列研制的 Delilalo 型 SANOM 一次性诱饵型无人机。

（4）反辐射无人机。反辐射无人机是未来信息化战场上用于对敌防空电子系统进行先期攻击，以压制敌防空，掩护己方攻击机群实施空中打击的一种重要电子对抗硬摧毁武器装备。它可飞临敌目标区上空巡航待命，一旦截获和跟踪敌方防空雷达辐射源，就对准辐射源直接俯冲攻击和杀伤操纵人员。因此作为"先发制人"硬杀伤的反辐射无人机也是今后无人机系统发展的重要方向之一。目前正在研制或装备的反辐射无人机有几十种，典型代表有美国的 AGM-136A "默红"、以色列 "哈比"、南非的 "云雀" 等。

（四）分布式电子攻击技术

分布式电子攻击技术的典型代表是"狼群"系统。"狼群"系统的目标是开发一系列小型低功率的、部署在敌防空系统附近的、分布式网络化的陆基电子战系统，用于探测和干扰敌通信、雷达和防空系统，从而获取战术射频频谱优势。这种系统可以用各种方式部署使用。"狼群"系统采用干扰机联网技术破坏敌通信链路和雷达系统的工作，对敌辐射源进行"围攻"，就像狼群攻击目标一样，该干扰系统的威力来自各个体干扰机的群体合力，同时还不会破坏己方通信和雷达的正常工作。"狼群"系统将采用一系列设备，监视或干扰战场上敌人的战术电台频率和雷达辐射，频率范围为20MHz～15GHz，其节点能够探测到频率范围内90%～95%的战场射频辐射（包括通信信号、连续波和脉冲雷达信号），能够对距离5km处的雷达进行截获，对3km处的敌方辐射源进行定位。"狼群"系统攻击的方式主要有3种：压制干扰、定向攻击和精确攻击。压制干扰是所有节点的干扰设备都在有效距离内的信号传输频率上对敌目标接收机进行干扰。定向攻击是由相对于敌方接收机具有最佳传播位置的一些节点的设备实施的。由于"狼群"系统节点是近距离工作的，所以在压制敌方制导雷达的反干扰措施方面具有很大的优势。精确攻击本书不详细讲述。

（五）电子对抗智能化信息处理技术

在未来战场上，电子战装备将要面临的信号环境将是十分密集和复杂的，如果不借助智能化信息处理技术，则将难于从这种复杂的信号环境中提取出真正需要的信息。人工智能从20世纪80年代就已开始应用于电子对抗，但受限于人工智能发展水平，电子对抗能力提高有限。近年来，人工智能蓬勃发展，极大地促进了认知电子战的研发和应用。人工智能的主要推动力是深度学习网络，但是深度学习网络本身及其用于电子对抗领域时仍存在一些瓶颈问题（如推理能力低、训练样本少等）。因此，从人工智能的角度看，突破认知侦察、在线评估和认知干扰的技术瓶颈，是提高电子对抗智能化水平的重要研究方向。

本章小结

本章首先从电子对抗的概念入手，概括了电子对抗的特点，阐明了电子对抗的基本内容和分类方式。然后，在搞清电子对抗基本内涵的基础上，介绍了电子对抗的应用领域及其在现代战争中的作用，充分体现了电子对抗在信息化战争中的重要性。最后，系统描述了电子对抗的发展史及趋势。本章内容为全面了解和掌握电子对抗技术奠定了基础。

复习与思考题

1．依赖电子技术的装备是否就是电子战装备？
2．电子对抗的定义、特点是什么？
3．电子对抗按工作频域可分为哪几类？按作战对象不同又可分为哪几类？
4．电子对抗的主要内容是什么？
5．电子对抗与信息对抗的关系是什么？

第二章　雷达对抗原理

雷达对抗是电子对抗的主要组成部分，它是以雷达为主要作战对象，通过电子侦察获取敌方雷达的技术参数，并利用电子攻击等软硬杀伤手段，削弱、破坏敌方雷达的作战效能而进行的电子斗争。本章在综述雷达对抗的基础上，重点阐述雷达侦察测频、测向、无源定位、信号参数测量和信号处理，以及情报侦察、遮盖性干扰、欺骗性干扰、无源干扰和新体制雷达对抗技术。

第一节　雷达对抗概述

本节首先介绍雷达对抗的基本过程，然后分析雷达对抗的作战对象，接着描述雷达对抗的技术体系，并对雷达侦察和干扰的总体情况进行详细介绍，最后概括总结雷达对抗的发展史及趋势。

一、雷达对抗的基本过程

雷达对抗的基本过程是：雷达对抗设备中的侦察设备接收雷达发射的直达信号，测量该雷达的方向、频率和其他调制参数，然后根据已经掌握的雷达信号先验信息和先验知识，判断该雷达的功能、工作状态和威胁程度等，并将各种信号处理的结果提供给干扰机和其他有关的设备，干扰机利用所获取的雷达数据产生与雷达特征参数相同或相近的各种干扰信号，这些干扰信号被雷达接收机接收后，在雷达荧光屏上出现，以扰乱或遮盖真实目标的信息，从而破坏敌方雷达对真实目标信息的提取，雷达对抗原理图如图 2-1-1 所示。由此可见，实现雷达侦察的基本条件是：①雷达向空间发射信号；②侦察接收机接收到足够强的雷达信号；③雷达信号的调制方式和调制参数值位于侦察机信号检测处理的能力和范围之内。

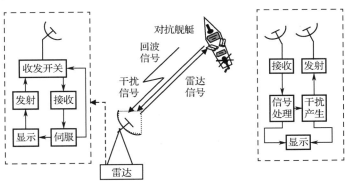

图 2-1-1　雷达对抗原理图

根据雷达对目标信息检测的过程，对雷达干扰的基本方法包括：①破坏雷达探测目标的电波传播路径；②产生干扰信号进入雷达接收机，破坏或扰乱雷达对目标信息的正确检测；③减小目标的雷达截面积等。

二、雷达对抗的作战对象

根据现代海战场上所使用的军用雷达类型和用途，以舰艇雷达对抗为例，主要作战对象包括预警雷达、目标监视雷达、火控和制导雷达及末制导雷达等，海、空雷达部署略图如图 2-1-2 所示。

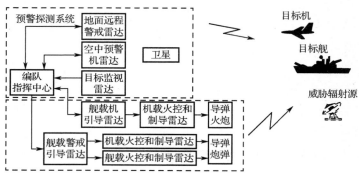

图 2-1-2　海、空雷达部署略图

（一）预警雷达

预警雷达主要包括地面远程警戒雷达和空中预警机雷达。地面远程警戒雷达主要用来探测来袭的飞机或导弹，为防空武器拦截提供较长的预警时间。工作频率多为甚高频、超高频和 L 波段（1200～1400MHz），最大作用距离可达 400km，高频超视距雷达可达 1000km。目前，地面远程警戒雷达采用相控阵体制越来越多，其特点是可以产生很大的合成功率并具有很大的波束控制灵活性，因此对这种雷达体制的侦察和干扰比较困难。由于空中预警机雷达平台处于中高空高度，所以具有广阔的视野，增加了对低空目标的探测能力。这种雷达易受到地、海杂波干扰，因此通常采用脉冲多普勒和动目标显示相结合的雷达体制，最大作用距离可达 600km。因为预警雷达对海上水面舰艇编队的行动隐蔽性造成了极大的威胁，所以它是舰艇雷达对抗的主要作战对象。

（二）目标监视雷达

目标监视雷达一般采用三坐标雷达和多功能相控阵雷达体制，工作频率多为 1～2GHz和 2～4GHz，其功能是空间搜索，并在搜索覆盖范围内确定目标精确的位置，主要用于引导飞机及导弹对目标实施拦截打击。

（三）火控和制导雷达

火控和制导雷达波束很窄，它在警戒雷达的引导下搜索、截获和跟踪目标，为导弹或火炮攻击提供精确的目标位置，并控制武器对目标实施攻击。一般这种雷达系统的作用距离大于武器的有效射程。

（四）末制导雷达

末制导雷达一般配置在导弹和制导炸弹上，制导雷达系统在完成对导弹制导的同时，末制导雷达被启动、跟踪目标，并把导弹引向目标，其制导距离一般小于 25km。

由此可见，舰艇雷达对抗的作战对象繁多，性能和用途各异，对抗的雷达体制复杂，包括相控阵、脉冲多普勒、脉冲压缩、多参数捷变、频率分集、单脉冲，以及双基地和多基地等雷达体制，对抗的平台包括陆、海、空多种雷达平台。

三、雷达对抗的技术体系

雷达对抗的技术体系主要包括雷达侦察、雷达干扰和反辐射攻击，如图 2-1-3 所示。

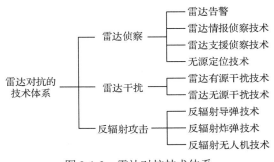

图 2-1-3　雷达对抗技术体系

（一）雷达侦察

雷达侦察是利用雷达侦察设备探测、截获和测量敌方各种雷达电磁辐射信号的特征参数和技术参数，通过记录、分析、识别和辐射源测向定位，掌握敌方雷达的类型、功能、特性、用途、部署地点及相关武器或平台的属性和威胁程度的一种电子侦察行动。

（二）雷达干扰

雷达干扰是利用干扰设备或器材发射干扰电磁波或反射、吸收敌方雷达辐射的电磁波，对敌方雷达实施压制性或欺骗性干扰，以破坏或削弱敌方雷达对目标探测和跟踪能力的一种电子干扰行动。雷达干扰是实施攻防兼备的雷达对抗手段，通常称为电子软杀伤。

（三）反辐射攻击

反辐射攻击是雷达对抗的硬杀伤手段，其基本任务是：利用反辐射导弹、反辐射炸弹或反辐射无人机摧毁敌雷达辐射源，主要用途如下。

1. 压制敌防空系统，掩护己方攻击机群的安全突防

这种攻击方式利用挂载反辐射导弹的专门飞机与电子干扰飞机和攻击机群混合编队侵入敌目标区上空，在远距支援或随队支援电子干扰飞机的干扰掩护下，发射反辐射导弹直接攻击敌方雷达或雷达平台，以掩护攻击机群执行空中打击任务。

2. 对敌防空系统先期攻击，掩护后续机群及编队的安全突防

这种攻击方式是将反辐射无人机与电子干扰无人机一起编队，在电子干扰飞机的掩护下，反辐射无人机隐蔽飞临敌海上编队附近，利用敌舰雷达信号引导无人机对敌雷达平台进行直接俯冲攻击，将敌雷达平台摧毁。反辐射无人机不仅能够直接摧毁敌雷达平台及人员，而且能在空中多次巡航飞行进行空中骚扰，给敌方造成强大的心理压力，敌方甚至不敢随意开机工作，从而间接地瘫痪敌编队雷达。

3. 对空中预警机的反辐射攻击

空中预警机不但可用于探测大范围空间内的低空及海面目标，而且还担负着空中作战的指挥控制任务，是一种空中 C^4ISR 系统，在现代战争中具有举足轻重的作用，因而成为敌对双方的重要攻击目标。目前，国内外正在研制舰空、空空等新型反辐射导弹，利用预警机上大功率预警雷达辐射的信号来引导这些反辐射导弹直接攻击敌预警机，以削弱或破坏其空中探测、指挥和控制能力，从而掩护己方舰艇编队的低空突防或瓦解敌空中进攻态势。

四、雷达侦察概述

（一）雷达侦察的任务与分类

雷达侦察的任务是对雷达信号进行搜索、截获、分选、分析识别及被动定位，要想侦收雷达信号并获取最基本的雷达方位及频率信息，必须同时满足 4 个基本条件：方位对准、频率对准、极化方式匹配及足够的灵敏度。

按照侦察的具体任务，雷达侦察主要分为以下 5 类。

1. 电子情报侦察（ELINT）

电子情报侦察属于战略情报侦察，要求其获得广泛、全面、准确的技术和军事情报，提供给高级决策指挥机关和中心数据库各种翔实的数据。雷达情报侦察在平时和战时都要进行，主要由侦察卫星、侦察飞机、侦察舰船、地面侦察站等来完成。为了减轻侦察平台的有效载荷，许多电子情报侦察设备的信号截获、记录与信号处理是异地进行的，通过数据链联系在一起。为了保证情报的可靠性和准确性，电子情报侦察允许有较长的信号处理时间。

2. 电子支援侦察（ESM）

电子支援侦察属于战术情报侦察，其任务是为战术指挥员和有关的作战系统提供当前战场上敌方电子装备的准确位置、工作参数及其转移变化等，以便指战员和有关的作战系统采取及时、有效的战斗措施。电子支援侦察一般由作战飞机、舰船和地面机动侦察站担任，对它的特殊要求是快速、及时，对威胁程度高的特定雷达信号优先处理。

3. 雷达寻的和告警（RHAW）

雷达寻的和告警用于作战平台（如飞机、舰艇和地面机动部队）的自身防护。雷达寻的和告警的作用对象主要是对本平台有一定威胁程度的敌方雷达和来袭导弹，连续、实时、可靠地检测它们的存在、所在方向和威胁程度，并且通过声音或显示等措施向作战人员告警。如果有可能，它还需要估算出现的威胁大概有多远，或者离真正威胁的到来可能还有多少时间。由于雷达侦察不能直接提供辐射源距离信息，所以对威胁辐射源的距离只能大概估计，或者通过对辐射源进行被动定位而得到。

4. 引导干扰

所有雷达干扰设备都需要有侦察设备提供威胁雷达的方向、频率、威胁程度等有关的参数，以便根据所辖干扰资源的配置和能力，选择合理的干扰对象，选择最有效的干扰样式和干扰时机。在干扰实施的过程中，也需要由侦察设备不断地监视威胁雷达环境和信号参数的变化，动态地调控干扰样式和干扰参数以及分配和管理干扰资源。

5. 引导杀伤武器

通过对威胁雷达信号环境的侦察和识别，引导反辐射导弹跟踪某一选定的威胁雷达，直接进行攻击。

（二）雷达侦察面临的电磁信号环境

1. 信号环境特点

现代雷达侦察的电磁信号环境非常复杂，概括地说，雷达侦察所面临的信号环境的特点是密集、复杂、交错和多变，具体表现如下。

（1）辐射源的数量多、分布密度大、分布范围广、信号交叠严重。

雷达的广泛应用，许多作战飞机、舰艇、坦克和作战单位都配有一定数量的雷达，分布范围很广，特别是在重要的军事集结地，雷达的分布十分密集，往往为数十、数百甚至上千个。在单位时间内出现的脉冲信号平均数少则数万，多则数百万，在同一时间可能有多个信号同时出现。

（2）信号调制复杂，参数多变、快变。

雷达通过信号调制波形和参数的选择与变化，可以获得诸多目标信息检测和抗干扰等方面的利益。随着信号产生技术和处理技术的发展，一部雷达往往能够根据需要产生多种不同调制特性的波形，特别是在脉冲持续时间内的频率和相位调制。此外，出于反侦察、抗干扰等的需要，许多雷达都可以改变发射信号的载频、脉冲重频、脉冲波形或其他调制参数。这种变化的时间可能是数秒、数十毫秒，甚至到每个发射脉冲都发生捷变。

（3）信号综合威胁程度高。

现代雷达与各种杀伤性武器系统的结合十分紧密，如制导雷达、炮瞄雷达、反辐射寻的等，它们都直接威胁着雷达对抗设备和人员的生存。受杀伤性武器系统威力范围的限制，这些雷达往往在目标尚未进入攻击范围时保持电磁静默（不发射），由其他探测设备提供信息保障，一旦目标进入攻击范围则立即投入工作，迅速捕获目标，引导武器攻击。

由于雷达侦察系统面临上述电磁信号环境，所以它的输入端通常接收的是由多部雷达辐射源交叠在一起所形成的随机信号流。这些信号的工作频率、到达方向、到达时间、调制方式、信号强度、辐射时间、极化形式和地理位置等都是未知的，因此，雷达侦察系统从密集、复杂、交错和多变的电磁信号环境中截获和识别辐射源实际上是相当复杂的。

2. 信号环境描述

为了对雷达侦察的电磁信号环境有一个更为具体的了解，我们简单地用侦察天线所要接收的雷达信号特性、雷达信号形式及信号密度来描述。

1）雷达信号特性

为了准确地描述一个雷达信号，需要多方面特性的总和，它们是载频特性、时间调制特性、脉组特性、脉内特性、信号极化和波束指向特性。

（1）载频特性。

对于常规雷达，我们仅用一个载频的值就可以描述目标的载频特性。对于频率分集雷达，我们需要几个载频的值来描述目标的载频特性；对于载频可以选择的雷达或跳变的雷达，描述雷达的特性不但需要几个载频的值，而且需要载频变化的规律。

（2）时间调制特性。

对于脉冲重复的基本骨架，当重复频率（重频）可以选择或者跳变时，描述雷达的特性不但需要几个重频的值，而且需要重频变化的规律。对于重频分集的雷达或重频参差的雷达，当然也需要几个重频的值才能描述雷达的特性。对于脉冲的间隔周期被调制发生变化的雷达，需要给出该周期随时间变化的函数来描述雷达的特性。常见重频类型的特点及其典型应用如表 2-1-1 所示。对于脉冲宽度，当它没有任何变化时，用一个宽度值描述；当它有变化时，一般需要给出脉冲宽度所取的多个值和变化的规律。

表 2-1-1　常见重频类型的特点及其典型应用

重 频 类 型	重复周期变化形式	主 要 应 用
常规重频	固定重复周期	常规雷达，MTI 和 PD 雷达
重频抖动	重复周期变化范围超过 5%	用于对抗预测脉冲到达时间干扰

重频类型	PRI 变化形式	主要应用
重频参差	多个 PRI 周期变换	MTI 系统中用于消除盲速
重频正弦调制	PRI 受正弦函数调制	用于圆锥扫描制导
重频滑变	PRI 在某一范围内扫描	用于固定高度覆盖扫描，消除盲距
脉组参差	脉冲列 PRI 组间变化	用于高重频雷达解模糊

（3）脉组特性。

脉组特性是指在脉冲重复的基本骨架的位置上有可能不是一个单一的脉冲，对于出现脉组的情况，如果每组的情况是不变的，则需要用该组完整的时间特性来描述雷达的特性，它们包括组内有几个脉冲、每个脉冲的宽度、相邻脉冲之间的时间间隔等。如果每组的情况有一定的变化，我们将这种变化称为编码，宽度需要用该码的基本单元，即单个脉冲的宽度和相邻脉冲的间隔，以及编码的规律一起才能描述雷达的特性。

（4）脉内特性。

脉内特性包括在一个脉冲内信号的频率、相位和幅度有什么样的变化，当检测出脉冲内部有信号调制时，首先应给出是调频、调相还是调幅。对于调幅，完整的脉冲包络的波形将反映这一调幅的特性；对于线性调频的信号，需要用起始频率和终止频率来描述；对于非线性调频信号，则需要用调制规律来描述。对于频率或相位阶跃调制的，需要给出相应的调制编码规律才能描述这种脉内特性。

（5）信号极化。

单极化的信号仅需描述极化的类型及方向，多极化的信号由几个单极化的信号描述合成。常见极化方式有水平极化、垂直极化、左圆极化、右圆极化等。

（6）波束指向特性。

波束指向特性需要经过一定时间的侦察和分析才可能获取。这个特性将包含波束的宽度、旁瓣电平和波束扫描类型及相应的参数。波束扫描类型包括圆周扫描、扇形扫描、一维电扫描/一维机械扫描、二维相控阵扫描、圆锥扫描、无扫描跟踪模式等。波束扫描参数包括扫描周期、波束宽度。侦察系统所收到的雷达天线扫描信号的脉冲电平呈现有规律的变化，与雷达天线方向图相关。

① 圆周扫描信号。信号电平的变化规律与雷达天线方位面 360° 的方向图相关。

② 扇形扫描信号。信号电平的变化规律与雷达天线方位面小于 180° 的方向图相关。

③ 一维电扫描/一维机械扫描信号。侦察系统所收到的雷达一维电扫描（俯仰面扫描）/一维机械扫描（方位面扫描）脉冲信号电平的快速变化规律，与雷达天线俯仰面小于 90° 的方向图相关，其慢速变化规律与雷达天线方位面方向图相关。

④ 二维相控阵扫描信号。侦察系统所收到的雷达二维相控阵扫描信号电平的变化，具有规律性或随机性。

⑤ 圆锥扫描信号。信号电平的变化规律为正弦调幅波。

⑥ 无扫描跟踪模式信号。信号电平的变化规律为近似等电平。

2）雷达信号形式

从雷达对抗的角度出发，通常将雷达信号分为常规信号和复杂信号两类。常规信号是指接收到的脉冲串信号的参数都不发生变化，参数包括工作频率（载波频率）、脉冲宽度（PW）、脉冲重复频率（PRF），这里所说的参数不变是指雷达侦察系统进行信号处理时，在它所取样的时间内（通常是若干个雷达脉冲重复周期，几毫秒至几百毫秒）脉冲串的参数固定不变，所以机械跳频速度很慢的雷达信号就可看成是频率不变的信号。不同体制的雷达，如圆周扫描的警戒雷达、扇形扫描的测高雷达、圆锥扫描和单脉冲的跟踪雷达、边扫描边跟踪的雷达，只要上述信号参数不变化，都属于常规信号，它们的差别只表现在参数的取值不同和天线对信号脉冲串幅度调制的不同。

复杂信号是相对常规信号而言的，常规信号范围以外的信号都可归为复杂信号，主要有以下几类：

（1）脉间载频变化信号。

① 频率捷变信号，即下个脉冲载频和上个脉冲载频不同。

② 组间频率跳变信号，即同一脉冲组频率相同，脉冲组间周期性地在多个频率上跳变。

（2）脉内载频变化信号。

① 脉内调频信号，脉冲内载频线性或非线性变化，而不是固定的载频。

② 脉内调相信号，脉冲内分成多个小脉冲，两个小脉冲的相位不连续而发生跳变。

③ 频谱扩展信号，信号占据很宽频谱而脉冲的幅度很小。

④ 非正弦载波信号，噪声雷达信号、冲击脉冲信号。

（3）重复周期变化信号。

① 重复周期（PRI）变化的脉冲信号，其变化规律可以是规律的也可以是随机的。

② PRI 参差信号，有固定关系的几个重复使用的脉冲串。

（4）其他复杂信号。

① 脉冲串信号，一次发射一串间隔很近的脉冲串，作为一个脉冲看待。

② 频率分集信号，一次发射一组脉冲调制参数相同但载频不同的脉冲组。

复杂信号的接收和处理远比常规信号困难，对雷达对抗侦察系统的要求很高，其原因是目前还没有一种通用的方法和接收机能用来截获和分析各种复杂信号。

3）信号密度

信号密度是接收点随机信号流每秒内的平均脉冲数。信号密度与接收设备所在的地域和高度有关。在现代雷达对抗信号环境中，有些重要地域，辐射源多达 1600 个，平均每秒发射 100 万～200 万个脉冲。在微波波段的辐射源，发射信号受电波直线传播的限制，因此，地面、低空的信号密度较低，而高空的信号密度较高。

信号密度与接收机的灵敏度、所在高度、工作频段、带宽及天线波束宽度有关。接收机的灵敏度和高度越高、瞬时带宽和天线波束越宽，侦察设备的信号密度就越大。

当信号密度超过雷达对抗侦察设备的截获、处理能力时，信号处理器饱和，会影响侦察设备的正常工作。通过降低灵敏度、减小接收机带宽等方法可使信号密度降到设备能正常工作的程度。

雷达侦察电磁信号环境 S 是指雷达对抗设备在其所在地域内存在的各种辐射、散射信号的全体，即

$$S = \bigcup_{i=0}^{N-1} s_i(t) \tag{2-1-1}$$

式中，N 为雷达侦察电磁信号环境 S 中辐射源、散射源的数量；$s_i(t)$ 为其中第 i 个辐射源、散射源的信号。

如果主要考虑其中的雷达信号辐射源，则辐射源信号 $s_i(t)$ 可顺序展开其射频脉冲序列，即

$$s_i(t) = \{s_i(n)\}_{n=1}^{\infty} \qquad (2\text{-}1\text{-}2)$$

式中，$s_i(n)$ 为 $s_i(t)$ 的第 n 个脉冲。

雷达侦察系统是以 S 为工作背景，从 S 中获取有用信息，并对 S 做出适当反应的设备。根据不同用途和战技指标的要求，具体雷达侦察系统对 S 的检测能力是一个有限子空间 D，即

$$D = \{\Omega_{RF} \otimes \Omega_{AOA} \otimes \Omega_{PW} \otimes \Omega_P\} \qquad (2\text{-}1\text{-}3)$$

式中，Ω_{RF}、Ω_{AOA}、Ω_{PW}、Ω_P 分别为雷达对抗设备对信号载频、到达方向、脉冲宽度和信号功率的测角范围；$\otimes$ 为直积。D 可以是非时变的（通常称为非搜索检测），也可以是时变的（通常称为搜索检测）。雷达侦察系统可检测的信号环境 S' 是 S 中的子集合，即

$$S' = \bigcup_{i=0}^{N-1} \{s_i(n) \mid s_i(n) \in D\}_{n=1}^{\infty} \qquad (2\text{-}1\text{-}4)$$

显然，D 的检测范围越大，进入 S' 的雷达信号也越多。如果以 P_i 表示 i 雷达发射脉冲可被雷达对抗设备检测的概率，则在 1s 时间内 S' 中的平均脉冲数 λ 为

$$\lambda = \sum_{i=0}^{N-1} P_i f_{ri} \qquad (2\text{-}1\text{-}5)$$

式中，f_{ri} 为第 i 部雷达的平均脉冲重复频率。在典型情况下，如果 i 雷达的工作频率、所在方向、脉冲宽度都在雷达对抗设备的检测范围内，只要其天线波束指向雷达侦察系统，接收到的信号功率就能高于接收机灵敏度，则 P_i 为

$$P_i = \begin{cases} 0, & \text{波束始终不指向雷达侦察设备} \\ 1, & \text{波束始终指向雷达侦察设备} \\ \dfrac{\theta_a}{\Omega_\theta}, & \text{波束宽度} \theta_a \text{在} \Omega_\theta \text{范围内扫描} \end{cases} \qquad (2\text{-}1\text{-}6)$$

（三）雷达侦察的特点

1. 作用距离远

侦察作用距离包括侦察机最大侦察作用距离及考虑地球曲率影响的直视距离。雷达接收的是目标对照射信号的二次反射波，信号能量反比于距离的四次方；雷达侦察接收的是雷达的直接照射波，信号能量反比于距离的二次方。因此，侦察机的作用距离大于雷达的作用距离。下面，我们推导自由空间条件下的简化侦察方程，并与雷达方程做比较。

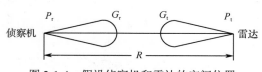

图 2-1-4　假设侦察机和雷达的空间位置

简化侦察方程是指不考虑传输损耗、大气衰减及地面或海面反射等因素的影响而导出的侦察作用距离方程。假设侦察机和雷达的空间位置如图 2-1-4 所示。

雷达发射功率为 P_t，雷达天线增益为 G_t，侦察机和雷达之间的距离为 R，侦察天线有效面积为 A_r，侦察天线增益为 G_r，当侦察机天线对准雷达天线的最大增益方向时，侦察机天线接收的雷达信号功率 P_r 为

$$P_r = SA_r \qquad (2\text{-}1\text{-}7)$$

侦察机处雷达信号功率密度 S 为

$$S = \frac{P_t G_t}{4\pi R^2} \qquad (2\text{-}1\text{-}8)$$

侦察天线有效面积为 A_r 与天线增益 G_r、波长 λ 的关系为

$$A_r = \frac{\lambda^2}{4\pi} G_r \qquad (2\text{-}1\text{-}9)$$

代入式（2-1-7）得

$$P_r = \frac{P_t G_t G_r \lambda^2}{(4\pi)^2 R^2} \qquad (2\text{-}1\text{-}10)$$

设侦察接收机的灵敏度为 $P_{r\min}$，它代表该接收机能够正常工作的最小门限功率，则最大侦察作用距离 $R_{r\max}$ 为

$$R_{r\max} = \left[\frac{P_t G_t G_r \lambda^2}{P_{r\min}(4\pi)^2} \right]^{\frac{1}{2}} \qquad (2\text{-}1\text{-}11)$$

式中，P_t、$P_{r\min}$ 单位相同，一般为 W，R、λ 单位相同，一般为 m。

实际上，各种损耗是存在的，必须对简化侦察方程进行修正，其主要损耗如下：雷达发射机到雷达发射天线之间的馈线损耗 L_1 约为 3.5dB；雷达发射天线波束非矩形损失 L_2 为 1.6～2dB；侦察天线波束非矩形损失 L_3 为 1.6～2dB；侦察天线增益在宽频带内变化所引起的损失 L_4 为 2～3dB；侦察天线与雷达信号极化失配损失 L_5 约为 3dB；从侦察天线到接收机输入端的馈线损耗 L_6 约为 3dB。总损耗为 L 为 14.7～16.5dB。于是简化侦察方程可修正为

$$R_{r\max} = \left[\frac{P_t G_t G_r \lambda^2}{P_{r\min}(4\pi)^2 10^{0.1L}} \right]^{\frac{1}{2}} \qquad (2\text{-}1\text{-}12)$$

而简化雷达方程为

$$R_{t\max} = \left[\frac{P_t G_t^2 \sigma \lambda^2}{P_{t\min}(4\pi)^3} \right]^{\frac{1}{4}} \qquad (2\text{-}1\text{-}13)$$

式中，σ 为目标的雷达散射面积。

与雷达方程相比，雷达最大探测距离 $R_{t\max}$ 与其接收机灵敏度的四次方根成反比，而侦察最大作用距离与其侦察接收机灵敏度的平方根成反比，可见，侦察作用距离与雷达作用距离相比，具有距离超越的优势。考虑各种因素，当综合考虑这种优势时，一般取其距离超越系数为 1.5～2。

当考虑地球曲率的影响时，侦察作用距离可用直视距离公式来表示，即

$$R_{\max S_r} = 4.1(\sqrt{H_r} + \sqrt{H_t}) \qquad (2\text{-}1\text{-}14)$$

式中，$R_{\max S_r}$ 表示侦察最大直视距离，单位为 km；H_r 表示侦察天线高度，单位为 m；H_t 表示被侦察雷达的天线高度，单位为 m。

当考虑地球曲率的影响时，雷达最大作用距离也可用直视距离公式表示，即

$$R_{\max S_t} = 4.1(\sqrt{H_a} + \sqrt{H_t}) \qquad (2\text{-}1\text{-}15)$$

式中，$R_{\max S_t}$ 表示雷达最大直视距离，单位为 km；H_a 表示雷达探测目标的重心高度，单位为 m；H_t 表示雷达的天线高度，单位为 m。

即使在直视距离条件下，侦察直视距离仍大于雷达探测目标的直视距离，这是由于一般侦察天线的架设高度都大于目标平台的重心高度，可见，其仍存在距离超越的优势。

例：已知敌舰载雷达的发射脉冲功率为 5×10^5W，天线增益为 30dB，高度为 20m，工作频率为 3GHz，接收机灵敏度为-90dBW，我舰装有一部侦察告警系统，其接收天线增益为

10dB，高度为 30m，接收机灵敏度为-45dBm，系统损耗为 13dB，我舰的水面高度为 4m，雷达散射面积为 2500m^2，试求：

（1）敌我双方的探测距离；

（2）如果将该雷达装在飞行高度为 1000m 的巡逻机上，敌我双方的探测距离有什么变化；

（3）如果将告警系统装在飞行高度为 1000m 的巡逻机上，敌我双方的探测距离有什么变化？

解：（1）根据视距公式可得

$$R_{\max S_r} = 4.1(\sqrt{H_r} + \sqrt{H_t}) = 4.1 \times (\sqrt{20} + \sqrt{30}) = 40.8 \text{（km）}$$

$$R_{\max S_t} = 4.1(\sqrt{H_a} + \sqrt{H_t}) = 4.1 \times (\sqrt{4} + \sqrt{20}) = 26.5 \text{（km）}$$

由修正的侦察方程：

$$R_{r\max} = \left[\frac{P_t G_t G_r \lambda^2}{P_{r\min}(4\pi)^2 10^{0.1L}} \right]^{\frac{1}{2}}$$

雷达方程：

$$R_{t\max} = \left[\frac{P_t G_t^2 \sigma \lambda^2}{P_{t\min}(4\pi)^3} \right]^{\frac{1}{4}}$$

式中，$P_t = 5 \times 10^5$W，$G_t = 10^3$，$G_r = 10$，$L = 13$dB，$P_{r\min} = 10^{-7.5}$W，$P_{t\min} = 10^{-9}$W

计算出：$R_{r\max} = 708.4$km，$R_{t\max} = 50.1$km。

由于 $R_{r\max} > R_{\max S_r}$，$R_{t\max} > R_{\max S_t}$，所以我方的探测距离为 40.8km，敌方的探测距离为 26.5km。

（2）$R_{\max S_r} = 4.1(\sqrt{H_r} + \sqrt{H_t}) = 4.1 \times (\sqrt{1000} + \sqrt{30}) = 152.1 \text{（km）}$

$R_{\max S_t} = 4.1(\sqrt{H_a} + \sqrt{H_t}) = 4.1 \times (\sqrt{4} + \sqrt{1000}) = 137.9 \text{（km）}$

由于 $R_{r\max} > R_{\max S_r}$，$R_{t\max} < R_{\max S_t}$，所以我方的探测距离为 152.1km，敌方的探测距离为 50.1km。

（3）$R_{\max S_r} = 4.1(\sqrt{H_r} + \sqrt{H_t}) = 4.1 \times (\sqrt{20} + \sqrt{1000}) = 148.0 \text{（km）}$

$R_{\max S_t} = 4.1(\sqrt{H_a} + \sqrt{H_t}) = 4.1 \times (\sqrt{1000} + \sqrt{20}) = 148.0 \text{（km）}$

由于 $R_{r\max} > R_{\max S_r}$，$R_{t\max} < R_{\max S_t}$，所以我方的探测距离为 148.0km，敌方的探测距离为 50.1km。

雷达侦察方程实际运用时还要考虑大气衰减、地面反射等因素的影响。造成电磁波衰减的主要原因是大气中存在氧气和水蒸气，使一部分照射到这些气体微粒上的电磁波能量被吸收变成热能消耗掉，一般说来，如果电磁波的波长超过 30cm，则电磁波在大气中传播时的能量损耗很小，在计算时可以忽略不计。而当电磁波的波长较短，特别是在 10cm 以下时，大气对电磁波产生明显的衰减现象，而且波长越短，大气衰减就越严重。当雷达或侦察设备附近有反射面（地面或水面）且雷达波束能投射到反射面上时，侦察接收机接收到的信号将是雷达辐射的直射波与反射波的合成。由于分米波及更长波长的雷达工作频率低且天线的波束宽度较宽，所以受地面反射影响较大。而厘米波及更短波长的雷达，由于工作频率高且天线的波束宽度较窄，所以受地面反射的影响较小，一般可以不予考虑。

雷达天线的主瓣一般比较窄，而且雷达波束又往往进行扫描，这就使侦察设备发现雷达信号很困难。为了提高侦察设备发现雷达信号的概率、增加接收信号的时间、提高发现目标的速度，可以利用雷达波束的旁瓣进行侦察。这就要求侦察设备有足够高的灵敏度。

雷达以强功率向空间发射电磁波，遇到目标或不均匀媒质就会产生散射。散射侦察就是通过接收大气对流层、电离层、流星余迹等散射的雷达电磁波实现对雷达的侦察。采用散射侦察可以实现超视距侦察，这也要求侦察设备有足够高的灵敏度。

2. 预警时间长

这表现在两方面：一是侦察作用距离比雷达作用距离远，从而比雷达发现目标早，可以提前告警；二是在监视敌人来袭导弹时，如果用雷达来监视，则只能在导弹发射之后才能发现和跟踪导弹，导弹的雷达有效反射面积很小，难以发现跟踪，特别是对付高速导弹，预警时间会更短。用侦察机监视敌导弹的发射，则可以在导弹发射之前几十分钟甚至更长时间获得敌人发射导弹的信息。这是因为导弹发射前，雷达早已开始工作，为导弹的发射做准备。

3. 隐蔽性好

向外界产生的信号辐射，容易被敌方的信号侦察设备发现，这样不仅会造成信息泄露，甚至可能招来致命的攻击。辐射信号越强越容易被发现，也就越危险。从原理上说，雷达侦察只接收外界的辐射信号，因此具有良好的隐蔽性和安全性。

4. 获取的信息多而准

雷达侦察所获取的信息直接来源于雷达的发射信号，受其他环节的"污染"少，信噪比高，因此信息的准确性较高。雷达侦察本身的宽频带、大视场特点又广开了信息的来源，使雷达侦察的信息非常丰富。雷达信号细微特征分析技术，能够分析同型号不同雷达信号特征的微小差异，建立雷达"指纹"库。

雷达侦察也有一定的局限性，如情报获取依赖雷达的发射，在信号处理上，无先验知识可用等。因此，完整的情报保障系统仍然需要有源、无源多种技术手段配合，取长补短，才能更有效地发挥作用。

（四）雷达侦察设备的基本组成

典型雷达侦察设备的基本组成如图 2-1-5 所示。

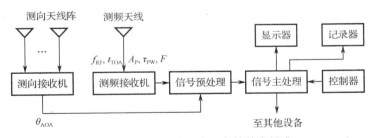

图 2-1-5　典型雷达侦察设备的基本组成

接收系统要有效地接收信号。首先要有接收天线。因为不知道信号将从什么方位进入，接收天线原则上是全向的，同时还因为不知道信号的频率，天线的工作频率范围又应当是很宽的。这样实际上也将使可供使用的天线的性能很差。因此，通常可采用多个具有方向性的天线组成一个天线阵来完成这个功能。在雷达工作的频段，可供这样使用的天线有三种：一是喇叭天线；二是平面螺旋天线；三是宽带多波束透镜天线。早期雷达告警侦察多采用前两种，现代雷达告警侦察则基本上使用第三种。

宽带多波束透镜天线常采用罗特曼（Rotman）透镜，它是一种典型的由集中参数馈电网络构成的多波束天线阵，如图 2-1-6 所示。它由天线阵、变长馈线（Bootlace 透镜区）、输出阵、聚焦区和波束口等组成。输出阵位于聚焦区左侧轮廓线上，波束口位于聚焦区右侧轮廓线上。每个天线单元都是宽波束的，由天线阵输入口到波束口之间的部分组成罗特曼透镜，罗特曼透镜包括两个区域：聚焦区和 Bootlace 透镜区。当平面电磁波由 θ 方向到达天线阵时，各天线阵的输出信号为

$$S_i(t) = S(t)\mathrm{e}^{\mathrm{j}\phi_i(\theta)}, \quad \phi_i(\theta) = \frac{2\pi}{\lambda} id\sin\theta \qquad i = 0,1,2,\cdots,N-1 \qquad (2\text{-}1\text{-}16)$$

式中，d 为相邻天线的间距。连接各天线阵到聚焦区的可变长馈线等效电长度为 L_i，对应的相移量为

$$\psi_i = \frac{2\pi}{\lambda} L_i \qquad i = 0,1,2,\cdots,N-1 \qquad (2\text{-}1\text{-}17)$$

由聚焦区 i 到输出口 j 的等效路径长度为 $d_{i,j}$ 的相移量为

$$\phi_{ij} = \frac{2\pi}{\lambda} d_{i,j} \qquad i,j = 0,1,2,\cdots,N-1 \qquad (2\text{-}1\text{-}18)$$

罗特曼透镜通过对测向系统参数 d、N、$\{L_i\}_{i=0}^{N-1}$、$\{d_{i,j}\}_{i,j=0}^{N-1}$ 的设计和调整，使 j 输出口的天线振幅方向图函数 $F_j(\theta)$ 近似为

$$F_j(\theta) = \left| \sum_{i=0}^{N-1} \mathrm{e}^{\mathrm{j}\phi_i(\theta)+\psi_i+\phi_{i,j}} \right| \approx \left| \frac{\sin\frac{N\pi}{\lambda}(\theta-\theta_j)}{\frac{\pi}{\lambda}(\theta-\theta_j)} \right| \qquad j = 0,1,2,\cdots,N-1 \qquad (2\text{-}1\text{-}19)$$

从而使 N 个输出口具有 N 个不同的波束指向 $\{\theta_j\}_{j=0}^{N-1}$。雷达侦察机中的多波束测向难点主要是宽带特性，要求波束指向尽可能不受频率的影响。罗特曼透镜的测角范围有限，一般在天线阵面正向±60°范围内，天线具有一定的增益，也适合作为干扰发射天线。

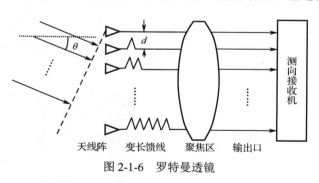

图 2-1-6　罗特曼透镜

测向天线阵覆盖雷达侦察设备的测角范围 Ω_{AOA}，并与测向接收机组成对雷达信号脉冲到达角 θ 的检测和测量系统，实时输出检测范围内每个脉冲的到达角数据（θ）；测频天线的角度覆盖范围也是 Ω_{AOA}，它与测向接收机组成对其他脉冲参数的检测和测量系统，实时输出检测范围内每个脉冲的载频（f_{RF}）、到达时间（t_{TOA}）、脉冲宽度（τ_{PW}）、脉冲功率或幅度（A_{p}）数据，有些雷达侦察设备还可以输出脉内调制数据（F）和极化特征数据，这些参数组合在一起，称为脉冲描述字（PDW），实时交付信号预处理器。

　　信号预处理的过程是将实时输入的脉冲参数与各种已知雷达的先验参数和先验知识进行快速匹配比较，按照匹配比较的结果分门别类地装入各缓存器，对于认定为无用信号的立即剔除。预处理中所用到的各种已知雷达的先验参数和先验知识可以是预先装载的，也可以在信号处理的过程中补充修改。

　　信号主处理的过程是选取预处理分类缓存器中的数据，按照已知的先验参数和知识，进一步剔除与雷达特性不匹配的数据，分选后形成辐射源描述字（EDW），然后对满足要求的

数据进行雷达辐射源检测、参数估计、状态识别和威胁判别等，并将结果提交显示器、记录器、干扰控制设备及其他设备。

显示器、控制器用于侦察机的人机界面处理，记录器用于各种处理结果的长期保存。

（五）雷达侦察设备的主要指标

雷达侦察设备的主要指标有：信号通过时间和信号测量时间、测频精度和频率分辨率、灵敏度和动态范围、测向精度、方位分辨率、参数测量精度、信号截获概率等。

1. 信号通过时间和信号测量时间

这是两个指标，反映接收机对信号响应的快慢，直接影响侦察系统的截获概率和截获时间。信号通过时间是指信号通过接收机的时间。它是指信号从接收机的输入端算起，通过接收机到接收机的输出端的时间延迟，一般以纳秒（ns）为计量单位。典型的接收机信号通过时间为几纳秒至几十纳秒。很显然，接收机内的元部件越少，对信号的变换和处理越少，这个时间延迟就越小。以下两种情况的信号通过时间非常重要：一是我们要通过比较不同信道上信号的时间差来进行某种测量，如用时差法测向，这时纳秒级的时间差也许会产生度级的方位误差；二是信号在通过接收机后还要送出去，而应用又要求不要有明显的时间延迟，如用于回答式干扰。

信号测量时间是指接收机为完成某个信号参数的测量所必需的时间，它反映了接收机对信号接收及处理能力的强弱。为了避免问题的混淆，需要排除两种情况：一种情况是参数本身需要时间才能存在，如雷达的天线扫描周期，要测到它起码要求雷达天线扫描一周，这个时间不由侦察接收机决定；另一种情况是对一个信号的测量不影响对另一个信号的测量。因此，确切地讲，信号测量时间是指接收机为了测量参数或为了向终端设备输送测量参数需要的信息所占用的时间片断的长短，在这段时间内，由于接收机被占用，妨碍了对其他信号的截获、侦收或测量。雷达侦察接收机的典型的信号测量时间从几十纳秒到几微秒。

2. 测频精度和频率分辨率

测频精度是指经过接收机测量后输出的信号的频率值与信号实际的频率值之间的误差。测频精度典型值为 1～1.5MHz。由于是误差，一般就不以某一次测量的特定值来描述，而用多次测量结果的统计值来描述。误差可以是绝对误差，也可以是相对误差；它的表示可以是最大值，也可以是均方根值。采用绝对误差时，测频精度的单位一般用 MHz，而采用相对误差时，测频精度是无量纲的。注意，均方根值并不是误差的方差，如果记均方根值为 σ，方差为 σ_0，均值为 M，那么这三者之间的关系为

$$\sigma^2 = \sigma_0^2 + M^2 \qquad\qquad (2\text{-}1\text{-}20)$$

换句话说，均方根值永远不小于方差。

雷达侦察接收机在宽频带内工作，测频精度显然也是频率的函数，然而，通常在全频段内我们仅用一个值来表示测频精度。对于最大误差，这个值将是全频段内最大的，而对于均方根误差，这个值将是整个频段范围内的均方根。由于测频误差是一个在频段内变动的值，对测频精度的统计描述用均方根误差比最大误差要好一点。

绝对误差和相对误差之间的关系是频率，当接收机工作的频带宽度大时，这个转换将不是简单的倒数关系。对于宽带范围内的测频误差的表示，如果用绝对误差，无疑我们相对地放松了对低频端的要求，而如果用相对误差，无疑我们相对地放松了对高频端的要求。对于频带高低两头频率差距较大的情况，相对误差比绝对误差更能反映设备的测频特性。

频率分辨率是指一个频率间隔，当两个信号的频率间隔大于该间隔时，接收机将把这两

个信号的频率测量成两个不同的频率；反过来，当两个信号的频率间隔小于该间隔时，接收机将把这两个信号的频率测量成同一个频率。频率分辨率一般为 2～5MHz。

3. 灵敏度和动态范围

灵敏度是用来描述一个接收机在多么微弱的信号下能工作的一项技术指标，它是一个最小的信号电平。侦察系统对雷达信号的灵敏度通常为-80dBm 以上。

灵敏度有三种描述方法。第一种方法采用输往接收机输入端的信号功率，用 S_p 来标记，单位是 dBW 或 dBm，它们分别是信号强度相对 1W 或 1mW 的分贝数。用这种办法描述灵敏度，只反映了不包括天线的接收机的灵敏度性能，而实际的接收机总是带天线的。当一个接收机系统有多个天线时，这种方法本身就出现了一些逻辑上的矛盾，不能反映设备的性能。第二种方法采用接收机所在位置的信号能流密度，用 S_w 来标记，这时灵敏度的单位是 dBW/m² 或 dBm/m²，它是电磁波在传播过程中流过单位面积的功率，比第一种描述要科学一点。它反映了包括天线在内的整个接收机系统的性能，特别对具有多个天线的接收机。对于只有一个天线的接收机，如果所用天线的等效口面为 A，则两者之间的关系为

$$S_p = S_w A \tag{2-1-21}$$

第三种方法是第二种的一种变相表示法，它是增益为 0dB 的理想天线处于接收机所在位置时，该天线输出端的信号功率，用 S_i 来标记。如果信号的波长为 λ，则它与 S_w 的折算关系为

$$S_i = S_w \frac{\lambda^2}{4\pi} \tag{2-1-22}$$

能流密度和信号功率都是从接收机天线处考虑的，而事实上，即使接收机天线处灵敏度满足要求，但从接收机天线处到检波输出信号还有一段处理环节，处理结果可能检测不出信号。因此，人们提出了切线灵敏度的概念，它是在检波以后度量灵敏度的。

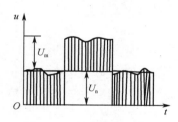

图 2-1-7　切线状态示意图

切线灵敏度是指信噪比达到切线状态时的信号强度。所谓切线状态是指如果把信号加噪声的时间波形加到示波器上进行显示，在信号脉冲存在的时间内，波形的底部恰好与没有信号时的波形的顶部相切，大量的统计实验表明，这时的信噪比基本为 8dB（视频信噪比）。U_n 是噪声幅度，U_m 是信号与噪声幅度之差。切线状态示意图如图 2-1-7 所示。

灵敏度一般都是频率的函数，也就是说，在雷达侦察接收机工作的一个宽频率范围内，灵敏度不是一个常数。以前人们用最低灵敏度（指功率最大）来表示一个频带内的灵敏度，但这并不科学，这是因为接收机的灵敏度并不一定越高越好。灵敏度过高起码有两点不良影响：①进入接收机的信号太多，造成信号处理困难；②在同样性能条件下，信号强度的上限将随灵敏度的增加而减小。接收机的动态仅在 40dB 的量级上，在这种情况下，减少 10～15dB 将是相当可观的损失。我们认为比较好的办法有两种：①同时用最低灵敏度和最高灵敏度两个数值来表示，这一方面指出了灵敏度的高低，同时也指出了灵敏度在整个频带内的起伏；②同时用平均灵敏度和灵敏度变化的方差两个数值来表示，同样指出了灵敏度的高低和起伏。

应用理想传播条件下电磁辐射能量传输的基本公式，由雷达处发射的功率到达侦察设备处的能流密度为

$$S_w = \frac{PG}{4\pi R^2} \tag{2-1-23}$$

例：设要侦收的雷达的发射功率为 20kW，要求侦收的是雷达的主瓣，对应的天线增益为 20dB，要求的侦收距离为 50km，不难算出在理想条件下，侦察接收机的灵敏度应为

$$S_w = -42 \text{dBW/m}^2 \tag{2-1-24}$$

考虑信号极化不匹配和信号传输过程中的额外衰减，对侦察接收机的要求改为

$$S_w = -45 \text{dBW/m}^2 \tag{2-1-25}$$

动态范围是指接收机能正常工作并产生预期输出的整个信号强度允许变化的范围，它是能保持接收机正常工作并产生预期输出的最大信号强度与接收机的灵敏度之比。

动态范围并没有准确地描述接收机允许有多大的信号输入。如果说在两个不同的频点或方位上，接收机的灵敏度相差 10dB，那么对于同一动态范围，该接收机在这两个不同的频点或方位上所允许的最大信号输入也将相差 10dB，在其中某个点上对于接收机仍能正常工作的某个固定的信号强度，在另一个点上不一定能使接收机保持正常工作。

由于动态范围是与接收机对两个强度不同信号的响应有关的一项指标，所以就有几个相关的问题需要讨论。首先是多信号问题，是否强信号、弱信号同时存在，是否有多个强信号同时存在。对于多个信号同时存在的情况，考虑接收机内部信号之间的相互作用，可能会出现强信号压制弱信号的情况，以及产生两个强信号相互干涉或强信号、弱信号混频形成某种虚假的情况，这将使能够保持接收机正常工作并产生预期的输出的最大信号强度限定在一个不太大的量值上。是否允许设备的使用人员调整接收机的状态以分别对付强信号和弱信号。如果允许使用人员操作，那就意味着使用人员可以改变接收机的状态使之分别适用于弱信号或强信号。也就是说，这个意义的动态范围可能大一些。如果不允许使用人员操作，那就意味着在强信号脉冲后紧跟着一个弱信号脉冲或弱信号脉冲后紧跟着一个强信号脉冲，接收机应都能适应或自动地做出快速反应，这个动态范围当然比一般意义的动态范围要小一点，称为瞬时动态范围。

动态范围的要求来自对信号环境的分析，假设接收机要侦收的雷达的功率是 1～2000kW，它所占的范围为 33dB；雷达天线的增益从主瓣顶点算到旁瓣为 40～45dB，它所占的范围为 45dB；将这两个因素合起来，等效辐射功率所占的范围为 78dB；如果再考虑要侦收的雷达到侦察接收机的距离变化范围为 10～300km，信号的强度与距离的平方成反比，由此引起的动态为 30dB；它们的总和将要求一个较完善的动态范围为近 110dB。如果要求接收机的动态范围是多信号动态范围，则这样一个值早已远远超出现实所能达到的水平。因此，必须分别规定一般意义的动态范围、瞬间动态范围和多信号动态范围。动态范围的典型值是：一般动态范围为 80dB、瞬时动态范围为 45dB、多信号动态范围为 25dB。

4. 测向精度

测向精度是指接收机对辐射源信号相对于接收机的方向进行测量时，测出的信号方向与实际的信号方向之间的误差。这个误差一般用角度的绝对量来表示，它的单位为度（°），当用最大误差来计量时，用 $\delta\theta$ 来表示，当用均方根误差来计量时，用 $\sigma\theta$ 来表示。

作为电子对抗的接收机，在宽频带范围内工作，信号又比较复杂，较难把测向精度做得很高，目前一般设备的测向精度均方根误差的典型值大约是：粗分区为 15°，一般测向为 3°～5°，精测向为 1°。

5. 方位分辨率

方位分辨率是指一个角度间隔，当两个信号的进入方向之间的夹角大于该间隔时，接收机将把这两个信号的进入方向指示或测量成两个不同的角度；当两个信号的进入方向之间的

夹角小于该间隔时，接收机将把这两个信号的进入方向指示或测量成同一个角度。方位分辨率的单位是角度的绝对单位，一般为度（°）；方位分辨率用 θr 来表示。方位分辨率一般与测向精度在同一个数量级上，侦察接收机的典型的方位分辨率目前为几度。

注意，当两个信号的进入方向之间的间隔大于方位分辨率时，接收机把它们测成两个不同方向的信号的概率大于二分之一，而当两个信号的进入方向之间的间隔小于方位分辨率时，接收机把它们测成两个不同方向的信号的概率小于二分之一。

6. 参数测量精度

接收机可能对雷达信号的多种参数进行测量，除了前面论述的频率和方位测量外，最常见的是对信号的脉冲重复频率或重复周期的测量，以及对脉冲宽度的测量。所有的测量都有相应的测量精度。

脉冲重复频率是指对脉冲在时间轴上均匀连续出现的信号在单位时间内的脉冲数，当这个单位时间取值为 1s 时，脉冲重复频率的单位就是 Hz。脉冲重复周期是指对脉冲在时间轴上均匀连续出现的信号两个相邻脉冲之间的时间间隔，单位一般是 μs。这样，这两个物理量的意义是同等的，它们的乘积是一个常数：1 000 000。在雷达对抗领域内，我们测量的脉冲重复频率或脉冲重复周期有一个相当大的值域范围，上下限可相差 100 倍以上。计量脉冲重复频率的精度（测重频精度）为

$$\delta F = u_1 + \frac{F^2}{F_c} \qquad (2\text{-}1\text{-}26)$$

式（2-1-26）表示脉冲重复频率的绝对最大误差值。它由两部分组成，前半部分为 u_1，表示显示精度；后半部分是计钟误差引起的测重频误差，F_c 为计量的时钟频率。如果 $F_c = 1\,\text{MHz}$，$u_1 = 0.1\text{Hz}$，当 $F = 200\text{Hz}$ 时，测重频精度为 0.14Hz；当 $F = 5\,\text{kHz}$ 时，测重频精度为 25.1Hz，可见，测重频精度是一个随重频变化的量。

脉冲宽度的计量精度是指接收机测得的脉冲宽度与实际的信号脉冲宽度之间的差，一种表示方法是脉冲宽度的绝对误差的最大值：

$$\delta \tau = 0.1 + 0.05\tau \qquad (2\text{-}1\text{-}27)$$

式（2-1-27）表示绝对误差，但包含了一定量的相对误差，其单位是 μs。

7. 信号截获概率

信号截获概率是指当目标和接收机都处于工作状态时，在一个给定的时间内，接收机能够截获信号的概率。当侦察接收机是宽开体制时，原则上应该是不存在信号截获概率这一问题的，但是实际上，我们不能说信号截获概率仅仅是针对搜索接收机而言的。对于全宽开的接收机，至少有三种情况需要考虑：①信号在时间上重合造成某种意义的丢失，使信号截获概率不到 100%；②存在强信号在一段时间内压制弱信号，造成信号丢失，使信号截获概率不到 100%；③信号处理要求一定时间长度的信号，但是灵敏度或接收机控制方面的问题使信号真正进入的时间长度不够，从而使信号截获概率不到 100%。在这三种情况下，概率都与信号或信号环境有关，接收机本身不能完全确定截获概率的值。对于信道化接收机，信号有可能落在具体信道窗口的边缘，每个窗口越小，相对落在边缘上的概率就越大，信号落在边缘上时所造成的信号失真有可能造成信号丢失，使信号截获概率不到 100%。因此，即使是全宽开的接收机，也是非常不容易做到截获概率 100% 的。

根据信号截获概率的定义，我们首先应当明确什么是信号被截获，它是指收到一个信号脉冲，还是指收到数量足以完成提取某种信息的一串脉冲，或者是指收到强度足够满足某种

测量精度的信号脉冲；在大多数情况下，我们可以简洁地理解为收到几个脉冲，据此足以正常测出信号的最基本的参数，如载频、重频和脉宽（脉冲宽度）。其次，我们要明确在多长的一段时间内截获。它可以是绝对时间，如 1min；也可以是相对时间，如雷达的一次照射。这里不提时间的信号截获概率是没有意义的。很显然，如果信号是连续稳定的，对 1min 而言，假定信号截获概率为 15%，那么，同样的设备，对于 10min，信号截获概率为

$$1.00 - (1.00 - 0.15)^{10} \approx 0.8031 = 80.31\% \qquad (2\text{-}1\text{-}28)$$

而对于 1h，信号截获概率为

$$1.00 - (1.00 - 0.15)^{60} \approx 0.9999 = 99.99\% \qquad (2\text{-}1\text{-}29)$$

接收机无疑都是用来接收信号的，因此当然都希望信号截获概率是高的，所以信号截获概率的值一般都应该是 90% 或更高。不同接收机仅仅体现在上面所说的时间制约上。对于告警接收机，典型值是百毫秒级的，对于 ESM，典型值可以达到秒级，而对于 ELINT，典型值有时可以允许到分钟级或多次目标对象对侦察接收机的照射。

截获概率是指雷达侦察系统在空域、频域和时域截获辐射源辐射信号的概率。截获概率与检测概率不同，检测概率主要由侦察系统的门限电平所决定。因此，雷达侦察系统要正常工作，必须同时满足截获概率和检测概率的要求。

8. 测角范围 Ω_{AOA}、瞬时视野 Ω_{IAOA}、角度搜索概率 $P_{A(T)}$ 和搜索时间 T

Ω_{AOA} 是指测向系统能够检测辐射源的最大角度范围（测角范围），Ω_{IAOA} 是指在给定时刻测向系统能够测量的角度范围。$P_{A(T)}$ 是指测向系统在给定的搜索时间 T 内，可测量出给定辐射源角度信息的概率。搜索时间 T 是指对于给定辐射源，达到给定搜索概率 $P_{A(T)}$ 所需要的时间。对于搜索法测向，Ω_{IAOA} 仅对应于波束宽度，Ω_{AOA} 则为波束的扫描范围，$P_{A(T)}$ 和搜索时间 T 取决于双方天线的扫描方式和扫描参数；对于非搜索法测向，$\Omega_{IAOA}=\Omega_{AOA}$，只要侦收信号功率高于灵敏度，测向系统就可以测定辐射源角度。

9. 处理同时到达信号的能力

随着电子对抗信号环境中辐射源数目的增加及高重复频率脉冲多普勒雷达的出现，脉冲重合的概率大大增加，对现代电子对抗系统提出了处理同时到达信号的要求。随着信号流密度的增加（辐射源数目和平均脉冲重复频率的增加），处理同时到达信号的能力将越来越重要。

同时到达信号是指两个脉冲的前沿时差 $\Delta t < 10ns$ 或 $10ns < \Delta t < 120ns$，前者称为第一类同时到达信号，后者称为第二类同时到达信号。信号环境日益密集，两个以上信号在时域上重叠概率日益增大，这就要求测频接收机能对同时到达信号的频率分别进行精确测量，而且不得丢失其中的弱信号。

10. 分析带宽

分析带宽是指接收机检波前的瞬时带宽，但对于不同的接收机，分析带宽有不同的含义。例如，搜索式超外差接收机的分析带宽是指中频带宽；信道化接收机的分析带宽是指每个信道的带宽；宽开式晶体视频接收机的分析带宽则是指视频带宽。在雷达侦察系统中，分析带宽与辐射源信号的带宽往往不"匹配"，通常大于信号的带宽。这是因为雷达侦察系统必须对不同脉宽的信号进行分析（大多数信号脉宽为 0.1～100μs）。为防止所接收的信号产生严重失真，在选择分析带宽时，必须保证分析带宽大于或等于最窄脉冲信号所对应的信号带宽。瞬时带宽典型值为 240～1000MHz。

11. 信号参数的检测、分选和识别能力

雷达侦察接收机输出的信号一般是交叠在一起的随机脉冲信号流。要从这种复杂的信号

流中获取有关辐射源的参数，首先要去交错，然后再进行参数测量、识别和分类。因此，信号的检测、分选和识别能力是现代电子侦察系统的一个关键技术指标。

12. 对辐射源天线特性的分析能力

天线特性包括天线的极化形式、波束宽度和形状、扫描特性等。进行波束扫描特性分析的基础是信号幅度的测量。

（六）雷达侦察技术的发展现状和趋势

1. 发展现状

当前雷达侦察技术的发展现状如下。

（1）对辐射源信号的截获概率降低。一方面，随着雷达等电子设备的工作频率不断向频谱高端发展，以及各种新体制雷达辐射源的出现，侦察装备的信号环境高度密集，很容易导致雷达对抗侦察装备接收机前端的信号堵塞；另一方面，雷达对抗侦察装备落后。目前的雷达对抗侦察装备设计时间都比较早，装备改进的速度始终赶不上雷达等相关技术的发展速度。

（2）参数测量能力不足。现有雷达对抗侦察装备主要侦收雷达辐射源的全脉冲数据 PDW，通过分析 PDW 得出雷达辐射源的频率、方位、脉冲周期及辐射源功率，在现代复杂电磁环境下，仅依靠这些参数，并不能完整描述现代雷达辐射源的特性。先进的雷达对抗侦察装备，已经能够实现对雷达辐射源脉冲信号的指纹识别、对辐射源信号脉内特征参数的测量、对电磁波极化参数的测量等。

（3）信号处理能力不足。一是雷达辐射源信号的复杂度明显增加，现有的信号处理算法，对复杂信号的适用性差，或者根本不能处理复杂信号，这直接导致雷达对抗侦察装备侦察前端虽然能够接收到信号，但信号处理机却没有输出。二是雷达对抗侦察装备信号处理机的硬件平台无法满足需求。信号环境中的信号数量大幅度增加，要实现雷达对抗侦察装备的实时信号处理，需要高速的信号处理芯片和高速的信号传输总线。而目前的雷达对抗侦察装备信号处理机的信号处理芯片和总线均无法满足要求。

2. 发展趋势

针对以上不足，今后雷达侦察技术的发展趋势如下。

（1）向辐射源参数精细分析和辐射源个体识别发展。

为适应日益严峻的电子战环境，新一代雷达对抗侦察装备除继续检测 PDW 参数外，还必须具备较强的雷达信号脉内分析能力、天线扫描波束分析能力和辐射源信号的指纹识别能力。脉内分析的主要目的是实现脉内不同调制类型信号的自动区分与识别，并检测出相应的脉内调制参数。通过脉内调制特征分析，不仅有利于更全面地描述雷达信号，提高信号分选与识别的准确率，而且能够了解对方雷达的用途与性能，还可以向我方干扰机甚至反辐射武器提供更准确的敌方雷达参数，从而提高对敌干扰和摧毁的效果。

天线扫描波束的分析，可以为雷达对抗干扰提供很多可利用的参数，如雷达辐射源天线的扫描周期、波束宽度。

对辐射源信号的指纹特征参数分析，可以获得不同辐射源信号的指纹特征参数库，在雷达对抗侦察中成为辐射源个体识别的重要依据。

（2）雷达对抗侦察与 ELINT 系统一体化。

可充分发挥双方的优势，大大增强整体作战性能。雷达对抗侦察装备准确隐蔽地测定雷达辐射源位置和信号特征参数，处理的结果直接供 ELINT 系统使用。

雷达对抗侦察中的告警侦察功能与支援侦察功能也可综合应用。因为战场雷达信号环境日趋复杂，现代雷达告警侦察系统的结构也越来越复杂，其功能几乎与现代雷达支援侦察系统的功能相同，因此完全可以把这两种功能综合在一起，使一个系统同时能完成告警和侦察两种功能，从而大大提高系统的作战效能，典型的系统如美国海军通用型模块组合式舰载电子对抗系统 SLQ-32V 系列。

（3）自动化程度不断提高。

广泛采用先进的计算机技术和基于人工智能的信号处理技术，如神经网络算法、遗传算法、深度学习理论等，使侦察装备具有自适应和自学习的能力，能够对侦察装备侦测到的辐射源信号特征参数实现计算机自动、实时、准确处理，大幅度提高整个系统的自动化程度，减少人工操作，提高装备的整体作战能力，以具备更好的实时能力、自适应能力和全功率管理能力。

（4）具备战术态势评估功能。

把雷达侦察功能扩展成为战术态势评估功能，即在雷达侦察系统中采用较复杂的数据融合等新技术，把来自各种传感器的信息进行综合、合成、关联和评估，最终以战场态势图像的形式显示给指挥员，使他们能实时地掌握战场环境态势，并能自动地根据威胁环境，控制平台上数量有限的雷达诱饵的投放时机和投放数量，以对付敌方的末段攻击。

五、雷达干扰概述

（一）雷达干扰的任务与分类

1. 任务

雷达干扰是雷达对抗的软杀伤手段，其基本任务是：利用雷达干扰系统、专用电子干扰飞机、机载自卫性电子干扰系统及电子干扰无人机等，对敌方雷达和雷达导引头实施电子干扰。其主要任务如下。

（1）在进攻作战中对敌实施干扰。

用雷达干扰设备干扰敌方的舰载警戒雷达、截击雷达、目标指示雷达及空中预警机雷达，破坏它们对目标的探测、跟踪和引导能力，使敌作战指挥系统因缺乏情报而难于做出正确的判断，以掩护己方水面舰艇编队完成进攻作战任务；干扰敌方的炮瞄雷达、导弹制导雷达，破坏其对目标的跟踪和制导能力，降低武器的命中率，以保障己方舰艇的安全。

（2）在防御作战中实施干扰压制。

特别是在防空作战中，对敌空袭兵器的轰炸瞄准雷达、导航雷达和导弹制导雷达等实施有效的干扰压制，使敌空袭兵器丧失轰炸瞄准、导航和导弹制导能力，降低其攻击的命中率，从而瓦解敌空中进攻态势，确保己方被掩护目标的安全和防空作战的胜利。

（3）保护作战平台自身安全。

将作战平台上的自卫性舰艇雷达干扰系统与舰艇雷达告警侦察系统组合在一起，对敌威胁雷达辐射源进行快速截获、参数测量和目标识别，确定威胁等级，并实时地自动或人工引导舰艇雷达干扰设备对最具威胁的雷达辐射源实施干扰、欺骗或采取其他战术对抗措施，使作战平台免遭敌兵器的攻击而确保平台自身的安全。

（4）与其他主战兵器结合使用。

这种联合为主战兵器开辟一条由电子干扰信号构成"电子屏障"的安全攻击通道，使主战兵器产生"力量倍增"的效果。

因此，雷达干扰既是雷达对抗的进攻性手段和积极的防御手段，又是现代高技术兵器的重要组成部分，无论在进攻和防御作战或掩护主战兵器的突防中，雷达干扰都将得到广泛的应用，并对战争的胜负起着重要的作用。

2. 分类

雷达干扰的分类如下。

（1）按照干扰能量的来源分。有源（Active）干扰是指其干扰能量由雷达发射信号以外的其他辐射源产生。无源（Passive）干扰是指利用物体对雷达电磁波的二次辐射产生的杂波或减弱目标对雷达电磁波的反射。

（2）按照干扰信号作用的原理分。遮盖性干扰是指在雷达接收机中干扰背景与目标回波叠加在一起，使雷达难以从中检测目标信息。欺骗性干扰是指在雷达接收机中干扰信号与目标回波信号难以区分，以假乱真，使雷达不能正确地检测目标信息。

（3）按照雷达、目标、干扰机的空间位置分。远距离支援干扰（SOJ）是指干扰机远离雷达和目标，通过辐射强干扰信号掩护目标。干扰信号主要是从雷达天线的旁瓣进入接收机的，其采用遮盖性干扰。随队干扰（ESJ）是指干扰机位于目标附近，通过辐射强干扰信号掩护目标。干扰信号是从雷达天线的主瓣（ESJ与目标不能分辨时）或旁瓣（ESJ与目标可分辨时）进入接收机的，可以采用遮盖性干扰。空袭作战中的ESJ往往略领先于其他飞机，进入危险区域时的ESJ常由无人驾驶飞行器担任。

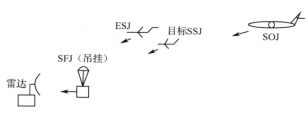

雷达、目标和干扰机的空间位置关系如图2-1-8所示。

自卫干扰（SSJ）是指干扰机位于目标上，干扰的目的是使自己免遭雷达威胁。干扰信号是从雷达天线主瓣进入接收机的。近距离干扰（SFJ）是指干扰机到雷达的距离领先于目标，通过辐射干扰信

图2-1-8　雷达、目标和干扰机的空间位置关系

号掩护后续目标。SFJ主要由投掷式干扰机和无人驾驶飞行器担任。

（二）对雷达进行有效干扰的条件

所谓有效干扰，是指己方采取主动干扰以后，能够达到期望的干扰结果。这个干扰结果与压制干扰和欺骗干扰是不同的。对压制干扰来说，由于其干扰的对象主要是搜索警戒雷达或跟踪雷达的搜索阶段，而此时雷达的主要任务是发现目标，因此，压制干扰的主要目的是降低雷达对目标的发现概率。为了定量描述，在采用压制干扰后，在一定的虚警概率条件下，雷达的发现概率下降到0.1以下，就称为对雷达的压制干扰有效，此时的干扰为有效干扰。对欺骗干扰来说，由于其干扰的对象主要是跟踪雷达，干扰的结果体现在雷达对目标的跟踪产生了速度误差、距离误差或角度误差，因此，在采用干扰后，能使跟踪雷达对目标的跟踪产生一定的速度误差、距离误差或角度误差，就称为对雷达的欺骗干扰有效，此时的干扰为有效干扰。

当今世界上，雷达干扰机种类繁多。这些干扰机对雷达实施有效干扰必须满足的基本条件概括起来有如下4条。

（1）干扰机发射的干扰信号的频率必须对准雷达的工作频率，使干扰功率能进入雷达接收机。对噪声干扰来说，干扰信号的频谱还必须覆盖雷达的工作频带；对常规脉冲雷达来说，雷达工作在一定的射频频率，并且其发射信号有一定的频谱宽度。雷达接收机中有一窄带中频滤波器，使得雷达信号能被接收，而滤除滤波器频带外的噪声，干扰噪声与雷达信号及滤波器的关系如图2-1-9所示。图2-1-9中，干扰机发射的噪声中心频率瞄准了雷达信号的中心

频率，噪声频谱覆盖了雷达接收机的滤波器带宽。因此，干扰信号同样被雷达接收机接收，构成了有效干扰的必要条件。

（2）干扰天线主波束要对准雷达且干扰信号功率必须足够大，使得经过雷达处理的干扰信号强度大于或等于雷达目标回波信号的强度。这样在雷达显示器上的目标就被淹没在干扰信号中了，雷达操作员在显示器上看不到目标回波信号，或者只看到假目标信号。如果雷达是自动录取信号或跟踪回波信号，那么由于干扰信号比目标回波信号强，所以不能录取回波信号，也不能对目标回波信号进行跟踪。

（3）干扰信号发射的时间要合适且足够长。以一般噪声干扰为例，对每个雷达脉冲信号，干扰信号要在雷达目标回波回到雷达之前开始干扰并持续到目标回波到达雷达之后一段时

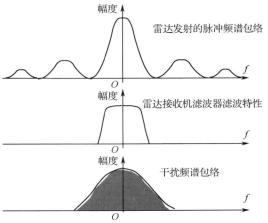

图 2-1-9 干扰噪声与雷达信号及滤波器的关系

间，如图 2-1-10（a）所示。若雷达在接收到目标回波之前首先收到干扰信号，而且比目标回波还强，那么操纵员就无法从 A 型显示器上看到目标；若干扰时间足够长、干扰能量足够大，就能使雷达在一定角度范围内无法发现目标，此时会在雷达的平面位置显示器（PPI 显示器）上形成一定的干扰扇面，如图 2-1-10（b）所示，雷达操作员就不能判断目标在什么方位、什么距离上出现。

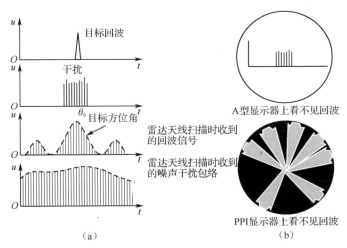

图 2-1-10 合适的干扰时间使雷达不能判断目标的距离和方位

（4）干扰信号要有合适的干扰样式（又称干扰技术）。所谓干扰样式是干扰信号的幅度调制、相位调制或幅度和相位的联合调制，或干扰信号发射的时间进行一定改变（称为时间调制），使雷达收到这些干扰信号后在显示器上产生按一定规律变化的干扰信号，以淹没目标或对雷达操纵员进行欺骗，使他分不出真假目标，或者破坏雷达对目标的跟踪。前者称为压制性干扰或噪声干扰，后者称为欺骗性干扰。当前干扰系统都以噪声干扰和欺骗性干扰两种模式工作。噪声干扰一般采用连续波方式工作，而欺骗干扰则采用脉冲方式工作。

① 噪声干扰。

所谓噪声是杂乱无章的电信号，所以又称杂波。但为了与地面、海面杂乱反射的回波相区别，我们称之为"噪声"。噪声干扰是一种类似接收机内部噪声的干扰信号。它通常是用低频噪声对微波信号进行调频、调相、调幅或三者兼而调制而产生的。也可用微波噪声产生器直接在微波段产生噪声，经放大后发射出去对雷达进行干扰。噪声干扰信号进入雷达接收机内与热噪声类似，雷达接收机无法消除它。此外，噪声干扰信号中的低频部分还可以在雷达接收机内形成杂乱脉冲，使得雷达接收机检测不出目标回波。这种干扰对多种雷达的各种工作状态均起到有效的压制干扰作用。

图 2-1-11　雷达显示器在强干扰情况下的典型画面

对用荧光屏来观察目标的雷达（警戒雷达、目标指示雷达和大部分处于搜索状态的火控雷达），在噪声干扰情况下的干扰强度分为三级：一级干扰强度是指雷达受干扰后并不影响对目标的检测观察，只是荧光屏上有些麻点；二级干扰强度是指荧光屏上干扰比较强，但有经验的观测员仍能从干扰背景中发现目标；三级干扰强度是指荧光屏上干扰严重，目标完全被淹没，任何观察员都发现不了目标。雷达显示器在强干扰情况下的典型画面如图 2-1-11 所示。

② 欺骗性干扰。

欺骗性干扰又称模拟性干扰，它是利用干扰发射机发射与目标回波信号相同或相似的干扰信号，使雷达分不清真、假目标，或者将干扰误认为目标。模拟干扰施放后，不易被对方发现，因此，干扰迷惑性很强。

在欺骗性干扰中，按其手段可分为主动和被动两种。主动欺骗干扰也称引导式干扰，是指干扰设备中无侦察接收雷达信号设备而发射的干扰信号；被动欺骗干扰也称转发式干扰，是指在接收到敌方雷达某种信号之后，转发与雷达信号频率相同（或接近）而且经过虚假信号调制的干扰信号，使敌方雷达得到错误的方向、距离和速度等信息，这种干扰迷惑性强，设备简单，功率利用率高。

（三）雷达干扰设备的基本组成

现代雷达机的作战对象是一个复杂的威胁雷达网。为了合理、有效地对抗各种威胁雷达，在一部干扰机中可能含有多种干扰资源（能够按照控制命令产生干扰信号的设备称为干扰机），它们在干扰决策、干扰资源管理设备的控制下协调、有序地工作。针对动目标的有源干扰，还涉及角跟踪问题，所谓角跟踪就是指干扰天线的干扰角始终对准威胁雷达辐射源的过程。干扰机的基本组成如图 2-1-12 所示。

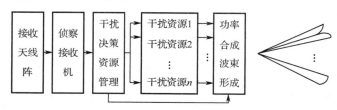

图 2-1-12　干扰机的基本组成

根据干扰信号的产生原理，干扰资源主要分为引导式干扰资源和转发式干扰资源两类，如图 2-1-13 所示。

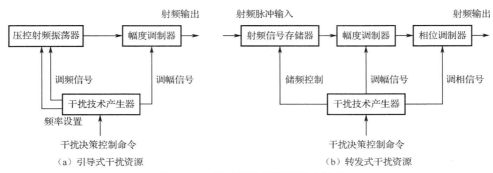

图 2-1-13   雷达干扰资源的基本组成

引导式干扰资源的信号来自自身的压控射频振荡器（VCO），干扰技术产生器根据干扰决策控制命令中的载频设置命令，控制压控射频振荡器振荡的中心频率；根据调频信号的设置命令，产生相应的交变波形和波形参数，使压控射频振荡器的振荡频率在中心值附近产生相应的变化；根据调幅信号的设置命令，干扰技术产生器输出相应的调幅波形和波形参数，通过幅度调制器，产生干扰信号的幅度变化；功率合成与干扰波束形成网络可能是多个干扰资源所共用的，它可根据决策命令在指定的时间里、在指定的方向上辐射出大功率的干扰信号。和压控射频振荡器不同，频率综合器是一种通用的数字控制的微波信号源，它所输出的信号频率完全由控制码决定。一般频率稳定度比较高，频率变化的步长小（有的可达 1Hz 以下）。当前综合器作为干扰频率源用得还不多，其原因主要是锁相综合器速度慢，直接频率合成器成本太高。随着技术的发展，直接频率合成器会用得越来越多。

转发式干扰资源主要用于自卫干扰，它的信号来自接收到的雷达照射信号，经过射频信号存储器（RFM），将短暂的雷达射频脉冲保存足够长的时间，再经过时延、幅度和相位的干扰调制，由功率合成与干扰波束形成网络转发给雷达接收天线和接收机。干扰技术产生器的作用是根据时延、幅度和相位的干扰决策命令，产生相应的时延、幅度和相位调制信号。

射频信号存储器就是把雷达信号频率保存起来，即可用储频环存储，也可用数字射频存储器存储。储频环的原理框图如图 2-1-14 所示。储频电路工作开始时微波开关 1 端、3 端接通；当频率为 f_s 的雷达信号来到后，经过 Δt 时间，开关转换到 2 端、3 端接通。于是环路内就有频率为 f_s 的信号存在并有热噪声存在。信号经分路、时延循环到放大器的输入端，在 f_s 不等于储频系统固有频率的情况下，反馈回来的信号幅度大，但相位不是 2π 的整数倍，使信号频谱有所展宽，多次循环的结果，使得储频环与 f_s 最靠近的固有振荡频率上建立主振荡。建立起来的振荡频率与外输入信号频率之差最大为固有振荡频率间隔的二分之一。这就意味着在储频回路内把雷达信号频率存储起来。这也是这种回路称为储频环的缘故。需要说明一点，这种回路频率存储的时间是有限的。其原因是与激起的固有振荡同时存在的还有噪声，以及远离信号频率的其他固有频率存在。这些噪声和固有频率信号虽小，但它们的闭环增益却大于 1。环路在整个频带内闭环增益不平坦，在小信号环路增益比信号频率 f_s 附近的环路增益大的固有频率上的噪声分量会慢慢增强，最后在这些频率上建立起振荡而把原来已建立的与之相差不到二分之一频率间隔的信号抑制掉。

数字射频存储（DRFM）的基本思路是对射频信号进行采样，把采得的信号的幅度进行量化变成数字样本，存入高速存储器内。使用时再从高速存储器内把样本码取出，经数模转换、滤波后得到原保存的信号。这种数字射频存储器的原理框图如图 2-1-15 所示。与储频环类似，数字射频存储器具有储频速度快，在其工作频带内不需要调谐的特点。

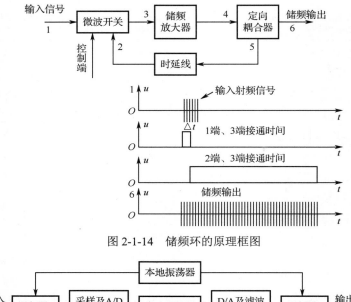

图 2-1-14　储频环的原理框图

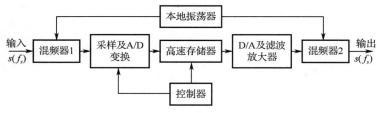

图 2-1-15　数字射频存储器的原理框图

干扰资源决策管理主要通过功率管理计算机来实现。现代干扰机都具有同时对多部雷达进行有效干扰的能力。从雷达工作原理可知，使雷达工作受到破坏不一定要对该雷达连续地施放干扰。只要在雷达回波脉冲前后一定时间内施放干扰即可产生很好的干扰效果，这就是通常说的覆盖脉冲干扰。所谓覆盖脉冲是指产生一个比较宽的干扰脉冲，把目标回波盖在干扰脉冲的中间。对自卫式干扰，覆盖脉冲比较窄就可以产生很好的干扰效果，足以破坏跟踪雷达对目标的跟踪。这样，在逐个脉冲干扰的基础上就可以同时对多部雷达实施有效的干扰。功率管理技术就是指以准确的频率、准确的方位、恰当的时间和最佳的干扰样式同时对多部雷达实施有效干扰的技术。在逐个脉冲干扰的基础上对多部雷达同时干扰的原理如图 2-1-16 所示。经过分选后，干扰机可以根据起始脉冲、雷达的重复周期预计雷达脉冲到达的时间。在预计的脉冲到达时刻之前的一定时间，即将干扰参数调整好，施放一定宽度和样式的脉冲干扰信号。

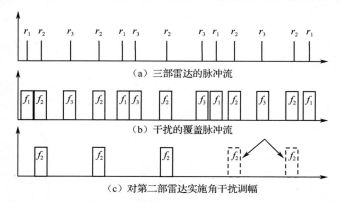

图 2-1-16　在逐个脉冲干扰的基础上对多部雷达同时干扰的原理

如图 2-1-16（a）所示为三部雷达的脉冲流，分别用 r_1、r_2、r_3 表示脉冲属于第一部、第二部、第三部雷达。如图 2-1-16（b）所示为对每个脉冲进行覆盖脉冲干扰的覆盖脉冲，每个覆盖脉冲发射的干扰频率与雷达的频率相同，分别以三部雷达的频率 f_1、f_2、f_3 表示，此外对每个覆盖脉冲还要根据对该部舰艇雷达干扰的干扰样式的要求进行干扰样式调制，如距离波门拖引和角度调幅干扰。如图 2-1-16（c）所示为对第二部雷达实施角干扰调幅的情况。

功率管理的工作原理及工作过程如下。信号处理器和主控计算机将侦收到的雷达信号相关、分选和识别；经过识别后即可把敌方的雷达分离出来并根据威胁程度进行排序，得出每部敌方雷达的威胁等级，并根据威胁雷达的数目和威胁程度进行干扰决策，确定哪些雷达要干扰及干扰的优先级；然后把干扰决策及要干扰的雷达文件传送给功率管理计算机。如果威胁有变化需及时将新的决策和新的雷达文件传送给功率管理计算机。功率管理计算机接收主控计算机送来的雷达参数、干扰决策后，根据各雷达的干扰优先级分配干扰资源。首先给优先级高的雷达分配资源，然后依次按优先级进行分配。如果资源有冲突，也就是说为优先级低的雷达分配资源时某一资源已被优先级高的雷达占用，则更换干扰程序后再进行分配。如果在干扰过程中又来了一个威胁等级更高的雷达，在为后来的但威胁等级更高（对应优先级也更高）雷达分配资源时发生资源冲突，那么就要重新调整，取消优先级低的雷达所占用的干扰资源使用权，保证优先级更高的雷达所需的资源，而使优先级较低的雷达改变干扰程序。在资源分配中，初步分配完资源后要对干扰有效性进行预估。如果预估的效果不好，就要按被干扰雷达的优先级重新调整各雷达的干扰程序，直到干扰效果最佳为止。分配完干扰资源后，就给分配的干扰资源发送控制命令，设置工作参数，然后发送启动命令，对雷达实施干扰。这些是功率管理计算机的第一部分工作，即对干扰资源进行自适应动态管理。

功率管理计算机的第二部分工作是进行干扰效果估计。所谓干扰效果估计是施放干扰后，侦察接收机继续检测被干扰雷达的参数，功率管理系统实时地分析这些参数的变化，从分析中得出干扰是否有效的结论。如果无效果，就立即改变干扰程序，重新分配资源并提醒电子对抗指挥官或飞机驾驶员采取其他措施。

功率管理计算机第三部分工作是对干扰系统的硬件进行自检，如果有故障，则采取可能的替代措施，并向主控计算机传送自检结果。如果自检结果正常，则进行干扰作战，如果有严重故障，则报告主控计算机并提醒电子对抗军官或飞机驾驶员尽快撤出战斗。从功率管理计算机完成的工作可以看出，它所完成的操作都是实时操作，要求运行速度很快。功率管理计算机还可以与计算机显示器和键盘连接，其软件提供一定的人机接口界面，使电子对抗军官可以对干扰系统进行人工干预，修改干扰参数和样式，更改干扰命令等。

常见的干扰发射机有单波束干扰机、多波束干扰机和相控阵干扰机。

（1）单波束干扰机。所谓单波束干扰机指的是常规干扰机，它有一个机械控制波束指向的天线。波束指向一般由伺服跟踪系统控制，使天线波束指向被干扰的雷达。这类干扰机以舰载为主，体积大、质量重、方位反应速度慢，只能干扰发射波束内的雷达，难以对大空域的雷达同时实施干扰。它在方位引导上属于比较落后的一种体制，但也有其特有的优点。它可以采用增益高、波束窄，但简单的天线，使干扰机产生很高的有效辐射功率，在某些远程干扰系统中还在广泛应用。另外，一些有一个或有少数几个波束的干扰机也归入这一类，以机载干扰机居多。这类干扰机有宽的波束，覆盖比较大的空域，波束的指向不动，或者有几个波束稍窄的天线，每个天线的波束位置不动。波束之间的转换靠微波功率开关切换，反应速度比伺服系统波束跟踪快得多。同时，波束在大空域内对多部雷达实施的干扰效果也不错，多用在对体积和质量有严格要求的小型战斗机或其他特殊用途的干扰机上，既满足了需要大的空域进行干扰，又满足了有效辐射功率要求不高的作战场合。

（2）多波束干扰机。为了适应舰船等平台既需要应付不同方向的威胁，又需要高的辐射功率，研制出了多波束干扰机。多波束干扰机由多个发射机、多个天线排列成一定的阵面，各功率放大器之前有一个微波网络（如巴特勒矩阵）或者微波透镜，多波束干扰机原理框图如图 2-1-17 所示。多波束干扰机的工作原理是：在透镜的不同输入端馈入的射频信号至各支路发射通道有不同的时延，这些信号经放大、辐射后，在空间中可以形成不同的等相面，即不同指向的发射波束。这样，用高速微波开关在透镜不同输入端之间切换，就可以使天线窄波束在不同方向转换。当然，这种干扰机还有一个条件，就是要求放大器输入端到辐射阵元之间的幅度、相位特性一致。这种干扰机有两个显著的优点：一是天线波束在空间变换速度极快，转换时间只有千万分之几秒；二是可用小功率放大器获得高的有效辐射功率。理论分析证明多波束天线阵列的有效辐射功率与辐射元个数的平方成正比。因此，用功率不太大的功率放大器组成辐射很多的多波束发射阵，也可以得到非常大的有效辐射功率。

对多波束发射阵来说，其等效辐射功率可表示为

$$P_{ERP} = \eta N^2 P_0 G_0 \tag{2-1-30}$$

式中，P_{ERP} 是发射阵的等效辐射功率；η 是干扰功率合成效率；P_0 是单个发射管输出功率；G_0 是每个天线的增益。假设阵元数为 35 个，阵元天线增益为 10dB，单个行波管放大器（TWT）输出功率为 50W，干扰功率合成效率为 1，那么可计算出有效辐射功率为 612.5kW，比单管输出功率大了 1.2 万倍。

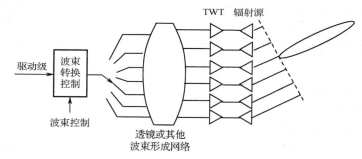

图 2-1-17　多波束干扰机原理框图

基于上述两个优点，这种干扰机可对大空间范围内的多部雷达同时实施干扰，具有很强的干扰能力，是一种先进的干扰机。

（3）相控阵干扰机。相控阵干扰机在空间形成高增益窄波束的原理与多波束干扰机相同，不同的是波束指向在空间变化不是用开关切换的，而是用每个放大器前的移相器来完成的。相控阵干扰机的发射部分原理框图如图 2-1-18 所示。通常相位由一个计算机控制，这个计算机称为波控计算机。波束在空间指向变化的速度取决于波控计算机的速度和移相器的转换速度。对铁氧体移相器，其转换速度在十万分之几秒（几十微秒）的量级。相控阵的

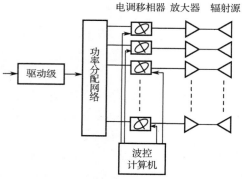

图 2-1-18　相控阵干扰机的发射部分原理框图

优点是可以有更多的阵元。它由小功率发射机来形成高增益的波束，可达到相当高的有效辐射功率。一般微波固态放大器（半导体放大器）体积小、质量轻、功率小。单个固态放大器很难产生干扰效果，但用大量微波固态放大器组成的相控阵就可以产生很高的有效辐射功率。例如，如果固态源输出功率为 1W，相控阵阵元数为 256 个，即使阵元天线增益为 1，这个阵的有效辐射功率也可达到几十千瓦。当前这种干扰发射机在技术上是最先进的一种干扰发射机。

（四）雷达干扰设备的主要指标

1. 有效辐射功率

有效辐射功率是干扰机的发射功率 P_J 与干扰发射天线增益 G_J 的乘积，它表现了干扰机工作时在主瓣方向的干扰功率密度。对于具有功率和波束合成能力的干扰机，P_J、G_J 分别表示合成后的最大发射功率和天线增益。在一般情况下，P_J 是干扰发射机末级功放的额定输出功率，它与接收到的雷达信号功率 P_{in} 无关，但对于没有射频信号存储器的转发式干扰机，则它与接收到的雷达信号功率 P_{in} 有关，即

$$P_J = \begin{cases} P_{in}K_P & P_{imin} \leqslant P_{in} \leqslant P_{isat} \\ P_{J0} & P_{in} > P_{isat} \end{cases} \tag{2-1-31}$$

式中，P_{imin} 为最小输入信号功率（灵敏度）；P_{isat} 为饱和输入信号功率；K_P 为干扰机的额定功率增益；P_{J0} 为干扰机的饱和发射功率。

2. 干扰频率

干扰频率包括干扰机能够工作的频率范围 B_J 和在任意时刻干扰信号能够覆盖的干扰带宽 Δf_j。遮盖式干扰的 Δf_j 主要是由 $U_{fm}(t)$ 对 VCO 的频率调制形成的，可以按照瞄准、阻塞和扫频干扰的要求选择其调制波形和参数；欺骗式干扰的 Δf_j 主要是通过 $U_{pm}(t)$ 对转发式干扰信号调相形成的，其数值远小于遮盖式干扰时的 Δf_j，可以按照速度欺骗干扰的要求选择其调制波形和参数。

3. 干扰空间范围

干扰空间范围包括干扰发射天线波束在空间的最大指向范围 Ω_J 和在任意时刻干扰波束的覆盖范围 θ_J。Ω_J 主要根据威胁雷达的空间范围确定。θ_J 越小，干扰能量越集中，但需要综合考虑发射天线的口径、测向引导的精度、复杂程度等因素。

4. 引导误差

引导误差包括频率引导误差 Δf 和方向引导误差 $\Delta \theta$。影响引导误差的主要因素有：侦察接收设备的测频误差、测向误差，对干扰发射设备频率和方向的控制、标校误差和 VCO 的频率稳定性、装载平台的方向稳定性等。对于遮盖式干扰，一般要求：

$$\Delta f \leqslant \frac{\Delta f_r}{2} \qquad \Delta \theta \leqslant \frac{\theta_J}{2} \tag{2-1-32}$$

式中，Δf_r 为威胁雷达接收机带宽。需要说明的是，不具有射频信号存储器或采用全脉冲进行射频信号存储的转发式干扰不存在频率引导误差。

5. 引导时间

干扰机的引导时间是指从接收到威胁雷达信号到发出射频干扰信号的时间。它包括从接收到威胁雷达信号到发出决策控制命令的时间 Δt_p 和从收到决策控制命令到输出射频干扰信号的时间 Δt_c。

$$\Delta t_{j} = \Delta t_{p} + \Delta t_{c} \qquad (2-1-33)$$

前者主要是侦收设备的信号处理时间，一般比较长；后者主要是干扰资源的调控时间，也是干扰资源执行决策命令、形成各种控制信号和调制信号的时间，一般不超过几微秒。在连续的干扰实施过程中，Δt_{p} 只需一次或几次（只有重新制定或修改决策控制命令才需要），而 Δt_{c} 可能是经常发生的（如修订调制参数等）。由于 Δt_{p} 较长，对于有些作战时间很短而威胁程度很高的威胁雷达（如导弹末制导雷达），为了减小 Δt_{p}，必须充分利用这些威胁雷达的先验信息，开设特殊的信号处理通道，简化和缩短信号处理与干扰决策的过程。

转发式干扰的引导时间还包括最小转发时延 $\Delta t_{\min}$。它是指在实施转发式干扰的过程中，从接收到的威胁雷达信号前沿开始到第一个转发式干扰脉冲前沿的最小时延。由于欺骗式干扰经常用作自卫干扰，为了有效保护目标，$\Delta t_{\min}$ 越小越好，一般在 100ns 以内。

6. 对多威胁雷达的干扰能力

在现代作战环境中，常常会同时存在多部威胁雷达。干扰机必须能够同时、有效地干扰这些雷达，才能完成预定的作战任务，具体可用同时干扰的目标数和干扰雷达的类型来表示对多威胁雷达的干扰能力。同时，干扰的目标数是指舰艇雷达干扰系统能同时干扰的雷达部数。这里所说的同时不是指同一时刻，而是指在特定时间内对每部雷达都进行干扰。干扰系统干扰雷达的类型是指干扰机能对什么体制的雷达进行有效干扰。现代雷达体制有频率捷变雷达、脉冲多普勒雷达、脉冲压缩雷达等。

7. 最小和最大干扰距离

最小干扰距离是指干扰有效作用时，被干扰机保护的目标与雷达之间的最小距离。因而当目标与雷达之间的距离变小时，雷达收到的目标回波功率增长的速度比到达雷达接收机的干扰功率增长快得多。因此，当目标与雷达之间的距离 R 减小到一定数值后，进入雷达终端的干扰强度就比目标回波在雷达终端上的强度小，雷达将能够检测到目标或对目标进行跟踪。在干扰条件下，雷达刚刚发现目标或对目标进行跟踪时的距离就是最小干扰距离。在这个距离上，目标回波功率大到使干扰不起作用，就好像用火烧穿挡住视线的纸片后，看清原来被纸挡住的东西一样，因而习惯上形象地称为雷达烧穿距离。当然，干扰系统还存在最大干扰距离。从原理上讲，最大干扰距离略小于最大侦察距离。

8. 有效干扰扇面

干扰有效的条件是进入雷达接收机的干扰功率比进入雷达接收机的目标回波功率大一定的倍数。这个与雷达类型、信号处理方式有关的系数称为有效压制系数。有效干扰扇面是指舰艇雷达干扰机对雷达实施干扰时雷达在多大的方位扇面内不能发现被保护的目标。对警戒雷达的平面位置显示器，如果雷达受到干扰而又不改变接收机的增益，则在大多数情况下会出现一个亮的扇形区（如果干扰很强，那么雷达接收机饱和，会出现一个黑的扇形区），在这个扇形区内看不到目标，所以称为有效干扰扇面。有效干扰扇面小于干扰扇面。

干扰舰掩护其他目标时，干扰对象是机载轰炸瞄准雷达。干扰舰与被保护目标的配置如图 2-1-19 所示。为了使机载雷达找不到攻击目标的正确方位，要求有效干扰扇面大于 $2\theta_{0}$。

9. 最大暴露半径

当干扰舰用以保护海面某一区域内的目标时，干扰舰与被保护目标不配置在一起。当空中威胁从不同方向进入时，最大暴露半径与暴露区的关系如图 2-1-20 所示。威胁雷达在鞋底形曲线之外为有效干扰区，雷达发现不了目标。雷达进入曲线之内，就可发现目标，这个区域称为暴露区，目标距离曲线的最大距离称为最大暴露半径。由于干扰机功率与目标反射面积是固定的，因此最大暴露半径主要取决于雷达的发射功率、信号处理增益和天线特性。

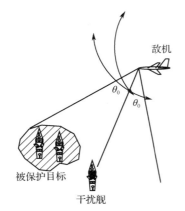

图 2-1-19 干扰舰与被保护目标的配置

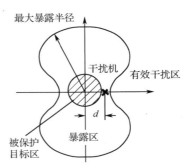

图 2-1-20 最大暴露半径与暴露区的关系

（五）雷达干扰方程

干扰机能够有效破坏或扰乱敌方雷达对我方目标检测、跟踪的空间范围称为干扰机的有效干扰空间，或者说，当我方目标位于有效干扰空间之内时，就能够受到干扰机的有效保护。因此，有效干扰空间集中体现了干扰机的有效干扰能力。设干扰机、雷达、目标的空间位置如图 2-1-21 所示。雷达天线以其主瓣指向目标，干扰天线以其主瓣指向雷达。干扰机、目标与雷达的相对波束张角为 θ。雷达收到的目标回波信号功率 P_{rs} 和干扰信号功率 P_{rj} 分别为

$$P_{rs} = \frac{P_t G_t \sigma A}{(4\pi R_t^2)^2} = \frac{P_t G_t^2 \sigma \lambda^2}{(4\pi)^3 R_t^4} \qquad (2\text{-}1\text{-}34)$$

$$P_{rj} = \frac{P_J G_J G_t(\theta) \lambda^2 \gamma_J}{(4\pi)^2 R_J^2} \qquad (2\text{-}1\text{-}35)$$

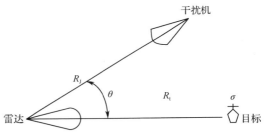

图 2-1-21 干扰机、目标、雷达的空间位置

式中，P_t 为雷达发射功率，单位为 W；G_t 为雷达天线增益；σ 为目标的雷达反射截面积，单位为 m^2；A 为雷达天线的有效面积，单位为 m^2；λ 为波长，单位为 m；R_t 为雷达与目标之间的距离，单位为 m；P_J 为干扰发射功率，单位为 W；G_J 为干扰发射天线增益；$G_t(\theta)$ 为雷达天线在干扰方向的增益；γ_J 为干扰信号与雷达信号的极化失配损失系数（通常干扰信号为圆极化，雷达天线为线极化，$\gamma = 0.5$）；R_J 为雷达与干扰机之间的距离，单位为 m。由此得到在雷达接收机输入端的干扰信号功率和目标回波信号功率比为

$$\frac{J}{S} = \frac{P_{rj}}{P_{rs}} = \frac{P_J G_J G_t(\theta) 4\pi \gamma_J R_t^4}{P_t G_t^2 \sigma R_J^2} \qquad (2\text{-}1\text{-}36)$$

实现有效干扰的基本条件就是保证 $J/S \geq K_J$。K_J 称为在雷达接收机输入端有效干扰的压制系数，简称压制系数。它是干扰信号调制方式、调制参数和雷达信号参数的复杂函数。将此条件代入式（2-1-36），可得

$$\frac{P_J G_J G_t(\theta) 4\pi \gamma_J R_t^4}{P_t G_t^2 \sigma R_J^2} \geq K_J \qquad (2\text{-}1\text{-}37)$$

对式（2-1-37）进行整理，可得到干扰机的有效干扰空间为

$$G_t(\theta)R_t^4 \geqslant K_J \frac{P_t G_t^2 \sigma R_J^2}{P_J G_J 4\pi\gamma_J} \qquad (2\text{-}1\text{-}38)$$

不难看出，对于给定的雷达、干扰机和目标参数，式（2-1-38）的右边是一个常数，其数值越小，有效干扰空间越大，雷达天线的旁瓣电平越低，则旁瓣方向的有效干扰空间越小。

有效干扰空间的构成是 R_t^4 与雷达天线在干扰方向的增益 $G_t(\theta)$ 的乘积，当目标、雷达、干扰机同方向时，$\theta = 0$，$G_t(\theta) = G_t$，R_t 最小，也称为最小干扰距离 R_{tmin}。

$$R_{tmin} \geqslant K_J \left(\frac{P_t G_t \sigma R_J^2}{P_J G_J 4\pi\gamma_J} \right)^{\frac{1}{4}} \qquad (2\text{-}1\text{-}39)$$

式（2-1-37）也可以改写成对有效辐射功率的要求，即

$$P_t G_J \geqslant K_J \frac{P_t G_t^2 \sigma R_J^2}{G_t(\theta)R_t^4 4\pi\gamma_J} \qquad (2\text{-}1\text{-}40)$$

在自卫干扰条件下，干扰机安装在目标上，$G_t(\theta) \equiv G_t$，$R_t \equiv R_J$，代入式（2-1-38），可得

$$\frac{P_t G_J 4\pi\gamma_J R_J^2}{P_t G_J \sigma} \geqslant K_J \qquad (2\text{-}1\text{-}41)$$

其有效干扰空间是在一个以 R_t 为半径的球体之外，有

$$R_t \geqslant \left(K_J \frac{P_t G_t \sigma}{P_J G_J 4\pi\gamma_J} \right)^{\frac{1}{2}} \qquad (2\text{-}1\text{-}42)$$

对于没有射频信号存储器的转发式干扰，其接收到的雷达信号功率 P_{in} 为

$$P_{in} = \frac{P_t G_t G_r \lambda^2 \gamma_r}{(4\pi R_J)^2 L} \qquad (2\text{-}1\text{-}43)$$

式中，G_r 为干扰机接收天线的增益；γ_r 为雷达信号与干扰机接收天线极化失配系数（通常雷达信号为线极化，干扰机接收天线为圆极化，$\gamma_r = 0.5$）；L 为接收过程中的各种损耗。在自卫干扰条件下，将式（2-1-42）、式（2-1-43）代入式（2-1-41），可求得这种转发式干扰机的增益 K_p，即

$$K_p = \frac{P_J}{P_{in}} > \frac{K_J 4\pi\sigma L}{G_J G_r \gamma_J \gamma_r \lambda^2} \qquad (2\text{-}1\text{-}44)$$

例如，$K_J = 10$，$\sigma = 50\text{m}^2$，$L = 100\text{dB}$，$G_J = G_r = 10\text{dB}$，$\gamma_J = \gamma_r = 0.5$，$\lambda = 3\text{cm}$ 可求得转发增益为

$$K_p > \frac{10 \times 4\pi \times 50 \times 100}{10 \times 10 \times 0.5 \times 0.5 \times (0.03)^2} = 2.79 \times 10^7 = 74.46\text{（dB）}$$

干扰机能够有效干扰威胁雷达的时间称为有效干扰时间。干扰机在实施干扰前首先需要侦收设备提供威胁雷达的各项干扰参数和干扰决策，然后才能控制产生预定的干扰信号，在干扰实施后，也需要不断地检测威胁雷达信号的变化，以便不断地调整干扰决策，修订干扰参数。为了抗干扰，威胁雷达也会主动改变信号样式和信号参数，特别是频率和波束扫描的迅速变化（如脉间频率捷变和波束相控阵扫描），对引导时间的要求更加苛刻。因此，对抗的双方是在进行一种动态博弈，干扰机必须具有足够快的引导时间才能赢得这场动态博弈的主动。对引导时间 Δt_J 的要求既与雷达的功能和威胁程度有关，也与制定的干扰决策有关。

（1）对于固定频率的雷达，遮盖式干扰主要采用频率瞄准方式，其中远程警戒雷达的扫

描速度慢、威胁程度低，允许在雷达天线扫描几周后才能进行有效干扰，$\Delta t_j \approx 20 \sim 50\text{s}$；近程搜索雷达的扫描速度较快，威胁程度较高，一般要求在本次雷达扫描时就进行有效干扰，$\Delta t_j \approx 5 \sim 100\text{ms}$；跟踪雷达的威胁程度很高，特别是导弹末制导雷达，一旦检测到此类雷达，必须尽快实施有效干扰，$\Delta t_j \leqslant 1 \sim 100\text{ms}$。

（2）对于频率慢速变化（机械调频、成组捷变）的雷达，遮盖式干扰仍然采用频率瞄准方式，它的引导时间（主要是频率引导时间）应小于雷达的频率变化时间。其中，机械调频的变化较慢，$\Delta t_j \approx 1 \sim 10\text{ms}$；成组捷变的组内脉冲不多（几个到几十个脉冲），要求引导时间小于一个脉冲重复周期的时间，$\Delta t_j \approx 0.1 \sim 1\text{ms}$；采用阻塞或扫频干扰时，干扰的频率无须跟踪雷达频率的变化，其引导时间的要求同固定频率雷达。

（3）对于频率捷变雷达，遮盖式干扰如果仍然采用频率瞄准方式，则它的引导时间要求取决于雷达、目标、干扰机三方的空间位置，一般要求：

$$\frac{c}{2}\Delta t_j \leqslant R_t - R_J \qquad (2\text{-}1\text{-}45)$$

式中，c 为电波传播速度。该式表明，干扰机到雷达的距离必须小于目标到雷达的距离 $(c/2)\Delta t_j$，才能保护目标。式（2-1-45）在平面上的边界是一条双曲线，在空间上的边界为一个双曲面，有效干扰时间的平面示意图如图 2-1-22 所示。

考虑雷达信号具有一定的脉宽 τ，如果允许有效干扰信号出现在目标回波脉冲的后沿之前，则引导时间可以放宽到：

$$\frac{c}{2}\Delta t_j \leqslant R_t + \frac{c}{2}\tau - R_J \qquad (2\text{-}1\text{-}46)$$

（4）在时分功率管理方式工作的干扰机中，有效干扰时间位于从收到雷达信号开始的时间段 $[\Delta t_j, \Delta t_j + \tau_J]$ 内，也称为时间选通干扰，相应的三者空间关系为

$$\frac{c}{2}\Delta t_j + R_J \leqslant R_t \leqslant \frac{c}{2}(\Delta t_j + \tau_J) + R_J \qquad (2\text{-}1\text{-}47)$$

它在平面上的两条边界为两条双曲线，在空间为两个双曲面，时间选通干扰的平面示意图如图 2-1-23 所示。

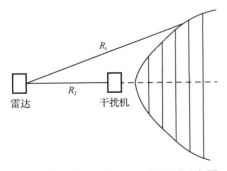

图 2-1-22 有效干扰时间的平面示意图

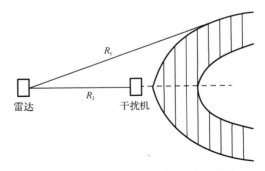

图 2-1-23 时间选通干扰的平面示意图

（5）转发式干扰通常用作目标的自卫干扰，它的输出信号总位于目标回波信号之后。由于许多转发式干扰在其初始阶段都要求转发式干扰信号尽可能与目标回波信号时间重合，因此要求最小转发时延 $\Delta t_{\min}$ 越小越好，一般为

$$\Delta t_{\min} \leqslant \frac{\tau}{2-5} \approx 30 \sim 100 \text{（ns）} \qquad (2\text{-}1\text{-}48)$$

例：某机载干扰机的发射功率为500W，干扰机发射天线增益为20dB，圆极化，在距敌雷达100km处的作战飞机后方以噪声调频干扰敌雷达，每架作战飞机的雷达截面积为5m²。雷达的发射脉冲功率为5×10⁵W，收发天线增益为35dB，波长为10cm。如果敌雷达为固定频率，有效干扰所需的$K_J=5$，试求该干扰机可以有效掩护作战飞机的最小干扰距离。

解：
$$R_{t\min} = \left(K_J \frac{P_t G_t \sigma R_J^2}{P_J G_J 4\pi \gamma_J} \right)^{\frac{1}{4}}$$

$$= \left(5 \times \frac{5 \times 10^5 \times 3162 \times 5 \times (10^5)^2}{500 \times 100 \times 4\pi \times 0.5} \right)^{\frac{1}{4}}$$

$$\approx 5.96 \text{（km）}$$

（六）干扰机的收发隔离和效果监视

使干扰机发射的干扰信号不影响自身侦察接收机的正常工作，称为干扰机的收发隔离，其示意图如图2-1-24所示。在干扰实施的过程中，通过侦察接收机监视周围的威胁雷达信号环境和被干扰的威胁雷达信号的变化，由此判断干扰效果的优劣，称为效果监视。显然，收发隔离是效果监视的前提和保证。

收发隔离是收发双工的电子系统普遍存在的问题。而在干扰机中突出的困难在于：干扰机发射和侦收往往是同距离或近距离、同频率、同方向、同时间、同宽带的，且干扰机的辐射功率很大，远远高于侦收设备的灵敏度。收发隔离不好，轻则降低侦察接收机的实际灵敏度，减小侦察作用距离，重则使干扰机自发自收，形成自激励，无法检测雷达信号。

干扰机的收发隔离程度称为收发隔离度，简称隔离度。通常在干扰机的收发天线端口上测量。隔离度g一般以分贝表示为

$$g = 10\lg \frac{P_J}{P_r} \text{（dB）} \tag{2-1-49}$$

式中，P_J、P_r分别为发射天线端口处的干扰发射功率和接收天线端口处收到的干扰信号功率。表现收发隔离基本要求的隔离度门限值为g_J：

$$g_J = 10\lg \frac{P_J}{P_{r\min}} \text{（dB）} \tag{2-1-50}$$

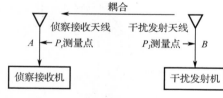

图2-1-24　干扰机收发隔离示意图

式中，$P_{r\min}$为侦察接收机的灵敏度。如果干扰机的实际隔离度$g \geq g_J$，则可以保证干扰机工作时不会发生收发自激，但不能保证侦收设备实际灵敏度的不降低；反之，如果$g < g_J$，则会出现干扰机收发自激。一般干扰机的g_J为100～150dB。

提高收发隔离度的主要方法如下。

1. 降低收、发天线间的各种耦合

收发天线间的耦合包括直接耦合（由发射天线直接传播到接收天线）和间接耦合（发射天线经由其他途径传播到接收天线）。降低各种耦合的措施如下。

（1）增大收发天线间的距离。拉开侦察站、干扰站的配置距离，每增加一倍距离，可使隔离度提高6.02dB。

（2）减小收发天线的侧向辐射。天线设计采用低旁瓣措施，周围附加吸收材料，根据实际安装空间和周围背景，选择收发天线彼此耦合最弱的安装位置和安装方向。

（3）极化隔离。选择左旋圆极化、右旋圆极化分别用作接收天线和发射天线。从理论上讲，完全正交的圆极化可使双方的耦合减小至 0。但实际的天线都存在交叉极化，因此，极化隔离产生的隔离度仅约 10dB。

（4）在收发天线间增加吸收性隔离屏，使其不能直接传播，对发射天线周围的金属材料表面进行电波吸收处理，降低间接耦合。

2. 采用收、发时分工作方式

由于隔离度 g_1 的要求很高，而提高实际的隔离度又受到各种因素的限制，因此在许多干扰机中普遍采用收、发时分工作方式，即对干扰机的发射时间开窗，窗口宽度 t_w 内关闭干扰发射，保证侦察接收机有足够的工作时间。窗口宽度之外为干扰发射时间，闭锁侦察接收机。窗口周期 T_w 按侦察接收机的工作需要设置，但总的工作比为

$$\frac{t_w}{T_w} \approx 1\% \sim 5\% \tag{2-1-51}$$

效果监视的任务如下。

（1）监视周围的威胁雷达信号环境有无变化。这些变化包括出现了新的威胁雷达信号，原有的威胁雷达信号消失，威胁雷达信号的参数和威胁程度发生改变等。

（2）监视被干扰的威胁雷达信号参数及其变化，以便实时调控干扰参数，分析和判断干扰效果，修订干扰决策控制命令等。

（3）监视干扰信号与被干扰的雷达信号的调控状态，如频率是否对准、方向是否对准等。

效果监视是在满足收发隔离的条件下进行的。如果干扰机没有采用收发时分工作方式就达到了收发隔离的要求，则效果监视是连续进行的；反之，如果干扰机采用收发时分工作方式，则效果监视是间断进行的。

侦察接收机完成效果监视的任务，其所做的信号检测和处理类似于侦察信号处理，它们之间的差别仅在于：原有的检测处理结果可以作为进行当前检测处理的先验信息，从而提高检测处理的速度和结果的可信度，通过对当前检测处理结果与过去检测处理结果的比较，可以识别和判断威胁雷达信号环境和威胁雷达信号参数的变化。

侦察接收机监视被干扰的威胁雷达信号参数，一方面用来对干扰决策控制和干扰调制参数进行引导，如引导干扰信号的频率、干扰发射的方向对准威胁雷达的信号频率和方向，根据雷达信号的变化制定更合适的干扰调制方式等；另一方面用来分析、判断当前的干扰效果。侦察接收机通过信号处理来实时在线评估干扰效果是困难的。这是因为干扰机的干扰效果评价主要通过其在雷达系统中的作用来度量，这些作用可能并不完全表现在雷达的发射信号中，而侦察接收机又只能根据接收到的雷达发射信号进行分析判断。

如果干扰系统所发射的信号是脉冲信号，则通过匿影管理也可以使侦察系统正常工作。匿影（禁止接收处理）通常包括两个方面：对本地雷达系统发射并漏入本地侦察系统的信号实施匿影；对本地干扰系统发射并漏入本地侦察系统的信号实施匿影。

（七）雷达干扰技术的发展现状和趋势

1. 雷达干扰技术的发展现状

（1）新体制雷达干扰技术。

相控阵雷达能将各阵列单元的发射信号在空间进行功率合成，并具有波束指向捷变、波束形状捷变的能力，从而大大提高了雷达的作用距离，实现一部雷达同时进行搜索、跟踪、制导，使相控阵雷达在远距离探测和武器控制中得到越来越广泛的应用。相控阵雷达应用自

适应波束形成技术能在干扰源方向上形成波瓣零点，大大抑制了干扰信号对雷达工作的影响，使干扰机难以掩护不在同一方位上的目标。相控阵电扫波束可以随机访问目标，使侦察接收机无法对雷达天线扫描进行分析。相控阵雷达照射目标的脉冲数可以随意控制，数目很少的雷达脉冲使常规的脉冲周期分析方法失效。相控阵雷达的这些特征对干扰引导造成很大困难，由此可见相控阵雷达给电子侦察干扰带来很多难题。

脉冲多普勒雷达信号具有很窄的相干脉冲串谱线，从而可以利用运动目标和固定目标多普勒频率的差异，用窄带滤波器提取高速运动目标（飞机、导弹）的回波谱线，抑制地杂波和慢速运动的箔条干扰信号。因此，脉冲多普勒雷达在低空目标探测和机载下视目标探测中得到广泛应用，脉冲多普勒雷达带宽极窄的多普勒滤波器对传统的噪声干扰信号具有很强的抑制能力，高重频、高占空比的脉冲多普勒雷达发射信号其峰值功率很低，大大降低了常规的侦察告警和干扰引导接收机的工作距离。由此可见，脉冲多普勒雷达给电子干扰提出了很多新问题。

以合成孔径为基础的微波成像雷达，能够在远距离上清晰地分辨机场跑道、坦克车辆等战场目标，给战场侦察带来了突破性的贡献，E-8A 联合监视与目标攻击雷达系统在海湾战争中大显神通就是证明。合成孔径雷达具有良好的空间选择（低副瓣天线、副瓣对消等）、时间选择（只接收波瓣触地的回波信号）、频率选择（相干积累、窄带滤波）和发射功率管理能力，给雷达干扰带来了许多新问题。

毫米波雷达具有比微波雷达高得多的目标成像能力和窄波束抗干扰能力，具有比红外、激光、可见光高得多的云雾穿透能力。因此，随着毫米波功率源和毫米波器件的进展，毫米波雷达在导弹末制导和近程侦察设备中得到越来越广泛的应用，从而使毫米波干扰提到比较迫切的日程上来。毫米波雷达与微波雷达在抗干扰性能方面具有下列特殊性：一是毫米波雷达波束很窄，因此当干扰源偏离雷达主瓣方向时，侦察和干扰都比较困难；二是毫米波雷达由于大气损耗的影响一般都在近距工作，加之其波束很窄，使副瓣侦察、干扰困难，因此毫米波雷达干扰的作用时间很短，要求干扰响应时间很快；三是毫米波雷达工作频率高，工作频带宽，使频率侦察、频率引导比较困难；四是宽带毫米波功率源和宽带毫米波器件制作比较困难，为此需要采用上、下变频措施，在微波进行参数测量和信号调制，然后上变频到毫米波放大等一些特殊的干扰设计技术。毫米波对抗需要解决宽带高灵敏度接收、窄脉冲处理、宽带功率放大、快速高精度方位/频率引导等一系列技术问题。

为了反隐身和雷达组网的需要，国内外都在发展双/多基地雷达。这种雷达的发射站和接收站远距分开配置，从而使传统的定向瞄准式干扰失效。这是因为电子侦察接收机可以精确测量发射信号的方向，但不知道雷达的接收站在哪里，而舰艇雷达干扰的目标是雷达接收站，因此双/多基地雷达又给雷达干扰提出了新难题。

针对上述新体制雷达的工作特点，如何研究有效的干扰方法，是雷达有源干扰需要解决的首要问题。

（2）宽带固态相控阵干扰技术。

相控阵干扰具有阵元功率空间合成、波束指向电子控制的特点，因此它能够在多个方向上同时对多个目标实施大功率电子干扰。固态相控阵应用固态有源阵列，它比集中馈电的大功率行波管阵列或多波束行波管干扰阵列具有低电压、长寿命、高可靠的优点。因此，宽带固态相控阵干扰技术是继 20 世纪 70 年代末期出现的多波束干扰技术之后又一次雷达干扰技术上的革命。

宽带固态相控干扰阵列的空间辐射功率与阵元辐射功率和阵元数平方的乘积成正比。这是因为阵元数目增多，不仅提高了阵列的发射功率，而且提高了阵列天线的方向性系数（增益）。因此，提高阵元辐射功率、增加阵元数目和空间功率合成效率，是提高宽带固态相控干扰阵列有效辐射功率的关键。为此需要研究具有幅相一致性要求的宽带固态功率放大组件、宽带高速数控移相器、宽带天线组阵、高效大功率散热等一系列关键技术。

（3）高逼真欺骗干扰技术。

现代雷达的脉冲压缩系数可以达到几百到几千，脉冲多普勒雷达的相干积累系数也可以达到几百到几千。如果噪声干扰信号与相干雷达接收机失配，当目标回波信号和噪声干扰信号共同通过相干雷达接收机时，噪声干扰就会产生几百到几千倍的干信比损失，故噪声干扰对相干雷达的干扰效率很低。

为了提高干扰效率，要求干扰信号具有与目标回波信号相似的特性，以使干扰信号与雷达接收机基本匹配，减少雷达接收机对干扰信号的处理损失。这种与目标回波信号特征相似的干扰信号称为高逼真的欺骗干扰，此时干扰信号已不呈现噪声特性，而呈现假目标的特性。

为使干扰信号特性与目标回波相似，要求应用非常复杂的技术。因为现代雷达的脉内调制非常复杂，有的还要求脉冲之间射频相位相干，以便脉冲串通过多普勒窄带滤波时能被相干积累。目前产生高逼真欺骗干扰的主要方法是应用数字射频存储技术。

数字射频存储器将收到的雷达脉冲高速采样、存储，然后将存储的雷达信号样本经过调制或延迟以后发射出去，以便在不同的速度和距离上产生假目标。由于现代雷达脉冲波形复杂、频谱很宽，为把雷达信号的细微特征存储下来，要求数字射频存储器的采样速度很高，通常达到几百到上千兆赫，从而给信号的采集、存储、传输、复制带来很大困难，使数字射频存储器的制作成本很高。它带来的好处是对现代雷达的干扰效率很高，而且往往使雷达难以识别和抗干扰。

2. 雷达干扰技术的发展趋势

为了对付当前的雷达威胁，雷达有源干扰呈现综合化、分布化、灵巧化的发展趋势，主要表现在以下几方面。

（1）综合雷达对抗。

综合雷达对抗是为了降低或削弱敌方雷达设备或系统的工作效能，综合利用相互兼容的多种干扰手段，对敌方雷达设备或系统实施干扰或压制。综合雷达对抗提出的背景如下。

① 电子对抗技术针对性强。一种对抗技术通常只能对一二种抗干扰措施有效，至今还没有万能的、完美的对抗措施出现。因此，只能使用综合对抗来取长补短，对付多种抗干扰手段。

② 单部雷达的抗干扰技术已经向综合化方向发展，如相控阵扫描、单脉冲跟踪、副瓣对消、脉冲压缩、相干积累（脉冲多普勒滤波）、变载频、变重频、变脉宽、变波形（脉内调制）等这些相互兼容的抗干扰措施，可以在一部雷达、一个工作模式中综合运用。这种综合的抗干扰措施，往往会使任何单一的干扰措施失效，唯有综合对抗才能发挥作用。

③ 多部雷达的抗干扰技术已经向组网化方向发展。组网的雷达在空域、时域、频域上交叉覆盖，探测情报相互交联、相互补充、相互应用，它使传统的"一对一"（一部干扰机对付一部雷达）的干扰措施失效，唯有综合对抗才可能击败雷达组网。

综合雷达对抗实施的方法如下。

① 单平台雷达干扰措施的综合。a.压制干扰与欺骗干扰综合运用，以便在噪声背景中出

现转发式干扰或电子假目标干扰。噪声干扰改变、扰乱了真目标回波信息，使雷达难分真假，提高了假目标干扰的效果。b.有源干扰与无源干扰综合运用，使对无源干扰非常有效的对抗措施（动目标指示、动目标检测或多普勒频率选择等）遭受有源干扰（噪声干扰、电子假目标干扰等）的损害，或者对有源干扰非常有效的对抗措施（脉冲限幅取前沿抗拖距电路、单脉冲角跟踪、跟踪噪声源等）却对无源干扰（箔条干扰、诱饵干扰等）无能为力。c.平台内干扰与平台外干扰的综合运用，如平台上的转发式干扰与平台外的拖曳式有源诱饵综合使用，就会较容易地把雷达末制导导弹诱骗到诱饵上去。d.雷达干扰与其他干扰的综合运用，如指令干扰与雷达干扰相结合，综合对抗导弹的中段和末段制导系统。e.软杀伤电子干扰和硬摧毁（反辐射攻击）综合运用。使得对电子抗干扰非常有效的单脉冲跟踪和大功率雷达更容易遭受反辐射武器的杀伤。

② 多平台干扰措施的综合。a.远距支援干扰与目标隐身综合运用。目标隐身减小了远距支援干扰的需求功率，增加了远距支援干扰的有效掩护空域；远距支援干扰减少了隐身目标自卫干扰的使用时间，减少了隐身目标的暴露概率。b.随队掩护干扰与平台自卫干扰的综合使用。随队掩护干扰减小了平台自卫干扰的压力，使它集中力量对付威胁本平台安全的主要目标。

（2）分布式干扰。

分布式干扰是为掩护特定区域内的目标或在某一区域内制造假的进攻态势，由按一定规律布放的干扰机施放的噪声干扰或电子假目标干扰信号。

① 分布式干扰提出的背景。a.超低副瓣天线、副瓣对消等抗干扰措施使副瓣干扰异常困难，从而应用少量干扰机难以掩护大区域内的作战目标，只有应用众多的主瓣干扰机，才容易掩护大区域内的作战目标。b.雷达组网使传统的"一对一"的干扰失效，必须发展"面对面"的干扰。分布式干扰是实现"面对面"干扰比较经济、现实的途径。

② 分布式干扰实施的方法。a.根据所要求的目标掩护区域或佯攻区域，合理地布放干扰机，以使干扰信号能从雷达主瓣进入，且使由多个分布式干扰机在雷达屏上产生的主瓣干扰扇面覆盖所要求的目标掩护区域或佯攻区域；b.干扰时机与干扰持续时间由作战指挥协同控制，使干扰时机与整个进攻计划同步；c.干扰方式可以根据作战需要预置或程控、遥控，以产生掩护性的噪声干扰或欺骗性的假目标干扰。

（3）灵巧干扰。

灵巧干扰是指干扰信号的样式（结构和参数）可以根据干扰对象和干扰环境灵活地变化，或者指干扰信号的特征与目标回波信号非常相似的干扰。通常前者称为自适应干扰，后者称为高逼真欺骗干扰。

① 灵巧干扰提出的背景。a.雷达抗干扰技术不断发展，且种类繁多、变化迅速，从而使单一、固定的干扰信号样式往往难以对付变化的抗干扰措施，为此必须及时改变干扰信号的样式，以适应不同雷达的抗干扰方式，取得最佳的干扰效果。b.脉冲压缩、脉冲多普勒雷达具有复杂、精巧的信号特征，它们使噪声干扰的效果大大降低，为此必须发展精巧的干扰信号样式，以对付复杂的雷达接收、处理器。

② 灵巧干扰实施的方法。a.自适应干扰是一种由雷达信号检测、雷达特性分析、干扰样式选择、雷达干扰效果分析、干扰样式调整等环节构成的闭环系统，它能根据不同雷达信号的结构特征，分析雷达的工作状态和工作性能，选择干扰效果最好、针对性最强的干扰信号样式，然后根据雷达干扰效果检测分析的结果，自适应地改变干扰信号形式和参数，以使干

扰效果最好。b.高逼真欺骗干扰是对雷达信号精确地存储、复制，然后加以适当的调制和转发，以使干扰信号与目标回波信号的特征差异尽可能小，干扰信号与目标回波信号一样能在雷达接收机内进行匹配处理，减小干信比的损失，而且能够使干扰信号出现在所需要的雷达距离门、速度门内，形成符合战术欺骗要求的高逼真电子假目标。

雷达无源干扰朝着自适应、智能化和系统综合化方向发展。投放和发射技术是实施雷达无源对抗的重要手段，要想以最少的干扰物来获得最佳的干扰效果，在很大程度上取决于投放和发射技术，必须根据作战对象和作战环境实时地决策和投放干扰物。随着综合电子对抗系统的发展，雷达无源对抗系统将作为各种作战平台和作战体系综合电子对抗系统的有机组成部分，发挥越来越大的作用。其主要发展趋势如下。

① 发展在射频及运动特性等多方面拟真性能好的假目标和诱饵干扰器材，发展对付微波、毫米波制导导弹威胁的一次性使用的复合型灵巧假目标和诱饵干扰器材。

② 不断提高干扰物和干扰器材性能，开发新型干扰物和干扰器材，这是雷达无源对抗技术的一个永恒课题。箔条至今仍然是应用普遍、对雷达非常有效的干扰物。继续开发箔条的应用潜力，提高箔条的散射性能和使用性能是舰艇雷达无源对抗技术当前和今后的重要工作内容。

③ 发展新的雷达无源对抗手段。等离子体是一种有效的电磁波吸收媒质，人工制造等离子体空间前景诱人。

④ 毫米波探测和制导技术近年来取得了重要进展，为了对付毫米波雷达和毫米波制导威胁，发展毫米波雷达无源对抗手段势在必行。包括箔条在内的传统雷达无源干扰物在毫米波对抗中仍具有强大的生命力。

六、雷达对抗的发展史及发展趋势

雷达对抗是随着雷达的产生而产生，随着雷达的发展而发展起来的一种技术。雷达对抗则依赖性很强，对某种雷达的干扰机而言，只要该种雷达不存在了，该干扰机将失去作用，也会不复存在。

国外雷达对抗的发展是在第二次世界大战后形成的以两大阵营的不同特点而发展的，它们发展电子对抗装备的重点也不一样。以苏联为例，它们发展电子对抗装备的特点是以地对空和地对天干扰装备为主，兼顾发展机载和舰载电子战装备。而美国主要是发展机载和舰载、星载电子战装备，兼顾发展一些地面电子战装备。

第二次世界大战以后，两大阵营都在积极地发展新型雷达，警戒雷达、单脉冲雷达、捷变频雷达、脉内多蔽频雷达、相控阵雷达、脉冲压缩雷达、脉冲多普勒雷达、合成孔径雷达（SAR）等不断涌现，给研制干扰雷达和干扰机技术带来很大压力。因此，要能适时地应对雷达的发展，有效地干扰这些新体制雷达，雷达对抗与发展示意图如图 2-1-25 所示。

图 2-1-25 中所述的各种雷达，是表示雷达发展过程和雷达对抗相应的发展时间，是指干扰机对该种雷达体制干扰试验成功的时间。一般来说，雷达干扰机是随着新体制雷达的产生而产生，随着新体制雷达的发展而发展的。

近年来，随着微电子技术、计算机技术和数字化技术在雷达中的大量应用，雷达技术和装备取得了突破性的进展，雷达的作战能力显著提高。今后信息化战场上将形成一个以高信号密度、大带宽大时宽、多频谱、多参数捷变及多种工作体制和多种抗干扰技术的综合应用为特征的极为复杂的雷达信号环境，从而对现有的雷达对抗提出了严峻的挑战。因此，针对日益复杂的雷达信号环境，不仅要求利用当代高新技术加速更新现有的雷达对抗装备，而且必须瞄准今后可能出现的新体制雷达，探讨新的雷达对抗技术和加速研制、装备更有效的雷达对抗系统，特别是研究各种雷达对抗技术的综合应用，以提高雷达对抗的总体作战效能。

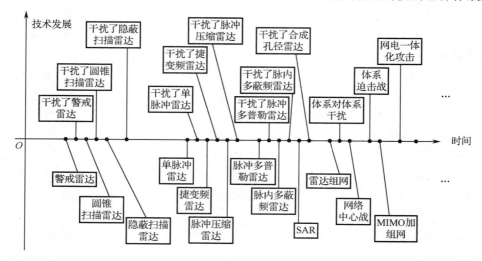

图 2-1-25　雷达对抗与发展示意图

（一）雷达对抗技术的发展趋势

雷达对抗技术是研制高性能雷达对抗系统的基础技术。根据目前电子对抗高新技术的发展现状，今后雷达对抗技术的发展趋势如下。

1. 扩展雷达对抗的频率覆盖范围

随着多参数捷变、米波、毫米波、扩谱、跳频等新型雷达广泛应用于战场，宽频谱响应已成为提高雷达对抗系统作战能力的一个重要方面。预计今后雷达对抗系统的频率覆盖范围为：雷达侦察告警 0.03～40GHz，可扩展到 75～140GHz；雷达干扰 0.38～40GHz，可扩展到 94～105GHz。

2. 提高雷达侦察告警接收机的性能

在 21 世纪高度信息化的战场上，各种新体制雷达在战场上的应用比例将迅速增加，雷达侦察、告警接收机将面临高密度、高复杂波形、宽频谱捷变的强雷达信号环境的威胁，因此必须提高雷达侦察、告警接收机的灵敏度、动态范围、测频和测向精度及适应密集、快速多变的信号环境能力，以满足未来雷达对抗的需求。

3. 发展计算机实时控制的自适应雷达对抗技术

在现代战争中，电磁信号环境复杂、密集、快速多变。为了在这种电磁环境中对多传感器信息进行实时的综合处理和软硬杀伤以及雷达对抗系统的自适应响应，新一代雷达对抗设备必须以实时数字控制、自适应阵列天线、自适应信号处理及功率管理等技术为基础，构成在频域、空域和时域上的自适应和功率管理的雷达对抗系统，以便对动态变化的威胁做出快速反应。

4. 低截获概率雷达的侦察和干扰系统

在未来高新技术战场上，各种低截获概率的新型雷达将大量应用于各种作战平台，以提高其反侦察、抗干扰、抗反辐射武器攻击的能力。因此，必须开展对低截获概率雷达的各种信号截获、分析、识别和定位技术、干扰体制和干扰样式及新的信号处理技术研究。

（二）雷达对抗装备的发展趋势

雷达对抗装备总是伴随着雷达对抗技术发展的推动和电子对抗的作战需求而不断发展和更新的。根据雷达对抗技术的发展趋势和电子对抗内涵的不断拓宽，预计雷达对抗装备的发展趋势将集中在下列几个方面。

1. 雷达对抗装备趋于综合集成化

雷达对抗装备的综合集成化包括两层含义：一是平台级雷达对抗装备的综合集成；二是区域级的综合集成。

（1）平台级雷达对抗装备的综合集成。

平台级雷达对抗装备的综合成是一种初级的综合集成系统，用于提高各种作战平台自身的雷达对抗总体作战效能，它是以数字技术和高速计算机信号分选与系统管理为核心，以模块化结构和数字总线为基础，把平台内的雷达告警侦察、雷达支援侦察、雷达有源干扰和无源干扰、一次性使用有源雷达诱饵以及反辐射武器等雷达对抗设备有机地集成在一起，构成一个由软件驱动、现场可编程的多功能互补和资源共享的综合雷达对抗系统，以对付敌方雷达组网的威胁。因此，该系统是当今雷达对抗发展的方向之一。典型的装备如美国的机载综合电子对抗系统 INEWS，软硬电子杀伤一体化的电子对抗飞机 EA-18G 以及正在研制改进的舰载综合电子对抗系统 AIEWS 等。

（2）雷达对抗系统与其他电子对抗系统综合集成构成区域级综合电子对抗系统。

现代战争表明，在高技术战场上，整个作战体系的作战效能不再是各个作战系统的简单相加，而是倍增关系。这就使战场上所采取的任何作战行动越来越具有整体性和系统性，从而表现出系统对系统、体系对体系的整体对抗明显特征。显然，在这种体系对抗环境下的电子对抗，要全方位、全高度、大纵深地同时攻击敌人，其先决条件就是把战区内各平台的电子对抗系统和各种电子对抗作战手段综合集成为一个陆、海、空、天一体化，远、中、近程和高、中、低空相结合，有源干扰与无源干扰相结合，压制性干扰与欺骗性干扰相结合，支援干扰与自卫干扰相结合，雷达对抗、通信对抗、光电对抗和对其他军用电子设备的对抗相结合，以及软杀伤与硬摧毁相结合的区域级综合电子对抗系统，充分发挥战区内电子对抗的整体作战效能，以适应体系对抗的需求。因此，区域级综合电子对抗系统已成为电子对抗今后发展的总趋势。典型的装备如英国和法国已研制用于区域级的综合电子对抗指挥控制系统。英国马可尼公司研制的电子对抗作战指挥系统（EWCS）由高速计算机、大屏幕显示器、各种微机和软件以及接口部件组成。该系统能综合处理来自卫星、遥控飞行器获取的情报，区域性地面情报以及雷达、通信和声呐等传感器获取的情报，并在数据库的支持下，实时地对所有威胁目标进行检测、分析、识别、显示、数据融合与评估，统一控制有源干扰机、有源雷达诱饵、箔条干扰弹、红外干扰弹、漂浮式假目标等有源和无源电子对抗软杀伤武器，以及对抗反辐射导弹诱饵、近程武器系统（CIWS）、点目标防御导弹（PDMS）等硬杀伤武器协同作战。因此，该系统具有指挥控制多个平台电子对抗系统和硬武器系统协调行动的能力，把它装在旗舰上，能够全面提高海上编队的电子对抗能力。

法国汤姆逊研制的是舰载电子对抗作战指挥控制情报系统（EWC^{3}I），它是由电子对抗指挥控制系统和 C^{3}I 系统综合构成，可用于取代现有平台的作战指挥系统。该系统通过 TAVITAC 作战信号情报系统或一台专用处理机，把机载电子情报侦察吊舱，舰载、机载电子支援和电子情报系统，各类通信情报系统，各种测向设备、分析器，舰载、机载干扰机，反雷达和红外假目标发射等综合在一起。该系统能综合处理来自各种传感器所获取的威胁辐射源信息，并自动、瞬时和有选择地变为舰艇的战斗指令，以协调电子对抗软硬杀伤武器与其他硬杀伤武器的行动。该系统具有指挥控制各个平台电子对抗系统协同作战的能力。该系统装在旗舰上，就可以把来自本舰电子对抗指挥控制系统处理的和其他舰艇经 C³I 数据链传送来的数据，加以数据融合和相关处理，形成舰队战斗指令，以综合指挥控制海上编队电子对抗行动，使各舰的电子对抗系统按照旗舰的统一指挥协调行动。

总之，区域级综合电子对抗是高技术战争体系整体对抗的必然结果。可以预计，随着高技术战争的发展，特别是信息战概念的形成和运用，这种区域级电子对抗的综合集成将进一步得到发展，并成为信息化战争制胜的关键手段。

2. 发展平台外一次性使用的有源雷达诱饵

对隐身平台自身保护措施而言，雷达干扰仍是重要的平台保护措施之一。但为了避免暴露平台本身，除了尽可能应用小功率干扰机外，应更注重采用平台外一次性使用有源雷达诱饵，以诱骗导弹末段攻击的末制导系统，使其偏离瞄准目标而自毁。因此，平台外自卫干扰新概念为对抗导弹攻击开辟了一种极有希望的自我保护手段，它与平台内的自卫舰艇雷达干扰机相配合，既可减轻对平台内干扰机的要求，简化干扰机的结构，又可更有效地提高平台的自卫能力和隐身能力。

目前国外正在研制或装备的一次性使用有源雷达诱饵包括自由飞行式和拖曳式两类。自由飞行式有源雷达诱饵有投放式、伞挂式和空中悬停式三种形式。投放式有源雷达诱饵如美国海军研制的通用一次性使用有源雷达诱饵"Gen-X"，由海军战斗机上的标准 AN/ALE-39 和 AN/ALE-47 无源干扰发射器发射到离飞机危险区外一定距离后，按指令搜索雷达目标，如果搜索到目标信号，就发射与雷达信号特征非常相似的干扰信号，欺骗各种雷达制导导弹的攻击。伞挂式有源雷达诱饵如英国的"海妖"，该诱饵在软件控制下可产生复杂的干扰波形，对导弹末制导雷达实施最佳干扰。空中悬停式有源雷达诱饵如澳大利亚的 Nulka，在截获到来袭反舰导弹的末制导雷达信号后，使用大功率干扰设备转发该雷达信号，以欺骗导弹的攻击。

拖曳式有源雷达诱饵是利用绳缆或光纤等把投放出去的诱饵拖曳在离飞机或舰艇一定距离处。其中机载绳缆拖曳式诱饵有美国空军、海军正在装备的先进机载一次性使用诱饵"ALE-50"，主要用于对抗地空导弹和控制高炮的单脉冲和脉冲多普勒雷达威胁；机载光纤拖曳式诱饵如美空、海军正在研制的"综合防御电子对抗系统"中射频对抗子系统采用的"更灵巧"的大功率有源雷达透饵，它不仅能转发威胁雷达的信号，而且能利用各种干扰技术来诱骗威胁导弹。

用于保护舰艇免受反舰导弹攻击的舷外有源雷达诱饵有美国海军的舰载 TOAD 有源雷达诱饵，LURES 雷达浮标诱饵和舰载拖曳式小型无人机等。TOAD 有源雷达诱饵安装在一艘离舰艇约 300m 处的小型船只上。当诱饵截获到威胁导弹的雷达制导信号后，立即自动转发一个合适的回波信号，把来袭导弹引偏。LURES 雷达浮标诱饵是一种以火箭为动力、漂浮在海面上的有源雷达诱饵，由舰载 MK36 无源干扰发射器发射，用于保护驱逐舰级的舰艇。拖曳式小型无人机有"飞行雷达目标"FLYRT 和"渴望雷达诱饵"ATD 两种。FLYRT 由小型固体火箭从 MK-36 无源干扰发射器发射后，绕着舰艇做预编程航线飞行，并截获反舰导弹的末制导雷达信号，经放大后转发出去，形成诱饵目标。这是一个重复转发式雷达诱饵；ATD 用光缆与舰艇相系，用光纤电缆给飞行器上雷达干扰机传送控制信号。据称 ATD 可容纳不同的有效载荷，以承担多种任务。

3. 加速发展反雷达硬杀伤武器

近代高技术局部战争表明，随着攻防体系日趋严密和完善，无论在进攻还是防御过程中，任何作战平台都会受到敌方的各种雷达探测预警网的严密监视、跟踪以及陆、海、空多维平台发射的雷达控制的"灵巧武器"的多层次拦截打击。因此，为使作战平台以最小的损失率顺利完成战斗使命，其首要使命就是压制敌方雷达探测预警网和雷达控制的综合火力网。目前采用的对敌防空压制的电子对抗手段，一是采取专用的电子干扰飞机和机载自卫干扰系统，干扰敌防空雷达和武器控制与制导雷达，使其迷盲或失效；二是彻底地采取硬杀伤的防空致命性压制兵器，"先发制人"地摧毁敌各种防空和制导雷达使其永久失效。因此，加强反雷达硬杀伤能力已成为今后雷达对抗的优先发展方向，其主要手段包括反辐射攻击和高功率微波杀伤等。

1）改进和研制新的反辐射武器

目前应用极广泛的防空压制武器是反辐射导弹。自从 1964 年美国在越南战争中使用第一代"百舌鸟"反辐射导弹后，中间经过改进的第二代 AGM-78A "标准"型反辐射导弹，到 1981 年发展了第三代高速反辐射导弹 AGM-88A "哈姆"。在 1991 年的海湾战争中，美军发射了 2000 多枚"哈姆"导弹，约击毁伊拉克 250 部防空雷达，充分显示了反辐射导弹对敌防空压制的威力。为了提高导弹的攻击能力，目前已对"哈姆"导弹进行了改进，其中包括采用更先进的小型化导引头，加装含有已知威胁信号特性数据库的电重编程序库存储板，用电可擦可编程只读存储器代替现用的可编程只读存储器，改进软件，增加双带宽（同时提供窄带和宽带覆盖）并提高视频处理器的速度等。目前正在发展采用毫米波导引头的第四代"哈姆"反辐射导弹以及研制空-舰、地-空、地-地等新型反辐射导弹。反辐射导弹载机从 20 世纪 60 年代的 F-105 发展到目前的 F-4U "野鼬鼠"型、F-15、F-16、F/A-18 战斗机和 EA-18G 电子干扰飞机等。加强对敌防空压制的另一种重要手段是发展"反辐射无人机"。

2）发展高功率微波武器

由于当代高技术武器和作战平台中依靠雷达的占大部分，所以破坏摧毁武器和平台中的雷达系统就成为舰艇雷达对抗的主要目标。近年来，为了适应未来高技术战争新的舰艇雷达对抗需求，美国及西方国家正在研制杀伤破坏力更强的高功率微波武器，包括可重复使用的高功率微波定向发射武器和电磁脉冲武器。这类武器发射千兆瓦级脉冲功率的微波射束能量，以接近光波的速度直接照射目标，可烧毁雷达系统中的电子器件、电路和敏感的传感器，使其造成永久性的损伤而失效。

综上所述，随着电子对抗装备技术、战术应用的发展以及当代高技术发展的推动，雷达对抗将进入崭新的阶段，不仅在装备上会出现新一代软硬杀伤功能更强的雷达对抗系统，而且装载的平台多样化、对抗手段综合化、系统功能自动化和智能化、作战空间立体化，从而能够给敌方的雷达网构成致命威胁，在综合电子对抗中扮演着重要的角色。

第二节　雷达侦察测频技术

在雷达的各种特征参数中，频率参数是最重要的参数之一，其重要性表现在：（1）截获雷达信号的需要，雷达对抗侦察接收机的通频带对准雷达信号的载频时，才能截获雷达信号，频率对准过程是频率测量过程之一，也是进行精确测频的前提；（2）信号分选的需要，侦察系统要从密集、交错的信号环境中分选各个雷达的信号，雷达的载频参数是最重要的分选参数之一；（3）识别高威胁等级雷达的需要，从侦察到的雷达中识别出威胁等级高的雷达是雷达对抗侦察最紧迫、最重要的任务，而雷达载频所在波段和它的性能、用途密切相关；雷达载频的变化范围、速度和规律与雷达的工作体制、抗干扰能力密切相关，因此频域参数是识别威胁等级高的雷达信号的重要参数；（4）引导干扰的需要，为了有效利用干扰功率，在频域上将干扰信号功率集中在雷达信号载频上，必须在频域上对干扰机实施引导。本节主要介绍雷达侦察接收机如何测量雷达信号的频率。

一、现代雷达侦察测频体制

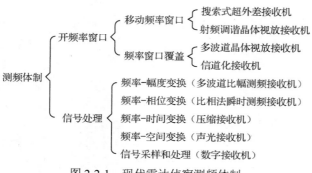

图 2-2-1　现代雷达侦察测频体制

雷达侦察测频体制，原则上可以分成两大类：第一大类通过开频率窗口来测频，第二大类通过信号处理来测频，见图 2-2-1。

对于第一大类，由于接收机的窗口只放过窗内的信号，因此它同时具有频率选择性，这在环境信号很密集时有相当强的信号稀释能力。当一个接收机在通道的带宽较小时，有利于提高接收机的灵敏度。同时缩小窗口跨度，窗口容易开小，使得测频精度容易提高。然而，当接收机通道的频带宽度太小时，频谱较宽的信号将发生较大的失真。另外，如果我们只为信号开一个小窗口，那么接收机会比较简单，但此时所面临的雷达侦察接收机要求大的频率跨度，只有用扫描来解决，这将使信号截获概率降低。

在第一大类中，工程上主要存在两种不同的测频体制。第一种是移动频率窗口，其方法之一是外差式接收机。通过混频，将高频变成一个固定的中频接收机。窗口的形状和特性均在中频构成，把它折到高频并形成窗口的移动是通过改变本振的频率来完成的，这就是人们熟知的外差式接收机，其基本组成如图 2-2-2 所示。本振的生成和频率的改变办法很多，从技术上来讲，已经可以做到纯度和精度很高，变化的速度也很快。频率调谐的速度已经可以做到用不到 $10\mu s$ 的时间任意改变一个频率，从而可以实现智能的随机扫描。混频在数学上是线性变换的，但在工程上是通过非线性实现的，这样，很可能给信号造成一定的变化，引起某些差错，这是外差式固有的问题。但由于在一个瞬间对于接收机要工作的宽频率范围，只开了其中的一个小窗口，因此不可能同时截获信号的多个载频。因为这个小窗口要动，所以导致接收机总是存在扫描控制的问题，其关键不仅仅是窗口在哪里的问题，还有窗口多大的问题。

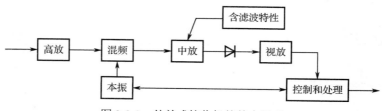

图 2-2-2　外差式接收机的基本组成

移动频率窗口方法之二是射频调谐晶体视频接收机，直接在射频端移动频率窗口。首先，微波预选器在侦察频段内调谐，选择所需要的信号，抑制不需要的信号和干扰；经过选择的信号被送入微波检波器，取出信号包络，再将视频脉冲加到视频放大器中，经过视频放大后送入信号处理机。根据预选器的频率设置可以得到被测信号的频率，其基本组成如图 2-2-3 所示。该接收机的频率分辨力由预选器的瞬时带宽确定，带宽越窄，频率分辨力越高。其主要优点是技术简单，工作可靠、体积小、质量轻、成本低等；主要缺点是灵敏度低，测频分辨力和精度不高。

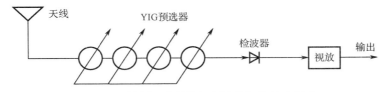

图 2-2-3　射频调谐晶体视频接收机的基本组成

第二种是多频率窗口覆盖频带。这种多信道可以直接在微波形成，也可以把信号变到中频后形成。通常，直接在微波形成信道要稍微困难一点，所形成的带宽也要略大一点，但是由于信号变换较少，信号之间的相互作用也就较少，从而形成虚假的机会较少。晶体视频接收机的典型组成框图如图 2-2-4 所示，也称之为多波道接收机。晶体视频接收机的特点是各路通带彼此交叠，覆盖测频范围。

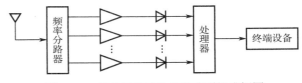

图 2-2-4　晶体视频接收机的典型组成框图

频率分路器的路数越多，则分频段越窄，频率分辨力和测频精度就越高。但是由于频率分路器的路数不能任意增多，以及在微波领域无法获得频带极窄的信道，可以将晶体视频接收机与超外差接收机结合来解决这个问题，构成信道化接收机。其基本思想是将输入频率范围分成多个窗口，然后改变本振频率，使每个窗口的频率混频后形成的中频固定且相同。如果某个频率的信号出现，则混频后的检波会有信号输出，即测得输入信号频率。

对于第二大类，不管信号处理的准则或具体处理办法的优点是什么，频率信息是在处理之后才得到的，宽开所带来的信号截获概率高、信号失真小等将是该类接收机所固有的优点，大部分算法都与信号电平没有关系，从而使接收机有潜在的大动态，而对应的必须有专门的处理技术或算法则成为这类体制必然的弱点。档次不高的处理和算法面对宽开可能会伴随灵敏度不易提高、难以适应同时多信号等缺点。

在第二大类接收机中，原则上可分成三种不同的测频体制。第一种是将信号的频率信息转换成幅度信息，然后再测量，这是鉴频式接收机。第二种是将信号的频率信息转换成相位信息，然后再测量，这是鉴相式接收机。由于在短暂时间内对信号实时频率进行测量，习惯上称之为瞬时测频接收机。这两种接收机的典型组成如图 2-2-5 所示。这两种接收机的模式都是固定的，其核心是变换器只有一个结果参数的输出，这意味着接收机不能处理多信号，当输入信号含有多个载频时，由于输出只有一个频率值，测量肯定是不正确的。其组成较为简单，因此容易构造无疑是这两种接收机的共同的优点，但由于没有任何相关性的处理，这两种接收机的瞬时带宽，导致其灵敏度都比瞬时频带窄的第一类接收机要低，这又是该两种接收机共同的弱点。

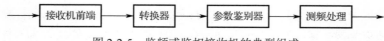

图 2-2-5　鉴频或鉴相接收机的典型组成

在这两种接收机之间进行对比，频率往相位的转换有可能产生放大现象，即一定量的频率增量有可能被变换生成较大的相位增量，结果由一定的相位测量误差折成的频率测量误差就可能较小，即瞬时测频接收机的测频精度容易做得较高。然而，相位计量具有模糊性，工程上只能测量 360°范围内的相位，这使得瞬时测频接收机较鉴频式接收机要稍微复杂一点。

第三种是将频率信息转化成时间信息，即压缩接收机。在频率快速可靠搜索时，虽然可以实现对单个脉冲的频率截获概率为 100%，但这种测频方法的接收时间随频率搜索速度的上升而减小，使输出脉冲宽度太窄，以至输出脉冲幅度严重下降，导致接收机的测频精度和灵敏度都不能满足实用要求，从而不能得到应用。要增加输出脉冲宽度，即接收时间，只有降低频率搜索速度或扩大中放带宽。由于频率搜索速度受截获概率要达到 100%的限制，不能降低，所以唯一可行的思路是扩大瞬时频率取样窗口宽度，即中放带宽，但这样做的结果是不同频率的信号可能在同一个频率取样窗口内输入，即同时落入中放通带内，在时间上重叠而造成测频分辨力下降。压缩接收机的工作原理是：通过特殊的傅里叶变换－线性调频变换，巧妙地将压缩接收机中放输出的时域重叠、频域上线性调频的多个信号由压缩完成频率-时间压缩变换后，输出一串脉宽极窄、出现时间与各个输入雷达信号载频 f 呈线性关系的窄脉冲列，从而将信号载频测量转化为对窄脉冲出现时间的测量。

第四种是将频率信息转换成空间信息，即声光测频接收机。它通过逆压电器件将输入的射频信号变换为声光通道中的超声波，由超声波对声光通道中的单色波（激光）进行相位调制，使得激光发生衍射，在一定条件下，激光衍射输出的角度与输入射频信号的频率成一一对应关系，从而将射频信号载频的测量转化为对输出激光衍射角度（或空间）的测量。

第五种是数字接收机测频，即通过数字处理获取信号的载频，这种处理方法可能是多种多样的。信号的频率信息原本是它自己带的，一切处理方法不外乎是怎样把它提取出来。根据采样定理，如果信号的所有频率分量可能的带宽为 Δf ，那么在用 Δf 的二倍频率采样时，我们将保留信号的全部信息。如果采样提取的信号幅度足够准确，那么原则上我们就可能找到一种办法计算出信号的所有频率。使用数字接收机，需要做两件事，一是采样在幅度上要用多高的精度，二是具体用什么样的算法。数字接收机的组成框图如图 2-2-6 所示。数字接收机是从原理上可以保证高精度、宽频带和较大动态条件下的高灵敏度和同时多信号测量能力的唯一的一种接收机。

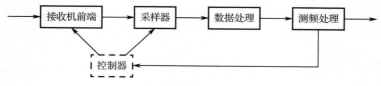

图 2-2-6　数字接收机的组成框图

侦察接收机根据其检波前后的带宽比（ $\Delta f_\text{R}/2\Delta f_\text{V}$ ）不同又可分为两类，一类是窄带接收机（ $\Delta f_\text{R}/2\Delta f_\text{V}=1$ ），以窄带超外差接收机为代表，用于高灵敏度场合；另一类是宽带接收机（ $\Delta f_\text{R}/2\Delta f_\text{V}$ 为 10～1000），包括大部分侦察接收机，如晶体视频接收机、瞬时测频接收机以及宽带超外差接收机等。带宽比的这种差别，决定它们检波后噪声统计特性的不同。

雷达接收机和雷达侦察接收机都是接收雷达信号的，其主要不同之处包括：（1）基本原理，雷达侦察是被动接收雷达信号的，而雷达是主动接收目标反射的回波信号的；（2）天线，雷达侦察是宽带的，而雷达是窄带的；（3）接收机体制，为了保证收到不同频率和方向的信号，雷达侦察通常是宽开的，而雷达基本上是超外差体制的；（4）观测参数，雷达侦察需要测量雷达信号的很多特征，如方位、频率、脉宽、重频等，而雷达主要想知道目标的方位、距离和速度；（5）灵敏度，雷达的灵敏度通常高于雷达侦察的灵敏度。

二、外差式接收机

微波预选器从密集的信号环境中选出一定通带内的雷达信号送入微波混频器，与本振电压差频变为中频信号，再经过中频放大器、检波器和视频放大器，送给处理器，最后通过改变本振频率实现频率搜索，其原理框图见图 2-2-7。在搜索过程中，为了始终保持需要的信号主频 f_R 和本振频率 f_L 相差一个中频 f_i，预选器必须和本振统调，即接收机本振的频率变化时，预选滤波器的频率必须跟着变化。因此，外差式接收机的关键点之一是频率搜索形式及速度。另外，寄生信道干扰及其消除方法，以及中频增益、带宽和高低也是需要关注的要点。

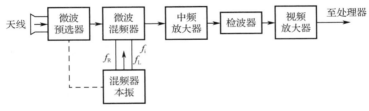

图 2-2-7 外差式接收机原理框图

（一）频率搜索形式及速度

频率搜索有两种形式，即连续搜索和步进搜索，在连续搜索中又分为单程搜索和双程搜索，见图 2-2-8。$|f_2-f_1|$ 为频率搜索范围；T_f 为频率搜索周期；t_f 为频率搜索的接收时间，即搜索过一个侦察接收机瞬时带宽 Δf_r 所用的时间；f_0 为信号中心频率；τ_N 为脉冲群持续时间。连续搜索的优点是扫描电路简单，便于和模拟式频率显示器连用构成全景接收机。其缺点是不便于采用数字指示。若采用步进搜索，见图 2-2-9，便可以克服连续搜索的这一缺点。步进搜索的最简单的方式是采用等间隔逐步跳跃。还有一种灵巧式步进搜索，在密集频段，逐步跳跃，在雷达空白频段，大步越过，这样便缩短了搜索周期，提高了搜索概率。宽带预选超外差式接收机可以采用这种灵巧式的搜索方式。

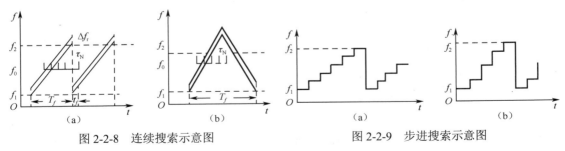

图 2-2-8 连续搜索示意图　　　　　图 2-2-9 步进搜索示意图

例：某超外差搜索接收机测频范围为[1GHz，2GHz]，中频频率为 30MHz，频率搜索周期为1ms，中频放大器带宽为2MHz，试求：

（1）本振的频率变换范围和调谐函数$f_L(t)$；

（2）若有频率为1125MHz的连续波信号到达，求视频输出波形。

解：（1）本振频率变化范围：$[(1000+30)\text{MHz}, (2000+30)\text{MHz}]$

$$f_L(t) = 1000\text{MHz} + 30\text{MHz} + (2000-1000)\text{MHz} \times t'$$
$$= 1030\text{MHz} + 10^3\text{MHz} \times t', \qquad t' = \text{mod}(t, 1\text{ms})$$

（2）在搜索过程中，输出信号有无的时间t_1、t_2：

$$\left. \begin{array}{l} f_L(t_1) - 1125\text{MHz} = (30-1)\text{MHz} \\ f_L(t_2) - 1125\text{MHz} = (30+1)\text{MHz} \end{array} \right\} \Rightarrow \begin{array}{l} t_1 = 0.124\text{ms} \\ t_2 = 0.126\text{ms} \end{array}$$

波形：

频率搜索速度有三种情况。

1. 频率慢速可靠搜索

在雷达脉冲群存在期间，侦察接收机搜索完整个测频范围，即脉冲群持续时间τ_N大于或等于频率搜索周期T_f。在接收机扫过一个瞬时带宽Δf_r的时间t_f内所收到的脉冲数应满足处理机和显示器所需的脉冲数Z，则

$$t_f = \frac{\Delta f_r}{f_2 - f_1} T_f \geq Z T_r \tag{2-2-1}$$

$$f_2 - f_1 \leq \frac{Z_N}{Z} \Delta f_r \tag{2-2-2}$$

T_r为脉冲重复周期，在雷达的脉冲群时间内，满足上式的搜索概率为1，故称为可靠搜索。

2. 频率快速可靠搜索

在脉冲宽度τ内，侦察接收机要搜索完整个侦察频段，$T_f \leq \tau$，则

$$\upsilon_f = \frac{f_2 - f_1}{T_f} \geq \frac{f_2 - f_1}{\tau} \tag{2-2-3}$$

脉冲宽度越窄，则要求搜索速度越快。

3. 频率概率搜索

由于雷达通常处于搜索状态，且发射脉冲信号，所以在侦察天线波束与雷达天线波束重合的条件下，侦察接收机的频带与雷达信号的频谱重合是一个随机事件。对一部给定的侦察接收机来说，某些雷达可能满足可靠搜索条件，而另一些雷达则不满足可靠搜索条件，即成了概率搜索。

（二）寄生信道干扰及其消除方法

如果在混频器的输入端同时加入信号主频f_R和本振频率f_L，由于混频器的非线性作用，在输出端可能有许多频率的信号。产生中频f_i时，其一般关系为

$$f_i = m f_L + n f_R \tag{2-2-4}$$

式中，m、n为任意整数。在一般情况下，输入射频信号电平比本振电平低得多，所以只考虑其基波分量，$n = \pm 1$；由于本振高次谐波远离中频信号，其作用甚微，故也只考虑$m = \pm 1$的情况。主频和镜频示意图如图2-2-10所示。

设 $m=1$，$n=-1$ 时的情况为主信道，即有用信号 f_s 为

$$f_s = f_R = f_L - f_i \qquad (2\text{-}2\text{-}5)$$

$m=-1$，$n=1$ 时的情况为镜像干扰信道，即镜频（镜像频率）为

$$f_M = f_R = f_L + f_i \qquad (2\text{-}2\text{-}6)$$

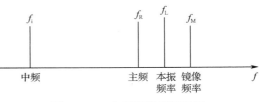

图 2-2-10　主频和镜频示意图

例如，接收机的中频为 60MHz，在信号主频与本振频率的差频为 30MHz 时，它的二次谐波就可以进入中频通道，形成 30MHz 的误差。

消除镜频干扰的方法如下。

1. 提高射频电路的选择性，抑制镜像信道

（1）预选器和本振调谐。在搜索过程中，预选器跟随本振调谐，始终保持预选器通带对准所需要侦收的频率，阻带对准镜频信号，实现单信道接收。

（2）采用宽带滤波和高中频接收，即用固定频率的宽带滤波器取代窄带可调预选器，同时提高中频，将镜像信道移入滤波器的阻带中，抑制镜频信号，保证单信道接收。

$$f_i > 0.5(f_2 - f_1) \qquad (2\text{-}2\text{-}7)$$

式中，f_i、f_1、f_2 分别为接收机的中频、侦收波段的最低频率和最高频率。这种方法用提高中频的代价换得调谐电路简化，特别是使接收机的带宽摆脱了窄带预选器的限制，可以构成宽带超外差接收机。

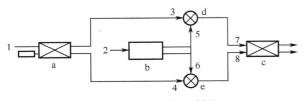

图 2-2-11　双平衡混频器

（3）采用镜频抑制混频器。例如，双平衡混频器，在主信道上，两个混频器输出同相相加；在镜像信道上，反相相减，实现单信道接收，双平衡混频器如图 2-2-11 所示，其中，a 和 c 是定向耦合器。

2. 采用零中频技术

把中频降到零，使镜像信道与主信道重合，变成单一信道。这种零中频技术使中频电路简单化（中频放大器变成视频放大器），如果采用正交双通道处理，则更易于采用数字技术进行记录和分析。

3. 采用逻辑识别

主频与镜频相差两倍中频，对于某个辐射源，如果有两次接收，且频差为两倍中频，则其中必有一个是镜像干扰。这种方法的缺点是不能实现单脉冲测频。

（三）中频增益、带宽和高低

（1）外差接收机的中频是固定的，因此传统地把中频放大器的增益做得较高，工程上能做到的灵敏度为-100dBW。当接收机前端还有其他器件时，相应的灵敏度还会更低一些。

如果接收机的前端有高频放大器，我们假设它的增益足够高，噪声系数 N_r 为 3dB，由于 N_r 由 13dB 降到 3dB，接收机最高的灵敏度将为-113dBW。两种情况的差值仅为 10dB，高频放大器的增益将取 15dB，过多的增益无助于提高接收机的灵敏度，低于 10dB 的增益又显然会限制接收机的灵敏度。过多的增益还将使进入混频器的信号变大，容易产生很多不希望的交调，造成测频的错误。

足够高的中频放大器增益是多少呢？如果说在中频检波器端口使检波器的噪声不成为主要噪声的信号强度需要为-53dBW，如果加到中频放大器输入端的信号强度是-113dBW，

则可以算出中频放大器的增益要求下限为 60dB（1000 倍）。在不使用高的视频放大器增益的情况下，将要求中频放大器增益比这个数再大一点。

（2）当用外差接收机测频时，中频带宽将成为测频误差来源的一部分，这时，单从误差的角度考虑，一般应使由带宽引入的误差与由本振不准确引入的误差几乎相等，即

$$W_f \approx 3.5\sigma_L \tag{2-2-8}$$

式中，σ_L 是本振频率误差的均方根值。带宽取得再小，也不能提高测频精度，测频误差主要由带宽造成，即 $0.288W_f$。不能将带宽取得太小，因为这会降低信号截获概率，导致信号失真，信号失真的情况如图 2-2-12 所示。如果信号频谱落在滤波器的边缘，那么当信号通过中频通道时，它的频谱将被切掉一部分。中频带宽越小，信号频谱被部分切除的概率就越大。通常，中频带宽是信号频谱的两倍以上。雷达侦察接收机带宽，典型值为 1～20MHz。

（3）中频的高低。为了满足中频带宽的需要，并且使中频部分的相对带宽不太大，取值高；为了使中频部分制作的难度下降，取值低。中频选择最重要的是对混频虚假响应的控制，如果信号频率 A 和本振频率 B 混频，则由于电路的非线性，可能产生的频率将为

$$C = nA + mB \tag{2-2-9}$$

式中，n 和 m 可以是任意整数。n 和 m 的绝对值越小，对应的频率分量的幅度就越大；平衡性能良好的混频器会对 n 和 m 是偶数的频率分量有较好的抑制。如果我们将 A、B、C 分别定为一个直角坐标系的三轴，对应任何选定的具体的中频 C、A、B 的关系成一组直线，n 和 m 是不同的直线的参数，见图 2-2-13。图中只画了（$n=1$, $m=-1$）、（$n=-1$, $m=1$）、（$n=2$, $m=-1$）和（$n=-1$, $m=2$）四条线，同时也用虚线画出了预定的工作频率范围。考虑的三种可能的虚假将都不会落入工作频率范围内，从而保证了对虚假的抑制，如果频率范围再大一点，$2A-B$ 和 $2B-A$ 分量均可能落入有效的范围，形成可能的虚假。

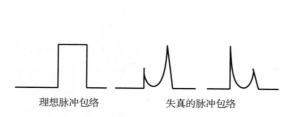

图 2-2-12　信号失真的情况

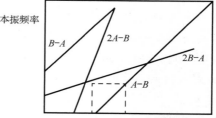

图 2-2-13　信号频率和本振频率的混频虚假响应

（四）典型超外差接收机

1. 窄带超外差接收机

在接收机的工作波段内，窄带超外差接收机与本振统调而实现顺序调谐，对每个分辨单元逐个侦察。这种接收机以加长截获时间为代价换取了高频率分辨力，降低了截获概率，难以检测频率捷变信号和线性调频等扩谱信号。频率分辨力高、灵敏度高、抗干扰能力强、输出信号流密度低、对处理机速度要求可以放宽等优点。

2. 宽带超外差接收机

窄带超外差接收机的射频带宽受到微波预选器的限制，只有 20～60MHz。将带宽展开到 100～200MHz，再与宽带中放连接，构成宽带超外差接收机。其优点：①能检测和识别宽带雷达信号，即频率捷变、宽脉冲线性调频和相位编码信号；②由于瞬时带宽的增加，缩短了给定频率范围的扫描时间。对于窄带信号，经过幅度检波和视放，直接送入处理机。对于宽

带扩谱信号，则经过频率和相位解调，再经过视频放大器送入处理机。

3. 宽带预选超外差接收机

若采用宽带预选器和高中频，便可以进一步展宽超外差接收机的瞬时带宽。为了使一部接收机覆盖更宽的频率范围，可以采用预选开关滤波器组。预选开关由本振同步控制。

总之，外差式接收机的主要优点是：中频频率比射频频率低，良好的选择性和很高的放大量，灵敏度高、选择性好；中频信号完整地保存了射频信号的频率和相位信息，幅度失真小，能检测宽脉冲线性调频信号和相位编码信号，且便于实现。其缺点是寄生信道干扰、窄带超外差接收机搜索时间长、对短时间出现的信号频率截获概率低。

三、信道化接收机

信道化接收机是一种高截获概率的接收机。由于它能够直接从频域选择信号，避免了时域重叠信号的干扰，抗干扰能力强；测频精度和频率分辨力不受外来信号干扰的影响，只取决于信道频率分路器的单元宽度；由于它是在超外差接收机基础上建立起来的，故其灵敏度高，动态范围大。信道化接收机对高密度信号环境具有卓越的分离能力，使得它适用于各种电子侦察系统。随着声表面波器件、微波集成电路和大规模集成电路的迅速发展，信道化接收机体积大、功耗高和成本贵的缺点已被逐步克服。目前主要有三种信道化接收机，即纯信道化接收机、频带折叠信道化接收机和时分制信道化接收机。

（一）纯信道化接收机

首先用波段分路器将系统的频率覆盖范围分成 m_1 路，从各个波段分路器输出的信号分别经过第一变频器，将射频信号变成第一中频信号，各个本振频率不相等，保持各路输出中频频率、带宽相等，各路中频电路一致。各路中放输出，一路首先经过检波和视频放大器，送入门限检测器，进行门限判别；然后输出给逻辑判决电路，确定信号的频谱质心，即中心频率；最后送进编码器，编出信号频率的波段码字。与此同时，另一路信号送往各自的分波段分路器，再分成 m_2 等份。每个分波段的信号经过第二变频器、第二中频放大器、检波和视频放大器，送往门限检测器、逻辑判决电路和编码器，编出信号频率的分波段码字。若有 n 次分路，每次分频路数为 m_i，则经过 n 次分频后，接收机的频率分辨力为

$$\Delta f = \frac{f_2 - f_1}{\prod_{i=1}^{n} m_i} \qquad (2\text{-}2\text{-}10)$$

式中，f_1、f_2 分别为侦察机测量频率的最小和最大值。纯信道化接收机原理框图如图 2-2-14 所示。

（二）频带折叠信道化接收机

当输入信号经过分路、变频放大后，一分为二，其中一路与纯信道化接收机一样，经过检波、门限检测，用来识别信号所在的波段；另一路则送入取和电路，各路中频相加后，变为一路输出，送入下一级分路器，继续进行处理。与纯信道化接收机相比，频带折叠信道化接收机在每一级增加了一个取和电路，却为下一级省略了多个分频支路（只保留一个支路），从而大大减少了设备量。级数、分频路数越多，减少得越多。取和电路在减少接收机分频路数的同时，将各信号频段的噪声也合成了，因此降低了接收机的灵敏度。当有同时到达的信号时，不同频率的信号在同一级分路器的几路中都有输出，然后叠加到下一级的同一个分路

器再进行分路，容易引起测频模糊。

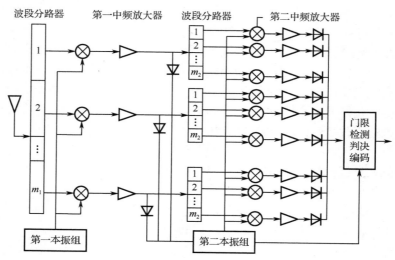

图 2-2-14 纯信道化接收机原理框图

（三）时分制信道化接收机

时分制信道化接收机只是用快速"访问开关"取代了"取和电路"，在一个时刻，访问开关只与一个波段接通，将该波段接收的信号送入分波段分路器，所有其他波段均被断开，避免了因折叠而引起的接收机灵敏度下降与同时到达信号的影响。

总之，信道化接收机的主要缺点如下。

（1）矩形脉冲的频谱为辛克函数，既有主瓣，也有旁瓣。由于信道化接收机的灵敏度高、动态范围大，一个强信号可能同时在几个信道中过检测门限，不仅会引起频率模糊，造成处理机数据过载，而且会出现强信号的旁瓣遮盖弱信号频谱主瓣的现象。其解决办法是采用相邻通道信号幅度比较的办法。如果它们的幅度相差比较大，则认为幅度大的一路有信号；如果幅度相当，则取这两路的频率平均值作为信号频率。

（2）"兔耳"效应。当信道宽度比较窄，载频偏离滤波器中心频率较远时，由于滤波器的暂态响应，在脉冲前后沿处出现尖峰现象，使差分放大器、检测电路的触发紊乱。我们可通过正确设计通带形状和边缘响应，脉宽积累和后续数字处理来解决该问题。

四、瞬时测频接收机

瞬时测频接收机首先将接收机所截获的信号的频率转换成相位差，由于相位差不便于计量，所以再将其转换成幅度，然后在转换单元的后面用处理单元通过对信号幅度的测量获取信号的频率。微波鉴相器是瞬时测频接收机的核心，利用微波鉴相器可以实现频相转换和相幅转换。

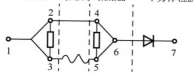

图 2-2-15 微波鉴相器原理框图

（一）微波鉴相器

微波鉴相器由功率分配器、时延线、相加器以及平方律检波器构成。其作用是实现信号的自相关算法，得到信号的自相关函数。微波鉴相器原理框图如图 2-2-15 所示。

频相转换器用于把频率信息转换成相位差信息，具体方法是把一个信号分成两路，分别经过长度不同的两段传输线，所生成的两个信号之间会有一定的相位差。相幅转换器将相位差转换成幅度关系。

假设输入信号为复信号

$$u_i = \sqrt{2}\tilde{A} = \sqrt{2}Ae^{j\omega t} \tag{2-2-11}$$

功率分配器将输入信号功率等量分配，在"2"点和"3"点的电压均为

$$u_2 = u_3 = \tilde{A} = Ae^{j\omega t} \tag{2-2-12}$$

而"4"点相对于"2"点相移为零，于是 $u_4 = u_2$，而"5"点电压相对"3"点电压有一个时延，即

$$\begin{cases} u_5 = u_3e^{-j\phi} = Ae^{j(\omega t - \phi)} \\ \phi = \omega T = \dfrac{\omega \Delta L}{c_g} \end{cases} \tag{2-2-13}$$

式中，T 为时延线迟延时间；ΔL 为时延线长度；c_g 为时延线中的电波传输速度。经过相加器，"6"点电压为

$$\begin{cases} u_6 = u_4 + u_5 = Ae^{j\omega t}(1 + e^{-j\phi}) \\ |u_6| = \sqrt{2}A\sqrt{(1 + \cos\phi)} \end{cases} \tag{2-2-14}$$

经过平方律检波器，输出视频电压为

$$u_7 = 2KA^2(1 + \cos\omega T) \tag{2-2-15}$$

式中，K 为检波效率，即开路电压灵敏度，在平方律区域内是一个常数。

分析式（2-2-15），可知以下内容。

（1）要实现自相关运算，必须满足不等式 $T < \tau_{min}$（τ_{min} 为测量脉冲的最小宽度），否则不能实现相干，这限制了时延的上限。

（2）由于信号的相关函数为周期性函数，只有在 $0 \leqslant \phi < 2\pi$ 区间才可以单值地确定接收机的频率覆盖范围。

相移与频率之间为线性关系，即

$$\phi = 2\pi fT$$

在接收机的瞬时频带 $f_1 \sim f_2$ 范围内，最大相位差为

$$\Delta\phi = \phi_2 - \phi_1 = 2\pi(f_2 - f_1)T = 2\pi$$

对于给定时延 T 的相关器，最大单值测频范围为

$$f_2 - f_1 = \frac{1}{T}$$

（3）信号自相关函数输出与信号的输入功率成正比。输入信号幅度的不同会影响后续量化器的正常工作，增大测频误差。因此，信号进入鉴相器之前必须对信号限幅，以保持输入信号幅度在允许的范围内变化。

（4）在检波器的输出信号中，除了有与信号频率有关的分量，还包括与信号频率无关的分量，应尽量消除其影响。为此，改进的微波鉴相器原理框图如图 2-2-16 所示，它主要有功率分配器、时延线、90°电桥、平方律检波器和差分放大器五部分组成。

输出一对正交量：

$$\begin{cases} U_I = KA^2 \cos\phi \\ U_Q = KA^2 \sin\phi \end{cases}$$ （2-2-16）

U_I 与 U_Q 的合成矢量为一极坐标表示的旋转矢量，其模为

$$|U_\Sigma| = |U_I + jU_Q| = KA^2$$

$$\phi = \frac{\Delta L}{\lambda_g} 2\pi = \frac{c_g}{\lambda_g} \frac{\Delta L}{c_g} 2\pi = 2\pi fT$$ （2-2-17）

式中，λ_g 为时延线中的信号波长；c_g 为时延线中的电波速度；ΔL 为时延线长度；T 为时延线的延时；f 为输入信号的载波频率。合成矢量的相位与载波频率成正比，实现了频/相变换，但必须对电角度加以限制，使 $\Delta\phi_{max}=2\pi$，这样侦察接收机的不模糊测频范围为 $\Delta F=1/T$。这样既在 $[0,2\pi]$ 无模糊，又没有与频率无关的直流分量。

若将 U_I 和 U_Q 分别加到静电示波器的水平偏转板上，光点相对 x 轴的夹角则为 φ，能单值地表示出被测信号的载波频率，实现测频，示波器测信号频率如图 2-2-17 所示。优点是电路简单、体积小、质量轻、运算速度快，能实时地显示被测信号频率；缺点是测频范围小、精度低、灵活性差、无法与计算机连用。

如果对输出的 I、Q 信号进行幅度采样，则能够利用三角关系计算出相位的大小。由于不同信号幅度的变化，给计算带来一定的困难，影响计算时间，不能满足瞬时测频技术对时间的严格要求，因此多采用极性量化方法来测频。

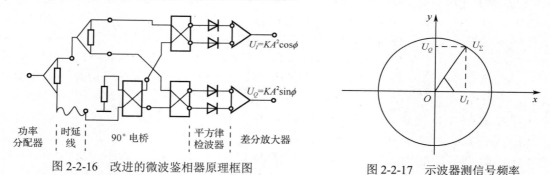

图 2-2-16　改进的微波鉴相器原理框图　　　　图 2-2-17　示波器测信号频率

（二）极性量化器

如果将 U_I 与 U_Q 两路正弦电压分别加到两个电压比较器上，则输出正极性时为逻辑 "1"，输出负极性时为逻辑 "0"，这样就把 360° 范围分成四个区域，从而构成 2 比特量化器，如图 2-2-18 所示。此时，测频误差为

$$\delta_{f\,max} = \pm\frac{1}{2} \times \frac{\Delta f}{4} = \pm\frac{f_2 - f_1}{8}$$ （2-2-18）

如果我们再将 U_I 与 U_Q 两路信号经过适当变换，给每个信号一个相位上的滞后，就可以得到更小的相位量化。将正交信号 $\sin\phi$ 和 $\cos\phi$ 进行加权处理，增加相移为 $\alpha=45°$ 的一对正交信号，就可以将 360° 范围分成 8 等份，构成 3 比特量化器，如图 2-2-19 所示。两对正交信号为

$$V_1 = V_c = \cos\phi$$
$$V_3 = V_s = \sin\phi$$
$$V_2 = \cos(\pi/4)V_1 + \sin(\pi/4)V_3 = \cos(\phi - \pi/4)$$
$$V_4 = -\sin(\pi/4)V_1 + \cos(\pi/4)V_3 = \cos(\phi - 3\pi/4)$$

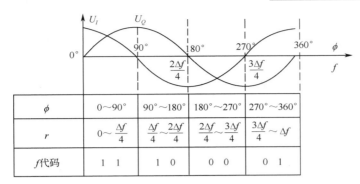

图 2-2-18　2 比特量化器

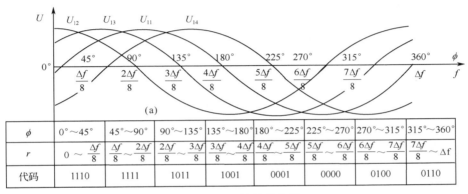

图 2-2-19　3 比特量化器

此时，测频误差为：$\delta_{f\max} = \pm\dfrac{1}{2}\times\dfrac{\Delta f}{8} = \pm\dfrac{f_2-f_1}{16}$。通常将相位分区数用 2^m 表示，m 为量化比特数。输出代码在实际使用中还应转换为循环码，并进一步将循环码转换为三位二进制频率码。

能否无限组合使测频误差无限减小呢？鉴相器的相位误差造成的测频误差为

$$\Delta f = \frac{\phi+\Delta\phi}{2\pi T} - \frac{\phi}{2\pi T} = \frac{\Delta\phi}{2\pi T} = \frac{\Delta\phi}{2\pi}\Delta F \qquad (2\text{-}2\text{-}19)$$

式中，鉴相器相位误差 $\Delta\phi$ 一般为 $10°\sim15°$。当极性量化器到 5 比特时，每个相位区间为 $11.25°$，所以通常量化到 5 比特，再多的量化已无意义。若 $\Delta F=2\text{GHz}$，$\Delta\phi=22.5°$，即 4 比特量化，则 $\Delta f=125\text{MHz}$；如果 $\Delta F=2\text{GHz}$，$\Delta\phi=11.25°$，即 5 比特量化，则 $\Delta f=62.5\text{MHz}$。单路鉴相器不能同时满足测频范围和测频误差的要求，必须采用多路鉴相器并行运用，由短时延线鉴相器提高测频范围，由长时延线鉴相器提高测频精度。

（三）多路鉴相器的并行运用

下面以两路鉴相器的并行运用为例进行说明，如图 2-2-20 所示。两路量化器均为 3 比特，第二路时延线长为第一路的 4 倍（$T_1=T$，$T_2=4T$）。短时延线支路单值测量，其输出码为频率的高位码，不模糊带宽 $\Delta F=1/T$。长时延线增长了 3 倍，故在时延线上可以有 4 个波长，每个周期量化成 8 个单元，共量化成 32 个单元。每个单元宽度决定分辨力，即

$$\Delta f = \frac{\Delta\phi}{2\pi 4\times T} = \frac{2\pi}{2^3}\times\frac{1}{4\times 2\pi}\Delta F = \frac{\Delta F}{2^3\times 4} = \frac{\Delta F}{32} \qquad (2\text{-}2\text{-}20)$$

如果令 m 为低位鉴相器支路的量化比特数，n 为相邻支路鉴相器的时延比，k 为并行运用支路数，则频率分辨力为

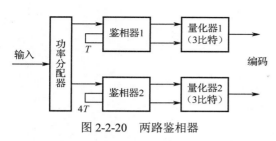

图 2-2-20　两路鉴相器

$$\Delta f = \frac{\Delta F}{2^m n^{k-1}} \qquad (2\text{-}2\text{-}21)$$

注意，并行运用支路数不宜太多，否则体积过大，通常 k 取 3 或 4。低位鉴相器支路的量化比特数 m 也不宜过大，否则鉴相器难以制作，一般 m 取 4~6。相邻支路的时延比也不宜过大，否则使校码难以进行，通常 n 取 4 或 8。注意，最长时延线的时延必须小于输入信号的最窄脉冲宽度，并且在时延信号和未时延信号的重叠时间段进行测频，否则多时延鉴相组合不能正确地测频。

假定要设计一部瞬时测频（IFM）接收机，要求其频率覆盖范围为 2~4GHz，频率分辨率为 1.25MHz，最小可测脉宽为 100ns，则总的分辨单元是 1600 个，需要用 11 比特来表征频率码。设计方法之一是用 4 路鉴相器来实现。最长 1 路若用 5 比特表示，频率分辨率为 1.25MHz，则可表示频率范围为 40MHz，对应时延线长度为 25ns。其他 3 路都用 2 比特表示，若时延线比例 $n=4$，则其长度分别为 6.25ns、1.563ns、0.391ns。与最短时延线对应的无模糊测频范围为 2560MHz，完全满足设计要求。最终，前 3 路鉴相器的输出构成频率的 6 比特高位码，最后 1 路鉴相器的输出构成频率的 5 比特低位码。

例：某比相法瞬时测频接收机测频范围为[2GHz,4GHz]，3 路并行运用，相邻时延比为 4，最长时延支路的量化为 3 比特，试求：

（1）三路时延，理论测频精度。

（2）若有 2223MHz 信号输入，其测频编码输出是多少？

解：（1）$T_1 = \dfrac{1}{(4-2)\times 10^9} = 0.5\text{ns}$, $T_2 = 4T_1 = 2\text{ns}$, $T_3 = 4T_2 = 8\text{ns}$

$\Delta f = \dfrac{\Delta F}{2^m n^{k-1}} = \dfrac{1}{2^m n^{k-1}} = \dfrac{1}{2^3 \times 4^{3-1} \times 0.5 \times 10^{-9}} = 15.625\text{MHz}$，则理论测频精度为 $\pm\dfrac{1}{2}\Delta f = \pm 7.8125\text{MHz}$。

（2）$\phi_1 = 2\pi \times 0.5 \times 10^{-9} \times 2.223 \times 10^9 = 2\pi \times 1.1115$

取模为：$2\pi \times 1.1115$，编码：$\text{int}\left(\dfrac{2\pi \times 0.1115}{0.5\pi}\right)$，为 00

通过第二时延支路的相位差：$\phi_2 = 4\phi_1 = 2\pi \times 4.446$

取模为：$2\pi \times 0.446$，编码：$\text{int}\left(\dfrac{2\pi \times 0.446}{0.5\pi}\right)$，为 01

通过第三时延支路的相位差：$\phi_3 = 4\phi_2 = 2\pi \times 17.784$

取模为：$2\pi \times 0.784$，编码：$\text{int}\left(\dfrac{2\pi \times 0.784}{0.25\pi}\right) = 6$，为 110

总之，测频编码由高到低为：0001110。

（四）对同时到达信号的分析与检测

1. 第一类同时到达信号

$$\begin{cases} \tilde{A}_1 = A_1 e^{j2\pi f_1 T} = A_1 e^{j\phi_1} \\ \tilde{A}_2 = A_2 e^{j2\pi f_2 T} = A_2 e^{j\phi_2} \\ \tilde{A} = A e^{j2\pi f T} = A_2 e^{j\phi} \end{cases} \qquad (2\text{-}2\text{-}22)$$

若要求出合成信号频率相对信号 1 的频率差，就必须首先求出 $\tilde{A}$ 与 $\tilde{A}_1$ 的相位差 $\Delta\phi = \phi - \phi_1$。

$$\begin{cases} A_1 \sin\phi_1 + A_2 \sin\phi_2 = A \sin\phi \\ A_1 \cos\phi_1 + A_2 \cos\phi_2 = A \cos\phi \end{cases}, \quad \frac{A_1^2}{A_2^2} = \alpha, \quad \Delta\phi = \arctan\frac{\sin(\phi_2 - \phi_1)}{\sqrt{\alpha} + \cos(\phi_2 - \phi_1)}$$

对 α 求导，并令其为零

$$\Delta\phi_{\max} = \arcsin\frac{1}{\sqrt{\alpha}}$$

$$\Delta f_{\max} = \frac{\arcsin\dfrac{1}{\sqrt{\alpha}}}{2\pi T} = \frac{\arcsin\dfrac{1}{\sqrt{\alpha}}}{2\pi}\Delta F$$

（2-2-23）

可以看出，被测信号与干扰信号的幅度比 α 越大，测频误差越小。第一类同时到达信号及其合成矢量如图 2-2-21 所示。

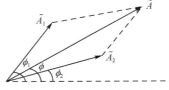

图 2-2-21　第一类同时到达信号及其合成矢量

2. 第二类同时到达信号

对于任何特定的频率，其编码所用的时间与最长时延线及频率检测电路有关。2～4GHz 接收机典型编码时间为 100～120ns。在第一个脉冲临界编码期间到达的脉冲为第二类同时到达信号。在第一个脉冲触发了频率测量电路后，第二类同时到达信号使输出正余弦信号比较器的输出有一个瞬变过程。在瞬变过程中，测频电路进行取样，必然产生高的错误数据概率。大量实验证明：在第二类同时到达信号条件下所记录的频率码，可能是第一个脉冲的频率，也可能是第二个脉冲的频率，或者是与两个输入信号频率无关的码。由于同时到达信号降低测频精度，引起弱信号丢失，特别是造成测频错误，接收机必须能够检测出有无同时到达信号的存在。

同时到达信号检测由混频器、滤波器、检波器以及比较器组成，如图 2-2-22 所示。如果只有一个信号加入混频器，全部谐波都是由单个输入信号产生的，它们都处于滤波器通带之外，则检波器和比较器无输出。当有两个以上的信号到达混频器时，将会产生输入信号差频的谐波。这些谐波通过滤波器后再经检波器，在比较器上有输出。一旦超出门限电平，就会产生一个逻辑电平输出，作为同时到达信号的标志，使接收机测得的频率数据不予输出。尽管可能丢失短暂信号，但不会出现测频错误。

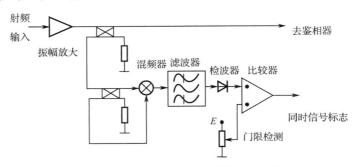

图 2-2-22　同时到达信号检测原理框图

（五）典型瞬时测频接收机

瞬时测频接收机的基本组成包括限幅放大器、时延线鉴相器、频率编码器、输入/输出电路、门限检测/定时控制支路以及同时到达信号的检测器，如图 2-2-23 所示。

限幅放大器是低噪声射频放大器，其作用为提高接收机的灵敏度，并对强信号限幅，使得加到鉴相器的信号幅度保持在一定的范围内，减小因信号幅度变化对测频精度的影响。

图 2-2-23　瞬时测频接收机原理框图

经过限幅放大器的射频信号，通过功率分路器送到时延线鉴相器，实现频率-相位变换。鉴相器输出一对正交视频电压，送给后续的频率编码器。频率编码器对输出电压进行极性量化，完成编码和校码，然后送给输入/输出电路，最后再送给预处理机、显示器。

门限检测/定时控制支路的作用：（1）经过门限判别之后，产生选通门，降低由于噪声激励而引起的测频误差；（2）在测频期间产生一个闭锁信号，保证在一段时间内，只测量一个信号，减小同时到达信号对测频误差的影响。

总之，瞬时测频接收机的主要优点是高截获概率、测频范围大、测频分辨力高，主要不足是同时到达信号时，测频误差增大，甚至造成测频错误，或者丢失信号。因此，在高密度信号环境下，瞬时测频接收机的应用受限。应该说，无论是搜索法测频，还是变换法测频，都无法兼顾宽频带、大动态范围、高灵敏度和同时多信号检测。

五、数字测频接收机

在电子对抗领域内数字接收机是指接收机在截获信号后，除进行放大、混频等线性变换外，不再做任何其他处理，先做采样和模数变换，把连续的、模拟的信号变成全数字式的信息，然后再通过数值计算获取信号的各种参数。这样，在数字接收机具有特色的组成部分中，主要有两大部分：一是量化器，它要完成的任务是把模拟信号变成数字信号而保留信号所含的各种信息；二是处理算法，它要完成的任务是从输入数据串中获取各种测量值。

著名的采样定理明确地告诉我们，如果信号频谱的最高频率分量为 f_h，那么当采样频率满足 $f_s > 2f_h$ 时，采样后的信号包含了原信号的全部信息。在具体实现采样时，由于这一频率往往很高，会带来很多困难，可通过混频降低信号频率来解决这个问题。例如，要求接收机工作的信号频率范围为 8～9GHz，本来采样频率应高达 18GHz，用 8GHz 的本振就可以将信号频率降到 0～1GHz，这样，2GHz 的采样频率就足够用了。

（一）数字接收机

数字接收机是将输入信号直接进行 A/D 变换、数据存储，再进行数字信号处理的接收机。由于受到数字电路工作速度等的限制，目前尚不能直接进行射频信号的 A/D 变换和数据存储，采用变频器将其转换到某一基带 B。

单通道数字接收机的无模糊检测基带 B 取决于采样频率 f_{ck}，即

$$B = \left[0, \frac{f_{ck}}{2} \right)$$ （2-2-24）

数字接收机原理框图如图 2-2-24 所示。

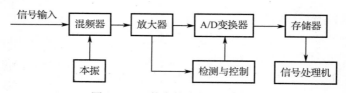

图 2-2-24　数字接收机原理框图

A/D 变换器对输入信号的线性变换范围 $D=[V_{\min}, V_{\max}]$。当输入信号为正弦波,其幅度恰好等于 D 时,量化噪声引起的信噪比 SNR_q 为

$$\mathrm{SNR}_q=6.02N+1.76 \text{(dB)} \tag{2-2-25}$$

式中,N 为 A/D 变换器的量化位数。A/D 变换后的输出信噪比 SNR_o,输入信号的信噪比 SNR_i,量化噪声的信噪比 SNR_q,则

$$\frac{1}{\mathrm{SNR}_o}=\frac{1}{\mathrm{SNR}_i}+\frac{1}{\mathrm{SNR}_q} \tag{2-2-26}$$

因此,A/D 变换器的量化位数 N 根据输入信号的信噪比 SNR_i 选择。

雷达信号主要是脉冲信号,由检测脉冲启动,只在脉冲信号宽度内进行采样。单通道 A/D 变换器输出的采样序列为 $\{s(n)\}_{n=0}^{C-1}$,C 为序列长度,正比于采样的持续时间。与 A/D 变换器相接的存储器容量 $C_{\max}$ 与所需处理的最大信号脉宽 $\tau_{\max}$ 对应,即 $C_{\max}=Nf_{\mathrm{ck}}\tau_{\max}(\mathrm{bit})$。

(二)数字测频

设 $\{s(n)\}_{n=0}^{C-1}$ 为数字接收机对输入脉冲信号的采样序列,则

(1)进行 FFT(快速傅里叶变换)或 DFT(离散傅里叶变换),求得其谱序列 $\{G(k)\}_{k=0}^{C-1}$

$$G(k)=\sum_{n=0}^{c-1}s(n)\exp\left(-\frac{2\pi kn}{C}\right) \qquad k=0,\cdots,C-1 \tag{2-2-27}$$

(2)脉内信号载频、谱宽和同时到达信号等参数的检测。

下面以数字测频为例进行说明。由于数字接收机的瞬时带宽有限,$\{G(k)\}_{k=0}^{C-1}$ 是单次脉冲信号检测的频谱,只含单信号的可能性较大。单信号数字测频的过程如下。

最大值位置 k_m 检测:

$$G(k_m)=\max_{0\leqslant k\leqslant C-1}\{|G(k)|\} \tag{2-2-28}$$

谱宽 B 检测:

$$B=i+j+1 \quad \begin{cases} |G(k_m-i)|\geqslant\alpha|G(k_m)|,|G(k_m-i-1)|<\alpha|G(k_m)| \\ |G(k_m+j)|\geqslant\alpha|G(k_m)|,|G(k_m+j+1)|<\alpha|G(k_m)| \end{cases} \tag{2-2-29}$$

中心频率 f 估计:

$$f=\hat{k}\frac{f_{\mathrm{ck}}}{C}, \text{ 其中 } \hat{k}=\frac{\sum_{k=k_m-i}^{k_m+j}k|G(k)|^2}{\sum_{k=k_m-i}^{k_m+j}|G(k)|^2} \tag{2-2-30}$$

式中,α 为信号带宽的检测门限,选为 0.5~0.7。

第三节 雷达侦察测向技术

所谓测向,广义情况下是指对雷达信号方向角(雷达辐射源相对侦察系统接收天线的方向角,包括方位角、俯仰角)的测量;狭义情况下是指对雷达信号方位角的测量。雷达侦察接收机对被截获的信号的方位测量,是其非常重要的功能,其重要性表现在:(1)信号分选和识别,在雷达侦察系统的工作环境中可能存在着大量的辐射源,各辐射源的所在方向是彼此区分的重要信息之一,且受环境的影响较小,具有相对的稳定性;(2)引导干扰方向,在

测出威胁雷达方向并且需要实施干扰的条件下，将干扰发射机能量集中在威胁雷达方向进行有效干扰；（3）引导武器系统辅助攻击，根据所测出的威胁雷达方向，引导反辐射导弹、红外、激光和电视制导等武器对威胁雷达实施攻击；（4）为作战人员提供威胁告警，指明威胁方向，以便采取战术机动；（5）辅助实现对辐射源定位，利用空间多点所测得的威胁雷达方向、时差等，确定威胁雷达在空间中的位置。对于雷达信号脉冲的测向时机，通常选择在脉冲前端，并且对信号脉冲的采样时间应小于雷达信号脉冲宽度，如25～50ns。尽管多数雷达信号脉冲宽度远大于50ns，但由于装载雷达的平台的运动速度有限，在短时间内，如200μs，雷达平台的方位角基本不变，因此，脉冲前端测向一次就够。本节主要介绍雷达侦察测向技术。

一、现代雷达侦察测向体制

现代雷达侦察的测向体制原则上可以分成两大类：第一大类是通过单个接收天线的波束运动，依赖检测信号的变化进行测向的；第二大类是通过对多个天线接收的信号比较处理进行测向的，见图2-3-1。

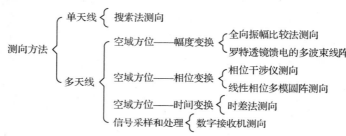

图2-3-1 现代雷达侦察测向体制

对于第一大类，我们实际上是比较不同时间接收的信号，利用接收天线的方向性测向的，这在一定程度上要求被侦察的信号稳定地照射侦察接收机。由于它需要一定的时间，自身天线又是运动的，所以是一种非瞬时的测量体制，称之为搜索式测向。搜索式测向需要一定的时间，所以必定存在对侦察对象的截获概率问题。由于这种测向体制以假定被侦察的信号是稳定地照射侦察接收机为前提，而这在现实中往往是不存在的，因此这种体制的真实测向精度将无法做得较高。

以上两点可以说是搜索式测向体制的基本缺陷。但是另一方面，由于接收机自身的天线是运动的，我们将不要求天线的波束瞬时地覆盖整个侦察空域。换句话说，我们可以使用较小的天线波束。这将给我们带来几个十分有用的好处：一是由于通过波束运动覆盖要求的空域，天线的数量和接收机或信号通道的数量可以较少，甚至只有一个，使系统变得简单，集中力量于少数通道的设计便可以把接收的性能做得较好；二是由于天线在一个时刻仅照射一个小空域，本身完成了在空域内的信号稀释和分选作用。虽然我们可能用各种信号参数对信号进行稀释，特别是信号载频，但由于复杂信号的参数多变性，利用参数进行稀释存在弊端。例如，对多载频的频率分集信号，开频率窗口稀释时将排除真实信号的一部分，而对载频迅速变化的频率捷变信号，我们将无法接收信号相当大的一部分。方位是一种无法捷变的特性，它的预分选或稀释将是十分有力的。另外，当天线波束为一窄波束时，可以利用较大的天线口面，产生较大的天线增益，从而增加系统灵敏度。

测向体制的第二大类是通过对多个天线接收的信号比较处理进行测向的，因此它将总采用一个天线阵，但更重要的是，这种比较一般不要求对不同时间的信号进行相互比较，测向要求信号存在的时间非常短，通常称为瞬时测向体制。从原则上讲，瞬时测向体制并不要求天线阵中的天线元都覆盖整个侦察空域，也没有限制天线波束不能运动，但一般都选择天线采用宽波束，以确保不存在搜索问题或信号截获概率问题。正因为采用了多个信号通道，瞬时测向体制带来的第一个问题就是系统的相对复杂性。这种复杂性还远远不止在通道路数的增加上，因为我们要比较多路信号，通过由天线阵引入的特性计算出信号方位，不同通道的接收机部分就不应当再引入对信号各种特性的差异。换句话说，我们对多个信道将有幅度、相位、时延等的一致性要求。另外，由于要采用相对较宽的波束，以确保至少在一定的空域内，参加比较的若干个天线能够接收同一个信号，比较处理可以产生正常的测向结果，每个天线的选择性就不能高，天线增益也就不能高。电子对抗面临信号的短暂和多变，在某些时候，如果没有瞬时性，测向就有可能在事实上无法进行，针对这种情况，我们必须采用瞬时测向体制。由于瞬时测向体制本质上是通过对信号的特性计算测量信号方位的，多个信号通道之间信号特性的差异是由天线阵引入的，这种差异在很多情况下都是极为稳定的，因此只要提取得当，算法得当，测量的结果也将是十分稳定的。

瞬时测向体制具体可以分成四种。前三种分别是幅度、相位和时间比较，简单比较的瞬时测向组成框图如图 2-3-2 所示。第一种是幅度比较，采用幅度比较的瞬时测向体制又叫比幅法，由于信号的相对幅度比较容易测量，多信道之间单纯要求幅度一致性也较易实现，因此这种方法相对而言最简单。在一定程度内，如果天线的幅度方向图特性或计算生成方位的中间幅度特性随频率不敏感，那么幅度比较的结果也就随频率不敏感。此时，系统较易适应宽频带工作，即使没有测频，或测频的精度较低，或信号含多个载频，测向都能正常工作。这是比幅法的又一大优点。比幅法可以在两个天线之间进行，也可以在多个天线之间进行；它可能仅覆盖一个小空域，也可能覆盖方位面上的整个 360°空域。由于通过天线幅度方向图把方向信息折合成幅度信息的变换比例很难做得很大，如对于覆盖范围为 60°的二信道比幅，典型值也就是 0.3～0.5dB/(°)，高精度的信号幅度测量又有相当的难度，典型值为 1dB，因此比幅法的测向精度不是很高。

图 2-3-2　简单比较的瞬时测向组成框图

与传统的全向比幅法测向不同，罗特曼透镜馈电的多波束线阵的每个输出信号，是由多个接收天线输出信号聚焦（相加）而来的，相应的波束增益较高。而全向比幅法测向的每个空域取样窗口，是由单独天线产生的，增益较低。罗特曼透镜馈电的多波束线阵的测向原理是：由该系统同时存在的、指向不同方位的多个空域取样窗口，同时接收雷达信号，根据输出最强和次强信号波束的指向和幅度比值，求出雷达信号的入射方向和测向精度。后来出现了透镜馈电的多波束圆阵，其测向原理是：由测向系统同时存在的、覆盖 360°方位的多个空域取样窗口，即多个波束，同时接收雷达信号，根据输出最强和次强信号波束的指向和幅度比值，求出雷达信号的入射方向和估计测向精度。

第二种是相位比较，又称比相法。它利用不同天线在空间的物理位置不同，完成方位角到信号相位之间的变换，然后通过测量相位差获取信号的方位角信息。由于实现多信道之间的相位一致性比幅度一致性要难一些,宽频带上相位差的测量也比相对幅度的测量要难一些,因此实现比相法要比比幅法困难一些。另外,大多由方位角转换生成相位差的机理,都使相位差不仅与方位角有关,而且与信号频率有关。这样,不测量频率或频率测量不准确都将严重地影响测向。如果信号本身含有多个载频,那么所谓信号之间的相位差这个概念就不存在,整个测向的机理已被破坏,测向将无法正常进行。但是,比相法在完成方位角转换生成相位差的过程中,可以容易地把变换比例当成放大因子做得较大,从而某一相位差的误差折合成相对小得多的测向误差,也就是说比相法容易达到较高的测向精度。不过,相位差的测量仅限于360°的范围,当相位差值可能超出360°时,测量将出现模糊问题。为了消除模糊问题,需要采用多重测量或其他处理方法。如果天线阵局限于线阵,则它对来自天线阵所在的直线具有对称性,对相位的测量无法区分信号来自线的哪一侧,这种阵就不可能覆盖超过180°的方位范围。这是传统的相位干涉仪测向。为了克服这个不足,可以采用线性相位多模圆阵测向技术。线性相位多模圆阵是一种全方位的相位法测向系统,它由圆阵天线和馈电网络、鉴相器、极性量化器、编码和校码电路等部分组成,可实现全方位无模糊测向,同时具有相位干涉仪的高测角精度。

第三种是时间比较,又称为时差法。它利用不同天线在空间的物理位置不同,完成方位角到信号被接收的时间差之间的变换,然后通过测量信号到达时间差获取信号的方位角信息。交变信号之间的相位差和时间差本来可以理解为同一物理量的不同表现,所以时差法与比相法本质上一样。由于时间差是一个绝对计量,它不存在模糊问题,在这一点上时差法要比比相法优越得多。时间差与信号的频率无关,这使得时差法较比幅法还要好。但是,由于电磁波传播的速度很快,使我们能测得的时间差终究还是很小,如在两个天线元相距10m时,不同方位进入的信号之间的最大时间差也只有约33ns。即使在这种天线间距下,要使测量具有工程使用价值,测时间差的精度也应达到纳秒级。有效地测量这种时间差既是时差法的难点,也是时差法成败与否的关键。

第四种是数字接收机测向。针对同时多信号的情况,时间差已经不存在;只要信号不是同频的,相位差也已经不存在;如果信号是同频的,将发生干涉,合成的相位差也无法再用常规的比相法提取方位信息;多信号的强度一般不相同,合成信号的幅度也已经叠加,比幅的基础已不存在。所以,简单算法无法在多信号条件下进行测向。波形比较法是数字接收机测向的一种,原则上是一种线性变换,通过对多个接收信号波形的计算,生成对方位上信号能量的估计,它类似于对信号用傅里叶变换进行频谱变换。一个信号生成如图2-3-3(a)所示的谱,那么同时增加另一个信号时,将生成如图2-3-3(b)所示的谱。方位谱的峰值将是对信号方位的一个估计,同时多信号将会在谱图上出现多个峰值,使我们能同时测量它们。

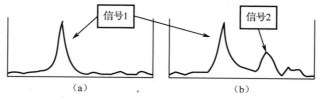

图 2-3-3　方位谱的一般形式

很明显,能同时测量多信号是波形比较法的最大优点。同时,由于这种方法是完全基于计算的,可以推测,只要算法合理,它可能达到的测向精度较高;随着信号存在时间的延长,反复计算也可能进一步地减少误差。为了能够进行计算，我们首先要对信号采样量化，这在某些情况下成为波形比较法的一个难点，至少由于需要多路采样，使体制的造价较昂贵。真实接收机的噪声和有限的量化精度，无疑在信号上加了一定的失真，当算法对失真敏感时，我们将可能求不出信号的方位。这就要求我们采用对波形失真不敏感的算法。波形比较法采样以后的计算需要时间，如果这个时间太长，则瞬时性就失去了。这就要求我们的算法应该尽量简单。注意，对波形进行大量计算，测量信号方位的时候，也可测出信号的频率。因此，当进行全信号波形比较时，可统一实现测向和测频。

二、搜索法测向

侦察测向天线以波束宽度 θ_r、扫描速度 V_r 在测角范围 Ω_{AOA} 内进行连续搜索。当接收到的雷达辐射信号分别高于、低于测向接收机检测门限 P_T 时，波束的指向 θ_1、θ_2，并以其平均值作为角度的一次估值 $\hat{\theta} = \frac{1}{2}(\theta_1 + \theta_2)$。搜索法测向示意图如图 2-3-4 所示。

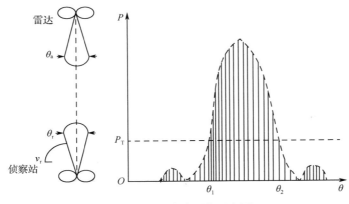

图 2-3-4　搜索法测向示意图

雷达天线波束处于搜索状态。当其天线旁瓣很低时，只有双方的天线波束互指时，侦察机接收到的雷达信号功率才能达到检测门限。天线波束互指是一个随机事件，搜索法测向的本质是两个窗口函数的重合，即几何概率问题。为了提高搜索概率，侦察机利用已知雷达的各种先验信息，制定搜索方式和搜索参数。

（一）慢速可靠搜索

设雷达天线的波束宽度为 $\theta_a(°)$，扫描速度为 $v_a(°/s)$，扫描范围为 $\Omega_a(°)$，扫描周期为 $T_a(s)$，且 $T_a = \Omega_a/v_a$。侦察天线的扫描周期为 $T_R(s)$，角度搜索范围为 $\Omega_{AOA}(°)$，扫描速度为 $v_r(°/s)$，且 $T_R = \Omega_{AOA}/v_r$。侦察机检测雷达方向信息需要 Z 个连续脉冲。

（1）慢速条件。雷达天线扫描一周的时间为 T_a，侦察天线最多只扫描一个波束宽度为 θ_r，即

$$\frac{\theta_r}{v_r} = T_R \frac{\theta_r}{\Omega_{AOA}} \geqslant T_a \tag{2-3-1}$$

（2）可靠条件。雷达天线指向侦察机的时间 T_S，至少接收 Z 个连续雷达发射脉冲，即

$$T_S = T_a \frac{\theta_a}{\Omega_a} \geqslant Z T_r \tag{2-3-2}$$

式中，T_r 为雷达的脉冲重复周期。可靠搜索到雷达信号的时间是侦察天线的扫描周期 T_R，假设雷达天线是匀速周期扫描。慢速可靠搜索的缺点是 T_R 很长，适合搜索天线转速较高的雷达。

（二）快速可靠搜索

（1）快速条件。雷达天线扫描一个波束宽度 θ_a 的时间，侦察天线至少扫描一周，即

$$\frac{\theta_a}{\upsilon_a} = T_a \frac{\theta_a}{\Omega_a} \geqslant T_R \qquad (2\text{-}3\text{-}3)$$

（2）可靠条件。侦察天线指向雷达的时间 T_S，至少接收 Z 个连续的雷达发射脉冲，即

$$T_S = T_R \frac{\theta_r}{\Omega_{AOA}} \geqslant Z T_r \qquad (2\text{-}3\text{-}4)$$

可靠搜索到雷达信号的时间是雷达天线的扫描周期 T_a，适合搜索天线转速较低的雷达。当雷达天线转速较高时，侦察机很难满足可靠条件和快速扫描。

例：某侦察设备采用单波束搜索法在[0,360°]范围内测向，检测只需一个脉冲，被测雷达天线扫描范围也在[0,360°]内，波束宽度为2°，扫描周期为5s，脉冲重复周期为1000Hz，试求：（1）采用方位慢速可靠搜索，在 60s 内可靠测向时的搜索周期和最窄波束宽度；（2）采用方位快速可靠时的搜索周期和最窄波束宽度。

解：根据慢速可靠搜索的要求

$$T_a \leqslant T_R \frac{\theta_r}{360°}$$

因为 $T_R = 60s$，$T_a = 5s$，所以，$\theta_r \geqslant \dfrac{5 \times 360°}{60} = 30°$，则 $\theta_{rmin} = 30°$ 为最窄波束宽度。

根据快速可靠搜索的要求

$T_R \leqslant T_a \dfrac{\theta_a}{360°}$，因为 $\theta_a = 2°$，则 $T_R \leqslant \dfrac{1}{36}$，故 $T_R = \dfrac{1}{36}$ s 为方位快可靠时的搜索周期。

$\theta_r \geqslant \dfrac{360° \times 1 \times 10^{-3}}{\dfrac{1}{36}} = 12.96°$，则 $\theta_{rmin} = 12.96°$ 为最窄波束宽度。

（三）概率搜索（信号截获概率）

雷达侦察时的处理流程为：射频信号接收、检测（前端截获）与信号分选、辐射源检测、参数测量和识别（系统截获）。系统截获概率是在前端的截获概率基础上，通过信号处理软件来完成的。此处主要介绍前端截获概率。

雷达侦察系统的前端是一个在时域、空域、频域等多维信号空间中具有一定选择性的动态子空间（或搜索窗）。被侦收的雷达辐射源信号则是多维信号空间中的动态点，只有当某一时刻，此动态点落入搜索窗内，才可能发生前端的截获事件，具体内容如下。

（1）空域截获：一般指侦察天线的半功率波束宽度指向雷达，雷达发射天线的半功率波束宽度指向侦察接收机。全向侦察天线则只需雷达发射天线的半功率波束宽度指向侦察接收机；可旁瓣侦察时，只需侦察天线的半功率波束宽度指向雷达，雷达天线的主瓣或旁瓣指向侦察接收机。

（2）频域截获：指雷达的发射脉冲载频落入侦察机瞬时测频带宽内，且其脉宽满足侦察机测频条件。

（3）其他条件：指雷达发射信号的其他参数能够被侦察机正常检测和测量。

前端截获概率可以表示为多维空间中的几何概率问题，采用窗口函数模型描述，如图 2-3-5 所示。每一个截获条件 i 都转换成为一个标准的窗口函数（T_i, τ_i），其中 T_i 为截获条件 i 的平均搜索周期（如天线的平均扫描周期、测频的平均搜索周期、脉冲平均重复周期等），τ_i 为截获条件 i 的平均窗口宽度（如天线的平均照射时间、测频的平均带内驻留时间、平均脉宽等），$\tau_i \leqslant T_i$。假设 n 为在多维信号空间中的搜索函数，每一个窗口函数都是独立、随机工作的。雷达辐射信号同时进入 n 个搜索窗口转化为某一时刻 n 个窗口重合，那么重合的概率就是截获概率。如何求重合概率呢？先定义几个基本概念。

（1）平均重合宽度

$$\frac{1}{\tau_0} = \sum_{i=1}^{n} \frac{1}{\tau_i} \qquad (2\text{-}3\text{-}5)$$

（2）在任意时刻的重合概率

$$P_0 = \prod_{i=1}^{n} \frac{\tau_i}{T_i} \qquad (2\text{-}3\text{-}6)$$

（3）平均重合周期

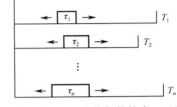

图 2-3-5　前端截获条件的窗口函数

$$\overline{T_0} = \frac{\overline{\tau_0}}{P_0} = \frac{\prod_{i=1}^{n} \dfrac{T_i}{\tau_i}}{\sum_{i=1}^{n} \dfrac{1}{\tau_i}}, \quad P_0 = \frac{\overline{\tau_0}}{\overline{T_0}} \qquad (2\text{-}3\text{-}7)$$

（4）前端截获概率。

由于各次截获事件满足独立性和无后效性，采用泊松（Poisson）过程描述。在 T 时间内发生 k 次重合的事件包括：

① 在起始时刻即发生了一次重合，在后序时间里又发生了 $k-1$ 次重合；

② 在起始时刻未发生重合，在后序时间里发生了 k 次重合。

该事件的概率为

$$\begin{cases} P(T,k) = P_0 \dfrac{(\lambda T)^{k-1}}{(k-1)!} \mathrm{e}^{-\lambda T} + (1-P_0) \dfrac{(\lambda T)^{k}}{k!} \mathrm{e}^{-\lambda T} & T \geqslant 0, k = 1, 2, \cdots \\ P(T,0) = (1-P_0)\mathrm{e}^{-\lambda T} \end{cases} \qquad (2\text{-}3\text{-}8)$$

式中，λ 为单位时间内发生重合的平均数，平均重合周期 $\overline{T_0} = 1/\lambda$，则

$$\begin{cases} P(T,k) = P_0 \dfrac{(T/\overline{T_0})^{k-1}}{(k-1)!} \mathrm{e}^{-\frac{T}{\overline{T_0}}} + (1-P_0) \dfrac{(T/\overline{T_0})^{k}}{k!} \mathrm{e}^{-\frac{T}{\overline{T_0}}} & T \geqslant 0, k = 1, 2, \cdots \\ P(T,0) = (1-P_0)\mathrm{e}^{-\frac{T}{\overline{T_0}}} \end{cases}$$

T 时间里发生 k 次和 k 次以上重合都可以满足前端的截获条件，则截获概率为

$$P_k(T) = \sum_{i=k}^{\infty} P(T,i) = 1 - \sum_{i=0}^{k-1} P(T,i) \qquad (2\text{-}3\text{-}9)$$

当 $k=1$ 时，前端的截获概率为

$$P_1(T) = \sum_{i=1}^{\infty} P(T,i) = 1 - P(T,0) = 1 - (1-P_0)\mathrm{e}^{-\frac{T}{\overline{T_0}}} \qquad (2\text{-}3\text{-}10)$$

假设在侦察系统的检测范围内有 N 部雷达，在单位时间内，各雷达满足侦察方程的平均脉冲数和平均脉冲宽度分别为 Z_i，等效的平均脉冲间隔时间 $t_{\mathrm{PRI}_i} = 1/Z_i$，则在 i 雷达信号脉宽

内重合 j 雷达信号的概率

$$P_{i,j} = \begin{cases} \dfrac{\tau_{\mathrm{PW}_i} + \tau_{\mathrm{PW}_j}}{t_{\mathrm{PW}_j}} & \tau_{\mathrm{PW}_i} + \tau_{\mathrm{PW}_j} \leqslant t_{\mathrm{PW}_j} \\ 1 & \tau_{\mathrm{PW}_i} + \tau_{\mathrm{PW}_j} > t_{\mathrm{PW}_j} \end{cases} \quad i,j = 1,2,\cdots,N; i \neq j \qquad (2\text{-}3\text{-}11)$$

式中，i 雷达信号脉宽内不重合其他雷达信号的概率

$$P_{i\mathrm{miss}} = \prod_{j=1, j \neq i}^{N} (1 - P_{i,j}) \quad i = 1,2,\cdots,N \qquad (2\text{-}3\text{-}12)$$

各雷达信号的重合丢失概率受脉宽影响很大，脉宽越宽则丢失概率越大；雷达数量越多、工作比越高，丢失概率越大。

综上所述，在给定的截获时间 T 内，发生 k 次以上搜索重合，且无重合丢失的概率为

$$P_{\mathrm{AI}}^{k}(T) = P_{\mathrm{miss}}\left(1 - \sum_{i=0}^{k-1} P(T,i)\right) \qquad (2\text{-}3\text{-}13)$$

如果前端的截获只需一个脉冲，$k=1$ 时

$$P_{\mathrm{AI}}^{1}(T) = P_{\mathrm{miss}}\left(1 - (1 - P_0)\mathrm{e}^{-\frac{T}{T_0}}\right) \qquad (2\text{-}3\text{-}14)$$

例：已知侦察天线的水平波束宽度为 1°，天线转速为 60r/min，雷达天线的水平波束宽度为 2°，天线转速为 10r/min，侦察机只能侦收雷达天线主瓣的发射信号，截获只需要一个脉冲且不需要进行频率搜索，试求达到搜索概率分别为 0.3、0.5、0.7 和 0.9 所需的搜索时间。

解：侦察机：$T_1 = \dfrac{60\mathrm{s}}{60} = 1\mathrm{s}$ 雷达：$T_2 = \dfrac{60\mathrm{s}}{60} = 6\mathrm{s}$

$$\tau_1 = \frac{1°}{360°} \times 1\mathrm{s} = \frac{1}{360}\mathrm{s} \qquad \tau_2 = 6 \times \frac{2°}{360°} = \frac{1}{30}\mathrm{s}$$

$K=1$ 时，T 时间内发生 1 次重复的概率为

$$P_{1(T)} = 1 - (1 - P_0)\mathrm{e}^{-\frac{T}{T_0}}$$

所以，$T = -\overline{T_0} \times \ln\left(\dfrac{1 - P_{1(T)}}{1 - P_0}\right)$，其中，$\overline{T_0} = \dfrac{\displaystyle\prod_{i=1}^{2} \dfrac{T_i}{\tau_i}}{\displaystyle\sum_{i=1}^{2} \dfrac{1}{\tau_i}}$，$P_0 = \displaystyle\prod_{i=1}^{2} \dfrac{\tau_i}{T_i}$

通过上述公式，可以求出 $P_{1(T)} = 0.3, 0.5, 0.7, 0.9$ 时的 T，具体结果为

$P_{1(T)} = 0.3$ 时，T=59.3s； $P_{1(T)} = 0.5$ 时，T=115.2s；

$P_{1(T)} = 0.7$ 时，T=200s； $P_{1(T)} = 0.9$ 时，T=382.6s。

三、比幅法测向

如果我们在整个接收系统中设置若干个通道，它们具有不同的天线，包括天线的位置、特性、指向等，那么不同的天线和信道所接收的信号将是信号方位的函数，对它们的处理将可能给出信号的方位。这可以说是各种瞬时测向的基本机理。如果系统的幅度响应与方位角是一个一一对应的函数，则通过对幅度的处理就可以测量信号方位，这就是比幅法的机理。

为了消除信号本身在到达侦察系统处时的强度的影响，比幅法将至少需要两个通道。

设信号的强度可以用 A 表示，方位角为 θ，系统共有 n 个通道，不同天线加信道对信号的接收，表现在幅度上为因子 $P_i(\theta)$，我们可以获得由一组幅度 $AP_i(\theta)$ 组成的矢量，它与 θ 一一对应。为了消除 A 的影响，我们总要通过某种类似于除法的运算将它抵消，因此不妨让系统对通道有某种对数处理，使幅度信息变成

$$\lg[AP_i(\theta)] = \lg[A] + \lg[P_i(\theta)] \tag{2-3-15}$$

再通过相减处理，消去 $\lg[A]$，获得 $(n-1)$ 个与信号绝对强度无关的量 $F_i(\theta)$，则比幅法的处理可以归纳为提取 $F_i(\theta)$ 和用它计算方位角 θ。

二信道比幅的系统构成如图 2-3-6 所示。一般使用相同的两个天线和信道，但是两个天线的指向不同，将它们记为 α 和 $-\alpha$。在这样的系统中，仅获取一个 $F(\theta)$，即

$$F(\theta) = \lg[P_i(\theta)] - \lg[P_j(\theta)]$$

$$P_i(\theta) = k_i G(\theta)$$

$$F(\varphi) = \lg k_1 - \lg k_2 + \lg G(\alpha - \varphi) - \lg G(\alpha + \varphi) \tag{2-3-16}$$

二信道比幅方位角如图 2-3-7 所示。如果两个信道的幅度不平衡是一个常数，$\lg G(\alpha - \varphi) - \lg G(\alpha + \varphi)$ 是对 φ 单调的，则 $F(\varphi)$ 与 φ 就是一一对应的。特别当

$$k_1 = k_2, \quad G(\theta) = a\theta^2 + b\theta + c$$

时，我们有

$$F(\varphi) = -4a\alpha\varphi - 2b\alpha \tag{2-3-17}$$

在 G 为偶函数时（大部分情况下，天线的幅度方向图的主瓣对于它的中心指向是对称的，可以认为 G 就是偶函数），b 为 0，于是上式简化为

$$F(\varphi) = -4a\alpha\varphi \tag{2-3-18}$$

在这种理想化的情况下，方位角与接收机的幅度输出成简单的线性关系。式（2-3-18）清楚地告诉我们，对于同样的角度增量，a 和 α 越大，对应的幅度输出的变化越大。换句话说，如果 a 和 α 越大，同样的幅度误差将产生较小的方位角误差。工程的含义是，a 越大表示天线的幅度方向图越尖锐，α 越大表示两个比幅天线的安放角相差越大。

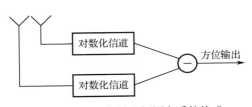

图 2-3-6　二信道比幅测向系统构成

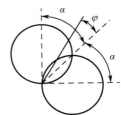

图 2-3-7　二信道比幅方位角

观察图 2-3-8 中的曲线 $F(\varphi)$，可以发现，在中间段，φ 与 $F(\varphi)$ 有近似的线性关系，而在其他地方，不但非线性，甚至不是一一对应的。为了正常测向，必须把非中间段排除，把测向限定在中间段。首先是必须有限定范围的措施，如切除旁瓣区；其次是不能同时取大的 a 和 α，a 大意味着天线的幅度方向图尖锐，为了用天线的主瓣，两个天线的指向夹角就只能比较

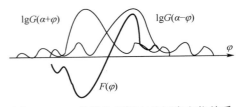

图 2-3-8　二信道比幅测向的幅度方位关系

小，也就是 α 不能大。因此在常规侦察中，$4a\alpha$ 的典型值约为 0.5dB/(°)。

虽然二信道比幅是基本的比幅法，但正是由于它有赖于测量前首先要限定有效测量范围，应用时有很多不方便之处，于是人们采用了多信道比幅的方法。多信道比幅可以分成三类，第一种仍然基于两个信道的比较，只是在比较前根据全体信道的信号幅度情况选择其中的一对信道，同时也就选定了有效的测向范围，称为甲类。第二种使用了全体信道的幅度，但它事先就列出了信道幅度的哪些组合适用于哪些方位范围，只要天线的组合能使我们有效地排除无效范围、分解不同的有效范围，测向就不会发生差错，称为乙类。第三种也使用了全体信道的幅度，它采用某种算法，直接把信号方位角看成多个输入幅度的函数，通过解析的办法计算获取方位信息，称为丙类。

常用的四信道比幅法是一种甲类比幅法，其组成如图 2-3-9 所示，图 2-3-10 是其相应的天线幅度方向图特性。系统要求天线的幅度方向图特性比较宽一点，一般是 3dB 波束宽度在 60°～100° 之间，平面螺旋天线是一种较好的选择，它具有体积小、工作频带宽、波束宽度随频率变化小的特点，不足之处是平面螺旋天线的增益较低。系统的测向处理过程如下。

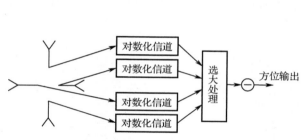

图 2-3-9　四信道比幅测向的组成

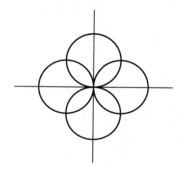

图 2-3-10　四信道比幅测向的幅度方向图特性

首先从四个信道的信号幅度中选取两个大的。设备正常工作时，它们不会发生在角度相背的两个通道上，也就是说，它们一定是相邻的，这也就选定了信号所在的象限和用于比较的一对通道。接着通过对被选择的一对信号的比幅求出在确定的象限内的信号方位角。

乙类比幅法常常适用于如下的场合：测向的有效区域不到全方位，又不希望采用旁瓣切除技术，多个信道的信号幅度关系存在一个分界状态，能够识别信号的方位角在需要测向的区域的内还是外。图 2-3-11 所示为六信道比幅测向的天线幅度方向图，该图定性地给出了这种情况的实例。在有效测向区域内，六个天线的信号幅度的最大最小比值超过某个门限，而在有效测向区域外可能出现信号的区域中,六个天线的信号幅度的最大最小比值低于该门限。于是，我们可以用这个比值作为划分区域的变量。在有效区域内，六个幅度产生的五个比值应该与信号方位一一对应，用来测向，而在有效区域外，这种一一对应可以不存在。

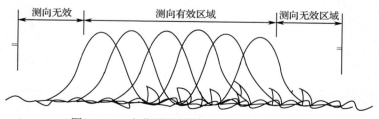

图 2-3-11　六信道比幅测向的天线幅度方向图

丙类比幅法测向是基于算法的，它统一考虑了所有的天线所截获的信号，原则上讲将给出更好的测向精度。为了导出可能的算法，一般我们需要用某种解析式近似天线的幅度方向图，然后用最佳估值的原理，计算最可能的方位角。

四、比相法测向

如果我们在整个接收系统中设置若干个通道，它们具有不同的天线，包括天线的位置、特性、指向等，而且系统的相位差响应与方位角是一个一一对应的函数，则通过对信号相位差的处理就可以测量信号方位，这就是比相法的机理。信号之间的相位差与信号本身到达侦察系统处时的强度无关，因此比相法不必消除信号的幅度。要产生相位差，当然至少要有两路信号，所以同比幅法一样，比相法至少要有两个通道。由于信号的相位差本质上来源于信号不同时到达不同的天线，两个天线所代表的两个点将确定一条直线，就是在二维平面内也存在与这条直线关系对称的方向，因此，两个通道的比相系统在处理全方位时，将出现模糊问题，不能区分与两个天线所在直线对称的不同方向。从这个意义上讲，比相法同比幅法一样，还需要一个辅助手段，确定有限的测向范围，或者用更多个天线构成更复杂的系统，使整个被测范围相对于系统不存在不可区分的对称方位。

相位的存在是以信号仅具有一个固定的载频为前提的，因此比相法测向以被测向的信号仅具有一个固定的载频为前提。而在比幅法中，只要系统的响应对于频率不敏感，信号本身含有几个载频，其相对大小怎样，都不影响系统的工作和测向结果。

设系统共有 n 个通道，对于某个单一的、固定的频率，任意规定某个相位零点后，在接收方位角为 θ 的信号时，不同天线加信道输出的信号的相位分别为 $P_i(\theta)$，我们总可以获得一组相位差 $D_i(\theta)$，它的数量为（$n-1$），彼此独立，它构成的矢量可能与 θ 一一对应。系统内不同信道的输出之间的相位差主要由三个因素构成。一是天线本身。如果我们采用了相同的天线，并且它们的指向一致，天线的相位方向图将互相抵消，而实际上对 D 几乎没有影响。二是信道不一致引入的相位误差，实际的多个信道之间是肯定存在一定的相位不平衡的，从天线下来的信号，在经过了接收机的信道后，将增加新的相位差。三是由天线的摆放位置引入的相位差，它是信号方位角的函数，是我们测向的根据。为了理解比相法的机理，不妨先略去天线本身引入的相位增量和信道相位不平衡引入的相位增量，那么被接收的信号在系统内不同信道的输出之间的相位差，将是由信号在空间传播时先后到达系统内不同天线的时间差引起的。如图 2-3-12 所示，我们用一个平面问题进行原理解释，设系统有 n 个天线，它们的位置坐标分别是 (x_i, y_i)，信号的方位角为 θ，在这个一维方向上，天线位置的投影坐标将为

$$\omega_i = x_i \cos\theta + y_i \sin\theta \qquad (2\text{-}3\text{-}19)$$

对于其中序号为 i 和 j 的一对天线，它们的距离差为

$$d_{ij} = (x_i - x_j)\cos\theta + (y_i - y_j)\sin\theta \qquad (2\text{-}3\text{-}20)$$

对于频率为 f 的信号，由此引入的相位差是

$$\varphi_{ij} = \frac{2\pi}{\lambda} d_{ij} \qquad (2\text{-}3\text{-}21)$$

显然，相位差 φ_{ij} 完全正比于信号频率，也完全正比于天线的间隔。如果对方位角 θ 微分，结果当然就是：对于给定的角增量，相位差的变化将正比于信号频率和天线的

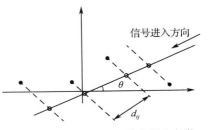

图 2-3-12　比相法的天线位置和相位差的产生

间隔。因此，在宽频带工作时，系统的测向精度将不是一个常数，而且，只要我们拉大天线的间距，测向的误差就可以进一步减少。

已知相位差可以求取方位角，那么如何求取相位差呢？常用的模拟方式是采用干涉仪，其基本构造如图 2-3-13 所示。在一个干涉仪中，两个信号被加在一个 3dB 定向耦合器的两个输入端口，而在它的另外两个端口上对应输出信号并检波。如果我们用复数表示这两个信号，设它们分别为 S_1 和 $S_2 \angle \varphi$，其中 φ 为这两个信号之间的相位差，那么在输出端口的信号和经平方率检波后它们的幅度分别为

$$\begin{cases} S_a = 0.707[S_1 + S_2 \angle(\varphi + 0.5\pi)] \\ S_b = 0.707[S_1 \angle 0.5\pi + S_2 \angle \varphi] \end{cases} \tag{2-3-22}$$

$$\begin{cases} U_a = K0.5[S_1^2 + S_2^2 + 2S_1 S_2 \cos(\varphi + 0.5\pi)] \\ U_b = K0.5[S_1^2 + S_2^2 + 2S_1 S_2 \cos(\varphi - 0.5\pi)] \end{cases} \tag{2-3-23}$$

则

$$U_b - U_a = 2KS_1 S_2 \sin \varphi \tag{2-3-24}$$

在未知信号幅度的情况下，用式（2-3-24）可能无法确切地求出相位差。如果将两个信号中的一个先移相 90°，再做一次干涉，那么我们还将得到 $2KS_1 S_2 \cos \varphi$。有了这样两个正交的分量，可求相位差。

最简单的比相法当然是二信道比相法。下面用二信道比相法讨论测向误差。在这种情况下，我们将只有一个相位差，假定两个侦察天线放置在 y 轴上，我们将得到

$$\varphi = \frac{2\pi d}{\lambda} \sin \theta \tag{2-3-25}$$

把 φ 看成 θ 的函数，通过简单的微分，我们有

$$d\varphi = \frac{2\pi d}{\lambda} \cos \theta d\theta \tag{2-3-26}$$

$$d\theta = \frac{\lambda}{2\pi d} \sec \theta d\varphi \tag{2-3-27}$$

上式表明，对于 θ 接近于正负 $\pi/2$ 的方向，测向误差会很大。因此，二信道比相法不适用于这两个方向，这也说明了二信道比相法的最大测向范围不到 π。为了保证测向精度，通常 $|\theta| \le 60°$。二信道比相法原理框图如图 2-3-14 所示。

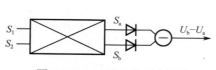

图 2-3-13　干涉仪的基本构造

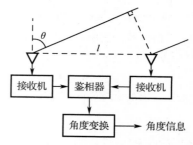

图 2-3-14　二信道比相法原理框图

为了使测向精度高一点，可以将两个天线的间距取大一点。但是这样一来，即使对于给定的不到 π 的测向范围，式（2-3-25）给出的相位差的变化范围也可能大于 2π，从而使测量所需要的不模糊要求得不到满足。设方位角的范围为 $-\beta \sim \beta$，不模糊的条件是

$$\sin \beta < \frac{\lambda}{2d} \qquad (2\text{-}3\text{-}28)$$

超过上述条件，系统将出现模糊问题。如果还想增大 d，同时不引入模糊，那么该怎么办呢？再引入一个或多个信道，构成三信道或更多个信道的比相。多信道比相的天线显然可以有两种不同的布放办法，即把它们放在一条直线上或不放在一条直线上，然后让短基线保证大的测角范围，长基线保证高的测角精度。例如，三基线 8bit 相位干涉仪测向。其原理框图见图 2-3-15。"0" 天线为基准天线，其他各天线与基线长度分别为 l_1、l_2、l_3，$l_2=4l_1$，$l_3=4l_2$。四天线接收的信号经过各信道接收机（混频、中放、限幅器），送给三路鉴相器，其中 "0" 信道为鉴相基准。三路鉴相器的 6 路输出信号分别为

$$\sin\varphi_1, \ \cos\varphi_1, \ \sin\varphi_2, \ \cos\varphi_2, \ \sin\varphi_3, \ \cos\varphi_3$$

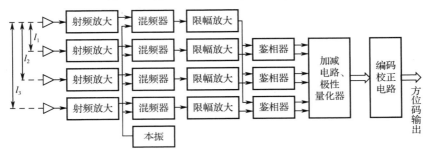

图 2-3-15　三基线 8bit 相位干涉仪测向原理框图

在忽略三信道相位不平衡误差的条件下

$$\begin{cases} \varphi_1 = \dfrac{2\pi l_1}{\lambda}\sin\theta \\[2mm] \varphi_2 = \dfrac{2\pi l_2}{\lambda}\sin\theta = 4\varphi_1 \\[2mm] \varphi_3 = \dfrac{2\pi l_3}{\lambda}\sin\theta = 4\varphi_2 \end{cases} \qquad (2\text{-}3\text{-}29)$$

此 6 路信号经过加减电路、极性量化器、编码校正电路产生 8bit 方向码输出。假设一维多基线相位干涉仪测向的基线数为 k，相邻基线的长度比为 n，最长基线编码器的角度量化位数为 m，则理论上的测向最小分辨单元为

$$\delta\theta = \frac{\beta}{2^{m-1}n^{k-1}} \qquad (2\text{-}3\text{-}30)$$

相位干涉仪测向具有较高的测向精度，但其测向范围不能覆盖全方位，且同比幅法瞬时测频一样，没有对多信号的同时分辨力。由于相位差是与信号频率有关的，在测向时需要对信号进行测频，求得波长 λ，才能唯一地确定雷达信号的到达方向。

天线不布成一条直线的方法显然可以有比较多的变化。假定其中一组天线安放在 x 轴上，另一组天线安放在 y 轴上，见图 2-3-16。不论在一组基线上我们采用了多少个天线元，分别用 d_x 和 d_y 表示一对产生相位差的天线的间距，则

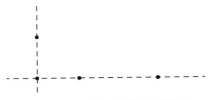

图 2-3-16　基线垂直放置示意图

$$\begin{cases} \varphi_x = \dfrac{2\pi}{\lambda} d_x \cos\theta \\ \varphi_y = \dfrac{2\pi}{\lambda} d_y \sin\theta \end{cases} \qquad (2\text{-}3\text{-}31)$$

如果每条基线本身能去除方位角范围小于 π 时的模糊，那么它将能唯一地确定 $\cos\theta$ 或 $\sin\theta$，合起来，我们将可以唯一地确定在全方位范围内的方位角 θ。比相法要适应全方位的不模糊工作，至少需要两个基线，三个信道。

例：某侦察设备工作波长为 10cm，拟采用双基线相位干涉仪测向，其瞬时测量范围为 $-30° \sim 30°$，相邻基线比为 8。

（1）求可能使用的最短基线长度。

（2）如果实际使用的短基线长度为 8cm，求短、长基线在 $-30°$、$-20°$、$-10°$、$0°$、$10°$、$20°$、$30°$ 方向上分别测出的相位差 $\Delta\varphi_z$、$\Delta\varphi_l$。

（3）如果长、短基线对 $[0, 2\pi]$ 相位区间的量化位数为 3bit，其中短基线构成高 3bit 方向码，长基线构成低 3bit 方向码，试求 $-30°$ 和 $30°$ 方向测得的方向编码。

解：（1）$\theta_{\max} = \arcsin\dfrac{\lambda}{2l}$，$\theta_{\max} = 30°$，$\dfrac{\lambda}{2l} = 1/2$，$l = \lambda = 0.1\text{m}$

其中，l 是最小基线长度可能使用的最大值。

（2）$\varphi_z = \dfrac{2\pi l}{\lambda}\sin\theta$，$\varphi_l = 8 \times \dfrac{2\pi l}{\lambda}\sin\theta$

θ 取 $-30°$、$-20°$、$-10°$、$0°$、$10°$、$20°$、$30°$ 分别计算 φ_z、φ_l 即可。

（3）$\varphi_z = \pi(-0.8) + \pi = 0.2\pi$，编码：$\text{int}\left(\dfrac{0.2\pi}{0.25\pi}\right)$，为 000

$\varphi_l = \pi(-6.4)$，取模为 $\varphi_l = \pi(-0.4)$，$\varphi_l = \pi(-0.4) + \pi = 0.6\pi$

编码为：$\text{int}\left(\dfrac{0.6\pi}{0.25\pi}\right)$，为 010；方位码：000010

$\varphi_z = 0.8\pi + \pi = 1.8\pi$，编码：$\text{int}\left(\dfrac{1.8\pi}{0.25\pi}\right)$，为 111

$\varphi_l = 6.4\pi$，取模为 $\varphi_l = 0.4\pi$，$\varphi_l = 0.4\pi + \pi = 1.4\pi$

编码为：$\text{int}\left(\dfrac{1.4\pi}{0.25\pi}\right)$，为 101；方位码：111101

五、数字接收机测向

如果我们将信号数字化，那么它所带的频率、幅度、相位和时间等信息就全在采样量化后的数据中，只要算法合理，我们就可以推断出信号的方向。

首先假定我们面临一个需要测向的信号，而且它仅具有一个频率，最简单的思维是，如果我们能够计算出信号的幅度和相位等参数，则可以继续计算，用比幅和比相完成测向。这可以说是数字接收机测向的一种思路，在这种思路的指导下，测向问题在一定意义上转化为数字解调问题。所以下面我们先讨论一下数字解调的算法。

设一单频信号为

$$S(t) = A\sin(\omega t + \varphi) \qquad (2\text{-}3\text{-}32)$$

我们以 T 为周期对信号采样，先假定采样的精度无限高，于是获得数列

$$S(i) = A\sin(\omega iT + \varphi) \ (i = -1, 0, 1, 2, \cdots) \tag{2-3-33}$$

求第零项前后两项之和，我们有

$$\begin{aligned} S(1) + S(-1) &= 2A\sin\varphi\cos(\omega T) \\ &= 2S(0)\cos(\omega T) \end{aligned} \tag{2-3-34}$$

也就是

$$\cos(\omega T) = \frac{S(-1) + S(1)}{2S(0)} = \frac{\Sigma}{2S(0)} \tag{2-3-35}$$

求第零项前后两项之差，我们有

$$S(1) - S(-1) = 2A\cos\varphi\sin(\omega T) \tag{2-3-36}$$

与式（2-3-34）相除，我们可以消去 A，得到

$$\cot\varphi\tan(\omega T) = \frac{S(1) - S(-1)}{\Sigma} = \frac{\Delta}{\Sigma} \tag{2-3-37}$$

由式（2-3-35），我们有

$$\tan^2(\omega T) = \frac{4S(0)^2 - \Sigma^2}{\Sigma^2} \tag{2-3-38}$$

代入式（2-3-37），可以得到

$$\tan^2\varphi = \frac{4S(0)^2 - \Sigma^2}{\Delta^2} \tag{2-3-39}$$

在已知频率和采样率后，我们当然知道 $\sin(\omega T)$ 的符号，代入式（2-3-36），也就可以知道相角余弦的符号，对于相角正弦的符号，它就是 $S(0)$ 的符号，从而由式（2-3-39）可以唯一地求出相位角。再把式（2-3-39）代入 $S(0)$ 的表达式，我们有

$$A = |S(0)|\sqrt{1 + \frac{\Delta^2}{4S(0)^2 - \Sigma^2}} \tag{2-3-40}$$

也就是说，我们用相邻三点的信号幅度，就可以推算出信号的幅度和相位角。

完成了信号的解调，当然可以用常规的比幅或比相进行测向，这是数字和模拟混合求取方位角。与模拟处理不完全相同的是，我们实际上获得的是一个时间序列，它的每一个量值是在理想值上增加了一个由噪声引发的波动，虽然我们可以由某一个幅度比值或相位差值进行测向，但把一串数字结果看成带噪声的随机过程，用统计的方法将消除相当部分的方法误差，获得较好的测向效果。采样所占的总体时间越长，随机因素的干扰影响就越小。另外，对于相对固定的系统误差，在数字处理过程中也可以予以校正。因此，数字处理所能达到的测向精度，在同样系统硬件设置的条件下，有望优于模拟处理。

如果我们用统计的方法对采样信号进行谱估计，就能得到实际信号的功率谱，然后根据功率谱可以得到相位差，从而求得方位角。这是纯数字化方法，其核心是功率谱估计。

假设在 A/D 采样时间内同时存在 m 个辐射源信号 $\{s_i(t) = A_i\exp[-\mathrm{j}(\omega_i t + \varphi_i)]\}_{i=0}^{m-1}$，各天线阵元的输出信号为 $x_j(t) = \sum_{i=0}^{m-1} s_i(t)\exp\left[-\mathrm{j}\dfrac{\omega_i}{C}d_j\sin\theta_i\right]$，$j = 0, 1, \cdots, p-1$，$C$ 为电磁波在空间中的传播速度，d_j 为 j 天线阵元到参考点的基线长度，p 为天线阵元数，全波形时差测量的组成见图 2-3-17。输出信号经过 A/D 变换为离散序列

$$\left\{ X_j(n) = x_j\left(\frac{n}{f_{ck}}\right)\right\}_{n=0}^{N-1} \qquad j = 0, 1, \cdots, p-1 \qquad （2\text{-}3\text{-}41）$$

然后进行 FFT 变换得到频谱

$$\begin{cases} G_j(k) = \displaystyle\sum_{n=0}^{N-1} X_j(n)\exp\left\{-\mathrm{j}\frac{2\pi nk}{N}\right\} = \sum_{i=0}^{m-1} F_i(k)\exp\left\{-\mathrm{j}\frac{\omega_i}{C}d_j\sin\theta_i\right\} \\ F_i(k) = \displaystyle\sum_{n=0}^{N-1} s_i(n\Delta t)\exp\left\{-\mathrm{j}\frac{2\pi kn}{N}\right\} \\ k = 0, \cdots, N-1; j = 0, \cdots, p-1 \end{cases} \qquad （2\text{-}3\text{-}42）$$

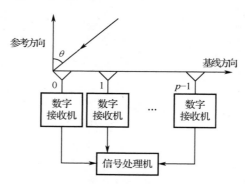

图 2-3-17　全波形时差测量的组成

如果对 $G_j(k)$ 进行信号检测，则得到 m 个辐射源频率的所在位置 $\{k_i\}_{i=0}^{m-1}$。求得各频率点上的互相关谱 $G_{j,q}(k_i)$ 和相位差 $\varphi_{j,q}(k_i)$

$$G_{j,q}(k_i) = G_j(k_i) \times G_q^*(k_i) \qquad \forall j, q = 0, \cdots, p-1; i = 0, \cdots, m-1$$

$$\varphi_{j,q}(k_i) = \arctan\left(\frac{\mathrm{Im}(G_{j,q}(k_i))}{\mathrm{Re}(G_{j,q}(k_i))}\right) = \frac{\omega_i}{C}(d_q - d_j)\sin\theta_i \qquad （2\text{-}3\text{-}43）$$

利用同一频率 k_i 上的一组相位差 $\varphi_{0,q}(k_i)_{q=1}^{p-1}$，可求得该频率辐射源的方向 θ_i，即

$$\theta_i = \arcsin\left(\frac{C\varphi_{0,q}(k_i)}{\omega_i(d_q - d_0)}\right) \qquad q = 1, \cdots, p-1 \qquad （2\text{-}3\text{-}44）$$

　　注意，在上述测向过程中，各天线阵元的输出信号没有噪声，因此，这只是数字测向的基本原理。在实际情况下，输出信号肯定会含有各种噪声，此时可利用 MUSIC 算法进行谱估计和测向。采用比幅或比相体制的测向，其测角精度为 $1°/\sigma \sim 3°/\sigma$，而采用空间谱估计测向，其测角精度为 $0.1°/\sigma \sim 0.5°/\sigma$。空间谱估计本身测角精度比较高，但由于受阵列流型、单元天线的位置误差及多路信道的不一致性等影响，测角精度降低很多，一般只能做到 $0.5°/\sigma \sim 1°/\sigma$。总之，数字测向需要较多的天线阵元，其突出优点是方位不模糊、测向精度高和同时测量多个信号的方位。

第四节　雷达侦察无源定位技术

　　用无源定位技术获取雷达的位置信息是雷达对抗侦察的又一重要任务。在战略情报侦察中，无源定位可以测出雷达网的各雷达位置，在其他战术技术情报的基础上，可以推断出防御体系的布置。在战术行动中，精确的、实时的无源定位还可以为反辐射导弹、火炮提供敌方雷达的坐标数据，为飞机、军舰提供机动规避的方向情报。

为了在三维空间确定雷达的位置，必须及时地确定雷达的方位角、俯仰角和距离。雷达对抗侦察是以无源方式进行工作的，单部侦察机只能直接测量雷达信号的入射方向和脉冲到达时间，不能直接测量出雷达的距离，所以单部侦察机难以完成对雷达进行实时定位的任务。因此，侦察机对雷达的定位，只能采用单部或多部侦察机在多个观测点上对雷达测向，或者几部侦察机在多个观测点上对同一雷达信号测量到达时间差这两种基本方法进行定位。

一、单站定位法

单站定位法可以把一个侦察设备在不同时刻对同一目标辐射源的测量看成等同于多个侦察设备同时对这一目标的测量。这种测量方法当然只能对辐射源的方位角进行测量，因此这种定位法基于测向交叉定位原理。它的特殊性在于很难要求侦察设备运动到对目标定位有利的若干位置，或者即使这样的运动能做到，但这一过程完成后，目标辐射源不一定还在做同样的辐射。这样，侦察站将分布在一条不太长的直线或曲线上，动态定位的示意图如图 2-4-1 所示。简单地用测向交叉定位，测向误差会比较大，可采用以下两种方法来降低定位误差。

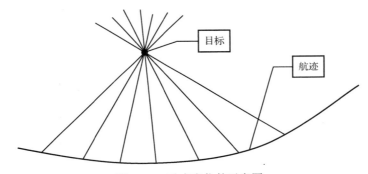

图 2-4-1　动态定位的示意图

简单的办法是靠多次测量来降低定位误差。正因为是用同一个侦察设备在运动中对目标进行测量，所以可在整个过程中获取数量较多的测量数据。当用多个测量数据计算时，总可以把问题理解成用其中的二三个测量数据做出了一次定位，而在过程中有很多次定位，定位误差将会减小，如果多次定位彼此独立，甚至可以说多次定位的误差近似地将与定位的次数的平方根成反比。具体的做法是，在侦察设备载体运动的轨迹上取 n 个点，将 n 的值和这 n 个点的坐标、测得的目标辐射源的方位角一起送入定位处理器，算法将一步给出定位的结果。在实际使用中，随着时间的推移，会发生 n 由小往大变化的情况。通常的算法是一个迭代的过程，即当 n 较小时，算法也给出一个定位结果，而当 n 随时间增加时，定位结果会被不断地修正，变得更准确。

另一种办法是利用微分的概念测距。在动态测量过程中，间隔不长的几次测角的结果很接近，它将被用作目标辐射源的方位角；如果能够测出目标辐射源到侦察设备的距离，则可以对目标定位。由解析几何可知，侦察站运动的速度应当等于目标辐射源到侦察设备的距离乘以目标辐射源方位角变化的速度。如果有一种能测量小的角度变化的办法，就能求出在侦察站运动过程中目标的方位角随时间变化的速度。这样，只要知道侦察站本身的运动速度，就可以求出目标到侦察站的距离。显然，测量方位角与方位角的变化是有一定区别的。在这种定位体制下，定位系统的组成如图 2-4-2 所示。下面以飞越目标和方位角/仰角定位两种多次测量求平均方法为例来说明如何进行单站定位。

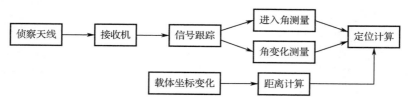

图 2-4-2　微分测距动态定位系统的组成

（一）飞越目标定位法

高空中的电子侦察卫星和电子无人侦察飞机装有垂直向下的窄波束天线，可以对地面雷达进行探测和定位，如图 2-4-3（a）所示。飞行器在飞行过程中一旦发现雷达信号，则飞行器将首先立即根据导航数据确定自身所在的位置，来确定雷达位置，而且也可将收到雷达信号的时间和导航数据一并记录下来做事后分析。在地面上雷达可能出现的区域，即模糊区面积为

$$A = \pi \left(H \tan \frac{\theta_r}{2} \right)^2 \qquad (2\text{-}4\text{-}1)$$

由式（2-4-1）可知，由于电子侦察卫星或电子无人侦察飞机的高度 H 较高，而且通常天线的尺寸较小，即 θ_r 波束较宽，因此模糊区较大。如果对指定地区进行多次飞行，可以缩小模糊区。如图 2-4-3（b）所示，两次飞行定位模糊区为两个圆相交的重叠部分。

（二）方位角/仰角定位法

飞行器在飞向雷达的过程中，利用两维无源测向设备，同时测量地面雷达的方位角 θ 和仰角 α，再利用飞行器自身高度 H 可确定雷达相对于飞行器的坐标数据，结合飞行器导航数据可以实现对雷达的单脉冲定位。如图 2-4-4 所示。

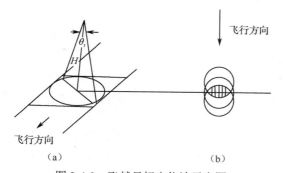

图 2-4-3　飞越目标定位法示意图

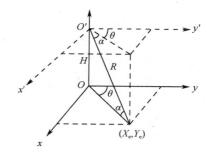

图 2-4-4　方位角/仰角定位法工作原理

飞行器的实时位置在点 O'，飞行高度 $OO'=H$，地面雷达位于点 (X_e, Y_e) 处，利用三角公式求出飞行器到雷达的斜距

$$R = \frac{H}{\sin \alpha} \qquad (2\text{-}4\text{-}2)$$

则进一步算出

$$\begin{cases} X_e = H\sin\theta\cot\alpha \\ Y_e = H\cos\theta\cot\alpha \end{cases} \tag{2-4-3}$$

在实际工作中，由于测向设备存在测角误差 $\Delta\theta$、$\Delta\alpha$，必然会引起定位误差，由图 2-4-5 可以看出，定位误差引起的模糊区是一个椭圆，其面积近似可看成

$$A = R\Delta\alpha R\Delta\theta = \frac{H^2}{\sin^2\alpha}\Delta\alpha\Delta\theta \tag{2-4-4}$$

模糊区的大小不仅与测向误差 $\Delta\theta$、$\Delta\alpha$ 成正比，还与飞行高度 H 和仰角 α 有关，显然当飞行高度过低时，仰角 α 趋向于零，反而会使模糊区面积变大。此外，还有两个误差来源，即地球曲率引起的高度误差和地形不平坦造成的高度误差，前者的影响可以忽略，而后者可通过预先取得的地形数据库消除它的影响。

二、多站定位法

测向交叉定位法是多站定位法中应用最多的一种。它通过高精度测向设备，在两个以上观测点对雷达测向，各个观测方向所确定的位置线的交叉点就是雷达的地理位置。从原理上看，三维空间的测向交叉定位法和两维空间（平面）的测向交叉定位法没有本质区别，所以我们只讨论最常见的两维空间的测向交叉定位法。

（一）测向交叉定位法原理

设有一个辐射源位于平面的 E 点，如图 2-4-6 所示。两个观测点 $A(x_1, y_1)$ 和 $B(x_2, y_2)$ 对辐射源测得的方位角分别为 θ_1、θ_2，两条位置线的夹角为 β，辐射源到方位基线的距离为 h，两个观测点之间的距离为 d，则辐射源 E 的坐标位置(x_e, y_e)满足下列直线方程组

$$\begin{cases} \tan\theta_1 = \dfrac{x_e - x_1}{y_e - y_1} \\ \tan\theta_2 = \dfrac{x_e - x_2}{y_e - y_2} \end{cases} \tag{2-4-5}$$

解线性方程组可得

$$\begin{cases} x_e = \dfrac{x_2\cot\theta_2 - x_1\cot\theta_1}{\cot\theta_2 - \cot\theta_1} \\ y_e = \dfrac{y_2\cot\theta_2 - y_1\cot\theta_1 + (x_2 - x_1)\cot\theta_1\cot\theta_2}{\cot\theta_2 - \cot\theta_1} \end{cases} \tag{2-4-6}$$

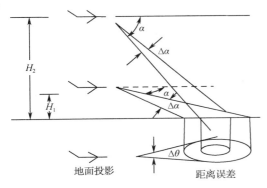

图 2-4-5　方位角/仰角定位法示意图

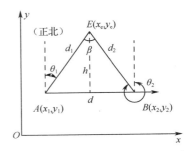

图 2-4-6　测向交叉定位法原理图

由上式可见，根据观测点 A、B 的坐标和方位角 θ_1、θ_2，便可以确定辐射源 E 点的坐标 (x_e, y_e)。如果从几何角度来看，测向交叉定位法的原理就是由一条边（d）和两个夹角（θ_1、θ_2）可以唯一地确定一个三角形，而这个三角形的顶点就是辐射源所在位置，因此测向交叉定位法又称为三角定位法。

（二）测向交叉定位法的定位误差

在求得辐射源位置坐标时没有考虑方位测量误差的影响，但测向会出现误差，在一个随机点上测量方位，随机误差为正态分布，那么在两个观测点进行交叉定位，其定位误差必为二元正态分布。如果测向的标准差为 σ_1 和 σ_2，则我们可以用二元正态分布的标准差 σ_x 和 σ_y 来描述定位误差。我们知道，二元正态分布的等概率轮廓线为椭圆，此时用圆概率误差 $r_{0.5}$ 描述定位误差更为直观。圆概率误差（Circular Error Probable，CEP）是指以定位估计点的均值为圆心，且定位估计点落入其中概率为 0.5 的圆的半径，其示意图如图 2-4-7 所示。因此，定位误差的求解思路是由标准差为 σ_1 和 σ_2 求得 σ_x 和 σ_y，再求得 $r_{0.5}$。

设 θ_1、θ_2 的测量误差分别为 $\Delta\theta_1$ 和 $\Delta\theta_2$，均值为 0。当测量误差较小时，可用微分代替增量的办法对定位误差进行分析。由式（2-4-5）可得

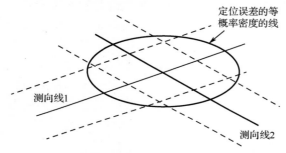

$$\begin{cases} \theta_1 = \arctan^{-1} \dfrac{x_e - x_1}{y_e - y_1} \\[3mm] \theta_2 = \arctan^{-1} \dfrac{x_e - x_2}{y_e - y_2} \end{cases} \quad (2\text{-}4\text{-}7)$$

对式（2-4-7）进行微分，可得

$$\begin{cases} d\theta_1 = \dfrac{\partial \theta_1}{\partial x_e} dx_e + \dfrac{\partial \theta_1}{\partial y_e} dy_e \\[3mm] d\theta_2 = \dfrac{\partial \theta_2}{\partial x_e} dx_e + \dfrac{\partial \theta_2}{\partial y_e} dy_e \end{cases} \quad (2\text{-}4\text{-}8)$$

图 2-4-7　圆概率误差示意图

由于

$$\begin{aligned} \frac{\partial \theta_i}{\partial x_e} &= \frac{y_e - y_i}{d_i^2} \\ \frac{\partial \theta_i}{\partial y_e} &= -\frac{x_e - x_i}{d_i^2} \end{aligned} \quad d_i = \sqrt{(y_e - y_i)^2 + (x_e - x_i)^2} \quad (2\text{-}4\text{-}9)$$

则

$$\begin{cases} d\theta_1 = \dfrac{y_e - y_1}{d_1^2} dx_e - \dfrac{x_e - x_1}{d_1^2} dy_e \\[3mm] d\theta_2 = \dfrac{y_e - y_2}{d_2^2} dx_e - \dfrac{x_e - x_2}{d_2^2} dy_e \end{cases} \quad (2\text{-}4\text{-}10)$$

结合

$$\begin{cases} \cos\theta_1 = \dfrac{y_e - y_1}{d_1} \\[3mm] \sin\theta_1 = \dfrac{x_e - x_1}{d_1} \end{cases} \quad (2\text{-}4\text{-}11)$$

得到

$$\begin{cases} dx_e = \dfrac{1}{\sin(\theta_2 - \theta_1)}(d_1 \sin\theta_2 d\theta_1 - d_2 \sin\theta_1 d\theta_2) \\ dy_e = \dfrac{1}{\sin(\theta_2 - \theta_1)}(d_1 \cos\theta_2 d\theta_1 - d_2 \cos\theta_1 d\theta_2) \end{cases} \tag{2-4-12}$$

假定两侦察设备测向误差是不相关的，用增量代替微分，则可得到定位误差的方差为

$$\begin{cases} \sigma_x^2 = \dfrac{1}{\sin^2(\theta_2 - \theta_1)}(d_1^2 \sin^2\theta_2 \sigma_1^2 + d_2^2 \sin^2\theta_1 \sigma_2^2) \\ \sigma_y^2 = \dfrac{1}{\sin^2(\theta_2 - \theta_1)}(d_1^2 \cos^2\theta_2 \sigma_1^2 + d_2^2 \cos^2\theta_1 \sigma_2^2) \end{cases} \tag{2-4-13}$$

至此，我们得出了方位误差的标准差和定位误差的标准差的关系，那么定位误差的标准差和圆概率误差之间的关系如何呢？我们知道测向误差是正态的，则定位误差也是正态的，因此定位误差分布的密度函数可写成

$$f(x,y) = \frac{1}{2\pi\sigma_x\sigma_y}\exp\left\{-\frac{1}{2}\left[\left(\frac{x-x_e}{\sigma_x}\right)^2 + \left(\frac{y-y_e}{\sigma_y}\right)^2\right]\right\} \tag{2-4-14}$$

在半径为 r 的圆内对二元正态分布函数积分求概率，当概率为 0.5 时，可得圆概率误差为

$$r_{0.5} = 0.8\sqrt{\sigma_x^2 + \sigma_y^2} \tag{2-4-15}$$

将式（2-4-13）代入可得

$$r_{0.5} = 0.8\frac{\sqrt{d_1^2\sigma_1^2 + d_2^2\sigma_2^2}}{|\sin(\theta_2 - \theta_1)|} \tag{2-4-16}$$

上述是定位误差的圆概率误差的表示方法。下面再引入一种定位误差的逼近表示方法，即模糊区面积法。

测向交叉定位法的定位误差主要由方位角 θ_1、θ_2 的测量误差 $\pm\Delta\theta_1$、$\pm\Delta\theta_2$ 引起，在近似计算定位误差时，假设测向误差 $\Delta\theta$ 在 θ 左右是对称分布的，这是较简单和常见的情况。根据平面几何中三角形的边长与夹角之间的关系式可得

$$\frac{d_1}{\cos\theta_2} = \frac{d}{\sin\beta} \text{ 和 } \frac{d_2}{\cos\theta_1} = \frac{d}{\sin\beta} \tag{2-4-17}$$

从而得到两侦察站到辐射源 E 的距离

$$\begin{cases} d_1 = \dfrac{d\cos\theta_2}{\sin(\theta_2 - \theta_1)} \\ d_2 = \dfrac{d\cos\theta_1}{\sin(\theta_2 - \theta_1)} \end{cases} \tag{2-4-18}$$

由于存在测向误差 $\pm\Delta\theta_1$ 和 $\pm\Delta\theta_2$，使定位出现模糊区 $MPNQ$，如图 2-4-8 所示。

由于辐射源 E 通常距侦察站较远，近似可认为 $MPNQ$ 是平行四边形，并近似认为

$$\begin{cases} \Delta d_1 = PN = d_1\tan 2\Delta\theta_1 \approx 2d_1\Delta\theta_1 \\ \Delta d_2 \approx 2d_2\Delta\theta_2 \end{cases} \tag{2-4-19}$$

通常 $\Delta\theta_1 = \Delta\theta_2 = \Delta\theta$，所以平行四边形 $MPNQ$ 的面积为

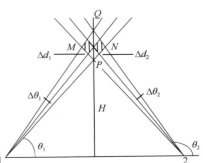

图 2-4-8 测向交叉定位的模糊区

$$A = \frac{\Delta d_1 \Delta d_2}{\sin \beta} = \frac{4h^2 \Delta \theta^2}{\cos \theta_1 \cos \theta_2 \sin(\theta_2 - \theta_1)} \qquad (2\text{-}4\text{-}20)$$

由上式可知，模糊区面积 A 与 h、θ_1、θ_2、$\Delta \theta$ 有关，A 正比于 h，即辐射源距离侦察站越远，则模糊区面积越大，通常我们称这种定位方法的定位误差是发散的。当 $\theta_1 = 30°$，$\theta_2 = 330°$ 时得到最小的定位误差，即

$$A_{\min} = \frac{4h^2 \Delta \theta^2}{\sin^3 60°} = 6.2R^2 \Delta \theta^2 \qquad (2\text{-}4\text{-}21)$$

此时两侦察站的观测角 θ_1、θ_2 称为最佳接收角。

为了提高定位精度，可采取如下措施。

（1）测向误差一定时，侦察站距目标越近，定位精度越高。

（2）侦察站的位置设置要合适，对目标的观测角度接近最佳接收角。例如，两侦察站到辐射源距离一定时，测向线夹角为 90°；两侦察站连线到辐射源距离一定时，测向线夹角为 60°。

（3）采用高精度测向设备，如相位干涉仪最高测向精度可达 0.1°，可大大减小定位误差。例如，目标距辐射源的连线距离为 250km，测向线夹角为 60°，则不同测向方法的圆概率误差见表 2-4-1。显然，比相测向法由于测向精度高，其误差最小。

表 2-4-1 不同测向方法的圆概率误差

测向方法	测向误差/(°)	交叉定位误差/km	百分误差/%
搜索法测向	3～5	19.9～31.99	6.48～10.8
比幅测向	10 以上	63.98	21.6
比相测向	1	6.58	2.63

（4）采用统计数据处理，还可进一步减小定位误差。例如，有超过两个观察点对同一雷达进行测向交叉定位，因此可利用各次交叉定位的结果进行统计平均，也可减少定位误差。

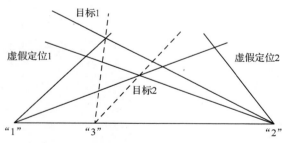

图 2-4-9　多辐射源情况下存在的虚假定位

测向交叉定位法是一种简便的无源定位方法，已得到广泛应用。其缺点之一是在多个辐射源情况下存在虚假定位。例如，有两个辐射源，每个站将会测出两条位置线，则共存在四个交叉点，其中两个是虚假定位；若有 n 个辐射源，将共有 n^2 交叉点，其中 $n(n-1)$ 个交叉点是虚假定位，如图 2-4-9 所示。

为了减少虚假定位，可以采用多站或多次定位，因为各个站的位置线是独立的，如果交叉点是目标，则该交叉点所有位置线都应通过，而某两条位置线造成的虚假定位交叉点，其他位置线未必通过该交叉点，所以比较交叉点通过位置线的多少可确定虚假定位。同时，还应设法提高侦察站对信号的分选和识别能力。例如，目标 1 和目标 2 工作于不同的载频 f_1、f_2 并被侦察站 "1" 和 "2" 测得载频值，那么在进行交叉定位时，根据两个侦察站都测到载频 f_1 的位置线，可得到目标 1 所在交叉点，同理可得到目标 2 所在交叉点，而虚假定位点对侦察站 "1" 和 "2" 来说，侦察站收到信号的参数，如载频不同，从而可认为是虚假目标。

其缺点之二是定位误差和目标距侦察站的距离平方成正比，即定位误差是发散的。

最后还应指出，第一，在定位误差的分析中，均假定各测向站的测向误差 $\Delta\theta$ 的均值为零，即测向误差出现在位置线左右的概率是相同的，这种情况是没有固定的系统测向误差才能出现的，但任何一种宽频带测向系统，不仅有随机误差，还有以固定测向偏差形式出现的系统误差，通过预先校正测角数据，可以减小系统误差对定位误差的影响。第二，在给出各侦察站的测向误差 $\Delta\theta$ 时，是按测向误差的均方值计算的，它是一个统计平均值，因此得到的定位区域只代表辐射源在此区域内的概率很高，但不能排除辐射源不在定位区域内的个别情况。

三、无源被动定位的主要指标

无源被动定位必须作为一个系统才能工作，因此它的指标略微不同于一般的一台独立使用的设备，它往往会与使用有关，例如，定位精度显然是一个很重要的指标，但恰恰这个指标与用法有关。其主要指标如下。

（一）信号范围

无源被动定位系统的信号范围是指系统对什么样的无线电辐射信号可以定位。除了说明信号的频段，如 2～18GHz，还要说明具体的信号类别，如雷达信号等。

（二）作用地域范围

无源被动定位系统的作用地域范围是指系统在某种使用条件下可以对多大的一个地域范围内的信号做正常的侦察和定位。地域的描述由若干个可以简单描述的图形拼成，例如，在纵深 100km、宽 200km 的条带加上该长方形长边中心处的一个半径为 50km 的半圆，如图 2-4-10 所示。它可以是绝对地域，如整个台湾海峡；也可以是相对海域，如编队航线左右各宽 40km 的一个条带。

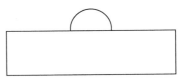

图 2-4-10　无源被动定位系统的
地域范围

（三）定位精度

无源被动定位系统的定位精度是指定位的误差，也就是可能被确定的目标位置与实际目标位置的差别。首先我们可以理解为这是一个概率问题，其次由于位置是一个二维量，等概率的分布一般会是一个椭圆，因此确切的定位误差的描述将是与一定的概率对应的一个椭圆。它表明目标位置在 P 点时，真实目标落入以 P 点为中心的某个椭圆的概率高于概率门限 p（一般取 $p=50\%$）。一个椭圆有三个参数：长半轴大小、短半轴大小及长轴指向。为了简化描述，可用一个圆来代表它，圆面积等于椭圆面积。这样，可以用圆概率误差来表示定位误差，单位一般为 km。

定位误差与目标位置有关，它在定位作用地域内一般都不是常数。定位误差还与系统内所用侦察站的布局有关，差的布局可能使定位误差变坏。

（四）定位时间

定位时间是指从信号出现开始到系统通过侦察和计算，求出目标坐标的全部时间。无源被动定位系统的时间响应有两种：一种时间响应很慢，这时这一指标没有意义，系统属于非实时系统，它一般只用来对固定目标定位；另一种是实时系统，系统很快计算出目标的位置，对于这种情况，定位时间的单位是 s。

（五）定位的信号环境

定位的信号环境适应性是指它能处理多大密度的信号环境，这些信号属于何等复杂程度。如果系统的适应性不好，就会出现当环境比较简单、信号较少时，系统工作正常；而当环境比较复杂、信号较多时，定位可能不正常，此时出现虚假目标、漏失真实目标或者处理时间急剧增加的现象。

四、无源被动定位的发展趋势

（1）尽管世界上已经有许多无源被动定位系统，但是随着计算机技术的迅速发展，系统处理速度在不断地变快，因此，如何提出好的定位算法以及形成较好的人机界面是发展趋势之一。

（2）无源被动定位系统的又一发展趋势是提高定位精度。一种方法是进一步提高了单个侦察站的性能，当测向或测时间的精度进一步提高时，定位精度自然就提高了；另一种方法是进一步简化了单个侦察站的性能，使系统允许有较多的侦察站，这样，各站的布局将较易做得更合理，从而同样可以提高定位精度。

（3）为了方便应用，力图缩小侦察站间的距离。目前对于距离为100km的目标定位，侦察站间合理的距离在50km级；当侦察站间距能小到km级时，系统的应用自然发生了变化。如果间距是200m，那么整个系统将可以装在一条舰上；而当间距小到30m时，整个系统将可以装在一架飞机上。这样，无源被动定位系统的应用都将发生新的变革。

（4）从电子对抗的角度出发，信号的技术参数都可以快速变化，从而给信号处理增加了难以克服的障碍。然而，信号总要从某个物理平台上发射，其位置是与电子对抗信号无关的一种不变性。即使对于快速运动的目标，当我们计量电参数，用毫秒甚至微秒为单位来计时时，它们都可以看成是不动的。这样，无源被动定位系统技术发展的一项趋势就是从根本上改变侦察设备分选和处理信号的机理，使电子侦察变得更为强劲。

（5）无源被动定位系统不仅可以对具有无线电信号发射的目标进行定位，也可以对具有无线电信号反射的目标进行定位。雷达就是靠反射波进行目标定位的。这样无源被动定位系统从一定意义上讲是雷达的一个延伸，就像与雷达发射机独立的多基地雷达接收机。

第五节 雷达侦察信号参数测量和信号处理技术

侦察天线接收其所在空间的射频信号，并将信号反馈至射频信号实时检测和测量电路。由于大部分雷达信号都是脉冲信号，典型的射频信号检测和测量电路的输出是信号参数描述字，即脉冲描述字 $\{PDW_i = (\theta_{AOA_i}, f_{RF_i}, t_{TOA_i}, \tau_{PW_i}, A_{P_i}, F_i)\}_{i=0}^{\infty}$，$\theta_{AOA}$ 为脉冲的到达方位角，f_{RF} 为脉冲的载波频率，t_{TOA} 为脉冲前沿的到达时间，τ_{PW} 为脉冲宽度，A_P 为脉冲幅度或脉冲功率，F 为脉内调制特征，i 是按照时间顺序检测到的射频脉冲的序号。

将雷达侦察系统前端的输出送给侦察系统的信号处理设备，由信号处理设备根据不同的雷达和雷达信号特征，对输入的实时 PDW 信号流进行辐射源分选、参数估计、辐射源识别、威胁程度判别和作战态势判别等。信号处理设备的输出结果一般是约定格式的数据文件，同时将该结果供给雷达侦察系统中的显示、存储、记录设备和其他有关设备。

本节主要讨论雷达侦察系统的前端对脉冲信号到达时间、脉冲宽度和幅度检测与测量，以及雷达侦察系统的后端对 PDW 信号流的信号处理过程、原理和方法。

一、信号测量和处理的要求

（一）可测量和估计的辐射源参数及其描述方法

雷达工作时，它的信号总是具有某种可以计量的参数特性，于是，雷达侦察设备在截获雷达信号后，一般总是要测量信号的参数，以了解雷达的情况、识别雷达个体、推断战场的态势。因此，首先要分析雷达有哪些工作参数，在我们截获信号后能不能测量和怎样测量。

从侦察的角度看，雷达侦察设备主要技术参数包括：信号的载波频率，一般用 f 表示，单位常用 MHz；信号的脉冲重复频率和脉冲重复周期，一般分别用 PRF 和 PRI 表示，单位分别常用 Hz 和 μs；信号的脉冲宽度，一般用 τ 表示，单位常用 μs。由于雷达的天线及其运动对雷达的性能有重要的影响，所以雷达技术参数还包括：天线主瓣 3dB 波束宽度，一般用 θ_{3dB} 表示，单位一般为度（°）；天线扫描速度和周期，一般分别用 V_s 和 T_s 来表示，当侦察到天线进行圆周扫描时，通常用周期计量，而当天线进行扇扫或其他形式的运动时，通常用扫描速度计量，它们的单位分别是 s 和 °/s。然而，随着雷达技术的发展，实际侦察设备接收到的雷达信号的参数，已经远远超过以上这些简单参数。例如，对于频率捷变雷达，它的信号脉冲的载波频率分布在一个范围内，每一个脉冲都有一个不同的频率，不可能用一个 f 值来描述；又如，脉冲重复频率参差的雷达，当它按规律交替的三个脉冲间隔时，我们至少要用三个表示 PRI 的值来描述其脉冲串的时间特性。那么，雷达到底有哪些技术参数，怎样才能清晰地描述它呢？

我们承认载频、重频、脉宽是雷达信号的基本参数，但是我们再也不能用三个数字来描述一个雷达了。面对载频，我们会遇到在一个脉冲中同时具有多个载频的频率分集雷达，其频率数量可以为 2 个、3 个、4 个，甚至更多。面对载频，我们会遇到载频成组跳变雷达，也会遇到频率捷变雷达，其频率变化可能是伪随机的，这说明它的变化不仅需要它的极限范围，而且需要说明其概率分布是均匀分布，还是正态分布。面对载频，我们还会遇到在一个脉冲内载频变化的雷达。载频可能是跳变的，这说明它不仅需要可能出现的频率值或范围，还需要它们的编码规律；载频也可能是渐变的，如随时间线性地从一个值变化到另一个值，除了变化的范围，说明它还要有变化的规律。脉冲重复周期或重复频率的情况更复杂，如参差、摇摆和抖动、成组跳变、渐变调制、多周期重叠、编码（如双脉冲）等。脉冲宽度也不再是固定的，较常见的非固定宽度的雷达是有几挡固定的脉宽，但也有的雷达在几挡内都包含一个变化范围，脉冲宽度可能取该范围内的某个值。

总之，雷达的信号参数一般分成四类，可以用图来描述它们，统称这样的图为信号样本，它是在一定时间范围内信号的统计式样。如果信号的参数是稳定的，则样本是一个确定式样，可用确定的数值将样本量化；而如果信号的参数是时变的、随机的，则可用统计的方法来描述。信号参数的第一类是信号的载频频谱特性，它是在经过一段时间的统计后得到的信号频率出现的相对频度与频率关系的一条曲线，如图 2-5-1 所示。如果我们了解了雷达有几个状态不同的工作模式，则最好用不同的曲线分别描述其不同的模式。对于具有一个固定载频的常规雷达，频域样本只在一个窄频域内存在，它不但反映了单载频，同时也反映了这一载频的稳定性。信号参数的第二类是信号的脉冲时间特性，它是将脉冲抽象化成数学上的不含幅

度和宽度的 δ 脉冲后的一个时间序列，该序列的长度以能反映脉冲串怎样在时间上排列为准则。对于有重复周期的信号，它可以是一个完整的周期或几个周期，这取决于该周期有多长；对于没有重复周期的信号，它应稍长一点，能够反映脉冲重复周期变化的规律。这样可以用一个时间数列来描述时域样本，如图 2-5-2 所示，它是一条由很多点构成的曲线，图中的每一个点实际上是脉冲串中的一个脉冲，它的一个坐标是脉冲到达时间，另一个坐标是与相邻的脉冲之间的时间间隔。当脉冲的重复间隔呈随机变化时，我们也可用相邻脉冲的时间间隔的统计曲线来描述时域样本。信号参数的第三类是信号的脉冲群特性，其含义是对某个接收点而言，在较长时间内脉冲幅度随时间变化的规律。它反映了雷达天线方向图及扫描快慢的特性，称之为波束样本。它一般用一个类似于天线方向图的曲线来描述，如图 2-5-3 所示，其中幅度是相对值，另一个坐标是时间。信号参数的第四类是信号的脉冲个体特性，它实际上是雷达脉冲的一个或几个典型脉冲的完整的时间波形。这当然可以是以足够高的频率和足够高的精度采样所获得的一段采样数字信号，但是实际上，可以用简单的办法给出个体脉冲样本，见图 2-5-4 中的两条曲线，一条是脉冲的视频波形，另一条是脉内调制的解调情况。脉冲的视频波形不但要反映脉冲宽度，而且要反映包括脉冲前沿、后沿、基本形状的全部细节。脉内调制将根据脉冲是调频还是调相给出不同的解调波形。

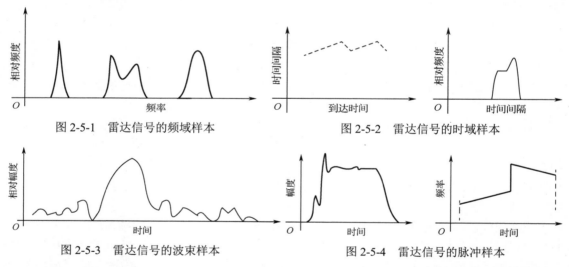

图 2-5-1　雷达信号的频域样本　　　　图 2-5-2　雷达信号的时域样本

图 2-5-3　雷达信号的波束样本　　　　图 2-5-4　雷达信号的脉冲样本

　　单个脉冲的细微特性不仅是幅度方面的，还包含频率和相位。为此，我们用中频信号进行测量。从高频到中频，接收机通过了混频这样一个线性变换。我们必须清醒地认识使用的是低本振变频还是高本振变频。当我们采用低本振变频，即本振频率较信号频率低时，变频严格地将信号频谱下移了一个值，信号原有的频率和相位特性被全部保留了。但是，当我们采用高本振变频，即本振频率较信号频率高时，变频除了将信号频谱下移了一个值，还把频谱倒置了，即原信号频率上升时，变换所得的中频信号的频率下降，同样，相位特性也被倒置了，即原信号相位超前若干度，变换所得的中频信号的相位将滞后若干度。对于这种情况，在我们输出结果时，应当将它再倒置回去。另外，必须考虑由本振引入的频率和相位调制。如果本振的频率稳定性不好，则本振将被叠加到中频信号中，如果本振的相位含寄生调制或者相位噪声过大，则本振也将被叠加到中频信号中。

（二）可分选、识别的雷达辐射源类型和可信度

信号类型是按照雷达发射信号的调制形式进行分类的。工作类型是指雷达的功能、用途、工作体制和工作状态等。电子支援侦察系统（ESM）可分选、识别的雷达辐射源类型主要是当前战场上对我方具有一定威胁的敌方雷达；雷达寻的和告警系统（RHAW）可分选、识别的雷达辐射源类型主要是对我方形成直接威胁的火控、近炸、制导和末制导雷达。可信度是考核信号处理设备分选、识别结果的质量指标。

雷达工作频率通常为30MHz～40GHz。根据侦收到雷达的工作频率，可对雷达性能进行判断。比如，工作频率高的雷达通常发射功率低、接收机灵敏度低、天线方向性好、波束窄、方位分辨率高。我们还可以通过雷达工作频率变化，判断其工作体制。比如，若干固定频率转换，则为调频雷达；逐个脉冲随机变换，则为捷变频雷达；脉冲宽度有规律变化，则为脉内调制雷达；频率稳定性极高，则为相干雷达。

脉冲重复频率与雷达最大作用距离关系密切，见式（2-5-1），重复频率越高，最大作用距离越近。通过重复频率变化，可判断雷达工作体制。如果PRF参差，参差是指雷达发射脉冲在一个稳定的周期值左右周期性规律变化，参差可以消除动目标盲速，则当有参差时，必为动目标指示雷达；如果PRF转换，雷达在供选用的几个不同的PRF之间自动、快速地进行转换，这是为了解决脉冲多普勒雷达的测距模糊问题，则为脉冲多普勒雷达；如果PRF周期性变化，如接近正弦规律，则为导弹制导信号。

$$R_{\max} \approx \frac{1}{2.4}CT_r , \quad T_r = \frac{1}{PRF} \tag{2-5-1}$$

脉冲宽度决定距离分辨力和最小作用距离，而雷达接收机带宽与脉冲宽度匹配，具体公式如下。

$$R_{\min} \approx \Delta R \approx \frac{1}{2}C\tau , \quad \Delta f_r \approx \frac{1.2}{\tau} \tag{2-5-2}$$

脉冲幅度可估计辐射源的远近。总之，利用这些参数可以判断辐射源的类型，深入了解各种雷达信号及工作体制的特点。

（三）信号处理的时间

信号处理的时间包括对指定雷达辐射源的信号处理时间 T_{sp} 和对指定雷达辐射源信号环境中各雷达辐射源信号的平均处理时间 $\overline{T}_{sp}$。T_{sp} 是从侦察系统前端输出指定雷达辐射源的脉冲描述字流，到产生对该辐射源分选、识别和参数估计的结果，并达到指定的正确分选、识别概率和参数估计精度所需要的时间。$\overline{T}_{sp}$ 是雷达辐射源信号环境中 N 部雷达辐射源处理时间的加权平均值，其中加权系数 W_i 可根据各辐射源对雷达侦察系统的重要程度分别确定。

$$\overline{T}_{sp} = \sum_{i=1}^{N} W_i T_{sp}^i \tag{2-5-3}$$

ELINT系统允许有较长的信号处理时间，ESM系统要求的信号处理时间较短，RHAW系统必须对各种直接威胁做出立即反应，时间更短。分选和识别的辐射源类型越多，测量和估计的参数越多，范围越大，精度越高，可信度越高，相应的信号处理时间也就越长。雷达辐射源先验信息和先验知识越多，可信度越高，时间就越短。

（四）可处理的输入信号流密度

可处理的输入信号流密度是指在不发生PDW数据丢失的条件下，单位时间内信号处理机允许前端最大可输入的脉冲平均数，即 $\lambda_{\max}$。雷达侦察机前端输出的信号流密度主要取决于信号环境中辐射源的数量、侦察系统前端的检测范围、检测能力以及每个辐射源的脉冲重复频率、天线波束的指向和扫描方式等。星载、机载的 ELINT 系统，所要求的 λ_{max} 可达数百万个脉冲/秒，机载 ESM、RHAW 系统的 λ_{max} 为数十万个脉冲/秒，地面或舰载侦察设备的 λ_{max} 为数万个至数十万个脉冲/秒。

二、脉冲描述字参数测量

在前面介绍的脉冲频率和辐射源方向测量的基础上，此处介绍脉冲幅度、脉冲宽度和脉冲重复频率的测量方法。

（一）脉冲幅度测量方法

脉冲幅度测量原理如图 2-5-5 所示。在电压比较器的输入端加入两个输入信号，一个是输入的待测脉冲，其幅度为 A，另一个是比较锯齿波电压。当被测脉冲来临时，控制电压产生器输出控制电压，该电压分三路输出。第一路输出至计数器，对计数器清零，准备计数。第二路加到双稳态电路的置 1 端，双稳态电路输出正方波加在与门的一个输入端上。与门的另一个输入端加有时钟脉冲，此时与门是打开的，时钟脉冲通过与门进入计数器，计数器开始计数。第三路控制脉冲使比较锯齿波电压产生器开始工作，输入一个线性良好的比较锯齿波电压，该电压加到电压比较器的输入端上，比较锯齿波电压随着时间的增加，幅度不断升高，当比较锯齿波电压等于输入待测脉冲幅度时，电压比较器产生一个脉冲，此脉冲作用于双稳态电路的 0 端，使双稳态置 0，从而与门关闭，时钟脉冲不能进入计数器。此时计数器上的指示是待测脉冲的幅度。

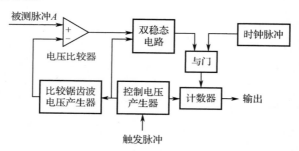

图 2-5-5　脉冲幅度测量原理

测量方法的实质是把输入待测脉冲的幅度变成一个时间间隔，然后对时间间隔的长短进行测量，从而得到脉冲幅度，脉冲幅度测量原理的时间关系如图 2-5-6 所示。设锯齿波为

$$u(t) = kt \tag{2-5-4}$$

式中，k 为锯齿波斜率。当 $t = t_A$ 时，$u(t) = A$，即

$$A = kT_A \tag{2-5-5}$$

故 T_A 为

$$T_A = \frac{A}{k} \tag{2-5-6}$$

时钟脉冲的周期为 T_C，故在 T_A 时间内共有 n 个脉冲进入计数器，则

$$n \approx \frac{T_A}{T_C} = \frac{A}{kT_C} \tag{2-5-7}$$

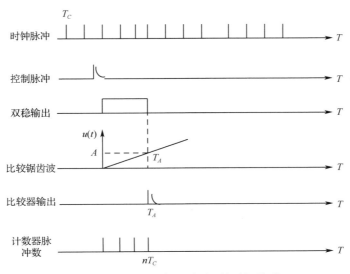

图 2-5-6 脉冲幅度测量原理的时间关系

可见，计数器的读数就代表输入信号的脉冲幅度。由于 T_A 的值一般不可能正好为 T_C 的整数倍，所以在测量中不可避免地产生误差，最大误差为 T_C。为了提高精度，T_C 的值应取得小一些，锯齿波的线性度应高一些。

（二）脉冲宽度测量方法

脉冲宽度测量的原理是用被测脉冲的前沿去打开计数器门，计数器对时钟脉冲计数，再用被测脉冲的后沿去关闭计数器门，停止计数，则计数脉冲数反映了脉冲宽度，具体为

$$\tau = nT_C \tag{2-5-8}$$

式中，n 为计数器的读数。

在实际测量中，时钟脉冲的周期 T_C 不可能太小，当被测脉冲宽度较小时，计数器的读数 n 很小，造成较大的测量误差。解决办法是对被测脉冲宽度展宽，脉冲宽度测量原理如图 2-5-7 所示。若展宽 m 倍，则有

$$\tau = \frac{nT_C}{m} \tag{2-5-9}$$

根据脉冲宽度的倍数和计数器的读数，可测得脉冲宽度。在 T_C 一定的情况下，m 越大，测量误差越小。

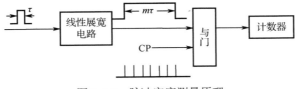

图 2-5-7 脉冲宽度测量原理

（三）脉冲重复频率测量方法

脉冲重复频率测量的原理为采用直接对输入的被测量脉冲数目计数 1s，直接读取计数器数值作为脉冲重复频率的数值。

一般来说，侦察机每次收到的雷达脉冲信号不可能持续 1s，为了实现对雷达脉冲计数 1s，必须根据输入被测信号重复频率的大小，模拟产生一个连续脉冲列，此脉冲重复频率与输入

的被测脉冲重复频率相同而持续时间超过 1s。其测量原理及波形图如图 2-5-8 所示。侦察机接收到的雷达信号为 A 脉冲列 $(A_1A_2\cdots A_n)$，经输入单元整形后，送入模拟器，模拟器以输入的脉冲 A_1A_2 之间的时间间隔为重复周期模拟产生连续的脉冲 $B(B_1B_2\cdots B_m)$，B 的周期与 A 相同，但持续时间可以很长。把 B 加到与门的一个输入端上，与门的另一个输入端上加有宽度为 1s 的时间闸门信号，脉冲 B 通过与门加到计数器上，计数 1s 后闸门信号消失，与门关闭，计数器停止计数。显然，此时计数器的读数就是被测脉冲的重复频率。

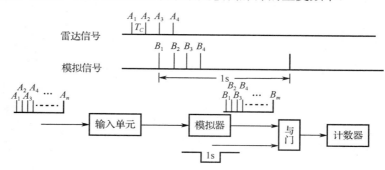

图 2-5-8 脉冲重复频率测量原理及波形图

上述这种脉冲重复频率测量方法是基于输入脉冲列是单一的雷达脉冲列，而且是常规的非重复频率参差的，否则，将会产生错误的测量。重复频率参差的重复频率测量，可采用信号分选后重复频率参差鉴别的办法进行。

实际的雷达信号总是不可避免地混杂着干扰。若在上述脉冲重复频率测量中第一个脉冲与第二个脉冲之间存在干扰信号，又不采取措施排除干扰信号的影响，则测量也会出现错误结果。解决办法是可以在图 2-5-8 所示的电路上加上脉冲间隔测量记忆单元和必要的比较电路排除干扰的影响。只有当模拟脉冲与输入脉冲第三个脉冲相比较重合时计数器才工作，否则计数器清零重新测量。另外，附加电路还可以对重频太小或太大的脉冲列不进行测量，以部分排除干扰脉冲和脉冲丢失对被测脉冲重复频率的影响。

三、信号处理任务、流程及信号分选、识别

（一）信号处理任务

假定已测量完脉冲描述字的参数，就可以进行信号处理了。所谓信号处理是指对前端输出的实时脉冲信号流 $\{PDW_i\}_{i=0}^{\infty}$ 进行信号分选、参数估计、辐射源识别，并将对各辐射源检测、测量和识别的结果提供给侦察系统中的显示、存储、记录设备和其他有关设备。

（二）信号处理流程

雷达侦察信号处理主要包括信号预处理和信号主处理，如图 2-5-9 所示。

1. 信号预处理

信号预处理的主要任务是根据已知雷达辐射源的主要特征和未知雷达辐射源的先验知识，完成对实时输入 $\{PDW_i\}_{i=0}^{\infty}$ 的预分选。首先将实时输入的 $\{PDW_i\}_{i=0}^{\infty}$ 与已知的 m 个雷达信号特征（已知雷达的数据库）$\{C_j\}_{j=1}^{m}$ 进行快速匹配，从中分离出符合 $\{C_j\}_{j=1}^{m}$ 特征的已知雷达信号子流 $\{PDW_{i,j}\}_{j=1}^{m}$，并分别放置于 m 个已知雷达的数据缓存区中。

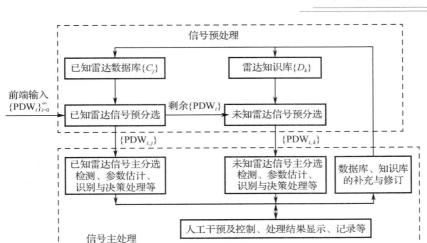

图 2-5-9　雷达侦察信号处理流程

由主处理单元按照对已知雷达信号的处理方法进一步分选、识别和参数估计，再根据已知的一般雷达信号特征的先验知识 $\{D_k\}_{k=1}^n$，对剩余部分 $\overline{\{\mathrm{PDW}_{i,j}\}_{j=1}^m}$ 进行预分选，并由 $\{D_k\}_{k=1}^n$ 的预分选产生 n 个未知雷达信号的子流 $\{\mathrm{PDW}_{i,k}\}_{k=1}^n$，另外放置于 n 个未知雷达的数据缓存区中，由主处理单元按照对未知雷达信号的处理方法进行辐射源检测、识别和参数估值。

2．信号主处理

对输入的两类预分选子流 $\{\mathrm{PDW}_{i,j}\}_{j=1}^m$ 和 $\{\mathrm{PDW}_{i,k}\}_{k=1}^n$ 进一步分选、识别和参数估计。其中对已知雷达辐射源子流 $\{\mathrm{PDW}_{i,j}\}_{j=1}^m$ 的处理是根据已知雷达信号序列 $\{\mathrm{PDW}_{i,j}\}_{j=1}^m$ 的相关性，对 $\{\mathrm{PDW}_{i,j}\}_{j=1}^m$ 进行数据的相关分选，并对相关分选后的结果进行已知辐射源的检测（判定该已知辐射源是否存在），再对检测出的雷达信号进行各种参数的统计估值。

对未知雷达辐射源子流 $\{\mathrm{PDW}_{i,k}\}_{k=1}^n$ 的处理主要是根据对一般雷达信号特征的先验知识，检验 $\{\mathrm{PDW}_{i,k}\}_{k=1}^n$ 中的实际数据与这些先验知识的符合程度，做出各种雷达信号模型的假设检验和判决，计算检验、判决结果的可信度，并对达到一定可信度的检出雷达信号进行各种参数的统计估值。无论是已知的还是未知的雷达信号，只要检验的结果达到一定可信度，都可以补充到 $\{C_j\}_{j=1}^m$ 和 $\{D_k\}_{k=1}^n$ 中，使其能够自动适应实际面临的信号环境。

信号主处理的输出是对当前雷达信号环境中各已知和未知雷达辐射源的检测及识别结果、可信度与各项参数估计的数据文件。

（三）信号分选

1．基本概念

从接收机输出到信号处理系统中的信号是密集的视频脉冲流。信号分选是指根据侦收的雷达信号类型及参数，从交错的多部雷达脉冲序列中分离出各自的雷达脉冲序列的处理过程。雷达信号分选包括：滤波器分选、天线波束分选、脉内相位变化参数分选、脉冲参数分选、脉冲描述字分选等。大多数雷达侦察系统都采用脉冲描述字分选来进行雷达信号分选。只有将脉冲分选出来以后，才能进行信号参数的测量和分析，并且进行识别。

同一雷达信号参数相关，不同雷达参数差异。所以，信号参数之间的差别是分选的依据。对应预分选和主分选。如何降低信号分选的难度呢？可通过信号稀释来完成。稀释是为了降低信号密度，减少脉冲数，有利于信号的分选。信号稀释的措施包括：窄带滤波、窄波束空域选择和降低灵敏度。

若信号载波频率的测量设备分辨力很低，以致不能分辨出频率相距较近的两个不同频率的雷达信号，则此时测得的频率用作分选参数是不合适的。不过，这一参数可用作信号稀释。同样，若测向分辨力很低，以致不能分辨在方向上靠得很近的两个信号，则此时方位参数也不能用作分选参数。通常，某个参数是用作分选参数还是用作稀释参数，要看侦察机前端用什么样的分辨力提供这些参数。

在信号分选过程中，由于雷达信号脉冲重合造成脉冲丢失，会导致雷达信号漏批。雷达信号漏批是指在信号环境中存在某雷达信号，而在信号分选处理后没有给出该雷达信号参数，即遗漏了该雷达信号；另外，由于雷达信号脉冲同时到达造成脉冲错码，会导致雷达信号增批。雷达信号增批是指在信号分选处理后给出了某雷达信号参数，而在信号环境中并不存在该雷达信号，其为虚假的雷达信号。

2. 信号分选方法

硬件分选是指使用硬件对方位、频率、脉宽参数进行信号分选。软件分选是指将硬件分选的结果，利用软件对脉冲间隔参数或其他参数继续进行信号分选。在完成硬件分选及软件分选后，雷达信号采集时间内的多部雷达信号脉冲描述字序列已被分离成方位、频率及变化量、脉宽参数、脉冲周期及变化量或其他参数组合各不相同的单部雷达信号脉冲描述字序列。此处介绍几种软件信号分选方法。

（1）重复周期分选法。

雷达信号脉冲重复周期（PRI）是雷达信号的重要参数，利用雷达脉冲周期重复的特点，可以比较容易地从交叠脉冲中分离出各个雷达的脉冲列。

减法分选是一种最简单的软件分选方法之一，它把两个脉冲的到达时间相减，求得两个脉冲的时间间隔，然后以此间隔进行外推，以分选出等于该时间间隔的脉冲列。若以此间隔进行外推得不到所期望的脉冲列，则另选一个时间间隔，重复以上过程，直到成功分选出一个脉冲列为止。当成功分选出一个脉冲列以后，从总的输入脉冲流中扣除这一脉冲列，剩余脉冲流便得到稀释，再对剩余的脉冲进行减法分选，这一过程一直进行到输入脉冲流分选完毕为止。软件分选流程见图 2-5-10。首先以 A_1 脉冲为基准脉冲，以 A_1B_1 之间的时间间隔进行分选窗口预置（外推），由于 A_1B_1 之间的时间间隔不是任何一个脉冲列的，所以外推的结果不会分选出有意义的脉冲列，表示这一次分选是不成功的。然后以 A_1A_2 之间的时间间隔进行分选窗口预置，由于该间隔是脉冲列 A 的重复周期，所以可以成功分选出脉冲列 A。将脉冲列 A 从输入脉冲中扣除后得到不包含脉冲列 A 的剩余脉冲列，再将 B_1B_2 之间的时间间隔进行窗口预置，便可以成功分选出脉冲列 B。继续对扣除脉冲列 B 后剩余脉冲列，按上述方法反复进行分选窗口预置，如图 2-5-11 所示。

（2）脉冲重复周期和脉冲宽度双参数分选法。

通常不单独用脉冲宽度进行雷达信号分选，这是因为雷达的脉冲宽度测量值随幅度的变化而变化，也会由于多路径效应而使得脉冲宽度的测量值发生变化，故单独用脉冲宽度进行分选不太有效。但是，如果脉冲宽度和脉冲重复周期联合使用，则比仅靠脉冲重复周期分选更为有效，而且有利于对宽脉冲、窄脉冲等特殊雷达信号进行分选，并且能对脉冲重复周期变化的雷达信号进行分选。

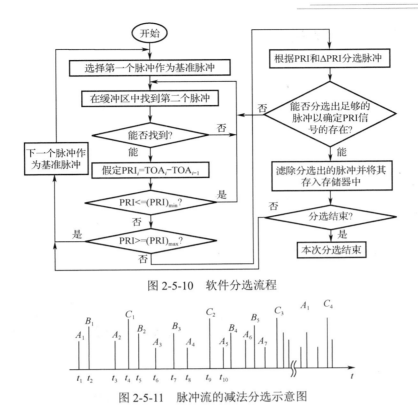

图 2-5-10　软件分选流程

图 2-5-11　脉冲流的减法分选示意图

（3）脉冲重复周期、脉冲宽度和载波频率三参数分选法。

为了对捷变频和频率分集雷达信号进行分选，必须对载波频率、脉冲重复周期、脉冲宽度几个参数进行相关处理，以完成信号分选的任务。

（4）脉冲重复周期、脉冲宽度、载波频率和到达角四参数分选法。

当密集的信号脉冲列中包括多个载波频率变化、脉冲重复周期变化的脉冲列时，为了完成分选任务，需要加入信号的到达角这一参数，形成脉冲重复周期、脉冲宽度、载波频率和到达角四参数的综合分选。当雷达和侦察设备的位置变化都较慢时，准确的到达角是最有力的分选参数，因为目标的空间位置是不会突变的，故信号的到达角也不会发生突变。用到达角作为密集、复杂信号脉冲列的预分选，是对频率捷变、重复频率捷变和参差等复杂信号分选的可靠途径。

（四）信号识别

只有获得单个辐射源参数以后，才能进行信号识别。信号识别是指将被测辐射源的参数与预先积累的辐射源参数进行比较，确认该辐射源本来的属性。信号识别主要包括辐射源识别、辐射源载体识别和威胁等级确定。

辐射源识别包括若干个参数的比较过程，当一个或多个参数鉴别后，即可识别辐射源。辐射源识别是基础，根据辐射源性能，与其他辐射源联系，以及辐射源空间位置情况，判断辐射源载体（如飞机或导弹）。然后根据辐射源性能、载体系统、当前工作状态，以及距离远近，判断威胁等级。

辐射源的信号参数主要有频域参数（载频、频谱、频率变化规律及范围）、空域参数（信号到达角、方位角、仰角）、时域参数（脉冲到达时间、脉冲宽度和重复频率）和脉冲幅度参数（天线调制参数、天线扫描周期）。在这些参数中，哪些可以用来分选，分选中的哪些又是主要的。主要分选参数包括脉冲到达时间、脉冲宽度、脉冲重复频率、信号载频和方向。其他参数（如频率变化规律及范围），对识别极其重要，但不用作分选。这是因为它是在信号分选后的单个雷达脉冲序列分析的基础上得来的。总之，所有在分选前已经测得的参数都可以用作分选，而所有参数都可以用作识别。

典型雷达辐射源识别过程见图 2-5-12，图中未知雷达信号是指与过去已知道的所有各型雷达的所有雷达信号类型及参数都不对应的某雷达信号。未知雷达信号包括：聚类未知雷达信号、新未知雷达信号。聚类未知雷达信号是指聚类的某型未知雷达的雷达信号类型及参数所对应的某雷达信号。新未知雷达信号即从未发现的未知雷达信号，是指聚类的所有各型未知雷达的所有雷达信号类型及参数都不对应的某雷达信号。具体识别过程按以下层次进行。

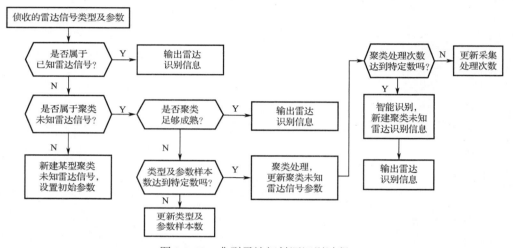

图 2-5-12　典型雷达辐射源识别过程

（1）根据侦收的雷达信号类型及参数，使用已知雷达识别方法识别侦收的雷达信号，判断它是否属于某型已知雷达。

（2）如果侦收的雷达信号属于某型已知雷达，则输出该型已知雷达对应的雷达识别信息（该信息存储在已知雷达信号数据库中）。

（3）如果侦收的雷达信号属于未知雷达，则使用未知雷达识别方法识别侦收的未知雷达信号，判断它是否属于聚类的某型未知雷达。

（4）如果侦收的未知雷达信号不属于任何聚类的未知雷达，即新侦收的未知雷达信号，则新建聚类的某型未知雷达，此后，它则成为聚类的某型未知雷达。

（5）如果侦收的未知雷达信号属于聚类的某型未知雷达，则判断它的聚类是否足够成熟。

（6）如果聚类不足够成熟，则不输出雷达识别信息，进入聚类成熟形成流程。

（7）如果聚类足够成熟，则使用智能雷达识别方法构建该聚类的未知雷达对应的雷达识别信息，此后，则可以输出聚类的该型未知雷达对应的雷达识别信息。智能雷达识别方法包括专家系统方法、神经网络方法等。

第六节　雷达情报侦察技术

雷达情报侦察是指在分析接收到的雷达信号的基础上，提取雷达信号的工作参数、常规特征参数、脉内调制特征参数以及个体特征参数，通过分析这些参数以期获取雷达的体制、用途等信息，进而掌握其相关武器系统及其工作状态、制导方式，了解其战术运用特点、活动规律和作战能力的过程。雷达情报侦察分析主要包括雷达信号参数分析、技术战术性能分析和战术运用分析。雷达信号参数分析是指面对侦察获取的全脉冲数据和中频数据，在信号参数层面完成信号识别、辐射源分类、目标判型、平台判型、价值判断和信号样式提取等。技术战术性能分析是在梳理信号样式的基础上，进一步判明雷达目标工作特征，分析雷达的技术体制、用途、型号和主要技术战术性能等。战术运用分析是指判明雷达开关机规律、战术配合、战斗序列、作战部署、威胁程度、作战企图、作战能力等，对多个雷达目标来说，尤其需要重点分析其组网运用的规律情况，为雷达对抗作战提供情报保障。

　　雷达情报侦察一般属于战略情报侦察，允许信号测量的时间长一点（非实时的），但要求获取的雷达辐射源信息尽可能多和全面，雷达技术参数和位置信息的测定要有很高的精度，获取的雷达信息要能记录下来供事后分析，或者直接传送给情报分析中心进行处理。这一点与电子支援侦察或告警侦察是完全不同的。

　　雷达情报侦察系统由侦察天线、侦察接收机、信号处理设备和终端显示控制部分构成。其组成和雷达告警侦察类似，主要的区别在于信号处理设备。信号处理的关键是雷达信号识别。雷达信号识别通常包括雷达辐射源识别、辐射源载体识别、威胁等级的确定以及识别可信度的估计。

一、雷达辐射源识别

　　常规的五大基本信号参数是指载频、脉冲宽度、脉冲到达时间、脉冲幅度、脉冲到达角。基于常规参数的辐射源识别的主要特点是直接采用信号参数检测和测量系统对截获信号进行测量获得。由这些特征参数构成特征向量，然后与雷达库中已知雷达信号的相应特征参数模板进行匹配，从而识别该辐射源信号。由于早期的雷达体制单一、频域覆盖范围小，信号波形设计较为简单且参数相对稳定，辐射源数量少，这种被称为参数匹配法的辐射源识别方法是有效的。常规特征参数匹配法是20世纪七八十年代雷达辐射源识别的主要方法，20世纪90年代至今它仍在一些特定的电磁条件下使用。

　　现代雷达为了使其具有良好的抗干扰、低截获和高探测性能，雷达信号普遍采用线性调频、相位编码、频率分集和频率捷变等复杂的脉内调制方式和脉冲压缩发射体制。改变信号的脉内调制方式或脉内调制规律即可实现不同的雷达功能，而常规参数有可能保持不变或近似相同，导致常规识别参数描述的信号空间严重交叠。因此，要正确识别不同脉内调制方式的辐射源信号，必须补充新的特征参数，进行脉内分析。

　　另外，一部雷达的信号参数不再是固定不变的，而是可以根据需要由软件来灵活设置的，这一技术发展的结果，使得传统依靠工作参数数据库匹配方式来实现对辐射源类型识别的方法越来越困难。无意调制特征也称为雷达辐射源信号的个体特征特定辐射源识别（Specific Emitter Identification，SEI），它是因雷达电路和器件的不同附加在雷达信号上的某种特征，是一部雷达固有的属性，不会因雷达工作参数的变化而改变，因此，提取雷达辐射源信号的个体特征对辐射源识别有着重要的意义。从20世纪80年代开始，美国海军研究局就开始资助辐射源个体识别技术。他们认为，雷达指纹侦察拓展了测量手段和信号分析的边界，不仅能够跟踪在军事行动区域附近活动的特殊平台和个体，而且能对混杂在一大堆信号中的某个平台进行定位，实施精确打击。到目前为止，美军已经发展了三代辐射源个体识别设备。其经历了从单纯全脉冲分析处理向完整的电子支援/电子情报功能转变的第一次技术跨越，以及从单平台独立工作向网络化协同工作的第二次技术突破。

雷达辐射源识别主要包括预处理、特征提取和分类识别三个方面，见图 2-6-1。预处理主要指测量目标信号，并进行信号分选，在多信号背景下把待识别目标信号数据分离出来。特征提取是辐射源信号识别的前提和准备工作，分类识别是将提取到的信号特征向量按某一分类准则将其归入不同的类别中，从而实现辐射源信号的自动识别。

图 2-6-1　雷达辐射源识别框图

和雷达告警侦察不同，雷达情报侦察的特征提取融合了传统特征、脉内特征和个体特征，同时由于目标未知，不能采用参数匹配的方法，多采用人工智能的方法自动分析和识别目标，见图 2-6-2。ESM 信号识别主要指基于传统的雷达信号五大特征参数进行目标识别。情报分析主要是对雷达辐射源信号的调频、调相、编码、天线扫描等有意调制特征进行精细分析。目标个体识别主要是对雷达辐射源信号的各种"指纹"特征进行分析，具体是指操作员引导设备对新出现的或感兴趣的目标辐射源进行识别，其过程包括信号观察、信号样本采集、信号分析处理、辐射源信号指纹参数提取、辐射源个体指纹特征集比对等过程。综合识别可以采用卷积神经网络、支持向量机等方法。

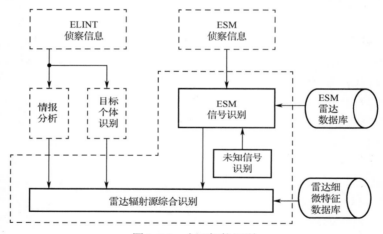

图 2-6-2　人工智能识别

针对未知雷达识别中的雷达体制识别、雷达用途识别，有一些常见的推理规则。一是利用未知雷达信号类型、特征，推理判断雷达体制。例如，如果雷达信号类型为参差脉冲周期，那么雷达体制为动目标显示；如果雷达信号特征为高、中脉冲重频，那么雷达体制为脉冲多普勒；如果雷达信号特征为宽脉冲宽度，那么雷达体制为脉冲压缩；如果雷达信号特征为随机雷达天线扫描周期，那么雷达体制为相控阵；如果雷达信号特征为超大脉内频率调制的频率范围，那么雷达体制为合成孔径；如果雷达信号类型为频率捷变，那么雷达体制为频率捷变；如果雷达信号特征为同时多频率，那么雷达体制为频率分集；如果雷达信号特征为 2～60MHz 频率，那么雷达体制为超视距；如果雷达信号特征为超高雷达天线扫描速率，那么雷达体制为边扫描边跟踪；等等。二是利用雷达体制推理判断雷达用途。例如，如果雷达体制为超视距，那么雷达用途为超远程预警；如果雷达体制为频率分集，那么雷达用途为警戒；

如果雷达体制为脉冲压缩，那么雷达用途为警戒或指挥引导；如果雷达体制为动目标显示或脉冲多普勒，那么雷达用途为指挥引导；如果雷达体制为边扫描边跟踪，那么雷达用途为指挥引导、制导或交通管制；如果雷达体制为连续波，那么雷达用途为近程防御、测高或引信；如果雷达体制为合成孔径，那么雷达用途为地形测绘；等等。三是利用未知雷达信号参数，推理判断雷达用途。例如，如果雷达信号参数为小于 10Hz 脉冲重频，那么雷达用途为超远程预警；如果雷达信号参数为 200~400Hz 脉冲重频，那么雷达用途为警戒；如果雷达信号参数为 500~1000Hz 脉冲重频，那么雷达用途为指挥引导；如果雷达信号参数为无扫描跟踪模式雷达天线扫描周期，那么雷达用途为炮瞄；如果雷达信号参数为 15~24r/min 雷达天线扫描速率，那么雷达用途为导航；等等。

二、雷达信号脉内特征分析

雷达信号脉内特征分析是指对雷达信号脉内调制信息的分析提取，主要包含对雷达脉内有意调制特征分析与识别。脉内调制类型识别就是分析某接收到的雷达信号，提取脉内调制信息，并将其正确地归入某一脉内调制类型中，为进一步识别雷达辐射源个体及其所属武器平台和系统的识别提供重要依据。

（一）雷达信号脉内特征类型

雷达信号脉内特征主要包括相位调制特征、频率调制特征、幅度调制特征和三种调制组合的混合调制特征等。脉内特征为辐射源的固有特性参数，通过对辐射源的这些固有特性参数的分析，可以实现辐射源的有效识别，提高雷达侦察系统在复杂电磁环境中对目标的分析识别能力。大多数复杂雷达均采用脉冲压缩体制，基于抗干扰和防侦察截获的考虑，雷达信号波形设计复杂，脉内调制和编码规律灵活多变。但是为了充分利用发射机的功率，较少对脉冲信号幅度进行调制，而主要采用频率和相位调制。

脉内频率调制可分为连续调频和离散调频两大类。连续调频是指频率在脉冲内连续地发生变化，比较典型的形式是线性调频信号。离散调频是把发射的宽脉冲分成若干个子脉冲，每一个子脉冲包络内都有不同的载频，因此称之为脉内频率编码信号。该信号可通过控制时间和频率改变信号的时宽和带宽，如某雷达的搜索状态采用普通矩形脉冲信号，脉冲宽度 $r=(r_1,r_2,r_3)^\mathrm{T}$，其脉内两个子脉冲的载频相差 $X_M=X_{M'}+r$，频率编码规律分为梯式和随机式。

（1）线性调频（LFM）信号具有匹配滤波器对回波信号的多普勒频移不敏感的优点以及良好的距离分辨力和速度分辨力，并且还克服了距离分辨力与探测距离之间的矛盾。LFM 信号和频谱见图 2-6-3。

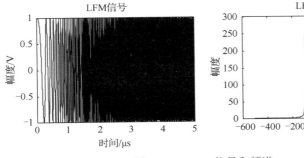

图 2-6-3　LFM 信号和频谱

（2）频移键控（FSK）信号是用伪随机序列在多个频率中进行的频率跳变的信号。由于该信号的能量分配在更宽的频带内，单位频带内的能量大幅度降低，又因为存在频率的跳变而使得其很难被跟踪，所以降低了信号被截获的概率。FSK 信号和频谱见图 2-6-4。

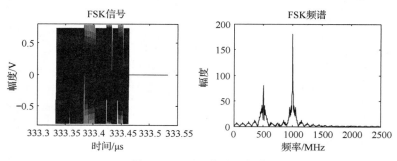

图 2-6-4　FSK 信号和频谱

（3）脉内相位编码信号就是在载频不变的前提下，通过改变信号的相位实现脉内调制，其技术简单成熟，抗干扰性强。脉内相位编码信号通常采用伪随机序列编码，该编码具有很大的自相干作用，使电子战接收机不能相干处理。现代雷达可根据处理增益要求，在单个脉冲内产生几千码位的调制。目前大多数具有相位编码技术的雷达都采用二相编码。二相编码对多普勒比较敏感，一般用于目标速度预先知道的特殊目标跟踪。常用的二相编码序列有巴克码，它是较理想的伪随机序列码，但该码数目不多，长度有限，因此限制了它在雷达上的应用。总之，相位编码技术不仅降低了单位频带内的信号能量，使其不易被雷达接收机探测，而且提高了距离和多普勒分辨率，并具有较强的似噪声性和良好的低截获概率特性。二相相移键控（Binary Phase Shift Keying，BPSK）信号和频谱见图 2-6-5。

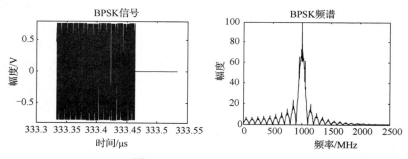

图 2-6-5　BPSK 信号和频谱

（二）雷达信号脉内特征提取方法

脉内调制特征分析是 20 世纪 80 年代中期开始研究的一项新技术，随着数字射频存储（DRFM）技术和中频直接采样技术的迅速发展，以及数字信号处理技术和高速大规模集成专用芯片的应用，信号脉内特征识别技术已成为雷达对抗侦察装备的关键技术之一。在这项技术中，脉内特征的提取方法一直是科研工程人员的重要研究课题，经过不懈的努力已经探索出了一些行之有效的方法，形成了许多较为成熟的估计算法和相关技术。例如，瞬时自相关算法、短时傅里叶变换、WVD 算法、过零检测算法、小波分析法、时频分析法等，它们对单载频、多载频分集、LFM 信号、NLFM 信号、PSK 信号、FSK 信号等的脉内调制分析都有一定的效果，并且有了一些工程应用。此处主要阐述短时傅里叶变换这种脉内特征提取方法。

给定一个时间宽度很短的窗函数 ω_t，令窗滑动，则信号 $s(t) \in L^2(R)$ 以 ω_t 作为窗函数的 STFT 定义为

$$(\text{STFT}_\omega s)(\omega, b) = \int s(t)\omega(t - b)\mathrm{e}^{-\mathrm{j}\omega t}\mathrm{d}t \qquad (2\text{-}6\text{-}1)$$

STFT 是时间和频率的二维函数，它的时间分辨率和频率分辨率可以用时间-频率平面上的一个宽为 D_t、高为 D_ω 的矩形窗口来说明，该矩形窗口称为分析窗口。当窗函数选定后，在时频面上分析窗口处处相同，如图 2-6-6 所示。

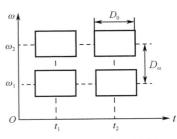

图 2-6-6　STFT 的时频分析窗口

短时傅里叶变换克服了传统傅里叶变换的缺点，用一个具有合适宽度的窗函数从信号中提取出一段来进行傅里叶分析，通过沿时间轴移动窗口来得到一组 STFT，它反映了信号 $s(t)$ 的傅里叶变换 $s(\mathrm{j}\omega)$ 随时间 t 变化的规律。在实际的工程应用中，为了精确地确定信号中的高频信息发生的位置，应该使用窄时域窗；为了全面观察低频分量，应该使用宽时域窗。这也等价于在频域中使用宽窗分析高频，窄窗分析低频。

利用短时傅里叶变换提取信号的时频图形，三种典型调制信号 STFT 的时频脊线见图 2-6-7。

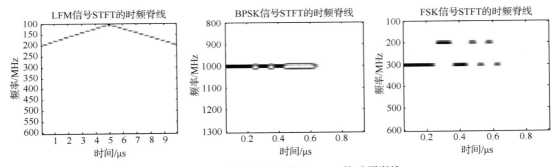

图 2-6-7　三种典型调制信号 STFT 的时频脊线

三、雷达信号个体特征分析

通过雷达信号脉内特征分析，提高了对雷达辐射源识别的能力，可以更加准确地识别雷达型号。然而，对于安装在不同平台的同一型号雷达，如何确定该雷达的不同平台，仅靠雷达信号的脉内特征还是无能为力的，此时需要借助雷达信号的个体特征。本部分首先根据现有的几类雷达辐射源个体特征进行分析和比较，然后进一步提取脉冲上升沿特征进行仿真研究，并提出行之有效的分类算法，同时采用多组数据对分类识别算法进行验证。结果表明，基于脉冲上升沿特征对雷达辐射源进行识别是可行的，而且识别率较高。

（一）雷达辐射源个体特征类型

雷达辐射源的个体特征大致可以分为三类，即频域特征、时域特征和变换域特征。本部分在分析个体特征产生原因的基础上，分别对雷达辐射源常见的几类特征进行概述，并分析其优缺点。

1. 个体特征产生原因

任意一部雷达的各个组成部分都可能给最终发射的信号带来有别于其他辐射源指纹的

特征，其分布示意图如图 2-6-8 所示。雷达信号指纹特征可能表现在脉冲的上升时间、下降时间、脉冲宽度偏差、脉冲持续期的幅度波动、脉冲重复间隔的误差、脉冲重复间隔特征、脉冲调制编码的误差以及频率、脉冲重复间隔的稳定基准等参数或特征的差异上。通过对雷达信号携带的指纹特征的观测，能够对同型号雷达不同个体的辐射源进行区分。

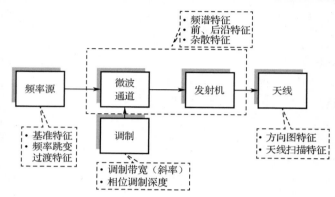

图 2-6-8　雷达辐射源指纹特征分布示意图

2. 频域特征

雷达辐射源的频域特征主要表现在频率偏差和频率稳定度两个方面。首先，对频率偏差特征而言，即使是同一批次同一型号雷达辐射源的个体，由于其采用的晶体振荡器不同，其相对频率的偏差和绝对频率的偏差都是不同的。因此，我们可以对稳态信号的频率偏差信息进行分析，进而提取雷达辐射源的指纹信息。

其次，对频率稳定度而言，频率稳定度主要是指频率的均值特征和频率的方差特征，理论上我们只要对频率做足够长时间的统计和测量，就可以得到不同雷达辐射源在频率稳定度方面的差异，进而实现对雷达辐射源个体的识别。对于信号频率的估计方法有很多种，如周期图法、线性回归法、过零法等。但一般而言，雷达辐射源个体的频率稳定度比较高，对于同型号同批次的个体，频率稳定度的差别比较小，加之信号传输时的多普勒效应和噪声干扰的影响，对频率估计算法很难达到精度和效率的统一，使得对辐射源频率稳定度的精确测量难度很大。因此，有学者把频率波动信息转换成伪调制的包络来进行研究，从而巧妙地避开了直接对频率稳定度进行计算不能满足识别精度的问题，但这种方法对噪声比较敏感，对信噪比要求很高。也有学者采用分段 FFT 测频的方法对载频的稳定度和重频的稳定度进行了测量和分析，并以此为雷达辐射源的个体特征进行了对雷达辐射源的个体特征识别。但该方法对测频设备的精度要求较高，在实际应用中仍然存在较大的困难。

总而言之，对雷达辐射源的频域方面的个体特征进行识别，理论上可行，但在技术实现和实际应用中仍存在较大困难。

3. 时域特征

雷达辐射源的时域特征识别的研究主要集中在脉冲信号的包络方面。由于雷达辐射源内的所有电子元器件都存在不可避免的误差，而且不同的雷达个体内部机械构造也存在差异，这些差异以非线性调制的形式被附加在雷达脉冲波形上。雷达辐射源信号脉冲包络波形上的差异是不可避免的，即便是同一生产厂商、同一批次生产出来的相同型号的两部雷达个体在脉冲包络波形上也是存在差异的，这样就从硬件构造上说明了根据信号脉冲包络波形进行雷达辐射源个体识别是可行的。

雷达信号脉冲波形的参数特征主要有脉宽、包络顶降、包络前后沿等。但由于受到信道衰落、多径效应和噪声干扰等的影响，接收到的脉冲信号的包络波形在一定程度上会存在失真，这就使得包络的形状会出现一定的起伏和变化，进而影响对雷达脉冲信号的识别，其中影响最大的便是多径效应。而经研究发现，在各参数特征中，包络的前沿波形是受多径效应影响最小的，而包络的后沿波形、脉宽和包络顶降受多径效应影响较大。因此，利用脉冲包络的上升沿进行雷达辐射源个体识别是切实可行的。

选取来自三个实际雷达辐射源（简称辐射源）的包络采样信号各110组，其中a、b为不同型号雷达，a1、a2为同型号雷达的不同个体。图2-6-9所示为从三个辐射源各10组数据中经过预处理后提取的信号脉冲前沿波形，从图中可以看出，同一辐射源信号脉冲前沿波形由于受到各种因素的影响，虽然表现出一定的波动性，但经多次统计观察之后，其波形曲线是趋于收敛的，实验结果证明了辐射源特性的收敛性。三个辐射源脉冲包络前沿波形的收敛趋势明显不同，并且形成三股曲线族，这表明利用前沿波形进行辐射源识别是可行的。

图2-6-10是从图2-6-9数据中拟合出的三条能"代表"各自辐射源特性的"标准"前沿波形，它可以较准确地反映各自辐射源信号脉冲包络前沿波形的变化趋势，从而形象地描述了辐射源的特性。将三个辐射源其余各100组脉冲前沿波形数据分别与三个辐射源脉冲包络的"标准"前沿波形进行相似程度的比较，统计结果如图2-6-11所示。从图2-6-11中可以看出，同一个辐射源的波形数据与其"标准"波形曲线是非常相似的，其相似系数接近1，而与不同辐射源的"标准"波形的相似系数差别较大，且明显存在三条分布带（可以根据分布带的个数判断某空域存在的辐射源数目）。由于数据的波动性，使得到的相似系数也可能存在一定的波动，但经过大量数据实验，我们发现经过不断地更新"标准"曲线后，实际信号的辐射源特性与标准辐射源特性之间的相似系数还是比较固定的，因此通过计算相似系数，再配以适当的门限，就可以将信号进行分类识别。

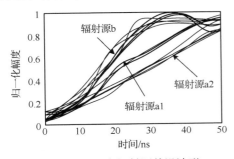
图2-6-9　三个辐射源前沿波形

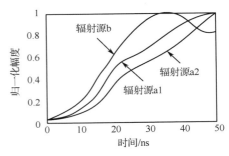
图2-6-10　拟合出的三条标准前沿波形

对于接收的未知辐射源信号，由于其脉冲包络前沿波形与已知辐射源脉冲包络的"标准"前沿波形的相似程度比较后，会产生新的相似系数分布带，所以需要为之建立数据库，利用统计方法求出新辐射源的"标准"前沿波形曲线。

4. 变换域特征

雷达辐射源的变换域特征主要的研究方向是高阶谱方法。高阶谱方法在抑制高斯噪声干扰的同时还能够保留信号的幅度和相位信息，并且与时间无关，能够有效地显现信号的非线性特性。因此，在信号检测和目标分类等领域高阶谱方法备受关注，而高阶谱方法中的双谱分析法的应用最为广泛。有学者就把双谱分析法用于对水下目标辐射噪声的特征提取和分类，取得了90%以上的正确分类率。因此，在雷达辐射源信号识别方面，高阶谱方法具有一定的可行性。但是，由于双谱分析法中包含了一些冗余信息，对于利用机器进行识别存在一定的困难。

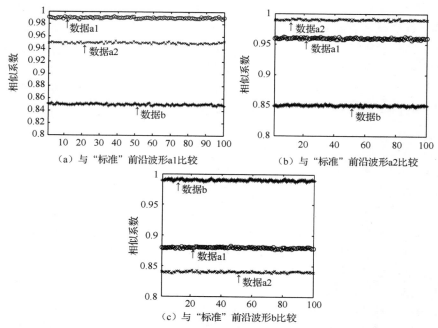

图 2-6-11　三个辐射源数据分别与"标准"前沿波形比较图

总而言之，雷达辐射源个体特征识别方法层出不穷，尤其是随着科技的进步，越来越多的新技术、新理念被应用于辐射源个体特征的识别中，如基于自然测度的辐射源个体特征识别、基于分形特征的辐射源个体特征识别、基于循环谱的辐射源个体特征识别、基于神经网络的辐射源个体特征识别等，但万变不离其宗，各技术的基础必定是信号的时域、频域或变换域。对本书而言，我们仅对辐射源信号的脉冲上升沿特征进行深入研究。

（二）基于脉冲包络前沿的雷达辐射源个体特征识别

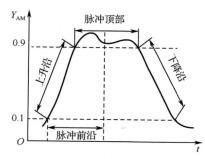

图 2-6-12　某雷达脉冲的包络形状

由于雷达辐射源内的所有电子元器件都存在误差，而且不同的雷达个体内部机械构造也存在差异，这些差异以非线性调制的形式被附加在雷达脉冲包络波形上。这样就从硬件构造上说明了根据信号脉冲包络波形进行雷达辐射源个体识别是可行的。经研究发现，脉冲包络参数中受多径效应影响最小的是脉冲的包络前沿，而受多径效应影响最大的是脉冲宽度和脉冲包络的下降沿。下面对脉冲包络前沿进行研究，进而实现对雷达辐射源个体的特征识别，某雷达脉冲的包络形状如图 2-6-12 所示。

1. 信号特征提取

（1）脉冲信号包络前沿的产生机理。

雷达脉冲信号的包络波形主要受脉冲调制器的影响。脉冲调制器主要由储能元件、脉冲形成电路和电源系统构成，其基本的工作原理就是当开关断开时，储能元件利用限流和旁通元件把电源的能量储存其中，待开关导通时，储能元件再向负载放电，进而完成对脉冲波形的调制。

在理想状态下，产生的脉冲包络应为规则的矩形，其前沿是陡直的，而实际中由于各元件在工作时不可避免地会产生一些差别，如储能电容容量的差异等，这些差别被以无意调制的形式附加在脉冲包络前沿上，进而为我们对辐射源个体进行识别提供了可能。

（2）前沿波形的提取。

我们假设实际接收的信号为窄带信号，在忽略多径效应影响时，信号可表示为

$$S(t) = U(t)A(t)\exp(j(\omega t + \phi(t)) + N(t)) \tag{2-6-2}$$

式中，$U(t)$ 是辐射源的包络函数；$A(t)$ 是信号的包络；ω 是信号的频率；$\phi(t)$ 是信号载波的相位；$N(t)$ 是高斯噪声。

常用的包络提取方法主要有全波整流法、Hilbert 变换法、检波滤波法、复调制法等，在此我们采用 Hilbert 变换法来提取信号的包络，其定义如下。

$$\hat{s}(t) = H\{s\} = h(t) * s(t) = \int_{-\infty}^{\infty} s(\tau)h(t-\tau)d\tau = \frac{1}{\pi}\int_{-\infty}^{\infty} \frac{s(\tau)}{t-\tau}d\tau \tag{2-6-3}$$

式中，$h(t) = \frac{1}{\pi t}$，若令解析信号 $z(t) = s(t) + j\hat{s}(t)$，那么 $z(t)$ 的幅值

$$|z(t)| = \sqrt{|s(t)|^2 + |\hat{s}(t)|^2} \tag{2-6-4}$$

即信号的包络。

（3）滑窗降噪。

由于信号的包络是强相关的，而噪声是弱相关的，因此经过滑窗处理后信号的包络几乎没有变化，而包络中混杂的噪声会减小，其对信号包络的影响会降低。我们用一个大小合适的窗口对采样得到的雷达辐射源信号的包络序列 $\{E(n)\}$ 进行滑动求平均值，设滑窗宽度为 L，那么第 i 段样本序列可表示为

$$E^i(n) = E(i+n) \quad 0 \le n \le L-1, 1 \le i \le M-L+1 \tag{2-6-5}$$

$$E^i(n) = E(i+n) \quad 0 \le n-i, M-L+2 \le i \le M \tag{2-6-6}$$

则第 i 段的样本平均值是

$$I_L^i = \frac{1}{L}\sum_{n=0}^{L-1} E^i(n) \quad 1 \le i \le M-L+1 \tag{2-6-7}$$

$$I_L^i = \frac{1}{M-L+1}\sum_{n=0}^{N-i+1} E^i(n) \quad M-L+2 \le i \le M \tag{2-6-8}$$

式中，滑窗窗口的宽度 L 主要由 $\Delta F_v/\tau$ 决定，此外 M 为采样点，ΔF_v 为视放的带宽，τ 为脉冲宽度。

（4）信号的归一化处理。

对脉冲信号包络进行滑窗处理后，还应该对其归一化，这是因为不同雷达辐射源信号的脉冲包络峰值是不同的，即便是同一辐射源，由于多种因素的影响，其脉冲的峰值也会有一定的起伏。归一化分为全局归一化和内部归一化。全局归一化是指以测得的全部脉冲中的最大峰值为基准进行归一化，其缺点是容易淹没小脉冲，而且可能会由于脉冲幅度的波动性对同一辐射源造成误判。内部归一化是指以各个脉冲本身的峰值为基准进行归一化，它弥补了全局归一化的缺点，但是也可能会减小不同辐射源信号之间的差异性。本文主要采用内部归一化的。归一化只是为了方便对信号脉冲进行尺度变换，并不会损失脉冲的波形信息，因此

归一化之后信号的包络信息是不会丢失的。

（5）辐射源信号脉冲前沿的波形差异。

对任意两个脉冲波形来说，其形状的相似度越高，这两个波形的相关程度就越高，两个信号脉冲上升沿的相似度我们可以用相似系数来衡量。相似系数越大，那么说明两个信号的脉冲上升沿越相似，则它们为同一辐射源信号的可能性越大，从统计学角度来看，我们可以将它们分为一类。

相似系数定义如下：假设有两个离散化的一维信号序列 $\{x(i), i = 1, 2, \cdots, N\}$ 和 $\{y(j), j = 1, 2, \cdots, N\}$，定义相似系数

$$r_{xy} = \frac{\sum (x(i)y(i))}{\sum \sqrt{x^2(i)} \sum \sqrt{y^2(j)}} \tag{2-6-9}$$

式中，$\{x(i)\}$ 和 $\{y(j)\}$ 不恒为 0。r_{xy} 的取值在 0 和 1 之间，两函数曲线的形状差异越大，r_{xy} 越小，甚至趋近于 0，两函数曲线形状差异越小，r_{xy} 越大，其越趋近于 1。相似系数 r_{xy} 的大小主要取决于两个信号的包络波形差异，它是两个信号波形差异程度的一种数值表示。

因此，我们利用已采集的辐射源信号脉冲包络前沿波形的均值来表示"标准"波形，求出其他信号脉冲前沿波形与"标准"波形的相似系数，然后采用恰当的门限值，即可对辐射源进行分类识别。如果满足

$$\max_{j=1,2,\cdots,K} \{r(x, y_j)\} = r(x, y_k), \quad r(x, y_k) \geqslant r_{th} \tag{2-6-10}$$

则判定 x 属于 A_K，x 是被测辐射源的包络前沿波形，y_j 代表不同辐射源的"标准脉冲上升沿"。r_{th} 是检测门限，A_K 是某特定辐射源 K 的脉冲上升沿的集合。

2. 仿真实验

（1）模型建立。

本文以常规脉冲信号、线性调频脉冲信号、非线性调频脉冲信号和相位编码脉冲信号为基础模型，进行脉冲上升沿波形的特征提取与识别；同时在其中加入高斯噪声作为无意调制，信噪比为 30dB。其中四种信号的脉冲宽度、采样频率均相同；常规脉冲信号和相位编码信号的载频相同；线性调频信号和非线性调频信号均是中心频率为 0 的基带信号，其带宽相同。四种信号的基本参数如表 2-6-1 所示。

表 2-6-1　四种信号的基本参数

信号类型	脉冲宽度/s	载频/Hz	带宽/Hz	采样频率/Hz
常规脉冲信号	1.4×10^{-5}	1×10^6	—	1×10^8
线性调频脉冲信号	1.4×10^{-5}	$0 \sim 2 \times 10^7$	2×10^7	1×10^8
非线性调频脉冲信号	1.4×10^{-5}	$0 \sim 2 \times 10^7$	2×10^7	1×10^8
相位编码脉冲信号	1.4×10^{-5}	1×10^6	—	1×10^8

加噪声的四种脉冲信号波形如图 2-6-13 所示。

由图 2-6-13 可以看出，仿真产生的脉冲信号较为理想，与实际接收机经过降噪处理后的时域波形相似，因此我们便以此为基础进行后续的仿真实验。

（2）包络提取。

本文采用 Hilbert 变换对上述模型的包络进行了提取，得到的包络波形如图 2-6-14 所示。

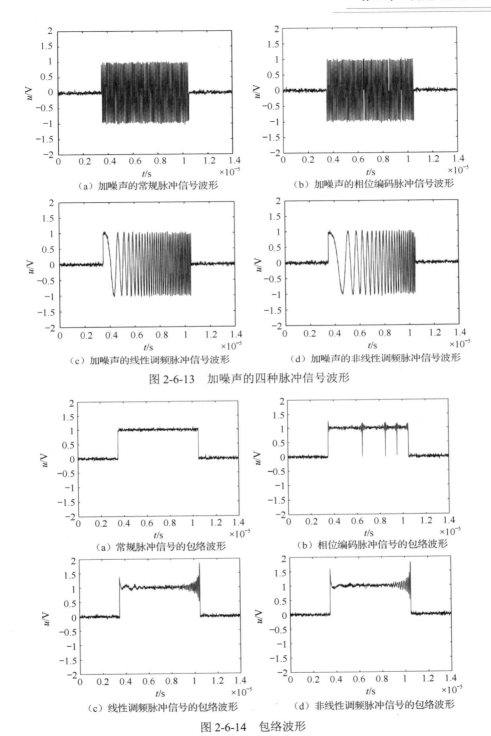

（a）加噪声的常规脉冲信号波形　　　　　　　（b）加噪声的相位编码脉冲信号波形

（c）加噪声的线性调频脉冲信号波形　　　　（d）加噪声的非线性调频脉冲信号波形

图 2-6-13　加噪声的四种脉冲信号波形

（a）常规脉冲信号的包络波形　　　　　　　　（b）相位编码脉冲信号的包络波形

（c）线性调频脉冲信号的包络波形　　　　　　（d）非线性调频脉冲信号的包络波形

图 2-6-14　包络波形

　　由图 2-6-14 可以看出，采用 Hilbert 变换得到的信号包络较为理想，能够清楚地将信号的包络提取出来，但美中不足的是，其中仍含有部分噪声，不利于后续的脉冲上升沿提取。

（3）样条插值。

　　由图 2-6-14 可以看出，提取的包络噪声较多，为了方便对脉冲上升沿进行提取，我们采用样条插值法对上述脉冲包络进行插值，得到包络插值后的波形，如图 2-6-15 所示。

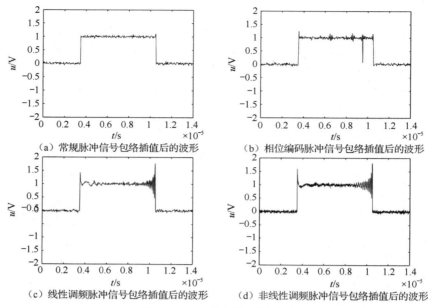

（a）常规脉冲信号包络插值后的波形

（b）相位编码脉冲信号包络插值后的波形

（c）线性调频脉冲信号包络插值后的波形

（d）非线性调频脉冲信号包络插值后的波形

图 2-6-15 包络插值后的波形

由图 2-6-15 可以看出，经过插值后的脉冲包络明显更为清晰，更有利于脉冲上升沿的提取。

（4）脉冲上升沿的提取与识别。

通过对上述插值得到的实验数据对比，我们发现脉冲包络的上升沿主要集中在插值后的第 96～110 个点。因此，在对上述包络波形归一化的基础上，我们取第 96～110 个点作为脉冲上升沿的波形，并进行分析比对，具体过程如下。

① 利用 MATLAB 软件对上述四类脉冲波形各随机产生 60 组数据。

② 对产生的脉冲波形进行归一化处理。

③ 取第 96～110 个点作为脉冲上升沿的波形。

④ 取前 20 组脉冲上升沿波形作为训练集（假设已经截获的脉冲上升沿信号），求取其平均值作为标准脉冲上升沿波形，得到的标准脉冲上升沿波形如图 2-6-16 所示。

⑤ 将剩余的 40 组脉冲上升沿数据作为测试集，分别与已知的标准脉冲上升沿数据进行比对，求取相似系数。

⑥ 对得到的相似系数进行分析，合理地设定门限，进而用于对雷达辐射源个体特征的识别。

（5）仿真结果。

分别将四种脉冲上升沿的测试集数据与由训练集数据得出的四种脉冲信号的标准上升沿进行比对，求得相似系数，其结果如图 2-6-17 所示。

由图 2-6-17（a）可以看出，将四种脉冲信号的测试集数据与常规脉冲信号标准上升沿做比较所得出的相似系数差别比较明显。同样，在图 2-6-17（b）中四种脉冲信号的相似系数差别也比较明显。对图 2-6-17（c）和图 2-6-17（d）而言，虽然线性调频脉冲信号与非线性调频脉冲信号的相似系数差别较小，但是依旧可以明显地看出其差异，因此我们可以得出利用脉冲上升沿进行辐射源的识别是可行的。

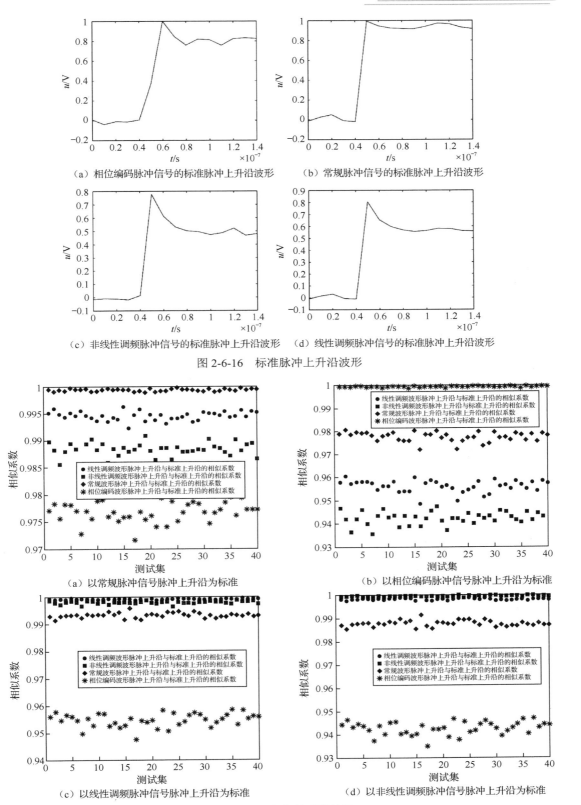

（a）相位编码脉冲信号的标准脉冲上升沿波形　（b）常规脉冲信号的标准脉冲上升沿波形

（c）非线性调频脉冲信号的标准脉冲上升沿波形　（d）线性调频脉冲信号的标准脉冲上升沿波形

图 2-6-16　标准脉冲上升沿波形

（a）以常规脉冲信号脉冲上升沿为标准　（b）以相位编码脉冲信号脉冲上升沿为标准

（c）以线性调频脉冲信号脉冲上升沿为标准　（d）以非线性调频脉冲信号脉冲上升沿为标准

图 2-6-17　相似性系数结果

为了进一步验证基于脉冲上升沿进行辐射源识别的可行性，根据上述相似系数数据，按式（2-6-10）模拟分类识别的过程，并对识别准确率进行计算，结果如表 2-6-2 所示。

表 2-6-2　基于脉冲上升沿特征的测试集识别结果

信号类型	正确识别脉冲数	错误识别脉冲数	正确识别率
常规	40	0	100%
相位编码	40	0	100%
线性调频	40	0	100%
非线性调频	40	0	100%

我们可以清楚地看到，基于脉冲上升沿特征识别的准确率十分高，虽然测试集的数量较少，但是仍可有力地证明基于脉冲上升沿特征进行辐射源识别的有效性和可行性。

综上所述，基于脉冲上升沿特征进行辐射源的个体特征识别是可行的，而且识别的准确率较高。

第七节　遮盖性干扰技术

前面讨论了有关雷达侦察的信号截获、参数测量、信号处理、辐射源识别等方面的基本原理和技术，这是雷达干扰的先决条件。对辐射源特性、参数的有效侦察也为干扰提供了有力的信息和技术支持。本节介绍对雷达的各种遮盖性干扰技术及其相关问题。

一、干扰原理和分类

遮盖性干扰就是用噪声或类似噪声的干扰信号遮盖或淹没有用的信号，阻止雷达检测目标信息。其基本原理是：任何一部雷达都有外部噪声和内部噪声，雷达对目标的检测是在这些噪声中进行的，其检测又是基于一定的概率准则的。一般来说，如果目标信号能量 S 与噪声能量 N 相比（信噪比 S/N），超过检测门限 D，则可以保证在一定虚警概率 P_{fa} 的条件下达到一定的检测概率 P_d，简单称之为可发现目标，否则便认为不可发现目标，雷达探测原理如图 2-7-1 所示。遮盖性干扰就是使强干扰功率进入雷达接收机，尽可能降低信噪比 S/N，造成雷达对目标检测的困难。

按照干扰信号中心频率 f_j、谱宽 Δf_j 相对于雷达接收机中心频率 f_s、带宽 Δf_r 的关系，遮盖性干扰可以分为瞄准式干扰、阻塞式干扰和扫频式干扰。

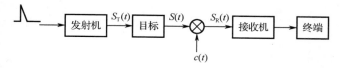

图 2-7-1　雷达探测原理

（一）瞄准式干扰

瞄准式干扰一般满足

$$f_j \approx f_s, \Delta f_j = (2\sim5)\Delta f_r \tag{2-7-1}$$

采用瞄准式干扰必须首先测得雷达接收机中心频率 f_s，然后把干扰信号中心频率 f_j 调整到雷达的频率上，保证以较窄的 Δf_j 覆盖 Δf_r，这一过程称为频率引导。其主要优点是在 Δf_r 内的干扰功率大，是遮盖性干扰的首选方式，缺点是对频率引导的要求高，有时甚至是难以实现的。

（二）阻塞式干扰

阻塞式干扰一般满足

$$\Delta f_j > 5\Delta f_r, f_s \in [f_j - \Delta f_j/2, f_j + \Delta f_j/2] \tag{2-7-2}$$

由于阻塞式干扰 Δf_j 相对较宽，对频率引导精度的要求低，频率引导设备简单。此外，由于其 Δf_j 宽，便于同时干扰频率分集雷达、频率捷变雷达和多部不同工作频率的雷达。其缺点是在 Δf_r 内的干扰功率小。

（三）扫频式干扰

扫频式干扰一般满足

$$\Delta f_j = (2\sim5)\,\Delta f_r, f_s = f_j(t), t \in [0,T] \tag{2-7-3}$$

即干扰信号中心频率为连续、以 T 为周期的函数。扫频式干扰可对雷达造成周期性间断的强干扰，扫频的范围较宽，也能够干扰频率分集雷达、频率捷变雷达和多部不同工作频率的雷达。

应当指出的是，实际干扰机可以根据具体雷达的载频调制情况，对上述基本形式进行组合，如多频率点瞄准式干扰、分段阻塞式干扰、扫频锁定式干扰等。

二、最佳干扰波形

从理论上讲，任何信号的波形对目标回波都有压制作用，但随机性强的信号干扰性好。因此，最佳干扰波形就是随机性最强的波形。

衡量随机变量不确定性的量是熵（Entropy，也称为信息量）。对连续型随机变量来说，其平均信息量定义为

$$H(x) = -\int_{-\infty}^{\infty} p(x)\log_a p(x)\mathrm{d}x \tag{2-7-4}$$

式中，$p(x)$ 为连续型随机变量的概率分布密度函数。熵的单位根据 a 的取值而变化，当 $a = 2$ 时，$H(x)$ 的单位为比特；当 $a = \mathrm{e}$ 时，$H(x)$ 的单位为奈特；当 $a = 10$ 时，$H(x)$ 的单位为哈特莱。a 的选取一般视 $H(x)$ 的计算方便，在下面的讨论中选取 $a = \mathrm{e}$。对于相同的 a，熵值越大，则不确定性越强；同时，随机变量的方差（平均功率）越大，熵值也越大。由此说明：在相同功率的条件下，雷达接收机线性系统中具有最大熵的干扰波形为最佳干扰波形。这样，最佳干扰波形的设计问题就是在给定平均功率条件下，求解具有最大熵的干扰信号的概率分布问题。

根据拉格朗日常数变易法，已知函数方程

$$\varphi = \int_a^b F(x,p)\mathrm{d}x \tag{2-7-5}$$

和 m 个函数方程的限制条件

$$\begin{cases} \int_a^b \varphi_1(x,p)\mathrm{d}x = C_1 \\ \int_a^b \varphi_2(x,p)\mathrm{d}x = C_2 \\ \qquad\vdots \\ \int_a^b \varphi_m(x,p)\mathrm{d}x = C_m \end{cases} \tag{2-7-6}$$

式中，$\varphi_1,\varphi_2,\cdots,\varphi_m$ 为限制条件中给定的函数，则极值可以由上面 m 个方程和下式决定

$$\frac{\partial F}{\partial p} + \lambda_1 \frac{\partial \varphi_1}{\partial p} + \lambda_2 \frac{\partial \varphi_2}{\partial p} + \cdots + \lambda_m \frac{\partial \varphi_m}{\partial p} = 0 \tag{2-7-7}$$

式中，$\lambda_1,\lambda_2,\cdots,\lambda_m$ 是拉格朗日常数。代入最大熵函数求解，则已知

$$\begin{cases} H(x) = -\int_{-\infty}^{\infty} p(x) \ln p(x) \mathrm{d}x \\ \int_{-\infty}^{\infty} p(x) \mathrm{d}x = 1 \\ \int_{-\infty}^{\infty} x^2 p(x) \mathrm{d}x = \sigma^2 \end{cases} \tag{2-7-8}$$

从而有

$$\begin{cases} F = -p(x) \ln p(x) \\ \varphi_1 = p(x) \\ \varphi_2 = x^2 p(x) \end{cases} \tag{2-7-9}$$

首先给定解的一般形式

$$p(x) = \mathrm{e}^{\lambda_1 - 1 + \lambda_2 x^2} \tag{2-7-10}$$

再利用上述限制条件，可以得到

$$P(x) = \frac{1}{\sqrt{2\pi}\sigma} \mathrm{e}^{-\frac{x^2}{2\sigma^2}} \tag{2-7-11}$$

$$H_{\max}(x) = -\int_{-\infty}^{\infty} p(x) \ln p(x) \mathrm{d}x = \ln \sqrt{2\pi \mathrm{e}\sigma^2}$$

这样，我们就得到了在平均功率限制条件下，噪声为正态分布时，其熵值最大，为最佳遮盖性干扰波形。

三、射频噪声干扰

窄带高斯过程

$$J(t) = U_n(t) \cos[\omega_j t + \varphi(t)] \tag{2-7-12}$$

称为射频噪声干扰，其中包络函数 $U_n(t)$ 服从瑞利分布，相位函数 $\varphi(t)$ 服从 $[0,2\pi]$ 均匀分布，且与 $U_n(t)$ 相互独立，载频 ω_j 为常数，且远大于 $J(t)$ 的谱宽。由于 $J(t)$ 的设计一般是对低功率噪声的滤波和放大，所以又称为直接放大的噪声。

（一）射频噪声干扰对雷达接收机的作用

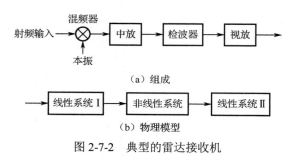

（a）组成

（b）物理模型

图 2-7-2　典型的雷达接收机

典型的雷达接收机如图 2-7-2 所示，它由混频器、中频放大器（中放）、检波器和视频放大器（视放）组成，如图 2-7-2（a）所示，其物理模型如图 2-7-2（b）所示。这里线性系统 I 代表混频器和中放。虽然混频器本身是非线性器件，但由于中放的选择性，混频器不会改变输入信号的时间特性以及频谱间的相对关系，它只是把射频信号（包括干扰）变成中频。线性系统 I 的带宽决定中放的带宽。检波

器是非线性系统，它对中放输出的包络进行变换。线性系统 II 表示接收机的视放。假设输入干扰信号 $J(t)$ 的功率谱 $G_j(f)$ 与线性系统 I 的频率响应 $H_i(f)$ 都具有矩形特性，我们先考虑只有干扰时的情况。

$$G_j(f) = \begin{cases} \dfrac{\sigma_j^2}{\Delta f_j}, & |f - f_j| \leqslant \dfrac{\Delta f_j}{2} \\ 0, & \text{其他} f \end{cases} \qquad (2\text{-}7\text{-}13)$$

$$|H_i(f)| = \begin{cases} 1, & |f - f_i| \leqslant \Delta f_r / 2 \\ 0, & \text{其他} f \end{cases} \qquad (2\text{-}7\text{-}14)$$

式中，f_j、f_i 分别为干扰信号和中放的中心频率；Δf_j、Δf_r 分别为干扰带宽和雷达接收机带宽，Δf_j 比 Δf_r 大得多；σ_j^2 为 $J(t)$ 的平均功率。根据线性系统理论，中放输出的干扰信号仍为窄带高斯噪声，其功率谱 $G_i(f)$ 为

$$G_i(f) = |H_i(f)|^2 G_j(f) = \begin{cases} \dfrac{\sigma_i^2}{\Delta f_r}, & |f - f_i| \leqslant \dfrac{\Delta f_r}{2} \\ 0, & \text{其他} f \end{cases} \qquad (2\text{-}7\text{-}15)$$

$G_j(f)$、$H_i(f)$ 和 $G_i(f)$ 的功率谱见图 2-7-3。中放输出的干扰信号的包络 U_i 服从瑞利分布

$$p_i(U_i) = \frac{U_i}{\sigma_i^2} e^{-\frac{U_i^2}{2\sigma_i^2}} \qquad U_i \geqslant 0 \qquad (2\text{-}7\text{-}16)$$

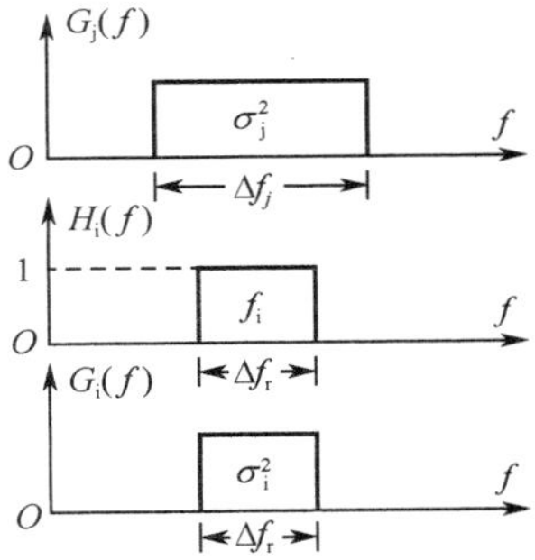

检波器的工作状态取决于输入信号的大小，输入信号大时，检波特性近似为线性，即

$$U_v = \begin{cases} K_d U_i, & U_i \geqslant 0 \\ 0, & U_i < 0 \end{cases} \qquad (2\text{-}7\text{-}17)$$

当信号较小时，检波特性为平方律特性，即

$$U_v = \begin{cases} \dfrac{\alpha}{2} U_i^2, & U_i \geqslant 0 \\ 0, & U_i < 0 \end{cases} \qquad (2\text{-}7\text{-}18)$$

图 2-7-3　$G_j(f)$、$H_i(f)$ 和 $G_i(f)$ 的功率谱

式中，U_v、U_i 分别为检波器输出和输入信号的包络；K_d、α 分别为与检波器特性有关的常数。

以线性检波器为例，当窄带高斯噪声作用于线性检波器时，输出的噪声概率分布可由式（2-7-16）的雅可比变换求得，即

$$p_v(U_v) = p_i(U_i) \left| \frac{\mathrm{d}U_i}{\mathrm{d}U_v} \right| = \frac{p_i(U_i)}{K_d} = \frac{U_v}{\sigma_v^2} e^{-\frac{U_v^2}{2\sigma_v^2}} \qquad U_v \geqslant 0 \qquad (2\text{-}7\text{-}19)$$

式中，$\sigma_v^2 = K_d^2 \sigma_i^2$。

由此可见，高斯噪声经过线性检波器，其输出分布为瑞利分布，并且输出干扰信号包络的直流分量和起伏功率分别如下。

直流分量

$$U_d = \overline{U_v} = \int_{-\infty}^{\infty} U_v P_v(U_v) \mathrm{d}U_v = \sqrt{\frac{\pi}{2}} \sigma_v \qquad (2\text{-}7\text{-}20)$$

总功率

$$P_i = \overline{U_v^2} = \int_0^\infty U_v^2 P(U_v) \mathrm{d}U_v = 2\sigma_v^2 \tag{2-7-21}$$

起伏功率

$$P_v = \overline{U_v^2} - \overline{U_v}^2 = \left[2 - \sqrt{\frac{\pi}{2}}\right]\sigma_v^2 = 0.43\sigma_v^2 \tag{2-7-22}$$

除了从输出信号的概率密度函数角度求取检波器输出的功率谱，还可以从相关函数角度求取检波器输出的功率谱。由 $G_i(f)$ 可以求得中放输出的干扰信号的相关函数 $B_i(\tau)$，它是 $G_i(f)$ 的傅里叶反变换，即

$$B_i(\tau) = \int_0^\infty G_i(f)\cos 2\pi f\tau \mathrm{d}f = \sigma_i^2 \frac{\sin \pi \Delta f_r \tau}{\pi \Delta f_r \tau}\cos 2\pi f_i\tau \tag{2-7-23}$$

检波器输出噪声的相关函数 $B_v(\tau)$ 与输入噪声的相关函数 $B_i(\tau)$ 之间存在如下关系

$$B_v(\tau) = \frac{\pi K_d^2}{2}\sigma_i^2\left[1 + \frac{\pi}{2}r_i(\tau) + \frac{1}{2}r_i^2(\tau) + \frac{1}{24}r_i^4(\tau) + \cdots\right] \tag{2-7-24}$$

式中，σ_i^2 为检波器输入噪声的平均功率；$r_i(\tau)$ 为输入噪声的相关系数。

由式（2-7-23）得

$$r_i(\tau) = \frac{B_i(\tau)}{\sigma_i^2} = \frac{\sin \pi \Delta f_r \tau}{\pi \Delta f_r \tau}\cos 2\pi f_i\tau = r_0(\tau)\cos 2\pi f_i\tau \tag{2-7-25}$$

$$r_0(\tau) = \frac{\sin \pi \Delta f_r \tau}{\pi \Delta f_r \tau} \tag{2-7-26}$$

取式（2-7-24）前三项做近似计算，则

$$B_v(\tau) \approx \frac{\pi K_d^2}{2}\sigma_i^2\left[1 + \frac{r_0^2(\tau)}{4} + \frac{\pi}{2}r_0(\tau)\cos\omega_i\tau + \frac{1}{4}r_0^2(\tau)\cos 2\omega_i\tau\right] \tag{2-7-27}$$

式中，第一项为直流分量，第二项为展宽的基频分量，后两项为高频谐波分量，由于检波器负载的低通作用，后两项将被滤除，不会影响信号检测。

$$B_v(\tau) \approx \frac{\pi}{2}\sigma_v^2\left[1 + \frac{r_0^2(\tau)}{4}\right] \tag{2-7-28}$$

相应的功率谱为

$$G_v(f) \approx \frac{\pi}{2}\sigma_v^2\delta(f) + \frac{\sigma_v^2}{4\Delta f_r^2}(\Delta f_r - f) \tag{2-7-29}$$

图 2-7-4 所示为检波器输出信号的功率谱，其中虚线为检波器输出噪声频谱特性的精确曲线，实线所围面积为噪声的起伏功率。严格地说，在接收机输出的信号中还含有内噪声分量，它是与干扰信号独立的窄带高斯噪声，与干扰信号合成后并不改变上述分析的性质，只是此时的 σ_i^2 将是进入雷达接收机线性系统 I 的干扰信号平均功率与接收机内噪声功率的和。

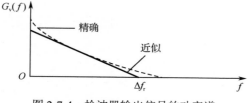

图 2-7-4　检波器输出信号的功率谱

在一般情况下，前者远大于后者，所以常常将后者忽略不计。

下面，我们考虑干扰和信号同时存在的情况。

设目标回波信号为：$s(t) = U_s\cos\omega_0 t$，当 $s(t)$ 与 $J(t)$ 同时输入到线性系统 I 时，根据线性系统的叠加定理，它的输出应为两个信号单独作用时的响应之和，其中，噪声输出为

$$J'(t) = U'_n(t)\cos[\omega_i t + \varphi'(t)]$$

信号输出为

$$s'(t) = U'_s \cos\omega_i(t)$$

其合成电压为

$$\begin{aligned}J'(t) + s'(t) &= [U'_n(t)\cos\varphi'(t) + U'_s]\cos\omega_i t - U'_n(t)\sin\varphi'(t)\sin\omega_i t\\ &= U_i(t)\cos[\omega_i t + \varphi(t)]\end{aligned} \tag{2-7-30}$$

式中，$U_i(t)$ 为合成信号的包络，其概率分布为广义瑞利分布，即

$$p_i(U_i) = \frac{U_i}{\sigma_i^2} e^{-\frac{U_i^2 + U_s^2}{2\sigma_i^2}} I_0\left(\frac{U_i U_s}{\sigma_i^2}\right) \qquad U_i \geqslant 0 \tag{2-7-31}$$

式中，$I_0(x)$ 为一类零阶贝塞尔函数。

采用类似噪声作用于检波器的分析方法，可以求出信号和噪声同时作用时，检波器输出信号 $U_v(t)$ 的概率分布为

$$p_v(U_v) = \frac{1}{K_d} p_i(U_i) = \frac{U_v}{\sigma_v^2} e^{-\frac{U_v^2 + U_s^2}{2\sigma_v^2}} I_0\left(\frac{U_v U_s}{\sigma_v^2}\right) \quad U_v \geqslant 0 \tag{2-7-32}$$

式中，$\sigma_v^2 = K_d^2 \sigma_i^2$。

图 2-7-5 所示为噪声和信号同时存在时的概率密度函数。当 $U_s = 0$ 时，幅度分布退化为瑞利分布；当 U_s/σ_i 增大时，幅度分布由瑞利分布过渡到广义瑞利分布；当 $U_s/\sigma_i \gg 1$ 时，幅度分布近似为 U_s 为均值、σ_i^2 为方差的高斯分布。可见，由于射频噪声的存在，使输出信号的幅度分布由高斯分布变为广义瑞利分布。

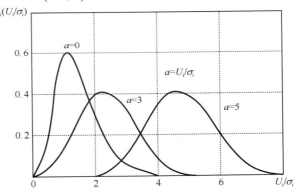

图 2-7-5　噪声和信号同时存在时的概率密度函数

（二）射频噪声干扰对信号检测的影响

雷达信号检测的基本方法是：设置一个门限电平 U_T，将接收机输出的视频信号 U 与 U_T 比较，当 $U \geqslant U_T$ 时，判定为有目标；当 $U < U_T$ 时，判定为无目标。由于实际的 U 可能为有目标，也可能为无目标，两种检测结果与两种实际情况组合起来形成了以下四种检测事件。

（1）实际没有目标，但 $U \geqslant U_T$，判定为有目标，此事件称为虚警，其概率为 P_{fa}。

（2）实际没有目标，且 $U < U_T$，判定为无目标，此事件称为正确不发现，其概率为 $1 - P_{fa}$。

（3）实际有目标，且 $U \geqslant U_T$，判定为有目标，此事件称为发现，其概率为 P_d。

（4）实际有目标，但 $U < U_T$，判定为无目标，此事件称为漏报，其概率为 $1 - P_d$。

由于四个事件中有两项是互补的，因此表现雷达信号检测的主要指标是 P_{fa} 和 P_d。

根据上述事件的定义，在射频噪声干扰时的虚警概率即接收机输出的干扰信号包络超过门限 U_T 的概率，也是图 2-7-6 中输出噪声的电平分布超过 U_T 部分的面积。

$$P_{\text{fa}} = \int_{U_T}^{\infty} \frac{U}{\sigma^2} e^{-\frac{U^2}{2\sigma^2}} dU = e^{-\frac{U_T^2}{2\sigma^2}} \tag{2-7-33}$$

根据聂曼-皮尔逊准则，对于给定的虚警概率 P_{fa}，可由式（2-7-33）唯一地确定检测门限 U_T，即

$$U_T = \sqrt{-2\ln P_{\text{fa}}}\, \sigma \tag{2-7-34}$$

而发现概率 P_d 是虚警概率 P_{fa} 和信噪比 $r = \dfrac{S}{N} = \dfrac{U_s^2}{2\sigma^2}$ 的函数，即

$$P_d = \int_{U_T}^{\infty} \frac{U}{\sigma^2} e^{-\frac{U+U_s^2}{2\sigma^2}} I_0\left(\frac{UU_s}{\sigma^2}\right) dU = e^{-r} \int_{\sqrt{-2\ln(P_{\text{fa}})}}^{\infty} x e^{-\frac{x^2}{2}} I_0(x\sqrt{2r}) dx \tag{2-7-35}$$

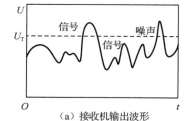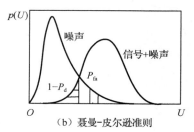

（a）接收机输出波形　　　　（b）聂曼-皮尔逊准则

图 2-7-6　信号检测

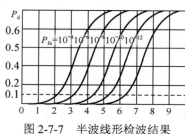

图 2-7-7　半波线形检波结果

图 2-7-7 画出了不同 P_{fa} 下 P_d 与信噪比 r 的关系。有效遮盖性干扰要求雷达的发现概率 P_d 降到 0.1，此时线性系统输出端的信噪比是达到有效干扰所允许的最大信噪比 r_0，即有效干扰时的干信比至少要大于或等于 $1/r_0$。由图 2-7-7 可见，当信噪比从 r_0 起增加时，P_d 上升很快；当信噪比从 r_0 起减小时，P_d 下降很慢。从这个意义上说，选择 $P_d = 0.1$ 作为有效干扰的判别门限，对于保证干扰效果、节省干扰功率也是十分合理的。r_0 也可以通过对 P_d 曲线做直线近似来得到，该直线与横轴交点即为 r_0。但作为干扰方，一般是无法确知雷达 P_{fa} 的，只能根据经验估计雷达在目标搜索状态时的 P_{fa} 选在 $10^{-6} \sim 10^{-10}$，对大多数雷达来说，通常将其确定为 $P_{\text{fa}} = 10^{-6}$。通常雷达为了提高检测概率，会采用脉冲积累的方法。在图 2-7-7 中，$r_0 = \dfrac{S}{N} I(n)$，$I(n)$ 为 n 个脉冲积累检测时对信噪比的改善，一般有 $\sqrt{n} \leqslant I(n) \leqslant n$。$r_0$ 与遮盖性干扰压制系数的关系为

$$K_a = \frac{P_j}{P_s}\bigg|_{P_d = 0.1} = \frac{I(n)}{r_0} \tag{2-7-36}$$

例：对于半波线性检波雷达，$P_{\text{fa}} = 10^{-6}$，脉冲积累数 $n = 16 \sim 25$，$I(n) = \sqrt{n}$，从图 2-7-7 中查得

$$r_0 = 3.3,\ K_a = \frac{\sqrt{16 \sim 25}}{3.3} \approx 1.21 \sim 1.52 \tag{2-7-37}$$

影响压制系数的因素与进入雷达接收机中放的干扰信号波形、接收机对信号的处理方法及检测方法等有关。

（1）干扰信号波形的影响。

以上分析都是在高斯噪声条件下进行的，而高斯噪声为最佳干扰波形，当进入雷达接收机线性系统的实际噪声非高斯噪声时，其遮盖性能将下降。为了达到与高斯噪声相同的遮盖效果，其干扰功率需要提高 $1/\eta_n$ 倍。

（2）接收机对信号处理的方法的影响。

许多接收机对信号处理的方法是应抗干扰的要求产生和发展起来的，而抗干扰的基本原理就是分析干扰信号与目标回波信号在时域、频域、极化、空间等各维信号特征方面的差别，滤除干扰，提取目标信号。接收机抗干扰的信号处理方法有很多，例如，采用相干积累信号处理技术，使检测信噪比改善 $I(n) \approx n$ 倍；采用脉冲压缩技术，使目标回波功率和信噪比等效提高 D_c 倍（压缩比），则相应的压制系数应提高 $I(n)$ 倍和 D_c 倍。

（3）检测方法的影响。

雷达检测目标回波信号既可以按照门限检测的方法由检测设备自动完成，也可以由操纵员借助某些专用设备（如显示器等）进行人工判别。有经验的操纵员往往积累了许多目标的细微特征，而不仅仅依靠信号的能量大小。因此，人工检测雷达的压制系数要大于自动检测雷达的压制系数。

四、噪声调频干扰

射频噪声具有最佳干扰波形，遮盖性最好，但射频噪声干扰的功率做不大。为了提高干扰功率，必须寻找其他噪声干扰样式，主要有噪声调幅、调频和调相干扰。其中噪声调频干扰非常好，表现在：不增加调制噪声带宽，能得到宽的噪声干扰带宽；不提高调制噪声功率，能得到有效的噪声干扰功率。调制信号除了噪声，还可以是伪随机噪声、三角波或锯齿波、正弦波、方波、脉冲、低频方波、超低频方波等。

（一）噪声调频干扰的统计特性

广义平稳随机过程

$$J(t) = U_j \cos\left[\omega_j t + 2\pi K_{FM}\int_o^t u(t')\mathrm{d}t' + \varphi\right] \tag{2-7-38}$$

称为噪声调频干扰，其中调制噪声 $u(t)$ 为零均值、广义平稳的随机过程，φ 为 $[0,2\pi]$ 均匀分布，且与 $u(t)$ 相互独立的随机变量，U_j 为噪声调频信号的幅度，ω_j 为噪声调频信号的中心频率，K_{FM} 为调频斜率。

噪声调频干扰中的调制噪声 $u(t')$ 和噪声调频干扰信号的波形 $J(t)$ 及其功率谱如图 2-7-8 所示。

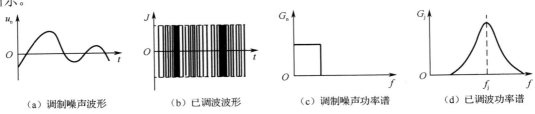

（a）调制噪声波形　　（b）已调波波形　　（c）调制噪声功率谱　　（d）已调波功率谱

图 2-7-8　噪声调频干扰信号示意图

1. 噪声调频干扰为广义平稳随机过程

噪声调频干扰信号 $J(t)$ 的均值为

$$
\begin{aligned}
E[J(t)] &= E\{U_j \cos[\theta(t) + \varphi]\} \\
&= E\{U_j \cos[\theta(t)]\}E[\cos\varphi] - E\{U_j \sin[\theta(t)]\}E[\sin\varphi] \\
&= 0
\end{aligned}
\tag{2-7-39}
$$

式中，$\theta(t) = \omega_j t + 2\pi K_{FM} e(t)$，$e(t) = \int_0^t u(t')\mathrm{d}t'$。

其自相关函数为

$$
\begin{aligned}
B_j(\tau) &= E[J(t)J(t+\tau)] = E\{U_j^2 \cos[\theta(t) + \varphi]\cos[\theta(t+\tau) + \varphi]\} \\
&= \frac{U_j^2}{2}E\{\cos[\theta(t+\tau) - \theta(t)] + \cos[\theta(t) + \theta(t+\tau) + 2\varphi]\} \\
&= \frac{U_j^2}{2}E\{\cos[\theta(t+\tau) - \theta(t)]\} \\
&= \frac{U_j^2}{2}E\{\cos[\omega_j(t+\tau) + 2\pi K_{FM} e(t+\tau) - \omega_j t - 2\pi K_{FM} e(t)]\} \\
&= \frac{U_j^2}{2}E\{\cos[\omega_j \tau + 2\pi K_{FM}(e(t+\tau) - e(t))]\} \\
&= \frac{U_j^2}{2}E\{\cos 2\pi K_{FM}[e(t+\tau) - e(t)]\}\cos\omega_j\tau - \frac{U_j^2}{2}E\{\sin 2\pi K_{FM}[e(t+\tau) - e(t)]\}\sin\omega_j\tau
\end{aligned}
\tag{2-7-40}
$$

当 $u(t)$ 为高斯过程时，$e(t)$ 也是高斯过程，且 $e(t+\tau) - e(t)$ 也为高斯过程，因此上式中第二项均值为零，$B_j(\tau)$ 可以表示为

$$
B_j(\tau) = \frac{U_j^2}{2}\mathrm{e}^{-\frac{\sigma^2(\tau)}{2}}\cos\omega_j\tau
\tag{2-7-41}
$$

式中，$\sigma^2(\tau)$ 为调频函数 $2\pi K_{FM}[e(t+\tau) - e(t)]$ 的方差，其为

$$
\sigma^2(\tau) = 4\pi^2 2K_{FM}^2[B_e(0) - B_e(\tau)]
\tag{2-7-42}
$$

式中，$B_e(\tau)$ 为 $e(t)$ 的自相关函数，它可由调制噪声 $u(t)$ 的功率谱 $G_n(f)$ 变换求得。设其具有带限均匀谱，如下：

$$
G_n(f) = \begin{cases} \dfrac{\sigma_n^2}{\Delta F_n}, & 0 \leqslant f \leqslant \Delta F_n \\ 0, & \text{其他} f \end{cases}
\tag{2-7-43}
$$

则 $e(t)$ 的功率谱 $G_e(f)$ 为

$$
G_e(f) = \frac{1}{(2\pi f)^2}G_n(f)
\tag{2-7-44}
$$

因此，$e(t)$ 的自相关函数为

$$
B_e(\tau) = \int_0^{\Delta F_n} G_e(f)\cos\Omega\tau\mathrm{d}f = \int_0^{\Delta F_n} \frac{\sigma_n^2}{\Delta F_n(2\pi f)^2}\cos\Omega\tau\mathrm{d}f
\tag{2-7-45}
$$

代入式（2-7-42）可得

$$
\begin{aligned}
\sigma^2(\tau) &= 4\pi^2 2K_{FM}^2[B_e(0) - B_e(\tau)] \\
&= 4\pi^2 2K_{FM}^2 \int_0^{\Delta F_n} \frac{\sigma_n^2(1 - \cos 2\pi f\tau)}{\Delta F_n(2\pi f)^2}\mathrm{d}f \\
&= 2m_{fe}^2 \Delta\Omega_n \int_0^{\Delta\Omega_n} \frac{1 - \cos\Omega\tau}{\Omega^2}\mathrm{d}\Omega
\end{aligned}
\tag{2-7-46}
$$

式中，$\Delta\Omega_n = 2\pi\Delta F_n$ 为调制噪声的谱宽；$m_{fe} = K_{FM}\sigma_n/\Delta F_n = f_{de}/\Delta F_n$ 为有效调频指数。最后看一下调频信号的自相关函数，它只与 τ 有关，而与具体时间 t 无关。因此，噪声调频信号是广义平稳随机过程。

2. 噪声调频干扰的功率谱密度与有效调频指数相关

由式（2-7-41）求得噪声调频信号功率谱的表示式为

$$G_j(\omega) = 4\int_0^{+\infty} B_j(\tau)\cos\omega\tau\,\mathrm{d}\tau = 2U_j^2\int_0^{+\infty}\cos\omega_j\tau\cos\omega\tau e^{-\frac{\sigma^2(\tau)}{2}}\,\mathrm{d}\tau$$
$$= U_j^2\left[\int_0^{+\infty}\cos(\omega_j-\omega)\tau e^{-\frac{\sigma^2(\tau)}{2}}\,\mathrm{d}\tau + \int_0^{+\infty}\cos(\omega_j+\omega)\tau e^{-\frac{\sigma^2(\tau)}{2}}\,\mathrm{d}\tau\right] \tag{2-7-47}$$

上式等号右边的第二个积分式中，指数函数与 $\cos(\omega_j+\omega)\tau$ 相比显得很慢，故可以忽略，近似可得

$$G_j(\omega) = U_j^2\int_0^{+\infty}\cos(\omega_j-\omega)\tau e^{-\frac{\sigma^2(\tau)}{2}}\,\mathrm{d}\tau$$
$$= U_j^2\int_0^{+\infty}\cos(\omega_j-\omega)\tau\exp\left[-m_{fe}^2\Delta\Omega_n\int_0^{\Delta\Omega_n}\frac{1-\cos\Omega\tau}{\Omega^2}\,\mathrm{d}\Omega\right]\mathrm{d}\tau \tag{2-7-48}$$

上式中的积分只有当 $m_{fe}\gg1$ 和 $m_{fe}\ll1$ 时才能近似求解。

1）$m_{fe}\gg1$

此时，积分号内的指数随 τ 增大而快速衰减，对功率谱的贡献主要是 τ 较小时的积分区间。这时，$\cos\Omega\tau$ 可按级数展开，并取前两项近似，即

$$\cos\Omega\tau \approx 1-\frac{(\Omega\tau)^2}{2} \tag{2-7-49}$$

代入式（2-7-48）可得

$$G_j(f) = \frac{U_j^2}{2}\frac{1}{\sqrt{2\pi}f_{de}}e^{-\frac{(f-f_j)^2}{2f_{de}^2}} \tag{2-7-50}$$

由式（2-7-50）可以得到 $m_{fe}\gg1$ 时噪声调频信号功率谱特性的重要结论。

（1）当调制噪声的概率密度为高斯分布时，噪声调频信号的功率谱密度也为高斯分布。

（2）噪声调频信号的功率等于载波功率

$$P_j = \int_{-\infty}^{+\infty}G_j(f)\mathrm{d}f = \frac{U_j^2}{2} \tag{2-7-51}$$

这表明，调制噪声功率不对已调波的功率产生影响。

（3）噪声调频信号的干扰带宽（半功率带宽）为

$$\Delta f_j = 2\sqrt{2\ln2}f_{de} = 2\sqrt{2\ln2}K_{FM}\sigma_n \tag{2-7-52}$$

它与调制噪声带宽 ΔF_n 无关，而取决于调制噪声的功率 σ_n^2 和调谐率 K_{FM}。

2）$m_{fe}\ll1$

此时，调制噪声的带宽 ΔF_n 相对很大。式（2-7-48）中的 $(1-\cos\Omega\tau)/\Omega^2$ 写成 $(\sin y/y)^2$ 的形式。这里 $y = \Omega\tau/2$，而

$$\int_0^{+\infty}\left(\frac{\sin y}{y}\right)^2\mathrm{d}y \approx \frac{\pi}{2}$$

则

$$G_j(f) = \frac{U_j^2}{2} \cdot \frac{\dfrac{f_{de}^2}{2\Delta F_n}}{\left(\dfrac{\pi f_{de}^2}{2\Delta F_n}\right)^2 + (f - f_j)^2} \tag{2-7-53}$$

由上式可得半功率干扰带宽为

$$\Delta f_j = \frac{\pi f_{de}^2}{\Delta F_n} = \pi m_{fe}^2 \Delta F_n \tag{2-7-54}$$

3）m_{fe} 介于 1 和 2 之间

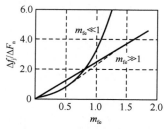

图 2-7-9　Δf_j 与 m_{fe} 的关系曲线

图 2-7-9 所示为将 $m_{fe} \gg 1$ 时的 Δf_j 表达式（2-7-52）变成 m_{fe} 的函数，即 $\Delta f_j = 2\sqrt{2\ln 2}\, f_{de} = 2\sqrt{2\ln 2}\, m_{fe}\Delta F_n$ 后，画出的 Δf_j 与 m_{fe} 的关系曲线、$m_{fe} \ll 1$ 时 Δf_j 与 m_{fe} 的关系曲线，以及这两条曲线的渐近线。由图 2-7-9 可见，当 $m_{fe} = 0.75$ 时，两曲线相交。因此，当 $m_{fe} < 0.75$ 时，用式（2-7-54）计算 Δf_j，而当 $m_{fe} \geq 0.75$ 时，用式（2-7-52）近似计算 Δf_j。

（二）噪声调频干扰对雷达接收机的作用

图 2-7-10 所示为噪声调频干扰通过雷达接收机中放的输出波形。由于受中放频率特性的影响，等幅调频波各频率分量的振幅响应不同，形成了调幅调频波。但是，对于图 2-7-10 中所示的情况，由于频率的摆动范围 $2f_{de}$ 小于中放的带宽 Δf_r，其幅度起伏是不大的。随着噪声调频干扰带宽的增大，当瞬时频率在中放带宽内外随机变化时，输出的是随机脉冲序列。这些随机脉冲序列的幅度、宽度和间隔的分布规律与瞬时频率的变化规律有关。

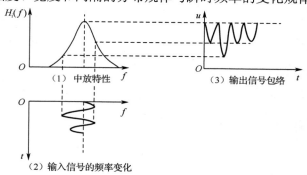

（a）窄带干扰

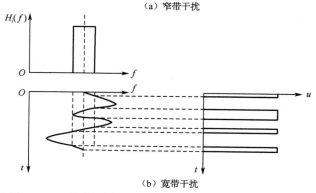

（b）宽带干扰

图 2-7-10　噪声调频干扰通过雷达接收机中放的输出波形

当等幅调频信号作用于中放时，如果信号频率的变化速度很慢，则中放的输出近似为等幅脉冲，其宽度对应于瞬时频率在中放通带内的逗留时间，随接收机带宽的增大而增大，而随频率变化速度的增大而减小。如果信号频率的变化速度很快，则中放输出的幅度是中放带宽的递增函数，是信号频率变化速度的递减函数，其宽度不再对应瞬时频率在中放带宽内的逗留时间。根据上述结果，当干扰带宽大于接收机带宽时，如果调制噪声的谱宽 ΔF_n 很窄，干扰信号的瞬时频率在中放通带的逗留时间 t 大于或等于接收机的响应时间 t_y，则中放输出近似为固定幅度、随机宽度的脉冲序列，类似于限幅噪声调幅干扰时的"天花板"效应，遮盖性能较差。随着 ΔF_n 的提高，随机脉冲开始重叠，ΔF_n 越高，重叠得越严重。根据中心极限定理，此时中放输出的噪声趋近于窄带高斯过程，像射频噪声干扰一样。造成随机脉冲重叠的条件是：中放的暂态响应时间远大于随机脉冲的平均间隔，即中放带宽远小于调制噪声带宽。中放带宽为 Δf_r 时，其暂态响应时间 t_y 近似为 $t_y = 1/\Delta f_r$，而随机脉冲的平均间隔则与调制噪声带宽 ΔF_n 及频率瞄准误差 δf 有关。当瞬时频率成高斯分布、$\delta f = 0$ 且中放的频率响应特性为矩形时，越出（在阻带内不输出信号）通带的平均时间（随机脉冲的平均间断时间）为

$$\overline{\theta} = \frac{t_\Sigma}{\overline{N}} = \frac{\sqrt{3}[1 - \varphi(x_0)]}{2\Delta F_n} e^{-\frac{1}{2}x_0^2} \qquad (2\text{-}7\text{-}55)$$

式中，$x_0 = \dfrac{\Delta f_r}{2 f_{de}}$，$\varphi(x_0) = \dfrac{2}{\sqrt{2\pi}} \displaystyle\int_0^{x_0} e^{-\frac{x^2}{2}} \mathrm{d}x$，$\varphi(x_0)$ 为

误差函数。

$\overline{\theta}\Delta F_n$ 与 x_0 的关系曲线见图 2-7-11。代入重叠条件则有

$$\overline{\theta} \ll t_y = \frac{1}{\Delta f_r} \qquad (2\text{-}7\text{-}56)$$

需要说明的是，"远大于"一般选择为

$$\Delta F_n \geqslant (5\sim 10)\Delta f_r (\overline{\theta}\Delta F_n) \qquad (2\text{-}7\text{-}57)$$

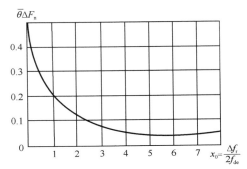

图 2-7-11　$\overline{\theta}\Delta F_n$ 与 x_0 的关系曲线

（三）噪声调频干扰对信号检测的影响

1. 噪声调频干扰通过检波器

当 $\Delta f_j \ll \Delta f_r$ 时，噪声调频干扰的所有频率分量全部通过中放，故中放输出为等幅的噪声调频波。线性检波器的输出正比于中频信号的包络，故检波后只含直流分量，而无起伏的噪声成分。

实际的噪声调频干扰均满足 $\Delta f_j > \Delta f_r$，进入雷达接收机检波输出的干扰信号总功率 P_t 为

$$P_t = K_d^2 \int_{f_0 - \Delta f_r/2}^{f_0 + \Delta f_r/2} G_j(f)\mathrm{d}f = U_0^2 F[f_0, \Delta f_r, p_j(f)] \quad U_0 = \frac{K_d U_j}{\sqrt{2}} \qquad （2\text{-}7\text{-}58）$$

式中，$G_j(f)$ 为 $J(t)$ 的功率谱；K_d 为检波系数；$F[f_0, \Delta f_r, p_j(f)] = \displaystyle\int_{f_0 - \Delta f_r/2}^{f_0 + \Delta f_r/2} p_j(f)\mathrm{d}f$，$p_j(f) = 2G_j(f)/U_j^2$ 为 $J(t)$ 的功率谱概率分布密度。如果不考虑中放的动态响应，则中放输出的是等幅、随机宽度和间隔的调频脉冲序列，检波器输出的是等幅的视频脉冲序列。脉冲的平均电压 $\overline{U(t)}$ 为

$$\overline{U(t)} = U_0 F[f_0, \Delta f_r, p_j(f)] \qquad （2\text{-}7\text{-}59）$$

脉冲的直流功率和起伏功率分别为

直流功率：

$$P_d = \overline{U(t)^2} = U_0^2 F^2[f_0, \Delta f_r, p_j(f)] \tag{2-7-60}$$

起伏功率：

$$P_v = P_t - P_d = U_0^2 \{F[f_0, \Delta f_r, p_j(f)] - F^2[f_0, \Delta f_r, p_j(f)]\} \tag{2-7-61}$$

遮盖性干扰的目的是使检波器输出的起伏功率最大，对式（2-7-61）求极大值，可得到检波器输出起伏功率最大的条件是

$$F[f_0, \Delta f_r, p_j(f)] = 0.5 \tag{2-7-62}$$

式（2-7-62）表明，起伏功率最大的条件发生在干扰信号的瞬时频率落入中放通带内的概率为 0.5 的情形，此时的最大起伏功率为

$$P_{vmax} = 0.25 U_0^2 \tag{2-7-63}$$

将此结果用于 $G_j(f)$ 为高斯谱的情形，当瞄频误差为零时，即

$$F[f_0, \Delta f_r, p_j(f)] = \varphi(x_0) \tag{2-7-64}$$

所对应的 $x_0 = 0.68$，相应的最佳干扰带宽为

$$(\Delta f_j)_{opt} = 2\sqrt{2\ln 2} f_{de} = 1.73 \Delta f_r \tag{2-7-65}$$

这是瞄准式干扰时的情况，那么阻塞式干扰呢？噪声调频干扰主要用于阻塞式干扰，因为可以得到大的干扰带宽。阻塞式干扰的带宽问题本书不做探讨。

2. 调制噪声谱宽与压制系数

调制噪声的谱宽（调制噪声的上限频率）是影响遮盖性能的主要因素。中放的输出是调频波的瞬时频率扫过中放通带的结果，而瞬时频率的变化速度取决于调制噪声的谱宽；当调制噪声的谱宽 ΔF_n 窄时，调制噪声电压变化慢，瞬时频率的变化也慢，在调频波频率扫过中放通带时间内时，中放有足够的时间建立起稳定的振荡。因此，中放输出为等幅、随机宽度的脉冲（平均脉宽反比于调制噪声的谱宽）。当 ΔF_n 很小时，平均脉宽甚至大于正常的回波脉冲宽度，而且脉冲之间的平均间隔也很大。由于干扰脉冲与雷达定时脉冲不同步，因此在检波后形成的干扰脉冲称为杂乱脉冲，也会影响雷达对目标回波信号的检测。

当调制噪声的谱宽 ΔF_n 的选择使得脉冲互相重叠时，中放输出的是接近高斯分布的噪声，它有着与射频噪声干扰相同的遮盖效果。但由于其形成原理有别于射频噪声干扰，直接计算其噪声质量因子较困难，工程中一般取质量因子为 0.5，因此其压制系数 K_{aFM} 与射频噪声干扰 K_a 的关系为

$$K_{aFM} = \frac{1}{0.5} K_a = 2K_a \tag{2-7-66}$$

射频高斯噪声要能干扰目标检测，就必须满足一定的压制系数值。与之类似，噪声调频干扰要干扰目标检测，压制系数就必须是射频噪声干扰的 2 倍。

五、脉冲干扰

通常将雷达接收机内出现的时域离散的、非目标回波的脉冲统称为脉冲干扰。这些脉冲干扰可能来自有源干扰设备，也可能来自无源干扰物。本文所讨论的脉冲干扰主要是指有源干扰设备形成的脉冲干扰。脉冲干扰可以分为规则脉冲干扰和随机脉冲干扰两种。

规则脉冲干扰是指脉冲参数（幅度、宽度和重复频率）恒定的干扰信号。例如，来自雷

达站周围的其他脉冲辐射源（或其他雷达）产生的干扰脉冲。如果规则脉冲的出现时间与雷达的定时信号之间具有相对稳定的时间关系，则称其为同步脉冲干扰，反之则称为异步脉冲干扰。同步脉冲干扰在雷达的距离显示器（如 A 式显示器）上呈现稳定的干扰脉冲回波，当其脉宽与雷达发射脉宽相当时，很像真实的目标脉冲回波，主要起到欺骗的作用。如果其脉宽能够覆盖目标回波出现的时间，则将具有很强的遮盖性干扰效果（也称为覆盖脉冲干扰），在覆盖脉冲干扰的时间里往往同时采用噪声调频或调幅。异步干扰脉冲在雷达距离显示器上的位置是不确定的，具有一定的遮盖性干扰效果，特别是干扰脉冲的工作比较高时，干扰脉冲与回波脉冲的重合概率很大，使雷达难以在密集的干扰脉冲背景中检测目标。但当干扰脉冲的工作比较低时，由于其覆盖真实目标的概率很低，遮盖的效果较差，且由于它与雷达不同步，容易被雷达抗异步脉冲干扰电路所对消。

随机脉冲干扰是指干扰脉冲的幅度、宽度和间隔等某些参数或全部参数是随机变化的。如前所述，当脉冲的平均间隔小于雷达接收机的暂态响应时间时，中放输出的是这些随机脉冲响应的相互重叠，其概率分布接近于高斯分布，并有着和噪声调频干扰相似的遮盖性干扰效果。随机脉冲干扰可以采用限幅噪声对射频信号调幅的方法实现，也可以采用伪随机序列对射频信号调幅的方法实现。采用限幅噪声调幅时，随机脉冲的平均宽度和间隔与视频噪声的功率谱和限幅电平有关。

随机脉冲干扰与连续噪声调制干扰都具有一定的遮盖性干扰特点，但两者的统计性质是不同的，采用两者的组合干扰将引起遮盖性干扰的非平稳性，造成雷达抗干扰的困难。常用的组合方法是：

（1）在连续噪声调制干扰（主要是噪声调频干扰）的同时，随机或周期性地附加随机脉冲干扰的时间段（主要是随机脉冲调幅）；

（2）随机或周期性地交替使用连续噪声调制干扰（主要是噪声调频干扰）和随机脉冲干扰（如高频函数调频或伪随机序列调幅）。

实验证明，当随机脉冲干扰和连续噪声干扰组合使用时，干扰效果比它们单独使用时要好。

第八节　欺骗性干扰技术

欺骗性干扰是指采用假的目标和信息（假是指不同于真的目标和信息）作用于雷达的目标检测和跟踪系统，使雷达不能正确地检测真正的目标或者不能正确地测量真正目标的参数信息，从而达到迷惑和扰乱雷达对真正目标检测和跟踪的目的。

一、干扰原理和分类

设 V 为雷达对各类目标的检测空间（也称对各类目标检测的威力范围），对于具有四维（距离、方位、仰角和速度）检测能力的雷达，其典型的 V 为

$$V = \{[R_{\min}, R_{\max}], [\alpha_{\min}, \alpha_{\max}], [\beta_{\min}, \beta_{\max}], [f_{d\min}, f_{d\max}], [S_{i\min}, S_{i\max}]\} \qquad (2\text{-}8\text{-}1)$$

式中，$R_{\min}$、$R_{\max}$，$\alpha_{\min}$、$\alpha_{\max}$，$\beta_{\min}$、$\beta_{\max}$，$f_{d\min}$、$f_{d\max}$，$S_{i\min}$、$S_{i\max}$ 分别为雷达的最小和最大检测距离，最小和最大检测方位，最小和最大检测仰角，最小和最大检测的多普勒频率，最小检测信号功率（灵敏度）和饱和输入信号功率。理想的点目标 T 仅为 V 中某一个确定点

$$T = \{R, \alpha, \beta, f_d, S_t\} \in V \tag{2-8-2}$$

式中，R、α、β、f_d、S_t 分别为目标所在的距离、方位、仰角、多普勒频率和回波功率。雷达能够区分 V 中两个不同点目标 T_1、T_2 的最小空间距离 ΔV 称为雷达的空间分辨力

$$\Delta V = \{\Delta R, \Delta \alpha, \Delta \beta, \Delta f_d, [S_{imin}, S_{imax}]\} \tag{2-8-3}$$

式中，ΔR、$\Delta \alpha$、$\Delta \beta$、Δf_d 分别称为雷达的距离分辨力、方位分辨力、仰角分辨力和速度分辨力。一般雷达在能量上没有分辨能力，因此其能量的分辨力与检测范围相同。

在一般条件下，欺骗性干扰所形成的假目标 T_f 也是 V 中的某一个或某一群不同于真目标 T 的确定点的集合

$$\{T_{fi}\}_{i=1}^{n} \qquad T_{fi} \in V, T_{fi} \neq T \qquad \forall i = 1, \cdots, n \tag{2-8-4}$$

所以它也能够被雷达检测，并发挥以假作真和以假乱真的干扰目的。需要注意的是，由于目标的距离、角度和速度信息表现在雷达接收到的各种回波信号与发射信号在振幅、频率和相位调制的相关性中，不同的雷达获取目标距离、角度、速度信息的原理不尽相同，而其发射信号的调制方式又是与其对目标信息的检测原理密切相关的，因此，实现欺骗性干扰必须准确地掌握雷达获取目标距离、角度和速度信息的原理和雷达发射信号调制中的一些关键参数，有针对性地、合理地设计干扰的调制方式和调制参数，以达到预期的干扰效果。

对欺骗性干扰的分类主要采用以下两种方法。

1. 根据假目标 T_f 与真目标 T 在 V 中参数信息的差别分类

（1）距离欺骗干扰

$$R_f \neq R, \ \alpha_f \approx \alpha, \ \beta_f \approx \beta, \ f_{d_f} \approx f_d, \ S_f > S \tag{2-8-5}$$

式中，R_f、α_f、β_f、f_{d_f}、S_f 分别为假目标 T_f 在 V 中的距离、方位、仰角、多普勒频率和功率。距离欺骗干扰是指假目标的距离不同于真目标，能量往往强于真目标，而其余参数则近似等于真目标。

（2）角度欺骗干扰

$$\alpha_f \neq \alpha \text{ 或 } \beta_f \neq \beta, \ R_f \approx R, \ f_{d_f} \approx f_d, \ S_f > S \tag{2-8-6}$$

角度欺骗干扰是指假目标的方位或仰角不同于真目标，能量强于真目标，而其余参数近似等于真目标。

（3）速度欺骗干扰

$$f_{d_f} \neq f_d, \ R_f \approx R, \ \alpha_f \approx \alpha, \ \beta_f \approx \beta, \ S_f > S \tag{2-8-7}$$

速度欺骗干扰是指假目标的多普勒频率不同于真目标，能量强于真目标，而其余参数近似等于真目标。

（4）自动增益控制（AGC）欺骗干扰

$$S_f \neq S \tag{2-8-8}$$

AGC 欺骗干扰是指假目标的能量不同于真目标，其余参数覆盖或近似等于真目标。

（5）多参数欺骗干扰

多参数欺骗干扰是指假目标在 V 中有两维或两维以上参数不同于真目标，以便进一步改善欺骗干扰的效果。经常用于同其他干扰配合使用的是 AGC 欺骗干扰，此外还有距离-速度同步欺骗干扰等。对于具有距离-速度两维信息同时测量跟踪能力的雷达，只对其进行一维信息欺骗，或者二维信息欺骗参数矛盾，就可能被雷达识破，从而使干扰失效，因此，对脉冲多普勒雷达，就需要距离-速度同步欺骗。

2. 根据 T_f 与 T 在 V 中参数差别的大小和调制方式分类

（1）质心干扰

$$\|T_f - T\| \leqslant \Delta V \tag{2-8-9}$$

即真、假目标的参数差别小于雷达的空间分辨力，雷达不能区分 T_f 与 T 为两个不同目标，而将真、假目标作为同一个目标 T_f' 来检测和跟踪。由于在许多情况下，雷达对此的最终检测、跟踪结果往往是真、假目标参数的能量加权质心，故称为质心干扰。

$$T_f' = \frac{S_f T_f}{S_f + S} \tag{2-8-10}$$

（2）假目标干扰

$$\|T_f - T\| > \Delta V \tag{2-8-11}$$

即真、假目标的参数差别大于雷达的空间分辨力，雷达能够区分 T_f 与 T 为两个不同目标，但可能将假目标作为真目标进行检测和跟踪，从而造成虚警，也可能没有发现真目标而造成漏报。大量的虚警还可能造成雷达检测、跟踪和其他信号处理电路过载。

（3）拖引干扰

拖引干扰是一种周期性地从质心干扰到假目标干扰的连续变化过程，典型的拖引干扰过程如下式：

$$\|T_f - T\| = \begin{cases} 0 & 0 \leqslant t < t_1, \text{停拖} \\ 0 \to \delta V_{\max} & t_1 \leqslant t < t_2, \text{拖引} \\ T_f \text{消失} & t_2 \leqslant t < T_j, \text{关闭} \end{cases} \tag{2-8-12}$$

即在停拖时间段 $[0, t_1)$ 内，假目标与真目标出现的空间和时间近似重合，雷达很容易检测和捕获。由于假目标的能量高于真目标，捕获后 AGC 电路将按照假目标信号的能量来调控接收机的增益（增益降低），以便对其进行连续测量和跟踪，停拖时间段的长度对应于雷达检测和捕获目标所需的时间，也包括雷达接收机 AGC 电路的增益调整时间。在拖引时间段 $[t_1, t_2)$ 内，假目标与真目标在预定的欺骗式干扰参数（距离、角度或速度）上逐渐分离（拖引），且分离的速度 v' 在雷达跟踪正常运动目标时的速度响应范围 $[v'_{\min}, v'_{\max}]$ 内，直到真假目标的参数差达到预定的程度 $\delta V_{\max}$

$$\|T_f - T\| = \delta V_{\max} \qquad \delta V_{\max} \gg \Delta V \tag{2-8-13}$$

由于在拖引前已经被假目标控制了接收机增益，而且假目标的能量高于真目标，所以雷达的跟踪系统很容易被假目标拖引开，而抛弃真目标。拖引段的时间长度主要取决于最大误差 $\delta V_{\max}$ 和拖引速度 v'。在关闭时间段 $[t_2, T_j)$ 内，欺骗式干扰关闭发射，使假目标 T_f 突然消失，造成雷达跟踪信号突然中断。在一般情况下，雷达跟踪系统需要滞留和等待一段时间，AGC 电路也需要重新调整雷达接收机的增益（增益提高）。如果信号重新出现，则雷达可以继续进行跟踪。如果信号消失达到一定的时间，则雷达确认目标丢失后，才能重新进行目标信号的搜索、检测和捕获。关闭时间段的长度主要取决于雷达跟踪中断后的滞留和调整时间。

单独使用一种干扰方法往往效果不好。如单纯的距离拖引干扰，拖引的距离范围只有几百米，对武器系统的杀伤力影响不大。而单纯的角度干扰，因为雷达既能收到目标回波又能收到干扰信号，使干扰破坏角跟踪的能力受到很大限制，所以在一定条件下雷达还能从目标回波中提取角误差信息进行角跟踪。事实上雷达进行距离或速度跟踪的目的是抑制噪声和干扰，提高信噪比，然后对目标进行角跟踪。因此，为了获得好的干扰效果，在实际的干扰机中往往把各种欺骗式干扰方法结合起来使用。最常用的是距离拖引+角度干扰，速度拖引+距离拖引+角度干扰。还有一种干扰方法是一段时间施放噪声或电子假目标干扰，一段时间距离拖引+角度干扰。这里以噪声、距离拖引+角度干扰为例来说明为什么复合干扰效果好。对跟踪雷达在进入跟踪前的搜索捕获阶段实施噪声干扰或电子假目标干扰，会使雷达不能捕获目标信号。如果雷达已跟踪目标，这时实施噪声干扰，则使雷达不能稳定跟踪。再实施距离波门拖引，使雷达距离跟踪波门从跟踪目标转变为跟踪距离拖引脉冲，从而被拖离目标回波，使雷达收不到目标回波。这时再实施角度干扰，雷达收到的干扰与信号比（简称干信比）将为无穷大。干扰信号加上角度干扰调制，则雷达只能从干扰信号中提取角度信息，使雷达跟踪系统按角度干扰信息工作。其结果是雷达跟踪系统完全"听任"角度干扰信息摆布，彻底破坏雷达对真目标的角跟踪，使雷达控制的火炮或导弹无法发射，已发射的火炮或导弹打偏。这种距离拖引+角度干扰方法实现起来比较容易。距离拖引的时间要求不高，只要大于雷达的距离波门宽度，使雷达距离波门内收不到目标回波就已足够，一般只有数微秒。

二、对脉冲雷达距离信息的欺骗

（一）雷达对目标距离信息的检测和跟踪

众所周知，目标的距离 R 表现为雷达发射信号 $s_\mathrm{T}(t)$ 与接收信号 $s_\mathrm{R}(t)$ 之间的时间延迟 t_r（$t_\mathrm{r}=2R/c$，c 为电波传播速度）。雷达常用的测距方法有脉冲测距法和连续波调频测距法，此处主要介绍脉冲雷达距离检测和跟踪原理。

脉冲雷达距离检测和跟踪原理如图 2-8-1 所示。定时器产生周期为 T_r 的触发脉冲信号①，该脉冲信号也是距离测量的基准（通常称为零距离脉冲）。信号①分别送给雷达发射机的脉冲调制器，距离检测、跟踪电路和显示器等。脉冲调制器在信号①的作用下，产生大功率的调制脉冲②。在该脉冲期间，射频振荡器产生大功率的射频振荡脉冲③，通过收发开关，由雷达的天线辐射到空间。发射脉冲结束后，收发开关将天线连通接收机，回波信号④经天线、收发开关、混频器、中放、包络检波、视放成为视频脉冲⑤，分别送给距离检测、跟踪电路和显示器，进行目标、目标距离的检测、跟踪和显示等。图中 t_r 为收发脉冲包络的延迟时间。雷达对目标距离的检测和跟踪分为自动跟踪、半自动跟踪和人工跟踪三种，在跟踪雷达中主要采用自动跟踪。自动距离检测和跟踪系统的原理如图 2-8-2 所示。该系统由时间鉴别器、距离波门产生器、搜索跟踪转换器等部分组成。时间鉴别器将输入目标的回波脉冲与距离波门进行比较，距离波门是由距离波门产生器产生的一对脉冲。当目标的回波脉冲中心对准距离波门时，时间鉴别器中的前后波门重合级的选通输出信号相等。经差压检波器差压检波后加到积分器上，积分器所产生的充电、放电相等，故积分器输出的直流电压是不变化的。当距离波门偏离目标回波中心线时，差压检波后的电压对积分器的充电、放电电平不相等，积分器产生的调整电压 ΔU 使距离波门产生器产生的距离波门移动，距离波门对准目标中心线，实现对目标的距离跟踪。

当未跟踪到目标时，搜索电压产生器输出的搜索电压（慢锯齿波）加至积分器，控制距离波门在整个自动测距范围内往复搜索，距离跟踪系统的搜索过程见图 2-8-3。慢扫锯齿波与快扫锯齿波（由触发脉冲触发）在距离脉冲产生器中进行比较，产生如图 2-8-3（c）所示的脉冲，该脉冲在时间上是逐个延迟的，此脉冲又转换为距离波门前波门，经延迟后产生距离波门后波门，如图 2-8-3（d）所示。即当慢扫锯齿波进行搜索时，相当于距离波门进行搜索。

当距离波门搜索到目标回波时，搜索跟踪转换器有输入信号，搜索跟踪转换器中的继电器吸合，断开搜索锯齿电压，停止搜索转入跟踪。为了不会因偶然的干扰脉冲或噪声尖头造成系统的错误转换，搜索跟踪转换器应在连续接收多个回波脉冲后，才使继电器动作，通常转换所需的脉冲数大于 10 个。另外，还需在接收机中加限幅器及噪声电平的自动增益控制电路，以防止噪声进入系统而造成系统的错误转换。限幅电平通常取最小回波信号（在最大距离上的）幅度的一半。

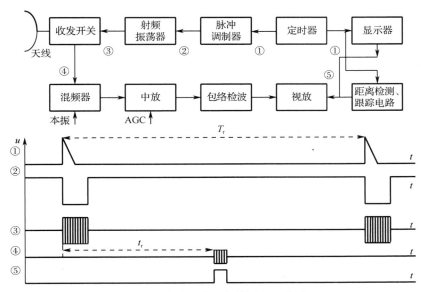

图 2-8-1　脉冲雷达距离检测和跟踪原理

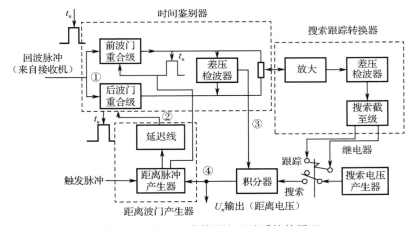

图 2-8-2　自动距离检测和跟踪系统的原理

（二）对脉冲雷达距离信息的欺骗

对脉冲雷达距离信息的欺骗主要是通过对收到的雷达照射信号进行时延调制和放大转发来实现的。由于单纯距离质心干扰造成的距离误差较小（小于雷达的距离分辨单元），所以对脉冲雷达距离信息的欺骗主要采用距离假目标干扰和距离波门拖引干扰。干扰的实质是系统在搜索时，让系统跟踪在干扰信号上，或者跟踪时系统锁定干扰信号而丢失目标信号，因此，距离假目标主要干扰搜索雷达，距离波门拖引主要干扰跟踪雷达。

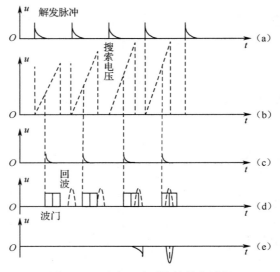

图 2-8-3　距离跟踪系统的搜索过程

1. 距离假目标干扰

距离假目标干扰也称为同步脉冲干扰。设 R 为真目标的距离，经雷达接收机输出的回波脉冲包络时延 $t_r = 2R/c$，R_f 为假目标的距离，则雷达接收机内干扰脉冲包络相对于雷达定时脉冲的时延应为

$$t_f = \frac{2R_f}{c} \tag{2-8-14}$$

当其满足

$$|R_f - R| > \delta R \tag{2-8-15}$$

时，便形成距离假目标，如图 2-8-4 所示。通常，t_f 由两部分组成

$$t_f = t_{f0} + \Delta t_f, \quad t_{f0} = \frac{2R_j}{c} \tag{2-8-16}$$

式中，t_{f0} 是雷达与干扰机之间距离 R_j 引起的电波传播时延；Δt_f 是干扰机收到雷达信号后的转发时延。通常干扰机无法确定 R_j，所以 t_{f0} 是未知的，主要控制 Δt_f，这要求干扰机与被保护目标之间具有良好的空间配合关系，将假目标的距离设置在合适的位置，避免发生假目标与真目标的距离重合。因此，假目标干扰多用于自卫干扰，以便同自身目标配合。

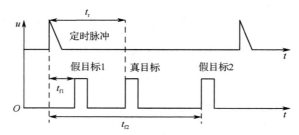

图 2-8-4　对脉冲雷达距离检测的假目标干扰

实现距离假目标干扰的方法有很多。图 2-8-5（a）所示为采用储频技术的转发式干扰机。由接收天线收到的雷达脉冲信号①经带通滤波器、定向耦合器分别送至储频电路和检波、视放、门限检测器。当脉冲能量达到给定门限时，门限检测器给出启动信号②，使储频电路对

信号①取样，并将所取样本以一定的形式（数字或模拟）保持在储频电路中；启动信号②还同时用作干扰控制电路的触发信号，由干扰控制电路产生各时延为 $\{\Delta t_{fi}\}_{i=1}^{n}$ 的干扰调制脉冲串③，按照脉冲串③重复取出储频电路中保持的取样信号④，送给末级功率放大器和发射天线。

图 2-8-5（b）所示是采用频率引导技术的应答式干扰机。由接收天线收到的雷达脉冲信号①经带通滤波器、定向耦合器分别送至 IFM（瞬时测频）接收机和检波、视放、门限检测器。当脉冲能量达到给定门限时，门限检测器给出信号②，启动 IFM 接收机迅速测量信号①的载频 f_{RF}，并以 f_{RF} 为地址读取存储器 M 中的调谐电压数据 $V(f_{RF})$，经 D/A 变换成压控射频振荡器（VCO）的调谐电压，产生频率近似等于信号①的连续振荡，送给末级功率放大器，信号②同时触发干扰控制电路，形成时延 $\Delta t_{fi}(i=1,\cdots,n)$ 的各干扰调制脉冲串③。脉冲串③用作末级功率放大器的振幅调制，产生大功率的假目标回波④，由发射天线发射到空间。

图 2-8-5（c）所示是采用锯齿波扫频技术的干扰机。当扫频范围 Δf_j 覆盖雷达接收机通带且通带频率不变时，也可以形成距离假目标干扰，如图 2-8-6 所示，在每个扫频锯齿波周期 T 内都将形成一个宽度为 τ 的脉冲，$\tau = \dfrac{\Delta f_r}{\Delta f_j}T$，只要用接收的雷达脉冲信号①的包络，同步扫频锯齿波②的起始电压（在脉冲信号①的包络前沿，扫频锯齿波②位于某一确定的电压），就可以在雷达上形成与雷达定时脉冲同步的一串假目标③，且假目标的间隔与各次扫频锯齿波的周期相对应。

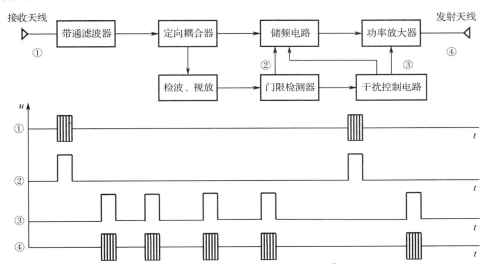

（a）采用储频技术的转发式干扰机

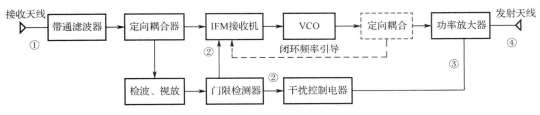

（b）采用频率引导技术的应答式干扰机

图 2-8-5 脉冲雷达距离假目标干扰的实现方法

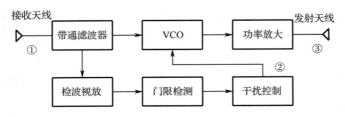

（c）采用锯齿波扫频技术的干扰机

图 2-8-5　脉冲雷达距离假目标干扰的实现方法（续）

2. 距离波门拖引干扰

距离波门拖引干扰主要有三个过程，见图 2-8-7，具体内容如下。

（1）干扰脉冲捕获距离波门。干扰机收到雷达信号后，以最小的时延转发一个干扰脉冲，幅度大于目标回波信号，雷达的自动增益系统减小增益。

（2）拖引距离波门。干扰脉冲捕获距离波门后，干扰机每收到一个雷达信号，就增加一次转发脉冲的时延，使距离波门随干扰脉冲移动离开目标回波脉冲。一开始时延最小，然后时延发生变化，对应的假目标距离发生变化。时延规律可以是线性的或非线性的。

（3）关机。拖到最大值后，干扰机停止发射脉冲。这时距离波门内既无目标回波，也无干扰脉冲，雷达转入搜索状态，然后可能再次捕获目标，转入跟踪状态，则干扰又开始执行。因此，干扰是个周期性过程。

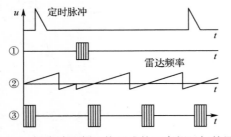

图 2-8-6　锯齿波调频干扰形成的距离假目标的原理

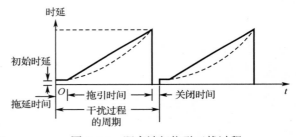

图 2-8-7　距离波门拖引干扰过程

距离波门拖引干扰的假目标距离函数 $R_f(t)$ 可用式（2-8-17）表述。其中，R 为目标所在距离；v 和 a 分别为匀速拖引时的速度和匀加速拖引时的加速度。

$$R_f(t) = \begin{cases} R & 0 \leqslant t < t_1, \text{停拖期} \\ R + v(t - t_1) \text{或} R + a(t - t_1)^2 & t_1 \leqslant t < t_2, \text{拖引期} \\ \text{干扰关闭} & t_2 \leqslant t < T_j, \text{关闭期} \end{cases} \quad (2\text{-}8\text{-}17)$$

在自卫干扰条件下，R 也就是目标的所在距离。将式（2-8-17）转换为干扰机对收到的雷达照射信号进行转发时延 Δt_f，则距离波门拖引干扰的转发时延 Δt_f 为

$$\Delta t_f(t) = \begin{cases} 0 & 0 \leqslant t < t_1 \\ \dfrac{2v}{c}(t - t_1) \text{或} \dfrac{2a}{c}(t - t_1)^2 & t_1 \leqslant t < t_2 \\ \text{干扰关闭} & t_2 \leqslant t < T_j \end{cases} \quad (2\text{-}8\text{-}18)$$

最大拖引距离 R_{max} 为

$$R_{max} = \begin{cases} v(t_2 - t_1) & \text{匀速拖引} \\ a(t_2 - t_1)^2 & \text{匀加速拖引} \end{cases} \quad (2\text{-}8\text{-}19)$$

如何成功实现拖引干扰呢？分析距离拖引的每一步，是需要具备一定条件的，具体条件如下。

（1）干扰脉冲对回波的时延小。这是为了保证停拖的成功。如果时延增加会出现什么情况呢？如果干扰脉冲在时间上不能与回波前沿重合，时延超过回波的上升时间，则雷达可能识别干扰信号，并用脉冲前沿跟踪技术抗干扰，即对视频脉冲前沿微分，得到回波脉冲的前沿，而距离波门只跟踪这个前沿脉冲。为了欺骗雷达的前沿跟踪，可以减少干扰脉冲对回波脉冲的时延，或者增大时延，使干扰脉冲先于回波到达，向前拖引距离波门。这时雷达又会采用脉冲后沿跟踪技术，即对输入视频脉冲微分，跟踪后沿。为了欺骗雷达的后沿跟踪，在接收雷达信号后，干扰机回答一组脉冲，当脉冲组重复频率接近但不等于雷达脉冲的重复频率时，只要适当选择脉冲组的时延，这些脉冲组就将在跟踪波门内慢慢移过回波脉冲。由于干扰脉冲先通过目标回波的后沿，所以雷达很难进行后沿跟踪。干扰脉冲回波时延的变化情况见图2-8-8。

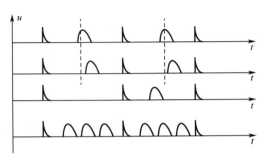

图 2-8-8　干扰脉冲回波时延的变化情况

（2）干扰信号功率比。干扰信号功率比要达到 1.3～1.5，才能有效捕获距离波门。

（3）拖引过程时间的正确设计。捕获时间大于自动增益控制的调节时间；拖引时间由最大时延和允许的拖引速度决定；干扰关机时间由搜索距离范围和距离波门的宽度决定。

设拖引速度匀速，如果每一个脉冲重复周期 T_r，干扰脉冲都比前一个脉冲延迟 $\Delta T = T_i - T_{i-1}$，T_i 为干扰脉冲发射时刻，则干扰脉冲移动速度为

$$V_j = \frac{\Delta T}{T_r} \tag{2-8-20}$$

干扰脉冲移动速度必须小于雷达的最大跟踪速度，即距离波门的最大移动速度，表示为

$$V_j \leqslant V_{max} \tag{2-8-21}$$

距离波门的最大移动速度由目标的最大运动速度 V'_{max} 决定。在脉冲重复周期 T_r 内目标移动的距离为

$$\Delta R = V'_{max} T_r = \frac{1}{2} c \Delta t' \tag{2-8-22}$$

式中，$\Delta t'$ 为目标回波的移动时间。因此，距离波门的最大移动速度为

$$V_{max} = \frac{\Delta t'}{T_r} = \frac{2V'_{max}}{c} \tag{2-8-23}$$

结合式（2-8-21），可得

$$V_j \leqslant \frac{2V'_{max}}{c} \tag{2-8-24}$$

若要求拖引结束时最大时延为 τ_{max}，则拖引时间

$$T = \frac{\tau_{max}}{V_j} = \frac{\tau_{max}}{\Delta t} T_r = N T_r \tag{2-8-25}$$

式中，N 为干扰过程中发射的脉冲数。

例：雷达能够对目标跟踪的最大运动速度 V'_{max}=340m/s、重复频率 F_r=2000Hz，拖引的

最大时延为 $10 \sim 20 \mu s$，求最大拖引速度和拖引时间。

解：

$$V_\mathrm{j} \leqslant \frac{2V'_{\max}}{c} = \frac{2 \times 340}{3 \times 10^8} \approx 2.27 \,(\mathrm{m/\mu s})$$

$$T = \frac{\tau_{\max}}{V_\mathrm{j}} = \frac{(10 \sim 20) \times 10^{-6}}{2.27 \times 10^{-6}} \approx (4.4 \sim 8.8) \,(\mathrm{s})$$

$$N = \frac{T}{T_\mathrm{r}} = \frac{(4.4 \sim 8.8)}{1/2000} \approx (8800 \sim 16000) \,(\text{个})$$

因此，对一般跟踪雷达的干扰，拖引时间为 $5 \sim 10\mathrm{s}$。

实现距离波门拖引干扰的基本方法有射频延迟方法和射频储频方法。其中，采用射频延迟方法的距离波门拖引干扰技术产生器如图 2-8-9 所示。收到的雷达射频信号①经带通滤波器、定向耦合器，主路送给可编程延迟线 L；副路送给检波器。检波器的输出信号经对数视放、脉冲整形得到信号②，用作干扰控制器的触发。干扰控制器根据式（2-8-18）产生时延为 $\Delta t_\mathrm{f}(t)$ 的拖引干扰脉冲③，作为对末级功率放大器的调制脉冲，同时也对数字式可编程延迟线 L 发出时延的控制字 $D(\Delta t_\mathrm{f}(t))$

$$D(\Delta t_\mathrm{f}(t)) = \mathrm{INT}\left(\frac{\Delta t_\mathrm{f}(t)}{\Delta t}\right) \tag{2-8-26}$$

式中，Δt 为可编程延迟线 L 的单位量化时间。经 L 延迟输出的射频脉冲与拖引干扰脉冲③同时到达末级功率放大器、产生大功率的射频拖引干扰脉冲④。可编程延迟线 L 一般由微波开关与抽头延迟线组成，其典型组成见图 2-8-10，图中相邻抽头的时延比为 2，最小时延为 Δt，抽头数为 n，时延控制字为 n 位，可编程控制的最大时延 Δt_fmax 为

$$\Delta t_\mathrm{fmax} = \Delta t(2^n - 1) \tag{2-8-27}$$

在许多干扰机中，距离拖引的时延是以 Δt 为单位离散变化的，为了防止其造成雷达距离跟踪的中断，一般要求 Δt 为跟踪波门宽度的 $1/3 \sim 1/2$。

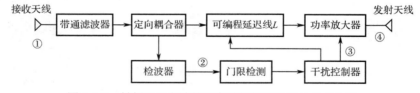

图 2-8-9　射频延迟方法的距离波门拖引干扰技术产生器

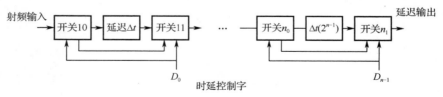

图 2-8-10　可编程延迟线的典型组成

三、对雷达角度信息的欺骗

（一）对目标角度信息的检测和跟踪

雷达对目标角度信息的检测和跟踪主要依靠雷达收发天线对不同方向电磁波的振幅或

相位响应。常用的角度检测和跟踪方法有：圆锥扫描角度跟踪、线性扫描角度跟踪、单脉冲角度跟踪和边扫描边跟踪，其中圆锥扫描角度跟踪是最早采用的自动角度跟踪系统，单脉冲角度跟踪是当前常用的跟踪系统。单脉冲角度跟踪的基础是单脉冲测向，和传统的比幅测向、比相测向等单脉冲测向不同，它是一种狭义的单脉冲测向，是指使用同一平台上不同天线波束接收信号，经和差器构建和、差波束，并且使用两个或多个射频中频放大器放大和、差信号的一种特定的单脉冲测向体制。这种狭义的单脉冲测向的独特优点是：当信号偏角 θ 等于零时，原理上，测向误差等于零。这意味着：当这种狭义的单脉冲测向用于角跟踪时，角跟踪的误差等于零。通常，单脉冲测向的方位角估值区域只是全方位角区域的很小的局部区域，需要由无模糊的全方位测向设备来引导单脉冲测向设备。

1. 圆锥扫描角度跟踪原理

天线波束的最大方向偏离瞄准轴 OA 的角度为 θ_0，且波束围绕 OA 以速度 Ω_s 旋转，见图 2-8-11。目标的角坐标是根据收到信号包络的幅度和相位确定的。因此，得到目标角坐标需要的时间大约等于天线旋转一周的时间。如果天线发射时，天线不扫描，仅接收，天线进行圆锥扫描，则称为隐蔽式圆锥扫描；如果天线发射和接收时都进行扫描，则称为暴露式圆锥扫描。下面具体推导角坐标和信号包络的幅度和相位之间的关系，得出角度跟踪的原理。

设在 T 方向上有一等幅信号 $U_s(t) = U_0 \cos \varpi_s t$，由于天线波束的旋转，天线接收到的信号强度是变化的，其幅度变化如图 2-8-12 所示。幅度变化的电压是周期函数，可对其进行分解得到直流分量 $U_0(\theta)$ 和基波分量 $U_1(\theta)$。$U_0(\theta)$ 和 $U_1(\theta)$ 是 θ 的函数，其关系如图 2-8-13 所示。令

$$m = \frac{U_1(\theta)}{U_0(\theta)} \tag{2-8-28}$$

则 m 为调制度，也是 θ 的函数，调制度曲线如图 2-8-14 所示，m_1 是隐蔽式圆锥扫描，m_2 是暴露式圆锥扫描。信号包络的直流分量、基波分量还可表示为

$$\begin{cases} U_0(\theta) = \dfrac{1}{2}[U_{\max} + U_{\min}] = \dfrac{U_0}{2}[|F(\theta_0 - \theta)| + |(F(\theta_0 + \theta)|] \\[2mm] U_1(\theta) = \dfrac{1}{2}[U_{\max} - U_{\min}] = \dfrac{U_0}{2}[|F(\theta_0 - \theta)| - |F(\theta_0 + \theta)|] \end{cases} \tag{2-8-29}$$

式中，U_0 是目标回波信号的振幅。

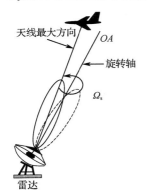

图 2-8-11 圆锥扫描角度跟踪示意图

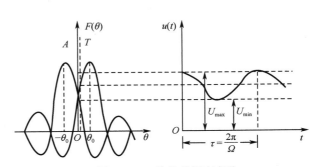

图 2-8-12 信号的幅度变化

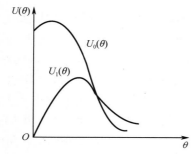

图 2-8-13　直流分量和基波分量与偏角的关系

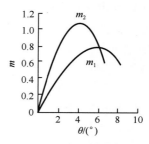

图 2-8-14　调制度曲线

当偏角 θ 很小时，天线方向图可用下式近似

$$\begin{cases} F(\theta_0 - \theta) \approx F(\theta_0)(1 + \mu\theta) \\ F(\theta_0 + \theta) \approx F(\theta_0)(1 - \mu\theta) \end{cases} \tag{2-8-30}$$

式中，μ 为调制灵敏度，是天线方向图函数在偏角附近的斜率与函数值之比的绝对值，即

$$\mu \approx \left| \frac{F'(\theta_0)}{F(\theta_0)} \right| \tag{2-8-31}$$

将上述公式进行整理，得到

$$\begin{cases} U_0(\theta) = F(\theta_0)U_0 \\ U_1(\theta) = F'(\theta_0)\theta U_0 \end{cases} \tag{2-8-32}$$

最终得到

$$m = \left| \frac{F'(\theta_0)}{F(\theta_0)} \right| \theta = \mu\theta \tag{2-8-33}$$

总之，调制度代表偏角的大小，调制度越大，偏角越大；调制灵敏度表示每角度偏差产生的调制度，调制灵敏度越大，每角度偏差产生的调制度越大。

下面具体看看目标信号到雷达接收机后是如何得到信号包络的，圆锥扫描角度跟踪系统的原理见图 2-8-15。接收机输入信号可以表示为调幅信号的形式

$$u = U_0 F(\theta_0)[1 + m\cos(\Omega_s t + \varphi_s)]\cos\omega_s t \tag{2-8-34}$$

式中，m 为接收和发射产生的二次调制度。

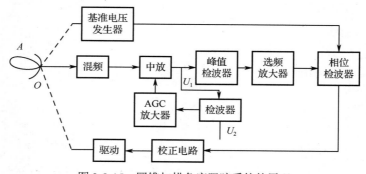

图 2-8-15　圆锥扫描角度跟踪系统的原理

（1）中放输出电压为

$$u_f = KU_0 F(\theta_0)[1 + m\cos(\Omega_s t + \varphi_s)]\cos\omega_f t \tag{2-8-35}$$

式中，K 为中放的放大倍数。

（2）设峰值检波器为线性特性，传输系数为 K_d，则峰值检波器的输出电压为

$$u_d = K_d K U_0 F(\theta_0)[1 + m\cos(\Omega t + \varphi_s)] \qquad (2\text{-}8\text{-}36)$$

（3）峰值检波器的输出加到选频放大器输入端。选频放大器是中心频率为 F_s，带宽为 $1\sim 2\mathrm{Hz}$ 的窄带滤波器，直流分量被抑制，输出为

$$u_s = K_d K U_0 F(\theta_0) m\cos(\Omega t + \varphi_s) \qquad (2\text{-}8\text{-}37)$$

窄带放大器输出的扫描调制信号只有加到相位检波器，才能变成角误差信号。

（4）相位检波器除了输入 u_s，还输入 $u_{ref} = U_{ref}\cos\Omega t$。相位检波器为乘积检波器，完成对两个输入信号相乘并对乘积取平均的运算，其输出为

$$u_{sd} = \overline{u_s u_{ref}} = k_{sd} m\cos\varphi_s \qquad (2\text{-}8\text{-}38)$$

上式表示该系统输出的误差信号与 m 和 $\cos\varphi_s$ 之间的关系。调制度表示误差信号的大小，相位表示误差的方向。如何跟踪呢？使天线朝着减小误差电压的方向运动，即可实现角度跟踪。

2. 单脉冲角度跟踪原理

根据所用幅相信息的不同，常用的单脉冲角度跟踪系统主要为振幅和差、相位和差两种形式。典型的单平面振幅和差单脉冲雷达组成如图 2-8-16 所示。天线 1、2 的方向如图 2-8-17（a）所示，θ_0 为两波束最大增益方向与等信号方向的夹角，θ 为目标回波方向与等信号方向的张角。典型的单平面相位和差单脉冲雷达的天线 1、2 具有相同的振幅方向图 $F(\theta)$，天线间距为 d，两天线收到的目标回波信号分别为

$$\begin{cases} E_1 = F^2(\theta)(1 + \mathrm{e}^{-\mathrm{j}\varphi})\mathrm{e}^{-\mathrm{j}\varphi}\eta s_t\left(t - \dfrac{2R}{c}\right) \\ E_2 = F^2(\theta)(1 + \mathrm{e}^{-\mathrm{j}\varphi})\eta s_t\left(t - \dfrac{2R}{c}\right) \end{cases} \qquad \varphi = \frac{2\pi d}{\lambda}\sin\theta \qquad (2\text{-}8\text{-}39)$$

经过波束形成网络，得到 E_1、E_2 的和差信号 E_Σ、E_Δ 如图 2-8-17（b）、（c）所示。

$$\begin{cases} E_\Sigma = F^2(\theta)(1 + \mathrm{e}^{-\mathrm{j}\varphi})^2\eta s_t\left(t - \dfrac{2R}{c}\right) \\ E_\Delta = F^2(\theta)(1 - \mathrm{e}^{-\mathrm{j}2\varphi})\eta s_t\left(t - \dfrac{2R}{c}\right) \end{cases} \qquad (2\text{-}8\text{-}40)$$

E_Σ、E_Δ 分别经混频器、中放、AGC 控制、相位检波后的输出信号 $s_e(t)$ 为

$$s_e(t) = 2K\sin\left(\frac{2\pi d}{\lambda}\sin\theta\right) \qquad (2\text{-}8\text{-}41)$$

由于

$$\theta \ll 1, \quad \frac{2\pi d}{\lambda}\sin\theta \ll 1, \quad s_e(t) \approx \frac{4\pi d}{\lambda}K\theta \qquad (2\text{-}8\text{-}42)$$

误差信号经过积分、放大，驱动天线向误差角减小的方向运动，直到将两天线的法线方向对准目标。

3. 边扫描边跟踪原理

边扫描边跟踪（Tracking While Scanning，TWS）雷达是在天线等速旋转状态下，对指定空域中的多目标进行离散跟踪。这种雷达兼备搜索和跟踪功能，可以用单个笔形波束以光栅方式覆盖一个矩形区域进行扫描，也可以用两个正交的扇形波束进行扫描，一个扫描方位，另一个扫描俯仰，如图 2-8-18 所示。

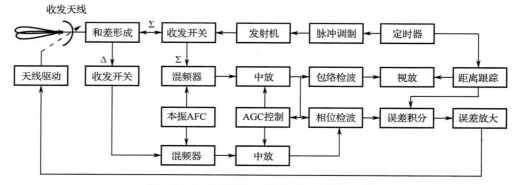

图 2-8-16　单平面振幅和差单脉冲雷达组成

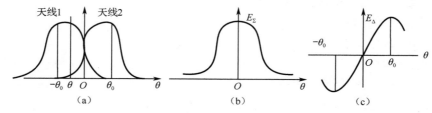

图 2-8-17　天线与波束的形成

图 2-8-19 所示为多目标跟踪，其中有三个目标。如果三个目标都被跟踪，则距离跟踪器必须指定到每一个目标上，而且每一个目标还有一个角度跟踪器与其对应。由于扫描周期的限制，TWS 雷达接收的特定目标回波是断续的，在目标更新前，距离跟踪器必须滑动。一旦目标被截获，距离门仅在目标落在角度门内时起作用，角度跟踪器仅在与距离跟踪器关联时接收回波。当波束扫过目标时，所接到的一簇脉冲的包络与波束方向图对应，经维持电路处理后，形成图 2-8-20 所示的形状。

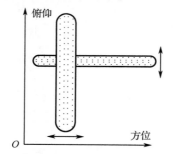

图 2-8-18　边扫描边跟踪雷达的扫描波束

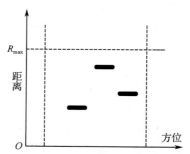

图 2-8-19　多目标跟踪

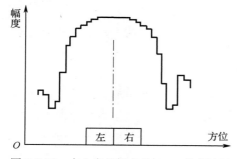

图 2-8-20　中心在目标上的 TWS 角度波门

典型的角度跟踪器与距离跟踪器原理类似，采用双角度波门，角度跟踪器的两个波门分别叫左波门和右波门，代表角度扫描时间。每个波门对门内的目标回波包络积分，左右波门的积分差，就是角度跟踪误差信号，通过伺服修正双波门位置，使得误差输出为零，保持对目标的跟踪。

（二）对圆锥扫描角度跟踪系统的干扰

1．倒相干扰

由于暴露式圆锥扫描角度跟踪系统的误差信号包

络也表现在其发射信号中，比较容易被雷达侦察机检测和识别出来，所以对暴露式圆锥扫描角度跟踪系统的主要干扰样式是采用倒相干扰，包括倒相正弦干扰（见图2-8-21）和倒相方波干扰。倒相干扰是干扰机侦收到雷达信号并提取雷达信号的幅度包络，然后将幅度包络信号倒相后再用它对干扰发射信号进行幅度调制，显然这个信号与目标回波包络的相位相反，结果雷达天线转轴会跟踪与目标相反的方向。实现这一效果的干扰技术也称为逆增益干扰。如果控制火炮射击，就会打偏；如果进行导弹制导，就会把导弹引偏。这是非常有效的干扰角跟踪系统的方法。

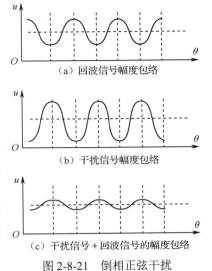

(a) 回波信号幅度包络

(b) 干扰信号幅度包络

(c) 干扰信号 + 回波信号的幅度包络

图 2-8-21　倒相正弦干扰

对圆锥扫描角度跟踪系统的干扰常采用圆锥扫频率瞄准式干扰。设干扰机配置在雷达目标上（自卫干扰），干扰信号为

$$u_j(t) = U_{0j}[1 + m_j \cos(\Omega_j t + \varphi_j)] \cos \omega_j t \qquad (2\text{-}8\text{-}43)$$

式中，U_{0j}、m_j、Ω_j、φ_j、ω_j 分别为干扰信号的振幅、调幅系数、调制电压的角频率、相位和干扰信号的载波角频率。

（1）经雷达天线圆锥扫描调制后接收机输入端的干扰信号为

$$u_j(t) = U_{0j}[1 + m_j \cos(\Omega_j t + \varphi_j)][1 + m_m \cos(\Omega_s t + \varphi_s)] \cos \omega_j t \qquad (2\text{-}8\text{-}44)$$

式中，m_m 为接收天线圆锥扫描产生的调制度。

（2）雷达接收机输入端目标回波信号为

$$u_s(t) = U_{0s}[1 + m_s \cos(\Omega_s t + \varphi_s)] \cos \omega_s t \qquad (2\text{-}8\text{-}45)$$

式中，U_{0s}、m_s、Ω_s、φ_s、ω_s 分别为信号振幅、圆锥扫描天线扫描产生的调制度、圆锥扫描角频率、目标相位和载波角频率。

接收机输入端信号是回波信号和干扰信号之和，即 $u_i(t) = u_s(t) + u_j(t)$，这个信号经中放、检波、选频和相位检波，最终得到角误差电压

$$u_{sd} = K\{(m_s + b m_m) \cos \varphi_s + m_j b \cos[(\Omega_j - \Omega_s)t + \varphi_j]\} \qquad (2\text{-}8\text{-}46)$$

式中，$b = \dfrac{U_{0j}}{U_{0s}}$。自动跟踪系统在稳定的情况下，总是力求使相位检波器输出的误差为零，以达到稳定平衡状态，因此，要上式为零必须满足两个条件，即振幅平衡条件和相位平衡条件

$$m_s + b m_m = b m_j$$

$$\varphi_s = (\Omega_j - \Omega_s)t + \varphi_j \pm \pi \qquad (2\text{-}8\text{-}47)$$

第一项是目标相对于雷达天线瞄准轴偏角产生的误差信号成分；第二项是由干扰产生的误差信号成分。干扰的作用等效于在空间产生一个假目标。在真假目标共同作用下，雷达天线处于平衡状态。相位平衡条件决定任一时刻天线瞄准轴线总指向真假目标连线之间；振幅平衡条件则确定平衡状态下天线瞄准轴偏离目标的角度的大小。

下面根据这两个条件具体分析一下干扰调制与瞄准轴偏离目标角度之间的关系。

（1）当圆锥扫描频率瞄准误差为零时，相位平衡条件变为

$$\varphi_s = \varphi_j \pm \pi \qquad (2\text{-}8\text{-}48)$$

此时，雷达天线的瞄准轴线将指向真目标与假目标连线中间的某一点。相位平衡条件说

明，干扰信号和目标信号是倒相的。这也是倒相正弦干扰名字的来历。目标与天线瞄准轴之间夹角可由振幅平衡条件求得。因为 $m_s = 2\mu\theta_s$，$m_m = \mu\theta_s$，代入振幅平衡条件得

$$\mu(2+b)\theta_s = bm_j \tag{2-8-49}$$

由于

$$\mu = \left| \frac{F'(\theta_0)}{F(\theta_0)} \right|$$

当天线方向图主瓣用下列函数近似时

$$F(\theta) = \exp\left(-1.4\left(\frac{\theta}{\theta_{0.5}}\right)^2\right), \quad F'(\theta) = \frac{-2.8\theta}{\theta_{0.5}^2}\exp\left(-1.4\left(\frac{\theta}{\theta_{0.5}}\right)^2\right) = \frac{-2.8\theta}{\theta_{0.5}^2}F(\theta) \tag{2-8-50}$$

则

$$\mu = \frac{2.8\theta_0}{\theta_{0.5}^2} \tag{2-8-51}$$

对于圆锥扫描角度跟踪系统，波束最大值点与瞄准轴之间角度为 0.5 倍半功率波束角，即 $\theta_0 = 0.5\theta_{0.5}$，因此，$\mu = \dfrac{1.4}{\theta_{0.5}}$，代入式（2-8-49），得到

$$\frac{\theta_s}{\theta_{0.5}} = \frac{bm_j}{1.4(2+b)} \tag{2-8-52}$$

即偏角 θ_s 是 m_j 和 b 的函数，图 2-8-22 给出了 θ_s 与 m_j、b 的关系曲线。

由图 2-8-22 可以得出如下结论。

① θ_s 随 b 的增加而增加，当 $b \to \infty$ 且 $m_j = 1$ 时，最大角度误差为 $0.71\theta_{0.5}$。

② 当 b 一定时，干扰调制增加将使误差增加，但是当 b 一定和回波信号幅度 U_{0s} 一定时，干扰载波振幅 U_{0j} 也是确定的。增加 m_j 的方法是过调制。过调制的结果是倒相正弦波变成了倒相方波，如图 2-8-23 所示。

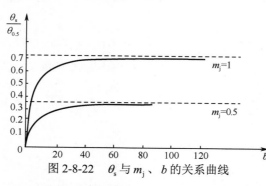

图 2-8-22 θ_s 与 m_j、b 的关系曲线

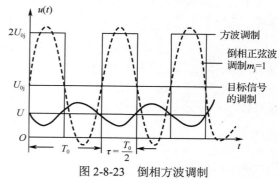

图 2-8-23 倒相方波调制

下面分析倒相方波干扰的调制度与偏差角的关系。

将方波用频率不同的正弦波表示

$$u_j(t) = 2U_{0j}\left[\frac{1}{2} + \frac{2}{\pi}\sin\Omega_s t + \frac{2}{3\pi}\sin 3\Omega_s t + \cdots\right] \tag{2-8-53}$$

只有基波分量才能进入窄带选频放大器起干扰作用。基波分量的幅度为

$$U_m = \frac{4}{\pi}U_{0j} \tag{2-8-54}$$

则调制度为

$$m_j = \frac{U_m}{U_{0j}} = \frac{4}{\pi} \approx 1.27 \tag{2-8-55}$$

于是当 b 趋向 ∞ 时，最大偏差角为

$$\frac{\theta_{smax}}{\theta_{0.5}} \approx 0.91 \tag{2-8-56}$$

很明显，最大偏差角大于倒相正弦干扰所引起的最大偏差角，因此，对于圆锥扫描角度跟踪系统，倒相方波干扰更有效。

（2）当圆锥扫描频率瞄准误差不为零时，假目标相对真目标以角频率 $\Delta\Omega$ 做圆周旋转，瞄准轴将以螺旋状运动，最后被甩开。

倒相干扰的干扰机组成和工作原理如图 2-8-24 所示。暴露式圆锥扫描雷达的发射信号①经干扰机的接收天线送至定向耦合器。定向耦合器的主路输出送给前级、末级功放（功率放大器），副路输出经包络检波、视放、峰值检波、低频放大，输出误差包络信号②，将误差包络信号倒相，形成倒相正方波信号③，经过功率驱动，用作末级功放的振幅调制。功放输出的射频信号④经干扰机的发射天线辐射到空间。

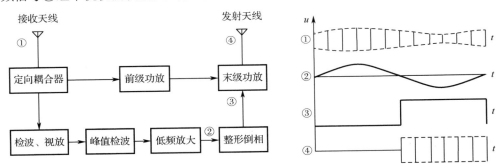

图 2-8-24　倒相干扰的干扰机组成和工作原理

2. 同步挖空干扰

同步挖空干扰与倒相干扰类似。干扰机发射一种与目标回波包络相位不同的干扰信号，使雷达获取错误的角度信息，跟踪到错误的方向上。雷达提取角误差信息和干扰波形如图 2-8-25 所示。天线为扇形波束，扇面与海面垂直。雷达在进行方位跟踪时，波束在方位面进行小范围扇扫。假定天线波束扇扫中心的角度为 θ_0，它不等于目标角 θ_r。波束在以 θ_0 为中心左右小范围内扇扫，则雷达接收到的回波信号如图 2-8-25（a）所示。在扇扫中心两边一定的范围内雷达接收机设有右角跟踪波门和左角跟踪波门，分别对 θ_0 右边和 θ_0 左边小范围内的回波信号进行积分。比较两波门输出的大小及符号可判断出目标在扇扫中心的哪一边。两波门积分相减的误差电压送伺服跟踪系统，使天线扇扫中心方向向目标方向运动，最后对准目标，实现方位角跟踪。同步挖空干扰的原理是：雷达接收机解调出雷达信号的包络（和图 2-8-25（a）相同）和扇扫的周期。干扰机在雷达信号包络的峰值所在的部位停止干扰一段时间，如图 2-8-25（d）所示。在时间域停发一段干扰脉冲，就像把连续发射的干扰脉冲挖去一段一样，所以叫作挖空干扰。又由于它与接收的雷达脉冲组同步，因此叫作同步挖空干扰。从图 2-8-25（e）中可以看出，在同步挖空条件下，左角跟踪波门（图 2-8-25（b）、（c））内只有目标回波，而在左角跟踪波门（图 2-8-25（b）、（c）、（d））内既有目标回波又有干扰信号。干扰信号比回波信号强

得多，因此右角跟踪波门积分输出比左角跟踪波门积分输出大。在这个误差信号控制下，伺服系统将进一步使天线的扇扫中心（也就是跟踪轴）向远离目标的方向偏移，结果雷达天线跟踪到没有目标的方向，达到很好的干扰效果。总之，同步挖空既可以对付线性扫描跟踪雷达，也可以干扰暴露式圆锥扫描跟踪雷达。实际上开关型倒相调幅器的输出就是一种同步挖空干扰。

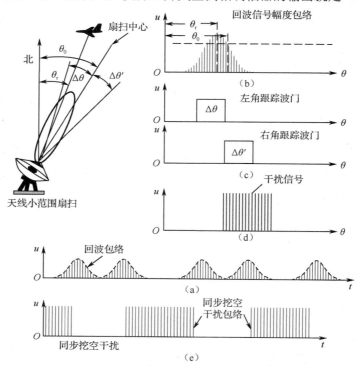

图 2-8-25　雷达提取角误差信息和干扰波形

3. 随机挖空干扰

随机挖空干扰也叫角度跟踪扰乱干扰。干扰技术使用了倒相干扰或同步挖空干扰后，使得暴露式圆锥扫描跟踪雷达和线扫描跟踪雷达无法正常工作，因而雷达采取了相应的抗干扰措施，这就是隐蔽式圆锥扫描跟踪和隐蔽式线扫描跟踪体制。此时干扰机的侦察接收机就无法收到雷达的扫描幅度包络，因而无法实施倒相干扰或同步挖空干扰。对隐蔽式圆锥扫描跟踪体制的跟踪雷达的干扰方法是用其他情报渠道获取的粗略的圆锥扫描频率，对发射的干扰信号进行开关调制，也就是发射重复周期与雷达隐蔽式圆锥扫描跟踪周期相近的干扰脉冲组。雷达在收到这种干扰信号后跟踪天线将会处在不停摇摆的状态，无法对目标进行稳定的跟踪。

4. 随机方波干扰

对于圆锥扫描角跟踪雷达，倒相方波干扰是一种行之有效的干扰方法，但其需要检测雷达天线当前的波束扫描位置信息。对于暴露式圆锥扫描跟踪雷达，该信息来自雷达发射信号的圆锥扫描调制，而当雷达采用隐蔽式圆锥扫描跟踪体制工作时，由于干扰机无法确定其当前的圆锥扫描频率 Ω 和相位 φ，只能对该雷达可能使用的圆锥扫描角频率范围 $[\Omega_{smin}, \Omega_{smax}]$ 实施随机方波调幅干扰，其中方波的角基频范围与 $[\Omega_{smin}, \Omega_{smax}]$ 一致。根据上述圆锥扫描雷达角度跟踪的原理，其圆锥扫描调制信号的选频放大器通带 B 一般只有几弧度。只有当方波基频 Ω_s' 与圆锥扫描频率非常接近时，干扰信号才能通过选频放大器，因此，当干扰方波信号的

角基频在 $[\Omega_{smin}, \Omega_{smax}]$ 内均匀分布时。随机方波干扰相当于对圆锥扫描频率范围的阻塞干扰，落入雷达角度跟踪系统带内的有效干扰功率和干信比 J/S 将下降至 $1/K$，其中

$$K = \frac{B}{\Omega_{smax} - \Omega_{smin}} \qquad (2\text{-}8\text{-}57)$$

此外，由于 $\Omega_s' \approx \Omega_s$，将使天线波束的指向 θ 受到频差的调制而不稳定。

5. 扫频方波干扰

使干扰调制方波的角基频以速度 a 周期性地从 Ω_{smin} 到 Ω_{smax} 逐渐变化，称之为扫频方波干扰。扫频周期 T 为

$$T = \frac{\Omega_{smin} - \Omega_{smax}}{a} \qquad (2\text{-}8\text{-}58)$$

由于在每个周期 T 内都将形成一次近似为倒相方波干扰的条件，从而使雷达的角度跟踪出现周期性的不稳定，其最大偏差角 θ_{max} 仍可按式（2-8-56）计算，在扫频周期 T 时间内造成雷达跟踪严重不稳定的时间 t_j 为

$$t_j \approx \frac{B}{a}, \quad \frac{t_j}{T} \approx \frac{B}{\Omega_{smax} - \Omega_{smin}} \qquad (2\text{-}8\text{-}59)$$

扫频速度 a 的选择依据主要是根据隐蔽式圆锥扫描雷达角度跟踪系统的带宽 B，扫频方波干扰基频扫过带宽 B 的时间应略大于角度跟踪系统的响应时间 t_s（$t_s \approx 1/B$），$a < B/t_s$。

6. 扫频锁定干扰

扫频锁定干扰是扫频方波干扰的改进，其初始时刻的干扰形式同扫频方波干扰，但在实施扫频方波干扰的同时，还需通过侦察接收机监测被干扰雷达发射信号的功率变化。由于扫频方波基频接近隐蔽式圆锥扫描频率，雷达接收天线的指向将出现严重的不稳定，与接收天线同步运动的发射天线信号功率也将出现相应的不稳定变化，侦察接收机监测到这种变化后，立即停止调制方波的基频变化，并且继续采用该基频方波（锁定）对干扰机的末级功放实施固定频率的通断干扰。

（三）对单脉冲角度跟踪系统的干扰

单脉冲跟踪雷达只在一个脉冲内就能完成角误差测量，所以它不受逆增益干扰这类振幅随时间变化的幅度调制干扰的影响。因此，干扰单脉冲角跟踪系统就更加困难，这也催生了一些新的干扰方法。

1. 非相干干扰

单脉冲角度跟踪系统具有良好的抗单点源干扰的能力。但由于单脉冲雷达中放带宽的局限性及和差支路接收机的不对称性等固有特性，使得对单脉冲角跟踪系统进行干扰存在可行性。对单脉冲雷达而言，当雷达主波束内出现多个干扰源时，会对单脉冲雷达角度测量产生影响，使单脉冲雷达无法精确地获取目标的角度信息。非相干干扰是在单脉冲雷达的分辨角内设置两个或两个以上的干扰源，它们到达雷达接收天线口面的信号没有稳定的相对相位关系（非相干）。单平面内非相干干扰的原理如图 2-8-26 所示。雷达接收天线 1、2 收到两个干扰源 J_1、J_2 的信号分别为

$$\left. \begin{aligned} E_1 &= A_{J_1} F\left(\theta_0 - \frac{\Delta\theta}{2} - \theta\right) e^{j\omega_1 t + \varphi_1} + A_{J_2} F\left(\theta_0 + \frac{\Delta\theta}{2} - \theta\right) e^{j\omega_2 t + \varphi_2} \\ E_2 &= A_{J_1} F\left(\theta_0 + \frac{\Delta\theta}{2} + \theta\right) e^{j\omega_1 t + \varphi_1} + A_{J_2} F\left(\theta_0 - \frac{\Delta\theta}{2} + \theta\right) e^{j\omega_2 t + \varphi_2} \end{aligned} \right\} \qquad (2\text{-}8\text{-}60)$$

式中，A_{J_1}、A_{J_2} 分别为 J_1、J_2 的幅度。经过波束形成网络，得到 E_1、E_2 的和差信号 E_Σ、E_Δ：

$$E_\Sigma = E_1 + E_2 = A_{J_1}\left(F\left(\theta_0 - \frac{\Delta\theta}{2} - \theta\right) + F\left(\theta_0 + \frac{\Delta\theta}{2} + \theta\right)\right)e^{j\omega_1 t + \varphi_1} +$$

$$A_{J_2}\left(F\left(\theta_0 + \frac{\Delta\theta}{2} - \theta\right) + F\left(\theta_0 - \frac{\Delta\theta}{2} + \theta\right)\right)e^{j\omega_2 t + \varphi_2}$$

$$E_\Delta = E_1 - E_2 = A_{J_1}\left(F\left(\theta_0 - \frac{\Delta\theta}{2} - \theta\right) - F\left(\theta_0 + \frac{\Delta\theta}{2} + \theta\right)\right)e^{j\omega_1 t + \varphi_1} +$$

$$A_{J_2}\left(F\left(\theta_0 + \frac{\Delta\theta}{2} - \theta\right) - F\left(\theta_0 - \frac{\Delta\theta}{2} + \theta\right)\right)e^{j\omega_2 t + \varphi_2} \qquad (2\text{-}8\text{-}61)$$

E_Σ、E_Δ 分别经混频、中放，AGC 控制，再经相位检波、低通滤波后的输出信号 $S_e(t)$ 为

$$S_e(t) = K\left[A_{J_1}^2\left(F^2\left(\theta_0 - \frac{\Delta\theta}{2} - \theta\right) - F^2\left(\theta_0 + \frac{\Delta\theta}{2} + \theta\right)\right) + A_{J_2}^2\left(F^2\left(\theta_0 + \frac{\Delta\theta}{2} - \theta\right) - F^2\left(\theta_0 - \frac{\Delta\theta}{2} + \theta\right)\right)\right] \qquad (2\text{-}8\text{-}62)$$

由于

$$K \propto \frac{K_d}{F^2(\theta_0)(A_{J_1}^2 + A_{J_2}^2)} \qquad (2\text{-}8\text{-}63)$$

采用式（2-8-30）天线方向图的近似式，得到

$$S_e(t) \approx \frac{4K_d|F'(\theta_0)|}{F(\theta_0)(A_{J_1}^2 + A_{J_2}^2)}\left(A_{J_1}^2\left(\theta + \frac{\Delta\theta}{2}\right) + A_{J_2}^2\left(\theta - \frac{\Delta\theta}{2}\right)\right) \qquad (2\text{-}8\text{-}64)$$

设 J_1、J_2 的功率比为 $b^2 = A_{J_1}^2 / A_{J_2}^2$，当误差信号 $S_e(t) = 0$ 时，跟踪天线的指向角 θ 为

$$\theta = \frac{\Delta\theta}{2} \cdot \frac{b^2 - 1}{b^2 + 1} \qquad (2\text{-}8\text{-}65)$$

上式表明：在非相干干扰条件下，单脉冲跟踪雷达的天线指向位于干扰源之间的能量质心处。

根据上述非相干干扰的原理，在作战使用中，还可以进一步派生出以下三种使用方式。

（1）同步闪烁干扰。

由 J_1、J_2 配合，轮流通断干扰机，使 J_1、J_2 的功率比 b^2 按照周期 T 变化

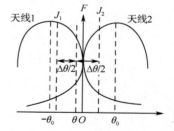

图 2-8-26　单平面内非相干干扰的原理

$$b^2 = \begin{cases} 0 & KT \le t < KT + T/2 \\ \infty & KT + T/2 \le t < (K+1)T \end{cases} \qquad K = 0,1,\cdots \qquad (2\text{-}8\text{-}66)$$

周期 T 为 $1\sim6$s，造成雷达跟踪天线的指向在 J_1、J_2 之间来回追摆。由于干扰的功率远远大于目标回波，只要周期性地通断干扰机，就可以起到同步闪烁干扰的作用。

（2）误引干扰。

由干扰机组 $\{J_i\}_{i=1}^n$ 配合，分布在预定的误引方向上，其中任意两部相邻干扰机相对雷达的张角均小于雷达的角分辨力。实施干扰时，首先由 J_1 开机干扰，诱使雷达跟踪 J_1；然后 J_2 开机，诱使雷达跟踪 J_1、J_2 能量质心；再使 J_1 关机，诱使雷达跟踪 J_2，以后 J_3 开机……如

此继续，直到 J_n 关机，诱使雷达跟踪到预定的误引方向，误引干扰主要用于保护重要目标免遭末制导雷达和反辐射导弹的攻击。

（3）异步闪烁干扰。

由 J_1、J_2 按照各自的控制逻辑交替通断干扰机。由于 J_1、J_2 是异步通断的，将形成以下四种组合状态：①J_1、J_2 同时工作，诱使雷达跟踪 J_1、J_2 能量质心；②J_1、J_2 同时关闭，雷达跟踪信号消失，转而重新捕获目标；③J_1 工作，J_2 关闭，诱使雷达跟踪 J_1；④J_2 工作，J_1 关闭，诱使雷达跟踪 J_2。显然，上述四种状态是等概率、随机变化的，雷达跟踪状态将直接受到上述状态的影响，不能准确跟踪目标。

2. 相干干扰

非相干干扰所引起的干扰欺骗角指向两干扰源之间的能量质心处，无法使误差角偏离两干扰源之间的连线外，受到干扰张角的影响，所引起的角度误差往往不是很大。因此，如何获取更大的角度误差一直是相关研究人员追求的重点。在图 2-8-26 所示的条件下，如果 J_1、J_2 到达雷达天线口面的信号具有稳定的相位关系，则称为相干干扰。设 φ 为 J_1、J_2 在雷达天线处信号的相位差，雷达接收天线 1、2 收到 J_1、J_2 两干扰源的信号分别为

$$\begin{cases} E_1 = \left(A_{J_1} F\left(\theta_0 - \dfrac{\Delta\theta}{2} - \theta\right) + A_{J_2} F\left(\theta_0 + \dfrac{\Delta\theta}{2} - \theta\right) e^{j\varphi} \right) e^{j\omega t} \\ E_2 = \left(A_{J_2} F\left(\theta_0 + \dfrac{\Delta\theta}{2} + \theta\right) + A_{J_2} F\left(\theta_0 - \dfrac{\Delta\theta}{2} + \theta\right) e^{j\varphi} \right) e^{j\omega t} \end{cases} \quad (2\text{-}8\text{-}67)$$

经过波束形成网络，得到 E_1、E_2 的和差信号 E_Σ、E_Δ 为

$$\begin{cases} E_\Sigma = \left[A_{J_1}\left(F\left(\theta_0 - \dfrac{\Delta\theta}{2} - \theta\right) + F\left(\theta_0 + \dfrac{\Delta\theta}{2} + \theta\right) \right) + \right. \\ \left. A_{J_2}\left(F\left(\theta_0 + \dfrac{\Delta\theta}{2} - \theta\right) + F\left(\theta_0 - \dfrac{\Delta\theta}{2} + \theta\right) \right) e^{j\varphi} \right] e^{j\omega t} \\ E_\Delta = \left[A_{J_1}\left(F\left(\theta_0 - \dfrac{\Delta\theta}{2} - \theta\right) - F\left(\theta_0 + \dfrac{\Delta\theta}{2} + \theta\right) \right) + \right. \\ \left. A_{J_2}\left(F\left(\theta_0 + \dfrac{\Delta\theta}{2} - \theta\right) - F\left(\theta_0 - \dfrac{\Delta\theta}{2} + \theta\right) \right) e^{j\varphi} \right] e^{j\omega t} \end{cases} \quad (2\text{-}8\text{-}68)$$

E_Σ、E_Δ 分别经混频、中放，AGC（自动增益控制），再经相位检波、低通滤波后的输出误差信号为

$$S_e(t) = K[A_{J_1}^2(F^2(\theta_0 - \theta_1) - F^2(\theta_0 + \theta_1)) + A_{J_2}^2(F^2(\theta_0 + \theta_2) - F^2(\theta_0 - \theta_2)) +$$
$$2A_{J_1}A_{J_2}\cos\varphi(F(\theta_0 - \theta_1)F(\theta_0 + \theta_2) - F(\theta_0 + \theta_1)F(\theta_0 - \theta_2))]$$
$$\theta_1 = \frac{\Delta\theta}{2} + \theta, \quad \theta_2 = \frac{\Delta\theta}{2} - \theta \quad (2\text{-}8\text{-}69)$$

采用式（2-8-30）天线方向图的近似式，设 $b^2 = \dfrac{A_{J_2}^2}{A_{J_1}^2}$，则

$$S_e(t) \approx \frac{4K_d|F'(\theta_0)|}{F(\theta_0)(A_{J_1}^2 + A_{J_2}^2)}\left(\left(\theta + \frac{\Delta\theta}{2}\right) + b^2\left(\theta - \frac{\Delta\theta}{2}\right) + 2b\theta\cos\varphi \right) \quad (2\text{-}8\text{-}70)$$

当误差信号 $S_e(t) = 0$ 时，跟踪天线的指向角 θ 为

$$\theta = \frac{\Delta\theta}{2}\frac{b^2-1}{b^2+1+2b\cos\varphi} \qquad (2-8-71)$$

θ 与 b、φ 的关系如图 2-8-27 所示。当 $\varphi=\pi$，$b\approx 1$ 时，$\theta\to\infty$ 这是由于天线方向图采用了等信号方向的近似展开式，实际 θ 的误差将受到天线方向图的限制。实现相干干扰的主要技术难度是保证 J_1、J_2 信号在雷达天线口面处于稳定的反相。

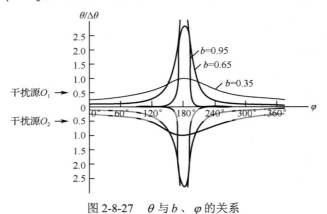

图 2-8-27　θ 与 b、φ 的关系

反相的相干干扰称为交叉眼干扰，此时一个天线发射的干扰信号比另一个天线发射的干扰信号的相位落后 180°。两个相位相差 180° 的干扰信号在雷达天线处形成的等相面将不再与目标和雷达连线垂直，而是与该连线成一个很小的角度。雷达跟踪这个角度的相位波前，天线将指向与目标和雷达连线成很大角度的方向，而不是对准目标，从而破坏了雷达对目标的跟踪，交叉眼干扰原理如图 2-8-28 所示。这种干扰对破坏单脉冲跟踪雷达的角度跟踪十分有效。但要求两干扰发射天线间隔比较大，使用受到限制，只有在大的飞行器上才能使用。此外，两天线发射的两个干扰信号的相位差 180° 允许的误差比较小，通常只允许相差不到 10°。换句话说，两干扰信号的相位差为 170°～190° 时才有好的干扰效果。

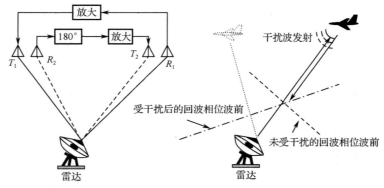

图 2-8-28　交叉眼干扰原理

3. 交叉极化干扰

设 γ 为雷达天线的主极化方向，图 2-8-29（a）所示为单平面内主极化的天线方向图，其中等信号方向与雷达跟踪方向一致。$\gamma+\pi/2$ 为其交叉极化方向，图 2-8-29（b）所示为单平面内交叉极化的天线方向图，它的等信号方向与跟踪方向之间存在 $\delta\theta$ 的偏差。在相同入射场强下，天线对主极化电场的输出功率 P_M 与对交叉极化电场的输出功率 P_C 之比称为天线的极

化抑制比 A，即

$$A = \frac{P_M}{P_C} \qquad (2\text{-}8\text{-}72)$$

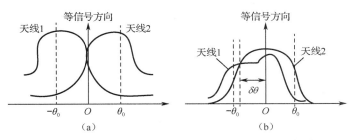

图 2-8-29　单平面内主极化与交叉极化的天线方向图

交叉极化干扰正是利用雷达天线对交叉极化信号固有的跟踪偏差 $\delta\theta$，发射交叉极化的干扰信号到达雷达天线，造成雷达天线的跟踪误差的。设 A_t、A_j 分别为雷达天线处的目标回波信号振幅和干扰信号振幅，β 为干扰极化与主极化方向的夹角，且干扰源与目标位于相同的方向，则雷达在主极化与交叉极化方向收到的信号功率 P_M、P_C 分别为

$$P_M = A_t^2 + (A_j \cos\beta)^2$$

$$P_C = \frac{(A_j \sin\beta)^2}{A} \qquad (2\text{-}8\text{-}73)$$

雷达天线跟踪的方向 θ 近似为主极化与交叉极化两个等信号方向的能量质心，即

$$\theta = \delta\theta\left(\frac{P_C}{P_C + P_M}\right) = \frac{\delta\theta}{A}\left(\frac{b^2 \sin^2\beta}{1 + b^2 \cos^2\beta}\right), \quad b^2 = \frac{A_j^2}{A_t^2} \qquad (2\text{-}8\text{-}74)$$

由于雷达天线的极化抑制比 A 通常都在 10^3 以上，因此在交叉极化干扰时不仅要求 β 尽可能严格地保持正交 $\pi/2$，而且一定要有很强的干扰功率。

（四）对边扫描边跟踪系统的干扰

当电子侦察设备能够测量出雷达波束的扫描参数时，用侦察得到的扫描周期去调制干扰信号，这样干扰机发射的干扰方波信号周期与雷达扫描周期同步，套住雷达角度波门；然后干扰机以一定的速率改变干扰方波周期，雷达的角度波门将被拖引离开真实目标。在适当的时候，停止干扰，雷达将丢失目标。对边扫描边跟踪系统的这种方波干扰技术称为角度波门拖引干扰（AGPO）。方波干扰使得雷达角度波门偏离真实目标角度如图 2-8-30 所示。

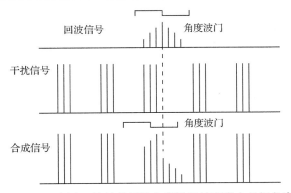

图 2-8-30　方波干扰使得雷达角度波门偏离真实目标角度

对边扫描边跟踪系统的 AGPO 一般与距离波门拖引结合使用，AGPO 在边扫描边跟踪的扫描周期中，用干扰脉冲簇慢慢地将距离门从目标回波上拖引开，得到足够高的干信比，再将角度门拖引开。

四、对雷达速度信息的欺骗

（一）雷达对目标速度信息的检测和跟踪

雷达对目标速度的检测和跟踪的主要依据是雷达接收到的目标回波信号与基准信号的频率差，该频率差通常称为多普勒频率。常用的速度检测和跟踪方法有：连续波测速跟踪和脉冲多普勒测速跟踪。此处主要介绍脉冲多普勒测速跟踪的原理。

当物体向着辐射源运动时，物体收到的频率会偏离辐射源发射的频率。这种由于目标辐射源相对运动引起的频率偏移现象，称为多普勒效应。频率偏移量 f_d 称为多普勒频率，它表示为

$$f_d = \frac{v_r}{c} f_0 \qquad (2\text{-}8\text{-}75)$$

式中，v_r 为物体相对辐射源运动的径向速度；c 为光速；f_0 为辐射源的发射频率。在雷达中，接收机输入端的多普勒频率为

$$f_d = \frac{2v_r}{c} f_0 \qquad (2\text{-}8\text{-}76)$$

由于雷达工作频率 f_0 是已知的，所以可根据测得的频率 f_d 计算目标的径向速度。图 2-8-31 所示是脉冲多普勒雷达速度跟踪系统的原理。为了得到多普勒频率，必须有一个相位稳定的参考振荡器，即相干振荡器。发射脉冲仅仅是对相干振荡的取样。该取样脉冲为

$$u_s(t) = U_s \cos(\omega_0 t + \varphi_s) \qquad (2\text{-}8\text{-}77)$$

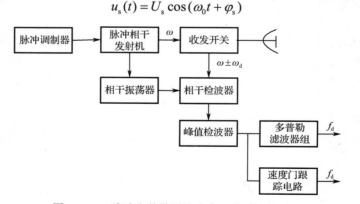

图 2-8-31　脉冲多普勒雷达速度跟踪系统的原理

这样的脉冲串发射后，得到的回波脉冲串为

$$u_r(t) = U_r \cos(\omega_0(t - t_r) + \varphi_r) \qquad (2\text{-}8\text{-}78)$$

式中，U_s、U_r 分别为发射脉冲和接收脉冲的幅度；φ_s、φ_r 分别为它们的相位，起始 t_r 为回波脉冲相对发射脉冲的时延，且

$$t_r = \frac{2R}{c} \qquad (2\text{-}8\text{-}79)$$

u_s、u_r 经相干检波后，检波器输出的脉冲串的包络为

$$U = \sqrt{U_s^2 + U_r^2 + 2U_s U_r \cos\varphi} \qquad (2\text{-}8\text{-}80)$$

式中，$\varphi = \varphi_s + \omega_0 t_r - \varphi_r = \varphi_s - \varphi_r + \omega_0 \dfrac{2R}{c}$。当 $U_s \gg U_r$，上式可写为

$$U = U_s \left(1 + \frac{U_r^2}{2U_s^2} + \frac{U_r}{U_s}\cos\varphi\right) \qquad (2\text{-}8\text{-}81)$$

相干检波器的输出，只含有低频成分

$$U_d = K_d U_r \cos\varphi \qquad (2\text{-}8\text{-}82)$$

如果目标不动，则 φ 是常数，检波器输出为幅度固定的脉冲。当目标运动时，即式

$$R = R_0 + V_r t \qquad (2\text{-}8\text{-}83)$$

则

$$\varphi = \varphi_s - \varphi_r + \left[2\omega_0 \frac{(R_0 + V_r t)}{c}\right] = \varphi_0 + \omega_d t \qquad (2\text{-}8\text{-}84)$$

式中，$\varphi_0 = \varphi_s - \varphi_r + 2\omega_0 \dfrac{R_0}{c}$，$\omega_d = \omega_0 \dfrac{2V_r}{c}$。

因此，对于运动目标，相干检波器输出的是幅度正弦变化的脉冲，其包络的调制频率等于多普勒频率，脉冲串及相干检波器的输出波形如图 2-8-32 所示。

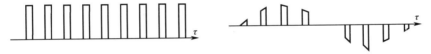

图 2-8-32 脉冲串及相干检波器的输出波形

峰值检波后取出多普勒频率分量，加至速度跟踪电路（见图 2-8-33）。设窄带滤波器的中心频率为 f_d，带宽为 Δf_D，当 VCO 输出频率 f_1 与多普勒滤波器输出的 f_d 混频后，其和频位于 Δf_D 内，窄带滤波器输出的频率为 $f_d + f_1$ 的信号加至鉴频器。当输入信号频率 $f_d + f_1$ 等于鉴频器中心频率 f_D 时，鉴频器的输出为零；当 $f_d + f_1$ 低于或高于 f_D 时，将输出一个误差电压。该电压加至积分器，然后控制 VCO 频率变化，使 f_d 和 VCO 输出频率和等于 f_D，鉴频器处于稳定状态。这样，由于 f_d 的变化引起 f_1 的变化，实现速度跟踪。

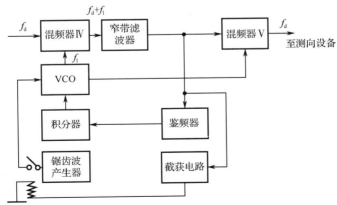

图 2-8-33 速度跟踪电路

（二）对测速跟踪系统的干扰

由于脉冲多普勒雷达是用跟踪目标的多普勒频率的方法选择目标的，因此干扰的目的是

使雷达无法获得目标的多普勒频率或者从真目标的多普勒频率上拖引开。虽然在频谱上覆盖多普勒频率的干扰，在原理上能阻碍雷达获得目标的多普勒频率，但由于多普勒滤波器的带宽很窄，对瞄准式干扰来说，其频率引导的精度必须很高。对阻塞式干扰来说，进入速度门的干扰功率利用率很低，而欺骗回答式干扰则有很高的功率利用率，而且实现起来非常方便。欺骗干扰的方法主要有速度波门拖引干扰、假多普勒频率干扰、多普勒频率闪烁干扰和距离速度同步干扰。

1. 速度波门拖引干扰

速度波门拖引干扰的基本原理是：首先转发与目标回波具有相同多普勒频率 f_d 的干扰信号，且干扰信号的能量大于目标回波，使雷达的速度跟踪电路能够捕获目标回波与干扰信号的多普勒频率 f_d。AGC 电路按照干扰信号的能量控制雷达接收机的增益，此段时间称为停拖期，时间长度为 $0.5 \sim 2s$（略大于速度跟踪电路的捕获时间），然后使干扰信号的多普勒频率 f_{dj} 逐渐与目标回波的多普勒频率 f_d 分离，分离的速度 v_f 不大于雷达可跟踪目标的最大加速度 a，即

$$v_f \leqslant \frac{2a}{\lambda} \tag{2-8-85}$$

由于干扰能量大于目标回波，将使雷达的速度跟踪电路跟踪在干扰信号的多普勒频率 f_{dj} 上，造成速度信息的错误。此段时间称为拖引期，时间长度（$t_2 - t_1$）按照 f_{dj} 与 f_d 的最大频差 δf_{max} 计算

$$t_2 - t_1 = \frac{\delta f_{max}}{v_f} \tag{2-8-86}$$

当 f_{dj} 与 f_d 的频差 $\delta f = f_{dj} - f_d$ 达到 δf_{max} 后，关闭干扰机。由于被跟踪的信号突然消失，且消失的时间（也是干扰机关闭的时间）大于速度跟踪电路的等待时间和 AGC 电路的恢复时间（$0.5 \sim 2s$），速度跟踪电路将重新转入搜索状态。在速度波门拖引干扰中，干扰信号的多普勒频率 f_{dj} 的变化过程为

$$f_{dj}(t) = \begin{cases} f_d & 0 \leqslant t < t_1 \\ f_d + v_f(t - t_1) & t_1 \leqslant t < t_2 \\ \text{干扰机关闭} & t_2 \leqslant t < T_j \end{cases} \tag{2-8-87}$$

式中，v_f 的正负取决于拖引的方向。概括速度拖引干扰成功的必备条件为：（1）干扰功率大于回波信号功率；（2）正确的拖引程序和拖引时间。对连续波测速跟踪系统进行速度波门拖引干扰的干扰机组成和拖引时序如图 2-8-34 所示。接收天线 A 收到的雷达发射信号经定向耦合器分别送给载频移频电路和信号检测电路，其中信号检测电路的作用是检测和识别连续波雷达的信号，判断其威胁等级，并做出对该雷达的干扰决策，将决策传送至干扰控制器。干扰控制器按照干扰决策制定干扰样式和干扰参数，并给载频移频器提供实时控制信号。载频移频器根据实时控制信号完成对输入射频信号的频移调制，并将经过频移调制后的信号输出给末级功率放大器，通过干扰天线 B 将大功率的干扰信号辐射至雷达接收天线。

2. 假多普勒频率干扰

假多普勒频率干扰的基本原理是：根据接收到的雷达信号，同时转发与目标回波多普勒频率 f_d 不同的若干个干扰信号 $\{f_{dji} \mid f_{dji} \neq f_d\}_{i=1}^n$ 频移，使雷达的速度跟踪电路可同时检测到多个多普勒频率 $\{f_{dji}\}_{i=1}^n$（若干扰信号远大于目标回波，则由于 AGC 响应大信号，将使雷达难以检测 f_d），并且造成其检测跟踪的错误。假多普勒频率干扰与速度波门拖引干扰的主要差别是需要有 n 路载频移频器同时工作，以便同时产生多路不同移频值的干扰信号。

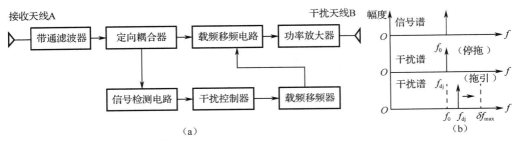

图 2-8-34　速度波门拖引干扰的干扰机组成和拖引时序

3. 多普勒频率闪烁干扰

多普勒频率闪烁干扰的基本原理是：在雷达速度跟踪电路的跟踪带宽 Δf 内，以 T 为周期，交替产生 f_{dj1}、f_{dj2} 两个不同频移的干扰信号，造成雷达速度跟踪波门在两个干扰频率之间摆动，始终不能正确、稳定地捕获目标速度。由于速度跟踪系统的响应时间约为其跟踪带宽 Δf 的倒数，所以交替周期 T 选为

$$T \geqslant \frac{1}{2\Delta f} \tag{2-8-88}$$

多普勒频率闪烁干扰的干扰机组成同速度波门拖引干扰的干扰机，其中由干扰控制电路送给载频移频器的调制信号是分时交替的。

4. 距离速度同步干扰

目标的径向速度 v_r 是距离 R 对时间的导数，也是多普勒频移的函数，即

$$v_r = \frac{\partial R}{\partial t} = \frac{\lambda f_d}{2} \tag{2-8-89}$$

对于只有距离或速度检测跟踪能力的雷达，单独采用上述对其距离或速度跟踪系统的欺骗干扰样式是可以奏效的。但是，对于具有距离和速度二维信息同时检测、跟踪能力的雷达，只在其某一维信息进行欺骗或者对其二维信息欺骗的参数不一致时，才可能被雷达识别出假目标，从而达不到预定的干扰效果。

距离速度同步干扰主要用于干扰具有距离和速度二维信息同时检测跟踪能力的雷达（如脉冲多普勒雷达），在进行距离波门拖引干扰的同时，进行速度波门欺骗干扰，在匀速拖距和加速拖距时的距离时延 $\Delta t_{rj}(t)$ 和多普勒频移 $f_{dj}(t)$ 的调制函数为

$$\Delta t_{rj}(t) = \begin{cases} 0 \\ v(t-t_1) \\ \text{干扰关闭} \end{cases}, \quad f_{dj}(t) = \begin{cases} 0 & 0 \leqslant t < t_1 \\ -2v/\lambda & 0 \leqslant t < t_2 \\ \text{干扰关闭} & t_2 \leqslant t < T_j \end{cases} \tag{2-8-90}$$

$$\Delta t_{rj}(t) = \begin{cases} 0 \\ a(t-t_1)^2/2 \\ \text{干扰关闭} \end{cases}, \quad f_{dj}(t) = \begin{cases} 0 & 0 \leqslant t < t_1 \\ -2a(t-t_1)/\lambda & 0 \leqslant t < t_2 \\ \text{干扰关闭} & t_2 \leqslant t < T_j \end{cases} \tag{2-8-91}$$

对于距离波门后拖时的移频为负方向，匀速拖距时为固定移频，加速拖距时为线性移频。在延迟转发方式的干扰技术产生器中，输入的射频信号首先经过数字可编程延迟线，产生所需的距离延迟量（时延）$\Delta t_{rj}(t)$，然后经过数字移相器，产生与多普勒频移 $f_{dj}(t)$ 对应的相移量 $\varphi(t)$。由于距离延迟量是以 Δt 为单位离散变化的，相移量计算中还需要计入距离延迟变化的影响

$$\varphi(t) = \begin{cases} 2\pi T_r f_{dj}(t) & t时刻\Delta t_{rj}(t)无变化 \\ 2\pi T_r f_{dj}(t) - \omega\Delta t & t时刻\Delta t_{rj}(t)有变化 \end{cases} \quad （2\text{-}8\text{-}92）$$

式中，T_r 为雷达的脉冲重复周期；ω 为雷达的载频。如果忽略距离延迟量对相位的影响，则 $\varphi(t)$ 也可以按照 $\Delta t_{rj}(t)$ 无变化时的情况近似。在相干储频方式中，可以由相干储频器同时完成延迟和移频的调制。

五、对跟踪雷达 AGC 电路的干扰

1. 跟踪雷达的 AGC 电路

设 $[S_{imin}, S_{imax}]$ 为雷达接收机的输入信号动态范围，$[S_{omin}, S_{omax}]$ 为雷达接收机的输出信号动态范围。在正常情况下，接收机的增益范围为

$$\left[G_{min} = 10\lg\frac{S_{omax}}{S_{imax}}, G_{max} = 10\lg\frac{S_{omin}}{S_{imin}} \right] \quad （2\text{-}8\text{-}93）$$

图 2-8-35 所示是 AGC 电路的原理。它从接收机的输出信号功率 S_o 中取得控制信号，然后按照一定的控制方式产生与 S_o 对应的增益控制电压 U，再由电压 U 控制接收机增益 G，从而使输入、输出信号功率满足如下关系

$$S_o = S_i G \in [S_{omin}, S_{omax}] \qquad \forall S_i \in [S_{imin}, S_{imax}] \quad （2\text{-}8\text{-}94）$$

$[S_{omin}, S_{omax}]$ 也是接收机信号处理电路正常工作的信号功率范围。如果输出信号超出该范围，则可能引起接收机或信号处理机的工作异常（如信号过大时接收机饱和，信号过小时无法检测等）。AGC 电路的另一个重要参数是响应时间 T，为了避免短暂出现的大信号对 AGC 电压的影响，在 AGC 电路中普遍采用积分环节来稳定增益控制电压 U，从而在信号输入功率变化时，AGC 电压的响应具有一定的时间滞后，而在此滞后时间内，由于 AGC 电路正处于动态调整过程中，所以输出信号的功率是不稳定的，甚至可能超出原定的输出动态范围。

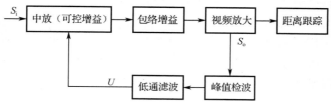

图 2-8-35　AGC 电路的原理

2. 对 AGC 控制系统的干扰

对 AGC 控制系统的干扰样式有通断调制干扰和工作比递减转发式干扰。

（1）通断调制干扰。

通断调制干扰是指以已知的 AGC 响应时间 T，周期性地通、断干扰机，使雷达接收机的 AGC 控制系统在强、弱信号之间不断发生控制转换，造成雷达接收机工作状态和输出信号的不稳定、检测跟踪中断或性能下降。根据 AGC 电路的工作原理，在干扰机发射信号期间，进入雷达接收机输入端的干扰功率 P_{rj} 与目标回波功率 P_{rt} 之比应大于输出动态范围，即

$$1 + \frac{P_{rj}}{P_{rt}} > \frac{P_{omax}}{P_{omin}} \quad （2\text{-}8\text{-}95）$$

才能使通断干扰后的雷达接收机暂态输出越出原定的输出动态范围，且干信比越大，越出的范围越大、时间越长、效果越好。通断工作比 τ/T 对 AGC 电路的性能也有一定的影响，一般选为 0.3～0.5，τ 为干扰脉冲宽度，T 为干扰脉冲周期。

（2）工作比递减转发式干扰。

工作比递减转发式干扰就是在通断调制周期 T 内，逐渐改变干扰发射工作时间 τ 的宽度，改变的方式通常有均匀变化和减速变化两种。常用的工作比递减范围为

$$[D_{Omin} = 0.2, D_{Omax} = 0.8] \tag{2-8-96}$$

式中，D_{Omax} 为最大工作比；D_{Omin} 为最小工作比。

六、对搜索雷达的航迹欺骗

欺骗干扰既可以用于对抗跟踪雷达，也可以用于对抗搜索雷达、警戒雷达。对抗搜索雷达时，应用较多的是密集假目标欺骗干扰和随机假目标欺骗干扰。

密集假目标欺骗干扰是将真实目标混杂在大量的假目标之中，使得雷达无法分辨出真目标。图 2-8-36 显示了密集假目标欺骗干扰画面，密集假目标欺骗干扰和随机假目标欺骗干扰所形成的假目标，由于出现位置杂乱，所以一般不会在雷达上形成具有一定运动轨迹的假目标轨迹。

有源航迹假目标欺骗干扰是通过控制假目标在雷达显示器上出现的方位和距离，使得假目标能够被雷达编批，并在雷达上形成航迹的欺骗干扰技术。图 2-8-37 显示了有源航迹假目标欺骗干扰画面。由于有源航迹假目标欺骗干扰能够模拟真实目标运动轨迹，因此可以用来制造虚假空情。通过雷达有源航迹假目标欺骗干扰技术形成虚假空情的实现途径主要有两种：一种是利用升空平台搭载有源干扰设备对雷达天线主瓣进行欺骗干扰，称为主瓣干扰体制；另一种是利用有源雷达干扰设备对雷达天线副瓣进行干扰，称为副瓣干扰体制。

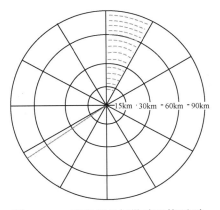

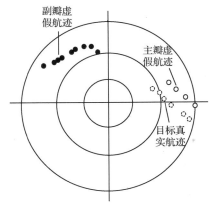

图 2-8-36　密集假目标欺骗干扰画面　　　图 2-8-37　有源航迹假目标欺骗干扰画面

第九节　无源干扰技术

对雷达的无源干扰，也称消极干扰，它和积极干扰相反，是利用本身并不产生电磁波辐射的干扰物体或其他措施，对雷达电磁波产生反射或吸收而破坏雷达正常工作的一种干扰。

无源干扰和有源干扰是雷达对抗的两种基本手段，在实际中多是配合使用的。雷达赖以工作的物理基础是"目标回波"，无源干扰技术能够从根本上破坏或妨害雷达获得目标回波，因而具有雷达难以抗拒的干扰效果，具有许多有源干扰无法具备的优点。

（1）与有源干扰相比，无源干扰具有使用方便、设备简单、造价便宜、研制周期短等优点。

（2）能同时干扰不同方向、不同频段、不同极化方式的多部雷达，具有有源干扰不易达到的干扰效果。

（3）干扰效果可靠，可以对付多种新体制的雷达装备，一般不会因对方采用以下反干扰技术措施而失效，这些措施包括频率捷变和频率分集、单脉冲跟踪雷达、增加雷达发射功率、改变脉冲重复频率、使用反辐射导弹等。

基于以上原因，无源干扰技术在现代雷达对抗中居于极其重要的地位，发展十分迅速，成为有源干扰无法替代的电子对抗手段。

总的来说，无源干扰可分为反射电磁波的器材和吸收电磁波的器材所形成的两类干扰，具体包括：

（1）箔条（干扰丝、带），产生干扰回波以遮盖目标或破坏雷达对目标的跟踪；

（2）反射器，以强回波形成假目标，或者改变地形、地物的雷达图像进行反雷达伪装；

（3）假目标，主要对付警戒雷达，大量假目标能使敌目标分配系统饱和；

（4）雷达诱饵，主要对付跟踪雷达，使雷达跟踪诱饵而不致跟踪真目标；

（5）隐身技术，综合采用多种技术，尽量减小目标的二次辐射，使雷达难以发现目标。

在无源干扰技术中，箔条、反射器、假目标、雷达诱饵等以其产生的回波来干扰雷达，而隐身技术则力求减小雷达的回波。

一、箔条干扰

箔条干扰是投放在空间的大量随机分布的金属反射体的二次辐射对雷达造成的干扰，它在雷达荧光屏上产生和噪声类似的杂乱回波，以遮盖目标回波。所以，箔条干扰也称为杂乱反射体干扰。

箔条通常由金属箔切成的条、镀金属的介质（常用的是镀铝、锌、银的玻璃丝或聚酰胺丝）或直接由金属丝等制成。由于箔条的材料及工艺的进步，现在的箔条比起初期（20世纪40年代）的箔条，同样的质量所得到的雷达反射面积可增大约十倍。箔条中使用最多的是半波长振子。半波长振子对电磁波谐振，散射波最强，材料最省。短的半波长箔条在空气中通常水平取向。考虑干扰各种极化的雷达，也同时使用长达数十米甚至百米的干扰带和干扰绳。

箔条不仅有电性能指标，如箔条的有效反射面积、箔条包的有效反射面积、箔条的各种特性（频率特性、极化、频谱、衰减特性）及遮挡效应等；而且有许多其他指标，如散开时间、下降速度、投放速度、结团和混合效应及体积、质量等。

1. 箔条的有效反射面积

箔条干扰是由大量的、在空间任意分布的箔条所产生的回波之和。为了求得大量箔条的平均面积，首先要研究单根箔条的有效面积。

目标的有效反射面积是一个与入射波垂直的，其发射到接收点的能量与真实目标在该方向所发射的能量相等的理想导电平面的面积。目标有效反射面积的表示式为

$$\sigma = 4\pi R^2 \frac{S_2}{S_1} = 4\pi R^2 \frac{E_2^2}{E_1^2} \tag{2-9-1}$$

式中，R 是目标至雷达（接收点）的距离；S_1 和 E_1 分别是雷达在目标处的功率密度和电场强度；S_2 和 E_2 分别是目标散射的回波在接收点的功率密度及电场强度。

电磁波与箔条关系示意图如图 2-9-1 所示。设箔条为半波长的理想导体的导线，入射的电磁波的电场强度为 E_1，与箔条的夹角为 θ，则 E_1 在箔条上感应产生电流，由天线理论可知，其幅度按正弦分布，最大值 I_0 是在箔条的中心，数值为

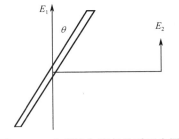

$$I_0 = \frac{\lambda}{\pi} \frac{E_1}{R_\varepsilon} \cos\theta \tag{2-9-2}$$

式中，R_ε 是半波振子的辐射电阻，为 73Ω；λ 是波长。

图 2-9-1 电磁波与箔条关系示意图

箔条上的这一电流所产生的电场，在距离 R 处的电场强度 E_2 为

$$E_2 = \frac{60 I_0}{R} \cos\theta \tag{2-9-3}$$

将式（2-9-2）、式（2-9-3）代入式（2-9-1），即可得到半波长箔条的有效反射面积为

$$\sigma = 4\pi R^2 \frac{E_2^2}{E_1^2} = 0.86\lambda^2 \cos\theta^4 \tag{2-9-4}$$

当大量箔条投放到空间时，每根箔条在空间的取向是任意的，并且相互无关地做杂乱运动。此时需要求出单根箔条的平均有效反射截面，然后才能求出整根箔条的有效反射面积。

设电磁波为水平极化波，如果箔条只有在水平面内（二维空间）做等概率分布（短的箔条在空中基本上都是水平取向的），φ 为电场 E 与箔条的夹角，则箔条的平均有效反射面积为

$$\bar{\sigma} = \int \sigma(\varphi) W(\varphi) \mathrm{d}\varphi \tag{2-9-5}$$

由于箔条在水平面内做等概率分布，即 $W(\varphi) = 1/2\pi$，所以得

$$\bar{\sigma} = \int_0^{2\pi} 0.86\lambda^2 \cos\varphi^4 1/2\pi \mathrm{d}\varphi = \frac{3}{8}(0.86\lambda^2) \approx 0.32\lambda^2 \tag{2-9-6}$$

实际箔条在空间的任意分布通常是三维的，则箔条的平均有效反射面积为单根箔条的面积在空间立体角的平均值，即

$$\bar{\sigma} = \int_\Omega \sigma(\theta) W(\Omega) \mathrm{d}\Omega \tag{2-9-7}$$

式中，$\Omega = \dfrac{S}{R^2}$，$W(\Omega) = \dfrac{1}{4\pi}$，$\mathrm{d}\Omega = \sin\theta \mathrm{d}\theta \mathrm{d}\varphi$，三维空间积分示意图见图 2-9-2，则

$$\bar{\sigma} = \int_0^{2\pi} \mathrm{d}\varphi \int_0^\pi (0.86\lambda^2) \cos^4\theta \frac{1}{4\pi} \sin\theta \mathrm{d}\theta = \frac{0.86\lambda^2}{5} \approx 0.17\lambda^2 \tag{2-9-8}$$

在投放箔条时，要保证在每个雷达分辨单元里箔条的有效反射面积 σ_N 大于被掩护目标有效反射面积 σ_i，其中，$\sigma_N = N\bar{\sigma}$，N 是雷达分辨单元内箔条的根数，则

$$N > (1.3 \sim 1.5) \frac{\sigma_i}{\bar{\sigma}} \tag{2-9-9}$$

式中，因子 $1.3 \sim 1.5$ 是考虑到箔条投放后的相互粘连和损坏而打的折扣。

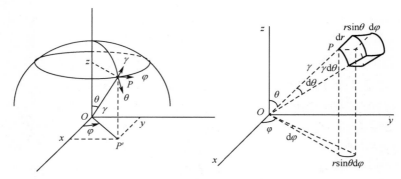

图 2-9-2　三维空间积分示意图

例：要掩护中型轰炸机（$\sigma_i = 70\text{m}^2$），对于波长 $\lambda = 4\text{m}$ 的雷达干扰，这时半波长箔条的长度为 2m，这种长度箔条在空中将任意取向，其单根箔条的平均有效反射面积为

$$\bar{\sigma} = 0.17\lambda^2 = 2.72\text{m}^2$$

所以，每包箔条数为

$$N = (1.3\sim1.5)\sigma_i/\bar{\sigma} = (1.3\sim1.5)70/2.72 \approx 33.4\sim38.4 \text{根}$$

对于波长 $\lambda = 10\text{cm}$ 的雷达干扰，这时半波长箔条的长度为 5cm，这种长度的箔条在空中基本于水平方向任意取向，其单根箔条的平均有效反射面积为

$$\bar{\sigma} = 0.32\lambda^2 = 0.0032\text{m}^2$$

所以，每包箔条数为

$$N = (1.3\sim1.5)\sigma_i/\bar{\sigma} = (1.3\sim1.5)70/0.0032 \approx 28400\sim32800 \text{根}$$

2. 箔条的遮挡效应

箔条的遮挡效应是指箔条云中的一些箔条被另一些箔条所遮挡，而不能充分发挥发射雷达信号的效能。换句话说，当箔条相当密集时，前面的箔条就阻碍了后面的箔条对雷达照射来的电磁波能量的充分接收，从而产生了遮挡效应。这种遮挡效应，特别在飞机或舰船进行自卫而投放箔条的期间，是一种主要的影响。它影响了作为自卫用的箔条包的有效反射面积的正确估算。只是当箔条扩散开来，直到各箔条之间的距离为波长的 10 倍以上时，遮挡效应才不大了。

由于存在遮挡效应，所以计算箔条云的有效反射面积所得的理论值，就只能作为可能达到的上限值。而实际的箔条云，要根据箔条的密度，采用考虑了遮挡效应的计算方法。

一种根据电磁波吸收理论得出的估算遮挡效应的模型为

$$\sigma/A_a = 1 - e^{-N\sigma_0} \tag{2-9-10}$$

式中，A_a 是箔条云对雷达的投影面积；N 是箔条云投影面积内单位面积的箔条数；σ_0 是一根箔条在不考虑遮挡效应时平均有效反射面积。因此，$N\sigma_0$ 就是箔条云单位面积可能达到的有效反射面积的理论上限值。箔条中的遮挡效应如图 2-9-3 所示。

当 N 很大时，即箔条很密时，由式(2-9-10)有 $\sigma/A_a = 1$。这说明，箔条云的有效反射面积可能达到的最大值为 A_a，即其投影面积。

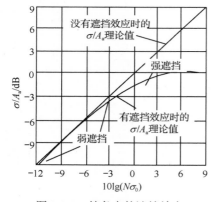

图 2-9-3　箔条中的遮挡效应

当 $N\sigma_0$ 很小时，将 $e^{-N\sigma_0}$ 展为级数，取一级近似，则有 $\sigma/A_a = N\sigma_0$。这说明，$N\sigma_0$ 很小，即箔条密度很小时，不存在遮挡效应，所以，箔条云的有效反射面积为 $\sigma = N\sigma_0 A_a$。

对 $\lambda = 10\text{cm}$ 的雷达，在 $N\sigma = 2$ 密度的情况下，箔条的有效反射面积为

$$\sigma/A_a = 1 - e^{-N\sigma_0} = 1 - e^{-2} \approx 0.865(\text{m}^2/\text{m}^2)$$

3. 箔条云对电磁波的衰减特性

电磁波通过箔条云时，由于箔条的散射而使它受到衰减。为了说明箔条云对电磁波衰减的程度，下面确定电磁波通过箔条云后的衰减方程及箔条云电磁波的衰减系数。

设面积为 1m^2、厚度为 dx 的单元体积的箔条云所反射的能量为 dP，见图 2-9-4。由于箔条云反射的能量与它的有效反射面积成正比，则有

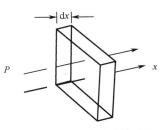

$$dP = -P\overline{\sigma_e}dx \qquad (2\text{-}9\text{-}11)$$

式中，P 是加到单元体积输入端的电磁波功率；dP 是单元体积中箔条散射的功率；$\overline{\sigma_e}$ 是单元体积中箔条的有效反射面积。

由于单位体积中箔条（$\overline{n}$ 条）的有效反射面积为

图 2-9-4 电磁波通过单元体积的箔条云

$$\overline{\sigma_e} = \overline{n}(0.17\lambda^2) \qquad (2\text{-}9\text{-}12)$$

所以式（2-9-11）可写为

$$\frac{dP}{dx} + \overline{n}(0.17\lambda^2)P = 0 \qquad (2\text{-}9\text{-}13)$$

解此方程，并代入边界条件，即 $x=0$ 时，$P=P_0$，即可求得电磁波通过厚度为 x 的箔条云时被衰减后的功率为

$$P = P_0 e^{-\overline{n}(0.17\lambda^2)x} \qquad (2\text{-}9\text{-}14)$$

将此方程变换为分贝表示衰减量的表示式，即

$$P = P_0 10^{-0.1\beta x} \qquad (2\text{-}9\text{-}15)$$

式中，β 为箔条云对电磁波的衰减系数，单位为 dB/m，$\beta = 0.43[\overline{n}(0.17\lambda^2)]$。

对于雷达电磁波为双程衰减时，两次衰减后的电磁波功率为

$$P = P_0 10^{-0.2\beta x} \qquad (2\text{-}9\text{-}16)$$

式中，x 的单位为 m。

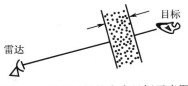

图 2-9-5 箔条云掩护空中目标示意图

例：在空中形成箔条云以掩护目标，见图 2-9-5，如果要使雷达对目标的作用距离减为原来的 1/10，试在箔条云厚度为 1000m 时，确定箔条数。

解：因为 $P = P_0 10^{-0.2\beta x}$，$P = P_0 10^{-4}$，所以，$\beta = 0.02$
又因为 $\beta = 0.43[\overline{n}(0.17\lambda^2)]$，所以

对于 $\lambda = 3\text{cm}$ 的雷达：$\overline{n} = \dfrac{\beta}{0.073\lambda^2} = \dfrac{0.02}{0.073 \times 9 \times 10^{-4}} \approx 300\,(\text{根}/\text{m}^2)$

对于 $\lambda = 10\text{cm}$ 的雷达：$\overline{n} = \dfrac{\beta}{0.073\lambda^2} = \dfrac{0.02}{0.073 \times 10^{-2}} \approx 30(\text{根}/\text{m}^2)$

可见，针对不同频率的雷达，为了达到相同的干扰效果，需要的箔条数不一样。

4. 箔条的频率响应

为了得到大的有效反射面积，人们基本上采用半波长箔条，但半波长箔条的谐振峰却很

尖锐，适用的频段很窄。箔条带宽定义为其最大有效反射面积降为一半时的频率，只有中心频率的 15%～20%。为了增大箔条的谐振带宽，以便干扰多种频率的雷达，一般可以采用以下几种办法。

（1）增大箔条的直径。半波长箔条的带宽随着其长度与直径之比（l/d）的减小而单调增宽，见图 2-9-6。例如，l/d =5000 时，带宽为 11.5%；l/d =500 时，带宽为 16.5%；l/d =100 时，带宽仅达 26%。可见，增大箔条的直径，虽然使带宽有所增宽，却使箔条的质量和体积增大，导致箔条下降速度增大，单位质量和单位体积箔条有效反射面积减小。

（2）将多种不同长度的半波长箔条混合包装，以增大箔条干扰的带宽。在实际应用时，由于采用了细箔条，故单位质量（或体积）的箔条数量相当大，能产生较大的有效反射面积，并保证有较长的留空时间，所以这是增大箔条干扰带宽的一种常用的方法，但每包箔条长度的种类不宜太多，以 5～8 种为宜。例如，美国生产的 RR-72 型宽频带箔条包，就包括 1.5cm 的 660000 根，1.6cm 的 23040 根，1.8cm 的 23040 根，2.4cm 的 11520 根，2.8cm 的 11520 根，5.3cm 的 11520 根等六种长度不同的箔条，可以干扰 3～10cm 波段的雷达。混合包装的箔条有效反射面积及其频率响应如图 2-9-7 所示。

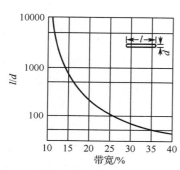

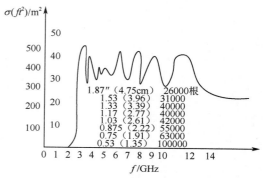

图 2-9-6　半波长箔条的带宽和长度直径比的关系　　图 2-9-7　混合包装的箔条有效反射面积及其频率响应

（3）将成捆的箔条丝斜切割以获得宽频段特性。这种宽频带箔条的频率响应均匀，但不易达到更宽的频带。

（4）采用长的、非谐振型的箔条绳可以得到很宽的频率响应。

5. 箔条干扰的极化特性

箔条投放在空中后，人们希望它能随机取向，使其平均有效反射面积与极化无关，对任何极化的雷达均能有效地干扰。

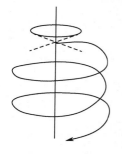

（a）慢速下降特性　　　　（b）快速下降特性

图 2-9-8　短箔条的运动特性

实际上，由于箔条的形状、材料、长短不同，箔条在大气中有其一定的运动特性。例如，均匀的短箔条（$l \leq 10\text{cm}$），将趋于水平取向而且旋转地下降。这种箔条对水平极化雷达的回波强，而对垂直极化雷达则干扰效果很差。为了干扰垂直极化的雷达，可以将箔条的一端配重（使其重心偏离中心），这样可使箔条降落时垂直取向，但其下降的速度变快了。箔条由于外形及材料的完全对称或者变形，其运动特性也趋于垂直取向，快速下降，见图 2-9-8。

不同短箔条的这种快速和慢速运动特性，使投放后的箔条云经过一段时间的降落后形成两层，水平取向的一层在上边，垂直取向的一层在下边，时间越长，两层的距离越远。

长箔条（长于 10cm）在空中的运动规律可认为是完全随机的，它对各种极化都能干扰。

箔条在刚投放时，受飞机湍流的影响，可以达到完全是随机的，所以飞机自卫时投放的箔条能干扰各种极化的雷达。

箔条云的极化特性还与箔条云对雷达波束方向的仰角大小有关。在 90° 仰角时，即使水平取向的箔条，它对水平极化和垂直极化的回波是差不多的，但在低仰角时，则水平极化的回波就远比垂直极化的强。

6. 箔条回波信号的频谱

箔条云的回波信号是大量箔条的反射信号之和，每根箔条回波的强度和相位是随机的、不断变化的，所以回波是随机起伏的。

箔条回波信号的频谱取决于箔条云中心移动的平均速度和每根箔条随机运动的速度这两个因素。

箔条云的中心相对于雷达的平均速度为

$$v_0 = \sqrt{v_F^2 + v_L^2} \qquad (2\text{-}9\text{-}17)$$

式中，v_F 为风的平均速度；v_L 是箔条下降的平均速度。

箔条云的平均速度决定了箔条云回波信号功率谱的中心频率相对于雷达载波频率的多普勒频偏。箔条云中单根箔条的随机运动速度决定了功率谱的频率分布。图 2-9-9 所示是箔条云回波信号的功率谱。箔条云回波信号的功率谱最大值的频率相对于雷达照射信号频率的频移 F_{0d} 与箔条云中心的平均速度成正比，即

$$F_{0d} = \frac{2v_0}{\lambda}\cos\alpha \qquad (2\text{-}9\text{-}18)$$

式中，α 为平均速度与雷达径向之间的夹角。

箔条云回波信号功率谱的密度是箔条云中各箔条受到各种影响而产生的速度所引起的多普勒频移。这些运动速度主要受各种大气气象参数的影响，包括：（1）平均风速；（2）垂直的风速梯度；（3）大气层的平均速度；（4）垂直的温度梯度和大气湍流。而这些大气气象参数还随着高度的变化而变化。所以箔条云的高度不同，回波信号的频谱宽度也有变化。

图 2-9-10 所示是箔条云在不同风速下，雷达波长为 9.2cm 时回波信号频谱包络的实验曲线。曲线 A 是箔条在静止空气中降落时回波信号频谱；曲线 B、C 是在风速为 15km/h 时获得的回波信号频谱；曲线 D 是风速为 40km/h 时的曲线。即使风速很大，箔条云回波信号频谱也是相当窄的，其带宽只有几十赫兹。当箔条不断扩散，箔条云所占据的空间很大，其中一部分受到阵风或旋风、湍流的作用时，回波信号的频谱将会展宽，但也只有几百赫兹。

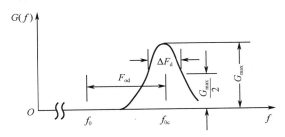

图 2-9-9 箔条云回波信号的功率谱

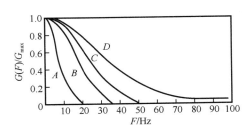

图 2-9-10 箔条云回波信号频谱与风速的关系

7. 箔条在舰船自卫中的运用

当舰船上侦察和探测设备发现导弹来袭后，立即由舰载无源对抗系统迎着导弹来袭方向发射快速离舰散开的箔条弹，使之和舰船都处于导弹寻的雷达的分辨单元之内，导弹跟踪到比舰船回波强得多的箔条云团的回波上，见图 2-9-11。箔条发射之后，舰船应立即根据导弹的方向、舰船的航向、航速以及风速、风向等进行快速的机动，以避开导弹对舰船的跟踪。

舰载无源对抗系统主要是指以箔条干扰弹为主要武器、一般兼有发射红外干扰弹以及其他干扰弹能力的舰载诱饵发射系统，还包括舰用假目标系统等。舰载诱饵发射系统由控制设备、发射装置和干扰弹三部分组成。图 2-9-12 所示是典型的舰载诱饵发射系统的组成。

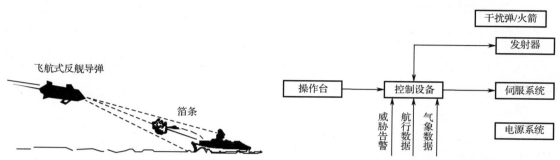

图 2-9-11 箔条对反舰导弹的干扰   图 2-9-12 典型的舰载诱饵发射系统的组成

控制设备具有计算和逻辑判断功能。以军用计算机为核心的控制设备与舰上舰船雷达告警侦察设备、情报台、导航设备及气象仪相连接，最大限度地利用来自舰载探测器的信息。设备内部装有功能很强的实时战术软件，对各种威胁迅速做出反应，按成功可能性最大的方式自动发射干扰弹，或者给出发射引导信号，由人工决定干扰弹的发射，也可以完全实行人工控制。控制设备还具有干扰弹状态检测功能，显示发射装置干扰弹状态信息。

发射装置有迫击炮和火箭炮两种类型，发射角度有固定的和旋转的两种形式。迫击炮式发射装置多为小口径多管炮，且一般发射角度固定，射程较近，反应时间短，以实施质心干扰为主，适用于机动灵活的中、小型舰船；火箭式发射装置口径相对较大，射程远，干扰方式多样，既能用于质心方式干扰，也可用于迷惑式干扰、冲淡式干扰和转移式干扰。为保证实现各种作战要求，常采用旋转式发射装置，多用于装备大、中型舰船。

干扰弹按照口径可分为两种：一种是大口径干扰弹，如美国的 RBOC 诱饵发射系统口径为 112mm，一发干扰弹形成的箔条云雷达截面积为 1000m²，小型舰船只需一枚干扰弹就能得到有效保护，对于大一些的舰船，如护卫舰，需要一次齐射适当数量的干扰弹；另一种小口径箔条榴弹，如英国的 PROTEAN 发射装置，每发箔条榴弹口径为 40mm，以 9 发弹为一组进行发射，箔条云反射面积为 1000m² 时，对于小型舰船发射一组干扰弹即可，对于大一些的舰船则需要多组齐射才能获得有效的保护效果。

雷达制导的反舰导弹来袭时，舰载雷达无源干扰设备根据舰船雷达侦察告警设备提供的告警信息和当时的风向、风速，按照预先装入的程序或实时计算的结果，给出干扰弹发射信号，由发射系统将干扰弹发射至预定空间；干扰弹炸开后，箔条丝迅速散开形成箔条云，箔条云随风漂移运动，成为雷达诱饵，诱骗导弹末制导雷达，使导弹偏离舰船。舰船则按照计算或逻辑判断结果实施机动。

从发现导弹到其命中舰船的时间是很短的。如果用舰上的雷达探测导弹，从发现导弹到导弹命中舰船，只有 50～60s。用告警侦察机，可以及早（几十分钟前）发现导弹的发射，确定导弹的大概方向和它转为跟踪的时间，从而为箔条弹的发射提供更准确的数据和更长的准备时间。目前箔条从发射到散开成箔条云，约需 5s，箔条散开后的停空时间应保证对导弹的整个飞行过程都能干扰，停空时间有 60s 即可满足要求。

舰载箔条弹发射后有效反射面积的变化过程如图 2-9-13 所示。这是一种轻型箔条弹从发射到散开以及停空时间，其箔条云有效反射面积的变化过程。可以看出，从箔条发射到散开约需 5s，有效反射面积增大很快；在第 5s 至第 10s 期间，箔条继续扩散。从第 10s 到第 50s，箔条虽继续扩散，但由于没有超出雷达的波束，箔条云总的有效反射面积基本保持不变。在箔条散开后的 30～40s 期间内，因爆炸散开气流的影响，箔条在空间的取向是完全随机的，所以对水平极化和垂直极化的有效反射面积是相近的。经过 30～40s 期间后，短箔条在空间趋向于水平取向，所以对垂直极化波的有效反射面积就减小，随着时间的增长，垂直极化和水平极化的有效反射面积相差越来越大。

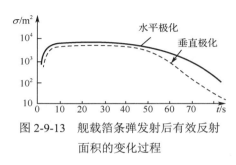

图 2-9-13　舰载箔条弹发射后有效反射面积的变化过程

反舰导弹攻击舰船一般经过雷达探测引导、发射、巡航、末端制导系统开机搜索、目标锁定攻击五个阶段。干扰设备可针对反舰导弹攻击的不同阶段，实施层次防御，通常有以下四种干扰方式。

（1）迷惑干扰。迷惑干扰是用箔条干扰火箭布设远程雷达假目标，迷惑敌方导弹发射平台上的搜索雷达和火控雷达。舰船雷达侦察告警设备发现敌搜索雷达和火控雷达开机搜索目标时，用远程箔条干扰火箭向本舰周围数千米距离发射若干枚箔条弹，形成多个雷达假目标。箔条云雷达截面积应与被掩护舰船相当，使敌雷达难以判别真假。迷惑干扰示意图如图 2-9-14 所示，没有干扰时，在敌雷达 P 型显示器上，只有舰船目标；实施迷惑式干扰后，敌雷达 P 型显示器上会出现多个目标。迷惑式箔条云的作用是延缓敌雷达发现我舰的时间，甚至把箔条云当作真目标捕获。如果一次发射 2 枚干扰弹，形成两个假目标，按几何概率计算，敌雷达对真目标的捕获概率仅约为 33%。

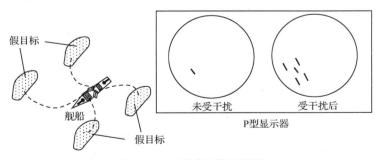

图 2-9-14　迷惑干扰示意图

（2）冲淡干扰。冲淡干扰用于对付导弹末制导系统。其主要原理是利用当目标的反射能量大于雷达从搜索转到跟踪的信号门限时，导弹末制导雷达立即转为跟踪状态的这一特点，在末制导雷达开机搜索前，在目标附近布置多个假目标（诱饵），如图 2-9-15 所示。当末制导雷达开机搜索时，就有可能首先捕捉到假目标，只要假目标的反射能量满足跟踪信号门限的要求，就可以在搜索到假目标之后，迅速跟踪假目标，以降低对目标舰的捕捉概率。

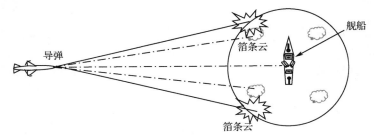

图 2-9-15　冲淡干扰示意图

当对来袭导弹的搜索规律不了解时，可在舰前左右侧和舰后左右侧各发射一枚箔条弹，这样不管末制导雷达采用何种搜索方式，都能首先搜索到冲淡诱饵而跟踪诱饵。

由于末制导雷达的搜索时间短（1～2s），当搜索到符合一定要求的目标（目标的反射能量大于被干扰的末制导雷达的捕捉门限）后就立即转入跟踪，所以冲淡诱饵必须在末制导雷达开机前形成。这样，实施冲淡干扰不能用 ESM 来引导，因为此时末制导雷达还未开机，ESM 不可能捕获到这一信息，而必须用雷达或其他探测设备来提供引导信息。由于迎面飞来的反舰导弹的 RCS 很小，高度又很低，目前的雷达等探测设备的发现距离很近，很难由它们获得引导发射的信息。如何掌握好实施冲淡干扰的时机，是进行冲淡干扰的难题。

（3）转移干扰。转移干扰方式是当舰船已被敌方导弹跟踪，为摆脱被跟踪状态而采取的一种雷达无源干扰和有源干扰的联合行动。在距舰船较近距离，且与导弹来袭方向相反的方向上，投放箔条，形成雷达假目标，有源干扰采用距离跟踪波门拖引技术，将导弹跟踪波门拖向箔条云，使导弹跟踪"转移"到假目标上去，舰船快速脱离箔条回波区，避免被直接击中，如图 2-9-16 所示。

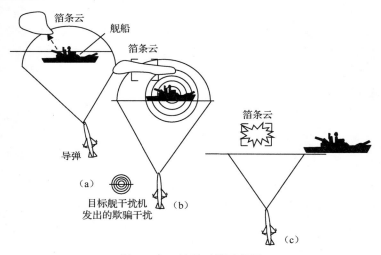

图 2-9-16　转移干扰示意图

（4）质心干扰。水面舰船通过发射箔条弹对来袭的反舰导弹实施质心干扰的示意图如图 2-9-17 所示。导弹末制导雷达原来跟踪舰船［见图 2-9-17（a）］，实施质心干扰后，开始时舰船回波与箔条云回波重叠或靠得很近，末制导雷达的跟踪波门套住两个回波［见图 2-9-17（b）］。随着箔条云的移动和舰船的机动，两个回波快速分开，由于末制导雷达自动增益控制电路对小信号（目标回波）的抑制，致使末制导雷达跟踪箔条云，舰船避开了导弹的攻击［见图 2-9-17（c）］。如果两个回波幅度差别不大，又靠得很近，导弹将瞄准两者的质量中心，即质心。当知道真假两目标的反射能量时（一般用雷达截面积的大小来表示目标反射雷达电波的强弱），就可以算出质心点，如图 2-9-18 所示，目标舰船（其雷达截面积为σ_1）和箔条诱饵σ_2都在波束内，同时受到雷达电波的照射，那么，末制导雷达就跟踪两者形成的质心点，质心点与舰船的偏离角为

$$\theta_1 = \frac{\sigma_2}{\sigma_1 + \sigma_2}\theta_{12} \qquad (2\text{-}9\text{-}19)$$

式中，θ_{12}为舰船与箔条云相对于导弹的张角。从上述公式中可以看出，当$\sigma_2 > \sigma_1$时，$\theta_2 < \theta_1$，也就是说，质心点偏向反射能量较强的那个目标。

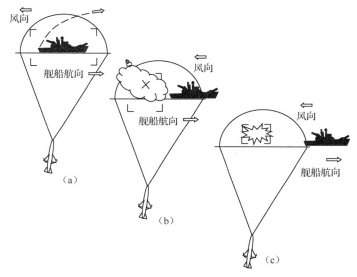

图 2-9-17　质心干扰示意图

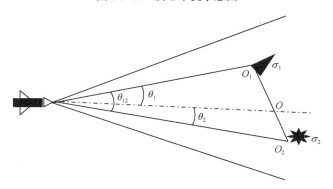

图 2-9-18　求解舰船和箔条云质心的示意图

上述质心干扰过程可以简化为：导弹末制导雷达跟踪舰船→舰船施放假目标→由于质心效应，雷达由跟踪舰船转向跟踪舰船和假目标共同形成的质心点→此时，雷达平台、舰船、假目标同时运动。如果假目标的 RCS 足够大，舰船的运动方向正确，则舰船会先于假目标离开雷达的跟踪波门→雷达将只跟踪假目标→干扰成功。可以看出，成功的质心干扰要使敌导弹跟踪雷达完成两个转移过程。

一是要使雷达由单独跟踪舰船转到跟踪舰船和假目标共同形成的质心点，需要具备的条件是假目标所处的位置，要在末制导雷达的跟踪范围内。

二是使雷达跟踪质心点转移到单独跟踪假目标，即舰船要脱离雷达的跟踪，这样才能算是干扰成功。需要具备的条件：①假目标的 RCS 要大于舰船的 RCS；②质心效应形成后（干扰弹发射后），舰船应选择正确的方向机动，尽早摆脱敌导弹跟踪；③干扰弹的发射方向应有利于舰船在最短的时间内脱离导弹跟踪。

影响质心干扰效果的因素如下。

① 舰船雷达反射面积是导弹来袭方向的灵敏函数，各方向相差百倍到千倍。

② 箔条云的雷达反射面积不但每次都不同，而且是时间的函数，又明显地受到风向、风速的影响。

③ 侦察机的快速、正确引导能力（告警时间的长短、告警参数的准确性）。

④ 对抗条件下，导弹末制导雷达天线的指向有跳变现象，跳变情况和真、假目标的分布有关。

⑤ 舰船回转半径及惯性时间的随机性。

⑥ 切割效应：指的是在对抗条件下，舰船或箔条云的一部分运动到雷达跟踪范围之外的过程（即被切割）中，质心点随之移动的过程。例如，舰船先出去一部分，则质心点会向箔条云靠近，最后导致导弹只跟踪箔条云，质心干扰成功；反之，会失败。由于舰船雷达截面积或箔条云雷达截面积和它们自身的几何面积之间是复杂的非线性关系，因此，切割效应是一个复杂的过程。

⑦ 风向、风速的变化。

综上所述，各随机因素的影响，使质心干扰效果呈现出随机性，因此，必须用统计的观点理解计算干扰效果。在实战中，干扰效果还和侦察机性能、操作员素质及指挥员的水平有密切的关系。干扰成功概率和干扰成功的定义有密切关系：对于"碰炸引信"的导弹，只要干扰使导弹偏离目标，干扰就成功了。对于"近炸引信"的导弹，干扰必须使导弹在方位上偏离一定角度，体现在导弹于命中平面上的点和舰船的距离数值上，例如，30~60m，当大于时成功，小于时判为有一定效果或失败。一般取这个数值为"导弹杀伤半径"。

提高箔条质心干扰成功概率的途径有：

① 增加箔条云的雷达反射面积（研制新材料、新工艺）；

② 降低舰船雷达反射面积隐身技术（预机动），只有使 $K_j > 3$，成功概率才会大于 90%；

③ 正确的干扰弹发射方向；

④ 正确的舰船机动方向和角度，并且要全速机动。

应该说，质心干扰是对抗反舰导弹的有效手段，尤其是雷达截面积小、机动灵活的小型舰船特别适合应用质心干扰，大型舰船也把质心干扰作为对抗反舰导弹的"最后一招"。

二、反射器干扰

在对雷达的无源干扰中，还有一种常用的方法，就是利用各种金属反射体、反射器，模拟机场、桥梁、坦克、车辆、飞机、舰船等固定或运动的目标，制造雷达的假目标或诱饵，以破坏雷达的正常工作。一个理想的导电金属平板，当其尺寸远大于波长时，可以对法线入射的电波产生强烈的回波，它的有效反射面积为

$$\sigma_{\max} = 4\pi \frac{A^2}{\lambda^2} \qquad\qquad (2\text{-}9\text{-}20)$$

式中，A 为金属平板的面积；λ 为波长。

如果不是从法线方向垂直入射，而是从其他方向入射，金属平板也能很好地将电波反射出去，但会反射到其他方向，使回波变得很弱，相应的有效反射面积很小，不能满足对雷达干扰的要求。

因此，对反射器的主要要求应当是：①以小的尺寸和质量，获得尽可能大的有效反射面积；②要有足够宽的方向图。

目前，有多种性能优良的反射器，如角反射器、双锥反射器、龙伯透镜反射器、万-阿塔反射器等。

1. 角反射器

角反射器是利用三个互相垂直的金属平板制成的。根据它各个面形状的不同可分为三角形、圆形、方形三种角反射器，如图 2-9-19 所示。

（a）三角形角反射器　　　（b）圆形角反射器　　　（c）正方形角反射器

图 2-9-19　角反射器类型

（1）角反射器的雷达反射面积。

角反射器具有在较大角度范围内，将入射电磁波经三次反射，按原方向反射回去的特性，如图 2-9-20 所示。角反射器的最大反射方向称为角反射器的中心轴，它与三个垂直轴的夹角相等（54.75°）。在该方向上，角反射器获得最大雷达反射面积。角反射器的最大雷达反射面积与其棱长的 4 次方成正比，与波长的平方成反比，具体公式为

$$\sigma_{\triangle\max} = 4.19 \frac{\alpha^4}{\lambda^2} \qquad (2\text{-}9\text{-}21)$$

$$\sigma_{\bigcirc\max} = 15.6 \frac{\alpha^4}{\lambda^2} \qquad (2\text{-}9\text{-}22)$$

$$\sigma_{\square\max} = 37.3 \frac{\alpha^4}{\lambda^2} \qquad (2\text{-}9\text{-}23)$$

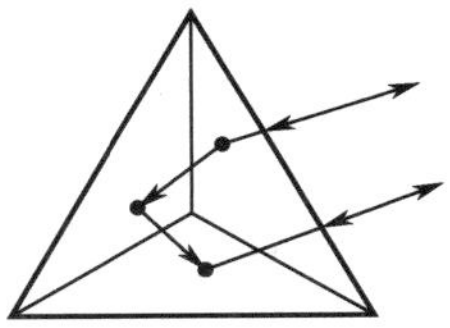

图 2-9-20　角反射器
电磁波反射示意图

式中，$\sigma_{\triangle\max}$、$\sigma_{\bigcirc\max}$ 和 $\sigma_{\square\max}$ 分别为三角形、圆形、方形角反射器的最大反射面积；α 为棱长；λ 为入射波波长。总之，在三种基本角反射器中，当棱长相同时，三角形角反射器的雷达反射面积最小，圆形角反射器的雷达反射面积次之，方形角反射器的雷达反射面积最大。但由于方形角反射器使用不便，所以应用很少。

角反射器三个面之间的垂直度和反射面的平整度对其雷达反射面积有较大影响。当角反射器的棱长为波长的 60～70 倍时，三个面之间的不垂直度偏差不能大于半度，否则角反射器的雷达反射面积会有明显下降。反射面不平也会造成雷达反射面积减小。当三个面都向相同方向凹陷或凸出时，雷达反射面积的下降会更明显。

（2）角反射器的方向性。

角反射器的方向性以其方向图宽度来表示。这个宽度是其有效反射面积降为最大有效反

射面积的一半时的角度范围。角反射器的方向性包括水平方向性和垂直方向性。角反射器的方向图越宽越好，以便在较宽的角度范围内对雷达都有较强的回波。实验表明：三角形角反射器的水平方向图宽度约为 40°，圆形角反射器的水平方向图宽度约为 30°，方形角反射器的水平方向图宽度只有 25°。

增宽角反射器方向性的办法之一是，增大角反射器的顶端面积，把它做成变形角反射器。三角形角反射器做成变形角反射器后，其方向图宽度可由 40°增大到 60°。

一种更好的办法是采用四格（四象限）的角反射器，它相当于把四个角反射器背靠背放在一起，其方向图宽度是单个角反射器的 4 倍。例如，四格三角形角反射器水平方向图宽度可达 40°×4=160°。为了全方位覆盖，还常常把两个相同的四格角反射器相互差 45°配置在一起，则其方向图超过 40°×8=320°，基本上具有全方位覆盖的性能。

角反射器的垂直方向性对于反雷达伪装具有重要意义。角反射器的低仰角反射太弱，这对反雷达伪装是不利的。特别是对距离较远的来袭敌机，角反射器在远距离上反射太弱，常常达不到伪装地面目标的目的。改善角反射器低仰角性能的办法常用的有两种：一种是增大角反射器底边的面积，能使低仰角方向图宽度增加几度，有时可利用平坦的地面或水面作为底边的一部分，达到增大底边面积的效果；另一种办法是将角反射器架高，并将它倾斜一个角度，利用地面反射波和直接波的干涉作用，也可改善低仰角雷达波的反射性能。

（3）充气式角反射体。

充气式角反射体以金属织物作为反射面，采用入水自动充气展开或离舰自动充气展开的非金属充气柱作为反射体的结构支撑框架，这类充气式角反射体携带、存储、使用方便，且可重复使用，在反导作战中具有明显的优势。

充气式角反射体投放（或发射）后能快速形成海面漂浮式（或空中悬浮式）雷达假目标，具有持续作用时间长、雷达回波与舰船相似度高等优点，可对抗现代先进反舰导弹导引头的箔条识别电路，理论上对各种体制雷达均有较好的干扰效果。

在水面舰船防空反导作战过程中，无源干扰的主要作战样式有迷惑干扰、冲淡干扰、质心干扰，主要作战平台包括空中预警机、攻击机，主要作战对象为搜索警戒雷达、导弹末制导雷达等。从雷达搜索角度来说，充气式角反射体能够有效模拟舰船反射波形成假目标，使敌方雷达难以分辨真假目标。充气式角反射体反射的雷达波主要有如下三个特点。①与舰船雷达回波相似度高。从雷达信号级角度来说，充气式角反射体的 RCS 特性曲线和经典舰船目标 RCS 特性曲线均属于慢起伏，相似度较高，能够有效模拟舰船假目标。②极化特性与舰船相似。在极化特性上，反舰导弹主要利用舰船回波信号与末制导雷达发射信号的极化方式相同，而杂波信号与末制导雷达所发射信号的极化方式不同，滤除杂波信号，实现抗干扰目的。而充气式角反射体的水平极化与垂直极化曲线的起伏特性相似，与舰船目标相同。根据充气式角反射体的极化特性，充气式角反射体在对抗极化抗干扰雷达导引头时，具有较好的干扰效果。③能够有效长时间实现相参积累。根据几何绕射理论模型（GTD），电磁散射能量可以被看作来自 M 个强散射中心，在一个确定方向上以频率 f 的电磁波对目标进行照射，则总的后向散射电场 $E_v(f)$ 为

$$E_v(f) = \sum_{m=1}^{M} A_{vm}(f/f_0)^{\alpha_m} e^{-j4\pi f r_m/c} \qquad (2\text{-}9\text{-}24)$$

式中，v 表示特定发射和接收极化方向组合；A_{vm} 为第 M 个散射中心在中心频率 f_0 上的散射系数；r_m 为散射中心到雷达参考相位零点的距离在雷达视线方向的投影。式（2-9-24）中省

略了以时间 t 为变量的调制因子 $\mathrm{e}^{\mathrm{j}2\pi f t}$，$A_{vm}$ 是复数并且与极化有关，其中，$(f/f_0)^{a_m}$ 反映了散射中心的散射强度随频率的变化关系，a_m 的取值与散射中心的几何形状有关。从式（2-9-24）中可以看出，充气式角反射体的回波信号起伏主要由幅度的随机性造成，与雷达发射脉冲信号相同，因此充气式角反射体的回波信号可以实现相参积累，能够对抗雷达导引头的相参处理技术。

鉴于充气式角反射体的重要性，美国、英国、法国等国家及我国台湾都大量列装了充气式角反射体，通过与箔条混合使用的措施，增加雷达对真假目标的识别难度，以达到对抗新型反舰导弹的目的。根据作战时充气式角反射体离开舰船的方式不同，无外乎有投放型系统和发射型系统两种。

投放型充气式角反射体依靠自身重力或者高压气体进行布放，离舰后自动充气展开成型，漂浮于海面形成雷达假目标。该型充气式角反射体由于布放时无须运载器，所以体积较大，展开成型后，雷达反射面积也较大，但因布放距离较近，一方面布放后需要舰船按要求机动才能达成干扰效果，另一方面导致与箔条等无源干扰器材配合也存在一定的困难。现役舰载投放型充气式角反射体系统的典型代表是 DLF 系列舷外充气式角反射体系统（国内俗称"橡皮鸭"），它由英国埃文宇航（Irvin Aerospace）公司研发，目前已发展了三代产品，即 DLF-1～DLF-3。DLF 第一代产品因马岛战争的经验而研制，也就是说在 1982 年以后开始研制和装备。DLF-1 充气式角反射体结构上采用双菱锥形八面体构造，平时包装在两个类似救生筏的水密性容器内，置于船舷一侧的斜台发射架上。投放时，依靠自重滑离发射架，离舰入水前开始充气，以假目标的形式对抗反舰导弹。使用时，两个一组成对使用，RCS 相当于一艘中型舰船，在 4 级海况条件下可以保持有效时间 3 小时，而且可以覆盖全部的方位角和俯仰角。DLF-2 是 DLF-1 的改进型，重点对反射材料、充气方式进行了完善，具体体现在反射面积有所增大。DLF-3 是 DLF-2 的改进型。与 DLF-2 相比，DLF-3 缩短了充气展开时间，而产生的 RCS 更大。在使用方面，DLF-3 引入了固定发射管（通常每舷侧安装 2 个），采用压缩空气将诱饵抛出，该诱饵离开舰船一定距离后，通过系索的拉动，启动诱饵内部的压缩气体系统，使诱饵膨胀后漂浮在水面上，形成一个六十面体，共有 20 个角反射器，据称其所产生的等效雷达面积（RCS）大于 $50000\mathrm{m}^2$。该诱饵已于 1997 年服役，装备在英海军大部分驱逐舰和护卫舰上，包括"勇敢"级 45 型驱逐舰。同时，美国"提康德罗加"巡洋舰和"阿利·伯克"导弹驱逐舰也已装备该型充气式角反射体。

发射型充气式角反射体装填在运载器（如火箭）中，利用发射装置发射并飞至距舰船一定位置后，从运载器中脱离并充气成型，在空中悬浮形成雷达假目标并缓慢坠落到海面。该型充气式角反射体布放距离比较远，且在空中有一定的悬浮时间，因而可以与箔条配合使用以增大导弹末制导雷达目标识别难度，当它坠落至海面时，仍可对来袭导弹起到干扰和致偏功能，这一特点对抗击掠海飞来的反舰导弹具有重要意义。但由于其体积小，单个角反射体雷达反射面积有限，另外因为要利用运载器，所以也会占用一部分发射装置的资源。典型的代表有以色列的"维扎德（Wizard）"反雷达假目标、丹麦的"戴尔玛（Terma）"软杀伤武器系统中的 PW216 型干扰弹以及法国"西莱纳（Sylena）"多模式软杀伤干扰系统中的射频干扰弹。

（1）"维扎德（Wizard）"反雷达假目标。

以色列海军和拉法尔公司近年来开发了一种宽带跳频反雷达假目标，称之为"维扎德（Wizard）"，俗称"巫师"，以应对一些已经拥有识别和对抗箔条干扰能力的最先进的现代反舰导弹。作为新一代雷达假目标,"维扎德(Wizard)"可由综合假目标干扰系统兼容发射,主要用于干扰和诱惑雷达制导的反舰导弹,尤其是那些最先进的具有箔条鉴别逻辑电路导引头的反舰导弹。这种雷达假目标采用固体火箭发射,有效作用距离为 50～1800m,使用高度为 50～200m,空中滞留时间为 30～60s,干扰频率范围为宽波段,所产生的雷达反射面积为 1500～4000m^2。该导弹由发射装置发射并飞至距舰船一定位置后,可迅速展开成角反射器型假目标,在空中悬浮的同时产生闪烁、光反射、水平/垂直极化、距离和方位信号等水面舰船固有的性能特征,以引诱或干扰来袭反舰导弹导引头的逻辑识别器电路,最终诱使其偏离航线,保护舰船不受攻击。当"维扎德(Wizard)"假目标坠落至海面时,仍可对来袭导弹起到干扰和致偏功能,这一特点对抗击掠海飞来的反舰导弹具有重要意义。

(2)"戴尔玛(Terma)"软杀伤武器系统。

丹麦海军的"戴尔玛(Terma)"软杀伤武器系统是一种具有世界领先水平的舰载软杀伤武器系统,它由发射装置、控制系统和干扰弹药三大部分组成。"戴尔玛(Terma)"软杀伤武器系统可配装以下几种干扰弹:"奇姆拉"双模干扰弹、"斗牛士"双模干扰弹、"海盗"红外诱饵弹、PW216 型干扰弹等。其中,PW216 Mod2 型是一种箔条/角反射器复合干扰弹,其特点有:一是产生的假目标箔条云干扰范围较大,在 2～40GHz 波段内均有干扰作用;二是具有对抗毫米波段导弹导引头的能力;三是可通过多种方式(如信号闪烁、回波起伏、相同的水平极化和垂直极化、类似目标舰的距离和方位误差诱导等)对抗现代先进反舰导弹导引头的箔条识别电路;四是其内载角反射器和箔条载荷相辅相成,可同时起到迷惑和质心干扰的作用。

(3)"西莱纳(Sylena)"多模式软杀伤干扰系统。

"西莱纳(Sylena)"多模式软杀伤干扰系统是法国拉克鲁瓦公司和 EADS 防务公司联合研发的一种主要用于小型水面舰船的多模软杀伤干扰系统。该系统由三大部分组成:装在甲板下的控制处理器、装在甲板上的多管固定式发射装置和系统配用的多种先进假目标弹药。它配有三种不同工作模式的干扰弹,分别是 Sealem 射频干扰弹、Sealir 红外诱惑火箭弹和 Seamos 光导发光屏蔽弹(烟幕弹)。其中 Sealem 是一种专用的电子干扰火箭弹,直径为62mm,经发射管发射后,可在距舰船一定距离(200m 左右)的空中抛射出一个结构型的角反射器装置,该装置可以产生大面积的全向雷达反射截面效应,其射频极化可逼真地模拟载舰的雷达反射特征,较之普通箔条具有更大的反导干扰和迷惑作用,而且其反应时间不到 2s,持续作用时间长达 40s。

2. 龙伯透镜反射器

龙伯透镜是一个介质圆球,其折射率随着半径的变化而变化。龙伯透镜反射器是在龙伯透镜的局部表面上加上金属反射面构成的。龙伯透镜反射器根据所加金属反射面大小的不同,有 90°、140°的反射面,它们的方向覆盖分别为 90°和 140°,见图 2-9-21。

龙伯透镜反射器的有效反射面积(当 $a > \lambda$ 时)为

$$\sigma = 4\pi^3 \frac{a^2}{\lambda^2} = 124a^4/\lambda^2 \tag{2-9-25}$$

式中,λ 为雷达波长;a 为龙伯透镜半径。将上式与各种角反射器的最大有效反射面积比较,可以看出,在相同尺寸的条件下,龙伯透镜反射器的有效反射面积最大,比三角形反射器大30 倍左右。实际的龙伯透镜反射器,由于介质损耗及制造的缺陷等,其有效反射面积比理论计算的要小 1.5dB 左右。

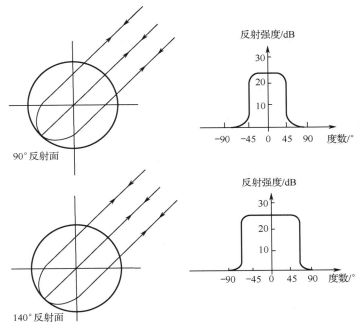

反射强度/dB

90°反射面

140°反射面

图 2-9-21　龙伯透镜反射器

为使龙伯透镜反射器能提供全方位的反射，实际的反射器是在球上涂上一个宽度为 L 的环形金属反射面。它具有 360°全方位的反射性能，其垂直面上的方向覆盖就等于环形金属反射面的宽度 L 对球心的张角。如果环形金属反射面不是正好在透镜的赤道平面上，而是向下偏转某一角度，则反射器的方向图就向上偏转相应的角度。这种反射器的有效反射面积，由于反射环带的遮挡，比前面研究的反射器的要小，其表示式为

$$\sigma_r = 4\pi \frac{(\pi a^2 - 2aL)^2}{\lambda^2} \tag{2-9-26}$$

其有效反射面积与前述反射器有效反射面积的比值为

$$\frac{\sigma_r}{\sigma} = \left(1 - \frac{2L}{\pi a}\right)^2 \tag{2-9-27}$$

为了增加反射器垂直方向图的宽度，需要增大环形金属反射面的宽度 L，但这又增大了遮挡，减小了反射器的有效反射面积。一种解决办法是把整片的金属反射环换成用倾斜角为 45°的由金属平行线组成的栅状反射环，这样，电磁波就可以通过栅状反射环进入龙伯透镜。这种 45°的栅状反射环对通过栅网的电磁波还将产生极化损失，不论对水平极化波、垂直极化波和圆极化波，其极化损失都是 3dB。电磁波到对面的栅网后反射回来，再通过栅网时又有 3dB 的损失，这样共有 6dB 的损失。

3. 万-阿塔反射器

万-阿塔反射器是由万-阿塔（Van-Atta）于 1959 年首先设计的一种无源反射阵列天线，其原理见图 2-9-22。各天线元完全对称、等间隔、成对地排列

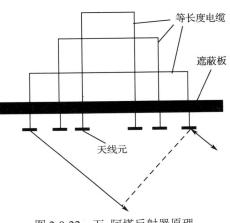

等长度电缆

遮蔽板

天线元

图 2-9-22　万-阿塔反射器原理

在一个平面上，并且用同样长度的同轴电缆连接。反射波的方向和入射波的方向完全一致，保证有较大的雷达反射面积。

天线元可以是对称振子、螺旋天线或其他类型。对称振子最为简单，为了反射各种极化波，各相邻振子都相差 90°安装。它由 N 个对称振子形成二维天线阵，各振子相距 $\lambda/2$，距屏蔽板为 $\lambda/4$，其有效反射面积的表示式为

$$\sigma = 4\pi \frac{S^2}{\lambda^2} \left[\sin\left(\frac{\pi}{2}\cos\theta\right) \right]^4 \qquad (2\text{-}9\text{-}28)$$

式中，S 是天线阵的孔径面积；θ 是入射方向与 Z 轴的夹角。

在舰船雷达对抗中，反射器可以直接作为假目标和诱饵使用，可作为火箭式假目标、无人机假目标、机载拖曳式诱饵或舰载拖曳式诱饵等干扰器材的雷达反射体。例如，以色列 DELILAH 战术诱饵系统的有效载荷采用了龙伯透镜。该诱饵系统是一种外形酷似巡航导弹的飞行器。服役于英国以及其他几个北约国家海军的 REPLICA 海上诱饵就是一种水上漂浮型雷达角反射器。

三、假目标和雷达诱饵

假目标和雷达诱饵是破坏敌防空系统对目标的选择、跟踪和杀伤的有效对抗手段之一。它广泛用于飞机、战略武器的突防和飞机及舰船的自卫。

突防时，通过发射大量的假目标，使敌雷达操纵人员发生混乱，增加识别目标的时间，或者使自动数据处理系统饱和，迫使敌人对假目标进行攻击，这样就可以减少真目标受攻击的次数。

假目标和雷达诱饵虽然都对雷达产生假的目标信息，但它们在性能和使用场合上还是有区别的。假目标通常是对敌防空系统的警戒指挥雷达而言的，一般在构造上较复杂，但性能比较逼真，带有发动机，能够主动、独立地飞行；雷达诱饵则常指飞机和军舰为了破坏敌雷达或导弹的跟踪系统而发射或投放的假目标，使雷达或导弹的跟踪系统转而跟向雷达诱饵。

（一）带有发动机的假目标

火箭式假目标或无人驾驶飞机，可以在目标反射信号的强度、速度、加速度，甚至更多的信号特征上模拟真目标，可以实现长时间（长达几十分钟）的飞行。

因此，这类假目标通常包括三个组成部分：发动机、飞行控制系统（遥控飞行或按预定程序飞行）和干扰设备。除其本身对雷达信号的反射外，还装有无源反射器或有源干扰发射机或转发器，假如敌防空系统不能区别真目标和假目标，就只能在真目标或假目标中任意确定一个或几个目标以进行射击，那么，防空导弹对真目标的命中概率就会降低。

（二）雷达诱饵

雷达诱饵一般在目标受雷达或导弹跟踪时才发射或投放，它可分为三类：火箭式、拖曳式、投掷式。

（1）火箭式雷达诱饵。火箭式雷达诱饵和火箭式假目标的不同之处是它用于目标自卫，因而其作用距离较近，飞行控制较简单，在体积、质量上都远比假目标要小，价格也较低。为了破坏雷达对目标的跟踪，它应具有大的雷达反射面积，使其对雷达的反射功率比目标反射的强几倍，以便将雷达的跟踪吸引到诱饵上来。为了有效地掩护目标，在发射诱饵的同时，

目标应进行速度和方向上的机动。火箭式雷达诱饵的初速度取决于雷达（或寻的导弹制导系统）的跟踪支路的动态特性，在诱饵刚被发射出去的瞬间，其初速度必须保证把跟踪支路的选通门引诱到诱饵上。初速度的选择，应根据诱饵和被掩护的目标在角度、距离和速度上都应在导弹或雷达的分辨单元之内这一要求。

（2）投掷式雷达诱饵。投掷式雷达诱饵也称为一次性使用的雷达诱饵，它不带发动机，通常是由箔条、角反射器等廉价的无源二次辐射器材制成的。其中用箔条做雷达诱饵，使用简单、价格低廉、使用最广。

（3）拖曳式雷达诱饵。拖曳式雷达诱饵随被保护目标一起运动，两者具有相同的运动特性，雷达和跟踪系统无法通过运动特性来区分目标和诱饵。通过电缆与被保护目标相连接，由被保护目标提供电源，并且控制诱饵的工作，在完成任务后，割断电缆即可。

四、隐身技术

隐身技术是一项综合技术，用来极力减小飞行器的各种观测特征，使敌探测器不能发现目标或使其探测距离大大缩短。隐身技术包括减小飞行器的雷达特征、红外特征、目视特征等技术，其中减小雷达特征主要是减小目标的有效反射面积。减小目标的有效反射面积，不仅可以使雷达发现目标的距离减小，而且由此还给电子对抗系统带来多方面的好处，如可以减小干扰机的发射功率、减少箔条的数量、减小假目标及雷达诱饵的有效反射面积等，为减少电子对抗器材和提高干扰效果创造了条件。

隐身技术虽然在 20 世纪就开始在新研制的高空侦察飞机、无人驾驶飞机上采用，但全面、深入地研制隐身的战略轰炸机、巡航导弹和攻击飞机，还是在 20 世纪 70 年代末。目前，该技术已取得了显著的成果，使飞行器的雷达反射面积降低在十分之一以下。

在隐身技术中，常用的减小目标有效反射面积的方法如下。

（一）合理设计目标的外形

在满足飞机的空气动力学要求条件下，极力减小雷达反射面积。例如，采用角反射小的翼身混合体、全埋式座舱、V 形垂尾、发动机半埋式安装、进气口置于机身背部、取消外挂式武器吊舱等。通常，表面没有明显的突变，表面的曲率小，都可使回波大大降低。对座舱盖表面进行金属化，使之成为透明的金属薄膜，这样，不致因座舱的突变及内部的复杂结构引起强的反射回波。由于选取了合理的外形，以使飞机的有效反射面积是以往的十分之一。

（二）选用非金属材料

机体采用反射率低的非金属材料（如碳素纤维的复合材料），以减小回波信号。

（三）采用反雷达涂层

在产生强烈反射回波的部位，如发动机进气口、机翼前沿及突出部位，用吸收涂层加以覆盖，可进一步减小目标的有效反射面积。根据反雷达涂层对电磁波吸收原理的不同，常用的涂层如下。

（1）吸收型涂层。吸收型涂层的基本原理是利用有限电导率的介质材料，使进入涂层中的电磁波产生传导电流和位移电流，从而产生热损耗并被完全吸收。涂层的表面还应和自由空间匹配，使入射的电磁波不产生反射而全部进入涂层。涂层被涂敷在目标导电表面基体上，涂层外边是自由空间。进入涂层的电磁波应被完全衰减和吸收。

单层的吸收材料对米波、分米波的吸收是有效的，但对厘米波需要采用多层结构，其中吸收材料由表层至底层逐层加浓。例如，用 $\varepsilon_r = 1$ 的泡沫状聚苯乙烯做成，并加进石墨或碳墨作为吸收物质，使之由表层向底层逐渐加浓。多层材料还可以做到宽频带。

为进一步提高涂层的吸收性能，可采用几何渐变的办法，如用角锥形（方锥或圆锥形）的结构，使入射波斜向投到锥面，从涂层表面反射的少量电磁波可经锥面多次反射而全部吸收。

（2）干涉型涂层。干涉型涂层的原理是利用进入涂层经由目标表面反射回来的反射波和直接由涂层表面反射的反射波相互干涉而抵消（即反相 180° 而互相抵消），使总的回波为零。

涂层的材料和厚度应选择得使涂层与自由空间界面上的总电场强度为零。涂层厚度 L 及涂层内的衰减量 β 便确定了干涉型涂层的参数。这说明，干涉型涂层也应具有吸收性能，所以在它的组成中，应该含有作为吸收物质的铁磁材料和炭黑成分。干涉型涂层比吸收型涂层的质量要轻，但它的反射特性严重地依赖波长，其波段较窄，妨碍了它的实际应用，但是多层结构的干涉型涂层是很有前途的。

干涉型涂层的另一个特点是它的反射系数和电磁波的入射方向的关系很大，随着入射波偏离法线的角度增大（如超过 30°），反射系数将明显增大。

第十节　新体制雷达对抗技术

雷达体制是指雷达所采用的技术方案。雷达的技术体制决定了雷达的技术特点，也决定了雷达的功能和用途。因此，熟悉雷达体制及不同体制雷达的信号特点，是进行雷达对抗的基础。随着电子技术的不断发展，雷达出现了许多新的体制，如脉冲压缩雷达、超宽带雷达、合成孔径雷达、逆合成孔径雷达、相控阵雷达、太赫兹雷达、微波光子雷达、认知雷达、量子雷达等。雷达干扰也随着新体制雷达的产生而发展。本节重点对脉冲压缩雷达、低截获概率雷达和毫米波雷达的基本原理及其干扰技术进行介绍。

一、脉冲压缩雷达基本原理及其干扰技术

脉冲压缩雷达是发射宽脉冲信号，接收并处理后形成窄脉冲的雷达，实现匹配接收。脉冲压缩雷达的优点是能解决作用距离和距离分辨力的矛盾，具有很大的作用距离和很高的测距精度，同时大大提高了雷达自身的抗干扰能力。

（一）基本原理

由雷达信号检测的匹配滤波器理论可以知道，在白噪声背景条件下，接收系统的传递函数设计成与输入信号的频谱一致时，可以使输出的信噪比最大。信噪比越大，越有利于对信号的检测和估计。在噪声给定的情况下，对常规的矩形脉冲来说，提高信噪比意味着增大发射信号的能量，从而增大目标回波信号的能量。增大发射信号能量有两个途径：一是增大发射功率；二是增大脉冲宽度。发射功率的提高，受大功率器件的功率容限和耐压的限制，不能无限制增大；而脉冲宽度的增大，对常规的脉冲雷达会影响雷达的距离分辨力。由此可见，在峰值功率受器件限制的情况下，利用增大脉冲宽度来提高探测距离，与提高测距精度和距离分辨力之间是有矛盾的。

根据雷达信号理论分析，在实现最佳处理并保证一定信噪比的前提下，测距精度和距离分辨力主要取决于信号的频谱结构，为了提高距离分辨力和测距精度，要求信号具有大的带宽。而测速精度和速度分辨力则取决于信号的时间结构，为了提高速度分辨力和测速精度，要求信号具有大的时宽（脉冲宽度）。同时，为了增大发射能量以便提高雷达系统发现的目标能力，也希望有大的脉冲宽度。综合各方面的要求，希望信号具有大的时宽、带宽乘积。但是，常规的单载频脉冲雷达信号的时宽和带宽乘积接近 1，即 $\tau B_n \approx 1$，从而使大的时宽和大的带宽不可兼得，导致测距精度和距离分辨力同探测距离及测速精度、速度分辨力之间存在不可调和的矛盾。

如果我们对发射信号采取特殊的调制，改变信号结构（调频或调相）可以获得既有较大的时宽，又有较大的频带宽度，使其乘积远大于 1，即 $\tau B_n \gg 1$，接收时再配合适当的信号处理，就可以解决上述矛盾，即发射时采用宽脉冲信号，接收时将其压缩成窄脉冲，从而既可增大雷达作用距离，又可保证雷达高的距离分辨力。

在不增大发射机峰值功率的前提下，为了获得大的时宽和带宽乘积的脉冲压缩信号，理论上必须对发射信号的频率或相位进行"调制"，即设计新的雷达信号波形来实现，在接收时必须采用与发射波形匹配的滤波技术来实现压缩。脉冲压缩雷达系统组成框图如图 2-10-1 所示。根据雷达的不同用途，脉冲压缩比通常在数十至数百之间，有的可达数千。目前实现脉冲压缩比较成熟的波形有线性调频、相位编码和非线性调频三种。

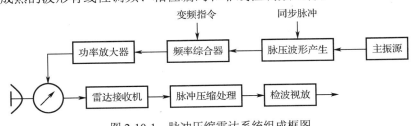

图 2-10-1　脉冲压缩雷达系统组成框图

采用脉冲压缩技术后，雷达优越性明显。

（1）采用脉冲压缩技术可以提高距离分辨力。

（2）采用脉冲压缩技术可以降低对发射机的要求。若用 0.1μs 简单发射脉冲，作用距离为 30km 时，发射功率需要几十千瓦，而用 100μs LFM 发射脉冲，作用距离为 30km 时，发射功率需要几十瓦。没有磁控管等大功率微波器件，雷达使用寿命大大增加；没有高压电源、变流机、大功率散热风扇，雷达体积大为减小；高压和微波器件减少，可靠性大大增加。

（3）宽带信号有利于提高系统的抗干扰能力。

（二）主要干扰技术

1. 对线性调频雷达的干扰

一般的噪声干扰（射频噪声、噪声调频、调幅、调相等）对线性调频雷达干扰效果较差，因为这些噪声信号很难通过匹配滤波器，有很大一部分能量会被匹配滤波器滤除掉。这类噪声信号往往需要大功率的干扰机才能收到较好的干扰效果，适用于在战争之初对敌方雷达参数一无所知的情况。针对线性调频雷达的有效干扰主要包括移频干扰、灵巧噪声干扰和延时转发式干扰等。

（1）移频干扰。移频干扰是指干扰设备对接收到的雷达信号进行频率失配，即叠加 1 个多普勒频移量，形成干扰信号后转发出去，可使雷达产生 1 个假目标，假目标在距离上或领先于匹配目标，或落后于匹配目标，具体情况取决于多普勒频移量的正或负。正的多普勒频移量使干扰回波超前实际回波，而负的多普勒频移量延时实际回波，从而可以达到距离欺骗的目的。另外，由于移频相当于多普勒频率的变化，因此假目标还存在速度欺骗。为了达到好的干扰效果，多普勒频移量不宜过大，否则会造成信号能量损失较大，同时也会造成移频后距离上的位移偏大，距离欺骗干扰效果不明显。

（2）灵巧噪声干扰。灵巧噪声干扰是指兼有噪声干扰和欺骗干扰特点的干扰样式。与移频干扰相比，它不是用固定信号对复制的雷达信号进行调制，而是改用噪声信号进行调制后，再发射出去形成干扰信号。该干扰信号会使雷达输出许多噪声脉冲，而这些脉冲在时间上与雷达真正的目标回波重叠且覆盖目标回波。

（3）延时转发式干扰。延时转发式干扰是将截获到的雷达信号存储后通过不断转发在雷达的距离轴上产生距离拖引的干扰效果。延时转发式干扰完全利用雷达信号的处理增益，产生与真实目标完全相同的假目标，常用于雷达自卫干扰方面。它往往需要干扰机与被保护雷达密切配合，防止产生的假目标位置是真实目标的位置。

针对线性调频信号的干扰，基于延时转发的这种干扰样式其干扰信号与雷达信号的相关性较好，能收到很好的干扰效果。与此同时，由于这种转发方式是全脉冲干扰，为了能对信号进行高保真的存储转发，通常采样频率要满足采样定理，这样才能收到较好的干扰效果，而目前的脉冲压缩信号大多采用大时宽带宽信号，这就对 DRFM 的性能提出了很高的要求，往往需要高采样率才能保证对信号无失真的存储。

2. 对相位编码雷达的干扰

相位编码雷达利用码元的扩频通信原理，其信号具有截获概率低、反隐身能力强等特点，而且克服了一般雷达在探测距离、距离分辨力和速度分辨力方面的矛盾，大大提高了雷达的抗干扰能力，使传统的干扰方法干扰威胁程度降低。因此，目前对线性调频雷达干扰的研究较多，而对相位编码雷达干扰的研究较少。

传统噪声干扰对压缩雷达的干扰效果不明显，往往需要大功率的噪声信号，在实现上较困难。针对相位编码雷达的有效干扰主要有连续波调制干扰、码元调制干扰、等间隔取样干扰等。

（1）连续波调制干扰。连续波调制干扰具有波形简单、易于实现等优点，而且能对真实目标的峰值造成陷波的效果，同时也能很好地提高旁瓣电平。

（2）码元调制干扰能通过匹配滤波器获得一定的压缩处理增益，但是需要侦察到相位编码雷达比较精确的码元调制特性。

（3）等间隔取样干扰。等间隔取样干扰也叫间隙采样转发式干扰。传统移频干扰样式产生干扰与雷达信号具有很大的相似性，但是它对 DRFM 的要求非常高，同时在时分隔离方式下最短的延时为一个脉冲宽度时间，而这对大时宽的信号而言，因为其与真实目标相距太远而很容易被对方雷达发现和识别。等间隔取样干扰通过低采样率对信号欠采样，利用不同频率分量的加权幅度不一致来产生成串的具有随机性的假目标，主假目标产生欺骗的干扰效果，其他旁瓣假目标产生压制的干扰效果。其优点是实现比较简单，采用 DRFM 对侦察到的相位编码信号进行欠采样处理，重复转发出去，而且在干扰的实时性上比其他的样式要好，能很快跟上雷达回波。但其缺点也十分明显，首先，产生的假目标数目不便于控制，同时假目标之间的距离也不好掌握，所以假目标会表现出很强的随机性；其次，对功率的利用率不高，由于是对信号的欠采样，那么一部分信号的能量会丢失，其结果就是产生的干扰信号只能利用匹配滤波器的部分处理增益；最后，采样信号的占空比对干扰效果的影响很大。大占空比能获得较大的第一主瓣幅度，但是此时第一旁瓣主瓣比较低，而占空比减小可以提高第一旁瓣主瓣比，但此时对功率的利用率又不高。所以，需要在这二者之间找一个平衡点。此外，对采样周期的选择也很重要，采样周期必须小于雷达信号的脉宽，并且需要根据具体的雷达信号脉宽来选择，不然有一部分多普勒频率分量会被抵消而不能参与叠加，这样很难取得较好的干扰效果。

二、低截获概率雷达基本原理及其干扰技术

雷达利用无线电辐射对目标测距和定位，通常需要辐射电磁波信号，也就是可能被雷达截获接收机截获，接着被检测分类，并加以处理识别，进而给出相应的对抗措施。为了有效地保护雷达本身的生存，雷达需要寻求战术上的或者更多是技术上的静默和隐蔽，与此同时，还需要保证雷达的自身工作能力。针对这种矛盾的需求，现代雷达理论从雷达发收处理技术和截获接收机的截获检测技术不同的特点出发，在承认截获接收的距离单程优势的同时，利用雷达对特定目标探测辐射的可控制性、收发协同能力以及对截获接收机非合作性，采用功率、频率和信号形式上的策略性技术措施，在截获接收机对雷达信号截获过程的概率事件中，形成特定意义下隐蔽工作的低截获概率（LPI）雷达。

（一）基本原理

低截获概率雷达可将辐射能量以类噪声的形式扩散在宽频率范围上，从而让反辐射武器定位系统精度下降，使雷达免遭反辐射导弹的攻击。为了衡量低截获概率雷达的质量，提出了衡量低截获概率雷达质量的因子，称为截获因子。截获因子 α 定义为侦察接收机对雷达的最大作用距离与雷达的作用距离之比：$\alpha = R_i/R_r$。其中，R_i 表示侦察接收机对雷达的最大作用距离，R_r 表示雷达的作用距离。根据雷达方程，可推导出

$$\alpha = \left[\frac{P_T G_{TE}^2 G_E^2 \lambda^2 \gamma_E^2 B_R F_{Rn} (S/N)_R L_R}{4\pi k_B T_0 G_T G_R \sigma_T B_E^2 F_{En}^2 (S/N)_E L_T L_E^2} \right]^{\frac{1}{4}} \tag{2-10-1}$$

上式反映了截获因子与雷达及截获设备参数的关系。为提高雷达反侦察性能，应尽量降低截获因子。当 $\alpha > 1$ 时，截获设备能发现雷达的存在，而雷达不能发现载有截获设备的平台，此时雷达处于劣势，截获设备占优势，雷达有被干扰和摧毁的危险。当 $\alpha < 1$ 时，雷达对侦察接收机的作用距离大于侦察接收机对雷达的最大截获距离，即雷达能探测到目标，而侦察机无法侦察到雷达信号，此时称该雷达为低截获概率雷达或"寂静"雷达，具有低截获概率优势。当 $\alpha = 1$ 时，是一种雷达与截获设备优势持平的临界状态，此时的雷达作用距离称为雷达临界"寂静"距离。

低截获概率雷达的主要实现途径有功率管理技术、低旁瓣天线技术、变极化技术、低截获波形技术和相参积累技术。

1. 功率管理技术

由式（2-10-1）可以得到截获因子与雷达发射功率的关系为

$$\alpha \propto (P_T)^{\frac{1}{4}} \tag{2-10-2}$$

雷达发射功率越大，对截获设备越有利。采用功率管理技术使雷达的发射功率在时间和空间上受到控制。用较大的功率进行搜索和监视，一旦探测到目标后就用较小功率跟踪目标，

并将功率控制在与雷达发射面积相当的程度。雷达只在目标出现的某些扇区发射信号，而在其他区域不发射信号，从而实现雷达发射功率在空间上的控制。除在空间上控制雷达的发射功率外，还可以在时间上控制雷达的发射功率。在满足雷达威力的前提下，雷达发射功率尽可能小，这对火控雷达尤为重要。

各种体制的连续波雷达和准连续波雷达具有低发射功率特性，而且容易实现功率管理，使截获设备从功率方面不容易截获雷达信号。

2. 低旁瓣天线技术

由式（2-10-1）可得到如下关系

$$\alpha \propto \left(\frac{G_{\mathrm{TE}}^2}{G_{\mathrm{T}} G_{\mathrm{R}}} \right)^{\frac{1}{4}} \tag{2-10-3}$$

由于现代截获设备的灵敏度很高，所以能够截获由雷达发射天线旁瓣辐射的雷达信号。可知，降低天线旁瓣增益，提高主瓣增益，可降低截获因子，也就是降低截获设备在雷达天线旁瓣截获雷达信号的可能性。这对于雷达免遭反辐射导弹导引头截获特别重要。当截获设备对雷达天线主瓣进行截获时，该项因子等于 1，降低旁瓣增益，提高主瓣增益，对于主瓣不被截获没有帮助。但是，雷达天线主瓣增益越高、旁瓣电平越小、波束宽度越窄，那么为敌方截获雷达提供的时间越短，从而截获概率就越低。另外，高增益有利于远距离目标的探测，极低的天线旁瓣可以做到除主波束之外辐射极小功率，而且也可以减少从旁瓣进入各种干扰信号（各种干扰信号进入雷达的主要途径），尤其是多路径效应所产生的干扰为雷达带来许多不利的因素。因此，对整个雷达系统来说，降低雷达天线旁瓣，还是降低了雷达被截获的可能性。

3. 变极化技术

截获因子与极化系数的关系为

$$\alpha \propto \left(\gamma_{\mathrm{E}} \right)^{\frac{1}{4}} \tag{2-10-4}$$

提高雷达信号极化状态与截获设备天线极化状态失配的程度，即使极化系数较小，也能降低截获因子。由于截获设备一般采用圆极化天线，则极化系数为

$$\gamma_{\mathrm{E}} = \frac{1}{2} \left(1 \pm \frac{2\eta_{\mathrm{R}}}{1 + \eta_{\mathrm{R}}^2} \right) \tag{2-10-5}$$

式中，η_{R} 为雷达信号电场的椭圆率，"+"表示雷达信号极化与截获设备天线极化的旋向一致，"−"表示两者极化的旋向相反。

当雷达信号为线极化（$\eta_{\mathrm{R}} = 0$）时，$\gamma_{\mathrm{E}} = 1/2$，雷达的增益为 1.5dB；当雷达信号极化是与截获设备天线极化旋向相反的圆极化时，$\gamma_{\mathrm{E}} = 0$，雷达信号将不被截获；当雷达信号极化与截获设备天线极化旋向一致时，$\gamma_{\mathrm{E}} = 1$，截获设备天线极化与雷达信号极化匹配；当雷达信号极化是与截获设备天线极化旋向相反的椭圆极化时，$0 < \gamma_{\mathrm{E}} < 1/2$，雷达能获得 1.5dB 以上的增益；当雷达信号极化是与截获设备天线极化旋向相同的椭圆极化时，$1/2 < \gamma_{\mathrm{E}} < 1$，雷达获得 1.5dB 以下的增益。

如果知道截获设备天线的极化状态，低截获概率雷达可选取相应的雷达信号极化状态，使两者的极化完全失配（$\gamma_{\mathrm{E}} = 0$）。如果不知道截获设备天线的极化状态，低截获概率雷达需采取一定的变极化措施，增加雷达信号极化与截获设备天线极化失配的机会。极化捷变能减

小截获设备对雷达信号能量的积累，从而降低信噪比。

4. 低截获波形技术

由式（2-10-1）可得到如下关系

$$\alpha \propto \left(\frac{B_R}{B_E^2}\right)^{\frac{1}{4}} = \left(\frac{\tau_R}{\tau_R^2 B_E^2}\right)^{\frac{1}{4}} \qquad (2\text{-}10\text{-}6)$$

式中，τ_R 为雷达发射信号脉冲宽度。

雷达采用扩谱发射信号或大时宽带宽积信号，可降低截获因子。其原因是，雷达采用扩谱信号或大时宽带宽积信号，使截获设备带宽与之失配，降低其输出信噪比，而雷达接收机带宽能够与发射信号带宽匹配，达到输出最大信噪比，提高雷达低截获概率性能。

在低辐射功率条件下，要使雷达能达到战术要求的威力，则必须加大脉宽，增加雷达波束对目标的驻留时间。但是，大的脉宽降低了距离分辨力，为了解决威力与距离分辨力的矛盾就必须采用脉冲压缩技术。

雷达发射波形的选择是以不同的目标环境和目标信息来决定的，为了检测最远、最小的目标，雷达信号要具有足够的能量；为保证高的距离分辨力和测量精度，信号要具有充足的带宽；为了区分运动目标和地杂波，信号要具有充足的时宽。而低截获概率雷达在保证以上性能外，还必须具有峰值功率低、调制形式复杂等特点。低截获概率雷达发射信号应是一个其详细结构难以被截获设备做出估计的复杂信号，使截获设备成为一个失配接收机。最理想的信号是扩散在较宽频率范围内的噪声信号，但这种信号目前难以得到应用。低截获概率雷达可采用的扩谱或大时宽带宽积信号主要有伪随机编码信号、线性调频信号、相位编码和线性调频混合信号、正交频分复用信号，其中伪随机编码信号是类噪声信号，是一种较好的低截获概率雷达信号。宽带随机频率捷变信号也是一种低截获概率雷达信号。

5. 相参积累技术

早期的脉冲雷达都是磁控管发射机，每个发射脉冲的初相位随机，不确定，称为非相参雷达。非相参雷达无法检测多普勒频移，从而提取目标的速度信息，只能利用发射脉冲与回波脉冲之间的延时获取目标的距离信息。为了检测多普勒频移，要求发射信号必须是频谱纯度很高的连续波信号或相参脉冲串信号。如果将频谱纯度很高的连续波进行脉冲调制，形成的脉冲串信号作为雷达的发射信号，则发射脉冲的初相位之间具有确定的相位关系，这种信号称为相参脉冲串。所谓全相参雷达，就是雷达发射信号频率、本振信号频率和相参基准信号频率全部来自主振荡器，它们之间保持着严格稳定的相位同步关系，然后利用相参检波器，以相参基准信号为基准提取运动目标回波信号的多普勒频移。全相参雷达系统组成如图 2-10-2 所示。

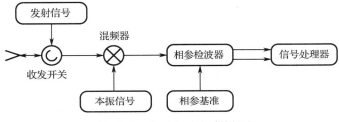

图 2-10-2　全相参雷达系统组成

采用相参积累技术的雷达主要有三个非常突出的优点。

（1）通过相参积累可以提高信噪比，增强目标检测能力。相参积累的作用是将回波信号进行相位矢量相加，由于噪声脉冲相位的随机性，这些脉冲大部分被相消，而对于目标回波，其脉冲相位基本保持不变，可实现目标信号能量的有效累加。总之，累加 N 个脉冲，信噪比将提高 N 倍，可显著提高目标检测能力。

（2）通过相参积累，让雷达在较远作用距离时需要的发射功率更低，这样的雷达信号不易被侦察系统发现。信噪比提升后，在保持作用距离不变的同时，随着脉冲积累个数的增加，发射功率显著降低，比如，脉冲积累个数 $N=64$，则发射功率降低 1/64，约 18dB；脉冲积累个数 $N=256$，则发射功率降低 1/256，约 24dB。很明显，脉冲积累让发射功率变小后，更难被雷达侦察系统发现。

（3）通过相参积累还可以获取目标的多普勒域特性，目标识别和抗干扰能力更强。运动目标与杂波具有不同的多普勒频移，可以在频域上将杂波和小目标区分开，提高了信噪比和识别能力。相参积累可以抗箔条干扰，原因如下：①箔条本身没有速度特性，通过提取多普勒频移可以区分箔条假目标和运动目标；②箔条云由众多箔条偶极子构成，其雷达反射波的相位不一致。通过相参积累，可以将箔条云作为杂波噪声抑制。相参积累还可以抗传统有源干扰。有源干扰主要包括压制性干扰和欺骗性干扰。压制性干扰主要指噪声干扰，包括宽带噪声干扰和窄带阻塞干扰。欺骗性干扰主要指有源转发式干扰，包括距离欺骗、角度欺骗和速度欺骗等。由于相参积累采用了脉内或脉间相干的信号波形，使与雷达发射波形不匹配的干扰信号，不能得到相应的处理增益，从而显著降低了传统压制干扰或欺骗干扰的效果。

（二）主要干扰技术

由于低截获概率雷达采用脉冲压缩信号处理方式，大大抑制了非相干干扰信号的进入，导致传统的干扰样式无法实现相干处理增益，干扰效果很差，因此对于低截获概率信号的干扰应从相干干扰入手，具体从以下两个方面考虑。

（1）对于频率调制信号的有效干扰样式，主要是基于对调频信号的频率失配、脉宽失配或时间失配原理，从频率值、调频斜率、信号脉宽或延迟时间等参数进行干扰设计，从而形成多种相干干扰样式，重点解决现有的移频干扰和间歇采样转发式干扰存在易被识别利用、遮盖范围有限以及功率利用率不高的问题。

（2）相位调制信号的干扰样式，主要是从对信号的变换来设计的，最大限度地保持信号的相干性，具体可以对信号实施脉内分段重排、交织、附加随机变换等。

目前对低截获概率雷达信号的干扰样式有基于噪声调制的压制式干扰、基于数字射频存储的移频干扰、间歇采样转发式干扰和灵巧式干扰等。另外，还可以考虑组合生成新的干扰样式，例如，干扰机在进行片段采样并转发时，既可以增加移频调制，也可以增加幅度调制。常用作法是对储频信号进行复制、距离-多普勒调制，可以在舰船回波周围形成大量的假目标干扰，欺骗雷达接收机对真正目标回波的发现和识别。总之，通过将灵巧噪声干扰、间歇采样转发式干扰和移频干扰综合使用，无论是时间域还是多普勒域，均会造成低截获概率雷达无法在多假目标复杂环境中正确地识别舰船目标，同时灵巧噪声干扰也会造成信号杂波背景的迅速抬高，从而导致目标信杂比的大幅降低，给雷达的检测处理造成较大的影响。

三、毫米波雷达基本原理及其干扰技术

（一）基本原理

毫米波是介于微波与红外之间的电磁波，通常毫米波频段为 30～300GHz（相应的波长

为 1~10mm）。目前绝大多数的应用研究集中在几个"窗口"频率，包括 35GHz、94GHz、140GHz、220GHz 和三个吸收峰（60GHz、120GHz、200GHz）上。而任何一个窗口的可用带宽几乎都可以把包括微波频段在内的所有低频频段容纳在内，毫米波的可用频带宽度非常丰富。毫米波雷达具有以下特性。

（1）频带极宽。如在 35GHz、94GHz、140GHz、220GHz 这四个主要大气窗口中可利用的带宽分别为 16GHz、23GHz、26GHz 和 70GHz，均接近或大于整个厘米波频段的宽度，适用于各种宽带信号处理。频带越宽就意味着雷达在采取抗干扰措施时可利用的频率资源越丰富，有利于在频率域实施各种抗干扰技术，如频率捷变、频率分集、扩频、快速跳频等，同时也有利于避免相邻频率雷达间的相互干扰。另外，频带较宽有利于提高距离分辨力，从而提高雷达的跟踪精度和目标识别能力。在相同的相对带宽下，毫米波系统频率高，绝对带宽大，在电子对抗中可迫使敌方干扰机功率分散，难以达到堵塞和干扰的目的。

（2）容易得到较窄的天线波束，方向性好，具有很高的空间分辨力，跟踪精度较高。较窄的波束使地面杂波和多径效应对其影响小，低空角跟踪性能较好，对横向区域成像时也能够获得较高的角分辨力。由于毫米波雷达以窄波束发射，因而使敌方在电子对抗中难以截获，具有较强的抗干扰能力。

（3）有较宽的多普勒带宽，多普勒效应明显，具有良好的多普勒分辨力，测速精度较高。由于毫米波频率很高，目标径向运动时引起的多普勒频移就较大，因此有利于毫米波雷达前视成像的分辨力和目标识别能力，也提高了雷达的动目标显示性能。

（4）良好的反隐身性能。目前隐身飞行器等目标设计的隐身频率范围局限于 1~20GHz，又因为机体等不平滑部位相对毫米波来说更加明显，这些不平滑部位都会产生角反射，从而增加有效反射面积，所以毫米波雷达具有一定的反隐身能力。

因此，毫米波电子设备在体积小、质量轻、分辨力高、作用距离近和具有良好多普勒处理特性的场合得到了广泛的应用。与微波相比，毫米波受恶劣气候条件影响较大，但分辨力高、体积小；与红外和可见光相比，毫米波系统虽然没有那么高的分辨力，但它具有穿透烟、灰尘和雾的能力，可全天候工作。

毫米波雷达的缺点主要是受大气衰减和吸收的影响，目前作用距离大多限于数十千米之内。另外，与微波雷达相比，毫米波雷达的器件目前批量生产成品率低。加上许多器件在毫米波频带均需涂金或涂银，因此器件的成本较高。然而随着新型毫米波系统研究开发趋于成熟，毫米波在战场上的应用越来越广泛，反舰导弹采用毫米波制导已成为精确制导的主要发展方向之一。国外许多反舰导弹末制导采用了毫米波制导系统。

（二）主要干扰技术

为了有效干扰毫米波雷达，必须采用有源干扰和无源干扰等综合措施，有源干扰的研究集中在相干干扰、灵巧干扰、有源诱饵等方面，无源干扰主要集中在毫米波箔条、毫米波箔片、毫米波气溶胶、毫米波角反射器、毫米波吸收层，以及毫米波等离子体等方面。

1. 无源干扰

（1）毫米波箔条和箔片。

毫米波箔条类似于微波箔条，也是利用投放在空中大量随机分布的半波偶极子群对毫米波散射产生的二次辐射对雷达进行干扰，这是最早提出的毫米波无源干扰方法。由于毫米波箔条的尺寸比微波箔条小得多，因此在制造与布放上存在一些困难，所以目前一般采用毫米波箔片，它不但能解决制造工艺和布放的困难，而且能有效地扩展带宽，这是毫米波无源干扰发展的新方向。

（2）毫米波气溶胶。

气溶胶主要是指频率在 35GHz 以下的反射微粒。目前，研究比较成熟的方案是采用可膨胀石墨来干扰毫米波雷达的探测。由可膨胀石墨高温膨化工艺而制得的蠕虫状膨胀石墨具有高的电导率、较大的表面积，从而赋予较好的电磁屏蔽性能。此外，可膨胀石墨尺寸较大，密度较小，所以沉降速度慢，空中悬浮时间长。因此，可以利用可膨胀石墨制造发烟剂生成烟幕来干扰毫米波雷达。

（3）毫米波角反射器。

其干扰原理就是模拟地面和空中的目标，使对方的制导雷达难辨真假，从而减少了对方毫米波制导武器的命中率，达到对抗的目的。理论分析表明，一个折叠全向角反射器的雷达反射面积在低频端两倍于飞机的雷达反射面积。

（4）毫米波吸收层。

其干扰原理是利用涂在被保护目标上材料的电导损耗、高频介质损耗、磁滞损耗来吸收毫米波能量以减少反射，或者利用材料干涉和散射特性使反射消失或减少，以达到对抗目的。毫米波吸收层在理论上的难度是如何选择材料和厚度。由于毫米波带宽宽，对涂层厚度的要求比较低，所以其关键是材料的选取。最新资料表明，采用铁氧体吸收层比较理想。

（5）毫米波等离子体。

其干扰原理是利用爆炸、热电离及放射性核素产生的等离子，通过对电磁波的吸收、反射、散射和非线性调制等方法对雷达进行干扰。处于研究热点中的放射性核素涂层具有许多独特的优点，已成为毫米波等离子体发展的重点。

（6）毫米波主动隐身技术。

毫米波主动隐身技术是目前研究比较多的隐身技术，它主要采取特殊的目标外形设计、反雷达涂层或采用非金属材料以及复数加载等多项技术来最大限度地减少目标的有效散射面积，以使毫米波雷达根本发现不了目标，或者发现目标时已为时太晚。目标与背景的辐射温差是毫米波制导系统发现识别目标的基础。该技术可以实时测量目标所处的环境、目标和天空的辐射情况，得到目标与背景的辐射温差，通过改变目标温度、目标的辐射率等手段来实现主动隐身。

2. 有源干扰

毫米波对抗的早期研究主要集中在有源干扰，但由于大功率毫米波器件等限制，毫米波的有源干扰发展缓慢。近年来，毫米波器件发展很快，毫米波天线、毫米波压控振荡器、毫米波行波管放大器、毫米波倍频器、低噪声混频器、毫米波耦合器、PIN 开关、环行器、带通滤波器、毫米波单片集成电路（MMIC）等频率低于 140GHz 的毫米波器件已基本成熟，其中很多已达到批量生产水平。另外，毫米波雷达为了提高作用距离和降低辐射功率，大多数利用其毫米波频带宽的特点，同时采用动目标显示、圆极化以及先进的信号处理技术，发射信号一般采用大时宽带宽形式，具备了低截获能力，大大增强了抗干扰性能。

显然对于采用相干处理的脉冲压缩、成像等新体制毫米波雷达，无源干扰大多不能达到有效干扰目的，必须采用有源干扰方法。因此，近年来，各国都在致力于毫米波有源干扰技术的研究。毫米波有源干扰技术研究主要集中在以下几个方面。

（1）相干干扰。

相干干扰是指干扰信号的特征与目标回波信号非常相似的干扰，也称为高逼真欺骗干扰。由于现代毫米波雷达已经成功地运用了脉冲压缩和相干处理技术，其脉冲多普勒滤波器的带宽窄，常规非相干干扰技术几乎没有什么干扰效果，为此必须采用与雷达信号具有相同特征的高逼真干扰信号样式，使得干扰信号在雷达的信号接收和处理中获得与目标回波几乎相同的处理增益，才能有效干扰相参体制毫米波雷达。

随着数字射频存储（DRFM）技术的日趋成熟，它已成为相干干扰的核心技术，DRFM不仅可以长时间存储相参脉冲信号，而且能够将雷达信号的脉内调制特性无失真地复制下来。由 DRFM 产生的干扰信号除时间上的延迟外，其他信号特征与雷达目标回波完全一样，具有很好的相干性。DRFM 的唯一缺点是对接收信号的信噪比有要求，对于信噪比很低的低截获概率雷达信号必须进行去噪处理，才能获得理想的干扰信号。

实现相干干扰的另一个方法是采用直接数字合成（DDS）技术，由于 DDS 产生的信号自身是相干的，对脉内、脉间参数已知的雷达而言，DDS 可以根据雷达信号参数自主产生与雷达信号相类似的相干干扰信号，同样可以在雷达信号处理中获得一定的处理增益，进而实现有效干扰。

（2）有源诱饵。

为了提高角度测量精度，反舰导弹末制导毫米波头在压窄天线波束的同时大多采用单脉冲体制，能够从单个回波信号上获得所需的角度信息，具有最有效的抗干扰能力，现有各种类型的调制干扰对其干扰效果很差，基本上都不能产生角度跟踪误差。

根据单脉冲雷达的工作原理，对抗单脉冲雷达必须采用多干扰源的干扰方法，通过协同干扰、交叉眼干扰等技术的运用，达到角度欺骗的干扰目的。另外，由于毫米波的雷达反射面积比微波的大，舰载毫米波干扰机必须具有很高的有效辐射功率才能实现电子防御的功能。在当前阶段，研制大功率毫米波干扰机还有许多困难，与之相反，由于毫米波器件体积小，有利于毫米波有源诱饵的研制，因此小巧的毫米波有源诱饵正成为毫米波雷达对抗的主要发展方向。

舰外有源干扰利用干扰信号与平台自身回波在空间上分开，将来袭导弹的导引头诱偏并指向虚拟目标。MK234“纳尔卡”系统是最成功的舰外有源诱饵之一，已交付 1000 多套，安装在澳大利亚、加拿大和美国海军的舰船中。“纳尔卡”由 BAE 系统澳大利亚公司和美国洛克希德·马丁公司联合生产，前者负责飞行装置、舰载电子设备和发射装置，后者负责电子载荷。“纳尔卡”采用悬停火箭推进系统，以与威胁导弹导引头射程和角跟踪一致的方式驶离发射舰船，并采用宽带转发式载荷呈现出一个更具吸引力的目标。AN/ALQ-248 为美国洛·马公司研制的先进舰外电子战系统，主要装备于美国海军 MH-60R 和 MH-60S 等舰载直升机中，作战对象为反舰导弹，还可以装备在无人机上用于舰船电子防御。先进舰外电子战有源任务载荷作战概念设想的是先由电子战装备 AN/SLQ-32 探测来袭反舰导弹威胁，然后通过 Link 16 通信数据链引导并控制直升机携带的有源任务载荷。

本章小结

本章首先从雷达对抗的基本过程入手，阐述了雷达对抗的作战对象和技术体系，并对雷达侦察和干扰进行了系统性介绍，以及从技术角度总结了雷达对抗的发展史和趋势。然后，对雷达侦察技术，从雷达侦察测频、雷达侦察测向、雷达无源被动定位、雷达侦察信号参数测量和处理，以及雷达情报侦察等方面进行了具体原理阐述；对雷达干扰技术，从遮盖性干扰、欺骗性干扰和雷达无源干扰等方面进行了具体原理的阐述。最后，引入新体制雷达的对抗技术，展现雷达对抗技术的最新应用。本章理论性较强，因此，课后增加了理论计算题，可以帮助读者加深对重要知识点的理解和掌握。

复习与思考题

1. 比较分析雷达和雷达侦察在目标距离、方向、速度、发射信号参数、辐射源工作状态、辐射源功能型号、载体类型等信息获取方面的差异，其中发射信号参数指雷达或侦察机对目标参数（频率、调制方式、带宽、功率等）的获取能力；辐射源工作状态是指辐射源处于搜索、捕获等状态，辐射源功能型号是指辐射源的警戒、引导等功能的判别。载体类型是指载体是大型飞机，小型船只等。

2. 假设信号处理机输入的 PDW 信号序列为泊松流，流密度为 λ，处理机对每个脉冲的处理时间为 a。（1）若某 PDW 到达，则处理机正在处理前面的 PDW，由此造成 PDW 丢失，其概率为丢失概率 P_L；若处理机空闲，则该 PDW 接受处理，其概率为服务概率 P_S，求 P_L、P_S。（2）为了防止 PDW 丢失，在处理机前端增设长度为 K 的 FIFO（先入先出）缓存器，将处理器忙时到达的 PDW 送入缓存，待处理机空闲后再由缓存中取出处理，并不计缓存的出入时间，根据排队理论，当 $a\lambda < 1$ 时，缓存器中有 n 个 PDW 的概率 P_N 为

$$P_N = (a\lambda)^n P_0 \ (0 < N \leqslant K), \quad P_0 = \frac{1-a\lambda}{1-(a\lambda)^{K+1}}$$

求此时的 P_L、P_S。

3. 某护卫舰队海警戒雷达（视距雷达）对飞行高度为 4m 的反舰导弹进行探测，在满足一定概率的条件下，最大作用距离为 35km，此雷达的天线高度为 36m，那么它能够探测的最远距离为多少？

4. 已知敌舰载雷达的发射功率为 5×10^5W，天线增益为 30dB，高度为 20m，工作频率为 3GHz，接收机灵敏度为-90dBW，我舰装有一部侦察告警系统，其接收天线增益为 10dB，高度为 30m，接收机灵敏度为-45dBm，系统损耗为 13dB，我舰的水面高度为 4m，雷达反射面积为 2500m^2，试求：（1）敌、我双方的探测距离；（2）如果将该雷达装在飞行高度为 1000m 的巡逻机上，则敌、我双方的探测距离有什么变化；（3）如果将告警系统装在飞行高度为 1000m 的巡逻机上，则敌、我双方的探测距离有什么变化。

5. 某导弹快艇的水面高度为 1m，雷达反射面积为 400m^2，侦察天线架设在艇上 10m 高的桅杆顶端，$G_r = 0$dB，接收机灵敏度为-40dBm，试求该侦察机对下面两种雷达作用距离的优势 r（即超越系数）：（1）海岸警戒雷达，频率为 3GHz，天线架设高度为 310m，天线增益为 46dB，发射功率为 10^5W，接收机灵敏度为-90dB；（2）火控雷达，频率为 10GHz，天线架设高度为 200m，天线增益为 30dB，发射功率为 10^5W，接收机灵敏度为-90dB。

6. 设某舰载雷达参数：发射功率为 200 kW，天线增益为 2500W，工作波长为 0.1m，接收机灵敏度为 10^{-12}W，则发现有效发射面积为 20m^2 的飞机，雷达的最大作用距离为多少千米？如果在飞机上装有侦察机，其接收机的灵敏度为 10^{-6}W，侦察天线增益为 100 W，问：该侦察机对上述类型雷达的最大侦察作用距离为多少？若上述波长为 0.1m 的雷达安装在某

舰船上，其雷达天线架高为 16m，现飞机在 225m 低空飞行，则飞机上的侦察机能在多远的距离发现雷达信号？若在侦察机的最大作用距离上发现雷达信号，则飞机的飞行高度应为多少？

7．设要侦察接收机的雷达的发射功率为 20kW，要求侦察接收的是雷达的主瓣，对应的天线增益为 20dB，要求的侦察接收距离为 50km，在理想条件下，求接收机的灵敏度。

8．某防空雷达的发射功率为 10^6 W，收发天线增益为 40dB，工作频率为 3GHz。重型轰炸机的雷达反射面积为 $50m^2$，采用导前飞行 3km 的无人驾驶干扰机进行掩护，干扰机采用圆极化，发射功率为 15W，发射天线增益为 5dB，有效干扰所需的 K_j=10。试求：（1）干扰机可掩护目标的最小距离；（2）如果该干扰机为引导式干扰，则应如何要求它的引导时间？

9．我某型舰船在海上执行任务，发现敌某艘舰船上的两部雷达。我舰载噪声干扰机分别对这两个目标进行瞄准式干扰，对甲雷达、乙雷达的最小干扰距离分别为 5km、10km。计算：（1）甲、乙两部雷达的有效发射功率的比值；（2）从计算结果中可以得出哪些结论？

10．设某舰载雷达参数：发射功率为 200kW，天线增益为 2500W，雷达工作波长为 0.1m，雷达接收机灵敏度为 10^{-12}W。

（1）如果在飞机上装有侦察机，其接收机的灵敏度为 10^{-6} W，侦察天线增益为 100W，问：该侦察机对上述类型雷达的最大侦察作用距离为多少？

（2）如果此舰载雷达对一中型轰炸机进行探测，轰炸机的雷达反射面积为 $50m^2$，同时安装在轰炸机上的干扰机对雷达实施干扰，干扰机的有效辐射功率为 500W，求干扰机的最小干扰距离为多少千米？（压制系数为 10，极化失配系数为 0.5）

11．某收发机的空间距离为 100m，同频、同极化收发，发射功率为 10W，接收灵敏度为 -80dBm，求该设备应达到的收发隔离度为多少？

12．下图所示为搜索式超外差接收机原理，其侦察频段为 $f_1 \sim f_2$=1000～2000MHz，中放带宽为 Δf_r=2MHz。现有载频为 1200MHz，脉冲为 1μs 的常规雷达脉冲进入接收机。

（1）画出频率显示器上的画面及信号波形，说明波形包络及宽度与哪些因素有关。

（2）中频频率 f_i 及本振频率 f_L 应取多大，为什么？

（3）画出接收机各部分频率关系图。

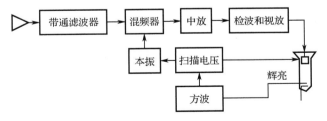

13．某宽带滤波，高中频搜索接收机测频范围为 [2GHz,4GHz]，Z=1，被测雷达的脉冲重复周期为 1ms，波束宽度为 $2°$，圆周扫描，周期为 5s，试求：（1）宽带滤波的通带，中频频率的选择，本振的搜索范围；（2）采用频率慢速可靠搜索的搜索周期和最窄的接收机带宽。

14．某信道化接收机测频范围为 [2GHz,4GHz]，采用 4×3 结构，试求：（1）频率分辨力和各级接收机设计；（2）有 2223MHz 信号进入，求其在接收机中的传输信道和频率估计。

15．已知雷达天线转速 n_a=12r/min，天线波束宽度 $\theta_a = 5°$。脉冲重复频率 $f_r = 2000Hz$，脉冲宽度 $\tau_{pw} = 1μs$。侦察天线为全向天线，侦察范围为 3GHz，显示只要一个脉冲。现要求在一个脉冲群内，以全概率截获雷达信号，当采用慢速可靠搜索时，频率搜索周期至少为多少？此时频率分辨力为多少？若采用快速可靠搜索，则频率搜索周期至多为多少？此时的频率分辨力为多少？

16．瞬时测频接收机对同时到达的多个信号可以测频吗？为什么？

17．已知某雷达天线的方位扫描范围为$0°\sim360°$，扫描周期为6s，方位波束宽度为$2°$，脉冲重复周期为1.2ms。试求：（1）如果侦察天线采用慢速可靠方式搜索该雷达，要在2min内可靠地捕获该雷达的信号，则应如何选择侦察天线的波束宽度和检测所需的信号脉冲数量；（2）如果侦察天线采用快速可靠方式搜索该雷达，在检测只需要1个信号脉冲的条件下，则应如何选择侦察天线的扫描周期和波束宽度，并达到最高的测角分辨力。

18．已知平面上两侦察站A、B的位置如下图所示，测得的角度分别为$30°$、$115°$，波束宽度均为$10°$，试求交点中心E的位置(x, y)、误差圆概率半径$r_{0.5}$，近似分析的误差面积S。

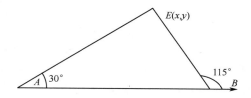

19．雷达脉冲描述字主要由哪些参数组成？雷达脉冲描述字中哪些不是雷达本身固有的参数？

20．在雷达侦察信号处理的哪个阶段导出脉冲重复周期PRI？

21．信号识别和辐射源识别有何差异？两者之间有何关系？

22．雷达信号脉内特征类型包括哪些？

23．简述短时傅里叶变换的基本原理，并说明如何将其用于雷达信号脉内特征提取。

24．雷达辐射源个体特征主要包括哪几类？

25．概括总结脉冲包络前沿特征的提取步骤。

26．设雷达接收机为超外差接收机，中心频率为f_0，中放带宽为Δf_r，中频频率为f_1，检波器为线性检波器，其传输系数为K_d，视频带宽$\Delta f_n = \Delta f_r / 2$。当有如下图所示的射频干扰加到接收机输入端时，画出混频器、中放、检波器和视放输出的频谱特性曲线，并写出它们的概率密度表达式。

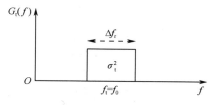

27．设压控振荡器的调频斜率$K_{FM} = 1$MHz/V，当不考虑调制过程中的损失时，欲得到3dB干扰带宽 80MHz，求调制正态噪声的功率。如果被干扰接收机的带宽为$\Delta f_r = 2$MHz，试选择调制噪声的带宽，并计算此时的有效调频系数。

28．某雷达可检测和跟踪径向速度为$-1000\sim1000$m/s、加速度为$2g/s^2$的目标；AGC电路的响应时间为0.5s。

（1）如果忽略干扰机与雷达之间的运动，要形成一径向速度为300m/s接近雷达运动的假目标，则应如何设计干扰信号的多普勒频移？

（2）如果干扰机与雷达之间已有 100m/s 的径向运动，要形成一径向速度为 300m/s 接近雷达运动的假目标，则应如何设计干扰信号的多普勒频移？

（3）试设计对该雷达进行速度波门拖引干扰的时间和拖引函数。

29．某作战飞机装载距离欺骗干扰机，已知威胁雷达可跟踪径向速度为 1500m/s 的高速目标，最大跟踪距离为 30km，AGC 系统的响应时间为 0.5s，脉冲重复周期为 0.3ms，目标丢失后等待 20 个脉冲重复周期再转入搜索，火力系统的有效射程为 20km，杀伤半径为 100m。

（1）试设计距离波门拖引干扰的各时间参数与拖引速度。

（2）如果飞机本身以径向速度 500m/s 接近雷达，干扰机要对雷达形成一个以径向速度 500m/s 背离雷达运动的拖引假目标，则应如何选择收到雷达信号后进行干扰的拖引函数？

（3）如果雷达的脉冲重复周期是非常稳定的，能否实现距离波门的前拖干扰？如何设计此时的拖引干扰时间和参数？

30．假定要干扰的雷达波长为 3cm，用质心干扰进行舰船自卫，被保护的舰船雷达反射截面积为 10000m²，请问应该用多长的箔条进行干扰？为了达到压制系数为 2～3，即箔条云反射面积比舰船的雷达发射面积大 2～3 倍，应该需要抛射多少根箔条？如果被干扰雷达的工作波长降低到 2cm，在上述情况下，又需要多少根箔条？比较对不同工作频率干扰时所需的箔条根数的情况。

31．雷达工作波长为 3cm，采用箔条云对该波长的雷达电磁波进行遮挡，箔条云的厚度为 30m，希望穿过箔条云的电磁波功率降低到入射前的十分之一，请问箔条云在该区域中的箔条密度应不低于多少？（即单位体积中包含的箔条根数）

第三章 光电对抗原理

光电制导武器和光电侦测设备都有两个敏感单元：信息获取单元（光电传感器）和信息处理单元（计算机），就像人的眼睛和大脑。光电对抗技术就是针对敌方光电制导武器和光电侦测设备的"眼睛"和"大脑"，采用强光致盲、致眩干扰使其"眼睛"变瞎，采用烟幕遮蔽干扰使其"眼睛"看不见目标，采用光电迷惑干扰使其"大脑"无法识别目标，采用光电欺骗干扰使其"大脑"判断错误而攻击假目标，从而有效对抗敌方光电制导武器和光电侦测设备。本章在综述光电对抗的基础上，重点介绍光电主动侦察、光电被动侦察、光电有源干扰和光电无源干扰等技术。

第一节 光电对抗概述

本节首先介绍光电对抗的概念和内涵；然后引出分析光电对抗的作战对象，并以典型光电对抗系统为例，分析其系统组成和技术指标，这样有利于从整体上把握光电对抗的技术体系；最后概括总结光电对抗的应用领域、发展史及趋势。

一、光电对抗的概念和内涵

（一）光电对抗的定义及特点

光电对抗是指敌对双方在光波段（即紫外、可见光、红外波段）范围内，利用光电设备和器材，对敌方光电制导武器和光电侦测设备等光电武器进行侦察告警并实施干扰，使敌方的光电武器削弱、降低或丧失作战效能；同时，利用光电设备和器材，有效地保护己方光电设备和人员免遭敌方的侦察告警和干扰。可以看出：侦察和攻击的对象是敌方的光电制导武器与光电侦测设备，保护的是己方人员安全和光电设备的正常使用，即光电对抗的本质是降低敌方光电设备的作战效能，发挥己方光电设备的作战能力。概括地说，光波段侦察干扰及反侦察抗干扰所采取的各种战术技术措施的总称是光电对抗。

实际上，广义的光电对抗是光波段的电子战，是交战双方在光波段的攻防对抗，作战对象拓展到所有的军事平台和武器系统。因此，随着光电对抗技术的不断发展，出现了光电战的概念，将战场上所有采用光电手段的武器装备和对付这些武器装备的手段或措施都纳入光电战的领域。本书仍采用传统的光电对抗概念，而且侧重介绍光电对抗技术与系统的基本原理。

光电对抗的作战对象主要是来袭光电制导武器和敌方光电侦测设备。目前，除激光制导武器、激光雷达、激光目标指示器、激光测距机等激光设备外，其他光电设备都是"静默"工作方式，并且光电装备种类繁多，使光电探测、识别、告警和光电干扰都变得十分复杂，尤其给综合对抗带来较大的技术难度。光电对抗的有效性主要取决于如下三个基本特点：频谱匹配性、视场相关性和系统快速反应性。

1. 频谱匹配性

频谱匹配性是指干扰的光电频谱必须覆盖或等同被干扰目标的光电频谱。例如，没有明显红外辐射特征的地面重点目标，一般容易受到激光制导武器的攻击，因此采用相应波长的激光欺骗干扰和激光致盲干扰手段对抗敌方激光威胁；具有明显红外辐射特征的动目标（如飞机），一般容易受到红外制导导弹的攻击，可采用红外干扰弹或红外干扰机与之对抗。

2. 视场相关性

光电干扰信号的干扰空域必须在敌方装备的光学视场范围内，尤其是激光干扰，由于激光波束窄、方向性好，所以其对抗难度大。例如，在激光欺骗干扰中，激光假目标必须布设在激光导引头视场范围内。

3. 系统快速反应性

战术导弹末段制导距离一般在几千米至数万米范围内，而且导弹速度很快，马赫数一般为 1～2.5，从告警到实施有效干扰必须在很短的时间内完成，否则敌方来袭导弹将在未受到有效干扰前就已命中目标，因此要求光电对抗系统具有快速反应能力。

（二）光电对抗的分类

光电对抗按波段分类包括激光对抗、红外对抗、可见光对抗和紫外对抗。其中，虽然激光包括红外和可见光，但由于其特性不同于普通红外和可见光，因此将其单独归类为激光对抗。光波段分布示意图见图 3-1-1。

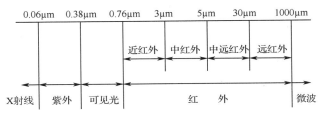

图 3-1-1　光波段分布示意图

光电对抗按平台分类包括车载光电对抗装备、机载光电对抗装备、舰载光电对抗装备和星载光电对抗装备。

光电对抗按功能或技术分类包括光电侦察、光电干扰和光电防御，其中光电防御可细分为反光电侦察与抗光电干扰。将功能分类和波段分类方式相结合，得到完整的光电对抗技术体系，见图 3-1-2。

1. 光电侦察

光电侦察是实施有效干扰的前提。光电侦察是指对敌方辐射或散射的光谱信号进行搜索、截获、测量、分析、识别及对光电设备测向、定位，以获取敌方光电设备技术参数、功能、类型、位置、用途，并判明威胁程度，及时提供情报和发出告警。

（1）情报侦察和技术侦察。

情报侦察是指长期监测、截获、搜索敌方光电信号，经分析和处理，确定敌方光电设备的技术特征参数、功能、位置，判别其类型、相关武器平台、变化规律及威胁程度等，为对敌斗争和光电对抗决策提供光电情报。机载光电情报侦察系统主要承担战术/战役级侦察，战略侦察则通常由卫星或高空侦察机完成。

技术侦察是指在作战准备和作战过程中，搜索、截获敌方光电辐射和散射信号，并实时分析、确定敌方光电设备的技术特征参数、功能、方向（或位置），判别相关武器平台及威胁程度等，为实施光电干扰、光电防御、反辐射摧毁和战术机动、规避等提供光电情报。

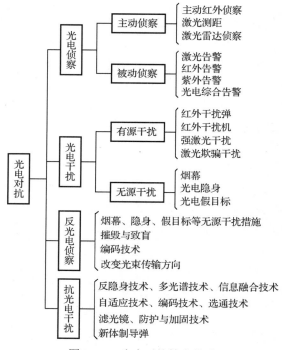

图 3-1-2　光电对抗技术体系

（2）预先侦察和直接侦察。

预先侦察是指战前对敌方进行长期或定期的侦察，以便预先全面掌握敌方光电设备的情报、发展方向，为制定光电对抗的对策和直接侦察提供依据。

直接侦察是指在战斗即将发生前及战斗过程中对战场光辐射环境进行的实时侦察，为光电对抗提供实时可靠的情报。

（3）主动侦察和被动侦察。

主动侦察是指利用对方光电装备的光学特性而进行的侦察，即向对方发射光束，再对反射回来的光信号进行探测、分析和识别，从而获得敌方情报的一种手段，如主动红外侦察、激光测距、激光雷达侦察等；被动侦察也称光电告警，是指利用各种光电探测装置截获和跟踪对方光电装备的光辐射，并进行分析识别以获取敌方目标信息情报的一种手段，如激光告警、红外告警、紫外告警和光电综合告警等。

2．光电干扰

光电干扰是指采取某些技术措施破坏或削弱敌方光电设备的正常工作，以达到保护己方目标的一种干扰手段。

光电干扰分为有源干扰和无源干扰两种方式。有源干扰又称积极干扰或主动干扰，它利用己方光电设备发射或转发敌方光电装备相应波段的光波，对敌方光电装备进行压制或欺骗干扰。有源干扰方式主要有红外干扰弹、红外干扰机、强激光干扰和激光欺骗干扰等。

投放后的红外干扰弹可诱骗红外制导武器锁定红外诱饵，致使其制导系统降低跟踪精度或被引离攻击目标。

红外干扰机是一种能够发射红外干扰信号，破坏或扰乱敌方红外探测系统或红外制导系统正常工作的光电干扰设备，其主要干扰对象是红外制导导弹。红外干扰机的最新发展是红外定向干扰机。

强激光干扰是指通过发射强激光能量，破坏敌方光电传感器或光学系统，使之饱和、迷盲、彻底失效，甚至直接摧毁，从而极大地降低了敌方武器系统的作战效能。

激光欺骗干扰是指通过发射、转发或反射激光辐射信号，形成具有欺骗功能的激光干扰信号，扰乱或欺骗敌方激光测距、观瞄、跟踪或制导系统，使其得出错误的方位或距离信息，从而降低光电武器系统的作战效能。激光欺骗干扰是信号级干扰，能量较小，而强激光干扰的能量要大于激光欺骗干扰。

从作用效果角度分析，有源干扰可分为压制性干扰和欺骗性干扰。压制性干扰所采用的干扰方式主要为：强激光干扰和红外干扰机。该方式可以致盲敌方的光电设备，伤害其人员，甚至摧毁光电设备和武器系统。欺骗性干扰所采用的干扰方式主要为：红外干扰弹、红外干扰机和激光欺骗干扰，可以扰乱或欺骗敌方光电系统的正常工作。

无源干扰也称消极干扰或被动干扰，是指利用特制器材或材料，反射、散射、折射和吸收光波能量，或者人为地改变己方目标的光学特性，使敌方光电装备效能降低或被欺骗而失效，以保护己方目标的一种干扰手段。无源干扰方式主要有烟幕、光电隐身和光电假目标等。

烟幕干扰是指通过在空中施放大量气溶胶微粒，来改变电磁波的介质传输特性，以实施对光电探测、观瞄、制导武器系统干扰的一种技术手段，具有"隐真"和"示假"双重功能。

光电隐身也称光电防护，有红外隐身、可见光隐身和激光隐身等，具体措施包括伪装、涂料、热抑制等。

光电假目标是指在真目标周围设置一定数量的形体假目标或热目标模拟器，用来降低光电侦察、探测和识别系统对真目标的发现概率，并增加光电系统的误判率，从而吸引精确制导武器的攻击，大量地分散和消耗敌方精确制导武器，提高真目标的生存概率。

在光电对抗领域将干扰手段分为有源干扰和无源干扰会存在一定的问题，因为在光波段所有物体都有辐射，包括无源干扰材料。以烟幕为例，传统的分类认为烟幕为无源干扰，而实际上，对红外成像系统而言，它观察到的图像是目标和背景辐射透过烟幕的能量、烟幕本身辐射的能量及烟幕散射的能量三部分共同作用的结果。因此，从辐射角度来看，认为烟幕是无源干扰不太准确，为此，学者曾将烟幕分为热烟幕和冷烟幕。热烟幕是指辐射型烟幕。烟幕的辐射远大于目标和背景的辐射，红外图像中观察到的主要是烟幕的热图像。冷烟幕则是指吸收型烟幕，以降低成像系统接收到的目标和背景辐射能量为主。

3. 反光电侦察

反光电侦察是指抓住光电系统的薄弱环节，使敌方的光电侦察装备无法"看见"己方的军事设施，最终一无所获。反光电侦察的具体技术包括烟幕、隐身、假目标、摧毁与致盲、编码技术和改变光束传输方向等。反光电侦察的这几种措施可以互为补充使用，例如，理想的伪装与隐身，应使己方目标无法被光电侦察系统和红外寻的器"看见"，但通常达不到理想效果，一般使其达到某种隐身程度，再让假目标欺骗来发挥作用。

应该说，反光电侦察技术和光电干扰技术在分类上是相互涵盖的，特有的反光电侦察措施主要是指编码技术。

4. 抗光电干扰

抗光电干扰是指在光电对抗环境中为保证己方使用光频谱而采取的行动。其典型特征为：它不是单独的设备，而是包含在军用光电系统（如激光测距机）中的各种抗干扰技术和措施。抗光电干扰技术主要包括两个方面：一方面是抗无源干扰和有源干扰中的低功率干扰，包括反隐身技术、多光谱技术、信息融合技术、自适应技术、编码技术、选通技术等；另一方面是抗有源干扰中的致盲干扰和高能武器干扰，包括滤光镜、防护与加固技术、新体制导弹等。

　　光电复合制导属于多光谱技术的应用。常用的光电复合制导方式有：紫外/红外双模制导、红外/可见光复合制导、激光/红外复合制导，以及视线指令/激光驾束、红外寻的/激光束指令等。这些复合制导技术不仅能在各种背景杂波中检测出目标信号，而且可以对抗假目标欺骗和单一波段的有源干扰，如在紫外/红外双模制导中，控制电路将根据背景、环境、有无干扰等具体情况，自动选择制导波段。白天当红外波段信号中断（如小角度迎头攻击）或遭到干扰时，控制逻辑选用紫外波段继续跟踪，而夜晚紫外辐射极弱则转入红外跟踪，灵活的双模工作方式使得对某一通道的简单干扰难以奏效。

（三）光电对抗的地位和作用

　　光电对抗是整个电子战的重要方面，是信息战的重要组成部分，是极为重要的电子对抗手段之一。特别是自20世纪50年代以来，随着光电侦察、光电制导技术及武器装备的发展，光电对抗在战争中的地位日益提高。各国对光电对抗方面的投资逐年上升，如美国在20世纪80年代中期对光电对抗的投资已经超过了对射频对抗的投资。在最近的海湾战争、科索沃战争和阿富汗战争中，美军广泛使用了光电对抗武器，范围遍及陆、海、空、天，使得战争对美军单向透明，取得了很好的战果。有军事家分析和预言：在未来战争中，谁失去制谱权，谁就必将失去制空权、制海权，处于被动挨打、任人宰割的悲惨境地；谁先夺取光电权，谁就将对先夺取制空权、制海权和制夜权而产生重大影响。一个国家的综合电子战实力（尤其是光电对抗武器系统）对现代国防力量的影响将完全不同于某些武器（如常规武器）技术性能差距带来的影响，它更具有全局性、决定性和时间性。

　　随着红外和激光技术在军事上的应用，特别是光电探测和光电制导技术的发展，光电对抗技术和装备在现代战争中发挥着越来越重要的作用，主要表现如下。

　　（1）为防御及对抗提供及时的告警和威胁源的精确信息。实现有效防御的前提是及时发现威胁。光电侦察告警设备能够查明和收集敌方军事光电情报，平时为研制光电对抗设备、制订光电对抗计划和采取正确的军事行动提供依据，战时为实施有效干扰或火力摧毁提供情报支援。当前，以光电侦察为主的信息获取已成为制信息权的主要手段。在近几场局部战争中，美军广泛使用光电侦察设备，使战场单向透明，对手在战场上任由美军摆布。如美国在海湾战争中，动用军事卫星33颗，科索沃战争中动用军事卫星50多颗，阿富汗战争中先后动用了军事卫星50多颗，伊拉克战争中动用军事卫星和民用卫星200多颗，再配合美军的EP-3侦察机、侦察直升机、"全球鹰"和"捕食者"无人侦察机、预警机等，为美军实时掌握战场态势，实现远程指挥立下了汗马功劳。特别是"捕食者"无人侦察机在阿富汗战场为找到并摧毁隐蔽于山地中的塔利班武装人员发挥了重要作用。美军的坦克和步兵战车上配置了先进的光电侦察预警系统，可以对来袭目标预警，并且实施战场抵近侦察，能使首发命中率提高到80%以上。

　　（2）扰乱、迷惑和破坏敌光电探测设备和光电制导系统的正常工作。通过有效的干扰使它们降低效能或完全失效，以保障己方装备和人员免遭敌方光电侦察、干扰或火力摧毁，为己方的对抗行动创造条件。下面以舰艇防御为例来说明对抗的作用。在敌方主动电磁压制条件下，舰艇对空的防御能力大大削弱，以至于敌方可以在足够近的距离实施空舰攻击，采用的光电制导导弹和激光制导炸弹，攻击的精度之高，可以分辨米级的目标，在高密度、多批次、全方位的饱和攻击条件下，常规的舰载近程武器系统对来袭导弹的防御有着先天不足的局限性，主要表现在：反应时间长，难以应付高密度饱和攻击；点对点的打击方式，难以应付来自全方位的攻击；密集阵式的"弹幕"防御虽然成功率较高，但面对长时间的持续攻击，弹药难以为继；难以应付掠海导弹或垂直的激光制导炸弹的攻击等。而先进的光电对抗系统可同时对来自全空域的目标实施对抗，反应快，保护概率高，生存能力强，因此，对舰艇而言，是否具备对光电制导武器的对抗能力，将直接关系到舰艇的生存，对丧失制空权、在电磁压制下又处于守势的防御尤为重要。

（3）为重要目标和高价值军事目标提供光电防御。下面以舰艇红外隐身为例来说明防御的作用。舰艇的红外特征非常明显：①在阳光照射下，舰艇吃水线以上部分因吸收阳光辐射而发热，可使表面温度提高几十摄氏度，增加了表面的红外辐射功率，而且与车辆和飞机相比，舰艇的热辐射表面要大得多；②舰艇上还有一些热点，如烟囱及其排气、发动机和辅助设备的排气管、甲板以上的一些会发热的装备等。在吃水线以上部分主要是烟囱及其排气的热辐射，其辐射在中红外波段。如何降低舰艇的红外特征，实现光电防御呢？主要方法有：①在烟囱表面的发热部位和发动机排气管周围安装冷却系统和绝热隔层；②降低排气温度，把冷空气吸入发动机排气道上部，对金属表面和排出的燃气进行冷却，如使用二次抽进的冷空气与排气相混合，加上喷射海水，使排气温度从482℃降低到204℃，既降低了红外辐射能量，又转移了红外辐射的光谱范围；③改变喷烟的排出方向，使之受遮挡而不易被观测；④在燃料中加入添加剂，吸收排气热量，或者在烟囱口喷洒特殊气溶胶，把烟气的红外辐射隔离，减少向外辐射的热量；⑤在船体表面涂敷绝热层，减少对太阳光的吸收；⑥把发动机和辅助设备的排气管路安装在吃水线以下；⑦在航行中对船体的发热表面喷水降温，或者形成水膜覆盖来冷却；⑧利用隐身涂料来降低船体与背景的辐射对比度。

（4）为争夺制信息权和取得信息优势提供重要保障。具体表现为：具备光电侦察告警、光电干扰和光电防护等多功能的光电对抗系统覆盖从紫外到中远红外的整个光电威胁波段；采用多种手段干扰敌方的光电探测设备和光电制导武器，阻碍敌方光电装备信息获取；通过合理的配置，光电对抗系统可装备海、陆、空、天等多种固定和移动平台，提升各平台的信息对抗能力；采用综合各波段信息的数据融合技术，适应不同气候条件，实现全天候对抗。信息化战争的实践表明，没有制电磁权，便没有制空权、制海权，也没有陆上作战的主动权。在进攻时，精确的光电对抗装备能使敌指挥系统混乱、防空系统瘫痪，可以保证己方攻击力量有效突防，加快战争进程；在防御时，有效的光电对抗能大大降低敌攻击武器的杀伤力，延缓战争进程。总之，光电对抗的优势将为夺取战争的主动权提供强有力的保证。

二、光电对抗的作战对象

军用光电系统泛指那些可发射光辐射或接收目标辐射及反射的光信号，并通过光电变换、扫描控制、信号处理等环节完成警戒、测量、跟踪、瞄准、制导等战斗使命的高技术军用产品。现代战争中典型的军用光电系统如下。

（1）空间：光电成像侦察与导弹预警卫星、军事民用卫星、对地观测卫星上用的地平仪等。

（2）机载：红外前视设备（FLIR）、激光测距/跟踪/目标指示器、光电情报侦察系统等。

（3）舰（艇）载：光电火控系统、光电桅杆等。

（4）车载（单兵）：激光测距机、光电敌我识别设备、红外热像仪、微光夜视仪等。

（5）制导武器：各类精确光电制导武器（激光制导、电视制导和红外成像制导等）。

可见，军用光电系统的种类很多。按是否主动发射光辐射进行划分，可分为主动式光电系统和被动式光电系统；按信号形式进行划分，可分为光电成像系统和光电非成像系统；按工作机理进行划分，可分为光电探测系统、光电通信系统、激光武器系统等；按工作波段进行划分，可分为可见光光电系统、紫外光电系统和红外光电系统等；按扫描方式进行划分，可分为光机扫描、电子扫描及 CCD（电荷耦合器件）扫描光电系统；按使用场所进行划分，可分为天基光电系统、陆基光电系统、星载光电系统、舰载光电系统、机载光电系统等；按所担负的战斗使命进行划分，可分为夜视观瞄、光电火控、潜用观测、光电制导、激光武器、光纤通信、导航定位等。由于军用光电系统之间的相互穿插和交错，很难做到明确的分类。

在光电对抗领域，光电侦察和干扰的对象为光电武器装备，主要包括两大类：光电制导武器和光电侦测设备，它们是军用光电系统的主要组成部分。同时，光电侦察和干扰装备本身也成为光电武器装备抗干扰和反侦察的对象。此处主要介绍光电武器装备的发展现状、所形成威胁环境的特点和光电武器装备的主要弱点。

（一）光电武器装备的发展现状

1. 光电制导武器

光电制导武器包括空对空光电制导武器、空对地（舰）光电制导武器、地（舰）对地（舰）光电制导武器、地（舰）对空光电制导武器等。

（1）空对空光电制导武器。点源红外制导导弹（如美国"响尾蛇"AIM-9L）、红外成像制导导弹（如美国 AIM-132）、雷达和红外复合制导导弹（如苏联 AA-3）等。

（2）空对地（舰）光电制导武器。激光制导导弹（如美国"幼畜"AGM-65E）、激光制导炸弹（如美国"宝石路"GBUⅠ～Ⅲ）、电视制导导弹（如美国"秃鹰"AGM-53A）、电视制导炸弹（如美国 AGM-130）、红外成像制导导弹（如美国"幼畜"AGM-65D）、点源红外制导导弹（如挪威"企鹅3"空舰导弹）、雷达和红外制导导弹（如美国 AASM）等。

（3）地（舰）对地（舰）光电制导武器。巡航导弹（如苏联 SS-N-19）、激光制导导弹（如以色列炮射激光制导导弹）、激光制导炮弹（如美国"铜斑蛇"激光制导炮弹）、红外制导导弹（如美国"龙"式导弹）、红外成像制导导弹（如舰对舰导弹 ASSMⅡ）、激光驾束制导导弹和光纤制导导弹（如美国 FOGMS）等。

（4）地（舰）对空光电制导武器。电视制导导弹（如英国"标枪"防空导弹和苏联 SA-N-6）、红外和紫外双色制导导弹（如美国"毒刺"防空导弹）、雷达和红外制导导弹（如美国"西埃姆"SLAM）、点源红外制导导弹（如美国"小懈树"MIN-72A/C）、红外成像制导导弹（如法国 SADRAL）和激光驾束制导导弹（如瑞典 RBS-70）等。

2. 光电侦测设备

光电侦测设备主要包括空中光电侦测设备、陆（岸）基光电侦测设备和舰载光电侦测设备三类。

（1）空中光电侦测设备。卫星光学侦察、战术航空侦察（如美国 TARPS）、激光测距机（如美国 AN/AVQ-26）、激光目标指示器（如美国 AN/AVQ-27）、前视红外系统（如美国 LANTIRN 吊舱装用）和微光夜视（如美国 ZRVS-606）等。

（2）陆（岸）基光电侦测设备。激光测距机（如英国 LV-5 型）、激光目标指示器（如英国 LF6 型）、红外热像仪、微光夜视仪和微光电视等。

（3）舰载光电侦测设备。激光测距机（如英国 908 型）、激光目标指示器（如法国 TMY185 型）、红外和电视搜索跟踪系统等。

（二）所形成威胁环境的特点

大量的光电武器装备充斥在战场上，导致光电威胁环境越来越复杂，可以将这个威胁环境的特点概括如下。

1．光电威胁波段宽

光电威胁波段宽包括紫外波段 0.2～0.38μm，可见光波段 0.38～0.76μm，激光 0.53μm、0.904μm、0.98μm、1.06μm、1.54μm 及 10.6μm，红外波段 1～5μm 和 8～14μm。

2．光电威胁种类多

光电侦测包括激光测距、激光雷达、红外侦察、电视跟踪及微光夜视等十几种技术体制数百种型号；光电制导包括红外点源制导、红外成像制导、红外和雷达复合制导、红外和紫外双色制导、激光制导及电视制导等十几种技术体制数百种型号。

3．光电威胁全方位

光电武器装备已在海、陆、空、天全方位进行实战应用。

4．光电威胁全天候

光电威胁全天候包括白天、黑夜及能见度较差的雨雾天气。

5．光电威胁装备量大

光电制导武器连同它们的发射系统与其他制导武器相比，具有造价低、命中精度高的优点，因而被大量装备。以激光制导武器为例，据 1990 年统计，全世界激光制导炸弹装备量就超过了 20 万枚。我国周边国家和地区，不少已装备了激光制导炸弹。到目前为止，几乎所有的作战平台都装备了光电侦测设备和光电制导武器。

6．光电威胁发展迅速

激光制导从 1.06μm 发展到 10.6μm，红外制导从点源发展到红外成像制导，以及红外和紫外双色制导等。

（三）光电武器装备的主要弱点

和其他武器装备相比，如雷达制导武器或雷达侦测设备，光电武器装备在应用中也存在一些明显的不足。

（1）目标必须直接进入视场才可以观测、跟踪，一旦被非透射障碍物阻隔、遮蔽，就无法观测。

（2）光电武器装备的作用距离与观察效果受气象条件的影响非常严重。例如，微光夜视仪在星光夜，可以看到 600m 远的物体。若星光被云淹没，则只能看到 10m 以内的物体。

（3）光电武器装备视场小，观察范围有限。如车载夜视仪的视场，用作驾驶仪时可达 30°，用作瞄准时就小于 10°，所以观测瞄准困难。

（4）光电武器装备的红外图像反差小，不易辨别目标的细节。

因此，光电武器装备只有和其他武器装备联合使用时，才能充分发挥各自的优势。然而，作为对抗一方，这些缺点正好是光电侦察和干扰装备可以利用的关键之处。

三、典型光电对抗系统的组成和技术指标

典型光电对抗系统的组成如图 3-1-3 所示，它是集光电侦察、干扰、摧毁、评估于一体

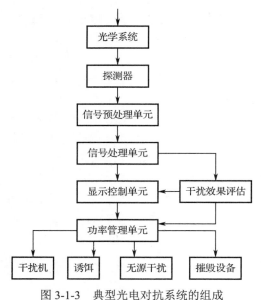

图 3-1-3 典型光电对抗系统的组成

的综合对抗系统。光学系统收集光波段的辐射信号，并经探测器进行光电转换，形成电信号，送入信号预处理单元。信号预处理单元的主要作用是滤波，滤波器设计成与目标信号相匹配，并使背景源的信号输入减至最小，信号处理单元能自动对截获的光波信号进行精细测量、分选和识别，并判定信号的威胁等级，输出给显示控制单元。显示控制单元决定是否对威胁目标实施干扰，并通知功率管理单元。功率管理单元根据干扰对象，选择合适的干扰样式和功率大小。干扰机、诱饵、无源干扰或摧毁设备具体实施干扰。该系统还能实时提供干扰效果的评估，根据评估结果可以决定是停止干扰，还是继续干扰。如果继续干扰，则可以通过更改干扰样式，或者修改干扰功率管理和干扰参数来实现更好的干扰效果。

该系统的主要技术指标如下。

（1）工作波段：$0.3\sim14\mu m$。

（2）测量精度：测向精度（角分量级）、测距精度（±5m）和测波长精度（小于 $0.1\mu m$）。

（3）反应时间：秒量级。

（4）作用距离：要优于对方的 2 倍。

（5）探测范围：水平 $360°$，俯仰 $-30°\sim75°$。

（6）发现概率：优于 99%。

（7）虚警概率：低于 10^{-3}/h。

发现概率是指威胁目标出现在视场时，设备能够正确探测和发现目标的概率；虚警是指事实上威胁不存在而设备发出的告警，虚警发生的平均间隔时间的倒数称为虚警概率。

四、光电对抗的应用领域

光电对抗的应用领域包括以下几个方面。

1. 和平时期的情报侦察

和平时期的情报侦察是指应用光学侦察卫星和无人侦察飞机等手段来不断监视和收集其他国家和地区的感兴趣区域，进行分析、识别、定位和获取对方武器装备及其相关平台的性能、部署、调动态势，为高层领导决策提供情报依据，并为更新电子战目标数据库提供数据，以便设计和研制针对性强的光电对抗装备。

2. 冲突时期的情报支援

在战争时期，陆、海、空、天光学侦察装备实时收集战区情报，经过分析、处理形成敌方的战场态势，为作战指挥决策提供准实时的情报依据。

3. 作战平台的光电防御

（1）空中作战平台的光电自卫。

空中作战平台主要包括歼击机、强击机、轰炸机、军用运输机、预警机、侦察机、电子干扰飞机及军用直升机等。在现代战争中，这些作战飞机将面临来自空中、海上和陆地的光电制导武器的攻击。因此，为了自卫，各种作战飞机已加装了红外或紫外导弹来袭告警设备、光电对抗控制系统、红外干扰弹和红外有源干扰机，以对抗红外制导导弹的攻击。例如，美国和英国联合研制多光谱红外定向干扰机，装备到预警机、轰炸机和大型运输机在内的各种作战飞机中，用于对抗包括红外成像制导导弹在内的各种红外制导导弹。

对低空作战的武装直升机，除加装红外对抗设备外，为对付激光驾束制导导弹等地空导弹的威胁，还加装了激光告警器、烟幕发射装置和干扰源。

（2）海上作战平台的光电自卫。

海上作战平台主要包括护卫舰、驱逐舰、巡洋舰、航空母舰、战列舰、导弹艇和登陆舰等。在现代战争中，这些海上作战平台将受到空对舰、舰对舰和岸对舰等光电制导的反舰导弹的攻击。因此，国外多数舰艇都装备了红外告警设备、光电对抗控制系统、红外干扰发射装置及干扰弹、烟幕发射装置及烟幕弹和强激光干扰系统，用于对抗来袭的红外制导导弹、激光制导导弹和炸弹、电视制导导弹和炸弹等光电制导武器。

（3）陆基作战平台的光电自卫。

对地面主战坦克和装甲车等作战平台，目前主要加装激光告警、红外或紫外告警、烟幕发射装置、红外干扰弹发射装置和红外干扰机等光电对抗设备，用于对抗来袭的红外反坦克导弹、红外成像制导导弹、电视制导导弹、激光驾束制导导弹、激光半主动制导导弹和炮弹。另外，对导弹发射车等重要作战平台，可配置具有随队防护能力的专用光电对抗系统，以对抗光电制导武器的攻击。

（4）地面重点目标的光电防御。

地面指挥所、机场、导弹发射阵地、交通枢纽及 C^4I（指挥、控制、通信、计算和情报）重要设施，是现代防空体系中重要的军事目标，也是敌方重点攻击的对象，必须重点防护。而这类目标，因其电磁特性的特殊性，又成为光电制导武器的主要攻击对象。对这类重点目标，采用单一手段的光电对抗设备对抗多种光电制导武器是难以奏效的，通常需用以激光对抗、红外对抗和可见光对抗为主体的光电综合对抗系统，以对抗来袭的激光制导炸弹、激光制导导弹、电视制导炸弹、电视制导导弹和红外成像制导导弹等光电制导武器。所以，精确制导武器光电综合对抗系统已成为现代防空体系的重要组成部分。

4. 作战平台的光电进攻

（1）空中作战平台的光电进攻。

对空中作战平台的光电进攻以大功率激光系统为主，如美国研制的机载"罗盘锤"高级光学干扰吊舱和机载"贵冠王子"光电对抗武器系统，可侦察敌方光电装置的光学探测系统，发射强激光致盲敌作战平台光电装置的光电传感器。

另外，美国正在研制激光武器系统，并准备加装在 C-130 大型运输机上。该系统可摧毁包括来袭导弹在内的敌武器装备，引爆敌来袭导弹的战斗部，烧穿来袭导弹导引头的整流罩，以及敌作战飞机的燃料舱。

（2）陆基作战平台和海上作战平台的光电进攻。

陆基作战平台和海上作战平台的光电进攻模式基本相同，主要有以下三种模式：一是采用高能激光武器系统，将敌作战飞机或来袭导弹直接摧毁，如美国正在研制的舰载高能激光武器系统（HELWS），采用 40 万瓦的氟化氪激光器，可以攻击高度从几米到 15km，以任何速度或加速度来袭的各类目标；二是采用大功率激光干扰系统，致盲或致眩敌方作战平台光电装置的光电传感器，如美国车载 AN/VLQ-7 "魟鱼"激光干扰系统，可破坏 8km 远的光电传感器，美国陆军在车载 AN/VLQ-7 "魟鱼"激光干扰系统的基础上，研制了"美洲虎"车载激光致盲武器和"骑马侍从"车载激光致盲武器，英国在 T-22 型护卫舰、"考文垂"号护卫舰和"海狸"号护卫舰上加装了大功率激光干扰系统，每条舰上有两台激光器，安装在舰桥两侧，在英国与阿根廷马岛之战中取得较好的作战效果，使阿根廷"天鹰""A-4B""A-4"等多架攻击英舰的飞机坠入海中或偏航；三是激光弹药致眩干扰，采用炮射方式将激光弹药发射到敌方阵地，爆炸后产生的强烈闪光，使敌作战平台光电装置的光电传感器丧失探测能力，如美国陆军研制的 40mm "闪光"炮弹，以及美国海军 127mm 炮射的激光弹药。

五、光电对抗的发展史及发展趋势

（一）光电对抗的发展史

光电对抗是随着光电技术的发展而发展起来的，并在不同时期的局部战争中扮演着重要角色。典型的光电对抗战例，既可以为光电对抗装备研制提供具有实际价值的借鉴，也可以为光电对抗应用研究提供可靠的实践依据。因为它代表着当时装备技术的最高水平，同时也反映出作战对装备技术和战术应用的发展需求。另外，光电对抗目前主要涉及可见光、红外和激光三个技术领域，即可分为可见光对抗、红外对抗和激光对抗。因此，我们从可见光对抗、红外对抗和激光对抗三个方面，以技术发展和典型战例相结合的方式叙述光电对抗的发展史。

1. 可见光对抗

在可见光范围内进行对抗的历史悠久。在古代战场上，侦察和武器使用依赖于目视。作战双方为了隐蔽作战企图、作战行动，经常采用各种伪装手段或利用不良天气、扬尘等来隐匿自己，以干扰、阻止对方对己方进行目视侦察、瞄准，使敌方难以获取正确的情报，造成其判断、指挥错误，降低敌方使用武器的效能。

公元前 212 年，在锡拉库扎战争期间，守城战士就用多面大镜子汇聚太阳光照射罗马舰队的船帆，这就是早期光电对抗的一个实例。但是，这是一个失败的战例，因为最终锡拉库扎城被攻破，阿基米德被杀。古希腊步兵在战斗中曾用抛光的盾牌反射太阳光作为战胜敌方的重要手段之一，还有许多利用阳光降低敌方防御能力的例子。1415 年，亨利五世的射手们就是等到太阳光晃射法国士兵的时候进行攻击的；近代的战斗机突然从太阳光中飞出，从而达到突袭的目的。古人也有如何增强防御的例子，著名典故"草船借箭"就是利用大雾使敌方无法分辨真假的。

第一次世界大战期间，在可见光领域的对抗已引起各参战军队的普遍重视。为了避免暴露重要目标和军事行动，各参战军队广泛利用地形、地物、植被、烟幕等进行伪装。例如，英国为了减少军舰被潜艇攻击而造成损失，在船体上涂抹分裂的条纹图案以掩饰船体的长度与外貌，包括估计航行方向。实践证明，此举可以有效防止潜艇计算出合适的瞄准点。

第二次世界大战期间，在可见光领域的对抗更趋广泛，各参战国采用各种不同的手段对抗目视、光学观瞄器材。烟幕作为可见光对抗的主要手段得到广泛应用，并取得了十分显著的效果。例如，在 1943 年至 1945 年间，苏军对其战役纵深内重要目标使用烟幕遮蔽，使德国飞行员无法发现、识别、攻击目标，投弹命中率极低，空袭效果大大下降。

20 世纪 70 年代后，在可见光波段工作的光电侦察、瞄准器材的性能有了大幅度提高，在可见光领域的对抗十分激烈。例如，在越南战争中，越军利用有利的植被伪装条件，经常袭击、伏击美军。为此，美军在越南大量使用植物杀伤剂，毁坏植被，破坏越军的隐蔽条件。植被的毁坏为美军扫清视界，特别是空军攻击所需要的视界，从而使美军受伏击率下降了95%。再如，在1973年的第四次中东战争中，埃及在苏伊士运河采取了夜间移动浮桥位置、昼间施放烟幕覆盖的方法，阻止、干扰以色列对浮桥位置的侦察，从而降低了以空军惯用的按预先标定目标实施空袭的效果。埃及军队使用苏制目视瞄准有线制导反坦克导弹在2个多小时内就击毁以色列装甲旅的130多辆坦克。面临灭顶之灾的以军装甲部队迅速寻找对策，使用烟幕遮蔽坦克，从而使对方反坦克导弹效能降低，大大提高了以军坦克在战场上的生存能力。

随着高分辨率超大规模 CCD 摄像器件的发展，出现了电视制导武器及各种光电火控系统，对抗这种可见光波段的光电武器目前主要采用烟幕遮蔽干扰方式，使之无法跟踪目标，并逐步发展采用强激光干扰手段致盲其光电传感器，使之丧失探测能力从而降低作战效能。

2. 红外对抗

1934 年，第一个近贴式红外显像管的诞生，竖起了人类冲破夜暗的第一块里程碑。第二次世界大战末期，德军将新研制成功的红外夜视仪应用在坦克上，美军将刚刚研制出的红外夜视仪用于肃清固守岛屿顽抗的日军，在当时的夜战中均发挥了重要作用。

20 世纪 50 年代中期，硫化铅（PbS）探测器件问世，该器件的工作波段为 $1\sim3\mu m$，不用制冷。采用该器件为探测器的空对空红外制导导弹应运而生。20 世纪 60 年代中期，随着工作于 $3\sim5\mu m$ 波段的锑化铟（InSb）器件和制冷的硫化铅器件的相继问世，光电制导武器进一步发展，地对空和空对空红外制导导弹又获得成功。至 20 世纪 70 年代中期，光电探测器件的性能有了较大的提高，相应的地对空和空对空红外制导导弹的作战性能大为增强，攻击角已大于 90°，跟踪加速度和射程也大幅度增加，使空中作战飞机面临严重的威胁。如 1973 年春的越南战场上，越南使用苏联提供的便携式单兵肩扛发射防空红外制导导弹 SA-7，在两个月内击落了 24 架美军飞机。在这种情况下，各国纷纷研究对抗措施，相继出现了机载 AN/AAR-43/44 红外告警器、AN/ALQ-123 红外干扰机，以及 AN/ALE-29A/B 箔条、红外干扰弹和烟幕等光电对抗设备，产生了许多成功战例。例如，在越南战场上，美国针对 SA-7 的威胁，投放了与飞机尾喷口红外辐射特性相似的红外干扰弹，使来袭红外制导导弹受红外诱饵欺骗而偏离被攻击的飞机，SA-7 因此失去了作用。

所以说，以越南战争为契机，将持续很长一段时间的电子战作战领域从雷达对抗、通信对抗发展到光电对抗，光电对抗开始成为电子战的重要分支。当然，对抗与反对抗是相互促进的。SA-7 红外制导导弹加装了滤光片等抗干扰措施后，又一次发挥了它的威力，在 1973 年 10 月第四次中东战争中，这种导弹又击落了大量以色列飞机。后来，以色列采用了"喷气延燃"等红外有源干扰措施，又使这种导弹的命中概率明显下降，飞机损失大大减少。

从 20 世纪 70 年代中期开始，对抗双方发展迅速，相继问世了红外、紫外双色制导导弹（如美国的"毒刺"导弹和苏联的"针"式导弹）和红外成像制导导弹。目前，已有 $3\sim5\mu m$ 和 $8\sim14\mu m$ 两种波段的红外成像制导导弹，这种红外成像制导导弹识别跟踪能力强，可以对地面目标、海上目标和空中目标实施精确打击，命中精度达 1m 左右。而在对抗方面，又增加了面源红外诱饵、红外烟幕、强激光致盲等手段来迷惑或致盲红外制导导弹，使之降低或丧失探测能力。20 世纪 90 年代初期，美国和英国联合研究了用于保护大型飞机的多光谱红外定向干扰技术，这种先进的技术可以对抗目前装备的各种红外制导导弹，也包括红外成像制导导弹。

在海湾战争中，面对大量装备多种红外侦察器材、红外夜视器材和红外制导武器的美军，伊军也采取了一些对抗措施。如在被击毁的装甲目标旁边焚烧轮胎，模拟装甲车辆的热效应，引诱美军再次攻击，使美军浪费弹药。但伊军对红外对抗不重视，主动进行的干扰行动又极为有限，因而美军红外侦察器材和红外制导武器的效能还是得以比较充分的发挥。

在科索沃战争中，南联盟军队吸取海湾战争的经验教训，利用雨、雾天气进行机动和部署调整，使北约部队的高技术光电器材难以发挥效能。南联盟军队采用关闭坦克发动机，或者把坦克等装备置于其他热源附近，干扰敌红外成像系统的探测。在设置的假装甲目标旁边点燃燃油，模拟装甲车辆的热效应，诱使北约飞机攻击，致使北约部队进驻科索沃后，出现了其难以寻到它所称的被毁南军大量装甲目标残骸的那一幕。

美国"647"卫星上装有红外热像仪，于1971—1974年，曾探测到苏联、中国、法国的1000多次导弹发射。1975年11月，苏联用陆基激光武器将美国飞抵西伯利亚上空监视苏联导弹发射场的预警卫星打"瞎"；1981年3月，苏联在"宇宙杀伤者"卫星上装载高能激光武器，使美国一颗卫星的照相、红外和电子设备完全失效。1995年，美国"鹦鹉螺"战术激光武器系统在试验中击落"陶"式反坦克导弹和巡航导弹，1996年2月又成功地击落两枚俄制BM-21喀秋莎火箭弹。1997年10月，美国成功地进行了一次激光反卫星试验，1999年和2000年，美国进行了多次战区导弹拦截试验，引起了世界各国的高度关注。

3．激光对抗

1960年7月，美国研制出世界上第一台激光器。以其激光方向性强、单色性和相干性好的特点，迅速引起军工界的兴趣。1969年，军用激光测距机开始装备美军陆军部队，随后装备部队的激光制导炸弹具有制导精度高、抗干扰能力强、破坏威力大、成本低等特点。在越南战争中，美军曾为轰炸河内附近的清化桥出动过600余架次飞机，投弹数千吨，不仅桥未被炸毁，而且还付出毁机18架的代价。后来其采用刚刚研制成功的激光制导炸弹，仅在两小时内，用20枚激光制导炸弹就炸毁了包括清化桥在内的17座桥梁，而飞机无一损失。美军在越南平均用210枚普通炸弹，才能命中一个目标，而使用激光制导炸弹，据有统计的2721枚中，命中目标的有1615枚。越军也采取了一些反激光制导炸弹的措施，措施之一就是伪装目标，减少激光能量的反射。例如，在保卫河内富安发电厂战斗中，越军施放了烟幕、喷水，高度超过建筑物3m，伪装面积为目标的2～3倍，烟幕浓度为1g/m³，收到较好的效果，美军投了几十枚炸弹，仅有一枚落在围墙附近。此外，越军还用施放干扰和用能吸收激光的物质进行涂敷的办法，也收到了一定效果。从这个战例可以看出，采取烟幕可以遮蔽激光制导的光路，降低激光制导炸弹的命中率。于是，坦克及舰艇都装备了烟幕发射装置，地面重点目标还配备了烟幕罐及烟幕发射车。与此同时，美国的激光制导炸弹也由"宝石路"Ⅰ型发展到"宝石路"Ⅱ型，制导精度也由10m提高到1m，并具有目标记忆能力。

20世纪90年代，海湾战争和科索沃战争是各国先进光电武器的试验场，美国使用激光制导炸弹占美国使用精导武器数量的30%，但被摧毁的巴格达大批目标中有90%是激光制导炸弹所为。美国使用"入侵者"飞机发射空地导弹击中伊拉克的一座水力发电站，而随后另一架"入侵者"飞机又发射一枚"斯拉姆"空地导弹，结果这枚导弹从第一枚导弹所击穿的弹孔中飞进去，彻底摧毁了发电站，这就是当时有名的"百里穿洞"奇迹。1998年，南联盟军队巧借"天幕"，土法制烟，使北约空袭的前12天投放的12枚激光制导炸弹，仅有4枚击中目标。激光对抗技术再次引起各国军界的高度重视，美国研制的AN/GLQ-13激光对抗系统和英国研制的GLDOS激光对抗系统都采用有源欺骗干扰方式，可将来袭激光制导武器诱骗至假目标；美国研制的"魟鱼"车载强激光干扰系统可致盲来袭激光制导武器导引头的光电传感器，使之丧失制导能力。

据报道，西欧国家从 1982 年到 1991 年 10 年间光电对抗装备费用为 27 亿美元，年递增15%～20%；美国电子战试验费用中用于光电对抗方面的 1976 年为 16%，1979 年为 45%。光电对抗已逐渐成为掌握战争主动并赢得战争胜利的关键因素之一，谁能够使自己的光电设备作战效能发挥出色，并能有效地干扰对方的光电侦察和光电制导等武器，战争胜利的天平就偏向于谁。当前，光电对抗系统已普遍装备在飞机、军舰、坦克甚至卫星等作战平台上，在对付光电制导武器方面发挥着重要作用。

由此可见，光电子技术的发展，带动了光电制导技术的发展。光电制导武器精确的制导精度和巨大的作战效能，促进光电对抗技术的形成。光电对抗技术的发展又导致光电制导技术的进一步发展与提高，同时也促进光电对抗技术在更高水平上不断发展。

（二）光电对抗的发展趋势

随着军用电子技术、微电子技术和计算机技术的发展，光电制导武器及其配套的光电侦测设备的性能不断提高，在现代和未来战争中应用更加普遍，对重要军事目标和军用设施构成了严重威胁。因此，光电对抗技术的发展和光电对抗装备的研制，受到世界各军事大国的广泛重视。例如，美国从 20 世纪 90 年代以来，用于光电对抗研究的投资超过了对射频对抗研究的投资。在未来战争中，光电对抗将显示出更大的作用，人们所熟悉的海湾战争，精确制导武器特别是光电精确制导武器大出风头，充分展现了其巨大威力。精确制导武器也是现代高技术战争的重要标志之一。据统计，在当今世界上的精确制导武器中，光电制导武器占多数，并且将原有的许多导弹，如"捕鲸叉""飞鱼""企鹅""响尾蛇"等，都改用了红外成像制导、激光制导或者红外与雷达复合制导方式。总的来说，光电对抗的技术难度越来越大，主要体现在以下五个方面：（1）留给对抗系统的反应时间越来越短，从以前的几十秒变为不足 10s；（2）对抗距离不断加大，从地面的近程到中远程，并进一步扩展到太空；（3）装备作战时域加长，从以白天作战为主到必须具备昼夜作战能力；（4）干扰波段大幅度加宽，从可见光直至中远红外，从单一波长到可调谐波长；（5）采取的各种反侦察和抗干扰技术措施使光电对抗的干扰效果减弱，甚至消失。根据现代高新技术的发展和现代高技术局部战争的战例，可以预见光电对抗将有长足的发展。关于光电对抗每项技术或分系统的发展趋势，将结合原理进行阐述，这里对光电对抗的整体发展趋势概括如下。

1. 多光谱对抗技术广泛应用

光电技术的发展，使多光谱对抗技术、红外成像技术、背景与目标鉴别技术、光学信息处理技术等新的科技成果不断涌现并广泛应用。在光电对抗领域，多光谱对抗技术应用更加广泛。多光谱对抗使光电侦察告警、光电有源干扰和无源干扰、光电反侦察抗干扰已经改变了以往的单一波长或单一光频段的状况，而向着紫外、可见光、激光、红外全光波段发展。

美国洛拉尔（Loral）防御系统公司和美国空军怀特（Wright）实验室共同研制了世界上首套机载激光干扰系统，该系统号称多光谱干扰处理机，能自动分析、跟踪和对抗空中及地面发射的各种红外制导导弹。该处理机系统已经进行了 25 次野外试验，试验结果令研制者满意，认为"该先进的干扰系统将能在真实环境中对付各种类型的红外导弹"，并且美国海军还将该系统纳入其多波段反舰巡航导弹防御电子战系统中，成功地进行了对抗试验。

美国、英国等多家公司共同开发研制的 AN/AAQ-24(V)定向红外对抗（DIRCM）系统，也称为多光谱对抗系统，采用紫外导弹逼近告警和 1～3μm 及 3～5μm 的红外干扰，也可采用激光干扰。另外，可调谐激光器的不断发展和应用，也将使光电对抗向多光谱对抗发展。

2. 光电对抗手段从单一功能向多功能方向发展

光电对抗技术的进步带动了光电对抗装备的作战性能从单一向多样化、多功能方向发展。在干扰波段上，早期的烟幕弹只能遮蔽可见光和近红外波段，现已扩展到中远红外和毫米波波段，今后还将发展气溶胶型遮蔽物，将干扰波段延伸到微米波波段。

在干扰样式上，第一代有源红外干扰机只能干扰调幅式红外制导导弹，现在已经发展成为调幅和调频两种干扰能力兼备，进一步发展的红外定向干扰机将可用于各种制导方式的干扰，且能远距离实施干扰、近距离将探测器致盲。

在战术用途上，苏联将坦克上的红外照明灯与红外干扰机相结合，在低功率发射时用于夜间驾驶照明，在高功率发射时加上调制就成为一种红外干扰机。

3. 软干扰与硬摧毁相结合成为一种重要的研究潮流

光电对抗研究的初期以软干扰型对抗技术措施为主，但自20世纪90年代以来，随着激光器件功率水平和光学跟瞄系统精度的不断提高，软干扰与硬摧毁相结合已逐渐成为光电对抗技术今后发展的一个重点。德国MBB公司研制的坦克载激光武器，可以在20km以外干扰破坏光电传感器，在几千米内直接摧毁导弹、飞机的外壳。激光致盲武器从致盲人眼的武器系统开始，逐步发展成为以致盲导弹光电传感器为主要目标，下一步则瞄准破坏包括导弹头罩等薄弱部位在内的软硬兼备型的战术激光武器。可以预计，随着大功率、高能量激光技术的进步，传统意义上的光电干扰设备与激光武器系统在干扰与摧毁之间的界限变得越来越模糊，最终的技术研究趋势必然是走向软硬对抗功能兼备的方向。

4. 探索新型对抗技术与体制成为光电对抗技术的研究热点

光电对抗是一门新兴技术领域，要想在对抗能力上胜过对方一筹，首先需要在对抗概念与方法上实现出其不意，才有可能在战术运用上达到攻其不备。美国在这方面一直走在世界前列，他们总是能够不断提出一些具有创意的构想，并努力将其付诸实施，最终发展成为一代新型装备。例如，他们提出利用人造水幕干扰红外系统的设想，即利用水蒸气对红外辐射传输的强衰减效应，达到隐蔽自身的目的。短短几年之后，就开始有美国关于研制隐身舰艇和隐身机场的陆续报道。所谓的隐身机场，就是在机场上大量安装类似于浇灌用的喷灌器，在敌机临近前向所有机库和能辐射热源的部件喷水，增强隐蔽效果。而隐身舰艇就是在其诸多隐身措施之中也包括水幕干扰，即在船体行进时，舰艇四周向外喷水、喷雾，从远处看去，像是一簇浪花。再如，红外成像/雷达诱饵阵概念的提出，在开始时很多人觉得理论上可行，而技术上实施起来很难。但经过努力，现在美国已经研制出了能够模拟目标的红外与雷达影像的诱饵阵，通过在真目标附近形成的假目标造成对红外成像或雷达系统的角度欺骗干扰。此外，还有利用光纤技术实现激光测距欺骗干扰的创意，即将到达目标上的激光测距信号尽可能收集进入光纤延迟线，经过一段时间的延迟后再转发出去，由此实现距离欺骗干扰，据称此装置也已研制成功。

5. 光电对抗的综合一体化和自动化

光学技术、计算机技术（包括硬件和软件）和高速大规模集成电路的飞速发展，为光电对抗的综合一体化奠定了基础。说到综合一体化，人们很自然地想到了美国的INEWS系统。该系统为美国F-22A飞机装配研制，它将多种电子战功能集成到一个系统中，包括光电侦察告警、雷达告警、电子支援和电子对抗等，使用综合处理器将光电和雷达波段的多个传感器获取的信息进行数据融合，采用实时的Ada软件，这样使机载电子战系统作战能力大大提高，满足现代高技术战争的需求。

光电对抗系统的综合一体化，依靠光学技术、高性能探测器件、数据融合技术等，将信息获取、数据处理和指挥控制融为一体，进而采用智能技术、专家系统等，使光电对抗系统成为有机的整体。从设备级对抗发展为分系统、系统和体系的对抗，提高战场作战效能。

实现综合一体化要有一个从低级到高级、从局部到全部的发展过程。首先是光电侦察告警综合化，进而是光电侦察告警与雷达、雷达告警及光学观瞄系统等的综合，最后是将多个平台获取的信息进行综合，再指挥引导不同平台上的对抗措施，实时检测，闭环控制，以实现更大范围和更高层次上的系统综合。

光电对抗自动化是实战的需要，是光电对抗系统今后发展的一个重要方向。光电对抗系统应能自动对截获的光波信号进行精确测量、分选和识别；能自动判定信号的威胁等级；能自动实施干扰的功率管理，以最佳的选择实施干扰；能自动实时提供干扰效果的评估，并自动修改功率管理、选择参数等。

6. 多层防御全程对抗

现阶段，光电对抗采用单一对抗末段防御，如红外干扰弹和激光角度欺骗干扰，这种对抗形式的效果是有限的。根据新型光电制导武器的不断增多和不断改进完善，光电对抗技术必须相应发展和提高。双色制导、复合制导、综合制导武器的出现，光电对抗必然向多层防御全程对抗发展，以提高对光电精确制导武器整体作战的效能。例如，对激光制导武器系统的对抗，第一层防御是针对激光制导武器系统的载机的光电侦测实施对抗，使其无法发现目标；第二层防御是针对激光制导武器系统的载机的激光定位测距装置实施对抗，使其无法定位测距或产生较大的定位测距偏差，造成无法投弹或错误投弹；第三层防御是针对激光制导武器的搜索段实施对抗，使激光制导头无法搜索到目标；第四层防御是针对激光制导武器的末制导段实施对抗，使来袭激光制导武器被诱偏或扰乱。

若单层防御的对抗成功率为70%，则多层防御全程对抗的对抗成功率可达99%。可见，多层防御全程对抗是对付光电精确制导武器的有效途径，今后必将重点发展多层防御全程对抗的光电对抗系统。

7. 空间光电对抗

传统的光电对抗作战平台主要是飞机、舰艇和车辆等。现代信息化战场上军用卫星的作用日益凸显，工作在红外或可见光波段的照相侦察卫星，能在200km以上的高空拍摄到地面0.1m大小的物体；工作在红外和紫外线波段的导弹预警卫星，能根据导弹发射时排出的燃气辐射及时侦察到敌方弹道导弹的发射，为己方防御争取宝贵的反应时间。为了争夺太空的控制权，各种光电武器陆续投入空中战场。俄罗斯制定的军事学说称："未来战争将以空间为中心，制天权将成为争夺制空权和制海权的主要条件之一。"因此，空间光电对抗成为光电对抗的重要发展领域，具有非常重要的战略地位。

空间光电对抗以光电侦察卫星为主要作战平台或作战对象，主要包括星载光电信息获取、卫星对抗、卫星防护三个方面的内容。干扰、破坏敌方卫星，有效抑制其光电侦察功能的发挥；保护己方卫星，充分发挥其光电侦察能力，将成为未来战争中的一项主要内容。

（1）空间光电预警。

预警是一种执行特殊而重要使命的侦察监视活动，对实时性要求更加迫切，远程的洲际弹道导弹飞行时间也不过30min左右，因此应该尽可能早地探测、识别来袭导弹，并尽可能准确地预报其运行轨道。由于弹道导弹在短暂的飞行时间内，在点火助推的初始段有极高的温度与亮度，非常适合光电传感器的探测，因此，光电预警成为战略预警的理想选择。注意，预警通常是指对战略性进攻的远程来袭导弹而运用的综合性警戒手段，是预先告警。而告警通常是指对距离相对近的战术武器来袭而采取的相应警戒手段。例如，对战斗中来袭飞机、战术导弹、生化武器等的声、光、电警戒手段。因为距离近，所以只能是告警而非预警。典型的空间光电预警装备为美国的 DSP（数字信号处理）预警卫星。目前 DSP 预警卫星虽然还无可替代，但也有其固有的缺点。例如，不能跟踪飞行中段的导弹；虚警问题未得到根本解决，对美国国外地面站的依赖性大；特别是星载红外系统的扫描速度慢，对发动机工作时间短的中近程弹道导弹的探测能力有限，提供的预警时间不充分。为此，美国正在发展天基红外系统，以满足 21 世纪美军对战略、战术弹道导弹的预警需求。天基红外系统的发展目标是同时发现并跟踪战略、战术导弹，对洲际战略弹道导弹能提供 20～30min 的预警时间。其主要采取两大措施：一是采用全新设计的红外敏感器，包括高轨道卫星采用的"扫描与凝视"敏感器和低轨道卫星采用的"捕获与跟踪"敏感器，使卫星能对燃烧过程更快、射程更短的小型战术导弹快速发现和对较弱信号的跟踪；二是采用复合型星座配置，提高对各种导弹的发现能力，提高跟踪弹道导弹的范围，实现对导弹发射全过程的监视与预警。

（2）卫星对抗。

卫星对抗包括有源对抗和无源对抗两个方面。有源对抗的主要措施如下。

① 采用激光反卫星系统（陆基、星载或机载）攻击低轨道光学侦察卫星，致盲（或干扰）星上光电传感器，或者破坏卫星供电系统，或者破坏卫星热控制系统。

② 采用强电磁辐射干扰或损伤卫星电子舱。采用卫星搭载方式将电磁炸弹带入相应轨道，适时启动装载电磁炸弹的小火箭接近敌方卫星并引爆电磁炸弹。

③ 动能拦截弹。动能拦截弹是利用高速运动射弹的动能，靠直接碰撞来毁伤目标的杀伤拦截器，它是继核弹头、破片弹头之后的第三代反卫星武器。目前发展这种技术的国家有美国、英国、俄罗斯和以色列等，但其主要工作集中在美国。

典型的无源对抗包括两类方式：一类是在光电侦察卫星的探测路径上设置干扰；另一类是对光电侦察卫星本身的特性进行改变，破坏其工作条件。具体措施如下。

① 对航天器进行隐身伪装，尽量削弱、隐蔽航天器的可见光、红外及雷达波的暴露特征，降低航天器的被探测概率，增强抗毁能力。

② 采用空间碎片进行短时区域遮断阻隔。若想在特定时刻阻止敌方卫星对某地区的侦察，则可以利用低轨小卫星释放出大量的碎片来遮断阻隔其侦察。

③ 对卫星实施沾染损伤干扰。由于光电侦察卫星一般处于轨道运动中，其轨道很容易确定。要对光电侦察卫星本身特性进行改变，可以在空间撒布无源对抗物质使其沾染到光电侦察卫星的望远镜头上，从而降低卫星的光学传输效率，使其灵敏度下降。

④ 利用红外和可见光干扰卫星的光学探测和成像传感器；利用燃烧的诱饵，伪装成导弹尾部的火焰，欺骗导弹预警卫星；在地面设立假目标，诱使光学照相卫星上当受骗。

（3）卫星光电防护技术。

由于对卫星攻击的威胁日益严峻，使得卫星光电设备及其平台的拥有国不得不高度重视其防护技术，主要措施如下。

① 卫星光电成像传感器的加固技术。

② 加强卫星的机动能力。

美军认为，虽然大多数卫星的推进器可使之进行高度控制、稳定保持和改变轨道等操作，但它们都不足以使卫星躲避一次攻击。而如果加大推进器的功率，就有可能使之对危险做出反应。据称，美国正在试验一种以蒸汽为动力的卫星推进系统，以大大提高卫星的机动性。在探测到有威胁源存在时，可通过适时的战术机动，有效地减少被攻击的概率。

8. 光电对抗效果评估

光电对抗效果是指光电对抗技术和装备在规定的环境条件下和规定的时间内，与光电制导武器和光电侦察装备进行对抗的能力，包括侦察告警能力、干扰能力及光电对抗装备响应能力等。评估是指对给定的光电对抗装备，在规定的环境条件下和规定的时间内，充分考虑影响其效能的各种因素，给出能够成功地对抗某种光电制导武器能力的综合评价和估计，它是定量评估，用概率来表示。

光电对抗装备的性能优劣决定该装备在战争中的有效性。而光电对抗装备的作战适应性与有效性，只有在逼真的光电对抗环境中才能检验，最终才能在战场上经受考验。但在和平时期，或者在新的光电对抗装备投入使用之前，只能通过仿真的方式来进行光电对抗效果评估，从而检验光电对抗装备的性能。

仿真模拟试验就是对光电制导武器、光电对抗装备、被保护的目标、光电对抗的环境进行仿真模拟，逼真地再现战场上双方对抗的过程和结果。仿真模拟试验分为全实物仿真、半实物仿真和计算机仿真等几种类型。全实物仿真就是参加试验的装备（包括试验装备和被试装备）都是物理存在的、实际的装备，试验环境是模拟战场环境；半实物仿真的被试装备是实际装备，部分试验装备、试验环境通过模拟产生；计算机仿真的试验环境和参加试验的装备的性能和工作机理都是由各种数学模型和数据表示的，试验的整个过程由计算机软件控制，并通过计算得到试验结果。

综上所述，多光谱一体化和数据融合技术被广泛应用，光电对抗手段从单一功能扩展为多功能，软干扰与硬摧毁相结合成为重要的研究潮流，探索新型对抗技术与体制成为研究热点，光电对抗系统的综合化、一体化和自动化是其显著特点，多层次积极防御是其主要应用方式，空间光电对抗成为新的应用领域，基于仿真模拟试验的效果评估是光电对抗系统性能的重要保证。此外，光电对抗领域的一些新热点，包括导弹逼近告警、高精度激光告警、定向红外对抗及全波段烟幕等，也是光电对抗技术的重要发展方向。

第二节　光电主动侦察

根据侦察装备是否发射光辐射信号，光电侦察分为主动侦察和被动侦察。光电主动侦察也称有源侦察，是指系统采用一个人造光学辐射源来照明目标，然后通过接收景物反射回来的辐射信号实现侦察。

辐射源可以是人工红外光源照明，典型装备为主动红外夜视仪。主动红外夜视仪早在20世纪30年代就研制成功，其核心部件是红外变像管。这种夜视仪的组成和工作原理类似于第一代微光夜视仪，只是其光电阴极可对波长较短的红外线（近红外线）敏感。由于室温条件下物体发出的近红外线较少，在实际使用时，要用一红外探照灯主动发射近红外去照射目标。由于主动红外夜视仪隐蔽性差，二战以后已很少再生产。

辐射源也可以是激光器，最常见的设备包括激光测距机和激光侦察雷达。利用高亮度、高定向性和脉冲持续时间十分短的激光束来代替普通雷达的微波或无线电波射束，可以大幅度提高测距和测方位精度。激光侦察雷达与测距的另一个优点是，可以不受地面假回波影响而测量各种地面和低空目标，从而填补了普通雷达的低空盲区空白。此外，激光侦察雷达与测距完全不受各种电磁干扰，不但使目前已有的各种雷达干扰手段完全失效，而且还可以突破诸如导弹再入弹头周围等离子体层的屏蔽作用，或者核爆炸产生的电离云的干扰作用。

尽管激光测距机和激光侦察雷达与主动红外夜视仪一样，因为是发射光辐射信号，所以容易暴露自己，生存能力差，但是根据它们的突出优点和重要作用，已成为重要的光电侦察装备，在各国部队都得到了广泛应用。这也是为什么光电主动侦察通常只指激光测距机和激光侦察雷达。从功能分类角度看，激光侦察雷达是激光雷达的一种，因此，本节从激光雷达的角度介绍激光侦察雷达的系统组成和基本原理等相关问题。

一、激光测距机

（一）激光测距机的定义、特点和用途

激光测距机是指对目标发射一个窄脉宽的激光脉冲或发射连续波激光束实现对目标的距离测量的仪器。

激光测距的突出优点是测距精度高，并且与测程的远近无关，此外，该仪器体积小，测距迅速，距离数据可以数字显示，操作简单，训练容易，特别适用于数字信息处理。因此，激光测距机一出现就很快代替了光学测距机，成为战场测距的主要仪器。与微波测距相比，激光测距具有波束窄、角分辨力高、抗干扰能力强、可以避免微波雷达在贴近地面和海面上应用的多路径效应和地物干扰问题，以及天线尺寸小和质量轻等优点。

目前，激光测距机作为一种有效的辅助侦察手段，已大量应用于坦克、地炮、高炮、飞机、军舰、潜艇及各种步兵武器上，成为装备量最多的军用激光设备之一。

（二）激光测距机的分类

根据工作体制的不同，激光测距机分为相位激光测距机和脉冲激光测距机。相位激光测距机采用连续波激光，通过检测经过调幅的连续光波在由相位激光测距机到目标再回到相位激光测距机的往返传播过程中的相位变化来测量光束的往返传播时间，进而得到目标距离。由于连续波激光功率难以做到很高，相位激光测距机的作用距离很有限，所以军事上很少应用。但考虑到波导型气体激光器的迅速发展，研制出非合作目标的相位测距系统是完全可能的。

脉冲激光测距机是通过检测激光窄脉冲到达目标并由目标返回到测距机的往返传播时间来进行测距的。设激光脉冲往返传播时间为 t，光在空气中的传播速度为 c，则目标距离为 $R = ct/2$。激光脉冲往返传播时间是通过在计数器计数从激光脉冲发射，经目标反射，再返回到脉冲激光测距机的全过程中，进入计数器的时钟脉冲个数来测量的。设在这一过程中，有 N 个时钟脉冲进入计数器，时钟脉冲的振荡频率（即单位时间内产生的时钟脉冲个数）为 f，则目标距离为 $R = cN/2f$。

（三）激光测距机的系统组成和基本原理

下面以脉冲激光测距机为例，介绍其系统组成和基本原理。

1. 系统组成

脉冲激光测距机由激光发射系统、激光接收系统和计数显示系统组成。激光发射系统由发射光学系统、调 Q 激光器、激光电源等组成；激光接收系统通常有接收光学系统、光电探测器、放大及整形电路等组成；计数显示系统包括门控电路、门电路、时标振荡器、计数显

示电路及延时复位电路等。典型固体脉冲激光测距机的系统组成如图 3-2-1 所示。

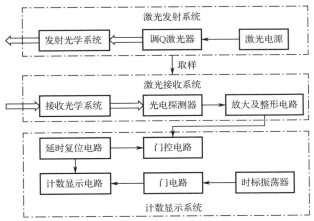

图 3-2-1　典型固体脉冲激光测距机的系统组成

2. 基本原理

脉冲激光测距机工作时，首先用瞄准光学系统瞄准目标，然后接通激光电源，储能电容器充电，产生触发闪光灯的触发脉冲，闪光灯点亮，激光棒受激辐射，从输出反射镜发射出一个前沿陡峭、峰值功率高的激光脉冲，通过发射光学系统压缩光束发散角后射向目标。同时，从输出反射镜射出来的极少量激光能量，作为起始脉冲，通过取样器输送给激光接收系统，经光电探测器转变为电信号，并通过放大及整形电路整形后，进入门控电路，作为门控电路的开门脉冲信号。门控电路在开门脉冲信号的控制下开门，时标振荡器产生的时钟脉冲进入计数器，计数器开始计数。由目标漫反射回来的激光回波脉冲经接收光学系统接收后，通过光电探测器转变为电信号并经放大器放大，输送到阈值电路。超过阈值电平的信号送至脉冲成形电路整形，使之与起始脉冲信号的形状（脉冲宽度和幅度）相同，然后输入门控电路，作为门控电路的关门脉冲信号。门控电路在关门脉冲信号的控制下关门，时钟脉冲停止进入计数器。通过计数器计算出从激光发射至接收到目标回波期间所进入的时钟脉冲个数而得到目标距离，并通过显示器显示距离数据。

脉冲激光测距机能发出较强的激光，测距能力较强，即使对非合作目标，最大测程也可达十几千米至几十千米。其测距精度一般为±5m 或±1m，有的甚至更高。脉冲激光测距机既可以在军事上用于对各种非合作目标的测距，也可以用于气象上测定能见度和云层高度，还可以应用到人造地球卫星的精密距离测量。

3. 测距方程

无论脉冲激光测距机还是连续波激光测距机，都需要接收到一定强度的从目标反射的激光信号，才能正常工作。因此，研究激光测距机接收到的回波信号功率 P_r 与所测距离 R 之间的关系，对提高激光测距机的性能，具有重要的指导意义。测距方程就描述了 P_r 与 R 的关系，它与待测目标特性（形状、大小、姿态和反射率等）密切相关。

（1）漫反射小目标情况。

当目标离激光发射机很远时，激光束在目标上的光斑面积通常大于目标的有效反射面积。此时 P_r 与 R 的关系，即测距方程为

$$P_r = P_t \frac{A_t \sigma}{2\pi \theta_t^2 R^4} T_t T_r T_a^2 \qquad (3\text{-}2\text{-}1)$$

式中，P_t 为激光发射机发射的功率（W）；θ_t 为发射激光束的光束发散角（rad）；A_τ 为激光接收机的接收孔径面积（m²）；σ 为目标的有效发射截面积（m²）；T_t 为发射光学系统的透过率；T_τ 为接收光学系统的透过率；T_a 为大气或其他介质的单程透过率。

（2）镜反射大目标情况。

在这种情况下，目标上的激光光斑面积小于目标的有效反射面积，目标表面只能部分截获激光束，这相当于实际情况中的近距离镜面目标探测。假设光垂直入射，测距方程为

$$P_r = P_t \frac{A_\tau \rho}{4\theta_t^2 R^2} T_t T_\tau T_a^2 \tag{3-2-2}$$

式中，ρ 为目标的反射率，其他各参量的含义与漫反射小目标相同。

（3）最大可测距离。

激光测距机并非对接收到的任何小功率都能"感知"，它有一个最小可感知或可探测的功率。假设这个最小可探测功率为 P_{min}，则由测距方程可得到最大可测距离 R_{max}。例如，在漫反射小目标情况下，令 $P_r = P_{min}$，则由式（3-2-1）得

$$R_{max} = \left[P_t \frac{A_\tau \sigma}{2\pi \theta_t^2 P_{min}} T_t T_\tau T_a^2 \right]^{1/4} \tag{3-2-3}$$

在镜反射大目标情况下，同样令 $P_r = P_{min}$，则由式（3-2-2）得

$$R_{max} = \left[P_t \frac{A_\tau \rho}{4\theta_t^2 P_{min}} T_t T_\tau T_a^2 \right]^{1/2} \tag{3-2-4}$$

由上述方程可知，最大可测距离与众多因素密切相关。为增大可测距离，可采取如下方法：①提高发射功率 P_t；②增大接收孔径的面积 A_r；③加大目标的有效反射截面积 σ；④增大发射光学系统和接收光学系统的透过率 T_t 和 T_r；⑤减小发射激光束的光束发散角 θ_t；⑥提高接收灵敏度，即减小接收机的最小可探测功率 P_{min}。另外，可测距离还与大气的透过率密切相关：晴朗的天气，透过率 T_a 大，可测距离远；恶劣天气，透过率 T_a 小，可测距离会大大缩短。

（四）激光测距机的关键技术

1. 具有较高效率、较远测程和多目标测距能力的固体激光测距技术

提高固体激光器效率的主要途径是使泵浦光谱尽可能与激光介质的吸收谱光匹配，半导体激光器阵列泵浦 Na:YAG 激光晶体便是技术途径之一。虽然这类激光器目前的峰值输出功率还很低，但它效率高，而且易于实现高重复频率运转，因而成为目前的热门研究课题之一。

提高测程的主要技术途径除了尽可能提高探测灵敏度外，使用高增益激光材料和压缩发射光束的束散角是十分重要的。但从综合技术指标及性价比衡量，目前 Nd:YAG 激光晶体仍占优势。它采用非稳谐振腔可有效压缩束散角，而应用光学相位共轭技术可将束散角压缩到原来的 1/3～1/4，这意味着可将测程增加近 1 倍。

将计算机技术引入激光测距机有助于解决多目标测距问题。

2. 激光传输的大气环境分析

激光测距机的性能不仅取决于发射激光器的功率、接收探测器的性能和光电信号处理，其探测能力还与激光大气传输特性密切相关。影响激光大气传输特性的主要因素有大气气体分子和悬浮微粒对激光的选择性吸收、散射引起的衰减，大气湍流对激光光束产生的闪烁、漂移和扩展等影响。另外，太阳光和背景光的传输、散射和辐射特性也直接影响测距机的测距能力。因此，对激光传输的大气环境进行分析和研究是非常重要的。

二、激光雷达

（一）激光雷达的定义、特点和用途

与微波雷达的工作原理一样，激光雷达主动发射激光束，接收并记录大气后向散射光、目标反射光及背景反射光，将其与发射信号进行比较，从中发现海空目标信息，如目标位置（距离、方位和高度）、运动状态（速度、姿态和形状）等，从而对飞机、导弹等目标进行探测、跟踪和识别。

由于光的波长比微波短好几个数量级，激光的方向性又比微波好得多，所以激光雷达拥有微波雷达所不具有的优点。

1. 分辨力高

激光雷达的角分辨力非常高，一台望远镜孔径 100mm 的 CO_2 激光雷达的角分辨力可达 0.1mrad，即可分辨 3km 远处相距 0.3m 的目标，并可同时（或依次）跟踪多个目标；激光雷达的速度分辨力也高，可轻而易举地确认运动速度为 1m/s 的目标，其距离分辨力可达 0.1m，通过一定的技术手段（如距离-多普勒成像技术）可获得目标的清晰图像。

2. 抗干扰能力强

与工作在无线电波段的微波雷达易受干扰不同，激光雷达几乎不受无线电波的干扰，适用于工作在日益复杂激烈的各种（微波）雷达电子战环境。

3. 隐蔽性好

激光方向性好，其光束非常窄（一般小于 1mrad），只有在其发射的那一瞬间并在激光束传播的路径上，才能接收到激光，要截获它非常困难。

4. 体积小、质量轻

激光雷达中与微波雷达功能相同的一些部件，其体积或质量通常都小（或轻）于微波雷达，如激光雷达中的望远镜相当于微波雷达中的天线，望远镜的孔径一般为厘米级，而天线的口径一般为几米至几十米。

当然，激光雷达也存在着致命的弱点。由于大气对激光的衰减作用，激光雷达的工作特性受天气影响很大，即使所发射激光波长正好位于大气窗口的 CO_2 激光雷达，其在晴朗和恶劣的天气工作时，其作用距离也会从 10～20km 下降为 3～5km，有时甚至降至 1km 内。另外，由于激光光束很窄，所以只能小范围搜索、捕获目标。

为了充分利用激光雷达的优点并克服其缺点，正在研制的激光雷达多设计成组合系统，如将激光雷达与红外跟踪器或前视红外装置（红外成像仪）、电视跟踪器、光电经纬仪、微波雷达等进行组合，使其兼具各分系统的优点，相互取长补短。例如，激光雷达与微波雷达组合系统可先利用微波雷达实施远距离、大空域目标捕获和粗测，再用激光雷达对目标进行近距离精密跟踪测量，这样既克服了激光雷达目标搜索、捕获能力差的缺点，又可弥补微波雷达易受干扰和攻击的不足。

当前，激光雷达是一大类广泛应用的军用雷达，用于各种重型武器或其火控系统，其基本功能是动态目标的定位和跟踪，即实时测量目标相对于激光雷达的角位置和距离，并根据测角信息自动跟踪目标。

（二）激光雷达的分类

激光雷达可以按不同的方法进行分类。根据探测机理的不同，激光雷达可以分为直接探

测型激光雷达和相干探测型激光雷达两种。其中，直接探测型激光雷达采用脉冲振幅调制技术，不需要干涉仪；相干探测型激光雷达可用外差干涉、零拍干涉或失调零拍干涉等，相应的调谐技术分别为脉冲振幅调制、脉冲频率调制或混合调制等。按激光雷达的发射波形或数据处理方式，激光雷达可分为脉冲激光雷达、连续波激光雷达、脉冲压缩激光雷达、动目标显示激光雷达、脉冲多普勒激光雷达和成像激光雷达等。按激光雷达的架设地点不同，激光雷达可分为地面激光雷达、机载激光雷达、舰载激光雷达和航天激光雷达等。按激光雷达完成的任务不同，激光雷达可分为光学窗口侦察雷达、火炮控制激光雷达、指挥引导激光雷达、靶场测量激光雷达、导弹制导激光雷达和飞行障碍物回避激光雷达等。

（三）激光雷达的系统组成和原理

1. 系统组成

从激光雷达的组成看，直接探测型激光雷达与相干探测型激光雷达有较大的不同。直接探测型激光雷达与脉冲激光测距机相似，不同之处是激光雷达配有激光方位与俯仰测量装置、激光目标自动跟踪装置，另外后续的信号处理结果不再是存储的距离计数值，而是距离与方位和俯仰数据的关系，并通过计算和图像显示，表达出目标的空间分布及速度。相干探测型激光雷达与普通射频雷达的工作原理相似，图 3-2-2 给出了微波雷达与相干探测型激光雷达的组成。在相干探测型激光雷达中，探测器同时起到混频器的作用，望远镜和激光器等部件与微波雷达中的天线、振荡器等部件之间存在一一对应的关系，数据处理线路则基本相同，由于这种相似性，激光雷达可以沿用微波雷达的许多成熟技术。

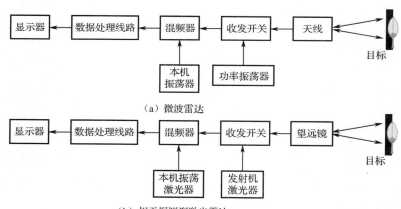

（a）微波雷达

（b）相干探测型激光雷达

图 3-2-2　微波雷达与相干探测型激光雷达的组成

由于相干探测型激光雷达直接探测过程及其信号处理，与激光测距机部分相似，因此本文着重讨论相干探测型激光雷达的原理。

2. 相干探测型激光雷达的原理

相干探测型激光雷达的原理如图 3-2-3 所示。探测器同时接收平面光波，一束是频率为 ν_L 的本振光，另一束是频率为 ν_S 的信号光，这两束光在探测器表面合成形成相干光场。其光场可以写为

$$E(t) = E_L \cos(\omega_L t) + E_S \cos(\omega_S t + \phi_S) \tag{3-2-5}$$

相应的光强为

$$E^2(t) = E_L^2 \frac{1+\cos(2\omega_L t)}{2} + E_S^2 \frac{1+\cos(2\omega_S t + 2\phi_S)}{2} +$$
$$E_L E_S \{\cos[(\omega_L - \omega_S)t - \phi_S] + \cos[(\omega_L + \omega_S)t + \phi_S]\} \tag{3-2-6}$$

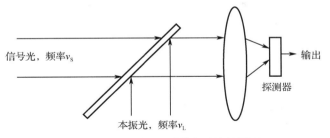

图 3-2-3　相干探测型激光雷达的原理

相干探测信号从差频项中取出，为此在后续电路中进行以 $|\omega_L - \omega_S|$ 为中心频率的滤波和放大，从而消除直流项。光电探测器对于和频项与倍频项实际上并不响应。信号光强为

$$E_L E_S \cos[(\omega_L - \omega_S)t - \phi_S] \tag{3-2-7}$$

探测器信号电流为

$$i_S(t) = \frac{q\eta}{h\nu_L} A_d E_L E_S \cos[(\omega_L - \omega_S)t - \phi_S] = 2\frac{q\eta}{h\nu_L}\sqrt{P_L P_S}\cos[(\omega_L - \omega_S)t - \phi_S] \tag{3-2-8}$$

式中，η 为探测器的量子效率；q 为电子电量；P_L、P_S 分别为两束光入射到探测器上的功率；A_d 为探测器面积。

3. 激光雷达的测量原理

（1）猫眼效应。

基于猫眼效应的激光雷达被称为光学窗口侦察雷达。它通过主动向敌方光学或光电设备发射激光束，对敌方光学和光电子设备进行侦察。当一束光照射到光学系统的镜头上时，由于镜头的汇聚作用，同时探测器正好位于光学系统的焦平面附近，光线将聚焦在探测器表面，由于探测器表面的反射或散射作用，对来自远处的激光产生部分反射，相当于在焦平面上与入射光对应的位置有一个光源，其反射光通过光学系统沿入射光路返回，这会使得光学系统的后向反射强度比普通漫反射目标的后向反射强度要强得多，这种特性称为猫眼效应。

图 3-2-4 所示为猫眼效应原理。G 为探测器的光敏面，L 为等效物镜，OO' 为其光轴，C 为光学焦点。由于系统具有圆对称性，光束 AA' 汇聚于 C 点，被光敏面反射后沿 CB' 传播，光束 BB' 汇聚于 C 点，被光敏面反射后沿 CA' 传播。所以，光敏面产生的部分反射光以镜面反射方式，近似按原光路返回。通常探测器都不是正好位于焦点上的，有时是由于安装误差引起离焦，有时则是有意离焦放置（如四象限探测器），这种离焦效应会引起后向反射回波的发散，降低回波强度。

主动侦察的激光波长应与敌方光学或光电设备工作波段相匹配，这是猫眼效应的基本要求。根据现役光学或光电设备的一般工作波段，主动激光侦察告警主要为 $1.06\mu m$ 波长和 $10.6\mu m$ 波长两种。波长不同，设备的具体构成形式也不同。

主动激光侦察设备通常由高重频激光器、激光发射和接收系统、光束扫描系统及信号处理器组成，它利用高重频的激光束对侦察的区域进行扫描，在扫描到光学和光电设备时，由于被侦察对象的猫眼效应，能接收到比漫反射目标强得多的信号，信号处理器通过一定的信号处理方法，抑制漫反射目标的回波信号，达到侦察光学和光电设备的目的。

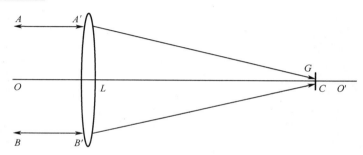

图 3-2-4　猫眼效应原理

（2）四象限测角原理。

激光雷达的测距原理与激光测距机完全相同，这里只介绍其测角原理。激光雷达一般采用四象限探测器测角技术，其核心部件是四象限探测器及其和差运算电路。四象限探测器由 4 个性能完全相同的光电二极管按直角坐标系排成 4 个象限，每个光电二极管的输出电压与其接收光能量成正比。四象限探测器安装在接收光学系统的焦面附近，并且该探测器中心即四象限原点与接收光轴重合。当目标偏离接收光轴时，其反射回来的激光能量经接收光学系统到达四象限探测器时，在 4 个象限上的分布将不相等，相应的输出电信号也不相等，经和差运算电路处理后，可以得出目标偏离光轴的方位和大小。

图 3-2-5 所示为四象限探测器与和差运算电路处理方式。目标散射的激光信号被光学系统成像于四象限探测器上，根据探测器离焦量的不同，像点的大小也不同。该探测器的平面对应某一空间领域，被划分为 A、B、C、D 四个象限，在每个象限上都布满了光敏元件，当激光束照射到某个光敏元件上时，相应的元件就有电压输出，其他未照到的元件，输出为零。因此，四象限探测器起到光电转换的作用。判断激光目标到底在哪个象限上，通过简单的逻辑电路运算便可确定。不妨假设：当激光辐照到某象限时，四象限探测器有信号输出，设为"1"；无信号时，输出为"0"。暂时认为激光束辐照在 A 象限上，则四象限探测器输出的 y 值为：$y=(A+B)-(C+D)=(1+0)-(0+0)=1$，$y$ 值为正数，说明目标是在 A 或 B 象限上，即在四象限探测器平面 x 轴的上方，偏离了光轴，那么，到底是在 A 象限上，还是在 B 象限上呢？这必须再进行一次逻辑判断，四象限探测器输出的 x 值为：$x=(B+D)-(A+C)=(0+0)-(1+0)=-1$，$x$ 值为负数，说明目标是在 A 象限上。通过两次逻辑运算可以得出：目标的位置在 $(-1,1)$，的确是在 A 象限上，与前面的假设吻合。

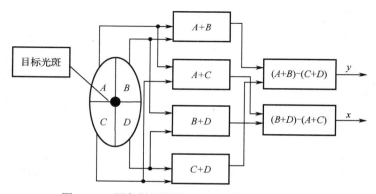

图 3-2-5　四象限探测器与和差运算电路处理方式

（四）激光雷达的关键技术

1. 空间扫描技术

激光雷达的空间扫描技术可分为非扫描体制和扫描体制，其中扫描体制可以选择机械扫描、声光扫描和二元光学扫描等方式。非扫描体制采用多元探测器，作用距离较远，探测体制上同扫描成像的单元探测有所不同，能够减小设备的体积、质量。

机械扫描能够进行大视场扫描，也可以达到很快的扫描速度，不同的机械结构能够获得不同的扫描图样，是目前应用较多的一种扫描方式。声光扫描器采用声光晶体对入射光的偏转实现扫描，扫描速度可以很快，扫描偏转精度能达到微弧度量级。但声光扫描器的扫描角度很小，光束质量较差，耗电量大，声光晶体必须采用冷却处理，这在实际工程应用中将增加设备量。

二元光学是光学技术中的一个新兴的重要分支，它是建立在衍射理论、计算机辅助设计和细微加工技术基础上的光学领域的前沿学科之一。利用二元光学可制造出微透镜阵列灵巧扫描器。一般这种扫描器由一对间距只有几微米的微透镜阵列组成，一组为正透镜，另一组为负透镜，准直光经过正透镜后开始聚焦，然后通过负透镜后变为准直光。当正负透镜阵列横向相对运动时，准直光方向就会发生偏转。这种透镜阵列只需要很小的相对移动输出光束就会产生很大的偏转，透镜阵列越小，达到相同的偏转所需的相对移动就越小。因此，这种扫描器的扫描速度可以很快。二元光学扫描器的缺点是扫描角度较小（几度）、透过率低，目前工程应用还不够成熟。

2. 激光雷达发射机技术

目前，激光雷达发射机光源的选择主要有半导体激光器、半导体泵浦固体激光器和气体激光器等。

半导体激光器是以直接带隙半导体材料构成的 PN 结或 PIN 结为工作物质的一种小型化激光器。半导体激光器工作物质有几十种，目前已制成激光器的半导体材料有砷化镓（GaAs）、砷化铟（InAs）、锑化铟（InSb）、硫化镉（CdS）、碲化镉（CdTe）、硒化铅（PbSe）、碲化铅（PbTe）等。半导体激光器的激励方式主要有电注入式、光泵式和高能电子束激励式。绝大多数半导体激光器的激励方式是电注入式，即给 PN 结加正向电压，以使该激光器在结平面区域产生受激发射，也就是说它是一个正向偏置的二极管，因此半导体激光器又称为半导体激光器二极管。自世界上第一个半导体激光器在 1962 年问世以来，经过几十年的研究，半导体激光器得到了惊人的发展，它的波长从红外到蓝绿光，覆盖范围逐渐扩大，各项性能参数不断提高，输出功率由几毫瓦提高到千瓦级（阵列器件）。在某些重要的应用领域，过去常用的其他激光器已逐渐被半导体激光器取代。

半导体泵浦固体激光器综合了半导体激光器与固体激光器的优点，具有体积小、质量轻、量子效率高的特点。该激光器通过泵浦激光工作物质，输出光束质量好、时间相干性和空间相干性好的泵浦光，摒弃了半导体激光器光束质量差、模式特性差的缺点，与氪灯泵浦固体激光器相比具有泵浦效率高、工作寿命长、稳定可靠的优点。激光工作物质可以选择钕（Nd）、铥（Tm）、钬（Ho）、铒（Er）、镱（Yb）、锂（Li）、铬（Cr）等，获得 $1.047 \sim 2.8 \mu m$ 的多种波长。目前，半导体泵浦固体激光器的许多工程应用问题已经得到解决，是应用前景最好、发展最快的一种激光器。

气体激光器是目前种类较多、输出激光波长最丰富、应用最广的一种激光器。其特点是激光输出波长范围较宽，气体的光学均匀性较好，因此输出的光束质量好，其单色性、相干性和光束稳定性好。

3. 高灵敏度接收机设计技术

激光雷达的接收单元由接收光学系统、光电探测器和回波检测处理电路等组成，其功能是完成信号能量汇聚、滤波、光电转变、放大和检测等。对激光雷达接收单元设计的基本要求是：高接收灵敏度、高回波探测概率和低虚警率。在工程应用中，为提高激光测距机的性能而采用提高接收机灵敏度的技术途径，要比采用提高发射机输出功率的技术途径更为合理、有效。提高激光回波接收灵敏度的方法主要是接收机选用适当的探测方式和探测器。

探测器是激光接收机的核心部件，也是决定接收机性能的关键因素，因此，探测器的选择和合理使用是激光接收机设计中的重要环节。目前，用于激光探测的探测器可分为基于外光电效应的光电倍增管和基于内光电效应的光电二极管及雪崩光电二极管等，由于雪崩光电二极管具有高的内部增益、体积小、可靠性好等优点，往往是工程应用中的首选探测器。

激光雷达的回波信号电路主要包括放大电路和阈值检测电路。放大电路的设计要与回波信号的波形相匹配，对于不同的回波信号（如脉冲信号、连续波信号、准连续信号或调频信号等），接收机要有与之相匹配的带宽和增益。如对于脉冲工作体制的激光雷达，放大电路要有较宽的带宽，同时还要采用时间增益控制技术，其放大器增益不是固定的，而是按激光雷达方程变化曲线设计的控制曲线，以抑制近距离后向散射，降低虚警率，并使放大器主要工作于线性放大区域。

阈值检测电路是一个脉冲峰值比较器，确定回波到达的判据是回波脉冲幅度超过阈值。这种方法的优点是简单，但存在两个缺点：第一，只要有一个脉冲幅度首先超过阈值，检测电路就会将其确定为回波脉冲，而不管它是回波脉冲还是杂波干扰脉冲，从而导致虚警；第二，回波脉冲幅度的变化会引起到达时间的误差，从而导致测距误差。在高精度激光测距机上，通常采用峰值采样保持电路和恒比定时电路来减小测时误差。

4. 终端信息处理技术

激光雷达终端信息处理系统的任务是既要完成对各传动机构、激光器、扫描机构及各信号处理电路的同步协调与控制，又要对接收机送出的信号进行处理，获取目标的距离信息。对成像激光雷达来说，还要完成系统三维图像数据的录取、产生、处理、重构等任务。

目前，激光雷达的终端信息处理系统设计主要采用大规模集成电路和计算机完成。其中测距单元可利用 FPGA 技术实现，在高精度激光雷达中还需采用精密测时技术。对成像激光雷达来说，系统需要解决图像行的非线性扫描修正、幅度/距离图像显示等技术。回波信号的幅度量化采用模拟延迟线和高速运算放大器组成峰值保持器，并采用高速 A/D 来完成。图像数据采集由高速 DSP 完成，图像处理及二维显示可由工业控制计算机完成。

5. 新体制激光雷达技术

多年来，学者对激光雷达新体制的探索工作一直在进行，尤其最近几年的研究工作比较活跃，包括相控阵雷达、合成孔径雷达、非扫描成像激光雷达等。

相控阵雷达是通过对一组激光束的相位分别进行控制和波束合成，实现波束功率增强和电扫描的一种体制。美国自 20 世纪 70 年代初开始研究光学相控阵技术，并首次用钽酸锂晶体制成移相器阵列（46 元），实现一维光相控阵以来，先后研制出多种二维移相器阵列，并制成以液晶为基础的二维光学相控阵样机，阵面孔径为 4cm×4cm，包括 1536 个移相单元。存在的技术难题主要是制造工艺不成熟，光束偏转范围还比较小（几度），控制效率低（小于 10%），因此，还有许多工作要去做。但人们相信，光学相控阵技术的突破将对高性能激光雷达乃至光电传感器系统产生革命性的影响。

合成孔径雷达是利用与目标做相对运动和小孔径天线并采用信号处理方法，获得高方位（横向距离）分辨力的相干成像雷达。微波频段的合成孔径雷达在战场侦察、监视、遥感和测绘方面已得到成功的应用，在火控和制导领域也将有广泛的应用前景。利用激光器作为辐射源的合成孔径雷达，由于其工作频率远高于微波，对于同样相对运动速度的目标可产生大得多的多普勒频移，因此，横向距离分辨力也高得多，而且利用单个脉冲可瞬时测得多普勒频移，无须高重频发射脉冲。正因为如此，基于距离/多普勒成像的合成孔径雷达的研究工作受到重视。

第三节 光电被动侦察

光电被动侦察也称光电告警，是指利用光电技术手段对敌方光电武器和侦测器材辐射或散射的光信号进行探测截获、识别，并及时提供情报和发出告警的一种军事行为。根据光电告警的工作波段属性，一般分为激光告警、红外告警、紫外告警等几种形式。将各单项告警综合起来就是光电综合告警。光电综合告警能快速判明威胁，并将威胁信息提供给被保护目标，使其采取对抗措施或规避行动。

和主动侦察相比，由于光电告警不发射光辐射信号，其隐蔽性好，告警装备的生存能力强，但也因此引入了一些不足：（1）对激光告警，只限于告警激光类光电系统，而激光主动侦察则可以侦察所有的军用光电系统；（2）只能得到方位信息，缺乏距离信息。总的来说，光电告警的优势更为突出，装备应用也更加广泛。

一、激光告警

（一）激光告警的定义、特点和用途

激光告警器本身不发射激光，它利用激光技术手段，通过探测激光威胁源辐射或散射的激光，获取激光武器的技术参数、工作状态和使用性能的军事行为。激光告警是一种特殊用途的侦察行为，它针对战场复杂的激光威胁源，及时准确地探测敌方激光测距机、目标指示器或激光驾束制导照射器发射的激光信号，确定其入射方向，发出警报。

要进行有效的激光告警有相当的技术难度，其原因如下。

（1）在信号的到达方向与威胁物位置之间可能存在模糊性，这是由于有不同传播路径的结果，见图 3-3-1。装备在一辆坦克上的激光告警器，在受到威胁源激光束照射时，除了由激光源直接入射到激光告警器上的光信号，还会有由周围目标散射而进入激光告警器视场的光信号。在截获散射光的情况下，光源是在受激光告警接收机保护的平台上，或者在邻近此平台的一个区域内，其位置与威胁物位置没有直接关系。与此类似，还存在大气气溶胶沿激光束路径对其散射而

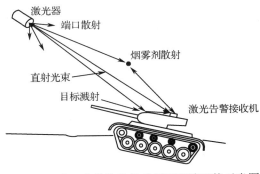

图3-3-1　激光告警接收机受周围环境干扰示意图

进入激光告警器视场的问题。在拦截大气散射光的情况下，光源是大气中的一根线，其终端在威胁物处，但其起点从接收机的角度看，可能与威胁物的实际位置偏离180°。此时激光的到达方向与威胁物位置间可能有差别，这给激光威胁源的方位确定带来了困难，特别是在定向精度要求高的情况下困难更大。

（2）因为无法预知激光束入射方位，因此激光告警器的警戒视场要足够大。同时，可能的入射激光的波长分布在近红外至远红外这样一个很宽的范围内，这就要求激光告警器能够响应的波段足够宽。这样激光告警器容易受到周围环境的干扰。毫无疑问，太阳光及周围环境对太阳的反射光、火炮口的闪光等自然或人为背景光都可能会对激光告警器产生干扰，从而产生虚警或错误定向。

（3）从背景光、光信号探测器到后续信号处理电路，光信号探测的每一个环节都会有干扰，当随机的干扰信号强度超过一定阈值时就会产生虚警，虚警率过高，显然无法容忍。而要降低虚警率，往往就要牺牲探测灵敏度或探测概率。鉴于绝大多数被保护目标的重要价值，大大降低探测概率是不可行的。

（4）某些激光器具有单脉冲的特性。当单脉冲持续时间为30ns或更短时，用单脉冲来找方向显然是有困难的，因为所有的测试必须同时进行，并且要在有很宽带宽的电路中实现。这与典型的雷达告警接收机有很大差别，因为后者的脉冲链是无间断的，容易求出方向数据。

为了克服上述困难，理想的激光告警接收机应具有如下特点。

（1）接收视场大，能覆盖整个警戒空域，从而探测器能接收来自各个方向的激光辐射。

（2）波段宽。可探测的光谱带宽可以覆盖敌方可能使用的各种激光，包括激光目标指示器、测距机、激光雷达及激光武器。

（3）低虚警率、高探测概率、宽动态范围。能从太阳光、闪电、曳光弹及各种弹药爆炸产生的背景光辐射中准确分辨激光脉冲，且漏检率为零，虚警率为零。

（4）能测出来袭激光的方向、波长、调制和编码等参数。

（5）探测距离为10～15km，反应时间短，能适应现代战争的要求。

激光告警适用于固定翼飞机、直升机、地面车辆、舰艇、卫星和地面重点目标，用以警戒目标所处环境的激光武器威胁。

（二）激光告警的分类

激光告警器大致有以下三种分类方式。

1. 激光告警根据工作原理分为光谱识别型和相干识别型

（1）光谱识别型。光谱识别型又分为非成像型和成像型两种。非成像型侦察告警接收设备通常由若干个分立的光学通道和电路组成。这种接收设备的探测灵敏度高、视场大，且结构简单，无复杂的光学系统，成本低，角分辨力低，只能概略判定激光入射方向。使用光纤前端探测头的告警是非成像型侦察告警的一个新分支，它可优化光路设计，提高设备抗干扰能力，实现高可靠性和小型化。成像型侦察告警接收设备通常采用广角远心鱼眼透镜和面阵CCD器件或PSD（位置传感探测器）器件，优点是视场大、角分辨力高。当降低覆盖空域、减小视场后，可使定向精度达1mrad左右；缺点是光学系统复杂，只能单波长工作且成本高，难以小型化。

（2）相干识别型。相干识别是目前测定激光波长最有效的方法之一。激光辐射有高度的时间相干性，故利用干涉元件调制入射激光可确定其波长和方向。根据所用干涉元件的不同，相干识别型接收机分为法-珀型、迈克尔逊型、光栅型等，其共同特点是可识别波长且识别能力强，虚警率低，不同点是，法-珀型和迈克尔逊型都基于分振幅原理，而光栅型基于分波振面原理。

2. **激光告警按探测头的工作体制可分为凝视型、扫描型和凝视扫描型**

凝视型激光告警无须进行任何扫描即可探测整个半球空域范围内的入射激光，其优点是能及时准确地探测敌方的激光辐射，对在一次战术行动中只发射一次的激光源，也能及时准确地探测到。它包括光纤时间编码、光纤位置编码、偏振度编码、阵列探测、成像探测等多种体制；扫描型激光告警适用于激光脉冲重频较高或有一定周期的激光辐射，性价比较好，它包括旋转反射镜、全息探测等体制；凝视扫描型激光告警是一种新颖的激光告警探测体制，它兼顾了扫描型的实用和凝视型的高分辨率的特点。

全息探测型激光告警系统的工作原理是利用全息场镜将入射的激光束分成四部分，分别在四个显示器上成像，所产生的光斑大小与激光的入射方向成一定的比例，入射光束通过物镜汇聚形成一个位于其后的全息场镜上的光斑，利用安装的光电传感器，探测出不同位置传感器上的能量大小。不同的光斑会输出不一样的信号，从而计算出光斑的对应位置，得出的结果就是入射信号的方向角函数。

全息探测型激光告警系统是根据全息场镜的色散性计算激光的波长和测定激光入射方位的，该方式采用的电路设计简单、反应速度快且成本低，还可用它对光学系统进行扩展和突破，但其制作工艺比较复杂，而且由于激光束的实际透过率较低，因此系统的灵敏度不高。

3. **激光告警按截获方式可分为直接截获型、散射探测型和二者的复合型**

激光在大气中传输也会相应出现气溶胶性散射，激光告警接收机接收激光信号的方法通常有两种：直接拦截型和散射探测型。直接拦截型的设计思想比较简单，即以拦截的方式，通过多个探测单元对入射的激光信号进行拦截，并根据接收到的探测单元的位置，判断入射激光信号的大致方位信息。利用这种方式设计的接收机具有高灵敏、全角度、设计简单等优点，缺点是无法确定来袭激光的具体方位。

散射探测型利用接收来自地面、空气及装备外表等散射出的激光信号，通过分析计算实现判断、报警。利用透光性很好的光学玻璃组成一个圆锥形状的棱镜，它的内部是呈现下凹状的锥形，由滤光镜和光电探测器构成的组合位于其下方。这种设计使告警区域将装备完全包裹起来，来自任意角度射到装备上的入射激光信号，都必须经过它，但利用这种方式设计的探测器还是不能准确判定入射激光信号的具体方位，同时由于利用大气散射，与天气状况有关，且散射能量与波长的四次方成反比，因而只能用于可见光和近红外探测，对中远红外难以奏效。因此，为了可靠截获激光束，确保不漏警，往往将直接截获和散射探测相结合，这种方法更为实用。表 3-3-1 概括给出了几类典型激光告警方法的主要特点。

（三）激光告警的系统组成和基本原理

激光告警的关键任务是识别入射的激光信号，同时最大限度地抑制背景光的干扰，为此必须充分利用激光与背景光的差异。激光与各种来源的背景光之间的最大区别在于光谱亮度不同，即两者的单位波长间隔、单位立体角、单位面积的光辐射通量有很大差异。光谱亮度差异的具体表现，除了方向性外，主要在于单色性和相干性。光谱识别型和相干识别型激光告警器就是基于激光与背景光分别在单色性和相干性方面的差别进行工作的。

表 3-3-1　几类激光告警方法的主要特点

类型	非成像型光谱识别	成像型光谱识别	法-珀型相干识别	迈克尔逊型相干识别	散射探测型
优点	1. 视场大 2. 结构简单 3. 灵敏度高 4. 成本低	1. 视场大 2. 可凝视监视 3. 虚警率低 4. 角分辨力高 5. 图像直观	1. 虚警率低 2. 能测激光波长 3. 灵敏度高 4. 视场较大 5. 光电接收简单	1. 虚警率低 2. 能测激光波长 3. 角分辨力高 4. 能测单次脉冲	1. 无须直接拦截光束 2. 可凝视监视
缺点	1. 不能测定激光波长 2. 角分辨力低 3. 虚警率高	1. 不能测激光波长 2. 成本高 3. 单波长工作 4. 需用窄带滤光片	1. 角分辨力低 2. 机械扫描, 工艺难度大 3. 成本高 4. 不能截获单次脉冲	1. 视场小 2. 成本较高 3. 灵敏度低	1. 光学系统加工困难 2. 要用窄带滤光片 3. 不能分辨方向

1. 光谱识别型激光告警原理

1）激光与背景光的单色性

对于普通光源, 无论它是太阳、雷电等自然光源, 还是灯光、炮火等人造光源, 其所发出的光一般分布在一个很宽的波长范围内, 尽管它们所发光的总功率可以很大, 但其光谱辐射功率, 即光源单位波长间隔所发出的功率并不大。相比而言, 由于激光的单色性非常好, 所有的发射功率都集中在一个很窄的波长范围内, 光谱辐射功率比背景光强。激光的线宽很窄, 所以单色性好, 其原因主要有两个: 一是只有频率满足发出的光子能量与激光介质上下能级差相等的光波才能得到放大; 二是振荡只能发生在谐振频率处。激光器的类型不同, 其单色性也不同。单模稳频氦氖激光器的线宽仅为 10^3Hz, 单色性最好, 而半导体激光器的单色性最差。考虑使用 Nd:YAG 激光器, 其参数如下。

输出功率　　　$\Delta P = 1\text{mJ}$

光束发散角　　$\Delta\theta = 1\text{mrad}$

脉宽　　　　　$\Delta t = 10\text{ns}$

波长　　　　　$\lambda = 1.06\mu\text{m}$

谱线宽　　　　$\Delta\lambda = 1\text{nm}$

在晴朗的天空中, 大气衰减系数 $\mu = 0.113\text{km}^{-1}$, 该激光器在 R=10km 处产生的光谱辐照度 E 为 $\Delta\phi/\Delta A$, 其中

辐射通量　　　　$\Delta\phi = \dfrac{\Delta P e^{-\mu R}}{\Delta t} = 3.23 \times 10^4\,\text{W}$

光斑面积　　　　$\Delta A = (\Delta\theta R)^2\pi = 3.14 \times 10^2\,\text{m}^2$

则

相应的光谱辐照度　$E = 1.03 \times 10^2\,\text{W/m}^2$

相应的光谱辐照度　$E_\lambda = E/\Delta\lambda = 1.03 \times 10^5\,\text{W/}(\text{m}^2 \cdot \mu\text{m})$

即使大气有霾, 相应的能见度降为 5km, 对应大气吸收系数 $\mu = 0.415\text{km}^{-1}$, 则 $E_\lambda = 5.02 \times 10^3\,\text{W/}(\text{m}^2 \cdot \mu\text{m})$。参照图 3-3-2, 我们可以看出, 即使是对于这样低能量的普通激光器, 其在 10km 远处于 $1.06\mu\text{m}$ 波长附近所产生的光谱辐照度也是很高的。如果告警接收机的滤光片带宽为 10nm, 则激光和太阳光进入探测器的辐射通量之比高达 10^2 量级。由于激光

经过较远距离的传播后在某特定波长处的光谱辐照度仍然远大于背景光的光谱辐照度，光谱识别型激光告警器可通过滤光片滤除激光波长附近的背景光，从而产生较高的信噪比。

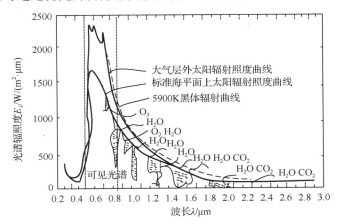

图 3-3-2　平均地-日距离上太阳的光谱分布（阴影区域表示海平面上大气成分引起的吸收）

2）非成像型侦察告警

（1）系统组成。

非成像型侦察告警是比较成熟的体制，国外在 20 世纪 70 年代就进行了型号研制，20 世纪 80 年代已大批装备部队。它通常由探测头和处理器两个部件组成（见图 3-3-3）。探测头是由多个基本探测单元组成的阵列，阵列探测单元按总体性能要求进行排列，并构成大空域监视，相邻视场间形成交叠。当某一光学通道接收到激光时，激光入射方向必定在该通道光轴两旁一定视场范围内。当相邻二通道同时接收到激光时，激光入射方向必定在二通道视场角相重叠的视场范围内。以此类推，探测头将整个警戒空域分为若干个区间。接收到的激光脉冲由光电探测器（一般为 PIN 光电二极管）进行光电转换，经放大后输出电脉冲信号，再经过预处理和信号处理，从包含有各种虚假的信息中实时鉴别信号，确定激光源参数并定向。

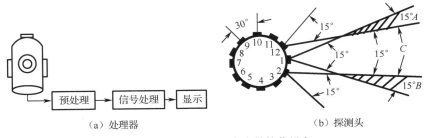

图 3-3-3　非成像型侦察告警接收设备

处理器同时接收到了目标发射激光信号和其他普通光信号，它是如何区分的呢？通过简单的滤波手段就可以实现。同时，非成像型侦察告警设备为了大幅度降低虚警率，除采用电磁屏蔽、去耦、接地等措施外，还常采用多元相关探测技术。该技术是指在一个光学通道内采用两个并联的探测单元，对探测单元的输出进行相关处理，可使虚警率大幅度下降。

激光威胁源的一些典型特征是：激光武器波长特定、脉冲持续时间较长；测距机脉冲短、重频低；指示器类似于测距机，但重频高；对抗用的激光器类似于测距机，但强度高；通信激光器是调制的连续波光源或很高重频的脉冲串。因此，对提取出的激光信号，获取其技术参数（如激光波长和脉冲间隔等）后，即可判断辐射源的类型。

非成像型侦察告警设备具体如何滤波、测向和获取激光参数（如波长），这涉及激光告警的实现方法。

（2）实现方法。

非成像型侦察告警设备的实现方法主要有以下两种。

① 采用一组并列的窄带滤光片和探测器分别对应特定波长工作，如将窄带滤光片的中心波长分别选定为 0.53μm、1.06μm、1.54μm、10.6μm 等，以监视这几个常用波长的激光威胁，如图 3-3-4（a）所示的通道 1 情形；也可以采取多个通道相邻覆盖某个光谱带的配置方式，如图 3-3-4（a）所示的通道 2 与通道 3 之间的配置。整个接收机可以是单通道单波长与多通道多波段覆盖相结合，比如，在可见光至近红外的硅探测波段上用 2～20 个光谱通道进行覆盖，并对应 3.8μm、10.6μm 波长分别有一个通道进行探测。这样，在可见光至近红外范围内，各个通道不仅具备光谱识别功能，而且还能减小太阳光杂波和太阳光的散粒噪声。采用该方法时，必须在所用通道的数目及所获得的光谱分辨率之间做折中处理。当采用多个通道相邻覆盖光谱带的告警系统时，存在光谱带的重叠问题，即干涉滤光片的透过波段与激光入射角度有关，由于入射角度的变化，会使得告警系统对入射激光波长的判断出现错误。

另外，因为军用激光器的类型不断增多，可调谐激光器也已进入实用阶段，这会在告警系统所需要监视的波段范围和系统所能容纳的通道数之间产生矛盾。因此，多滤光片方式虽然在现有装备中被大量采用，但已显得比较落后。

② 采用色散元件和阵列探测器。如图 3-3-4（b）所示，入射光束通过色散元件（如光栅）后，会依照入射光波长的不同形成不同方向的出射光，经一段传播路径（如经过一个成像凸透镜）后照射到阵列探测器上，不同波长的光会照射到阵列探测器的不同单元上。换句话说，色散元件对阵列探测器每个单元的作用相当于一个中心波长不同的窄带滤光片。一般而言，该方式存在阵列探测器的高光谱分辨率与高响应速度之间的矛盾，即用高光谱分辨率的阵列探测器往往会丢失信号的时间数据，因为它们的带宽小，而采用高响应速度阵列探测器时，因探测元之间的耦合问题而难以做成大的阵列。

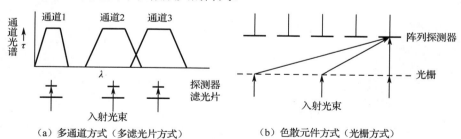

（a）多通道方式（多滤光片方式）　　（b）色散元件方式（光栅方式）

图 3-3-4　非成像型侦察告警设备的实现方法

总之，光谱识别就是充分利用自然和人工背景光的光谱辐照度比激光的光谱辐照度在特定波长处要小，来提高激光信号识别的可靠性。光谱识别非成像型侦察告警是早期的光谱识别告警，其主要缺点是只能大概估算激光入射方向，成像型侦察告警可以克服这个不足。

3）成像型侦察告警

成像型侦察告警设备是一种复杂的透镜组合系统，通常由探测和显控两个部件组成，探测部件采用 180°视场的等距投影型鱼眼透镜作为物镜和面阵 CCD 成像器件接收图像。该告警设备的角分辨力通常为零点几度到几度，因而可精确确定辐射源的位置及光束特性（包括光谱特性、强度特性、偏振特性等）、时间特性、编码特性等。

美国 LAHAWS 成像型侦察告警系统采用了 100×100 面阵 CCD 成像器件及双通道消除背景措施，其工作原理为：由鱼眼透镜把汇聚的光通过 4：1 分束镜分成两个光学通道，80% 的光能通过窄带滤光片，进入 CCD 摄像机的靶面，其余 20% 的光再经两块分束镜和窄带滤光片进一步分成 1：1 的两条光学通道，各自进入一个 PIN 光电二极管，其中一个通道包含激光和背景信号，另一个通道只包含背景信号，经相减放大，把背景信号抵消，当无激光入射时，其输出为零；当有激光入射时，其输出不为零。两个 PIN 光电二极管的输出，经差分放大和阈值比较器处理后，区分出背景照明和激光辐射，产生音响及灯光指示。当该光电二极管有输出信号时，面阵 CCD 成像器件输出的视频信号进行 A/D 转换和数字帧相减处理，消去背景，突出激光光斑图像，由计算机解算出激光源的角度信息送火控或对抗系统，并在显示器上显示。光路中采用了光学自动增益控制以防强光饱和。LAHAWS 成像型侦察告警系统的主要技术指标有：工作波长为 1.06μm；警戒空域方位为 360°、俯仰角为 0°～90°；定向精度为 3°。

2. 相干识别型激光告警原理

（1）光的相干性。

光的相干性包括时间相干性和空间相干性。时间相干性是指光场中同一空间点在不同时刻光场的相干性。如果在某一空间点上，t_1 和 t_2 时刻的光场仅在 $|t_1 - t_2| \leqslant \tau_c$ 时才相干，则称 τ_c 为相干时间。光沿传播方向通过的长度 $L_c = c \times \tau_c$ 称为相干长度，它表示在光的传播方向上相距多远的光场仍具有相干特性。因此，时间相干性是一个"纵"的概念。

实际上，没有一种光源是严格意义上的单色光源。从光谱角度看，这种准单色光源发射的光谱线有一定频率宽度 $\Delta \upsilon$，且 $\Delta \upsilon = 1/\tau_c$。$\Delta \upsilon$ 越小，单色性越好，相干时间越长，光的时间相干性越好。因此，时间相干性的概念直接与光的单色性的概念有关。表 3-3-2 给出了几种典型光源的相干长度，可以看出，不同光源的相干长度存在巨大差异，即便是同一种光源，由于工作状况不同，也会存在极大的变化。

表 3-3-2　几种典型光源的相干长度

光　　源	近似的相干长度/m
白炽灯	10^{-7}
太阳光（硅材料敏感波段）	10^{-6}
发光二极管	10^{-4}
He-Ne 激光器	10^{-1}
二极管激光器	$10^{-4} \sim 1$
染料激光器	$10^{-4} \sim 1$
CO_2 激光器	$10^{-4} \sim 10^4$

空间相干性是指光场中不同的空间点在同一时刻光场的相干性。普通光源中各个发光中心相互联系很弱，它们发出的光波是不相干的。但同一个发光中心在空间不同点贡献的光场却是相干的。光源中每个发光中心都各自贡献相干光场。在普通光源的光场中，与光源相距 R 的一个面积范围内，任何两点的光场都是相干的。

$$A_c = R^2 \lambda^2 / A_s \tag{3-3-1}$$

式中，A_s 是光源的面积。因此，光的空间相干性是指垂直于光传播方向的平面上光场的相干性。空间相干性是一个"横"的概念。A_c 为光源的相干照明面积或光场的相干面积，A_c 越大说明光源的横向相干性越好，它是光的横向相干性的量度。可以把上式改写为

$$\lambda^2 = A_s A_c / R^2 = A_s \Delta\Omega \tag{3-3-2}$$

式中，$\Delta\Omega$ 是相干面积相对光源中心的张角，称为相干范围的立体孔径角。该式的物理意义是：如果要求在 $\Delta\Omega$ 范围内光波是相干的，则普通光源的面积必须限制在 $\lambda^2/\Delta\Omega$ 以下。由于普通光源的发光中心基本上各自独立，尽管在相干面积内各处的光场是相干的，但相干程度却不同。在相干面积内，边缘处的相干性就很差。

由于激光是依靠受激辐射产生的，激光器中各发光中心的发光是互相关联的，因此对于激光器输出的激光束，特别是单模激光器输出的高斯光束，其发光面中各点都有着完全一样的位相。所以单模激光器输出的高斯光束在整个光束截面具有空间相干性，可以认为激光具有完善的空间相干性。

对激光告警接收机来说，为了从战场上各种复杂的辐射源中区分出激光辐射源，相干性是一个很有用的特性。采用相干技术的主要优点包括可以在不限制系统的光谱带通的情况下，排除太阳光闪烁、枪炮的闪光、曳光弹、泛光灯及飞机信标等光信号的干扰；不限制系统的光谱带通，意味着可以在光电传感器件响应的全光谱范围内，对激光威胁源进行警戒，这正是光谱滤波法的弱点。

（2）法-珀型相干识别激光告警

美国珀金-埃尔默公司的 AN/AVR-2 型激光侦察告警机是相干告警的典型，也是世界上技术最成熟、装备量最大的激光侦察告警机之一。它有 4 个探测头和 1 个接口比较器，可覆盖 360°范围。设备利用法-珀标准具对激光的调制特性进行探测和识别。

法-珀（F-P）干涉仪又称为标准具，它是一块高质量透明材料（如玻璃或锗等）平板，两个通光面高度平行并且镀有反射膜，反射率均在 40%～60% 范围内，当光线入射标准具时，一部分光直接穿过，另一部分光在透明材料中经两个反射面多次反射后再穿出标准具。因激光是相干性极好的平行光，故两部分光将产生相干叠加现象。当两部分光的光程差为波长的整数倍时，同相位叠加，此时标准具的透过率最大。当光程差为半波长的奇数倍时，两部分光相位差 180°，光强相互抵消，这时标准具的透过率最小，绝大部分光被标准具反射。光程差随入射角的不同而变化，故落在探测器上的光强与入射角有关。如图 3-3-5 所示，当标准具 z 轴周期性左右摆动（z 轴垂直于通光面法线）时，落在探测器上的光强与标准具摆动角之间的关系见图 3-3-5 中的曲线。曲线上的 A 点所对应的角度恰好是标准具的法线与激光平行时标准具的摆动角，因此，只要测定此时标准具的摆动角，就可以确定激光束的入射方向。同时，确定曲线中 A 点与 B 点之间的距离，就可以推算出激光波长。非相干光穿过标准具时不产生上述相干叠加现象，故落在光电探测器上的光强不产生曲线所示的变化，这就大大降低了虚警率，提高了鉴别激光的能力。

单级法-珀标准具需要标准具的周期性摆动来形成光程差的变化，从而区分激光和普通光、估计激光入射方向和求取激光波长。对高频脉冲激光而言，要在单个脉冲周期内实现标准具的摆动难度非常大。而两级法-珀标准具不需要标准具的摆动，可以克服这个缺点。

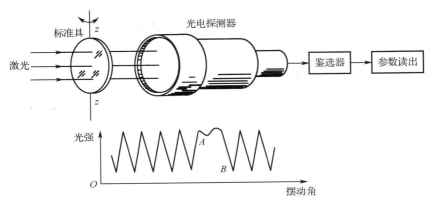

图 3-3-5　法-珀相干型激光侦察告警接收机的工作原理

图 3-3-6 给出了两级法-珀标准具用于相干识别的原理。法-珀标准具之后的探测器连到差分放大器电路上。标准具材料的折射率为 n，相距为 d 的前后两个平行面镀有反射率为 R 的部分反射膜，那么对于相干长度大于 d 的入射激光束，标准具的透过率为

$$T = \frac{1}{1 + \frac{4R}{(1-R)^2}\sin^2\frac{\delta}{2}}$$　　　　　（3-3-3）

$$\delta = \frac{4\pi}{\lambda}d\cos\theta'$$　　　　　（3-3-4）

式中，θ' 为光束在标准具内部传播方向与标准具表面法线的夹角，该式表明：当光束的相干长度比标准具的内部尺寸大得多时，标准具的透过率是其厚度、光波长及光束入射方向的函数。由于将图 3-3-6（a）中的两块标准具设计成一块比另一块长 $\lambda/4$，故两块标准具对于入射激光的透过率总是有差别的，即一块具有高透过率时另一块必然具有高反射率。因此，当有激光入射时，在后面的差分放大器中总是有大的输出值。反之，当入射光的相干长度远远小于标准具的间隔长度时，入射光在两块标准具中都不会共振，两块标准具的透过率不再服从上式，实际上这时透过率等于标准具反射面透过率的平方，即

$$T = (1-R)^2$$　　　　　（3-3-5）

此时，两块标准具的透过率一样，故图 3-3-6（b）中两块标准具后的差分放大器输出为零。

上面说明了用两级法-珀标准具实现相干识别的原理，但直接将上面这种分波前结构放在受扰动的激光束中时，大气对光束产生的强度空间调制便会叠加在标准具引起的光强调制之上，使探测器的差分输出信号改变，相干性测量过程失真。例如，假定某一波长的激光照射在标准具上，正好使较薄标准具为高透过、较厚标准具为高反射，在正常情况下，两个探测器输出的不同强度信号会使差分放大器输出报警信号。但因为大气扰动，恰好在较薄标准具上出现的闪烁为最小、在较厚标准具上的闪烁为峰值的情况，结果有斑纹的相干光束使两个通道中产生低的、可能是同样强度的信号，出现测量失真现象，对这些信号可能会错误地按非相干光处理。

因此，在实际应用中，由于大气扰动的影响，法-珀标准具需要做适当的变化。图 3-3-7 给出了相干报警器的两种典型方法。图 3-3-7（a）中给出的方法采用了分束镜的分波幅法，从而避开了分波前法的麻烦。图 3-3-7（b）则依然采用分波前法，它有两个探测器，每个探测器具有叉指形，且各探测器交叉在一起。将一块法-珀标准具淀积在每一个"指"的上面，

故相邻的"指"便构成一对标准具。分波前法中闪烁产生的影响，可以被如下方法避免，即"指"尺寸很小（远小于子光斑的线度），而集光面积则通过将很多"指"合成一个探测器组而得到增加。

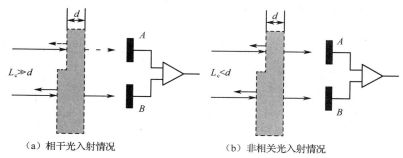

（a）相干光入射情况　　　　　　（b）非相关光入射情况

图 3-3-6　两级法-珀标准具做相干识别

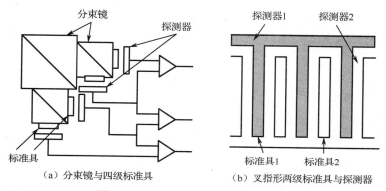

（a）分束镜与四级标准具　　　　（b）叉指形两级标准具与探测器

图 3-3-7　相干报警器的两种典型方法

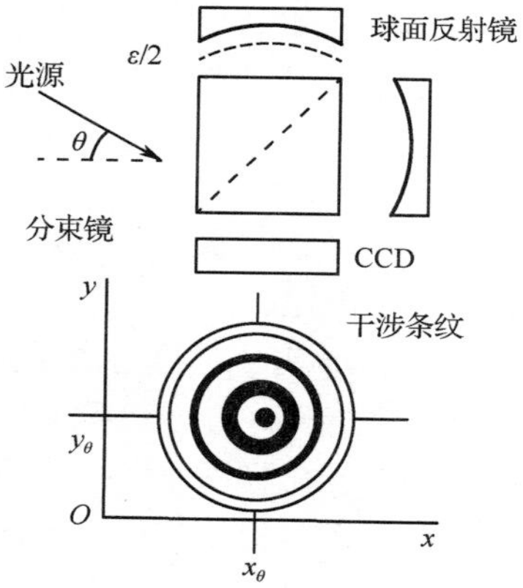

（3）迈克尔逊型相干识别激光告警。

迈克尔逊型相干识别激光告警由两个曲率半径为 R 的球面反射镜和一个分束器构成的迈克尔逊干涉仪与一个面阵 CCD 固体摄像机组成，见图 3-3-8。激光束经过迈克尔逊干涉仪后，因为在两个通道经历有光程差 ε，结果产生一组干涉条纹并被 CCD 接收。同样，由于 $\varepsilon \neq 0$，非相干的背景光不产生干涉条纹，故不会对该类激光告警系统产生干扰。入射激光经分束镜后分为两束光，然后分别由两块球面反射镜反射再次进入分束镜，出射后到达一个二维阵列探测器，在观测面上形成特有的"牛眼"状的同心干涉条纹，由微处理机对干涉条纹进行处理，根据同心环的圆心可计算出激光入射角，根据条纹间距计算出波长。若是非相干光入射，则不会形成干涉条纹。美国电子战中心系统实验室的激光接收分析器是典型的迈克尔逊型相干识别告警装置。

图 3-3-8　迈克尔逊型相干识别激光告警结构示意图

通过探测干涉条纹的中心位置和各个环的位置，可以对激光源进行定位并测定入射激光的波长。球面反射镜的作用相当于焦距为 $f = R/2$ 的透镜，通过求解光程差与光线在 CCD 上位置的关系，可以知道激光的入射方向为：俯仰角 $\theta_x = x_\theta / f$，方位角 $\theta_y = y_\theta / f$。为分析方便，

假定 CCD 处于两个球面反射镜焦点中间位置，那么第 N 个圆环的半径为

$$r_N = \sqrt{2N\lambda/\varepsilon}\,\frac{\varepsilon}{2} \qquad (3-3-6)$$

因此，以 N 为横坐标、r_N 为纵坐标对实验数据用最小二乘法进行拟合，得出的直线斜率为 $\lambda\varepsilon/2$，由此可以确定激光波长 λ。这里采用的是分波幅技术，故对大气的闪烁干扰具有抵抗作用。

（四）激光告警的关键技术

（1）虚警和假信号的抑制技术。在实战环境中，确保激光侦察告警设备高灵敏度、低虚警率工作至关重要，通常与宇宙射线、电磁干扰、闪光等因素有关。

宇宙射线是来自太阳的高能电荷粒子，随太阳活动、大气、当地条件变化而变化，当激光侦察告警设计为可响应单脉冲激光信号时，对于常规探测器，这些电子与激光产生的光电子没有明显区别，电路上需采取措施加以抑制；屏蔽、接地等常规的电磁兼容设计需要特别考虑，尤其是要解决同一平台上诸如微波火控雷达等产生的假信号源问题，可通过在光学通道上附加探测器、前置放大器、结构完全一致的另一光学单元，进行相关抑制。

（2）相干识别技术。对于从复杂的战场辐射源环境中识别激光威胁，相干识别技术是一种非常有效的手段。不同的激光器有不同的相干度，在激光侦察告警机设计中，相干度是一个重要的参数，尤其对一些低相干度的激光器，应避免把这类激光误作非威胁源。激光相干识别技术的几个关键问题是：①单脉冲探测和分析；②大气闪烁效应；③可调谐激光信号相干调制技术。

（3）光谱识别技术。一些传统的激光侦察告警接收机无光谱识别技术，因为利用激光器固定波长等参数已足够抑制光学假信号了，但随着可调谐激光器在军事领域的不断应用，光谱识别技术变得越来越重要。光谱识别窄带激光信号的同时可提供对太阳闪烁、炮火闪光等的抑制。

（4）到达角测量技术。绝大多数激光侦察告警需要精确的方向信息，但由于以下三个因素的影响，信息难以精确获得：①某些激光器的单脉冲特征；②入射激光和威胁源不同方向；③大气波前失真。解决办法是利用成像系统把入射激光的角度信息转换为探测器的坐标。成像系统须为凝视型，因为扫描体制会漏掉单脉冲，降低探测概率。

（5）宽动态范围设计技术。对激光侦察告警接收机，激光源能量既可能直接入射到接收机，也可能通过中介散射物体的散射入射到接收机。依照入射方式，信号能量可分几个量级，产生 4～10 个量级的变化，因此，入射信号强度的宽动态范围是激光侦察告警设计的一个主要指标，尽管许多光学探测器有大的线性动态范围，但前置放大器及偏置电路的线性动态范围只有 3～4 个量级。

（6）新体制侦察告警技术。把应用光学的最新成果成功地运用于激光辐射探测系统，将会产生越来越多的新体制激光侦察告警设备，如利用激光相干特性、偏振特性和衍射特性的激光侦察告警设备，以及利用近代光纤技术、全息技术所构成的激光侦察告警设备。可以肯定，激光侦察告警设备的性能随着光电探测器、光学材料、光学镀膜、光学制造工艺、超高速集成电路技术及信息处理技术的发展必将日趋完善。

二、红外告警

红外制导、电视制导和毫米波被动制导的导弹，它们本身不辐射电磁波，对它们的告警

需针对其特点进行。导弹在飞行时，发动机的红外辐射是导弹最明显的特征，这样就可以用红外探测器进行探测，适时告警。红外告警系统的任务主要有三个：导弹发射侦察告警、导弹接近侦察告警和辐射源定位。本文主要论述告警问题。

（一）红外告警的定义、特点和用途

红外告警通过红外探测头探测飞机、导弹、炸弹或炮弹等目标本身的红外辐射或该目标反射其他红外源的辐射，并根据测得数据和预定的判断准则发现和识别来袭的威胁目标，确定其方位并及时告警，以采取有效的对抗措施。红外告警的技术特点如下。

（1）以红外技术为基础，大多数采用被动工作方式，探测飞机、导弹等红外辐射源的辐射，完成告警任务。

（2）由于采用隐蔽工作方式，因此不易被敌方光电探测设备发现，给敌方的干扰造成困难，同时有利于平台隐身作战。

（3）能提供高精度的角度信息（0.1～1mrad）。

（4）具有探测和识别多目标的能力和边搜索、边跟踪、边处理的能力。

（5）除起到告警作用外，还可以完成侦察、监视、跟踪、搜索等功能，也可以与火控系统连用，为其指示目标或提供其他信息。

红外告警设备可以安装在各种固定翼飞机、直升机、舰艇、战车和地面侦察台站，用于对来袭的威胁目标进行告警，目前采用这种方法已构成了多种自卫系统。它还可单独作为侦察设备和监视装置，这时一般都配有全景或一定区域的显示器，类似于夜视仪或前视装置。此外，它还可以与火控系统连接作为搜索与跟踪的指示器。

（二）红外告警的分类

红外告警按工作方式可分为两类，即扫描型和凝视型。扫描型的红外探测器采用线列器件，靠光机扫描装置对特定空间进行扫描，以发现目标。凝视型的红外探测器采用红外焦平面阵列器件，通过光学系统直接搜索特定空间。

红外告警按探测波段可分为中波告警和长波告警及多波段复合告警，中波一般指3～5μm的红外波段，长波指8～14μm的红外波段。

红外告警还可以按其装载平台分为机载、舰载、车载和星载四类。

（三）红外告警的系统组成和基本原理

红外告警是实施红外对抗的基础。不同的平台对红外告警系统的要求有所不同，信号处理方法也不一致，但其原理及基本工作方法相同。红外告警系统的基本组成如图3-3-9所示，光学系统用于收集光辐射，探测器将光辐射转换成电信号，信号处理单元的任务是对探测所得信息进行处理，输出控制单元的任务是将信号处理结果进行图像显示或启动对抗措施。告警接收机的性能同时也受到许多因素的限制，如平台往往限制告警系统的实际尺寸和质量，使诸如警戒视场、灵敏度、刷新串等指标受到限制，图3-3-10所示是一种典型的舰载红外告警系统的结构。下面结合图3-3-9和图3-3-10对红外告警系统的工作原理进行叙述。

图 3-3-9　红外告警系统的基本组成

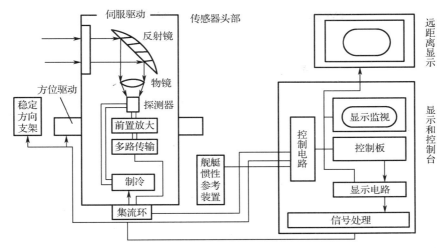

图 3-3-10　典型的舰载红外告警系统的结构

一般来说，红外告警系统由告警单元、信号处理单元和显示控制单元构成。在告警单元中有整流罩、光学系统、光机扫描系统、制冷器、红外探测器和部分信号预处理电路，完成对整个视场空域的搜索和对目标的探测，并通过红外探测器将目标的红外辐射转换为电信号，经预处理后输出给信号处理单元，信号处理单元一般将信号放大到一定程度后，经模数转换为数字信号，再采用数字信号处理方法，进一步提取和识别威胁目标，并输出威胁目标的方位角、俯仰角和告警信息，这些信息一方面直接给显示及控制单元，另一方面为其他系统提供信息。在图 3-3-10 中，稳定平台主要用于消除舰艇摇摆的影响，使承载的扫描头的安装平面稳定在大地水平面内。显示和控制台是舰艇操作人员对设备控制的主要平台，并显示目标图像。显示和控制台的操控组合主要包括触摸屏键盘、表页显示器、操纵杆及跟踪球。表页显示器用来显示跟踪目标数据信息；操纵杆用来调整扫描头俯仰角度；跟踪球用来控制鼠标在显示器上的移动和局部放大图像区域选定，以及人工干预的有关操作等；触摸屏键盘主要用于设备参数的设置及操作命令的输入，实现人机对话。

1. 光学系统

光学系统与所用的探测器阵列有很大关系。

（1）扫描型红外告警。

该类型采用线列器件，在光学系统焦平面上，探测器的光敏面对应一定的空间视场。在空间视场 A 内的红外辐射能量将汇聚在探测器 A′ 单元的光敏面上，当光学系统和探测器一起旋转时，对应的空间视场便在物空间进行扫描，扫描到空间某一特定的目标（一般比背景的红外辐射强）时，探测器光敏面上得到一个光信号，探测器将光信号转换为电信号并输出。该信号通过后续处理并与扫描同步信号相关，计算出该目标的相对方位角和俯仰角。探测器扫描过程示意图见图 3-3-11。

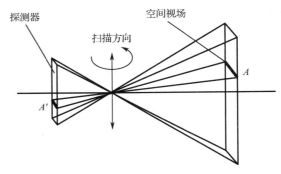

图 3-3-11　探测器扫描过程示意图

（2）凝视型红外告警。

该类型采用红外焦平面阵列器件，无须进行机械扫描，便可以使所有的探测器光敏面直接有一个对应的空间视场。

实际上这种红外焦平面阵列器件的信号一般都合成为一路信号输出，这样可在帧时（扫描整个视场一次称一个帧时）内把每个单元的信号全部输出一次，这种合成也可理解为在器件上进行电扫描，对应于物空间也是扫描，因此，扫描型和凝视型从理论上说都是扫描。机械扫描速度较慢，帧时为 1～10s；而后者的帧时为 30ms 至几百毫秒。除探测器部分的差别外，二者其他部分的工作原理是相近的。

扫描型和凝视型红外告警是对瞬时视场而言的，而红外告警系统的扫描范围较宽，方位搜索视场为 360°，俯仰搜索视场一般为 30°～100°，因此，还有搜索视场的扫描问题。针对搜索视场扫描，在光机扫描头的结构安排上可以有以下两种方式：一种是由扫描机构、光学聚光系统、探测器、制冷器和前置放大器组成的测量头一起做高速旋转，此时应设置集流环，以便将多路信号传输给信号处理器；另一种是采用反射镜组和固定式传感器箱相结合的设计结构，即上部的反射镜组在做高速方位扫描的同时进行俯仰扫描，使入射的光线向下反射，经红外聚光镜成像于红外探测器阵列。汇聚透镜、探测器阵列、制冷器和前置放大器装在旋转头下方的固定传感箱内，此时无须设置集流环。后一种结构轻便灵活，扫描反射镜组可安放在舰艇的桅杆等较高位置上以预告海上来袭，或者安放在飞机垂直尾翼的顶部及机身下部后方，用于预告尾随来袭的导弹，也可将扫描镜组用三脚架支撑，装在备有火炮的战车上。

红外告警系统的光机扫描机构，通常用同一块平面镜来完成两个方向上的扫描运动，平面镜每转一圈完成一行扫描后，使平面镜在俯仰方向摆过一个 $n\beta$ 角度（β 为单元探测器的俯仰瞬时视场角，n 为并扫线列探测器的元数），从而完成行和帧方向的扫描。在扫描过程中，扫描图形主要有以下两种形式。

（1）平行直线形扫描图形。

这种图形是平面镜转过一周扫出一个条带后，在阶梯波俯仰信号的作用下，使平面镜在俯仰方向转过一个条带对应的俯仰角（即 $n\beta$ 角）而形成的，如图 3-3-12（a）所示。这种方式的缺点是：行与行之间的转换需加阶跃信号，由于系统惯性的作用，平面镜位置不能突变，需经过一段过渡时间才达到要求的稳态转角，而这段时间内方位方向仍在不停地扫描，这就会在行与行转换处形成漏扫空域。

（2）螺旋形扫描图形。

为消除上述扫描方式在行与行转换时出现漏扫空域，应使平面镜扫描过程平滑无突变，通常可采用图 3-3-12（b）所示的螺旋形扫描图形。该扫描要求平面镜的俯仰摆动不是突变跳跃式的，而是连续慢变的转动，而且要使方位方向的平滑连续转动速度与俯仰慢变转动速度间有确定的比例关系，即这个比例关系保证了方位转一圈后，俯仰刚好转过一个条带的角度（$n\beta$），这样才能保证系统在搜索空域不漏扫、不重叠。

2. 探测器

探测器的选择主要由系统工作的谱段、系统灵敏度、分辨率等决定。在可能的情况下，红外告警系统应尽可能工作在多个波段，这样可以鉴别出导弹与其他辐射源，以提高探测概率和降低虚警率。另外，探测器的选择也与成本、系统的复杂程度等密切相关。

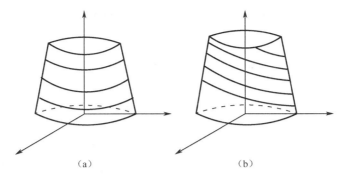

（a）　　　　　　　　　　　　　（b）

图 3-3-12　全方位警戒系统的扫描图形

为提高系统灵敏度、降低虚警率、增大探测距离和增强系统抗干扰能力，目前各国研制的红外告警系统几乎都采用了多元阵列探测器。由于红外焦平面阵列探测器的价格昂贵，且信息处理较复杂，故目前各国大多数红外告警系统仍采用 100 元以上的红外线列探测器，但使用红外焦平面阵列探测器是发展趋势，目前部分国家的红外告警系统已经使用最新的红外全景探测器。随着红外焦平面阵列探测器制造工艺的成熟，探测器生产的成品率将会增长。当这种探测器的生产成本下降到一个合理的水平时，红外告警系统的发展将会走上一个新台阶。

3. 信号处理单元

红外告警系统的信号处理单元有以下特点：

（1）数据量高；

（2）帧时低，全场搜索时间为 5～8s；

（3）目标为强背景辐射下的点源；

（4）要求高探测率、低虚警率，以及运行的及时性、可靠性。

根据上述特点，红外告警系统通常采用并行处理、实时空间滤波、点特征增强与自适应阈值比较、多重判别、光谱相关等处理技术。为了压缩数据量，充分发挥硬件处理的快速性与软件处理的灵活性，红外告警系统的信号处理单元常常采用分段处理的结构，如图 3-3-13 所示。前处理器由一个电子学带通滤波器构成，滤波器设计成与目标信号相匹配并使背景源的信号输入减至最小。这些修正的景物信息被送至信号处理器，信号处理器利用各种不同的判别技术来鉴别目标的像元，然后根据不同的目标采取不同的应对措施，做出是否告警等处理。

图 3-3-13　红外告警系统的信号处理单元简图

当红外告警系统工作时，红外探测器接收到的红外辐射中，除了来袭导弹的红外辐射，还会有来自天空及地面的其他红外辐射，红外告警系统必须能加以辨别，以实现可靠告警。信号处理器常用的鉴别技术有：（1）利用目标与背景的空间特性进行鉴别；（2）利用导弹的瞬时光谱和光谱能量分布特征来识别和检测目标；（3）利用导弹红外辐射时间特征进行鉴别，导弹具有特定的速度和加速度特征，在不同的时间段上，导弹的红外辐射特性不同，告警器可根据这些特点识别目标与干扰；（4）利用频谱和时间相关法进行鉴别；（5）利用导弹羽烟调制特性来鉴别，导弹在飞行过程中，在较大范围内有热羽烟，不同物体发出的羽烟具有不同的调制特性，红外告警系统可以探测出这些羽烟调制，进行识别；（6）采用红外成像系统进行成像探测，降低虚警率并提高识别能力。

通过各种信号处理手段，最后由信号处理器输出的包含可能目标的像元被送到后处理器。后处理器收集到可能目标的信息，将这些信息集中起来进行更高水准的识别，然后将确认的目标信息送到输出控制单元。

4．输出控制单元

输出控制单元对目标信息进行成像或形成其他信息传递给系统操作者，同时可根据威胁的程度采取适当的对抗措施。告警接收机与其他对抗系统的自动相互作用，可使对威胁物做出响应的时间延迟最小。

（四）红外告警的设计考虑

1．主要性能参数

红外告警器可用于多种平台，不同的平台有不同的要求，一般来说，主要参数指标如下。

（1）告警对象。

① 导弹。导弹是对告警平台威胁最大的攻击性武器，对它的来袭应做到适时告警。红外制导导弹的制导系统不依赖雷达，在这种情况下，雷达告警器就不能发出告警信号。但在导弹从发射到击中目标的全过程中，均有红外辐射，并在导弹飞行的不同阶段，红外辐射特征也各不相同。红外告警器可接收这种辐射对导弹的来袭实现告警。对导弹尤其是战术导弹进行告警是目前红外告警器的主要任务。

② 飞机。飞机是攻击性武器系统的平台，其本身是一个较强的红外辐射源，因此可利用它的红外辐射来实现告警。

（2）探测概率。

探测概率是指威胁目标出现在视场时，设备能够正确探测和发现目标并告警的概率。当有威胁物接近时，只有有效地探测到威胁物，才能及时采取对抗措施。为了载体的安全，告警系统应尽最大可能去探测来袭目标。一旦出现漏警现象，后果不堪设想。现代告警系统的探测概率应在95%以上。

（3）虚警率。

虚警是指事实上威胁不存在而设备发出的告警，虚警发生的平均间隔时间的倒数称为虚警率。这是红外告警器是否有实战价值的一项重要指标。它与前面的探测概率是一对矛盾，探测概率的增加往往需要降低探测阈值，由此可能带来虚警率的上升。虚警包含两个方面：一是外界没有威胁目标而系统却输出告警信号；二是外界有红外辐射源存在但它不是作战对象，系统也告警。我们可以通过信号处理手段，使系统对非作战对象不告警，如对大面积的红外辐射源、太阳等不告警，对炮火、曳光弹等不告警，对作战对象不工作的频段不告警等。

（4）探测距离。

探测距离是指告警系统发现威胁物的距离，在战术情况下一般为1～10km。

（5）告警距离。

告警距离是指设备确认威胁存在时，威胁距被保护目标的距离。攻击武器（飞机、导弹）的速度和攻击位置不同，所需的告警距离也不同。适当的告警距离应当保证使载体有采取战术机动或实施光电对抗所需的反应时间。

（6）告警区域。

在现代战争中，由于飞机和导弹全向攻击的可能性增加，告警在方位平面应具有全向能力，但作为载机，威胁最大的区域为尾后 30°左右，而垂直平面有±25°的告警区域基本能满足要求。

（7）导弹接近的速度分辨力。

目标接近载体的速度是区分目标信号和其他信号的方法之一。告警系统应能以一定的分辨力探测导弹接近的速率，以决定是否采取或采取何种对抗措施。战术情况下的红外告警器的速度分辨力为每秒±10m。

2. 导弹的特征辐射和传播

在告警系统信号处理部分，速度分辨力是一个重要的鉴别方法。还有一些其他方法，如导弹尾焰特征等。导弹尾焰具有什么特征辐射？导弹本身又含有哪些特征辐射，这些特征辐射经过大气传输后有何不同？下面依次讨论这些问题。

（1）特征辐射。

红外告警的一般对象是各种战术导弹，战术导弹在几个光学波段上有很多特征辐射，这些辐射是导弹发动机固有的，是探测和告警的依据。其中最重要的辐射是由发动机加力和巡航阶段燃料燃烧产生的。由水蒸气、二氧化碳分子的转动和振动能级跃迁引起不同频率的辐射是主要的尾焰特征。除此之外，还有在可见光和紫外光谱上的跃迁。表 3-3-3 所示是常见的导弹尾焰谱线。

表 3-3-3　常见的导弹尾焰谱线

波长/μm	15	6.3	4.9	4.3	2.7	2.0	1.87	1.38	1.14
起源	CO_2	H_2O	CO_2	CO_2	H_2O	CO_2	H_2O	H_2O	H_2O
备注		强度大，强衰减		强度大，中等传输率	强度大，强衰减				

废气尾焰中还有紫外辐射，它也为导弹告警提供了依据，可以同其在红外波段的辐射一起构成多波段的复合告警。

尾焰辐射强度 J_N 随很多因素而改变，如导弹相对接收机的角度、导弹的高度和速度等，图 3-3-14 给出了尾焰强度与导弹角度、速度和高度的关系。导弹的观察角决定有多少尾焰被导弹弹体所遮挡。导弹告警接收机观察角沿导弹轨迹的变化与该导弹所用的制导类型有关。如采用比例制导时，导弹看起来总是处于相对其目标的一个固定视角之上，采用指令视线制导时，如各种驾束制导导弹，相对飞机则有变化的视角，但它总是与地面上的同一点对齐。后者的尾焰相对地面杂波特征保持不变，因此很难探测。由视角变化引起的特征变化有可能使告警接收机的信号处理器受骗，因为这种信号处理器是按强度的变化来推断距离和速度的。

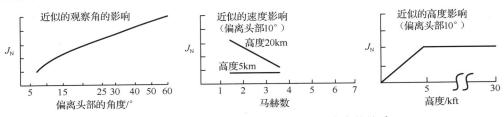

图 3-3-14　尾焰强度与导弹角度、速度和高度的关系

除了尾焰辐射外，导弹的蒙皮也能提供可探测的辐射。导弹的蒙皮及其相邻的背景区域间具有微小的温度差或发射率差，以及蒙皮的反射都可以提供一定的信息。大多数导弹高速

飞行时因气动加热作用而引起温差，这种加热作用难以抵消或避免。

导弹的特征辐射强度与发动机的类型和大小密切相关。一种典型的经验公式是

$$I = kN^a \tag{3-3-7}$$

式中，I 为导弹辐射强度；N 为发动机推力，单位是牛顿（N）；k 和 a 是与波段有关的参数。实际的导弹发动机的推力不是固定的，而是除了与它所处的推力阶段有关，还在每个推动阶段也有变化，这种变化又与导弹的具体情况有关。

告警使用哪些特征辐射，除了与导弹本身的辐射特征有关，还与辐射传播、探测器和光学系统的工艺、背景及杂波电平等有关。

（2）辐射传播。

告警时使用的波段与其穿过大气时的传输特性密切相关，有些波段虽然有较明显的辐射，但由于其在大气传输时具有较大的衰减，也不宜使用。图 3-3-15 所示为大气衰减对尾焰辐射光谱分布的影响。很明显，导弹尾焰中 4.3μm 的 CO_2 分子跃迁带，随着传输路径的增加，衰减变得很大，因而不适用于中等距离以上的告警。

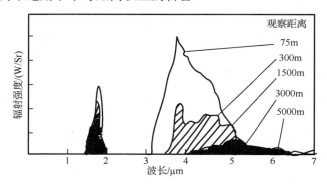

图 3-3-15　大气衰减对尾焰辐射光谱分布的影响

在一般的战术告警中，可以认为大气是均匀的，用 Lambert 定律可以估计大气的衰减。影响传输的主要参数是消光系数，不同的大气条件对消光系数的影响很大，表 3-3-4 所示是部分气象条件下 8～12μm 波段的消光系数。另外，纯散射造成的大气衰减也可由经验表达式算出，它是波长和可见光能见度的一个函数。

$$\tau_A = \exp\left(\frac{-3.91}{V}\left(\frac{\lambda}{0.55}\right)^{-q} r\right) \tag{3-3-8}$$

式中，V 是能见度（km）；r 是距离（km）；λ 是波长（μm）。幂指数 q 与散射粒子的尺寸分布有关，其数值在高能见度（$V > 80\text{km}$）时为 1.6，中等条件时为 1.3，低能见度（$V < 6\text{km}$）时为 0.585。

表 3-3-4　部分气象条件下 8～12μm 波段的消光系数

气 象 条 件	消光系数 /km⁻¹
薄雾	0.105
轻雾	1.9
中雾	3.5
浓雾	9.2

续表

气 象 条 件	消光系数 /km⁻¹
小雨	0.36
中雨	0.69
大雨	1.39
小雪	0.51
中雪	2.8
大雪	9.2
非常晴朗干燥	0.05
晴朗	0.08

在选择告警的光谱带时，除了大气的传输率，还应考虑其他因素，如目标的尺寸和相对背景的对比度等。通常我们更关心的是大气对目标与背景对比度的影响。当距离为零时，绝对对比度定义为目标辐射和背景在目标处的辐射之差。

$$C_A = L_o - L_b \qquad (3\text{-}3\text{-}9)$$

式中，下标 o 和 b 分别指目标和背景。

3. 背景和杂波

在相当多的情况下，告警系统的性能主要受杂波而不受噪声限制。影响探测概率和虚警率的关键是信杂比。红外告警系统中的信号，一般定义为来自含有目标分辨元与来自相邻分辨元的辐照之差。因此，信杂比涉及局部背景的平均值，以及背景与目标之间的强度变化。

在波长小于 4μm 的光谱区，散射和反射的太阳光辐射是背景辐射的主要来源。不同的背景具有不同的反射率，表 3-3-5 所示是短波长红外背景的反射率，在角度小于 30°的情况下，大部分背景的作用更接近镜面。

在大多数情况下，当波长超过 4μm 时，发射的辐射要超过反射的辐射。背景和杂波的辐射强度由地表的实际温度及材料发射率决定。环境作用使物质材料的温度随昼夜交替和四季循环而改变。昼夜的变换使背景材料的温度变换，四季的循环在使温度改变的同时也使其物理性质发生变化。这些因素决定了背景的辐射强度。观察角与背景材料发射率的关系，在一般情况下可以认为是朗伯型关系。在特殊情况下，如以水和雪为背景，其光学特性与观察角的关系很大。

背景杂波通常可采用一维功率谱密度（PSD）来描述。自然背景的 PSD 常常具有很好的频率关系特性，即 $\text{PSD}(f) = Cf^{-n}$，其中 f 为空间频率，n 为 1 或 2。常数 C 与光谱频带和杂波强度有关，其大小范围是 $10^{-1} \sim 10^3$。

表 3-3-5　短波长红外背景的反射率

材料或背景	半球反射率/%
草	24
麦子	26
玉米	22
菠萝	15
松树林	16

材料或背景	半球反射率/%
落叶森林	18
水面	5
旱地	32

背景成分的不连续性是杂波的一个突出特点。在陆地和水面之间，在有植物的土壤与没有植物的土壤之间的界面上，都呈现出辐射的不连续性。这种不连续性可以用空间滤波法来鉴别。

（五）红外告警的关键技术

红外告警的关键技术涉及的技术领域较宽，包括目标及背景红外辐射特征的研究技术及系统仿真技术、红外探测技术、光学系统、光机扫描技术、信号与信息处理技术、图像处理技术、多波段及多光谱技术和超分辨率技术等。

（1）目标及背景红外辐射特征的研究技术。该项技术是红外侦察告警的基础，包括各种飞机、导弹等目标在各种工作状态下的红外辐射波段和辐射强度，还有大气对这些辐射的影响，这些数据有助于设备工作波段的选取和战技指标的确定，如探测喷气式飞机和发动机工作状态的导弹一般选取 $3\sim5\mu m$ 波段，而探测直升机，以及发动机已停止工作的导弹、炮弹和炸弹等，则选取 $8\sim14\mu m$ 波段。

（2）系统仿真技术。系统仿真技术是当今进行高科技武器装备研制开发必不可少的手段，先进国家都已建立了完善的红外侦察告警技术仿真实验室，利用自动控制理论和计算机技术在设备没有研制出来前就知道它们的性能，也可以利用仿真技术来进行战场环境模拟，预测出真实战场环境下该设备的性能。

（3）红外探测器技术。一是提高探测器的灵敏度，即选择在工作波段中探测率高的器件。由于现有半导体探测器的探测率已接近极限值，所以出现了研制新型光电探测器的趋势，如开发超导红外探测器。另外，还出现了研制能在高温下工作的焦平面器件，从而提高器件的信噪比，提高系统的灵敏度。例如，美国和加拿大联合研制的 AN/SAR-8 系统就是采用了多元阵列探测器，使系统具有较高的灵敏度。带隙探测器是目前构成热像仪所普遍使用的探测器，有三种不同的材料：碲镉汞（HgCdTe）、铂化硅（PtSi）、锑化铟（InSb）。碲镉汞对 $8\sim14\mu m$ 波段有极高的灵敏度，但将它制成阵列非常困难。截至目前，采用碲镉汞的焦平面阵列最高的是 640 像素×512 像素。锑化铟主要用于 $5.5\mu m$ 中波波段，这种材料比碲镉汞更容易制成阵列，且具有较好的阵列均匀性，目前普遍使用的器件分辨率是 640 像素×512 像素，正在销售的器件分辨率为 2048 像素×2048 像素。铂化硅主要用于 $2.5\sim4\mu m$ 波段，其灵敏度只有碲镉汞的 1/10，但其阵列均匀性极好，易于生产、结构简单、成本较低。二是发展高帧频技术。灵敏度受探测器物理效应及物理规模的限制。光伏探测器的动态范围受电荷存储容量的限制，红外景物对动态范围的要求由景物等效温度幅度与传感器的噪声等效温差（NETD）决定。环境温度通常有高达 $80\sim100K$ 的景物内动态范围，这会导致非攻击条件下的短暂饱和，而且战场条件下会经常饱和。现有的传感器已经实现了近 $0.01K$ 的 NETD，并且正向实现 $0.001K$ 的 NETD 的方向努力。所要求的动态范围为 10^4（14bit/温和环境）到 10^6（20bit/战场环境），现有的阵列多个探测器可存储 10^7 个电子，少于 12bit 动态范围（对高背景 IR 传感器，动态范围受电子存储容量的平方根的限制），现在已经制成了每个探测器存储 2.5×10^7

个电子的实验阵列，而要实现 20bit 的动态范围要求将电子存储能力提高 10^5 倍，这是很困难的。提高帧频并采用后读出积累则是可行的选择，其结果是对有百万个探测器的阵列以每秒几百帧的帧频进行采样。增加帧频是令人感兴趣的，因为它允许对平台与景物运动有更加动态的环境、更大的带宽，而在像素级对景物特征提供自适应响应，传感器灵敏度的响应速度变成了一个软件功能，这就拓宽了设计空间。现在已经制造出了工作于 480Hz 的 512×512 阵列，根据目前的发展，有望得到每秒 10^9 采样数据率、16bit 动态范围的多通道阵列。

（4）光学系统及光机扫描技术。红外侦察告警系统一般要求有大的搜索视场，对于扫描型系统，主要解决大口径、高透过率、高像质的光学系统，减轻机械振动及多路高抗干扰能力的集流环等问题。对于凝视型系统，主要解决大口径、高透过率、低像差和广角问题。

（5）信号与信息处理技术。红外信号是随机单脉冲信号，探测器件输出的信号只有微伏级，而噪声也往往达到微伏级，要想将信号提取出来，并放大到几十毫伏甚至上百毫伏，就要求前置放大器有较高的放大倍数和良好噪声抑制性能。同时，信号与信息处理技术也是红外告警系统提高探测概率、降低虚警率的主要手段，包括高增益低噪声放大技术、自适应门限检测技术、扩展源阻塞技术、时空二维滤波技术、目标跟踪技术、目标识别与分选技术、模式识别技术和数据融合技术等。如美国和法国联合研制的 ITT-SAT 红外告警系统，采用多判别处理的信号处理软件，能够非常灵敏地测量目标的空间、光谱和时间特性，并判别出是背景干扰还是真目标。再如 AN/SAR-8 舰载告警系统，它是由计算机控制的系统软件，能够从云雾和其他背景干扰中识别出来袭导弹。整个系统能够转入全自动化的边扫描边跟踪模式，捕获空中目标，识别和跟踪导弹的状态。

（6）图像处理技术。红外告警一般都是热点探测方式，这种方式下的目标只能占据一个或很少几个像素。从一帧数据来看，可以认为它是一幅图像，尤其是对较大的背景来说是有可能成像的，而且随着红外告警技术的发展，空间分辨率越来越高，目标成像已成为现实，因此该技术包括对实际战场环境下各种军事目标进行实时可靠的识别、跟踪处理，重点解决算法的适应性和抗干扰的能力，通过图像处理技术可以更细致地描述目标和滤除背景，降低虚警率。

（7）多波段和多光谱技术。多光谱传感器是杂波抑制的一个活跃的研究方向，采用光谱传感器可以提供多于一个波段的目标及环境数据，可以根据威胁目标特性比与杂波光谱特性比的差别进行分辨，当前的设计涉及双色传感器及多光谱传感器（提供大量波长的数据）。采用现有的凝视探测器阵列再加上一个空间、时间与光谱折中（在波长数目、阵列空间覆盖与时间/帧数之间的折中），就可以同时满足所需的空间覆盖与任务目标。但这里有两个难点：当对同样的空间位置不能同时获得所有光谱的数据时，要进行时间偏置光谱观测的配准，以及存在读出误差时探测器光谱数据的辐射度量转换。研制双色红外器件，使系统可在复杂的干扰背景中鉴别出真目标，使截获概率提高，虚警率降低。热力学分析表明，接近环境温度的物体在长波段的红外辐射较强，而温度较高的物体，如目标的发动机或羽烟，在中波段的红外辐射较强。长波段红外辐射的主要问题是在大湿度地区衰减较大，致使探测困难。与之相比，中波段红外辐射不存在这个问题，而且热对比度较高。它的主要问题是光谱辐射度较低。因此，采用中波段和长波段组合的双波段探测系统不仅可互相弥补不足，而且有助于提取更多的目标信息。从实现角度看，当前双波段量子阱探测器备受瞩目。量子阱红外光电探测器（QWIP）代表热成像阵列的前沿技术，随着其制造技术逐渐成熟，它将比碲镉汞和锑化铟器件具有更高的分辨率、更低的成本和更好的图像质量。

（8）超分辨率技术。针对分布孔径红外系统（Distributed Aperture Infrared Sensor System，DAIRS）发展的超分辨率技术（微扫描技术），允许采用简化的单一大视场光学设计实现以往必须采用复杂的多视场光学系统才能实现最佳的搜索、探测、识别与武器引导、投放功能，某些功能所需要的高分辨率可以通过微扫描技术实现。采用大视场 DAIRS 设计可以消除复杂、笨重的陀螺稳定、瞄准机构，这将给机载平台带来很大的益处。

三、紫外告警

（一）紫外告警的定义、特点和用途

导弹固体火箭发动机的羽烟由于热辐射和化学荧光辐射可产生一定的紫外辐射，且由于后向散射效应及导弹运动特性，其辐射可被探测系统从各个方向探测到。紫外告警就是通过探测导弹羽烟的紫外辐射，确定导弹来袭方向并实时发出警报，使被保护平台及时采取对抗措施，如规避、施放红外干扰弹或通知交联武器（如红外定向干扰机）实施干扰。

紫外告警要求实时性高，并能有效探测低空、超低空高速来袭目标。紫外告警采用中紫外波段工作，由于这一波段的太阳紫外辐射受大气层阻挡到达不了低空，因而形成了光谱上的"黑洞"，系统可避开最强大自然光源（太阳）造成的复杂背景，大大降低了信号处理的难度，减少了设备的虚警。它采用光子检测手段，信噪比高，具有极微弱信号检测能力。概括地说，紫外告警作为导弹逼近告警（包含紫外告警、红外告警和脉冲多普勒雷达等）的一种重要形式，相对于其他两种告警，具有如下特点。

（1）能进行导弹发射和逼近探测。

（2）可覆盖所有可能的攻击角。

（3）极低的虚警率。

（4）被动探测，不发射任何电磁波。

（5）与其他告警具有很好的兼容性。

（6）不需要制冷、不需要扫描。

在低空突防、空中格斗、近距支援、对地攻击、起飞着陆等状态，作战飞机易受到短程红外制导的空空导弹和便携式地空导弹的攻击。从越南战争到海湾战争的历次局部战争的统计数字表明，75%的战损飞机都是在飞行员尚不知晓处于导弹威胁中就被击落的。可见，导弹逼近告警的作用十分重要。紫外告警作为平台防卫导弹的近程告警手段，主要用途如下。

（1）威胁告警。紫外告警设备被动接收来袭导弹羽烟的紫外辐射，对导弹的发射或逼近进行告警及精确定向，并提供粗略的距离估计，同雷达告警信息相关，可以正确判定来袭导弹的制导方式，供飞行员机动规避或采取对抗措施，也可以通过显示装置指出当前威胁源方位。

（2）红外干扰弹投放控制。紫外告警设备判断导弹来袭后，通过控制单元启动红外干扰弹投放器，释放红外干扰弹。

（3）引导定向红外干扰机。精确测定来袭导弹方位后，控制红外定向干扰机的干扰光束指向导弹的导引头，使导弹进攻失效。

（4）目标识别、威胁等级排序。紫外告警可有效排除各类人工及自然干扰，低虚警率探测来袭导弹，并能在多威胁状态下，快速建立多个威胁的优先级，提出最佳对抗决策建议。

（二）紫外告警的分类

紫外告警可按工作原理分为概略型、成像型两种。

概略型紫外告警以单阳极光电倍增管为探测器件，接收导弹羽烟的紫外辐射，具有体积小、质量轻、低虚警率、低功耗的优点；缺点是角分辨力低、灵敏度较低。尽管存在这两个缺点，但它作为光电对抗领域的一项新型技术，在引导红外干扰弹投放等许多应用领域中仍表现出较强的优势。

成像型紫外告警以阵列器件为探测器，接收导弹羽烟紫外辐射，对所警戒的空域进行探测，并分选识别威胁源。其优点是角分辨力高、探测能力强、识别能力强，具有引导红外弹投放器和红外定向干扰机的双重能力和良好的态势估计能力。

（三）紫外告警的系统组成和基本原理

紫外告警设备通常由探测头、信号综合处理器两部分组成，显控单元可与其他电子设备共同使用。探测单元由 4 个探测头组成（根据需要还可加选 2 个），每个视场为 92°×92°，每两个探测头之间有 2°的重叠，4 个探测头共同形成 360°×92°的全方位、大空域监视（见图 3-3-16）。

紫外告警设备在飞机上的安装分为内装和吊舱安装两种形式。内装时 4 个探测头嵌入飞机蒙皮适当位置，由法兰盘交连；吊舱安装时，探测头分别安装于吊舱前端、后端的两个侧向位置。信号综合处理器安装于机舱内。各探测头与信号综合处理器均通过一条轻质电缆连接。紫外告警设备在光电对抗系统中与其他设备的接口关系见图 3-3-17。

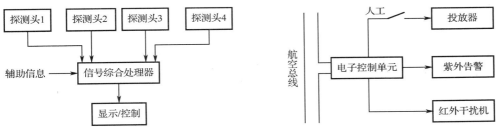

图 3-3-16　紫外告警系统组成框图　图 3-3-17　紫外告警设备在光电对抗系统中与其他设备的接口关系

4 个探测头输出的信号经合成和数据处理判断有真实威胁后，信号经控制单元送至总线，与其他探测头和对抗设备进行信息交换，确定导弹的类型（红外、射频）。如果飞机处于多威胁状态，则紫外告警将按威胁程度快速建立多个威胁的优先级，经相关处理，给出最佳对抗方案，并将威胁信息送到显示器上，供综合态势估计。

（1）概略型告警。

概略型告警设备的紫外探测头主要由光学整流罩、滤光片、光电倍增管及其高压电源和辅助电路组成。该设备为凝视探测、多路传输、多路信号综合处理的体制，以被动方式工作。其工作原理是：紫外探测头的光学系统把各自视场内空间特定波长的紫外辐射光子（包括目标和背景）收集起来，通过窄带滤波后到达光电倍增管阴极接收面，经光电转换后形成光电子脉冲，由屏蔽电缆传输到信号综合处理器。信号处理系统对信号预处理后送入计算机系统，中央处理器依据目标特征及预定算法对输入信号做出有无导弹威胁的统计判决。系统采用光子检测手段，信噪比高且便于数据处理，同时在充分利用目标光谱辐射特性、运动特性、时间特性等的基础上，采用数字滤波、模式识别、自适应阈值处理等算法，降低虚警率，提高系统灵敏度。

典型的概略型告警设备有美国洛勒尔公司的 AN/AAR-47。AN/AAR-47 利用 4 个探测头提供 360°×60°的覆盖范围，角分辨力为 90°。每个探测头直径为 12cm、质量为 1.6kg，系统总质量为 14.35kg、功耗为 70W。探测器是非制冷的光电倍增管，在导弹到达前 2～4s 发出导弹攻击的告警信号。这种系统还能自动地释放假目标，探测红外干扰弹，并在 1s 内重新施放干扰，全部对抗过程的工作时间小于 1s。

（2）成像型告警设备。

成像型告警设备采用类似紫外摄像机的原理。光学系统以大视场、大孔径对空间紫外信息进行接收，探测器采用 256 像素×256 像素或 512 像素×512 像素的阵列器件，实现光电图像的增强、耦合、转换。紫外探测头把各自视场内空间特定波长紫外辐射光子（包括目标、背景）图像经光电转换后形成光电图像，由同步接口传输至信号综合处理器，经预处理后送入计算机，计算机依据目标特征及预定算法对输入信号做出有无导弹威胁的统计判决。若导弹出现在视场内，则以点源形式表征于图像上，通过解算图像位置，得出空间相应的位置并进行距离的粗略估算。该设备的组成见图 3-3-18。

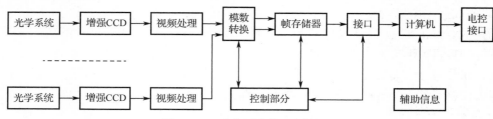

图 3-3-18　成像型告警设备的组成

典型的成像型告警设备有美国的 AN/AAR-54(V)、美德联合研制的 AN/AAR-60 及法国的 MILDS-2。AN/AAR-54(V)包括凝视型、大视场、高分辨率紫外探测头和先进的综合航空电子组件电路，它可提供 1s 截获时间精度和 1°角精度，提高了从假目标中识别逼近导弹的能力，因此成为定向红外对抗系统的候选系统。

AN/AAR-60 仅由 4～6 个探测头组成（根据需要可选择安装），无独立的电子处理单元，是目前世界上体积最小、性能最佳的设备之一。AAR-60 的每个探测头都有一个处理器，可控制全部系统，其中一个是主处理器。系统对单元的失效可自动检测，即使剩一个单元也可以单独进行工作。AAR-60 的探测器是阵列器件，较 AAR-47 紫外告警设备的灵敏度明显提高，这是因为每一像素的视场比单元光电倍增管视场小得多，使信噪比得到大幅度改善。

法国马特拉和德国戴姆勒-奔驰公司联合研制的 MILDS-2，其关键技术与 AAR-60 相同，也是对导弹羽烟中不受太阳影响的那段紫外光谱进行探测、成像。MILDS-2 设计有 4 个相连的主从结构的紫外探测头。3 个"从"单元包含了预处理、信号处理和通信处理等电路。阵列中单个主单元不仅包含同样的告警能力和硬件，还有附加的电路为联合阵列提供数据融合功能。MILDS-2 导弹告警的响应时间约为 0.5s，能在 1°范围内定位威胁导弹，探测距离为 5km 左右。

（四）紫外告警的关键技术

（1）工作波段的选取。工作波段的选取直接影响系统的探测距离和虚警率。工作波段的选取应体现如下原则：该波段内，导弹有足够可探测的紫外辐射，大气有较好的透过率，背景有最低的辐射，探测器有较高的响应率，滤光片有较大的透射带宽和透过率，这几方面因素需要反复折中和优化。通过对目标及背景的紫外辐射特性和大气传输特性等的分析研究，在太阳紫外光谱盲区合理地选择紫外告警的工作波段，以使系统获得的信号辐射最大，背景辐射最小，从而使探测距离最大，虚警率最低。

（2）紫外光子图像接收与检测技术。紫外波段背景虽简单，但导弹羽烟紫外辐射也较弱，因此需要对目标进行极微弱信号（光子）检测。为了确保在日盲区进行光子图像检测，光学接收及光电转换的几个重要环节需仔细设计。第一，大视场紫外光学物镜。它是探测头的前端，由于紫外色散较大，畸变、色差等需要特殊考虑。第二，紫外滤光片。它是实现日盲区光子图像接收检测的门户，需在最大抑制背景和最大透过信号间折中考虑并通过多次制作和反复装机实验来最终确定。第三，探测器。它是完成光电转换的核心部分，其选择至关重要。良好的紫外探测器应具备日盲特性好、光子检测能力强等特点。

（3）模拟和测试技术。紫外告警是为战术导弹告警的，其测试不同于单个部件的测试，具有很大的难度，把告警接收机装到有人飞机上进行导弹点火试验非常不安全，因此实弹检验的办法在设备的研发阶段是不常用的。常用的方法是通过无人机试验或缆车直升机进行模拟试验，通过对模拟光源进行机械、电子控制，使其辐射的变化符合与距离平方成反比及大气透过率的规律，更复杂的测试床还可以模拟真实背景杂波和接收机与导弹的运动。

四、光电综合告警

（一）光电综合告警的定义、特点和用途

光电综合告警可对红外、紫外和激光不同波段的光电威胁信息进行综合探测处理，在探测头结构形式上有机结合，在数据处理上有效融合并充分利用信息资源，实现优化配置、功能相互支援及任务综合分配。近十几年来，国外出现了激光、红外、紫外、雷达等多种告警器综合应用的装备。美国 F-22 战斗机装备的告警设备，可对毫米波红外、可见光，直到紫外波段内的威胁进行告警。英国普莱西雷达公司研制的光电复合告警设备能探测两种波长的激光和红外探照灯光。光电综合告警的优点如下。

（1）提高系统决策的准确度。对多种光电传感器的信息进行数据融合，提高了决策的准确度，有利于选择最佳对抗方案，提高作战效能。

（2）增强快速反应能力。多探测头信息融合可采用并行处理方式，相对于独立工作的系统，可节约时间。

（3）结构精小。减小机动平台安装的占空比及设备的体积、质量，降低设备造价。

光电综合告警对于目标、背景和假目标的辐射特征可进行多维探测，获得丰富的信息资源，主要用于各类大型、高价值平台（如预警机、大型舰艇等）的自卫系统。它的另一个重要用途是利用不同波段光辐射具有不同大气衰减系数的特点进行粗略的被动测距，这弥补了光电告警因被动方式工作、无距离信息的缺点。

（二）光电综合告警的分类

光电综合告警主要包括激光、红外、紫外等各种形式的综合，下面主要介绍紫外激光综合告警、红外激光综合告警和红外紫外综合告警。

1. 紫外激光综合告警

紫外激光综合告警通常以成像型紫外告警和激光告警构成综合一体化系统，以结构紧凑、安装灵活的阵列探测头，实现紫外、激光威胁源的定向探测，满足机动平台定向干扰的需求。

2. 红外激光综合告警

红外激光综合告警通常以共孔径对空间大视场凝视接收，可体现出高度的集成化优势，

减小体积、质量，增加可靠性，便于实现探测头空间视场配准和时间的最佳同步。红外告警对导弹发射进行探测，激光告警对激光驾束制导导弹的激光辐射进行探测，它既可完成对激光威胁源信息和红外导弹威胁信息的告警，又可对激光驾束制导导弹复合探测。

3. 红外紫外综合告警

采用单独的光学系统和分立的探测器件，对现有紫外、红外探测头进行综合，通过数据相关处理，提高战场态势估计水平。紫外告警完成对导弹的发射探测，红外告警对导弹进行跟踪，以控制定向红外干扰机等干扰设备。同时，二者信号相关，可大大降低虚警率、完成对导弹的可靠探测，由于红外告警的角分辨力可达 1mrad，所以对导弹的定向精度可小于1mrad。

（三）光电综合告警的组成和基本原理

1. 紫外激光综合告警

紫外激光综合告警设备由探测头、信号处理器、显控盒等组成。每个探测头的紫外、激光光学视场完全重叠且均为 90°，4 个探测头视场形成 360°×90° 的监视范围。紫外探测器对空间进行准成像探测。4 个不同波长的激光探测器均布在紫外探测通道周围，对激光波长进行识别。当激光威胁源或红外制导导弹出现在视场内时，产生告警信号并在显示器上显示出相应的位置。

紫外激光综合告警设备不仅在探测头结构形式上有机结合、在数据处理上有效融合，而且由于探测头输出信号均为纳秒级脉冲信号，所以在接口、预处理电路及电源等方面可资源共享。另外，它可对激光驾束制导进行复合探测，这是因为二者视场完全重叠，当驾束制导导弹来袭后，紫外告警通过探测羽烟获得数据，激光告警通过探测激光指示信号获得数据，二者数据相关，能获得导弹来袭角信息和激光特征波长。

紫外激光综合告警设备的探测头是一种光机电一体化形式。一方面，单独的紫外告警不能区分来袭的光电制导导弹是红外制导还是激光制导，只有同激光告警的数据相关后，才能做出二选一判决；另一方面，紫外激光综合告警设备可对激光驾束制导导弹进行复合告警，通过数据相关降低激光告警的虚警率。紫外激光综合告警设备具有广泛应用价值，它可与红外弹投放器、烟幕弹发射器构成光电对抗系统，装备在飞机、直升机、装甲车、坦克等机动平台中。由于其效费比高，美国、俄罗斯、德国、以色列等国家近年来纷纷推出了这种紫外激光综合告警设备。

20 世纪 80 年代末期，美国 LORAL 公司研制带有激光告警的 AAR-47 紫外告警机改进型，将探测头更新换代，采用 4 个激光探测器，装在现有紫外光学设备周围，同时使用了 1 个小型化实时处理设备。激光探测器工作波长 0.4～1.1μm，可对类似于瑞典博福斯公司生产的 RBS70 激光驾束制导导弹告警。同时，该公司研制了一种印制电路板，加装到 AAR-47 紫外告警系统上后，不用改动原布线就能提供激光告警功能。

2. 红外激光综合告警

红外激光综合告警设备采用共孔径、探测器分立设置的方式，接收的辐射经过同一光学系统汇聚和分束器分光后，分别送到不同的滤光片上，经滤光片选择滤波后，送至相应的探测器上。探测器视场内的光学信号随后转换成电信号。该设备一般采用凝视型，以多元探测器件实现对光电威胁的精确探测，同时可抑制假目标（尤其对激光等短持续特征的信号）。

红外激光信息量较大，通常采用分布式计算机系统进行数据综合处理。从机以并行方式对告警头红外、激光威胁信息处理后，通过数据链送到信息集成及融合处理器进行处理。信息融合通过闭环控制，对红外、激光各信道输入的信息融合的最终结果和中间结果进行反馈控制，实时进行特征提取并对威胁进行综合处理判断，如威胁源分类、多目标处理、目标等级识别及自动排序等，对激光、红外等威胁源的方向种类自动进行战场威胁态势图显示，实施优先告警并提出对抗决策和建议。

德国埃尔特罗公司的 LAWA 激光告警器能探测红宝石激光、Nd:YAG 激光、CO_2 激光和红外辐射。

3. 红外紫外综合告警

一般情况下，红外紫外综合告警是大视场紫外告警和小视场红外告警的综合。紫外告警由多个成像型探测头构成，对空域进行全方位监视；红外告警则是一个小视场的跟踪系统。紫外告警探测、截获威胁目标后，把威胁方位信息传给中央控制器，中央控制器通过控制多轴向转动装置完成对红外告警的引导。由于导弹发动机燃烧完毕后，继续有较低的红外辐射能量，红外告警可对目标继续跟踪，它具有极高的灵敏度和分辨率，能在任何方式下跟踪导弹。前者对威胁目标进行探测、截获，后者对目标进行跟踪，二者工作以"接力"方式进行。同时，数据相关还可降低虚警率。

红外紫外综合告警效能互补，为先进红外对抗提供了一种新的行之有效的告警形式，它通过探测、截获、跟踪威胁目标，可使干扰装置更加有效地对抗红外导弹。美国诺斯罗普•格鲁曼公司于 1997 年推出的 AN/AAQ-24 红外定向对抗系统采用的就是这种告警系统。

（四）光电综合告警的关键技术

（1）紫外、激光、红外威胁源及环境特性分析：主要威胁激光源波长、码型、重频、强度的特征分析及激光经自然界物体反射、散射特性的分析；各种人造光源（如战场燃烧建筑物、汽车、闪光灯等）及自然光源在光学通带内的背景辐射特性分析；紫外、红外辐射及激光经大气传输时，散射、吸收、折射率起伏等大气效应对光束影响的分析。

（2）探测头光机电一体化设计技术：共孔径分光束探测头阵列设计技术；探测头视场空间配准技术与时间同步最佳化技术；探测头光学接收通道小型化技术。

（3）红外紫外激光图像处理技术：红外信号的电子读出及预处理技术；红外图像的特征提取及相关处理技术；红外图像空间时间光谱滤波技术。

（4）多探测头信号处理技术：威胁源识别、分类、排序技术；多信道数据融合技术；威胁态势分析及决策建议。

（5）抗光电干扰及电磁兼容技术：对指定机动平台，研究本机及周围环境电磁辐射特性间的相互作用及影响，增强光学处理手段，减少电子处理环节，抑制电路噪声；采取有效算法抗自然光源和人造光源干扰，以及抗空间电磁辐射。

第四节　光电有源干扰

光电有源干扰是指采用发射或转发光电干扰信号的方法，对敌方光电设备实施压制或欺骗的一种干扰方式，又称光电主动干扰。它主要包括两大类：红外有源干扰和激光有源干扰。

红外有源干扰主要包括红外干扰弹和红外干扰机。激光定向红外干扰机的主要特色还是干扰机，只是采用了激光光源，因此，激光定向红外干扰机是红外干扰机的最新发展。

激光有源干扰主要包括激光欺骗干扰、激光抑制干扰和强激光干扰。

（1）激光欺骗干扰包括角度欺骗干扰和距离欺骗干扰两种，其中，角度欺骗干扰应用较多，用于干扰激光制导武器；距离欺骗干扰用于干扰激光测距机。

（2）激光抑制干扰是用激光干扰信号掩盖或淹没有用的信号，阻止敌方光电制导系统获取目标信息，从而使敌方光电制导系统失效。激光抑制干扰又称噪声干扰，它通过发射强功率的激光噪声信号来掩盖或淹没敌方激光雷达的目标回波信号，使激光雷达无法正常工作。此种干扰方式已被广泛采用，实属一种颇为有效的抑制式干扰方法。激光抑制干扰与激光欺骗干扰的根本区别在于：抑制干扰的预期效果是掩盖或淹没有用的信号，增大探测目标的难度，使敌方激光制导系统无法获得目标的准确位置，从而使敌方激光制导武器变成盲弹。与激光欺骗干扰相比，除激光制导武器的方位信息外，激光抑制干扰无须更多、更翔实的激光信息。

激光抑制干扰可分为固定脉冲式干扰和随机脉冲式干扰两种。固定脉冲式干扰由脉冲参数恒定的干扰脉冲所产生。假如脉冲重频是制导信号重频的整数倍，则称此种干扰为同步脉冲干扰；假如不是整数倍关系，则称其为异步脉冲干扰。固定脉冲式干扰虽给敌方制导系统探测目标带来麻烦，但在干扰脉冲频率不太高时，干扰对回波信号并无影响，同时这种干扰可用简单的抗干扰电路来抑制。此种固定脉冲式干扰的抑制效果甚差，实际上大多采用随机脉冲式干扰。随机脉冲式干扰的脉冲时间间隔甚至脉冲幅度都是随机变化的，当脉冲的时间间隔短于激光接收机的接收时间时，将导致接收机混乱。随机脉冲式干扰对编码脉冲调制的制导系统的干扰效果颇佳，它不仅能破坏原有的编码信号，而且能产生假码，故激光抑制干扰以随机脉冲式为主。

由于激光目标指示器的重频为 10～20Hz，因此为满足系统的高抑制系数的需求，便要求干扰激光器不仅输出能量大，而且重复频率高，至少要达到 100Hz。未来的激光有源干扰机将采用脉冲重复频率高达兆赫以上的激光脉冲，它对激光导引头实施压制性干扰。目前激光有源干扰机的脉冲重复频率还较低，而高重复频率脉冲的压制性激光干扰机则代表着该类激光干扰机未来的发展方向。

（3）强激光干扰。它又可分为致盲低能激光武器和高能激光武器。致盲低能激光武器作为有源光电对抗器材的作用可归结为破坏光学系统、光电传感器和伤害人眼三方面，统称为"致盲"。美国对激光致盲武器极为重视，已将激光传感器技术列为 21 世纪战略性技术之一。美国激光致盲武器已达到相当成熟的程度，从便携式到车载、机载、舰载，种类繁多，功能齐全。有的型号已形成样机产品，开始批量生产，进入装备阶段。高能激光武器是利用高能量激光束进行攻击的新概念武器，其主要作用是破坏目标的本体或战斗部，与"直接命中"的弹丸武器类似，是破坏性（摧毁式）的硬杀伤武器。这种武器一旦投入使用，将会使光电对抗进一步升级并使光电对抗与反对抗变得更加复杂。

强激光干扰和激光欺骗干扰这两种有源干扰方式的区别是：①致盲低能激光武器强调使敌方的光电探测系统或人眼永久或暂时地失去光电探测能力，而激光欺骗干扰则强调使敌方将干扰激光当成信号进行处理，从而失去正确的信号处理和判断能力；②高能激光武器知道方位信息即可，无须更多信息，因此，在宽波段实施，使用范围大、适应性好、装备生命力强，而激光欺骗干扰还要求发射信号相同或相关，对激光的干扰波长、干扰体制要求十分苛刻，使用受限。应该说，这两种方式构成了目前激光有源干扰的主要内容。

激光欺骗干扰、激光抑制干扰、激光定向红外干扰机、致盲低能激光武器和高能激光武器这五种采用激光器的光电对抗器材，它们的特点是所发射的激光平均功率依次增加，从瓦级发展兆瓦级，由此造成干扰对象范围、干扰方式、干扰效果的很大区别。从这三项指标看，其干扰能力依次增加。最理想的是高能激光武器，其次是致盲低能激光武器，但从技术复杂程度和造价看，也是依次增加的，甚至在海上部署高能激光武器从造价上被认为等同于部署核武器，因此，从普及角度看，当前干扰器材仍以激光欺骗干扰、激光抑制干扰和激光定向红外干扰机为主。激光有源干扰的作战使命可以概括为：①偏离真实目标；②操作人员致眩致盲；③光敏传感器器件损坏；④武器系统失效；⑤直接摧毁。

鉴于上述分析，本节介绍目前比较典型的几种光电有源干扰技术，包括红外干扰弹、红外干扰机、强激光干扰和激光欺骗干扰四个技术领域。

一、红外干扰弹

（一）红外干扰弹的定义、特点和用途

红外干扰弹是一种具有一定辐射能量和红外频谱特征的干扰器材，用以欺骗或诱惑敌方红外侦测系统或红外制导系统。投放后的红外干扰弹可诱骗红外制导武器锁定红外诱饵，致使其制导系统降低跟踪精度或被引离攻击目标。红外干扰弹又称红外诱饵弹或红外曳光弹，它是应用广泛的一种红外干扰器材。

注意红外干扰弹与红外诱饵的区别。红外诱饵的定义为具有与被保护目标相似红外光谱特性，并能产生高于被保护目标的红外辐射能量，是用于欺骗或诱惑敌方红外制导系统的假目标。从中可以了解，红外干扰弹发射后才形成了红外诱饵，两者有本质的区别。

红外干扰弹具有如下特点。

（1）具有与真目标相似的光谱特性。

在规定波段，红外干扰弹具有与被保护目标相似的光谱分布特征，这是实现有效干扰的必要条件。通常情况下，干扰弹的辐射强度应大于被保护目标辐射强度的两倍。

（2）能快速形成高强度红外辐射源。

为实现有效的干扰作用，红外干扰弹投放后，必须在离开导弹寻的器视场前点燃，并达到超过目标辐射强度的程度。大多数机载红外干扰弹在 0.25～0.5s 内即可达到有效辐射强度，并可持续 5s 以上。

（3）具有很高的效费比。

红外干扰弹属于一次性干扰器材，一旦干扰成功，便可使红外制导系统不能重新截获、跟踪所要攻击的目标。红外干扰弹可保护高价值的军事平台，因为其本身结构简单、成本低廉，所以具有很高的效费比。

通常红外干扰弹与箔条弹同时装备，以对付不同种类型的来袭导弹。

（二）红外干扰弹的分类

红外干扰弹按其装备的作战平台可分为机载红外干扰弹和舰载红外干扰弹。

红外干扰弹按功能来分，除了通常使用的外，近年来随着各种先进的制导导弹的出现，各国又相继研制了气动红外干扰弹、微波和红外复合干扰弹、可燃箔条弹、面源红外弹、红外和紫外双色干扰弹、快速充气的红外干扰气囊等具有特定干扰功能的红外干扰弹。

（三）红外干扰弹的系统组成和干扰原理

红外干扰弹由弹壳、抛射管、活塞、药柱、安全点火装置和端盖等零部件组成。弹壳起

到发射管的作用并在发射前对干扰弹提供环境保护。抛射管内装有火药，由电底火起爆，产生燃气压力以抛射红外诱饵。活塞用来密封火药气体，防止药柱被过早点燃。安全点火装置用于适时点燃药柱，并保证药柱在膛内不被点燃。

红外干扰弹被抛射后，点燃药柱，其燃烧后产生高温火焰，并在规定的光谱范围内产生强红外辐射，形成红外诱饵。普通红外干扰弹的药柱由镁粉、聚四氟乙烯树脂和黏合剂等组成，通过化学反应使化学能转变为辐射能，反应生成物主要有氟化镁、碳和氧化镁等，其燃烧反应温度高达 $2000\sim2200K$。典型红外干扰弹配方的辐射波段为 $1\sim2\mu m$、$3\sim5\mu m$，在真空中燃烧时产生的热量大约是 $7500J/g$。

红外诱饵对红外制导导弹的干扰机理可分为四个方面，即质心干扰、冲淡干扰、迷惑干扰和致盲干扰。下面分别叙述这四个干扰机理。

1. 质心干扰

质心干扰也称甩脱跟踪，当红外点源制导导弹跟踪目标后，目标为了摆脱其跟踪，在自身附近施放红外诱饵，该诱饵所辐射的有效红外能量比目标本身的大，经过合成后二者的能量中心介于目标和诱饵之间并偏向于诱饵一方，由于红外点源制导导弹跟踪的是视场的能量中心，所以导弹最终偏离目标。这一干扰方法要求红外诱饵能快速形成，并且能持续一定的时间，这样才能保证在起始时刻目标和诱饵同时处于导引头视场内，将导弹引离目标。

红外干扰弹干扰成功的判断准则是使红外制导导弹脱靶，而且脱靶量应大于导弹的杀伤半径，还应加上一定的安全系数。

红外干扰弹实现质心干扰必须满足以下几个条件。

（1）红外干扰弹形成红外诱饵的红外光谱必须与被保护目标的红外光谱相同或相近。

（2）红外干扰弹形成红外诱饵后有足够的有效干扰时间。

（3）在来袭导弹的工作波段内，红外诱饵的辐射功率至少应比被保护目标大两倍以上。

（4）红外诱饵必须与被保护目标同时出现在来袭导弹寻的器视场内。

2. 冲淡干扰

冲淡干扰是指在目标还未被导弹寻的器跟踪时，就已经布设了诱饵，使来袭导弹寻的器在搜索时首先捕获诱饵。冲淡干扰不仅能干扰红外制导导弹本身，还可以干扰发射平台的制导系统。

3. 迷惑干扰

迷惑干扰是指当敌方还处于一定距离（如数千米）之外时，就发射一定数量的诱饵形成诱饵群，以迷惑敌导弹发射平台的火控和警戒系统，降低敌识别和捕获真目标的概率。

4. 致盲干扰

致盲干扰主要用于干扰三点式制导的红外测角仪系统。当预警系统告知敌方向我发射出"米兰"、"霍特"和"陶"一类的反坦克导弹时，立即向导弹来袭方向发射红外诱饵。红外诱饵的辐射光谱与导弹光源的相匹配并且辐射强度高于导弹光源，当该诱饵进入制导系统的红外测角仪视场中并持续 $0.2s$ 以上，使其信噪比小于或等于 2 时，该测角仪即发生错乱，不能引导导弹正确飞向目标。

（四）红外干扰弹的设计和使用考虑

1. 设计考虑

红外干扰弹的主要技术指标有干扰光谱范围、燃烧持续时间、辐射强度、上升时间等。根据被保护目标及战术使用方式的不同，其性能参数也有较大差别。为了使红外诱饵能有效地干扰红外制导导引头，达到保护目标的目的，必须使红外诱饵满足以下技术要求。

（1）其光谱特性与目标的光谱特性相近。目标的红外光谱分布因目标及其不同部位而异，如坦克和装甲车辆排气管部位的温度最高，其在 3～5μm 波段的辐射较强，玻璃和蒙皮的温度较低，因而在 8～14μm 波段有较强的辐射，而在 3μm 波长以下的辐射则很弱。舰艇温度较高的是烟囱等部位，其他部分的温度相对较低，整体的辐射能量也集中在 3～5μm 和 8～14μm 两个波段。飞机的红外辐射主要来自发动机喷口和喷管的外露部分、尾流以及因与空气摩擦而升温的蒙皮，另外，它还散射太阳光的能量。对尾流而言，喷气式战斗机在 1.8～2.5μm 和 3～5μm 波段有较强的辐射，而波音 707、伊尔 62 以及三叉戟民航机在 4.4μm 波长附近有最强辐射。飞机的尾喷口是从后方探测时，飞机辐射的一个重要来源。三点式导引的反坦克导弹自身的红外辐射并不显著，但在弹尾上有一个红外曳光管跟踪源，它在 0.94～1.35μm、1.8～2.7μm 和 3～5μm 波段有较强的辐射。红外制导导弹的导引头工作在一个或几个特定的波段内，为了对付工作在不同波段的导引头，应该使诱饵与目标的辐射光谱在一个尽可能宽的范围内相接近。概括地说，机载红外干扰弹的红外辐射光谱范围通常是 1～5μm，舰载红外干扰弹的红外辐射光谱范围一般为 3～5μm 和 8～14μm。

（2）其红外辐射强度应远高于目标的红外辐射强度。对红外导引头来说，如果视场内同时存在目标和诱饵，且两者光谱特征一致，则导引头将跟踪二者的能量中心。很显然，诱饵的辐射越强，能量中心就越偏向于诱饵，导弹就会偏离目标越远。通常红外诱饵在某一波段的辐射强度应满足下式

$$I_d \geq kI_t \tag{3-4-1}$$

式中，I_d 和 I_t 分别为诱饵和目标的红外辐射强度；k 为压制系数，它通常大于或等于 2。辐射强度是表征红外干扰弹干扰能力的一个参数，例如，一般喷气式飞机发动机尾喷口的温度约为 900K，尾喷口面积是数千平方厘米，如果是两台发动机，则飞机尾喷口处等效的辐射强度为 500～3000W/Sr，因此机载红外干扰弹的辐射强度应为 1000～6000W/Sr。

（3）形成时间短、持续时间足够长。为了做到快速反应，红外诱饵从点燃到达到规定辐射强度值所需的时间应足够短，一般称从点燃到达到额定辐射强度 90% 所需的时间为上升时间，一般情况下，要求上升时间要小于红外干扰弹与目标同时存在于红外导引头视场内的时间，它通常为 0.5～1s。

为了使目标能安全摆脱导引头的视场，并使导弹命中诱饵时距离目标有一定的安全距离，红外诱饵的持续作用时间应足够长。否则，如果诱饵与目标还同时在导引头的视场内，诱饵已经熄灭或发射的能量大大减少，则导引头还会重新跟踪目标。一般要求持续时间应大于目标摆脱红外制导导弹跟踪所需时间。机载红外干扰弹的燃烧持续时间一般大于 4.5s。舰载红外干扰弹燃烧持续时间一般是 40～60s。

2. 使用考虑

红外干扰弹的战术使用参数主要包括弹间隔、弹数和单/双发等。弹间隔是每发红外诱饵之间的间隔时间 T_{fb}，一般为毫秒级；弹数是指一次红外干扰所投放红外诱饵的数量 N_{fb}；单/双发是指在同一时刻内投放的是单发诱饵还是双发诱饵 N_{fsd}。这些参数与导弹攻击方位、载机的飞行速度、飞行高度和导引头红外视场角等威胁特征因素有关，还与飞机自身的红外辐射强度有关。例如，飞机在加力飞行状态下比正常巡航时的红外辐射强度要大得多。所以，红外干扰弹的战术使用要根据战场实际情况而定。如果飞机上装备导弹告警设备，则可以按照预定程序投放红外干扰弹；如果没有装备，则飞机一旦进入攻击状态或进入敌防御区域，

将以近似等于红外干扰弹燃烧持续时间的时间间隔连续投放红外干扰弹。

（1）弹间隔。

弹间隔是指飞机飞出导弹红外视场角的时间。弹间隔时间和红外导弹攻击方位、飞机的速度和威胁特征等有关。在威胁特征中，主要涉及制导类型和红外寻的导弹的导引头视场角。导弹攻击方位主要影响飞机飞出导弹红外视场角的时间及在该方位上飞机红外辐射特性，飞机的速度决定飞机飞出导弹红外视场角的时间，导弹红外视场角主要决定角度分辨单元的宽度，决定飞机飞出该分辨单元的时间。

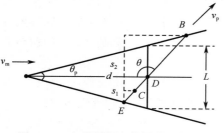

图 3-4-1　红外诱饵干扰导弹示意图

计算弹间隔时间 T_{fb} 的计算公式为

$$T_{\mathrm{fb}} = \frac{d \tan \dfrac{\theta_{\mathrm{p}}}{2}}{v_{\mathrm{p}} \sin \theta} \tag{3-4-2}$$

式中，θ 为导弹攻击方位；θ_{p} 为导弹红外视场角；d 是导弹攻击距离；v_{p} 是飞机的速度。红外诱饵干扰导弹示意图见图 3-4-1。一般 T_{fb} 是以 0.1s 为单位的倍数取值。

（2）弹数。

理论上，投放一发红外诱饵加上飞机的机动，就已经可以使飞机成功摆脱导弹的跟踪了，但由于战场环境复杂以及导弹的红外抗干扰技术的发展，一般要在一次攻击时间内投放多发红外诱饵来迷惑跟踪源。弹数是红外寻的导弹一次攻击的时间即目标一次可逃脱的时间内可投放的红外诱饵数量。红外诱饵数量主要取决于对一次导弹攻击进行干扰时间或者逃避一次攻击所需的时间，可由下式表示

$$N_{\mathrm{fb}} = F(K, V_{\mathrm{f}}, V_{\mathrm{p}}) \tag{3-4-3}$$

式中，K 是压制系数；V_{f} 是红外诱饵运动特性；V_{p} 是飞机本身的运动特性。

首先求出导弹一次攻击的最短时间，公式为

$$T_{\mathrm{b}} = \frac{(1 + K_{\mathrm{f}}) d \tan \dfrac{\theta_{\mathrm{p}}}{2}}{K_{\mathrm{f}}(v_{\mathrm{p}} - v_{\mathrm{f}}) \sin \theta} \tag{3-4-4}$$

式中，v_{f} 是红外诱饵速度；K_{f} 是红外诱饵的压制系数。其中，K_{f} 的取值由式（3-4-5）～式（3-4-7）确定，v_{f} 的取值见式（3-4-8）和式（3-4-9）。

$$K_{\mathrm{f}} = \frac{\delta_{\mathrm{f}}}{\delta_{\mathrm{p}}} \tag{3-4-5}$$

$$\delta_{\mathrm{f}} = \beta \mathrm{e}^{-k v_{\mathrm{p}}} \tag{3-4-6}$$

$$\delta_{\mathrm{p}} = k_1 k_2 k_3 \tag{3-4-7}$$

式中，δ_{f} 是红外诱饵辐射强度，单位为 kW/Sr；δ_{p} 是飞机红外辐射强度；k、β 为系数；k_1 是发动机尾喷口特性系数；k_2 是飞机蒙皮特性（与飞机高度、速度等有关）系数；k_3 是环境系数。

从红外诱饵点燃到红外辐射功率达到额定功率 90% 的速度方程为（$0 \leqslant t \leqslant T_{\mathrm{f0}}$）

$$v_{\mathrm{f}} = \frac{v_{\mathrm{fb}}}{1 - v_{\mathrm{fb}} e_{\mathrm{f1}} t} \tag{3-4-8}$$

红外诱饵由红外辐射功率 90%降到额定功率 10%的速度方程为（$T_{f0} \leq t \leq T_f$）

$$v_f = \frac{v_{fc}}{1 - v_{fc}e_{f2}(t - T_{f0})}$$　　　　　　（3-4-9）

式（3-4-8）和式（3-4-9）中，v_{fb} 是诱饵发射的初速度；e_{f1}、e_{f2} 为经验常数，与红外诱饵的质量、几何形状及空气密度有关；v_{fc} 为红外诱饵形成有效辐射功率 90%的初速度，

$v_{fc} = \dfrac{v_{fb}}{1 - v_{fb}e_{f1}T_{f0}}$，$T_{f0}$ 为红外诱饵由点燃到红外辐射功率达到额定功率 90%的时间。

然后，在 T_b 时间内可投放的红外诱饵弹数 N_{fb} 可用下式表示

$$N_{fb} = \frac{T_b}{T_{fb}}$$　　　　　　（3-4-10）

将式（3-4-2）和式（3-4-4）代入式（3-4-10）后，得到

$$N_{fb} = \frac{(1 + K_f)v_p}{K_f(v_p - v_f)}$$　　　　　　（3-4-11）

弹数 N_{fb} 通常四舍五入取自然数。

（3）单/双发。

以下情况下由于影响到红外诱饵的燃烧效率等原因，根据试验情况及经验，干扰时通常进行双发投放以增加压制系数。

① 当威胁源距离非常近时（2～3km）。

② 当飞机高度很高时（>10km）。

③ 当飞机高速飞行时（超声速）。

④ 当飞机加力时。

总之，红外诱饵单/双发 N_{fsd} 可用下式表示

$$N_{fsd} = F(H, D, V_p, E)$$　　　　　　（3-4-12）

式中，H 表示飞机的高度特性；D 是飞机距威胁源的距离特性；V_p 是飞机的速度特性；E 为飞机的发动机特性。

例如：假设 AIM-9"响尾蛇"导弹威胁时，$\theta_p = 1.5°$，威胁方位 $\theta = 135°$，飞机不加力不机动，飞机速度 $v_p = 200\text{m/s}$，高度 $H = 4000\text{m}$，导弹威胁距离 $d = 5\text{km}$，此方位压制系数 $K_f = 3$，红外诱饵平均速度 $v_f = 30\text{m/s}$，则投放红外诱饵参数的计算如下。

弹间隔由式（3-4-2）得：$T_{fb} = \dfrac{5000 \times \tan 0.013}{200 \times \sin 2.356}\text{s} \approx 0.5\text{s}$；

弹数由式（3-4-11）得：$N_{fb} = \dfrac{(1 + 3) \times 200}{3 \times (200 - 30)} \approx 2$；

单/双发由式（3-4-12）得：$N_{fsd} = F(H, D, V_p, E) = 1$（单发）。

（五）红外干扰弹的关键技术

（1）红外弹药剂制备技术。红外弹药剂是由可燃剂、氧化剂、黏合剂、增塑剂等多种成分，经一定工艺方法混合制成的。目前，国外常用的烟火剂一般采用湿混工艺。湿混工艺方法主要有三种。第一种方法是将除黏合剂外的其他组分干混，然后加入经溶解的黏合剂，混合均匀后，造粒并干燥。第二种方法是将可燃剂、氧化剂以及黏合剂等所有组分加入混药容器中，加入一定量溶剂，混合均匀后造粒并干燥。第三种方法是将可燃剂、氧化剂在溶解有

黏合剂、增塑剂的第一溶剂体系中混合均匀，然后加入第二溶剂，使可燃剂、氧化剂、黏合剂和增塑剂等组分从第一溶剂中沉降出来，从而形成一定大小颗粒的药剂，然后干燥，在这样一粒直径非常小的可燃剂外表面，均匀地包覆一层氧化剂。包覆层的厚度一定要严格控制，包覆层"厚了"影响感度，燃烧慢，辐射强度降低；包覆层"薄了"，燃烧太快，有效持续时间短。

（2）红外弹药柱成型技术。红外弹药柱成型的关键是配置相应的模具，确定合适的挤出力、挤出速度以及药剂的加热温度等参数，但是这些参数具有较强的相关性，需要选择合适的参数，并且安装一定的安全监控装置，才能保证生产出合格的红外弹药柱。

（3）红外弹性能指标的分配设计技术。红外弹性能指标一般包括燃烧上升时间、红外辐射强度以及有效持续时间。这些指标的关系非常密切，如果在一定的环境条件下使用红外弹，那么可以选择的红外弹药柱材料的种类是有限的。在红外弹药柱体积确定的前提下，采用合理的配方设计，减少燃烧上升时间，增加有效持续时间，提高红外辐射强度，保证红外弹的最佳干扰效果。

（4）新型红外干扰弹技术。它主要包括气动红外干扰弹、微波和红外复合干扰弹、自燃红外干扰弹、面源红外干扰弹、拖曳式红外干扰弹等。

针对先进的红外制导导弹能区分诱饵和目标的特点，可研究气动红外干扰弹，它可模拟飞机的飞行和光谱特征，本身带有推进系统，投放后可在一段时间内与飞机并行飞行，使红外制导导弹的反诱饵措施失败。

目前发展中的精确制导导弹往往同时具备红外和微波两种探测器，新型的干扰弹也同时兼有两种干扰功能，因此，开发微波和红外复合干扰弹是势在必行的。

自燃红外干扰弹与常规干扰弹的主要区别是采用自燃液体，通过燃烧产生高温热源。它具有下列优点：①产生的红外辐射与燃烧航空汽油排出的主要成分（二氧化碳和水）产生的红外辐射光谱相似；②紫外辐射强度与喷气式飞机排出的羽烟相近；③自燃火焰可长达几米，更接近喷气式飞机羽烟的实际尺寸；④自燃液体与氧化剂（氧气）分别储藏，作战时，自燃液体自发点火，不需要点火装置。

面源红外干扰弹能够形成具有强烈辐射的大面积红外干扰云，覆盖目标及其背景，在红外成像制导显示器中出现一片模糊的烟雾成像，使其无法识别目标。另外，红外干扰云也可以模拟目标轮廓而形成假目标，干扰成像制导导弹的工作。法国研制的舰艇能装填 150 枚红外干扰弹的火箭，火箭在飞行过程中顺序抛射出红外干扰弹形成一片模拟舰艇的诱饵烟云，以对抗红外制导反舰导弹。英国研制的"女巫"系统据称是一套全自动综合性的诱饵发射系统，它可根据来袭导弹的类型自行选择发射反辐射导弹诱饵弹、舷外主动干扰机、电磁诱饵弹、热气球诱饵弹、吸收剂诱饵弹和雷达-红外复合诱饵弹中的一种或几种，其中的吸收剂诱饵弹是一种包含 8 枚装有定时引信子弹头的子母弹，通过适当配置可形成一片保护舰艇的诱饵云，使其免受红外、激光等光电制导导弹的攻击。Sippicaan 公司在 130mm 口径红外诱饵弹的基础上开发的新一代高级红外诱饵火箭弹是为美国海军研制的。它发射后可产生一系列具有红外辐射特性的火焰，第一发诱饵弹朝着舰首方向发射，在发射瞬间立刻产生一团火焰，并在其飞行过程中逐步形成 6 团火焰，紧接着形成第 7 团火焰，最终形成红外"滞留云"。

拖曳式红外干扰弹由控制器、发射器和诱饵三部分组成，飞行员通过控制器控制诱饵发射。诱饵发射后，拖曳电缆一头连着控制器，另一头拖曳着红外诱饵载荷。诱饵由许多 1.5mm 厚的环状筒组成，筒中装有由燃烧材料做成的薄片。当薄片与空气中的氧气相遇时就发生自燃。薄片分层叠放于装有螺旋释放器和步进电机的燃烧室内。当诱饵工作时，圆筒顶端的盖帽被弹出，步进电机启动，活塞控制螺杆推动薄片陆续进入气流之中。诱饵产生的红外辐射强度由电机转速来调节，转速越高，则单位时间内暴露在气流中的自燃材料就越多，红外辐射就越强，反之亦然。由于飞机发动机的红外特征是已知的（如在 $3\sim5\mu m$ 波段的辐射强度约为 1500W/Sr），故不难通过控制电机转速产生与之相近的辐射。在面对两个目标时，有的导引头跟踪其中较"亮"者，而有的则借助于门限作用跟踪其中较"暗"者。针对这点，诱饵被设计成以"亮、暗、亮、暗"的调制方式工作，以确保其功效。薄片的释放快慢还与载机飞行高度、速度等有关，其响应数据已被存储在计算机内，供作战时调用。

二、红外干扰机

（一）红外干扰机的定义、特点和用途

红外干扰机是一种能够发射红外干扰信号，破坏或扰乱敌方红外探测系统或红外制导系统正常工作的光电干扰设备，其主要干扰对象是红外制导导弹。

红外干扰机的主要特点如下。

（1）可连续工作。在载体能够提供足够能源的情况下，红外干扰机可较长时间连续工作，从而弥补了红外干扰弹有效干扰时间短、弹药有限等不足。

（2）针对性强，主要干扰红外点源制导导弹。

（3）可同时干扰多个目标。

（4）作用距离与导弹的有效攻击距离匹配。

（5）抗干扰能力强。红外干扰机与被保护目标在一体上，使来袭的红外制导导弹无法从速度上把目标与干扰信号分开。

红外干扰机安装在被保护平台上，保护平台免受红外制导导弹的攻击，既可单独使用，又可与告警设备和其他设备一起构成光电自卫系统。

（二）红外干扰机的分类

根据分类方法的不同，红外有源干扰机可分为多种。

按干扰对象来分，可分为干扰红外侦察设备的干扰机和干扰红外制导导弹的干扰机。目前各国装备的大多数是干扰红外制导导弹的干扰机。

按采用的红外光源来分，可分为燃油加热陶瓷、电加热陶瓷、金属蒸汽放电光源、燃油型和激光器等。燃油加热陶瓷和电加热陶瓷光源的红外干扰机一般都有很好的光谱特性，适用于干扰工作在 $1\sim3\mu m$ 和 $3\sim5\mu m$ 波段的红外制导导弹。干扰过程为通过机械调制盘的调制，将红外辐射光源产生的红外能量辐射到红外点源制导导引头，进行干扰。因此，这两类也可称为机械调制型。金属蒸汽放电光源主要有氙灯、铯灯、燃料喷灯和蓝宝石灯等，这种光源可以工作在脉冲方式，在重新安装控制程序后能适应干扰更多或新型的红外制导导弹。干扰过程是通过对气体放电灯进行电调制实现的。燃油型是指当探测到目标受威胁时，突然从发动机处喷出一团燃油，延迟一段时间后再辐射出与发动机类似的红外能量，以诱骗红外制导武器。激光器光源的红外干扰机也称相干光源干扰机或定向干扰机，这种干扰机的干扰功率较大，干扰区域（或称束散角）在 $10°$ 之内，因而必须在引导系统作用下对目标进行定向辐射，实现致盲和压制干扰。

按干扰机光源的调制方式来分，可分为热光源机械调制红外干扰机和电调制放电光源红

外干扰机。前者采用电热光源或燃油加热陶瓷光源，其红外辐射是连续的，而后者光源通过高压脉冲来驱动。表 3-4-1 概括了不同红外干扰机类型的特点。

表 3-4-1　不同红外干扰机类型的特点

红外干扰机类型	光源种类	可干扰导弹类型	可装配平台	工作条件
机械调制型	石英、陶瓷	调幅、调相红外点源导弹	直升机、飞机	不需要告警设备、可全向工作
电调制型	氙灯、铯灯、燃料喷灯和蓝宝石灯	调幅、调频红外点源导弹	直升机、飞机、坦克	不需要告警设备、可全向工作
燃油型	燃油	红外点源导弹	飞机	需要告警设备配合
红外定向型	气体放电灯、激光	红外导弹	直升机、飞机、舰艇、坦克、陆基	需要告警设备配合和转台伺服

（三）红外干扰机的系统组成和干扰原理

1．红外干扰机的系统组成

（1）热光源机械调制红外干扰机。

如上所述，热光源机械调制红外干扰机的电源是电热光源或燃油加热陶瓷光源，其红外辐射是连续的。由干扰机理可知，要想起到干扰作用，必须将这些连续的红外辐射变成闪烁、调制的红外辐射，起到这种断续透光作用的装置，就叫作调制器。这种干扰机一般由控制机构、斩波控制、旋转机构、红外光源和斩波圆筒等构成（见图 3-4-2）。控制机构控制干扰机的工作状态和干扰辐射频率等，操作员可在其上进行调制频率的修改，修改信息送给斩波控制部分，然后通过旋转机构控制斩波圆筒完成对红外光源辐射的调制。

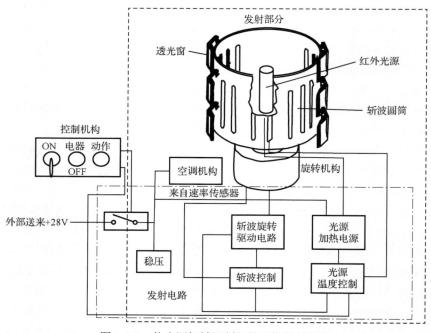

图 3-4-2　热光源机械调制红外干扰机示意图

机械调制辐射源有燃烧辐射源和电热辐射源，燃烧辐射源中的辐射器是燃料燃烧发热的陶瓷腔体。电热辐射源是气密封的碳棒和钨丝。它们的特性是都可以按高发射率的灰体来处理，一般情况下的温度为 1700～3000K。在实用场合下，这些辐射源只发出与其温度有关的恒定辐射。这些辐射源的调制组件是一块滤光片或机械斩波器，它们放在光源/反射镜和导弹之间的光路中。通过它们实现对辐射源的调制。

（2）电调制放电光源红外干扰机。

干扰机的光源是通过高压脉冲来驱动的，它本身就能辐射脉冲式的红外能量，因此不必像热光源机械调制红外干扰机那样加调制器，只需通过显示控制器控制光源驱动电源改变脉冲的频率和脉宽即可达到理想的调制目的。这种干扰机编码和频率调制灵活，如用微处理器在编码数据库中进行编码选择，可更有效地对多种导弹起到理想的干扰作用。这种干扰机的缺点是大功率光源驱动电源体积大、质量重，而且与辐射部分的结构相关性较小。通常整个设备由显示控制器、光源驱动电源和辐射器三部分构成。

电调制的光源主要是弧光灯，它由阳极、阴极、蒸汽及周围的外壳组成。由阴极和阳极之间的电位差形成电弧，使蒸汽电离。由此形成的自由电子与蒸汽分子相互碰撞，从而引起电子跃迁，产生发射。目前用于红外干扰机的主要有碱金属灯和氙灯，碱金属灯是有强发射率的灰体，其有效温度为 2000～4000K，氙灯的有效温度可达 5000～6000K。较低温度的辐射源发射效率较高，较高温度的辐射源发射强度较大。

2. 红外干扰机的干扰原理

红外干扰机是针对导弹寻的器工作原理而采取针对性措施的有源干扰设备，其干扰机理与红外制导导弹的导引机理密切相关。

（1）角度欺骗干扰。

对于带有调制盘的红外寻的器，目标通过光学系统在焦平面上形成一个"热点"，调制盘和"热点"做相对运动，使"热点"在调制盘上扫描而被调制，目标视线与光轴的偏角信息就含在通过调制盘后的红外辐射能量中。经过调制盘调制的目标红外能量被导弹的探测器接收，形成电信号，再经过信号处理后得出目标与寻的器光轴线的夹角偏差或该偏差的角速度变化量，作为制导修正的依据。

当红外干扰机装备在被保护的目标上并开机工作时，该干扰机的红外辐射同目标的红外辐射一起出现在敌方导弹的红外导引头的视场中。当该干扰机的调制频率同导引头的调制频率相同或接近时，干扰信号能有效地进入导引头的信号处理回路，从而使导引头的输出信号多一个干扰分量，这个干扰分量使导引头产生错觉，无法提取正确的误差信号，即使目标处在调制盘的中心，导引头输出的误差控制信号仍然不为零，使导弹离开瞄准线，目标会逐渐从导弹的导引头视场中消失，从而达到了保护目标的目的。

这是红外干扰机实现角度欺骗干扰的定性分析，下面以旋转调幅导引头为干扰对象进行定量分析，得出角度欺骗干扰要干扰成功需要满足的条件。

红外干扰机的干扰对象是红外导引头，它发出的红外辐射与被保护目标本身的红外辐射一起出现在红外导弹的导引头视场中，无论对于哪一种类型的调制盘，导引头探测器接收到的辐射通量都可表示为

$$P_d(t) = \lfloor A + P_j(t) \rfloor m_r(t) \qquad (3\text{-}4\text{-}13)$$

式中，A 是调制盘接收的目标辐射通量；P_j 是调制盘接收的随时间调制的干扰机的辐射通量；$m_r(t)$ 是调制盘调制函数。

　　旋转扫描导引头的调制盘是一种典型的调幅式调制盘，它通常由一个带有望远光学系统的陀螺扫描系统、置于焦平面的调制盘和工作于 1～5μm 波段的点源探测器组成。调制盘随着陀螺旋转扫描并对目标信号进行调制，典型旋转扫描调制盘（旭日式调制盘）的图案及调制特性如图 3-4-3 所示。目标通过光学系统在调制盘上成为一个弥散圆像点，这样便产生一个接近正弦的载频信号。随着该像点向中心的移动，调制效率减弱，在中心处变为零。调制盘的另一半为灰体区，其透过率约为 50%，以提供指示目标方位的相位。探测器把接收的调制光信号转换为电信号进行放大，带通放大器的中心频率为载频，这个频率等于辐条数与调制盘旋转角速率乘积的 2 倍。带通放大器的增益水平由自动增益控制（AGC）电路控制。调制信号通过包络检波器解调后，产生一个驱动制导信号，驱动导引头旋转陀螺进动，从而完成跟踪和制导。

　　图 3-4-4 所示是目标辐射强度不变时的调制波形。调制盘对目标红外辐射的调制是周期性的，设其角频率为 Ω_m，则调制函数可以用傅里叶级数表达为

$$m_r(t) = \sum_{n=-\infty}^{\infty} c_n \exp(jn\Omega_m t) \qquad (3\text{-}4\text{-}14)$$

式中，$c_n = \dfrac{1}{T_m} \displaystyle\int_0^{T_m} m_r(t)\exp(-jn\Omega_m t)\mathrm{d}t$，$T_m = \dfrac{2\pi}{\Omega_m}$。

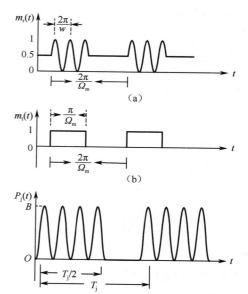

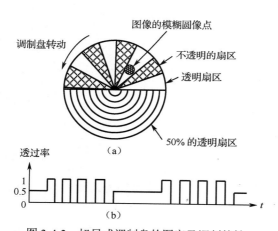

图 3-4-3　旭日式调制盘的图案及调制特性

图 3-4-4　目标辐射强度不变时的调制波形

　　若干扰发射机的波形也是周期性的，角频率为 Ω_j，则 $P_j(t)$ 可以表示为

$$P_j(t) = \sum_{n=-\infty}^{\infty} d_n \exp(jn\Omega_j t) \qquad (3\text{-}4\text{-}15)$$

式中，$d_n = \dfrac{1}{T_j} \displaystyle\int_0^{T_j} P_j(t)\exp(-jk\Omega_j t)\mathrm{d}t$，$T_j = \dfrac{2\pi}{\Omega_j}$。

　　将式（3-4-14）和式（3-4-15）代入式（3-4-13）中，得

$$P_d(t) = \left[A + \sum_{n=-\infty}^{\infty} d_n \exp(jn\Omega_j t) \right] \sum_{n=-\infty}^{\infty} c_n \exp(jn\Omega_m t) \qquad (3\text{-}4\text{-}16)$$

在探测器上，$P_d(t)$ 转变为电压或电流，经过载波放大器、包络检波器和进动放大器电路处理，再用此信号去驱动跟踪系统。下面讨论干扰发射机与导引头的互相作用。设调制盘的调制函数如图 3-4-4（a）所示，即

$$m_r(t) = \frac{1}{2}[1 + \alpha m_t(t) \sin \omega t] \qquad (3\text{-}4\text{-}17)$$

式中，α 是像点位置的半径与调制盘半径之比，是调制效率的一种简单度量；$m_t(t)$ 是载波的选通函数（方波），如图 3-4-4（b）所示；ω 是载波频率。

$m_t(t)$ 的傅里叶级数表达式为

$$m_t(t) = \frac{1}{2} + \frac{2}{\pi} \sum_{n=0}^{\infty} \frac{(-1)^n}{2n+1} \sin[(2n+1)\Omega_m t] \qquad (3\text{-}4\text{-}18)$$

设干扰发射机的调制功率 $P_j(t)$ 也具有频率为 ω 的载波形式，并在频率 Ω_j 处选通，如图 3-4-4（c）所示，则

$$P_j(t) = \frac{B}{2} m_j(t)(1 + \sin \omega t) \qquad (3\text{-}4\text{-}19)$$

式中，$m_j(t)$ 具有与 $m_t(t)$ 类似的表达式；B 为干扰发射机的峰值功率。$m_j(t)$ 的傅里叶级数表达式为

$$m_j(t) = \frac{1}{2} + \frac{2}{\pi} \sum_{k=0}^{\infty} \frac{(-1)^k}{2k+1} \sin\{(2k+1)[\Omega_j t + \varphi_j(t)]\} \qquad (3\text{-}4\text{-}20)$$

式中，$\varphi_j(t)$ 为相对 $m_t(t)$ 的任意相位角，考虑到式（3-4-17）和式（3-4-19），式（3-4-13）变为

$$P_d(t) = \frac{1}{2}\left[A + \frac{1}{2}B m_j(t)(1 + \sin \omega t) \right][1 + \alpha m_t(t) \sin \omega t] \qquad (3\text{-}4\text{-}21)$$

设载波放大器只让具有载波频率或接近载波频率的信号通过，则其输出近似表达为

$$S_c(t) \approx \frac{1}{2}\alpha\left[A + \frac{1}{2}B m_j(t) \right] m_t(t) \sin \omega t + \frac{1}{4}B m_j(t) \sin \omega t \qquad (3\text{-}4\text{-}22)$$

式（3-4-22）载波调制的包络为

$$S_c(t) \approx \frac{1}{2}\alpha A m_t(t) + \frac{B}{4} m_j(t)[1 + \alpha m_t(t)] \qquad (3\text{-}4\text{-}23)$$

将包络信号 $S_c(t)$ 用进动放大器做进一步处理，此放大器是被调谐在旋转角频率 Ω_m 附近工作的。设 Ω_j 与 Ω_m 接近，则干扰机的干扰信号可有效地通过进动放大器，滤除高频以后，可得到导引头的驱动信号为

$$P(t) \approx \frac{\alpha}{\pi}\left(A + \frac{B}{4} \right) \sin \Omega_m t + \frac{B}{2\pi}\left(1 + \frac{\alpha}{2} \right) \sin[\Omega_j t + \varphi_j(t)] \qquad (3\text{-}4\text{-}24)$$

此驱动信号使旋转陀螺进动，而旋转磁铁与导引头力矩信号的相互作用又使导引头进动，此进动速率与 $P(t)$ 和 $\exp(j\Omega_m t)$ 的乘积成正比。由于陀螺只对该乘积中的直流分量或慢变分量有响应，故跟踪误差速率的相位向量（模及相位角）正比于

$$\vec{\varphi}(t) \approx \alpha\left(A + \frac{B}{4} \right) + \frac{B}{2}\left(1 + \frac{\alpha}{2} \right) \exp[j\beta(t)] \qquad (3\text{-}4\text{-}25)$$

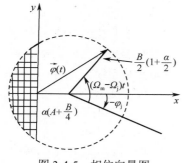

图 3-4-5　相位向量图

式中，$\beta(t) = (\Omega_m - \Omega_j)t - \varphi_j(t)$。此相位向量图如图 3-4-5 所示。当没有干扰发射时（$B = 0$），像点便沿同相的方向和以正比于 αA 的速率被拉向中心。当有干扰发射调制波时，除了有恒定的同相分量，还引入了正弦扰动。这样，平衡点就不再位于中心处了。当相位向量 $\vec{\varphi}(t)$ 做部分转动时，图像被拉向中心，当 $\vec{\varphi}(t)$ 处于图 3-4-5 中有交叉阴影线的区域时，图像又从中心处被推出。若 $B > 2\alpha A$，则是这种情况。若角度 $\beta(t)$ 的变化速率足够慢，则图像有可能被推出调制盘之外。

通过上述分析，我们可以知道，红外干扰机的角度欺骗干扰是产生一种可以被红外导引头探测到的，有一定信号形式和有一定能量的干扰信号，它可以与被保护平台在导引头中形成信号叠加，产生一个虚假的不定的目标信号，导致导引头向这个不定的假目标进动，最终使导弹丢失目标。为了成功干扰红外制导武器，红外干扰机必须满足以下几点要求。

① 红外干扰机的辐射必须在红外导引头的光谱区域内，以保证能通过导引头的光学系统。

② 干扰脉冲必须能进入导弹的调制盘，以保证干扰信号被调制盘调制。

③ 红外干扰机必须进行频率调制，且调制频率与调制盘的调制频率接近，以保证干扰信号通过载波放大器。

④ 干扰脉冲调制的角频率必须与调制盘转动的角频率接近，以保证干扰信号可以通过进动放大器，成为导引头的驱动信号。

⑤ 红外干扰机必须辐射足够的能量，以保证干扰有效。

（2）对自动增益控制的干扰。

导引头信号处理电路中自动增益控制的功能是使信号电平保持某个恒定值，以保证能稳定地跟踪。接收信号的动态范围与特定目标、信号随目标姿态角的变化以及作用距离有关。一般情况下，当目标距离导引头较远，信号较弱时，信号处理电路对信号的增益较大，随着导引头接近目标，信号较强，增益变小。为应对突然的强干扰，自动增益控制具有一定的时间常数，对突发的强信号有一定的抑制功能。干扰自动增益控制的一种普通方法是将干扰发射机的辐射完全打开和关闭，并通过某种方式使其打开与关闭时间与自动增益控制的响应时间相对应。这类干扰发射的目的是在尽可能大的工作周期内使导引头不能接收正确的目标跟踪信号，当干扰发射机辐射突然关闭时，导引头必须增加其增益电平，使目标信号提高到工作范围内，当干扰发射机再次打开时，导引头信号就被迫处于饱和状态。若干扰发射机的辐射电平相对目标很大，对自动增益控制的干扰就可能破坏导引头的跟踪及导弹的制导功能。这类干扰发射的效果与干扰发射机的干扰信号强度、用于提高和降低信号的自动增益控制的时间常数以及信号处理的类型等因素有关。

（3）饱和/致盲干扰。

这种干扰的目的是将大的干扰信号射入导引头中，使其信号处理电路的前置放大器电路饱和。这种信号的饱和现象对处理与幅值有关信号的导引头，如旋转扫描式导引头会更有害，但如果导引头具有相对较大的自动增益控制动态范围，那么要使信号达到饱和状态是比较困难的。饱和干扰发射对采用调频的导引头，如圆锥扫描导引头的影响比较小。

（四）红外干扰机的设计和使用考虑

1. 红外辐射源的选择与使用

（1）红外辐射源。为了使红外制导导弹失效，红外干扰机必须产生有效的定向红外辐射脉冲。它使用的辐射源可以是相干的也可以是非相干的，目前红外干扰机所采用的红外辐射源基本上是非相干源，可分为两类：机械调制光源和电调制光源。

红外干扰机发射的最佳波形和辐射源有关，当红外干扰机采用大周期时一般使用机械调制光源。它的优点是实现简单，缺点是效率太低，即当利用斩波方式对辐射源进行调制时，阻挡辐射源的辐射被浪费掉，它的另一个缺点是干扰发射码难以实时改变。电调制光源则具有较高的效率、灵活的编码控制，是未来干扰辐射源发展的方向。

（2）干扰辐射源的调制深度及有效干信比。红外干扰机的作用是将欺骗性的红外辐射脉冲加到目标红外辐射特征中，以达到对导弹的欺骗。在干扰时，红外干扰机辐射的能量是叠加在目标辐射特征上的，理想的调制应是在干扰发射的脉冲中间，红外干扰机的辐射强度为零。实际上，红外干扰机的辐射脉冲之间的强度不可能完全为零，在无脉冲时仍会有某些辐射存在，对于机械调制系统尤为如此，这对有效干扰显然是不利的。干扰源的辐射效果，可用调制深度来做定量处理

$$\text{DOM} = \left(1 - \frac{I_\text{I}}{I_\text{P}}\right) \times 100\% \tag{3-4-26}$$

式中，DOM 是调制深度；I_I 是脉冲间的波段内辐射强度；I_P 是波段内辐射强度的峰值。

对弧光灯源而言，脉冲间辐射的大小与红外干扰机脉冲的峰值成线性正比，如图（3-4-6）所示，式（3-4-26）可写成

$$\text{DOM} = \left(\frac{I_\text{P} - \alpha_\text{m} I_\text{P}}{I_\text{P}}\right) \times 100\% = (1 - \alpha_\text{m}) \times 100\% \tag{3-4-27}$$

式中，$\alpha_\text{m} = I_\text{I}/I_\text{P}(0 \leqslant \alpha \leqslant 1)$。干扰发射机的有效干信比 J/S 定义为

$$\frac{J}{S} = \frac{I_\text{P}}{I_\text{ac} + I_\text{I}} \tag{3-4-28}$$

用 $\alpha_\text{m} I_\text{P}$ 代替 I_I，可得

$$\frac{J}{S} = \frac{I_\text{P}}{I_\text{ac} + \alpha_\text{m} I_\text{P}} \tag{3-4-29}$$

式中，I_ac 是平台的辐射强度。

若 $I_\text{P} \gg I_\text{ac}$，则式（3-4-29）变为

$$\frac{J}{S} = \frac{I_\text{P}}{\alpha_\text{m} I_\text{P}} = \frac{1}{\alpha_\text{m}} \tag{3-4-30}$$

可见，当 I_P 很大时，红外干扰机的效率受其脉冲间的辐射限制。常数 α_m 可小至 0.005，或大至 0.15。由图 3-4-6 可知，当飞机特征强度不变时，对不同的 α_m 值，J/S 比值是 I_P/I_ac 的函数，因此，干扰辐射源可能产生的峰值辐射强度并不是决定 J/S 值的唯一参数。

到达导弹处理电路的有效 J/S 值是干扰发射波工作周期的函数。导弹红外探测器探测到的辐射是飞机辐射和干扰发射机辐射叠加后经调制盘调制的辐射。干扰发射机的调制和导引头调制盘的调制共同作用产生新的频率分量，即各种调制的频率分量的和频与差频，处于导弹信号处理电路通频带内的频率分量可以干扰制导导弹的工作，这时，导弹电路通频带中的

有效干信比可定义为

$$\left(\frac{J}{S}\right)_{\text{elec}} = \frac{I_{\text{P}}}{I_{\text{ac}} + I_{\text{I}} + I_{\text{dc}}} \tag{3-4-31}$$

式中，$\left(\dfrac{J}{S}\right)_{\text{elec}}$ 是导弹电路通频带内有效干信比；I_{dc} 是脉冲以外波形的平均值。

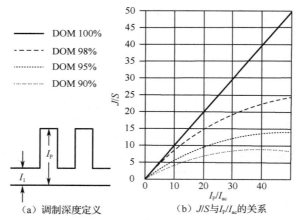

（a）调制深度定义　　　　（b）J/S 与 $I_{\text{P}}/I_{\text{ac}}$ 的关系

图 3-4-6　调制深度

2. 调制频率的选择

为有效干扰目标，来自红外干扰机的干扰信号应能通过导弹的跟踪回路，作用于陀螺转子产生附加进动，使导弹的导引头向虚假的目标运动。只要该干扰调制信号的频率始终在跟踪回路带宽范围内，则在干扰信号持续不断的作用下，导弹的跟踪控制信号就将偏离"真值"，致使目标脱离导弹跟踪视场，使导弹产生迷盲，从而达到干扰导弹的目的。

对于调频干扰信号，红外干扰机的载频 ω_{j} 应接近导弹载频 ω，处于导引头第一选放带宽内。Ω_{j} 则要落在其第二选放带宽内，又不能等于第二选放中心频率 Ω_0，否则有可能造成在有干扰调制辐射时，起到增强目标红外辐射的作用。因此应使 Ω_{j} 的频率变化范围控制在

$$\Omega_0 - 2\pi\Delta F < \Omega_{\text{j}} < \Omega_0 + 2\pi\Delta F \tag{3-4-32}$$

式中，ΔF 为导引头跟踪回路的带宽。

3. 红外辐射的定向发射

红外干扰机的作用是把红外辐射叠加到平台上，使进攻中的导弹的光学锁定中断，保护平台免受热寻的导弹的攻击，这就需要把调制的辐射有效地加到来袭导弹上。早期的红外制导导弹主要工作在近红外波段（1.9～2.9μm），平台在这个波段的辐射图案主要是由热的零部件，如尾喷管等产生，导弹的攻击基本上局限于尾部。为对抗这些导弹，早期红外干扰机产生的辐射都与平台的辐射图案相匹配，用一个反射器将具有宽视场图案的红外干扰机的辐射图案投向尾部，叠加在飞机的特征上。

随着工作在中、远红外导弹的出现，红外干扰机常用的辐射源（弧光灯和碳棒）的辐射效率降低，平台的特征变得突出。同时，制导系统往往具有改进的扫描系统，如圆锥扫描和玫瑰扫描系统，一些导弹具有先进的抗干扰回路，这使得干扰的难度加大。为了对抗新的威胁，未来的干扰机需要定向发射。定向红外对抗系统并不将红外辐射能量辐射到空间的各个方位，而是集中投射到有效部位即导弹上，其最有希望的方法是用一个透射器把能量对准导弹。与宽束系统相比，定向系统更复杂，定向系统必须被提示有威胁物，才能把反射器转向

导弹，同时还要使干扰发射不受平台移动的影响。

与宽束系统相比，由于其功率集中在一个较小的立体角内，因而定向系统所需的功率要大大减少，这是它的优点。定向系统的辐射功率可由下式给出

$$P_j = LA_{ref}\Omega \tag{3-4-33}$$

式中，L是红外干扰机辐射亮度；A_{ref}是投射系统的孔径；Ω是投射辐射的立体角。可以看出，定向系统所需的输入功率及辐射功率主要与投射系统的孔径和辐射的立体角有关，对于给定的辐射源和孔径，减小立体角可以直接减少所需的辐射功率，系统所需的输入功率随之减少，在同样的输入功率下，定向系统可以达到更强的辐射功率来保证干扰效果。定向系统的缺点是需要一个复杂笨重的瞄准系统。

4. 导引头驻留时间对干扰发射的影响

当对红外导引头进行干扰发射时，一个重要的特征值是导引头在目标上的驻留时间。旋转扫描的导引头，除了处于调制盘的不透明调制扇面上外，它对目标做连续观察，这意味着机载干扰发射的窗口在所有时间都是打开的，其原因是红外干扰机的扰动会使章动圆环在部分扫描周期内离开调制盘。

对于扫描式导引头，由于这种导引头在目标上的驻留时间很短，占扫描时间的百分之几，因此，干扰的机会就会大大降低。另外，如果扫描式导引头采用脉冲处理技术，会进一步限制干扰发射机的作用。干扰发射机可能会在脉冲之中引入一种偶然的扰动，这种扰动很难起到较大的干扰作用。这种脉冲也许能干扰导引头自动增益控制的工作，以及有可能降低导引头及导弹的性能，但产生这种作用的概率非常小。

（五）红外干扰机的关键技术

（1）干扰机理研究。由于干扰原理本身的限制使得红外干扰机的针对性极强，现有的红外干扰机对新型的导弹难以有较好的干扰效果，因此必须不断对世界各国的各种红外制导导弹进行深入研究，及时提供最佳干扰模式，改进和重新安装干扰模式等数据库。未来的红外干扰机将具有一个适应性极强的干扰模式数据库，通过干扰编码指令来控制红外干扰辐射，能够实现频率上的快速扫描和编码上的快速切换，对付单个和多个威胁。

（2）高效、宽光谱的放电光源技术。光源是红外干扰机的核心部件，其性能和水平在一定程度上标志着干扰机的技术水平。高效是指利用一定的输入电功率最终输出最大的有效干扰功率。这里有两个方面的含义：一是输出的功率本身就大；二是调制深度要足够深，即在不要求光源发光的时刻应尽量减少红外辐射，克服光源的余辉效应。宽光谱是为适应当今红外制导导弹的发展而对放电光源提出的要求。目前的放电光源大多数在 $1\sim3\mu m$ 波段效率较高，但在 $3\sim5\mu m$ 波段性能就变得很差，难以满足未来战场的实际需要。

（3）宽光谱高透过率的窗口材料研究。窗口材料也是影响红外干扰机性能的一个重要因素，其透过率越高，整个系统的能量利用率就越高。世界各国都在力图研制性能更好的窗口材料，以满足更先进的干扰机的需要。

（4）定向红外干扰技术。定向红外干扰机是在普通红外有源干扰机的基础上发展起来的，它是将干扰机的红外（或激光）光束指向探测到的红外制导导弹，以干扰导弹的导引头，使其偏离目标方向的一种新型的红外对抗技术。定向红外干扰机干扰信号方向性较好，能够到达导弹寻的器上的能量较大，即使模式并不匹配，也能起到很好的干扰效果。如果定向红外干扰进一步缩小束散角，加大能量，提高跟踪精度，那么将能够对来袭导弹实施致眩或致盲

干扰，对空间扫描型、双色及成像制导导弹都有一定的干扰效果，该技术是各国军方极为重视的热点。

定向红外对抗（DIRCM）技术分为相干光定向红外对抗（CDIRCM）技术和非相干光定向红外对抗（IDIRCM）技术。非相干光定向红外对抗技术由于不能提供更远的作用距离、更大的灵活性和更高的能量密度，不能有效干扰新一代红外制导导弹（如 Band-4/5 导弹等）。随着激光技术的发展，将激光应用于红外干扰已经成为光电对抗技术研究的热点。激光定向红外对抗（LDIRCM）系统就是利用激光的定向性、高亮度、快速性、体积小、质量轻等特点而实现对红外探测器的红外干扰的。其实，当相干光源是激光时，相干光定向红外对抗就是激光定向红外对抗。

激光定向红外对抗的基本概念是利用激光束的相干性，将能量集中到很小的空间立体角内，并采用各种干扰程序或调制手段使敌方的红外探测器，如红外导引头工作紊乱而无法识别目标或锁定目标，从而造成导弹的脱靶。显然，激光定向红外对抗技术有更远的作用距离，在某些特定环境下能够对 100km 外的目标实施干扰、致盲甚至于硬破坏，而且所需的激光能量只需要几十毫焦至几百毫焦量级。目前，美国、英国等西方发达国家正大力发展激光定向红外对抗。实战表明，红外干扰机发射的光辐射越强，导弹偏离飞机的距离就越大。

美国洛拉尔公司的定向红外干扰机采用铯灯作为光源，发射非相干红光，光束宽度为 15°，在 AAR-44 导弹逼近告警系统引导下，可在 360°方位、-70°～60°俯仰范围内扫描，测量精度优于 1°，并能跟踪导弹的相对弹道轨迹，对红外制导导弹实施定向干扰。诺斯罗普公司的"萤火虫"定向红外干扰机，采用双红外波束将非相干的氙灯能量聚集在逼近的导弹上，干扰效果较好。先进的非相干光定向红外对抗技术对采用成像型夜视红外传感器的来袭导弹显得无能为力。赖特实验室将改用闭环激光的定向红外对抗技术，通过激光器首先向寻的器附近发射激光能量，并通过分析回波确定红外制导导弹的类型，然后选择最有效的激光调制方式对抗此类红外制导导弹。此系统称为"灵巧定向红外干扰系统"，更适用于对付各类新型红外制导导弹。定向红外对抗（DIRCM）系统和先进威胁红外对抗（ATIRCM）系统是美军重点开发的新型电子战系统，两者在功能上基本相似。这类系统的控制部分根据红外告警系统提供的真正威胁导弹信息后迅速回转干扰头（红外发射机）盯住威胁导弹并用红外跟踪传感器锁定目标进行定向跟踪。干扰头随后向逼近导弹发射强红外波束或激光并保持一定的时间，迷惑制导寻的器使其无法找到目标从而保护载机。

三、强激光干扰

（一）强激光干扰的定义、特点和用途

强激光干扰是通过发射强激光能量，破坏敌方光电传感器或光学系统，使之饱和、迷盲，以至彻底失效，从而极大地降低敌方武器系统的作战效能。它虽然不像"珊瑚岛上的死光"那样令人恐怖，但也确有其"神光"般的威力。当强激光能量足够强时，可直接作为武器击毁来袭的飞机和武器系统等，因此，从广义上讲，强激光干扰也包括战术和战略激光武器。

强激光干扰的主要特点如下。

（1）定向精度高。激光束具有方向性强的特性，实施强激光干扰时，激光束的束散角通常只有几十微弧度，干扰系统的定向跟踪精度只有几角秒，能将强激光束精确地对准某一方向，选择杀伤来袭目标群中的某一目标或目标上的某一部位。

（2）响应速度快。光的传播速度为 3×10^8 m/s，相当于每秒钟绕地球 7 周半，干扰系统一经瞄准干扰目标，发射即中，几乎不耗时，因而也不需要设置提前量。这对于干扰快速运动的光学制导武器导引头上的光学系统或光电传感器，以及机载光学测距和观瞄系统等，是一种最为有效的干扰手段。

（3）应用范围广。强激光干扰的激光波长以可见光到红外波段内最为有效，作用距离可达十几千米，根据作战目标不同，可用于机载、车载、舰载及单兵便携等多种形式。

当然，强激光干扰也存在一些弱点，主要如下。

（1）作用距离有限。随射程的增加，光束在目标上的光斑增大，使激光功率密度降低，杀伤力减弱。所以，强激光干扰的有效作用距离较小，通常在十几千米。

（2）全天候作战能力较差。由于激光波长较短，强激光干扰在大气层内使用时，大气会对激光束产生能量衰减、光束抖动或波前畸变，尤其是恶劣天气（雨、雾、雪等）和战场烟尘、人造烟幕等，对其影响更大。

强激光束可直接破坏光电制导武器的导引头、激光测距机或光学观瞄设备等，其作战宗旨是，破坏敌方光电传感器或光学系统，干扰敌方激光测距机和来袭的光电制导武器，其最高目标是直接摧毁任何来袭的威胁目标。

（二）强激光干扰的分类

强激光干扰有很多种类。按干扰系统所采用的激光器类型、系统装载方式和作战使命可进行如下分类。

按激光器类型来划分，有 Nd:YAG 激光干扰设备（波长 1.06μm）、倍频 Nd:YAG 激光干扰设备（波长 0.53μm）、CO_2 激光干扰设备（波长 10.6μm）和 DF（氟化氘）化学激光干扰设备（波长 3.8μm）等。

按装载方式来划分，有机载式、车载式、舰载式、单兵便携式等。

按作战使命来划分，有饱和致眩式、损坏致盲式、直接摧毁式等。

（三）强激光干扰的系统组成和干扰原理

1. 强激光干扰的系统组成

强激光干扰系统根据类型的不同，其组成也大不相同，但都包括激光器和目标瞄准控制器两个主要部分。单兵便携式激光眩目器，一般用来干扰地面静止或慢速目标等，主要由激光器和瞄准器组成；机载强激光干扰系统主要用于干扰地面防空光电跟踪系统，其激光发射器通常与其他传感器，如电视（TV）或前视红外（FLIR）传感器等组合使用；车载强激光干扰系统，根据干扰对象的不同，其组成也不尽相同，其中，以干扰光电制导武器为目的的干扰系统最为复杂，通常由侦察设备、精密跟踪瞄准设备、强激光发射天线、高能激光器和指挥控制系统等设备组成。此处以车载强激光干扰系统为例进行介绍。

侦察设备包括被动侦察设备和主动侦察设备。被动侦察设备通常采用激光或红外告警手段，接收目标辐射的激光或红外能量来发现所要干扰的目标，从而实现对目标的捕获与定向；主动侦察设备是通过发射激光束，利用目标反射的激光回波，来实现对目标的精密定向的。

精密跟踪瞄准设备通常包括伺服转台、窄视场电视跟踪、窄视场红外成像跟踪、激光角跟踪等精密跟踪设备，综合采用各种手段，实现对干扰目标的精密跟踪与瞄准。

强激光发射天线实际上是对强激光束进行扩束、准直、聚焦的光学系统。为消除大气抖动、湍流等因素对激光传输的影响，激光发射天线通常采用自适应光学技术，通过实时修正可调反射镜，保持激光束的良好聚焦。

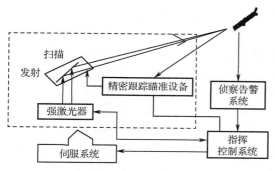

图 3-4-7　强激光干扰系统组成及干扰原理

强激光器是强激光干扰系统中最为关键的设备，强激光干扰系统对强激光器的要求是，输出功率高、脉宽适当、光束发散小、大气传输损耗低、能量转换效率高、体积小和质量轻。

指挥控制系统是强激光干扰系统的指挥控制中心，它根据被动侦察设备对目标进行粗定向告警的结果，进行坐标变换，引导精密跟踪瞄准设备捕获并锁定跟踪目标，同时控制强激光器发射强激光束实施干扰。强激光干扰系统组成及干扰原理见图 3-4-7。

2. 强激光干扰原理

根据干扰对象和干扰宗旨（致眩、致盲、损坏、摧毁等）的不同，干扰机理和采用的激光器类型也不相同。

1）强激光破坏光电探测器的原因及破坏程度的影响因素

激光干扰/致盲的主要攻击目标是敌方的光电传感器，包括光学系统、调制器、光电探测器等。有时，强激光也可造成光电探测器后端放大电路的过流饱和或烧断，从而使观测器材致盲，跟踪与制导装置失灵，引信过早引爆或失效等。

所有的光电探测器在设计与制造时，为满足对远距离弱信号的探测，要求尽量提高其灵敏度和信噪比，并选择线性工作范围，线性工作段一般只能提供 3～4 个数量级的动态范围。当它受到强光照射，特别是激光时，就会超出光电探测器的线性工作范围，产生记忆、饱和、信号混沌和受激光散射等一系列非线性光学效应。其中，当饱和、混沌效应出现时，光电探测器会暂时失效，这时所需的激光能量低，对各种探测器均有干扰效应。光电探测器材料的光吸收能力一般较强，其峰值吸收系数一般为 $10^3 \sim 10^5 \mathrm{cm}$，因此入射其上的干扰激光大部分被吸收，引起温度上升，造成不可逆的热破坏。熔化、汽化等永久性破坏需要的能量比较高，将使光电探测器完全失效。

在战术应用中，干扰/致盲激光器的发射功率与强激光相比要弱得多，而目标的光学系统、调制器及其他组成材料的损伤阈值很高，抗辐照打击能力很强，战术激光器的发射能量对它们基本没有杀伤力。相对来说，光电探测器是最薄弱的环节，它的损伤阈值要远远低于光电装备中其他材料的损伤阈值，如 CO_2 连续波激光要使石英玻璃产生炸裂、解理、熔融，辐照强度需要 $1200\mathrm{W/cm^2}$，而对于红外探测器，如 PbS、PbSe，它们的抗连续激光打击阈值只有 $0.1 \sim 1\mathrm{W/cm^2}$。因此，战术应用时目标的光电探测器是首选的攻击对象。

（1）强激光破坏光电探测器的原因。

当激光辐照光探测器时主要会产生光学效应、热学效应与力学效应。

① 激光辐照光电探测器的光学效应，主要包括记忆效应、饱和效应和混沌等，具体内容如下。

（a）记忆效应。以光导型探测器为例，光导型探测器在激光辐照下电导率上升，上升部分称为光电导。当激光停止辐照后，光电探测器的电导率应恢复原状。实际上，激光停止辐照后，该探测器的电导率与光照前相比下降了，每照一次就下降一次，而且这种下降与光强存在一定关系，称之为对光信号的记忆效应。这种记忆效应会影响由光导材料组成的所有探测器。

（b）饱和效应。若激光强度超出光电探测器的线性工作范围，则出现饱和效应。当入射光的功率足够高时，光电探测器的输出信号达到最大值，再增大入射光功率，信号基本上保持常数，这种现象称为光饱和。

（c）混沌。激光辐照光电探测器时，光电探测器由于吸收激光辐射能量而升温，从而引起它的光伏电压以及内阻有所变化。激光辐射强度超过一定程度后，造成光生载流子过量，光生电动势平衡了 PN 结扩散电动势，此时光电探测器失去探测作用，相当于一般半导体材料。这种由光伏信号体现的混沌现象可能是光生电动势与 PN 结扩散电动势之间在温升产生的内阻干扰下所发生的无规律竞争造成的。

② 激光辐照光电探测器的热学效应。强激光辐照光电探测器，光电探测器吸收激光能量急剧转换为大量的热能，使其表面和体内的温度发生剧烈变化，这将引起光电探测器的温度急速升高，引起光电探测器输出的信号热饱和、内部微结构变化、内部出现热应力和热应变、表面出现熔化和再凝结等现象，这些现象均能使光电探测器遭受不同程度的损伤。激光辐照功率进一步升高，将会使光电探测器表面发生汽化，溅射材料使光电探测器表面处形成等离子体云。熔化将造成光电探测器的永久性损伤，饱和将使光电探测器暂时损伤。

（a）激光辐照下光电探测器的温升。光电探测器的温升与激光束的功率、激光重复率、辐照时间、光电探测器材料的热导率、厚度、结构以及材料的热学性能有关，激光束的功率越大，辐照时间越长，温升越大。

（b）光电探测器输出信号的热瞬变（弛豫）。在未达到永久性损伤阈值的强激光辐照下，光电探测器被加热而温升，输出的信号达到了热饱和。当激光停止辐照后，由于热传导的作用，光电探测器内部的温度没有马上下降，仍处于饱和状态，光电探测器仍不能进行探测。当温度进一步下降到工作温度后，光电探测器才恢复探测。

（c）光电探测器的热损伤和熔凝损伤。光电探测器遭受强度不十分高的激光辐照，温升很高但没达到光电探测器材料的熔点，其表面没发生熔化现象，但是在材料内部晶格某局部或整个晶体内缺陷增多，这种热扩散将使光电探测器的 PN 结退化，增加了光电探测器的暗电阻，光电探测器对信号光的响应率下降。重要的是，这种热扩散是不可逆的，而且可以积累，使光电探测器受到损伤。激光辐照使光电探测器表面层熔化，原子在熔体中重新分布，激光停照后，光电探测器表面冷却、固化，当激光重复率较高时，光电探测器表面出现周期熔凝，使其表面出现热应力、龟裂和层裂现象，光电探测器受到永久性损伤。

（d）光电探测器的局部损伤。在脉冲强激光辐照光电探测器表面时，半导体中的自由载流子强烈吸收激光能量来不及及时扩散而使光电探测器局部升温，由此产生的热应变可能会引起表面龟裂或击穿产生等离子体等。等离子体在激光束与光电探测器材料相互作用过程中不断将吸收的光能通过与晶格的相互作用转化为晶格的热能，增加了热激发，使自由载流子浓度进一步增加，从而引起电子崩的产生，造成光电探测器材料的局部损伤。

③ 激光辐照光电探测器的力学效应。激光辐照光电探测器产生力学效应的第一类机制是光学-热学-力学的非相干耦合。光电探测器内电子和晶格声子等吸收激光能量后首先达到热平衡，吸收的激光能量以热统计平均温度表现出来。由于温度分布不均匀和激光持续时间等因素，光电探测器内产生的热应变和热应力分布也不均匀，导致热应力波在其内传播。当某处热应力超过屈服极限后，脆性材料在解理面上将产生裂纹。如果热应力不是很强，随着激光能量增加温度升高，脆性材料将产生塑性变形，甚至熔化。激光停止辐照后，晶体再凝结时可能在解理面方向产生裂纹，也可能在表面出现波纹或褶皱、液滴凝固物等。这些表面形态的形式主要起源于表面受到光的受激散射和激光维持的爆轰波，以及液态表面张力的作用。

基于上述三种效应，可以将强激光对光电探测器的损伤机制概括为：热模型损伤机制、缺陷模型损伤机制、电子雪崩模型损伤机制、自聚焦模型损伤机制、多光子电离模型损伤机制和强光饱和模型失效机制等。

热模型损伤机制是指在激光加热下会使半导体材料膨胀或使晶格之间平均距离增大，从而导致电子能带结构以及能带宽带发生变化，半导体材料的带距随着温度的升高而减小，与带间跃迁相关的共振项中心波长将向长波方向漂移，也就是说发生红移现象。半导体光电器件的工作波长是在标准温度密度条件下确定的共振项中心波长，如果激光加热发生了红移，则该器件的原工作波长的光谱响应下降，从而影响甚至破坏了其工作性能，这种现象称为半导体器件的热逃逸效应。另外，材料加热使自由电子的热运动加剧、平均动能增加，引起材料的热激活和热激发效应，这也会引起材料的介电常数发生变化，从而改变半导体材料的光学特性。

缺陷模型损伤机制是指激光在加热半导体材料时，半导体材料急剧升温，当材料中的某个局部区域温度升高到熔化温度时，如果激光能继续以较高的速率沉淀能量，则该局部区域的材料将会熔化而造成局部缺陷损伤。当激光辐照半导体材料时将产生空间非均匀的温度场，固体材料各部分产生不同的热膨胀而引起热应力，激光辐照后材料迅速冷却和凝固，将使热应力集中的部位形成裂纹，甚至发生局部破裂而造成局部缺陷损伤。当激光辐照凝聚态材料时，将发生激光吸收和激光能量沉淀，如果不断地吸收激光能量可能导致半导体材料熔化并达到汽化温度，使半导体材料表面汽化而造成缺陷损伤。

电子雪崩模型损伤机制是指激光强度达到一定程度时，半导体材料导带中的自由电子通过吸收激光能量发生跃迁，而这种循环往复的倍增过程使导带中的自由电子按指数规律迅速增加，这个过程称为电子雪崩。电子雪崩的结果是使自由电子密度很快达到复介电常数实部等于零的临界密度，该激光透明电介质材料变成了不透明的导电材料。电子雪崩过程也称为雪崩击穿，一旦发生雪崩击穿现象，将会彻底破坏光学器件。

自聚焦模型损伤机制是指激光在光学材料传播时，有时光束自动变得越来越细，激光束的强度自动变得越来越强，就像通过一个聚焦透镜一样，这种"自聚焦现象"在光束强度达到足够高时，将产生光学器件的破坏效应。

多光子电离模型损伤机制是指激光辐照半导体材料时，由于激光电场的作用，处于价带上电子的轨道将要变形。当激光强度很高时，激光的电场也很强，使价带电子的轨道发生非线性变形，使之变成自由电子。这种由于激光电场作用把电子从价带剥离到导带的过程称为场致电离。因为该过程中价带电子同时吸收几个光子并从价带跃迁到导带，所以也称之为多光子电离，这种电离将使该材料的介电常数发生变化。

强光饱和模型失效机制是指当辐照激光超过器件的最大负载值时，将发生强光饱和现象。对于不同的光电传感器，强光饱和阈值也不同。相对其他几种损伤模型机制来说，强光饱和阈值很小。

（2）不同破坏程度的影响因素。

激光对 CCD 的损伤可以分为软损伤和硬损伤两种。软损伤是指组成 CCD 的半导体材料中杂质能带的电子吸收激光能量大量向导带跃迁，引起暗电流大量增加从而导致光电器件的功能退化或暂时失效；硬损伤是指对 CCD 的光电器件的永久性破坏，被破坏器件无信号输出或者出现结构的破坏，如器件中关键部分的热熔融、龟裂、断裂、击穿等。硬损伤的阈值较高，约为数千 J/cm^2 甚至 1 万 J/cm^2 以上，如对飞机蒙皮和导弹壳体等金属材料的破坏。软损伤所需的激光功率较低，如对光电传感器的破坏就属于软破坏，仅需数十 J/cm^2。

激光对光电探测器的损伤与下列因素有关：激光能量或功率密度、激光波长、重复频率、工作方式、辐照方式、辐照时间、光电探测器类型、辐照面直径、激光在大气中的传播距离等。

① 不同波长的激光对系统破坏部位是不一样的。例如，$10.6\mu m$ 激光辐照普通光学仪器、近红外光电仪器时，造成物镜的破坏，而 $1.06\mu m$ 激光则造成目镜系统和探测系统的破坏。

② 功率一定的激光武器对不同距离目标会产生不同的杀伤效果。距离远时可致眩人眼，距离近时可以致盲光电设备或烧伤皮肤。

③ 不同激光能量对光电探测器（如 CCD）的破坏效果是不一样的。国内外给出了一些关于激光辐照 CCD 的软、硬损伤阈值的定义。

（a）CCD 像元饱和阈值。当入射光的功率或能量足够高时，CCD 的输出信号达到最大值，再增加入射光的功率或能量，CCD 输出信号幅度基本上保持不变。此时对应的入射光功率或能量密度称为 CCD 像元饱和阈值。当 CCD 靶面上的激光功率或能量密度大于其像元饱和阈值时，CCD 探测器在该像元处所探测的目标信号将无法恢复和提取。

（b）局部受光辐照时的 CCD 饱和功率密度阈值。当强光照射 CCD 的光敏面的局部时，整个输出达到饱和所需的激光功率密度称为局部受光辐照时的 CCD 饱和功率密度阈值。

（c）局部热饱和功率密度阈值。当强光辐照 CCD 局部时，使整个 CCD 温度升高到不低于 $86℃$ 时所需的入射光功率密度。

（d）CCD 的局部损伤阈值。当入射的激光功率足够高时，CCD 被辐照区域像元发生不可逆转的损坏，不能再成像。此时的功率密度就是 CCD 的局部损伤阈值。从 CCD 饱和到出现损伤的激光能量范围相差很大，存在 5 个数量级的差别。

（e）直接破坏阈值。当入射的激光束使铝栅极膜产生影响铝导体的某些电学性能（如电导率或电阻值等）时，对应的最小功率密度。

（f）视见损伤阈值。激光与 CCD 相互作用后能使组成 CCD 的材料表面产生明显可见的被损伤区域的最小激光能量密度。

（g）热熔融阈值。激光致使 CCD 产生物质蒸汽或溶液喷溅的最小能量密度。

（h）光学击穿阈值。引起 CCD 物质中原子或分子的激发和离化，形成高温高密度的等离子体的最小功率密度。

2）对红外成像和电视制导导引头的干扰机理

（1）采用的激光器类型。

对于红外成像制导导引头，采用激光波长与其工作波段（$3\sim 5\mu m$ 或 $8\sim 12\mu m$）相近的 DF（$3.8\mu m$）激光器和 CO_2（$10.6\mu m$）激光器，对其实施干扰最为有效。激光束进入红外成像制导导引头，经过其光学系统聚焦在探测器的一个像元上，当能量足够强时，会引起该像元损坏。

电视制导导引头通常采用 CCD 为探测器，工作在可见光波段，采用 Nd:YAG 激光器（波长 $1.06\mu m$）或倍频 Nd:YAG 激光器（波长 $0.53\mu m$），对其实施干扰最为有效。

（2）干扰机理。

① 激光对 CCD 的软损伤效应。当激光对 CCD 进行软损伤时，主要表现在 CCD 的光学性能退化和电学性能退化，其中光学性能退化主要包括光饱和、光饱和串音、点扩散函数（PSF）的退化和调制传递函数（MTF）的退化等，电学性能退化主要包括伏安特性曲线变直、电阻率下降、漏电流和基底电流的增长及击穿电压降低等。

（a）光饱和是指当达到一定阈值强度的激光辐照 CCD 时，CCD 被光辐照的区域出现局部饱和，信号输出为最大值。而光饱和串音是指用激光辐照 CCD 的局部时，不仅辐照区达到饱和，非辐照区也有信号输出，而且当辐照的激光足够强时，最终整个 CCD 都将处于饱和状态的现象。在非辐照区开始只是在电荷传输方向出现亮线，当继续增加光强时，亮线将不断增大，最终达到整个 CCD 的光敏面。出现光饱和串音现象的原因是由于 CCD 的光敏像元是并行的，它的转移传输像元却是串行的，各像元之间用沟阻隔开，而基底是连在一起的。可以认为，CCD 的每个像元等效于一个电容，当其结构确定后，势阱中所能容纳和处理的最大电子电荷数就是一定的，当强激光辐照 CCD 的局部时，CCD 的光积分时间极短，约为几微秒到几百微秒，而光生载流子产生的时间却只需几皮秒，这就使得光生载流子有足够的时间向邻近势阱发生"溢流"现象。激光对 CCD 的软损伤另一个主要表现是发生点扩散函数（PSF）和调制传递函数（MTF）的退化。当用 Nd:YAG 脉冲激光辐照面阵 CCD 时，增大激光能量密度到一定程度时，在辐照区和非辐照区均出现了 PSF 和 MTF 从破坏中心向阵列边缘软化的现象。导致这种现象的原因是由于激光辐照造成沿多晶硅时钟线的势阱降低，当一个满的电荷包传输通过这些损坏了的时钟线时，被传输的电荷包被分成许多小电荷包，从而使得沿电荷运动方向的 PSF 扩大，而破坏区的 MTF 将明显降低。简单地说，光学性能退化主要是源于光电效应的作用机理，即强光辐照时，产生了过多的电荷，势阱放不下，多余的电荷向邻近势阱扩散，造成邻近像素被干扰。

（b）热作用。CCD 被激光在瞬间加热，获得的巨大能量在短时间内无法传递出去，导致 CCD 局部迅速升温，直至 CCD 失效。

② 激光对光学系统的损伤。激光除了可以损伤光电传感器，还可以损伤整个光学系统。目前，大多数的光学系统都有透镜聚集入射光线，投射到光电传感器上。这说明，传感器容易遭到激光损伤，这不是因为传感器材料本身的损伤阈值低，而是光学系统的高光学增益所致。在光学系统中，光电传感器可能并不是入射激光唯一汇聚的地方，在整个光路上其他位置还会有高光学增益。当强激光入射时，不仅可以造成光电传感器损伤，而且还可以使其他光学元件损伤。例如，在红外点源制导导引头的光学系统中，调制盘非常接近焦平面，而探测器并不处于焦平面上，这时调制盘处就具有最大的光学增益，也最容易受到激光的损伤破坏。光学玻璃是光学元件的基本材料，当强激光瞬间辐照到光学玻璃表面时，光学玻璃温度迅速升高，出现热损伤，在玻璃表面形成裂纹或者发生破裂现象。当温度达到其熔点时，光学玻璃开始熔化，这样，整个光学系统就会立即失效。

应该说，在实际强激光干扰中，并不需要把所有元件都破坏。例如，干扰红外点源制导导弹时，薄弱元件是调制盘、滤光片和探测器。温度升高，会导致滤光片透过率下降，探测器灵敏度下降。那么可能只需要较低的干扰能量就可以实现有效干扰。

③ 干扰自动增益控制。实际上，强激光对导弹的干扰对象有两个，一个是其信号处理器，另一个是目标的光学传感器。前面论述了如何用一定的激光功率直接使红外探测器饱和或致盲，现在将讨论如何通过破坏信号处理电路中的自动增益控制时间常数，使信号处理器无法正常工作。

由于导引头信号处理中 AGC 的作用是保持信号电平在某一常数值，接收到的信号的动态范围取决于目标的特征，其信号随方位角和作用距离而变化，当目标临近信号增强时进行增益调节，输出幅度近似恒定，以降低导引头对云雾、地物及太阳等干扰的噪声灵敏度。根据 AGC 响应时间，调节干扰激光的脉冲频率，在一个工作期内，尽可能地压制导引头正确的目标跟踪信号，然后突然撤去定向干扰激光，此时，AGC 将增加增益电平把目标信号增至其工作范围，当下一个脉冲激光辐射出现时，导引头信号就会出现饱和现象，如果激光脉冲辐射信号电平大于目标信号电平，则对 AGC 的干扰将会导致导引性能的下降甚至丢失。

　　自动增益控制回路有两个重要指标，时间常数和动态范围。时间常数的选取与红外辐射的调制方式有关，一般在点跟踪体制的红外制导弹中，对目标红外辐射的调制频率较低，AGC 时间常数较大；而对红外热成像装备或成像制导导弹来说，数据率较高，AGC 时间常数小。动态范围的选取与目标特性、信号随目标姿态角的变化和与目标间距有关。由于红外激光源的功率密度远大于红外目标的辐射功率密度，因此由激光辐照产生的信号幅度将大大超出 AGC 的动态范围。对自动增益控制的干扰方法是：按照与 AGC 的时间常数相对应的周期打开和关闭干扰激光源，在无激光信号时，导引头或成像设备的主放大器增益在 AGC 作用下将处于高增益状态，把目标信号提高到工作范围内，这时如果突然加入强功率干扰激光信号，AGC 时间常数则因来不及反应，使其输出信号被迫处于饱和状态，信号处理通道处于错误的工作状态，从而达到干扰的目的。

　　④ 对波门跟踪的干扰。波门跟踪在跟踪视场内都将设置一个波门，波门的尺寸稍大于目标图像，波门紧紧套住目标图像。波门的作用是只对在波门以内的信号当作感兴趣的信号予以检出，而摒除波门以外的其他信号，这样可减小计算量及排除干扰，波门实际上起到了空间滤波的作用。对波门跟踪而言，干扰光电成像制导武器的跟踪波门是一种相当有效的干扰方式。跟踪波门在工作时始终套住跟踪目标，此时，如果使激光干扰亮带掠过跟踪波门或直接打在跟踪波门里，当干扰激光的成像亮度大于目标成像亮度时，波门就会套住干扰激光的成像从而失去目标。对波门跟踪的干扰其实就是干扰信号处理器，使其得到错误的跟踪位置。

　　波门跟踪方法主要包括：质心跟踪和相关跟踪。当干扰质心跟踪时，激光干扰会破坏跟踪系统对质心的计算，从而破坏跟踪精度。对一个跟踪系统来说，每个跟踪系统都有一定的跟踪精度要求，如果跟踪精度达不到所要求的精度时，则干扰成功，跟踪失败。当激光辐照时，激光的成像将和波门内的目标像一起参与质心运算，从而使质心偏离原来的跟踪点。在末制导阶段，当偏离的距离超过允许的跟踪距离时，跟踪将无法进行，制导功能失效，则干扰成功。

　　当干扰相关跟踪时，激光的干扰使相关值的极值点偏离正确瞄准点。相关跟踪的匹配定位误差和匹配概率是两项比较重要的指标。由于各种因素的影响，图像被引入了噪声，同时由于两幅图像是不同时间的前后两帧图像，这都会使实时图与模板图之间存在差异，特别是有干扰存在时，这两幅图像差异相对就会更大，经过相关运算后，实际瞄准点与正确匹配点之间可能会产生偏差，这就是匹配误差。同时，对相关曲面值而言，由于存在噪声，极值点位置的确定是有一定的概率的，当确定一定的匹配精度时，匹配概率才能确定。匹配精度指的是相关值的极值以一定概率（匹配概率）发生在准确点附近的可能范围。相应地，匹配概率则为相关值的极值出现在定位精度范围内的概率。由此可知，匹配概率和定位精度有着非常密切的关系。激光干扰将影响跟踪系统的匹配定位误差和匹配概率。对定位误差的影响主要是激光干扰的存在将使相关值的极值点偏离正确瞄准点的程度增大；对匹配概率的影响主要是激光干扰的存在对相关曲面的影响，相关曲面的尖锐程度影响匹配概率的大小。实验显示，当干扰激光的成像位于跟踪器的波门内时，目标丢失，而当激光成像在波门外时，只要激光并未对 CCD 造成饱和，则跟踪系统能稳定跟踪目标；或者当增大激光能量，CCD 出现饱和甚至是饱和串音时，串音后的干扰图像进入跟踪系统的波门内，目标也会丢失。实验中也发现，如果脉冲激光持续时间过短，波门只是稍有晃动，但还能套住目标，这是由于跟踪系统具有记忆、预测跟踪能力，能够凭借记忆和预测跟踪能力重新捕获目标。这就要求脉冲激光的持续干扰时间一定要足够长，如保持干扰数十帧以上的时间，这样才能彻底使导引头失去跟踪制导能力。

概括地说，对波门跟踪干扰成功的条件如下。

（a）干扰脉冲进入跟踪波门，或者波门外，只要 CCD 未饱和，即可正常跟踪，但出现饱和串音时，串音后的干扰图像进入波门，目标丢失。

（b）亮度大于目标亮度。

（c）保持一段时间。

3）对激光导引头和测距机的干扰机理

导引头探测器件通常采用四象限 PIN 硅探测器，其工作波长是 1.06μm，对其实施强激光干扰，采用波长为 1.06μm 的 Nd:YAG 激光器最为有效。强激光束进入激光导引头光学系统，聚焦后照在该探测器上，当能量足够强时，引起探测器饱和或损坏。由于 PIN 硅探测器为半导体结型光电探测器，所以，当激光辐照光电探测器时，半导体材料由于吸热而损伤，同时也伴随着应力、熔化和汽化等现象，造成光电探测器光敏面有裂纹、熔化坑和汽化坑，飞溅物附着于坑周围表面，且有响亮的炸裂声。概括地说，光电探测器损坏或性能下降的原因有两个：（1）光敏面面积的减小，使响应度降低；（2）光敏面的损坏，造成光电探测器暗电流上升、反向电阻下降以及噪声增大等。

激光测距机通常采用 Nd:YAG 激光器（波长为 1.06μm），其探测器件为硅雪崩光电二极管，对其实施强激光干扰仍然可采用波长为 1.06μm 的 Nd:YAG 激光器。

4）对侦察卫星的干扰机理

由于在实际应用场合中，如侦察卫星的探测器系统通常处于很高的轨道，为保证远距离探测精度，一般要求探测系统具有较小的视场角。例如，美国的 MSTI-3 卫星的探测器视场角为 1.4°，俄罗斯的"阿尔康 1"卫星的探测器视场角更小，约为 0.5°。在如此小的视场角条件下，激光即使能始终对准远程目标（如卫星），也很难保证激光能进入到卫星探测器的视场角内。同时，远程激光必然会受到大气效应的作用，发生光束漂移等现象，这也导致激光难以正对 CCD 入射。当激光束从探测系统的视场外入射时，激光束的几何像点应落在 CCD 芯片之外，这种情况下的激光束能否顺利实现对探测器的干扰呢？

在视场外激光干扰效应的研究中，主要需考虑两种光学现象：一种为激光束通过光学系统时的衍射效应；另一种为激光的散斑干涉效应。当然光学镜头内壁会对入射激光具有漫反射作用。即使在视场外，由于衍射效应，也总会有一部分激光能量落在处于视场内的 CCD 芯片上，因此如果入射激光的能量或功率密度足够强的话，视场外辐照也会对 CCD 造成饱和。

在视场外激光干扰中还存在第二种光学效应：激光散斑干涉效应。许多光学元件都不可避免地存在许多杂质、缺陷或者微小气泡，光学元件表面相对激光波长而言是相当粗糙的，这些杂质或气泡即为散射中心。如图 3-4-8 所示，当激光束入射到这种光学元件如 CCD 照相机的内壁时，光束会发生散射现象，这种散射光并没有具体的方向。为简化起见，设有 A、B 两个散射点，由这两点散射的光束在空间传播会产生干涉现象。当 A、B 两点散射的光线在 CCD 的表面上相干叠加时，产生增亮的干涉或者变暗的干涉。由于镜头内散射中心分布不规则，且这种散射中心是大量存在的，它们的散射光在 CCD 表面形成非常不规则的亮暗相间的斑点，如图 3-4-9 所示。这种散斑其密度在空间分布上是随机的，当这些散斑成像在 CCD 光敏面时，CCD 输出的图像会有许多小的白斑，而且随着激光能量或功率的加大，光的散射也会加大，散射光斑干扰 CCD 也会更加厉害。当激光能量继续增大到一定量时，在有激光散斑的 CCD 光敏面上，CCD 光敏元将处于饱和状态，此时 CCD 将不能正常工作。

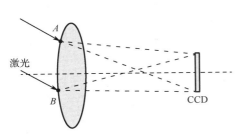

图 3-4-8　CCD 芯片上激光散斑干涉效应原理图

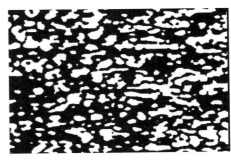

图 3-4-9　CCD 芯片上激光散斑图

对激光视场内辐照会出现"亮带"而言，由于大量的光斑漫射在 CCD 屏幕上，这种全屏饱和状态将会比"亮带"更容易出现。这是因为不足以导致出现"亮带"的激光能量可以使每个光斑点出现局部饱和，并由此导致 CCD 整个屏幕变得"漂白"。

5）对光电系统操作人员眼睛的干扰机理

（1）激光对人眼的损伤。

人眼中最易受到激光损伤的组织是视网膜和角膜，图 3-4-10 所示为人眼的基本结构简图。损伤部位和程度取决于激光器的各项参数。这些参数主要有激光波长、激光输出功率、激光入射角度、激光脉冲宽度和光斑直径等，当然损伤程度也与人眼的瞳孔大小、眼底颜色深浅等有关。

① 波长在 $0.4\sim1.4\mu m$ 范围的激光最容易导致视网膜损伤，其中以波长为 $0.53\mu m$ 的蓝绿激光对人眼的伤害程度最大。这主要有以下三个方面的原因。

（a）人眼是一个光学系统，它的透过率与波长的关系如图 3-4-11 所示。可以看出，人眼对该波长范围的激光有很好的透过率。例如，波长为 $0.53\mu m$ 的倍频掺钕激光的透过率约为 88%，而对 $10.6\mu m$（CO_2 激光）的透过率极低。

（b）视网膜对该波长范围内的激光有良好的吸收率。激光对视网膜的伤害与吸收率密切相关，吸收率越大，视网膜的损伤越严重。所以，视网膜受损程度是由人眼光学系统的透过率与视网膜吸收率乘积，即视网膜有效吸收率来决定的。例如，视网膜对波长为 $0.53\mu m$ 的倍频掺钕激光、波长为 $0.694\mu m$ 的红宝石激光和波长为 $0.488\mu m$ 的氩离子激光的有效吸收率分别为 65%、54%、56%。所以，这三种激光都会对人眼的视网膜造成严重损伤。由于血红蛋白吸收峰值的波长是 $0.54\sim0.57\mu m$，因此，波长为 $0.53\mu m$ 的激光对人眼视网膜的损伤最严重。

（c）人眼具有高光学增益，高达 10^5 倍左右，若在角膜入射处的光功率密度为 $0.05mW/mm^2$，则到达视网膜时剧增至 $25W/mm^2$。如果入射光先经过光学系统（望远镜、潜望镜等），再进入人眼，则光学系统的聚焦作用使人眼损伤更大。所以说，人眼能将入射的激光会聚到视网膜上，引起视网膜烧伤，是视网膜损伤的关键因素。

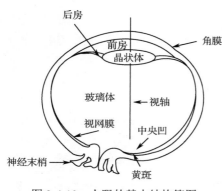

图 3-4-10　人眼的基本结构简图

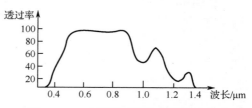

图 3-4-11　人眼的透过率与波长的关系

② 使角膜损伤的激光波长主要是 1.5μm 以上的红外激光，这是因为人眼对该波长范围内的激光透过率很低，但角膜组织内的水分会强烈地吸收入射激光，造成角膜的热损伤，而它对视网膜几乎不会造成损伤。

③ 视网膜上黄斑处最易遭到损伤，导致其损伤的激光能量密度阈值为 $0.5\sim5\mu J/cm^2$。因此，人眼的安全限值是很低的，即便是对功率并不太大的激光源，也必须重视对其的防护。

对于特定波长的激光，强度越高，对人眼的损伤就越厉害。不同强度的激光束对人眼损伤的几种不同等级的现象依次如下。

① 致眩，俗称眼花。很低的激光能量即可导致视觉对比度的敏感性下降，持续数秒至数十秒，称为致眩。致眩是视网膜受激光作用的热化学或光化学反应，使得视觉功能暂时失常，这时人眼没有受到永久性损伤。

② 闪光盲。人眼受到明亮的闪光时，会引起短时间的视觉功能障碍，即看不清或看不见东西，称之为闪光盲。视网膜组织有一种称为光色素的物质，它吸收可见光并转换为视觉信号。若入射可见光相当强，使光色素受到损害，则产生脱色效应，暂时丧失感受光线的能力，导致闪光盲。一般经过数分钟至数十分钟，光色素再生后视力即可恢复。人眼瞳孔在白天比较小，发生闪光盲时入射光强度较大，往往同时导致眼睛的损伤。激光辐照已停止，眼睛隐隐约约仍感到有光像活动，称之为"视觉后像"，它通常伴随很强的闪光盲一起发生。闪光盲所需的激光能量比致盲所需的还要小。

前面论述的光电传感器也有类似的闪光盲效应，当辐照激光强度超过某一阈值时，传感器会暂时失效，过一段时间又会恢复到辐照前的水平。对光电制导武器来说，当光电导引头的传感器遭到激光辐照而暂时失效几秒时，就已经使精确制导武器失去了制导能力。利用光电传感器的闪光盲效应，可以对光电跟踪、观瞄装备和光电制导武器进行激光"软"杀伤，达到破坏其功能的目的。

③ 致盲。聚焦激光束作用于视网膜，使之升温发生局部烧伤或光致凝结，即感光细胞发生凝固变性，被烧死而失去感光作用，使视觉受到不可恢复的永久性损伤，甚至不同程度的部分失明。黄斑区的视网膜很薄，最易受到损伤。

④ 破坏。更高强度的激光辐照可导致视网膜和玻璃体出血，若光斑落入黄斑部位使感光细胞烧伤或出血，可导致永久性失明。在很强激光作用下，视网膜迅速汽化，急剧膨胀，甚至引起眼球爆炸，使整个眼球受到破坏。

需要说明的是，在战场上，并不是所需激光的强度越高越好。激光强度太高会增加激光武器的功率要求；另外，没必要对人眼造成严重的损伤。激光致盲不仅可以造成眼组织损伤，使敌方作战人员视力变差，从而不能瞄准或读出仪表数据，失去分辨能力，同时也会给敌方作战人员造成强大的心理威慑作用，并因此降低或丧失战斗力。总的来说，伤害人眼所需的激光能量，和对光电传感器的损伤相比，要低一个到几个数量级。

（2）激光器的选择。

根据要作用的部位，选择不同的激光种类。

① 当以眼底为主要杀伤对象时，应选用可见的绿色激光，比如，波长为 $0.51\mu m$ 的氢激光、铜蒸气激光和波长为 $0.53\mu m$ 的倍频 YAG 激光。假如考虑可见光易暴露己方位置，则可以选用近红外激光（大部分可到达眼底被吸收），如波长为 $1.06\mu m$ 的钕激光等。由于 YAG 激光既能以 $1.06\mu m$ 的波长输出，倍频后又能输出 $0.53\mu m$ 的激光，因而成为较佳的选择对象。

② 当以角膜为主要杀伤对象时，应选用输出波长为 $0.337\mu m$ 的氮分子激光等紫外激光，或者波长为 $10.6\mu m$ 的 CO_2 激光等中、远红外激光。这类装备一般不易造成人眼永久性致盲，辐照时敌方人员对其反应较慢，不易马上被发觉。

③ 当以屈光介质晶状体等为主要杀伤对象时，应选用红外激光，敌方人员对其反应比绿色激光要慢，但比紫外激光快。

（3）确定激光辐射方式。

① 不可见光不易暴露，可以选用连续辐射，这是因为作用时间越长，杀伤越厉害，但连续辐射功率往往不高。

② 可见光若连续辐射易被敌方发觉，尤其是夜间，因此最好采用脉冲激光。脉冲激光虽然作用时间短，但脉冲功率很大，同样可以达到杀伤目的。

③ 脉宽越窄，脉冲峰值功率越高，瞬时破坏，尤其是"机械"破坏作用越强。

（四）强激光干扰的关键技术

强激光干扰以其优异的特性受到人们的关注，是当前军事技术发展的一个热点。其主要的关键技术有高能量、高光束质量激光器技术、精密跟踪瞄准技术，强激光发射天线设计技术，激光大气传输效应研究等。

（1）高能量、高光束质量激光器技术。这是强激光干扰系统的核心。因为强激光干扰系统就是通过激光器发射强激光来实现对目标的干扰和破坏的。而激光输出能量和束散角是激光器的两个重要指标，激光束远场处的光斑尺寸与激光束的传播距离和束散角成正比，而光斑面积则与距离和束散角乘积的平方成正比，因此，激光远场处的激光能量密度就与距离和束散角乘积的平方成反比，与激光器的初始输出能量成正比。在激光技术上，选用非稳定谐振腔设计技术，是提高光束质量的有效方法。采用板条 Nd:YAG 激光器、TEA 电激励 CO_2 激光器、气体 CO_2 激光器、DF 化学激光器等，是实现高能量激光输出的有效途径。在选择和研制激光武器时，还应考虑的因素包括激光波长应位于大气窗口、质量轻和体积小等。

传统的致盲激光器具有体积较大、转化效率低、稳定性差等缺点，高功率光纤激光器的发展弥补了上述不足，虽然传统的光纤激光器一直用在通信领域，但高功率光纤激光器的军事应用也不失为一种可能性。高功率光纤激光器是国际上新近发展的一种新型固体激光器件，具有散热面积大、光束质量好、体积小巧等优点，同常规的体积庞大的气体激光器和固体激光器相比有显著优势，可考虑将其用于机载，在受到敌方攻击时作为自卫性武器，对敌方飞行员实施激光眩目甚至损伤，取得战斗的主动权。它需要克服的技术难点如下。

① 光纤激光器的作用距离受到输出功率的限制，仅在百米左右，随着输出功率的提高，它逐渐达到千米量级。因此，如何得到较高的发射功率是问题的关键所在，这也使得多芯光

纤激光器以及光纤激光器相干组束技术的研究更加迫切。

② 对致盲距离的改善还可以通过光束发散角的减小来实现，这也是光纤激光器优于其他传统激光器的重要方面。光纤激光器出射光束的发散角约为毫弧度量级，可通过大口径的光束变换系统进一步减小输出光束的发散角，从而提高致盲距离。

（2）精密跟踪瞄准技术。对任何武器系统来说，目标探测、捕获和跟踪都是首要任务。强激光干扰系统对跟踪瞄准精度的要求则更高。由于激光武器是用激光束直接击中目标造成破坏的，所以激光束不仅应直接命中目标，而且还要在目标上停留一段时间，以便积累足够的能量，使目标破坏。对于空对地等运动较快的光电威胁目标，强激光干扰设备的跟踪瞄准系统还应具有较高的跟踪角速度和跟踪角加速度。通常，强激光干扰系统的跟踪瞄准精度高达微弧度量级，当前微波雷达是无法达到的。因此，需采用红外跟踪、电视跟踪、激光角跟踪等综合措施，来实现精密跟踪瞄准。目前，激光雷达是国外重点发展的跟踪系统。

（3）强激光发射天线设计技术。强激光发射天线是干扰设备中的关键部件，它起到将激光束聚焦到目标上的作用，发射天线通常采用折叠反射式（折反式）结构，反射镜的孔径越大，出射光束的发散角越小。但是，孔径越大，制造工艺越困难，也不容易控制。反射镜的制作还应考虑质量轻、耐强激光辐射等问题。

（4）激光大气传输效应研究。大气对激光会产生吸收、散射和湍流效应，湍流会使激光束发生扩展、漂移、抖动和闪烁，使激光束能量损耗，偏离目标。研究大气对强激光传输的影响，以便采取相应的技术措施进行补偿，使大气对激光传输的影响减少到最低限度。

四、激光欺骗干扰

（一）激光欺骗干扰的定义、特点和用途

激光欺骗干扰是通过发射、转发或反射激光辐射信号，形成具有欺骗功能的激光干扰信号，扰乱或欺骗敌方激光测距、观瞄、跟踪或制导系统，使其得出错误的方位或距离信息，从而降低光电武器系统的作战效能。

激光欺骗干扰的主要特点如下。

（1）激光干扰信号与被干扰对象的工作信号在特征上应基本一致，这是实现欺骗干扰的基本条件。也就是说，激光干扰信号要与激光制导信号的激光波长、重频、编码、脉宽基本保持一致。

（2）激光干扰信号与被干扰对象的工作信号在时间上相关。即二者在时间上同步或包含与其同步的成分，使激光干扰信号通过激光导引头的抗干扰波门，这是实现欺骗干扰的一个必要条件。

（3）激光干扰信号与被干扰对象的工作信号在空间上相关。干扰信号必须进入被干扰对象的信号接收视场，才能实现有效干扰，视场相关是实现欺骗干扰的另一个必要条件。

（4）对于激光干扰能量，只要其经过漫反射到达激光导引头的能量密度能激活导引头制导回路，就能达到有效干扰的目的。

（5）低消耗性。激光欺骗式干扰以激光信号为诱饵，除消耗少量电能外，几乎不消耗任何其他资源，干扰设备可长期重复使用。

激光欺骗干扰主要用于干扰敌方激光制导武器和激光测距系统等光电威胁目标。

（二）激光欺骗干扰的分类

从欺骗参数上分析，激光欺骗干扰可分为角度欺骗干扰和距离欺骗干扰，其中角度欺骗干扰应用较多，用于干扰激光制导武器；距离欺骗干扰用于干扰激光测距机。

从使用方式上分析，激光欺骗干扰可以分为应答式干扰和转发式干扰。应答式干扰是指采用激光告警器探测激光脉冲编码信号，检测出激光脉冲编码信号的波长、脉冲宽度信息，同时将激光告警器检测到的脉冲编码信号输入信息处理系统，经信息处理系统识别出编码信息，然后采用激光干扰机向激光导引头视场内的假目标发射同步的或略超前于同步的激光干扰脉冲信号，从而达到干扰的目的。转发式干扰是指利用激光目标指示器发射的激光脉冲信号来触发激光干扰机，受到触发后的激光干扰机经短暂的时间延迟后，向假目标发射激光干扰脉冲信号，以实现干扰的目的。

（三）激光欺骗干扰的系统组成和干扰原理

对于不同的干扰目标，其干扰系统组成和工作原理也各不相同，分别叙述如下。

1. 干扰激光测距机

激光测距机是当前装备最为广泛的一种军用激光装备。其测距原理是利用发射激光与回波激光的时间差值与光速的乘积来推算目标距离的。对激光测距机实施欺骗干扰，可采用两种方法。

一种方法是采用某种措施控制回波产生一定的时间延迟，从而产生大于实际距离的测距结果，这要求干扰设备具有激光接收和延迟转发的功能，可采取两种措施来实现：一是在被测距目标附近放置激光干扰机，同时将被测距目标隐身，使到达被测距目标的激光测距信号被全部吸收，而无返回的激光回波信号，同时，激光干扰机沿激光测距信号的辐射方向，发射延迟的激光干扰信号，让激光测距机接收此信号；二是将敌方的激光测距信号全部接收，延迟一段时间后，再沿原方向反射回去，如采用光纤延迟线等。

对激光测距机的另一种干扰方法是采用高频脉冲激光器作为欺骗干扰机，使高频激光干扰脉冲能够在激光测距的回波信号之前进入激光测距机的激光接收器，从而使其测距结果小于实际的目标距离。激光测距干扰系统的组成见图3-4-12。

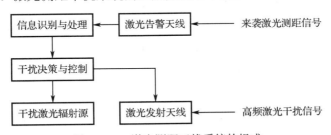

图 3-4-12 激光测距干扰系统的组成

2. 干扰激光制导武器

激光有源欺骗干扰的主要对象就是激光制导武器，包括激光制导炸弹、导弹和炮弹。制导方式依据激光目标指示器在弹上或不在弹上分为主动式或半主动式两种。导引体制也有追踪法和比例导引法两种。目前装备较多的是半主动式比例导引激光制导武器。

（1）干扰原理。

半主动式比例导引激光制导武器本身存在着易于受到激光欺骗干扰的可能性。首先，激光目标指示器向目标发射激光指示信号的同时，也暴露了威胁源自己，这为对威胁源进行告警和对威胁信息进行识别提供了可能；另外，导引头与指示器相分离，使得制导信号的发射与接收难于在时统上严格同步，从而使导引头容易受到欺骗干扰。通常对半主动式比例导引激光制导武器采用激光假目标有源欺骗干扰方式。具体地说，就是在被保卫目标附近放置激光漫反射假目标，用激光干扰机向假目标发射与制导信号相关的激光干扰信号，该信号经漫反射假目标反射后，形成漫反射干扰信号，进入激光导引头的接收视场，当导引头上的信息识别系统将干扰信号误认为制导信号时，导引头就受到欺骗，并控制弹体向假目标飞去。

激光欺骗干扰系统通常由激光告警器、信息识别与控制设备、激光干扰机和漫反射假目标等设备组成（见图3-4-13）。其工作原理为：激光告警器对来袭的激光威胁信号进行截获和处理，以电脉冲形式输出来袭激光威胁信号的原码脉冲信号，信息识别与控制设备对该信号进行识别处理，并形成与之相关的电脉冲干扰信号，该信号输出至激光干扰机，该干扰机发射受该信号调制的激光干扰信号，干扰信号辐照在漫反射假目标上，形成漫反射激光干扰信号。

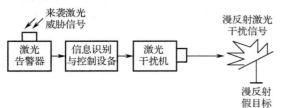

图 3-4-13　激光欺骗干扰系统的组成

为了成功实现激光角度欺骗干扰，必须满足以下四个条件。

① 必须保证激光干扰信号与激光指示信号频谱一致，信号形式相同或相关。对应答式干扰来说，激光干扰信号必须严格超前同步于敌方激光目标指示信号。这是因为激光目标指示编码脉冲的脉宽一般为几毫微秒到几十毫微秒，对于10ns的激光信号，激光欺骗干扰脉冲与敌方目标指示脉冲几乎不可能同时出现。所以，如果激光干扰信号不同步或滞后于敌方目标指示信号，则激光干扰信号或者一开始就被敌方激光导引头抗干扰波门滤除，或者激光欺骗干扰信号即使能通过抗干扰波门，但因其信号的滞后而不能被敌方激光导引头认同，敌方激光导引头提取的方位信息还是所保卫目标的方位。

② 假目标与真目标的距离大于杀伤半径，但不能太远，否则欺骗不成功。这里有两点含义：一是假目标必须处于敌方激光制导武器导引头的视场内，敌方激光制导武器导引头视场中心是对准攻击目标的，而要使假目标处于敌方导引头的视场内，就需要使假目标与敌方导引头的连线同敌方导引头与目标连线的夹角 $\alpha < \theta/2$，其中 θ 为敌方导引头自身的视场角；二是假目标距离所保护目标必须足够远，使得所保护目标处于敌方激光制导武器的杀伤半径之外。如果激光制导武器的杀伤半径为 r_1，则要使所保护目标与假目标的距离 $r_2 > r_1$。

③ 假目标反射能量要大于真目标反射能量。具有措施有两个：一是调整激光干扰机的输出功率和假目标的激光反射率，使到达敌方导引头的激光欺骗干扰信号高于导引头的阈值功率，这样敌方导引头会认同所接收到的激光干扰信号为激光制导信号，并据此设定波门选通时间和波门宽度，从而只对激光干扰信号进行处理，而不会理睬真实目标的反射信号，由此将激光制导武器引向假目标；二是对所保护的目标采用激光隐身技术等来降低目标表面的半球反射率 ρ，从而使到达敌方激光导引头的真实信号功率低于导引头的阈值功率。激光隐身技术能使敌方激光导引头所接收到的真实回波信号明显减弱，信噪比减少，从而在一定范围以外失去对隐身目标的探测发现能力。当然，也可采取烟幕遮蔽保护目标的方法来配合激光有源欺骗干扰。

④ 与导引头的信号处理方式密切相关。例如，如果导引头具有可变型实时波门，则干扰信号在激光解码的不同过程（即识别过程和锁定过程）中产生的干扰效果将会不同。在识

别过程中，干扰效果主要是干扰激光解码的识别功能，可能造成激光解码器无法解码或错误解码；在锁定过程中，干扰效果主要是干扰目标方位的检测功能或干扰激光解码的同步功能。对于采用了可变型实时波门的导引头，干扰效果只有前者。

（2）激光编码识别技术。

对应答式干扰，需要对激光脉冲编码信息进行识别。目前采用的激光编码识别技术主要包括三种：一是基于脉冲间隔差异识别计时时钟的最小周期；二是基于信号自相关的激光编码识别技术；三是基于差分自相关矩阵的编码识别技术。

① 第一种激光编码识别技术主要是针对有限位伪随机码的识别技术，其识别原理是：设激光告警装置接收到制导脉冲信号的时间为 t_i，则相邻脉冲之间的时间间隔 Δt_i 为

$$\Delta t_i = t_{i+1} - t_i \tag{3-4-34}$$

当接收到两个制导信号时，假设激光制导脉冲信号的最小周期 T 为 $\Delta t_i (i=1)$，当接收下一个脉冲时，则

$$\frac{\Delta t_i}{T} = \frac{A_i}{B_i} \tag{3-4-35}$$

式中，A_i 和 B_i 为正整数。当 A_i 和 B_i 两者之间不存在公约数时，认为制导脉冲信号的最小周期 T 为 $\Delta t_i / B_i$，令

$$C_j = \frac{\Delta t_i}{T} (j = 1, 2, \cdots, i+1) \tag{3-4-36}$$

当 C_j 中有一个大于或等于寄存器的位数 n 时，则认定激光制导脉冲信号的最小周期 T 为真。如果条件不符合，则继续接收下一个制导脉冲。通常，假设 $n \leqslant 16$。这种编码识别技术可识别出有限位伪随机码产生器的移位时钟周期。

② 第二种激光编码识别技术主要是针对短周期型激光编码的识别技术，其识别原理是：设 t_i 为计时器测量得到的脉冲到达时间，i 为到达脉冲的序号，则由脉冲到达时间测得的激光脉冲序列表达式为

$$p(n) = \sum_{t_n=0}^{N-1} \delta(n - t_n) \tag{3-4-37}$$

式中，$\delta(n - t_n) = \begin{cases} 1, & n = t_n \\ 0, & n \neq t_n \end{cases}$。

将激光制导脉冲信号离散化，设所有脉冲到达时间 t_i 都满足 $t_i \in [t_{min}, t_{max}]$，将此时域范围分割成 K 个时间间隔相等的小单元，则小单元的时间长度 b 为

$$b = (t_{max} - t_{min})/K \tag{3-4-38}$$

其中心 $t_k = t_{min} + (k - 1/2)b, k = 1, 2, \cdots, K$。

在进行时间分割时，保证每个小单元只包含一个激光脉冲，采用小单元中心代表该单元，并将第一个在时间轴上对应的小单元对应的时刻值取为 0，且当小单元包含激光脉冲时取值为 1，不包含激光脉冲时取值为 0。

将离散化的信号进行自相关处理，当相关值大于设定阈值时，认为解码成功，即认为相关值大于阈值时的序列为激光脉冲序列，然后根据这个序列特征，进行周期和序列编码识别。这种编码识别技术可有效识别短周期编码。

③ 第三种激光编码识别技术主要是针对有规律的激光编码的识别技术，其识别原理是：

首先根据激光制导脉冲到达时间，将脉冲到达时间进行离散化。假设接收到的脉冲序列长度为1，则可得到离散化后的脉冲到达时间序列 $T_1, T_2, \cdots, T_l$，令

$$X_{ij} = T_{ij} - T_i \tag{3-4-39}$$

可得到一阶差分矩阵

$$X = \begin{bmatrix} X_{11} & X_{21} & X_{31} & \cdots & X_{(l-1)1} \\ 0 & X_{22} & X_{32} & \cdots & X_{(l-1)2} \\ 0 & 0 & X_{33} & \cdots & X_{(l-1)3} \\ \vdots & \vdots & \vdots & & \vdots \\ 0 & 0 & 0 & \cdots & X_{(l-1)(l-1)} \end{bmatrix} \tag{3-4-40}$$

再令 $Z_{ij} = X_{(i+1)(j+1)} - X_{ij}$，可得到二阶差分矩阵

$$Z = \begin{bmatrix} Z_{11} & Z_{21} & Z_{31} & \cdots & Z_{(l-2)1} \\ 0 & Z_{22} & Z_{32} & \cdots & Z_{(l-2)2} \\ 0 & 0 & Z_{33} & \cdots & Z_{(l-2)3} \\ \vdots & \vdots & \vdots & & \vdots \\ 0 & 0 & 0 & \cdots & X_{(l-2)(l-2)} \end{bmatrix} \tag{3-4-41}$$

分别对一阶差分矩阵和二阶差分矩阵进行直方图统计，根据不同类型编码的统计特征，可实现不同编码方式的分类。然后根据不同的编码类型，再对离散化脉冲序列进行分析，可得到各种参数。这种编码识别技术可有效识别短周期型编码、等差型编码和有限位伪随机周期码，对于有限位伪随机码的识别同样可识别出最小编码时钟周期。

综合以上分析可知，这三种激光编码识别技术都基于识别激光脉冲编码，第一种只能识别脉冲间隔定时器的定时时钟周期，即最小计时单位；第二种只适合识别短周期激光脉冲间隔编码，即激光编码的周期数 $M_{CN} \geq 3$；第三种基于不同类型编码的统计特性，可识别激光编码的类型，然后只能识别短周期激光脉冲间隔编码。

（四）激光欺骗干扰的关键技术

激光欺骗干扰是对抗半主动激光制导武器的一种有效措施，但技术难度很大，主要关键技术有激光威胁光谱识别技术、激光威胁信息处理技术、激光欺骗干扰信号模式技术和激光漫反射假目标技术等。

（1）激光威胁光谱识别技术。随着激光制导技术的发展，激光指示信号的频谱将不断拓宽，只具有单一激光波长对抗能力的激光干扰系统，将难以适应现代战争的发展。激光威胁光谱识别技术是实现多频谱对抗的先决条件。采用多传感器综合告警技术，可实现对激光威胁进行光谱识别。

（2）激光威胁信息处理技术。为实现有效的激光欺骗干扰，需对来袭激光威胁信号的形式进行识别和处理。激光制导信号频率较低，每秒不足 20 个，通常还采用编码形式，因此，可用来进行信息识别和处理的信息量十分有限。为实现实时性干扰，要求干扰系统在很短的时间内完成信息的识别和处理，采用激光威胁信息时空相关综合处理技术，可有效解决这一问题。

（3）激光欺骗干扰信号模式技术。为实现有效的欺骗干扰，干扰信号的模式是极为关键的，通常，要求干扰信号与指示信号相同或相关。相同，是指干扰信号与指示信号波长相同、脉冲宽度相同、能量等级相同，而且在时间上同步；相关，是指干扰信号与指示信号虽然不

能在时间上完全同步，但是包含与指示信号在时间上同步的成分。

（4）激光漫反射假目标技术。激光漫反射假目标是形成有效干扰信号的关键设备，应具有标准的朗伯漫反射特性，同时，还应当耐风吹、耐雨淋、耐日晒、耐寒冷等，具有全天候工作能力。

（5）多功能综合一体化技术。随着双色制导、复合制导等光电制导武器的出现和激光指示信号的频谱拓宽，只具有单一激光波长对抗能力的激光欺骗干扰系统将难以适应战场的需要，多光谱综合干扰技术、探测告警干扰多功能综合一体化将是激光欺骗干扰技术的发展趋势。依靠光学技术、高性能探测器件、数据融合技术等的发展，将来袭激光信息识别处理、激光欺骗干扰光发射、漫反射假目标设置构成有机整体，从设备级对抗发展为系统和体系的对抗，以提高综合干扰效果。

第五节　光电无源干扰

光电无源干扰是指通过采用无源干扰材料或器材，改变目标的电磁波反射、辐射特性，降低保护目标和背景的电磁波反射或辐射差异，破坏和削弱敌方对光电侦测和光电制导系统正常工作的一种手段。光电无源干扰技术以遮蔽技术、融合技术和示假技术为核心，以"隐真""示假"为目的。"隐真"即为隐蔽目标或降低目标的显著特征，以减少探测、识别和跟踪系统接收的目标信息；"示假"即为显示假目标，迷惑、欺骗侦察和识别系统，降低其对真目标的探测识别概率，进而攻击假目标。光电无源干扰主要包括烟幕干扰、光电隐身和光电假目标等。

除了这些常规的无源干扰技术，气球干扰、气溶胶干扰等也受到各国的重视。气球干扰是利用释放气球形成隔离层来阻断敌方激光的干扰方式。在气球表面涂有激光强反射率的材料，通过控制气球内氢气和烟幕的混合气体的比例，掌握气球上升的时间和高度，气球爆炸后，还可以利用气球内的烟幕形成二次干扰。而气溶胶是一种新型的干扰材料，由悬浮在气体中的小颗粒构成，典型的材料有水雾、尘壤、滑石粉等绝缘材料，或者石墨堆积样品等导电材料，它们对激光有明显的衰减作用。

本节主要介绍常规的光电无源干扰技术，即烟幕干扰、光电隐身和光电假目标的干扰原理及其发展趋势。

一、烟幕干扰

（一）烟幕干扰的定义、特点和用途

烟幕是由在空气中悬浮的大量细小物质微粒组成的，也即通常说的由烟（固体微粒）和雾（液体微粒）组成，属于气溶胶体系，是光学不均匀介质，其分散介质是空气。而分散相是具有高分散度的固体和液体微粒，如果分散相是液体，则这种气溶胶就叫作雾；如果分散相是固体，则这种气溶胶就叫作烟。有时，气溶胶可同时由烟和雾组成。所以，气溶胶微粒有固体、液体和混合体之分。

烟幕干扰技术就是通过在空中施放大量气溶胶微粒，来改变电磁波的介质传输特性，以实施对光电探测、观瞄、制导武器系统干扰的一种技术手段，具有"隐真"和"示假"双重功能。

烟幕是人工产生的气溶胶，作为一种激光干扰手段，具有许多突出的优点：（1）对激光束的衰减能力强，覆盖的波段宽；（2）既可以对付激光侦测和激光半主动制导，也可以对付激光驾束制导和激光武器；（3）对其他光电侦察装备也有很好的干扰效果。

（二）烟幕干扰的分类

烟幕从发烟剂的形态上分为固态和液态两种。常见的固态发烟剂主要有六氯乙烷-氧化锌混合物、粗蒽-氯化铵混合物、赤磷及高岭土、滑石粉、碳酸铵等无机盐微粒。液态发烟剂主要有高沸点石油、煤焦油、含金属的高分子聚合物、含金属粉的挥发性雾油以及三氧化硫-氯磺酸混合物等。

烟幕从施放形成方式上分为升华型、蒸发型、爆炸型、喷洒型四种。升华型发烟过程是利用发烟剂中可燃物质的燃烧反应，放出大量的热能，将发烟剂中的成烟物质升华，在大气中冷凝成烟。蒸发型发烟过程是将发烟剂经喷嘴雾化，再送至加热器使其受热、蒸发，形成过饱和蒸气，排至大气冷凝成雾。爆炸型发烟过程是利用炸药爆炸产生的高温高压气源，将发烟剂分散到大气中，进而燃烧反应成烟或直接形成气溶胶。喷洒型发烟过程是直接加压于发烟剂，使其通过喷嘴雾化，吸收大气中水蒸气成雾或直接形成气溶胶。

烟幕从战术使用上分为遮蔽烟幕、迷盲烟幕、欺骗烟幕和识别烟幕四种。遮蔽烟幕主要施放于我军阵地或我军阵地和敌军阵地之间，降低敌军观察哨所和目标识别系统的作用，便于我军安全地集结、机动和展开，或者为支援部队的救助及后勤供给、设施维修等提供掩护。迷盲烟幕直接用于敌军前沿，防止敌军对我军机动的观察，降低敌军武器系统的作战效能，或者通过引起混乱和迫使敌军改变原作战计划，干扰敌前进部队的运动。欺骗烟幕用于欺骗和迷惑敌军，常与前两种烟幕综合使用，在一处或多处施放，干扰敌军对我军行动意图的判断。识别烟幕主要用于标识特殊战场位置和支援地域，或者用作预定的战场通信联络信号。

烟幕从干扰波段上分为防可见光、近红外常规烟幕、防热红外烟幕、防毫米波和微波烟幕及多频谱、宽频谱和全频谱烟幕。

（三）烟幕干扰的系统组成和干扰原理

1. 烟幕干扰的系统组成

烟幕干扰系统主要包括发烟弹药和发烟器。

（1）发烟弹药。它包括武装直升机自卫用的抗光电制导榴弹、海上舰艇自卫用的发烟弹和发烟罐、陆地上坦克装甲车辆自卫式发烟弹以及各类射程各异的发烟炮弹。

（2）发烟器。它可以用压力或气流施放，如利用喷雾器或低空慢飞的飞机像喷洒农药那样在威胁源与被保护目标之间形成烟幕，也可以通过加热汽化再冷凝的办法使液体干扰剂形成烟幕雾滴。

俄罗斯的"窗帘"干扰系统是烟幕干扰装备的典型代表。该系统由先进的激光告警器、红外干扰设备、烟幕弹发射器、微处理机和控制面板组成，具有激光来袭告警功能，能自动发射烟幕弹，并开启红外干扰设备干扰来袭的反坦克导弹。具体地说，"窗帘"干扰系统主要包括四部激光告警接收机，一部以微处理机为基础的控制设备，两台红外干扰发射机和若干烟幕弹发射器。其中，四部激光告警接收机分别安装在炮塔顶部和前部。它所形成的有效探测区域方位 360°、高低 −5°～25°。在主炮两侧各 5°范围内，探测入射激光的方位精度达 1.7°～1.9°。该系统共配置 12 具烟幕发射器。在车辆正面 90°范围内每隔 7.5°配置一具，其仰角均为 12°，可在探测到激光辐照后 3s 内，在距离坦克 50～80m 处形成持续 20s 的烟幕，烟幕屏障能有效覆盖 0.4～14μm 波段。该系统的两台红外干扰发射机形成的有效干扰区域为主炮两侧各 90°、高低 4°。在探测到目标 2s 内，发射波长为 0.7～2.5μm 的干扰脉冲。"窗帘"干扰系统可干扰敌方半自动瞄准线指令反坦克导弹、激光测距机和目标指示器的光电干扰系统。目前该系统已装备在俄罗斯 T-80、T-90 坦克和乌克兰 T-84 坦克中。该系统在探测入射激光的同时，向激光入射方向发射红外干扰烟幕弹，在 3～5s 内可形成一道烟幕墙，使"陶"式、"龙"式、"小牛"和"霍特"导弹及"铜斑蛇"制导导弹的命中率降低 75%～80%，使采用激光测距机的火炮命中率降低 66%。

2. 烟幕干扰的原理

烟幕干扰主要是通过改变电磁波传输介质特性，来干扰光电侦测和光电制导武器。

1）烟幕对激光的干扰原理

烟幕通过两个方面实现激光干扰：一方面，通过构成烟幕的气溶胶微粒对激光的吸收和散射作用，使得穿过烟幕后激光束的功率（能量）大大衰减，在减小了激光侦测和制导的作用距离的同时，也降低了激光对目标的危害；另一方面，气溶胶微粒的后向散射作用，使得烟幕对于激光侦测装备和激光制导武器成为一个亮背景，从而降低了目标的信噪比，使其作用距离进一步减小。另外，它还可以作为对敌方实施欺骗干扰时使用的激光假目标。

烟幕对激光的吸收和散射统称为烟幕的消光作用。消光原理解释如下。

激光在均匀分布的烟幕中传播，经过距离 L 后，其光强变为

$$I(L) = I_0 \exp[-\mu(\lambda)L] \tag{3-5-1}$$

这就是布格尔-朗伯特（Bouguer-Lambert）定律。消光系数 $\mu(\lambda)$ 包含气溶胶微粒的吸收和散射贡献，即

$$\mu(\lambda) = \alpha(\lambda) + \beta(\lambda) \tag{3-5-2}$$

式中，α 为吸收系数；β 为散射衰减系数。对工作于红外大气窗口的激光而言，大气分子衰减作用与烟幕相比很小，可不考虑大气分子的作用。倘若气溶胶微粒之间的距离足够大，使每个微粒对入射光的衰减作用不受其他微粒的影响，则可以认为上述各个系数与气溶胶微粒的粒子数密度 N 成正比，即

$$\begin{aligned} \mu(\lambda) &= N\overline{\sigma_E(\lambda)} \\ \alpha(\lambda) &= N\overline{\sigma_A(\lambda)} \\ \beta(\lambda) &= N\overline{\sigma_S(\lambda)} \end{aligned} \tag{3-5-3}$$

式中，$\overline{\sigma_A(\lambda)}$、$\overline{\sigma_A(\lambda)}$、$\overline{\sigma_S(\lambda)}$ 为气溶胶体系平均每个微粒的消光截面、吸收截面、散射截面。将式（3-5-3）代入式（3-5-1），则称式（3-5-1）为比尔（Beer）定律。

（1）单一粒径微粒的消光。

对于每个微粒，定义其吸收截面、散射截面和消光截面为

$$\begin{aligned} \text{吸收截面} \quad &\sigma_A = F_A/I_0 \\ \text{散射截面} \quad &\sigma_S = F_S/I_0 \\ \text{消光截面} \quad &\sigma_E = F_E/I_0 \end{aligned} \tag{3-5-4}$$

式中，F_A、F_S、I_0 分别是总吸收光功率、总散射光功率和入射光强，$F_E = F_A + F_S$ 是总消光功率。显然，$\sigma_E = \sigma_A + \sigma_S$。散射截面 σ_S 与微粒的几何截面 G 之比称为散射效率因子 Q_S，即 $Q_S = \sigma_S/G$。与此类似，还可定义相应的吸收效率因子 Q_A 和消光效率因子 Q_E。

气溶胶微粒的吸收截面、散射截面和消光截面（效率因子），不仅与构成微粒的物质的性能（如介电常数、电导率）有关，还与微粒的形状、取向有关，其求解在理论上是极为复

杂的。然而，实践表明：对于相同物质构成的形状不同而大小相近的微粒，其吸收截面、散射截面和消光截面（效率因子）是比较接近的。因此，可以通过对其中一种形状微粒的研究，来了解气溶胶微粒的吸收截面、散射截面和消光截面（效率因子）随各种因素的变化关系，从而为烟幕剂的研制提供指导。由于气溶胶微粒的粒径可以与激光波长相比，对于同样粒径的微粒，球形具有最简单的形状，而均匀介质构成的单个球形粒子的吸收截面、散射截面和消光截面（效率因子），可以用米（Mie）散射理论进行分析。

对于半径为 r 的球形微粒

$$\sigma_S(r,\lambda,n') = \pi r^2 Q_S(r,\lambda,n')$$
$$\sigma_E(r,\lambda,n') = \pi r^2 Q_E(r,\lambda,n') \tag{3-5-5}$$

式中，n' 为微粒物质的复折射率。为了求出 $Q_S(r,\lambda,n')$、$Q_E(r,\lambda,n')$，需要引入归一化粒径参量 $x = 2\pi r/\lambda$，按照米散射理论有

$$Q_S(r,\lambda,n') = \frac{2}{x^2}\sum_{i=1}^{\infty}(2i+1)\left(\left|a_i^2\right| + \left|b_i^2\right|\right)$$
$$Q_E(r,\lambda,n') = \frac{2}{x^2}\sum_{i=1}^{\infty}(2i+1)\,\mathrm{Re}\left(a_i + b_i\right) \tag{3-5-6}$$

式中，$a_i = \dfrac{n'\psi_i(n'x)\psi_i'(x) - \psi_i'(n'x)\psi_i(x)}{n'\psi_i(n'x)\xi_i'(x) - \psi_i'(n'x)\xi_i(x)}$，$b_i = \dfrac{n'\psi_i'(n'x)\psi_i(x) - \psi_i(n'x)\psi_i'(x)}{n'\psi_i'(n'x)\xi_i(x) - \psi_i(n'x)\xi_i'(x)}$，$\psi_i'(n'x)$ 和 $\xi_i'(x)$ 分别是 $\psi_i(n'x)$ 和 $\xi_i(x)$ 关于 $n'x$、x 的导数，即 $\psi_i(x) = xj_i(x)$，$\xi_i(x) = xh_i^{(1)}(x)$，这里 $j_i(x)$、$h_i^{(1)}(x)$ 分别为第一类球贝塞尔函数和第一类球汉克尔函数。据此，可以求得吸收效率因子 $Q_A = Q_E - Q_S$。

图 3-5-1 给出了不同折射率取值时，消光（散射）效率因子随粒径参数 x 的变化。当折射率为实数时，微粒的散射效率因子等于消光效率因子，吸收效率因子为零。当微粒物质的折射率为复数时，微粒的吸收效率因子就不可以忽略。实际上对于图 3-5-1 中的参数取值，微粒的吸收作用与散射作用是相当的。从图 3-5-1 中可见，对于介电物质构成的微粒，折射率越大，其消光效率因子出现最大值的粒径参数 $x_{\max}$ 越小［实际上 $x_{\max} \approx 2/(n-1)$］，这时对应的最大消光效率因子也越大，且效率因子随粒径参数的变化越剧烈。

为了考察烟幕微粒半径对其消光截面的影响，根据式（3-5-5），按照参数 $n' = 1.1805$ 计算了不同粒径下，消光截面随激光波长的变化，如图 3-5-2 所示。图中的数据表明，随着烟幕微粒粒径的增大，消光截面达到最大值 $\sigma_{E\max}$ 的波长 $\lambda_{\max}$ 也随之变长，同时，消光截面的大小也在增加。

（2）质量消光截面。

那么，是不是增大烟幕微粒的粒径，对烟幕消光性能的提高就有利呢？显然不是的。因为随着粒径的增大，单位空间体积所含的烟幕的质量也迅速增大，为了达到同样消光指标所需的烟幕材料量就越多。为了说明这一点，我们引入质量消光截面 σ_M 的概念，定义为：烟幕微粒消光截面与烟幕微粒质量的比值，即

$$\sigma_M = \frac{\pi r^2 Q_E}{\dfrac{4}{3}\pi r^3 \rho} \tag{3-5-7}$$

式中，ρ 为烟幕微粒质量密度，单位为 kg/m^3。

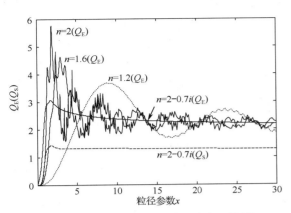

图 3-5-1　不同折射率取值时，消光（散射）
效率因子随粒径参数 x 的变化

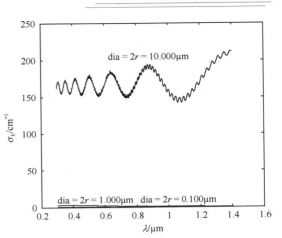

图 3-5-2　不同粒径参数下，
消光截面随激光波长的变化

为了对比消光截面和质量消光截面的不同，和图 3-5-2 类似，按照参数 $n' = 1.1805$ 计算了不同粒径参数下，质量消光截面随激光波长的变化，如图 3-5-3 所示。可见，并不是烟幕微粒粒径越大，消光截面就越大，它还与烟幕微粒的质量有关。

（3）烟幕的消光。

假设烟幕为单一均匀分散系，则烟幕微粒数密度 N 可表示为

$$N = \frac{c}{\frac{4}{3}\pi r^3 \rho} \qquad (3\text{-}5\text{-}8)$$

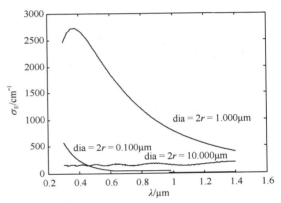

图 3-5-3　不同粒径参数下，质量消光截面
随激光波长的变化

式中，c 为烟幕浓度，单位为 kg/m^3。

结合式（3-5-3）、式（3-5-5）和式（3-5-8），消光系数 $\mu(\lambda)$ 可表示为

$$\mu(\lambda) = \frac{c}{\frac{4}{3}\pi r^3 \rho}\pi r^2 Q_E = \frac{3cQ_E}{4\rho r} \qquad (3\text{-}5\text{-}9)$$

2）烟幕对可见光的干扰原理

烟幕对可见光产生的遮蔽效应，其根本原因是烟幕对光产生散射和吸收，造成目标射来的光线衰减而使观察者看不清目标，另外，由于烟幕反射太阳及周围物体辐射、反射的可见光，增加了自身的亮度，从而降低了烟幕后面目标与背景的视觉对比度。

烟幕对可见光散射和吸收的主要原因如下。

烟幕对光的散射作用是由光在烟幕微粒内部的折射、烟幕微粒表面的反射、衍射和其他原因造成的。烟幕微粒对入射光的散射使光衰减，但同时使烟幕微粒本身亮度增加。照射在烟幕任何微粒上最初光线被其向各个方向散射，该散射光照射到邻近的微粒上，又被第二次散射，以至第三次到多次散射。综合结果使烟幕的每个微粒不仅被最初射来的光线照亮，又被其周围各微粒多次散射的光照亮。

烟幕不仅能散射光，而且能吸收光。当光通过一个物体时，辐射能转化为其他形式的能，如电、热、化学能等，从而使光的强度减弱。烟幕对光的吸收由两部分作用组成，一部分是分散介质（空气）的吸收作用；另一部分是分散相（微粒）的吸收作用。空气对光的吸收作用比分散相对光的吸收作用小得多，对烟幕来说主要是其微粒对光的吸收。

总之，烟幕对光的衰减，同样遵从朗伯-比耳定律，其透过率 τ_s 为

$$\tau_s = e^{-a_s R_s} \tag{3-5-10}$$

式中，a_s 是烟幕的消光指数，与烟幕浓度材料的消光性质有关；R_s 是烟幕厚度。式（3-5-10）说明，烟的浓度越大或厚度越厚，烟幕材料对光的消光作用越强，则散射的光越厉害，吸收也越多，光的衰减越厉害。由于光通过烟幕层时的衰减，使定向透射系数变小，透明度降低，从而有效地遮蔽了目标。

3）烟幕对红外光的干扰原理

烟幕对红外光的遮蔽主要体现在两个方面：辐射遮蔽和衰减遮蔽。辐射遮蔽是指烟幕利用燃烧反应生成的大量高温气溶胶微粒所产生的较强红外辐射来遮蔽目标、背景的红外辐射，从而完全改变所观察目标和背景固有的红外辐射特性、降低目标与周围背景之间的对比度，使目标图像难以辨识，甚至根本看不到。以辐射遮蔽效能为主的烟幕主要用于干扰敌方的热成像探测系统，使热像仪上显示的只是一大片烟幕的热像，而看不清烟幕后面目标的热像。衰减遮蔽主要靠散射、反射和吸收作用来衰减电磁波辐射。我们知道，构成烟幕微粒的原子、分子总是处于不断运动的状态，其微粒所带的正负电荷的"重心"有不重合的特征即产生偶极矩，故微粒本身可视为电偶极子，在电磁辐射场中与周围电磁场发生相互作用，从而改变原电磁场辐射传输特性，使电磁辐射能量在原传输方向上形成衰减，衰减程度取决于气溶胶微粒性质、形状、尺寸、浓度和电磁波的波长。另外，从量子力学的观点来看，烟幕微粒的内部原子中的电子相对原子核的运动以及原子核的振动和原子核的转动能量都是量子化的，即每个原子和分子都存在一定数目的电子能级、振动能级和转动能级，同时每种原子、分子都有各自的振动频率和转动频率，一些极性分子和易极化的分子都具有几种本征振动频率，当这些分子与其谐振频率相同的电磁辐射作用时，产生共振，从而吸收能量，使分子从较低的能级跃迁到较高的能级，即发生了选择性吸收。此外对于表层含自由电子的良导体材料，由于电磁辐射的激发引起自由电子运动的变化，也表现出对电磁辐射的连续吸收和较强的反射特性，从而在原传输方向上形成衰减。研究表明，通过提高材料导电能力可增强材料的红外消光特性。

普通烟幕对 $2\sim2.6\mu m$ 红外干扰效果较好，对 $3\sim5\mu m$ 红外有干扰作用，而对 $8\sim14\mu m$ 红外则不起作用。在烟幕中加入特殊物质，其微粒的直径与入射波长相当，因此对所有波段的红外都有良好的干扰作用，如在普通的六氯烷烟火剂中加入 $10\%\sim25\%$ 聚氯乙烯、煤焦油等化合物，可使发烟剂燃烧后生成大量 $1\sim10\mu m$ 炭粒，从而提高了烟幕对 $3.2\mu m$ 以上红外辐射的吸收能力。

（四）烟幕干扰的设计和使用考虑

1. 主要性能参数

（1）透过率 τ：沿观察方向测量，$\tau = E'/E$，E 是进入烟幕前的光能量，E' 是从烟幕射出的光能量。E、E' 均对指定的波长来度量。

（2）烟幕面积：在与观察方向正交的截面内，起有效干扰作用的烟雾分布范围的最大值。

（3）干扰（持续）时间：以 1s 为计时单位，所有构成大于或等于 1s 有效干扰时段的总和。

（4）形成时间：从发烟剂起作用的时刻至形成规定面积的烟幕所经历的时间。

（5）后向散射率 S：$S = E''/E$，E 的概念同上，而 E'' 是沿观察方的逆向度量。

（6）风移速率：烟幕形心沿顺风向移动的速率。

（7）沉降速率：烟幕形心沿铅垂方向移动的速率。

2．烟幕材料的选择

按照重要程度，烟幕材料的选择原则依次如下。

（1）对于特定的材料，是否有廉价、简易的方法能产生具有合适粒径参数的气溶胶微粒。对于不同的材料，其生成烟幕的方法不同，气溶胶微粒的粒径参数不同，消光的效果就会有很大的差别。

（2）材料成烟后微粒的比重是否较小。低比重材料所构成的烟幕，具有的质量消光截面较大。因此，与比重较大的材料相比，用同样质量的低比重烟幕材料可以有更好的消光性能。同时，其达到同样干扰时间所需要消耗的烟幕材料也较少，因为低比重材料构成的气溶胶微粒在空气中的悬停时间较长。根据斯托克斯公式，微粒在空气中运动会受到黏滞阻力 F 的作用，对于半径为 r 的球形微粒有

$$F = 6\pi\eta rv \qquad (3\text{-}5\text{-}11)$$

式中，η 是空气的黏滞系数。于是，微粒在空气中的运动速度 v 为

$$v = \frac{4r^2(\rho - \rho_0)g}{18\eta} \qquad (3\text{-}5\text{-}12)$$

式中，ρ 和 ρ_0 分别是微粒材料和空气的比重；g 是重力加速度常数。式（3-5-12）表明，ρ 小则 v 小，微粒的沉降速度慢。

（3）该材料是否有快速形成大面积烟幕的办法。

（4）该材料的物理和化学性能是否稳定、安全、可靠，对人员是否无害。如果某种材料对于以上四条都能够给予肯定的回答，那么该材料就是合格的烟幕候选材料。在确定烟幕材料的具体配方之前，按照所干扰对象的波段，通过针对各种具体材料的参数进行数值模拟，以寻找合适的材料配比和粒径参数是非常必要的。

3．使用时机

烟幕是一种辅助的对抗措施，它的使用在干扰敌方光电装备的同时，也会影响己方光电装备的工作。它需要大量的后勤保障工作，例如，宽广地域实施持续的烟幕干扰，烟剂量和装备数量难以保障。它受气候条件的影响也较大，同时对作战人员的心理和生理影响较大。因此，烟幕在作战中的运用，应把握好环境和时机。

（五）烟幕干扰的关键技术

现代烟幕技术的发展以成功研制出了红外遮蔽烟幕剂为标志，未来的研究重点是：一方面提高烟幕的遮蔽能力，扩大有效遮蔽范围（可见光、红外、毫米波及微波），加快有效烟幕的形成速度，延长烟幕持续时间；另一方面加强烟幕器材的研制，拓展烟幕技术的使用范围，并与综合侦察告警装置、计算机自动控制装置组成自适应干扰系统。其主要关键技术如下。

（1）烟幕干扰材料研究。它是改变电磁波介质传输特性的关键和基础。烟幕干扰材料主要分为两种：一是反应型发烟材料，通过发烟剂各组分发生化学反应产生大量液体或固体的气溶胶微粒来形成烟幕；二是撒布型遮蔽材料，主要有绝缘材料和导电材料两种，它利用爆炸或其他方式形成高压气体来抛撒物质微粒以形成烟幕，为当今烟幕干扰材料的研究重点。在实际应用中，上述两种材料可结合使用。重点发展高效能的烟幕干扰材料，提高材料的遮

蔽性能，选择无毒、无刺激性、无腐蚀性，且具有防化学、防生物、防核辐射的发烟材料。该研究主要体现在以下三个方面。①继续改进常规发烟剂。如在传统的六氯乙烷型烟幕剂中加入一些芳香族碳氢化合物及其聚合或分解产物，像聚苯乙烯、酚萘沥青及煤沥青等进行改性，或者加入铯及铯化物来提高红外波段的遮蔽能力；用赤磷烟幕剂取代 HC 烟幕剂，以消除六氯乙烷及生成的氯化锌烟幕的刺激性和毒性；对常规黄磷烟幕通过黄磷载体技术，克服黄磷发烟弹因在高温条件下熔为液体而引起的弹丸飞行弹道不稳定，出现近弹和产生"蘑菇状"烟云等问题。②大力发展热红外烟幕干扰材料研究。以红外遮蔽材料研制开发为重点，寻求宽频带吸收的绝缘材料，如碳酸盐，含 P-O-C 键的磷酸盐、磷酸酯化合物，含 Si-O-Si 键的硅酸盐、硅氧烷等化合物，以及染色聚甲基丙烯酸甲酯和染色聚甲基丙烯酸等纤维素材料。进一步开发铜粉、黄铜粉、铝粉、石墨粉等导电粉末材料，镀覆铝、铜等良导体的绝缘粉末材料和纤维状材料；对反应型发烟剂重点开展赤磷类发烟剂和可反应生成碳微粒的发烟剂研究，如富碳化合物、六氯代苯之类的卤代烃有机卤代物等，通过这些有机物的不完全燃烧反应生成大量碳微粒。③积极开展复合型烟幕材料的研究。随着双模寻的技术的日益成熟，红外和毫米波、红外和激光双模制导武器将大量装备部队，双模复合型、宽波段复合型烟幕材料已成为烟幕材料的主要发展方向。鳞片状金属粉末、镀金属纤维材料和多种红外遮蔽材料的组配是国际上研究最多，也是最有应用前景的复合型烟幕材料。

（2）烟幕的撒布、施放和形成技术。烟幕的形成时间、持续时间和有效遮蔽面积是衡量烟幕干扰效果的重要指标，这些指标固然取决于发烟材料的性能，但是烟幕的施放方式、气象和环境条件等对它们也有很大的影响。根据烟幕材料的物理、化学性质和成烟反应机理，选择最佳的发烟器材和施放方式，有助于烟幕的快速形成，保持长时间有效干扰。根据具体的气象条件（风向、风速、等温大气垂直度等）、地形、地貌条件，合理地施放烟幕，可最大限度地发挥烟幕的遮蔽能力。加速发展烟幕的形成及施放技术的研究，以使烟幕快速形成，有效地发挥作用，发展重点如下。①寻求发烟弹的最佳结构设计和装药结构设计。传统的发烟弹一般装药单一，因而药剂的引燃、弹丸的扩爆都比较单纯。为满足未来复合药剂的装药要求，需要针对药剂的不同性质，设计不同的装药结构和点火、传火、燃爆元件，配制相应的扩爆、引燃药，并合理组合，以使发烟剂均匀扩散，在较宽波段各自发挥作用。②发展大面积烟幕施放技术。主要途径是进一步改进现有发烟机，使其发展为车载式，如在现行的履带装甲运兵车上加装机械发烟机，构成发烟战车，使其在保护区域内快速、持续地布设浓烈的大面积烟幕。可对各种重点目标、重点区域及军事行动实施遮蔽，防止军用卫星和空中飞机的侦察和监视。此外，还可以采用多管火箭发射系统齐射发烟弹，在预定的空域、区域实施大面积烟幕遮蔽。

（3）多用途烟幕干扰系统研制，以适应不同情况的需要。例如，烟幕、假目标的组合施放系统，并与侦察告警设备一体化，以便对各种探测、制导威胁做出快速反应，自动、适时地施放和形成烟幕，并使其与假目标同时或有选择地施放，二者相互补充和相互加强。

（4）非焰剂型人造雾无源干扰新技术。烟幕难以实现宽广地域的整体伪装防护，而人造雾是一种很好的方式。目前一般是通过烟火剂燃烧的方式将吸湿性催化剂分散在空中形成合适粒径大小分布的催化凝结核，该核吸湿后由于物理化学效应降低了微粒表面的饱和水蒸气压，使空气中的水汽自发凝聚包裹而成小水滴，最终形成具有很好光电遮蔽效果的大面积雾障。它作为宽广地域的伪装防护具有以下特点。①宽频谱伪装。雾是可见光的天然遮障，对红外激光、热红外同样具有极佳的吸收和散射作用，对毫米波也有一定的衰减作用。②物质用量少，成本低。造雾剂仅向空中提供凝结核，形成人造雾的主要成分来自大气中的气态水分，不需要携带和布撒。正因为如此，人造雾技术才可能实现宽广地域的快速布设。③人造雾完全由小水滴构成，与天然雾的成分结构和形成过程相似，无毒、无害，不会对人员和装备产生伤害和腐蚀危害。④技术伪装与天然伪装的有机结合。性能再高的技术伪装也难免会留下人为的痕迹，伪装技术的发展也总滞后于侦察探测技术和装备器材的发展水平和速度，合理恰当的天然伪装是简便有效的方法。人造雾正是体现了这种思想，以人工方式实现天然伪装，既不易被敌人察觉，也不致影响己方的生活秩序和作战行动。

由于造雾剂成雾是使用烟火燃烧的方式，所以存在火灾隐患。另外，造雾剂中吸湿性催化剂仅占很少部分，使造雾剂的实际效能发挥受到限制，影响成雾的总体效果，也限制了其应用。因此，模拟天然成雾的基本原理和方式，发展非焰剂型成核技术，可以大大提高造雾效能，且不存在火灾隐患，也可以达到宽广地域光电防护的目的，以解决要地和城市防空，以及对抗巡航导弹地形匹配和景象匹配的迫切需求，还可以用于部队集结、装载航渡、抢滩登陆等运动过程的防护和欺骗。

二、光电隐身

（一）光电隐身的定义、特点和用途

光电隐身就是减小被保护目标的某些光电特征，使敌方探测设备难以发现目标或使其探测能力降低的一种光电对抗手段。需要指出的是，要想达到好的隐身效果，必须在武器装备系统的结构、动力设计、结构材料的选用，以及遮蔽技术、融合技术等伪装技术的使用等方面综合考虑。

隐身技术的出现为目标的隐真伪装提供了新的实现途径。与示假伪装相比，隐身技术能最大限度地保证目标的生存，因为示假虽然能提高战场目标的生存能力，但不能保证真目标不连同假目标一起被摧毁。而对于关键目标（武器装备、工事等），敌方会不惜武力进行摧毁，这时，隐身伪装就显得十分必要。

隐身技术是传统伪装技术的延伸，由外装式的"化装"演变为内装式"脱胎换骨和整形"，由消极被动变为积极主动。隐身技术可用于反探测，使目标不可探测或低可探测。

（二）光电隐身的分类

光电隐身主要分为可见光隐身、红外隐身和激光隐身。

（1）可见光侦察设备利用目标反射的可见光进行侦察，通过目标与背景间的亮度对比和颜色对比来识别目标。可见光隐身就是要消除或减小目标与背景之间在可见光波段的亮度与颜色差别，降低目标的光学显著性。

（2）红外侦察是通过测量分析目标与背景红外辐射的差别来发现目标的。红外隐身就是利用屏蔽、低发射率涂料及军事平台辐射抑制的内装式设计等措施，改变目标的红外辐射特性，降低目标和背景的辐射对比度，从而降低目标的被探测概率。

（3）激光隐身就是消除或削弱目标表面反射激光的能力，从而降低敌方激光侦测系统的探测、搜索概率，缩短敌方激光测距、指示和导引系统的作用距离。

（三）光电隐身原理

1. 可见光隐身原理

目标表面材料对可见光的反射特性是影响目标与背景之间亮度及颜色对比的主要因素，

同时，目标材料的粗糙状态以及表面的受光方向也直接影响目标与背景之间的亮度及颜色差别。因此，可见光隐身通常采用以下三种技术手段。

（1）涂料迷彩。任何目标都处在一定背景上，目标与背景又总存在一定的颜色差别，迷彩的作用就是要消除这种差别，使目标融于背景之中，从而降低目标的显著性。按照迷彩图案的特点，涂料迷彩可分为保护迷彩、仿造迷彩和变形迷彩三种。保护迷彩是近似背景基本颜色的一种单色迷彩，主要用于伪装单色背景上的目标；仿造迷彩是在目标或遮障表面仿制周围背景斑点图案的多色迷彩，主要用于伪装斑点背景上的固定目标，或者停留时间较长的可活动目标，使目标的斑点图案与背景的斑点图案相似，从而达到迷彩表面融合到背景的目的；变形迷彩是由与背景颜色相似的不规则斑点组成的多色迷彩，在预定距离上观察能歪曲目标的外形，主要用于伪装多色背景上的活动目标，能使活动目标在活动区域内的各色背景上产生伪装效果。

迷彩伪装并不是使敌方看不到目标，而是在特定的距离上，通过目标的一部分斑点与背景融合，一部分斑点与背景形成明显反差，分割目标原有的形状，破坏了人眼以往储存的某种目标形状的信息，增加人眼视神经对目标判别的疑问。特别是变形迷彩，改变了目标的形状和大小特征，将重要的军事目标改变成不重要的军事目标，或者将军事目标改变成民用目标，从而增加敌方探测、识别目标的难度，特别是增加了制导武器操纵人员判别目标的时间和误判率，延误其最佳发射时机。

（2）伪装网。伪装网是一种通用性的伪装器材，一般来说，除飞行中的飞机和炮弹外，所有的目标都可使用伪装网。伪装网主要用来伪装常温状态的目标，使目标表面形成一定的辐射率分布，以模拟背景的光谱特性，使其融于背景，同时在伪装网上采用防可见光的迷彩，来对抗可见光侦察、探测和识别。

伪装网的机理主要是散射、吸收和热衰减。散射是指在基布中编织不锈钢金属片、铁氧体等，或是在基布上镀涂金属层，然后用对紫外、可见光、激光具有强烈发射作用的染料进行染色，黏结在基网上，并对基布进行切花，翻花加工成三维立体状，可以强烈地散射入射的电磁波，使入射方向回波很小，达到隐蔽目标的目的。吸收是指在基布夹层中填充或编织一定厚度的能强烈吸收从紫外到热红外的吸收材料，并采用吸收这些电磁波的染料进行染色，将其黏结在基网上，对基布进行孔、洞处理，以吸收电磁波或抑制热散发，达到防紫外、可见光、热红外及雷达等系统探测、识别目标的目的。热衰减是指由织物及金属箔构成气垫或双层结构，将其与热目标隔开一定距离，能有效地衰减和扩散热辐射，其与紫外、可见光、雷达伪装网配合，构成多层遮障，可达到防全电磁波段侦察和制导的作用。

（3）伪装遮障。遮障可模拟背景的电磁波辐射特性，使目标得以遮蔽并与背景相融合，是固定目标和运动目标停留时主要的防护手段，特别适用于有源或无源的高温目标。伪装遮障综合使用了伪装网、隔热材料和迷彩涂料等技术手段，是目标可见光隐身、红外隐身的集中体现。

伪装遮障主要由伪装面和支撑骨架组成。支撑骨架具有特定结构外形，通常采用质量轻的金属或塑料杆件做成，起到支撑、固定伪装面的作用。伪装效果取决于伪装面对电磁波的反射和辐射特性与背景的接近程度，这与伪装面的颜色、形状、材料性质、表面状态及空间位置有关。伪装面主要由伪装网、隔热材料和喷涂的迷彩涂料组成。对常温目标的伪装，采用在伪装网上喷涂迷彩涂料所制成的遮障即可；对无源或有源高温目标伪装，还需在目标和伪装网之间使用隔热材料以屏蔽目标的热辐射。

2. 红外隐身原理

对目标的红外隐身包括两个方面的内容：一是降低目标的红外辐射强度，即通常所说的热抑制技术；二是改变目标表面的红外辐射特性，即改变目标表面各处的辐射率分布。

（1）降低目标的红外辐射强度。

降低目标红外辐射强度也可称为降低目标与背景的热对比度，使敌方红外探测器接收不到足够的能量，减少目标被发现、识别和跟踪的概率，具体可采用以下几项技术手段和措施。

① 采用空气对流散热系统。空气是一种选择性的辐射体，其辐射集中在大气窗口以外的波段上，或者说空气是一种能对红外辐射进行自遮蔽的散热器。因此，红外探测器只能探测热目标，而不能探测热空气。为了充分利用空气的这一特性，目前正在研制和采用空气对流系统，以便将热能从目标表面或涂层表面传给周围空气。空气对流有自然对流和受迫对流两种。自然对流系统是一种无源装置，不需要动力，不产生噪声，可用散热片来增强散热能力。受迫对流系统是一种有源装置，需要风扇等装置作为动力，其传热率高。空气对流散热系统只适用于专用隐身，不作为通用隐身手段。

② 涂敷可降低红外辐射的涂料。这种涂料降低目标红外辐射强度有两种途径：一是降低太阳光的加热效应，这主要是因为涂料对太阳能的吸收系数小；二是控制目标表面发射率，即降低涂料的红外发射率，使涂料的发射率随温度的变化而变化，温度升高，发射率降低，温度降低，发射率升高，从而使目标的红外辐射尽可能不随温度的变化而变化。

③ 配置隔热层。隔热层可降低目标在某一方向的红外辐射强度，可直接覆盖在目标表面，也可距目标一定距离配置，以防止目标表面热量的聚集。隔热层主要由泡沫塑料、粉末、镀金属塑料膜等隔热材料组成。泡沫塑料能储存目标发出的热量，镀金属塑料膜能有效地反射目标发出的红外辐射。隔热层的表面可涂覆不同的涂料以达到其他波段的隐身效果。在用隔热层降低目标红外辐射的同时，由于隔热层本身不断吸热，温度升高，因此，还必须在隔热层与目标之间使用冷却系统和受迫空气对流系统进行冷却和散热。

④ 加装热废气冷却系统。发动机或能源装置的排气管和废气的温度都很高，排气管的温度可达到 200～300℃，排出的废气是高温气体，可产生连续光谱的红外辐射。为降低排气管的温度，可加装热废气冷却系统。目前研制和采用的有夹杂空气冷却和液体雾化冷却两种系统。夹杂空气冷却系统是用周围空气冷却热废气流，它需要风扇作为动力，存在噪声源。液体雾化冷却系统主要通过混合冷却液体的小液滴来冷却热废气，这种冷却方法需要动力，以便将液体抽进废气流，而且冷却液体用完后，需要再供给。

⑤ 改进动力燃料成分。通过在燃油中加入特种添加剂或在喷焰中加入红外吸收剂等措施，降低喷焰温度，抑制红外辐射能量，或者改变喷焰的红外辐射波段，使其辐射波长落入大气窗口之外。

（2）改变目标表面的红外辐射特性。

改变目标表面的红外辐射特性，采取的技术措施如下。

① 模拟背景的红外辐射特征技术。采用降低目标红外辐射强度的技术，只能造成一个温度接近于背景的常温目标，但目标的红外辐射特征仍不同于背景，还有可能被红外成像系统发现和识别。模拟背景的红外辐射特征是指通过改变目标的红外辐射分布状态，使目标与背景的红外辐射分布状态相协调，让目标的红外图像成为整个背景红外辐射图像的一部分。模拟背景的红外辐射特征技术适用于常温目标，通常采用的手段是红外辐射伪装网。

② 改变目标红外图像特征技术。每种目标在一定的状态下，都具有特定的红外辐射图

像特征，红外成像侦察与制导系统就是通过目标这些特定的红外辐射图像来识别的。改变目标红外图像特征的变形技术，主要是在目标表面涂敷不同发射率的涂料，构成热红外迷彩，使大面积热目标分散成许多个小热目标，这样各种不规则的亮暗斑点破坏了真目标的轮廓，分割歪曲了目标图像，从而改变了目标易被红外成像系统识别的特定红外图像特征，使敌方的识别发生困难或产生错误。

（3）应用实例：舰船的红外隐身

① 舰船的红外特征。舰船的所有表面都有红外辐射，但有效的红外辐射由吃水线以上部分发射，这部分的表面温度与周围大气温度相当，可看作 300K 左右的红外辐射源，其辐射波长在长波红外区域。与车辆和飞机相比，舰船的热辐射表面要大得多；舰船上还有一些热点，如烟囱及其排气、发动机和辅助设备的排气管、甲板以上的一些会发热的装备等。在吃水线以上部分主要是烟囱及其排气的热辐射，它们的温度比较高，在 700K 左右，其辐射在中红外波段，是红外制导武器的主要跟踪源之一。

② 背景的影响。舰船在海上，海水是一种散射与吸收的介质，它比空气的光学效应要大得多。海水的光学性质与其中所含的可溶性和悬浮性物质的性质有关。海水中散射粒子的形状很不规则，尺寸分布范围广，而且颜色重。入射到海面上的辐射有两部分：一部分是太阳光的直接照射；另一部门是由于大气对阳光散射所形成的漫散天光。尽管海面附近的大气吸收和散射的效应强烈，但在以 4μm 和 10μm 两波长为中心的两个"窗口"区，红外辐射的衰减相对较弱。另外，在阳光直接照射下，海面的反射会形成明亮的光带，对光电制导武器有干扰作用。

③ 舰船红外隐身的主要措施。在烟囱表面的发热部位和发动机排气管周围安装冷却系统和绝热隔层；降低排气温度。把冷空气吸入发动机排气道上部，对金属表面和排出的气体进行冷却。例如，使用二次抽进的冷空气与排气相混合，加上喷射海水，使排气温度从 482℃ 降低到 204℃，达到既降低红外辐射能量，又转移红外辐射的光谱范围的目的；改变喷烟的排出方向，使之受遮挡而不易被观测；在燃料中加入添加剂，以吸收排气热量，或者在烟囱口喷洒特殊气溶胶，把烟气的红外辐射隔离，减少向外辐射的量；在船体表面涂敷绝热层，减少对太阳光的吸收；把发动机和辅助设备的排气管路安装在吃水线以下；在航行中对船体的发热表面喷水降温，或者形成水膜覆盖来冷却；利用隐身涂料来降低船体与背景的辐射对比度和颜色对比度。

3. 激光隐身原理

激光隐身与雷达隐身的原理有许多相似之处，它们都以降低反射截面积为目的。激光隐身就是要降低目标的激光反射截面积，与此有关的是降低目标的反射系数，以及减小相对于激光束横截面的有效目标区。为此，激光隐身采用的技术有以下几种。

（1）采用外形技术。消除可产生角反射器效应的外形组合，变后向散射为非后向散射，用边缘衍射代替镜面反射，用平板外形代替曲面外形，减少散射源数量，尽量减小整个目标的外形尺寸。

（2）采用吸收材料技术。吸收材料可吸收照射在目标上的激光，其吸收能力取决于材料的磁导率和介电常数。吸收材料从工作机制上可分为两类，即谐振型与非谐振型。谐振型材料中有吸收激光的物质，且其厚度为吸收波长的 1/4，使表层反射波与干涉相消；非谐振型材料是一种介电常数、磁导率随厚度变化的介质，最外层介质的磁导率接近于空气，最内层介质的磁导率接近于金属，由此使材料内部较少寄生反射。

吸收材料从使用方法上可分为涂料与结构型两大类。涂料可涂敷在目标表面，但在高速气流下易脱落，且工作频带窄。结构型是将一些非金属基质材料制成蜂窝状、波纹状、层状、棱锥状或泡沫状，然后涂覆吸收材料或将吸波纤维复合到这些结构中去。

（3）采用光致变色材料。利用某些介质的化学特性，使入射激光穿透或反射后变成为另一波长的激光。

（4）利用激光的散斑效应。激光是一种高度相干光，在激光图像侦察中，常常由于目标散射光的相互干涉而在目标图像上产生一些亮暗相间随机分布的光斑，致使图像分辨率降低。而从隐身考虑，则可利用这一散斑效应，如在目标的光滑表面涂敷不光泽涂层，或者使光滑表面变粗糙，当其粗糙程度达到表面相邻点之间的起伏与入射激光波长可以比拟时，散斑效果最佳。

（四）光电隐身的关键技术

光电隐身技术主要包括用于消除或减少目标暴露特征的遮蔽技术，降低目标与其所处背景之间对比度的融合技术，改变原有目标特定光电特征的变形技术和与武器系统整体设计高度统一的目标内装式设计技术。其具体的关键技术如下。

（1）涂料材料和迷彩设计技术。研制多性能的新型宽频带伪装迷彩涂料，其有效频段从紫外、可见光、近红外向中远红外扩展，主要有以下几种。①热红外伪装涂料。可选择有较高反射率的金属，如片状铝微粒和有较高红外透明度的金属氧化物、硫化物及掺杂半导体作为颜料；选择有较低红外吸收率的无机磷酸盐、改性聚乙烯材料作为黏合剂，或者采用在大气窗口内透明、在大气窗口外吸收率很高的黏合剂来配制涂料。这些都是有前途的热红外伪装涂料的研究方向。②多波段复合型伪装涂料。采用在热红外、毫米波波段透明的黏合剂，选择在可见光、近红外有低反射率，在热红外波段有低发射率，在毫米波范围有高吸收率的材料作为颜料来配制涂料。③反射特性和辐射特性随环境变化的伪装涂料。通过光变色、热变色等机制的研究，开发"变色龙"式伪装涂料，如二硫腙、硒卡巴腙的金属络合物；研究发射率随温度变化的半导体颜料及与其相适应的黏合剂，通过发射率的变化来补偿温度的变化，达到降低目标与背景的热对比度的目的。

（2）伪装网、遮障材料和构造工艺技术。研究能模拟植物背景热特征的热红外伪装网。植物背景是最常见和伪装利用最多的背景之一，植物具有蒸发冷却和光合作用，且这些过程受周围环境变化影响，热特征处于不断的变化状态，现有的伪装网都难以模拟这些过程。我们知道，伪装网的伪装效果主要由网面材料和网面结构所决定，为此可通过以下几种途径来达到伪装效果：①研究能模拟单叶红外特征的材料；②研制热惯量与植物等背景相接近的材料；③研制发射率随温度变化而变化的补偿性材料；④寻找更好的网面结构，提高相应的网面制造工艺水平。

研制适应不同目标的标准组件式伪装遮障系统。按照未来战争中各种目标的作战特点，把目标分成两类：一类是高易伤性和低作战适应性的目标，如机械化部队和伞兵部队等机动目标；另一类是高、中易伤性和高作战适应性的目标，如高炮部队、导弹部队和重要战略目标。根据这两类目标的作用和特点，有针对性地研制两种不同的伪装遮障系统：标准组件式重型伪装遮障系统和标准组件式轻型伪装遮障系统。

寻求更合理的隔热层结构和相应的构造工艺。当伪装有源的高温目标时，现隔热层由于不断吸热升温，通常需要与强迫空气对流装置配合使用。这在某种程度上影响了它的使用。因此，改善的途径包括：①尽可能降低隔热层表面的发射；②在隔热层上开设合理的空气通孔，以加强隔热层自身的空气对流能力。

（3）研究机动目标的综合伪装防护技术。其难点有四个方面：一是被保护目标处于运动状态，由于其运动特性、进气排气及尾迹等原因，常规的遮障不能适用；二是机动目标的表面处于较高温度状态，现役的伪装材料无法掩盖高温特征，遮障的热屏蔽和热迷彩难度加大；三是机动目标的周围环境和背景处于时刻变化状态，常规的针对特定环境和背景的伪装技术和器材不能确保被保护目标全时刻和全天候的伪装效果；四是存在随行机动的可靠性与稳定性、支架与固定、导热与排气、高温目标的防护等难题。因此，适用于机动目标的高性能宽波段伪装遮障技术及材料在世界范围内尚未获得突破。

（4）红外动态变形伪装技术。现有的红外防护系统如红外隐身、红外遮障、红外伪装等技术基本上都是静态防护方法，有局限性。当环境温度变化时，由于目标和伪装的红外发射率随温度的变化未必一致，伪装后的目标和背景的差异可能会随着温度的变化而变得非常明显。红外动态变形伪装技术是一种新型的光学防护技术。目标的红外辐射强度由两个因素决定：目标表面温度和目标表面发射率。温度和发射率越高，红外辐射强度就越大。我们可以通过对发射率和温度的动态控制实现对目标红外热图像的动态改变。因此，红外动态变形伪装技术主要包括电致变温技术和变发射率技术。红外动态变形伪装系统可以根据需要迅速地从一种伪装状态变化到另一种伪装状态。各种伪装状态下的图像特征弱相关，可使敌方光学侦察和跟踪、制导系统难以掌握目标真实的红外特征，无法完成对目标的侦察与打击，从而提高各类目标的战场生存能力。

（5）加强以武器装备外形设计和热抑制措施为重点的内装式设计研究。通过外形设计和新型结构材料的应用，消除或减小目标的角反射效应，改变或限制电磁波散射方向，尽可能减小目标的散射截面。通过对目标热电性能的优化设计，以及在目标内部安装热抑制器和热消散器，在燃料中添加加剂等手段，减小目标自身的红外辐射特性。

三、光电假目标

遮蔽和伪装虽然效果显著，但在激烈的光电对抗中，仅有它们并不能保证万无一失。一旦对方发现目标并实施攻击，很难化险为夷。这时，光电假目标就有了用武之地。在科索沃战争中，面对以美国为首的北约军队的大范围、高功率、高精度的侦察、测向、干扰一体化系统，南联盟在充分吸取了伊拉克的经验和教训的基础上，采取了一系列以"假"为主的对抗措施，广泛地利用模拟器材、民用车辆、报废的武器装备、仿真模型等，设置成地空导弹阵地、重兵集结地域，在一些高速公路两旁每隔几千米就摆放一些废弃的或假的武器装备，包括假导弹发射设备、假坦克、假装甲车甚至假公路等，并就地取材制作假目标，不断变换位置和数量，以欺骗对方，诱使北约把大量的弹药投射到造价便宜的假目标上，有效地保护了自己的军事装备。南联盟的大量坦克分散隐藏在树林中，或用绿叶覆盖，用以隔绝车体散发出的热量，从而躲开北约红外探测系统的追踪。停战协议签署后，南联盟军队从科索沃撤出时开出的坦克等武器是北约估计的几倍。北约报道摧毁南联盟120辆坦克，220辆装甲车，超过450门火炮和迫击炮，实际数量仅为14辆坦克，18辆装甲车，20门火炮。可见，假目标的作战效能再一次得到印证，光电假目标真正成了战场目标的"挡箭牌"。

（一）光电假目标的定义、特点和用途

光电假目标就是利用普通廉价材料或就便器材，制成假装备、假设备，模仿真装备、真

设施的外形、尺寸、颜色和一定的光电辐射/反射特性，以迷惑、诱骗敌方光电装备，使己方真装备、真设施得到保护或使其战场生存能力明显提高。

目前，国外军队研制的各种假目标包括充气式、装配式和膨胀式等几类。充气式假目标能模拟坦克、车辆、飞机和导弹等目标。其特点是体积小、质量轻、充/放气速度快。它的防护波段正在从可见光、近红外向中红外、雷达波段扩展。如美国的泡沫塑料充气假目标，造型逼真，并可配备热源和角反射器，以对付红外和雷达探测。装配式假目标具有技术简单、造价低廉、弹片击中后伪装效果不受影响等特点。目前，瑞典、意大利等国在这方面处于世界领先地位。它们制造的假目标已在1991年的海湾战争中得到应用，使多国部队无数的炸弹、导弹白白浪费，保护了伊拉克众多的真实目标。膨胀式假目标的特点是外形逼真、质量轻、便于运输、展开迅速、膨胀体积大。美国使用聚氨酯泡沫塑料制成的这类假目标，压缩后体积为原来的1/10。

"示假"是光电无源干扰的另一个重要方面，与其"隐真"对抗手段相配合，可有效地欺骗和诱惑敌人，提高真目标的生存能力，随着光电侦测和制导武器地位的日益提高，假目标的作用也愈加显得突出。

（二）光电假目标的分类

按照与真目标的相似特征的不同，光电假目标可分为形体假目标、热目标模拟器和诱饵类假目标。形体假目标是与真目标的光学特征相同的模型，如假飞机、假导弹、假坦克、假军事设施等，主要用于对抗可见光、近红外侦察及制导武器。热目标模拟器就是与真目标的外形、尺寸具有一定相似性的模型，且其与真目标具有极为相似的电磁波辐射特征，特别在中远红外波段，主要用于对抗热成像类探测、识别及制导武器系统。诱饵类假目标只要求与真目标的反射、辐射光电频段电磁波的特征相同，而不要求外形、尺寸等外部特征相似的假目标，如光箔条诱饵、红外箔条诱饵、气球诱饵、激光假目标等，主要用于对抗非成像类探测和制导武器系统。

按照选材和制作成型可分为制式假目标和就便材料假目标。制式假目标就是按统一规格定型生产，列入部队装备体制的伪装器材，它轻便牢固、架设撤收方便、外形逼真，而且通常加装反射、辐射配件，以求与真武器装备一样的雷达、红外特性，如现装备的充气式假目标、骨架结构假目标、泡沫塑料假目标、木制假目标等形体假目标，以及由带有热源的一些材料组成的热目标模拟器。就便材料假目标是就地征集的或利用就便材料加工制作的假目标，可作为制式假目标的补充，具有取材方便、经济实用的特点，能适应战时和平时大量、及时设置假目标的需要。例如，镀金属（铝等）聚酯薄膜就是一种可以利用的假目标。这种假目标展开时的尺寸应同真实的目标接近，并可以折叠或卷起，它能模拟金属目标的反射特性和辐射特性，让敌方真假难辨。

（三）光电假目标的组成与设计考虑

1. 光电假目标的组成

光电假目标种类繁多，所采用的材料和制作方式各不相同，这里仅以形体假目标为例进行介绍。形体假目标现已发展为在可见光、近红外、中远红外及雷达各波段均能使用的具有综合性能的假目标。它主要有薄膜充气式、膨胀泡沫塑料式和构件装配式。

薄膜充气式即目标模拟气球，例如，海湾战争中伊拉克使用的充气橡胶战车，就是以高强橡胶为整体，内部敷设电热线，外部涂敷铁氧体或镀敷铝膜，最外层喷涂伪装漆而制成的。

膨胀泡沫塑料式为可压缩的泡沫塑料式模型，解除压缩可自行膨胀成假目标，例如，美国的可膨胀式泡沫塑料系列假目标，配有热源和角反射器，装载时可将体积压缩得很小，取出时迅速膨胀展开，并且不需要专门的工具，具有体积小、质量轻、造型逼真的特点，同样具有模拟全波谱段特性的性能。

构件装配式，如积木，可根据需要临时组合装配，例如，瑞典的构件装配式假目标是将涂敷聚乙烯的织物蒙在可拆装的钢骨架上制作的，用以模拟飞机、坦克、58 火炮等；有的用玻璃钢做表层并在内部贴敷不锈钢片金属布（或是在玻璃钢表面镀敷金属膜）制成壳体，壳体内用燃油喷灯在发动机等发热部位加高热，最外层喷涂伪装涂料制作成导弹、飞机、坦克等假目标系列；还有的用聚氨酯发泡材料做外形，内贴金属丝防雷达布，并敷设由电热丝加热或燃油喷灯加热的假目标；此外，使用胶合板、塑料板、泡沫板、橡胶、铝皮、铁皮等就便材料制作各类假目标，并在内部安装角反射器、热源、无线电回答器，也具有较好的宽波段性能。

2. 光电假目标的设计考虑

根据假目标战术使用要求，在设计制作与设置假目标时应满足以下要求。

（1）假目标的主要特性，如颜色、形状、电磁波反射（辐射）特性应与真目标相似，大于可见尺寸的细节要仿造出来，垂直尺寸可适当减小。

（2）有计划地仿造目标的活动特性，及时地显示被袭击的破坏效果。

（3）对设置或构筑的假目标应实施不完善的伪装。

（4）假目标应结构简单，取材方便，制作迅速。经常更换位置的假目标应轻便、牢固、便于架设、撤收和牵引。

（5）制作、设置和构筑假目标时，要隐蔽地进行，及时消除作业痕迹。

（6）假目标的配置地点必须符合真目标对地形的战术要求，同时为保护真目标的安全，真假目标之间应保持一定的距离。

（四）光电假目标的关键技术

（1）进一步改进和完善形体假目标性能。增加假目标的种类，并配装模拟目标热特征的热源及角反射器、无线电应答器等装置，使其具有光学、红外及雷达等多波段的欺骗性能。

（2）加速发展热红外模拟器的研制。使模拟器能对真目标的热图像进行"全周日"的逼真模拟，主要为以下四个发展方向。①发展研制一种多用途热红外模拟器，用以模拟多种目标的热图像特征。如美军正准备进一步发展其已研制成功的"热红外假目标"，使其能模拟大型车辆、汽轮发动机等多种目标的不均匀"热点"特征。②发展研制多种专用热红外模拟器，用于模拟不同类型战术目标，如美军正计划以"吉普车热模拟器"为基础，进一步发展其他战术目标的热模拟器。③发展研制用于增强背景热红外辐射的热红外杂波源，使其具有较长的工作寿命、较好的适应性和有效性。④发展研制高性能的相变材料。对假目标的红外仿真模拟中，关键是要解决以下难题：（a）用什么样的材料能够模拟与真目标相似的热红外特征变化过程；（b）材料红外特征的可控性，即能够调节不同的温度范围、某一区域温度分布的均匀性；（c）与材料相匹配的热源技术。

针对上述关键难题，由于相变材料在其相变温度处具有较高的潜热，既可在预先储备热能的条件下较长时间地保持温度，也可大量吸收被防护目标的热辐射和传导热能，降低目标表面温度，从而起到隐真和示假的双重作用。

（3）完善诱饵类假目标系统性能。使假目标成为整个防御系统的一个有机组成部分。其主要方向是发展烟幕、假目标组合自适应施放系统，特别是重点发展诸如坦克等装甲车辆及重点目标用的红外诱饵系统，提高红外诱饵的欺骗性。

本章小结

本章首先从光电对抗的基本概念入手，阐述了光电对抗的作战对象和技术体系，并对光电对抗系统进行了概要介绍，以及全面总结了光电对抗的发展史和趋势。然后，对光电侦察技术，分主动侦察和被动侦察两个角度进行阐述，主动侦察主要介绍激光测距机和激光雷达的基本原理，被动侦察主要介绍激光告警、红外告警和紫外告警的基本原理。最后，对光电干扰技术，分有源干扰和无源干扰两个角度进行阐述，有源干扰主要介绍了红外干扰弹、红外干扰机、强激光干扰和激光欺骗干扰的基本原理，无源干扰主要介绍了烟幕干扰、光电隐身和光电假目标的基本原理。本章内容有助于读者全面了解和掌握光电对抗的基本原理。

复习与思考题

1. 光电对抗的有效性主要取决于什么？
2. 分析光电对抗作战对象的优点和缺点。
3. 分析影响激光测距机最大可测距离的主要因素。
4. 列举提高激光测距机测距精度的主要措施。
5. 与微波雷达相比，激光雷达的主要优点包括哪些？
6. 解释激光雷达的四象限测角原理。
7. 非成像光谱识别、单级法-珀标准具和迈克尔逊干涉仪分别是如何实现激光告警的？
8. 什么是时间相干性和空间相干性？时间相干性与光的单色性关系如何？
9. 相干识别与光谱识别相比最大的优点是什么？
10. 解释红外侦察告警搜索视场扫描的两种一字形扫描方式。
11. 什么是告警距离、探测距离？
12. 简述红外侦察告警信号处理器的结构及每部分的作用。
13. 什么是红外干扰弹的上升时间？对该时间有什么要求？
14. 简述红外干扰弹对红外点源制导导弹的质心干扰过程。
15. 简述红外干扰机能够有效对抗红外点源制导导弹的几点基本要求。
16. 红外干扰机按光源的调制方式可分为哪两类？它们各有何优缺点？
17. 解释激光辐照时，光电探测器产生的光电效应和热作用。
18. 什么是 CCD 的饱和串音现象？
19. 给出让激光测距机测距变大的两种干扰措施。
20. 概括角度欺骗干扰的成功条件。
21. 概括激光有源干扰的作战使命。
22. 烟幕是如何实现对激光干扰的？
23. 列举烟幕使用中的几点不足。
24. 简述可见光隐身、红外隐身和激光隐身的技术目标，并列举一些措施。
25. 形体假目标的制作使用要求有哪些？

第四章 通信对抗原理

由于通信系统对战争的胜负极其重要，所以作战双方必然会千方百计地进行保护，以使其效能得到充分发挥；同时千方百计地压制和破坏敌方的通信系统，使其效能不能正常发挥。本章主要阐述通信对抗的概念和内涵、通信侦察技术、通信干扰技术以及扩频通信对抗技术。

第一节 通信对抗概述

为掌握敌方的情报，过去是通过"探子"深入敌后去刺探，到了 20 世纪，随着科学技术的进步，出现了各种各样远距离侦察探测的手段。把这些探测手段安装在飞行器甚至卫星上以后，就可以实现一天 24h 的对敌侦察。侦察距离可以达到远离本土几百甚至几千千米，为了及时将侦察的情报送到指挥部门，这些运载平台上都配备有高速数据传输等通信设备，远在千里以外的指挥所可以在极短的时间内获悉敌情变化的情报。因此，需要时，在极短的时间内就可以做出反应。这里，起作用的有两个环节：一个是探测，侦测设备发现了敌情；另一个是通信，通信设备将敌情及时传达给指挥员。这两个环节中任何一个失效，己方指挥所都得不到情报，因而也就不可能做出实时的反应。

由此可见，情报探测与通信传输系统可以比喻为军事指挥员的眼睛、耳朵、嘴巴和连接这些器官与大脑之间的神经，其重要性不言而喻。难怪世界各国都把建设各种层次的指挥、控制、通信与情报系统视作国防建设的重点，而通信指挥中心对任何国家都无一例外地被认为是最要害的部门之一。

一、通信对抗的概念和内涵

无线电通信对抗是为削弱、破坏敌方无线电通信系统的使用效能和保护己方无线电通信系统使用效能的正常发挥所采取的措施和行动的总称，简称通信对抗。通信对抗是电子对抗的重要分支，其实质是敌对双方在无线电通信领域内为争夺无线电频谱控制权而展开的电波斗争。

从技术角度讲，通信对抗包括如下要素：通信侦察、通信测向、通信干扰、抗干扰和反侦察。

1. 通信侦察

通信侦察是指探测、搜索、截获敌方无线电通信信号，对信号进行分析、识别、监视并获取其技术参数、工作特征和辐射源位置等情报的活动。它是实施通信对抗的前提和基础，也是电子对抗侦察的重要分支。

按作战任务和用途划分，通信侦察包括通信支援侦察和通信情报侦察。

通信支援侦察的含义是对感兴趣的通信信号进行搜索、截获、初步分析、记录与显示，并引导通信测向或干扰，对实时性要求高。因此，其主要作用为：识别敌方通信网台类型和参数、引导对敌通信枢纽实施电子干扰和火力打击。引导通信干扰是指在通信测向系统的参与下可以让电子战指挥员方便地对目标信号的重要程度做出判断，以便引导干扰系统去干扰那些最重要的目标。引导火力打击的具体实例：1996 年 4 月 21 日，车臣总统杜达耶夫用卫星无线电话通信，俄伊尔-76 装载电子侦察设备，快速侦察、精确定位卫星电话位置，引导导弹打击。

通信情报侦察是在通信支援侦察的基础上，进一步实施侦听和破译，对实时性要求低。通信情报侦察的作用是一方面听敌人讲了些什么，即战术方面的情报；另一方面要搞清敌人用了什么样的通信装备，以及这些装备的数量与参数，即技术情报等。

通信侦察成功实施的必备条件包括：①频率范围必须包括敌方的通信频率；②必须有较高的接收灵敏度；③解调方式必须与敌方通信信号解调方式一致。

通信侦察的使用时机包括：在平时和实施干扰前寻找并监视敌方无线电信号，进行分析识别，获取技术情报，实现情报收集与积累或为实施干扰做准备；在实施干扰的过程中，监视敌方信号并检查干扰效果，当敌方信号"逃跑"（换频）时进行跟踪，引导干扰机进行干扰。

2．通信测向

在通信侦察的基础上，对感兴趣的通信辐射源进行测向与定位，从而使侦察数据除了频率、时间等属性外，加上地理位置信息而形成一个完整的文件，存入数据库。

3．通信干扰

在通信侦察与通信测向定位的基础上，按照作战意图，对重点通信目标进行干扰。具体方法是通过辐射干扰信号来压制或欺骗敌方无线电接收设备，主要有压制性干扰和欺骗性干扰。

通信干扰成功实施的必备条件包括：①频率对准，干扰频率与敌方通信频率对准；②功率超过，干扰功率超过通信信号功率；③干扰样式合适，干扰样式与通信制式一致。

4．抗干扰和反侦察

抗干扰是指采取措施削弱或消除敌方通信干扰对己方通信系统的有害影响，使己方通信系统正常工作。技术措施可归结为 4 个字：隐，提高信号的隐蔽性；避，对干扰进行回避；消，对干扰进行抑制；抗，提高系统传输的信息对干扰的耐受能力。

反侦察是指对敌方侦察活动采取的反对抗措施，具体为反搜索截获、反参数测量、反测向定位、反分析识别。技术措施有扩频技术、电磁屏蔽技术等。

在通信对抗技术体系分析的基础上，结合雷达对抗原理部分内容，概括总结通信对抗与雷达对抗的主要不同，具体如下。

（1）对抗目的不同。通信对抗是阻止信息传输；雷达对抗是阻止对辐射源和运动物体的探测。

（2）侦察到的信号不同。通信信号通常采用全向天线，并且通信信号携带信息，因此具有高占空因子，采用连续调制方式；雷达信号通常采用窄波束发射，既可用连续波调制，也可用脉冲调制。

（3）干扰目的不同。通信干扰是向接收机发射干扰信号，干扰有用信号的接收和处理。雷达干扰是向雷达接收机发射信号，干扰对目标回波信号的接收和处理。

（4）干扰有效所需的干扰功率不同。通信干扰是接收到的干扰信号功率和接收到的有用信号功率之比；雷达干扰是到雷达接收机的干扰功率和雷达回波信号功率之比。只有干扰机对着目标干扰时，干扰信号才会由于雷达天线增益而被加强，否则，干扰信号从天线的副瓣进入，天线增益很小，因此，从天线方向性分析，通信干扰比雷达干扰所需功率小。雷达回波功率按目标和雷达之间距离的 4 次方减弱，通信信号功率按发射机与接收机之间距离的平方减弱，因此，从路径传输角度分析，雷达干扰比通信干扰所需功率小。综合起来，具体干扰功率大小可通过干信比进行统一衡量。

二、通信对抗的作战对象

通信对抗的目的是削弱、破坏敌方无线电通信系统使用效能的正常发挥。也就是说，通信对抗的作战对象是敌方的无线电通信系统。图 4-1-1 所示为一个简化的无线电通信系统原理框图。发送端（发射机）由信息源、调制器、上变频器、载频产生器、功率放大器及发射无线组成。接收端（接收机）由接收天线、前置放大器、下变频器、本地载频产生器、解调器、信息源（信息出口）组成。连接收、发两个天线的是在空间辐射传播的电磁波。

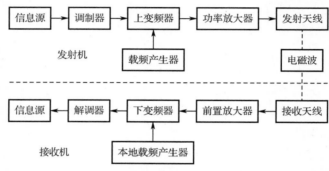

图 4-1-1　简化的无线电通信系统原理图

1. 信息源的种类

从信息传输角度看，可把信息分为两大类：一类是模拟信息（语音、图像）；另一类是数字信息（数据及将模拟信息"数字化"处理后转变成的"数据"）。

近 20 年来，军事通信中"数字化"的发展趋势很盛。"数字化"的意思是把连续变化的语音与图像经过模数变换，变成离散的"数据"形式后再进行传输，在接收端则将收到的"数据"再进行数模变换，恢复成原始的语音与图像。这种办法的好处很多：首先，可以通过信息处理的办法，大大压缩冗余的信息，从而节省通信传输时占用的频带与传输所花的时间；其次，可以提高传输质量，因为数字信息形式传输的可靠性与抗干扰能力大大优于模拟信息形式；再次，可以进行更简单且有效的保密处理；最后，更重要的一点是通信系统可以与计算机直接接口，有利于对信息进行控制、处理、存储与应用。

2. 调制方式

为了通过无线电把信息传送出去，信息必须"调制"在无线电波上。无线电波中可供"调制"的参数有三种，即振幅、频率和相位。因此调制方式基本可分为调幅、调频和调相三大类。根据信源和调制方法的不同，具体可分为：模拟调幅——AM；模拟调频——FM；模拟调相——PM；数字调幅——ASK，又称幅移键控；数字调频——FSK，又称频移键控；数字调相——PSK，又称相移键控。

当然，具体实现时还有一些派生的调制方式。例如，为了节省传输频带并同时增加抗干扰能力，在调幅基础上派生出一种"单边带调制"，它只传送调幅信号的上边带或下边带。有时为了接收信号的方便，还同时送出去一部分下边带及载频，称之为"残留边带调制"。

3. 载频的选择与使用

为了实现可靠的无线通信，选择合适的频率是非常重要的，因为电磁波在空间传播都遵循一定的规律，如电磁波在自由空间传播的衰减与传播距离的平方成正比，同时也与电磁波频率的平方成正比。电磁频谱的低端特别适用于通信，因此这一段特别拥挤。为了在世界范围内协调无线电频谱的使用，使各种不同业务占用不同的频段，在军事通信中对无线电频段做如下划分：

0.3～300kHz 用于超远程海军通信，其中 0.3～30kHz 多用于潜艇通信及无线电航；

0.3～2MHz 用于广播；

2～30MHz 用于陆海空三军的远程通信，也用于陆军战术移动通信；

30～100MHz 用于陆军指挥通信、装甲部队指挥通信、海军舰艇编队通信、炮兵指挥通信及地空协同通信等；

100～156MHz、156～174MHz 及 225～400MHz 用于空对空、舰对空及地对空通信，225～400MHz 还用于移动卫星通信；

200～960MHz 用于陆军野战地域无线接力通信，作为军、师地域范围内的无线骨干通信网线路；

1GHz 以上主要用于定向通信，如微波接力通信、散射通信、卫星通信等。

尽管做了如上划分，但由于现代战场上通信电台太多（如美军一个师就有 4000 多部电台），军事指挥机关必须在自己管辖的范围内实行严格的频率管制，同时，也可以采用一些新技术来避免频率重叠问题。例如，跳频通信和扩频通信。跳频通信实质上是把信息调制到一个以一定速率及规律变化的载频集上，而扩频通信则是把信息调制到一个类似噪声的伪噪声序列（频谱非常宽，但每根谱线能量非常低）上，然后将该带有信息的伪噪声序列再调制到一个载频上，最终信息能量分布在一个很宽的频谱上，像噪声一样，很难发现它的存在。

对于作为对抗对象的通信系统，需要关注形成连接关系的通信网络和实现信号在媒介中传输交换的用户终端设备两个层次的问题，也就是人们通常所说的网络层和信号层问题。在网络层，需要关注网络的拓扑结构、重要网络协议、网络关键节点、关键链路与脆弱链路等。在信号层，需要关注终端收发电台的制式、信号特性、编码调制和加密等。在现代信息化战场，具有代表性的军事通信包括战场战术通信网、战术数据链和卫星通信等。

三、通信对抗的系统组成和工作原理

通信对抗系统是为完成特定的通信对抗任务，由多部通信对抗设备组成的统一协调的整体。按频段分，通信对抗系统可分为短波、超短波和微波通信对抗系统。短波通信对抗系统的频率范围为 3～30MHz；超短波通信对抗系统的频率范围为 30～300MHz；微波通信对抗系统的频率范围为 300～3000MHz。按功能分，通信对抗系统可分为战术通信、移动通信、卫星通信等对抗系统。按平台分，通信对抗系统可分为车载、机载、舰载和星载通信对抗系统。一个完整的通信对抗系统一般由指挥控制分系统、测向定位分系统、侦察支援分系统、通信干扰分系统、内部通信分系统和技术保障分系统等组成。如某通信对抗系统的组成如图 4-1-2 所示。该系统包括：由三个测向站组成的测向定位分系统、三个通信干扰分系统、一个站间通信分系统、一个指挥控制分系统和一个侦察支援分系统。

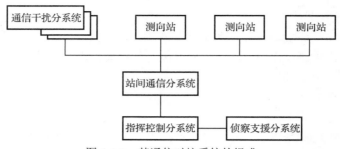

图 4-1-2　某通信对抗系统的组成

通信对抗系统的工作在通信侦察与指挥控制分系统的控制下进行。当侦察分系统发现威胁目标后通过指挥控制分系统指挥测向定位分系统对该目标进行测向定位，并将测向定位的结果传送回指挥控制分系统，指挥控制分系统对各种数据进行融合处理，完成对目标信号的分析、分选、识别、测量、显示与引导等，同时在必要的时候指挥通信干扰分系统对敌施放干扰。

四、通信对抗的应用领域

通信对抗分为通信侦察与通信干扰两大部分。通信侦察的任务主要是搜索和定位敌方通信辐射源，并获取其信息内容，从而为相应的决策部门提供依据。这种功能与非军事的"无线电监测"是一致的。所以，通信侦察技术完全可用于无线电监视，是一门军民两用技术。通信干扰则主要用于军事领域。

1. 通信侦察在非军事领域的应用

（1）无线电监视。

国家无线电管理委员会负责无线电通信频率的使用与分配，并对实施情况进行监视。无线电监视的具体任务如下。

① 检查经过批准并进行过频率登记的通信用户，监测其辐射无线电信号的质量；搜索未经批准的非法通信用户。

② 监测来自境外的无线电波辐射，检查其是否对我国的无线电通信形成干扰，是否超过国际协议规定的容限值，如果超过了，则要通过国际电信联盟进行协调，以维护国家权益。

（2）无线电安全监视。

为了国家的安全，国家安全部门需要不间断地对境内外敌对电台进行监视。

（3）无线电报警。

无线电侦察技术还可以推广应用到对移动物体（如汽车）进行防盗报警。

2. 通信干扰在军事领域的应用

（1）军事通信情报侦察。

通过对敌方无线通信的侦察，可了解敌兵力部署、作战意图与动向、通信网的组成与位置、通信信号的特性（频率、调制方式、信号属性等），为作战指挥员制订作战计划提供依据。军事通信情报侦察是十分重要的，无论是和平时期还是战争时期，都不应间断。除了在境内进行地面侦察，还需派遣专门的侦察船、侦察飞机甚至专门发射侦察卫星进行侦察。

（2）引导软/硬杀伤武器对敌通信系统进行压制或摧毁。

在通信侦察对敌情分析的基础上，充分掌握敌各级指挥通信电台的频率、信号属性及位置的情况，一旦战争需要，可向各种软/硬杀伤武器提供攻击目标的信息，以便利用通信干扰装备对敌各级指挥通信系统进行软杀伤或利用各种火力兵器对敌通信设施进行摧毁。

（3）对敌预警机的数据通信链路进行干扰。

在现代战争中，敌方空中预警机的远距离探测及空中指挥功能对我方的威胁非常大，为了削弱其功能，除了对其预警雷达进行干扰，还可以通过对其数据通信链路进行干扰，以破坏其情报信息的传递与通信指挥的畅通。由于预警机的通信链路对预警机功能的发挥至关重要，一般预警机的通信链路都具有很强的抗干扰能力。所以对预警机通信链路的侦察与干扰是一项极富挑战性的通信对抗应用研究。

（4）对敌防空雷达网的数据通信链路进行干扰。

在我方作战机群执行对敌轰炸与攻击任务时，会遇到敌防空火力的拦阻。此时，除了用雷达对抗对敌雷达的工作进行压制外，还要对敌防空雷达网的数据通信链路进行压制，双管齐下才能达到更好的效果。因为雷达对飞机的威胁并不在于雷达本身，而在于雷达情报传递到作战指挥部后，引导防空武器对我方飞机进行的攻击。因此，只要使雷达数据通信链路失灵，指挥部门得不到情报，防空武器就无用武之地了。

（5）对敌地–空指挥通信及空–空通信进行干扰。

在敌歼击机拦截作战中，作战机群如果脱离了地面指挥及空中通信联络，就会变成乌合之众，所以对敌地–空指挥通信及空–空通信联络进行有效的通信干扰，是空战中一种有效的作战手段，可大大削弱敌作战机群的战斗力，从而减少我方作战飞机的损失。

（6）作为潜艇的自卫作战武器。

潜艇是现代海上作战中极具威力的作战舰艇，它对大型舰艇，如航空母舰、导弹驱逐舰等构成很大威胁。能长期潜航的核潜艇更是一种十分隐蔽的战略洲际导弹的发射平台，对潜在的敌国构成极大威胁。因此潜艇特别是核潜艇的活动踪迹，无论战争时期还是和平时期，它都是潜在敌国十分关注且时刻都企图掌握的信息。为此，各国发展了多种探潜的手段，其中有一种叫作航空探潜，探潜飞机向感兴趣的水域投下一批声呐浮标，这些浮标探测到潜艇后，通过数据通信链路向探潜飞机发送情报，多个浮标的探测信息可以对潜艇进行定位，从而对潜艇构成威胁。为了破坏这种探潜方法，除了潜艇本身尽量销声匿迹，还可以用通信对抗手段实行自卫。具体办法是，潜艇向感兴趣的水域放出一批通信对抗浮标，这种浮标专门侦察上述声呐浮标的数据通信链路，一旦发现它们就开始发送信息，即刻施放干扰予以压制，使探潜飞机得不到确切的信息，从而达到保护自己的目的。为了保卫一条价值连城的核潜艇，配备一批通信对抗浮标，实在是太值得了。

（7）对敌广播通信进行干扰。

战争期间，在必要时对敌广播通信进行干扰与欺骗，扰乱其军民的情绪，也是通信对抗的一项很有意义的应用研究。

（8）制造反通信侦察的干扰屏障，保护己方通信。

通信干扰除了干扰敌方通信，还可以用于保护我方的通信，不让敌方侦察到。其具体办法是，在离敌方通信侦察站较近而离我方通信地域较远的地方，用定向天线向敌方发射宽频带噪声，频带宽度要基本覆盖我方通信使用的频率范围，从而组成一个干扰屏障，使敌方通信侦察站收到的只是我方通信频率使用范围内的噪声，而我方通信信号完全淹没在噪声中。这种办法在战争的关键时刻可以使用。

（9）配合防空雷达对入侵敌机进行航迹探测。

当大规模机群入侵时，如果我方雷达受干扰而不能充分发挥作用，则无源探测仍然可以完成对敌机群的探测，对通信信号进行测向与定位也是无源探测的一个重要方面。

五、通信对抗的发展史及发展趋势

（一）通信对抗的发展史

1. 通信对抗开始：19世纪末到第一次世界大战结束

19世纪末，科学家们在研究无线电通信时，发现随着发射机数量的增多，出现了相互干扰的现象。这是无意识的通信干扰。

1901年，美国举行国际游艇比赛，第一次有意识地使用通信干扰。谁首先报道比赛结果谁就可以吸引更多的广告客户。美国无线电电报公司利用两部大功率发射机干扰阻塞其他两家公司的无线电接收机，并用另一部发射机通报比赛情况，从而取得了竞争胜利。这是民用领域的应用。

1904年，日本与俄国围绕争夺中国重要港口旅顺发生大规模海战。在日俄海战中，俄国报务员盲目地按下了火花式发报机的按键，对日本的无线电通信形成了电磁干扰，日本舰艇之间无法进行正常联络，只好撤退。这是通信干扰首次在军事领域的应用，标志着电子战的开始。

到了第一次世界大战期间，随着选频通信的问世，无线电通信在各参战国的军队中得到了普遍使用。1914年，英、德两国在地中海发生了通信电子战行动。当时在地中海有两艘德国军舰被英国军舰盯梢。英舰的任务是把德舰的活动情况用无线电通报给伦敦的海军部，以便调集地中海舰队拦截两艘德舰。然而英舰与海军部的无线电通信联络迅速被德舰先进的无线电设备侦听到，并查明了有关频率等技术参数，于是德舰果断地发射了与英舰无线电设备频率相同的杂乱噪声，严重地干扰了英舰正常的无线电通信，使其信号被埋没在噪声中无法分辨。这是首次应用无线电波干扰敌人的通信，保护自己军舰的安全，通信对抗从临时应变到有意识操作的案例。

由于德舰通信电子战的成功应用，刺激了英国研究电子战设备和战术应用的积极性。其中最重要的是其研制出无线电测向机。例如，1916年5月，德国计划从海上对英国海岸大举袭击，但德国采用电子欺骗方法被无线测向机识破，反而被英国舰队打了个措手不及。

这一阶段，通信对抗的特点主要表现为对无线电通信的侦察、破译和分析，而不是中断或破坏他们的发射，对无线电通信的干扰只是在战争中偶尔应用。早期的通信侦察和干扰无专用的电子战设备，只是利用无线电收、发信机实施侦察和干扰。

2. 通信对抗形成：第二次世界大战期间

在第二次世界大战中，各国研究了对调频电话、移频电报及单边带通信的最佳干扰样式，出现了专门用于通信对抗的装备和系统，使通信对抗有了新的发展，并成为电子战的一个重要组成部分。

1942年5月，中途岛战役之前的几个星期，日本的山本五十六用早已被美国破译的老密码，给海军高级指挥所发了一份下一步军事行动的密码电文，结果该电文被美国建立的电子侦察网截获，解密后美国知道了日本的进攻区域是中途岛，于是尼米兹将军命令三艘航空母舰进入中途岛航线并做好战斗准备，最终取得中途岛大胜。

美军曾用模拟德军地空指挥通信的办法，向德军歼击机领航员发出虚假命令，扰乱德军的指挥通信，迫使德军采用保密话路来进行地-空通信，从而摆脱了美军的扰乱。

这一阶段，无线电通信得到较快的发展和广泛应用，并成为战争的一种重要指挥手段，导致以获取敌人军事情报的通信侦察和以压制破坏敌人无线电通信的通信干扰的作用与地位迅速提高，新的通信对抗系统不断涌现，通信对抗战术运用更为巧妙。

3. 通信对抗发展：从第二次世界大战结束到 20 世纪 80 年代

从第二次世界大战结束到 20 世纪 60 年代末期，完成了通信电子干扰理论、干扰体制、常规通信最佳干扰样式及其相关技术的研究，生产和装备了许多种类的通信电子侦察接收机、测向机和大功率通信干扰机。

20 世纪 70 年代以来，国外首先推出了以计算机为核心的指挥控制分系统，由联网的侦察支援分系统、测向定位分系统、通信干扰分系统、内部通信分系统以及技术保障分系统组成的通信对抗系统。系统的规模可以因纳入系统的分系统数量的不同而不同，当通信干扰分系统独立工作时它可以是一个完整的通信干扰系统。

这一阶段的特点是通信对抗单机发展完善，并逐渐形成通信对抗系统。

4. 现代通信对抗：20 世纪 80 年代到目前

（1）通信对抗范围的拓宽。对跳频、直接序列扩频等新通信体制的对抗和对 C^4I 系统的对抗成为国内外研究的重点。虽然在体制和技术研究方面取得了一定进展，但离完善解决仍有很大差距，尤其对 C^4I 对抗的研究，差距更大，今后很长时间内它仍然是通信对抗研究的重点。

（2）扩展工作频段。它主要包括两个方面：一是扩展通信对抗的频段范围；二是增大通信对抗单机设备的频率覆盖范围。目前，通信对抗侦察与测向的工作频率最高达到几十千兆赫，通信干扰的工作频率在 1000MHz 以下。随着对卫星通信对抗的开展以及毫米波通信在军事通信中的应用，要求通信对抗的工作频段也做相应扩展。

（3）发展自动化通信对抗系统。由于自动化通信对抗系统具有功能强、反应速度快的特点，在现代战争条件下具有很强的适应能力，成为通信对抗研究发展的重点。

（4）开发和运用新技术、新器件。除了计算机技术和数字信号处理技术得到广泛应用外，高速频率合成技术、自适应功率和频率管理技术、射频数字存储技术、宽带相控阵技术、人工智能技术等也应用于通信对抗装备中。在通信对抗装备中陆续得到应用的新器件有：大规模高速集成电路、微波固态器件、声波器件、声光器件等。

（二）通信对抗的发展趋势

通信对抗发展到现在，面临的主要挑战有：①信号环境日益复杂；②战场时效性要求越来越高，要求实现侦察即打击；③通信网络化，通信系统组网方式更加灵活，点对点干扰失效；④生存威胁，战场立体侦察体系，受精确制导武器打击的危险性大。如何克服这些挑战，也就代表着通信对抗的发展趋势，概括为以下几点。

（1）新型综合通信对抗体制。随着通信技术向低截获概率技术方向发展，如宽频带高速跳频技术、宽频带扩频技术、自适应天线方向图技术等，通信对抗面临前所未有的极大挑战。

下面举例来说明这个问题。设跳频电台的跳速为 1000 次/s，跳频范围为 30～90MHz，跳频最小频率间隔为 25kHz 伪随机跳频规律。那么，通信对抗系统需具备怎样的能力才能跟踪它，从而截获它，进而干扰它呢？每秒跳频 1000 次意味着，在一个频率点上驻留时间仅 1ms；跳频范围 30～90MHz 及跳频最小频率间隔 25kHz 意味着总共有 2400 个可能用于通信的频率点。在通信方面，收发双方是按预先设置好的伪随机跳频规律同步跳频的，所以 1ms 自动换一个载频即可，接收带宽只需要 25kHz。但在通信侦察方面，由于并不知道跳频的规律，对每个新的工作频率点都必须寻找，而且必须在远小于 1ms 的时间内去寻找。假如用 0.2ms 时间，在 2400 个可能的频率点上去搜索新的工作频率点。也就是说，在每个频率点上只能停留不到 0.1μs 的时间。这就是说，通信侦察接收机必须敞开 30～90MHz 的频带，并且本地振荡器要在 0.1μs 换一次频率。可以想象，这样的跳频通信侦察接收机不知道要比跳频通信接收机困难多少倍。

对于扩频通信技术、跳频与扩频结合的通信技术，通信对抗面临比上述更大的难题，但是"魔高一尺，道高一丈"，通信对抗技术的发展趋势之一就是面对跳/扩频通信，发展宽频带、高搜索跟踪速度与超大干扰功率的新一代侦察、测向与干扰技术，研制侦察、测向与干扰一体化的新型通信对抗系统。超大干扰功率如何实现？现有的固态功率合成技术已难以满足超大功率的要求。空间功率合成实际上就是相控阵的一种简化形式，其核心思想是用多个功放配上多副单元天线，通过控制每一辐射单元发射信号的相位，使其在远场进行场强的同相叠加。提高设备和系统的反应速度，除了从体制上解决外，采用计算机技术和高速数字处理技术是不可缺少的重要途径。

（2）先进信号处理技术。利用信号时域、空域和频域的多种特征参数，提高信息处理速度。软件无线电突破了传统的无线电台以功能单一、可扩展性差的硬件为核心的设计局限性，强调以开放性的最简硬件为通用平台，尽可能地用可升级、可重配置的应用软件来实现各种无线电功能的设计新思路。采用软件无线电可以使用户在同一硬件平台上通过选购不同的应用软件来满足不同时期、不同使用环境的不同功能需求。

（3）最佳干扰样式的研究。只要通信技术的发展没有停止，通信干扰最佳干扰样式的研究就必须进行。最佳干扰样式的研究是针对敌方的，也是基于敌方的。当然我们不可能得到大量敌方的通信装备，不可能复制复杂的战争环境，因此计算机模拟是必需的。计算机环境模拟以及最佳干扰样式研究的主要难点在于对象的复杂性、多样性及其技术的先进性。

（4）重视发展机载通信干扰系统。机载通信干扰系统由于升空增益的存在使其具有极其突出的优点。干扰设备升至空中的一定高度后，电波传播至接收机的路径损耗，较其置于升空时的地面投影点传播到接收机的路径损耗有所减少，这种减少相当于干扰机置于地面时功率的增加，由此得到的功率增加倍数称为升空增益。在大多数情况下，使用地面（或水面）配置的通信干扰机，实施有效干扰是不可能的，而使用机载通信干扰系统，有效干扰就可能轻而易举。所以国外一直十分重视机载通信干扰系统的发展，如美国的 UH-60A"快定Ⅱ"（Quick Fix Ⅱ）通信电子战飞机、RC-12"先进快视"（Quick Look Ⅱ）通信电子战飞机、EC-130H"罗盘呼叫"（Compass Call）通信电子战飞机以及 EA-18G 专用电子战飞机等。

（5）通信与通信对抗一体化。由于电子技术与软件技术的发展，电子设备中的部件正向小型化、模块化、标准化、系列化方向发展，随之而来的是电子设备的功能也向多元化方向发展。通信对抗技术的发展也不可能例外。事实上，通信对抗装备很容易兼有通信的功能，通信干扰机也可兼作同频段的雷达干扰机。这种兼容系统的发展趋势对机载平台特别有意义，它可以减少需要配置的电子设备的种类，减轻质量，缩减容积，减少电力消耗，也利于维护保养。

（6）通信网络的对抗。通信系统为了提高在复杂干扰环境下的通信可靠度，广泛采用带有很大冗余度的网络结构，当一条通信链路中断时，通信未必中断，因为它可以从另一条迂回路径沟通。现代军事通信已向海、陆、空、天多平台及三军一体化组网互通、实时信息传递、交换与分配方向发展，网络重组与迂回能力大大加强。因此，通信对抗必须从整个网络的高度开展研究，以实施有效的网络通信对抗。通信网络对抗的技术基础是点对点通信对抗，基本要求包括对侦察定位要求和干扰攻击要求等方面。通信协议分析和通信网识别单元对基带群信号进行分析，设法获取其交换信令、地址信息、通信内容，并且对通信网进行识别，识别其主干网络，是通信网侦察的重要环节。为了实现对通信网的干扰与攻击，包括信息欺骗干扰、节点阻塞干扰、网络交换机病毒干扰等主要形式，也包括对通信网数据链路干扰技术，如战术数据链路 Link4A、Link11 和 Link16 等，以及卫星数据链路进行干扰。

第二节　通信侦察技术

通信侦察是实施通信对抗的前提和基础，利用通信侦察可以获得大量通信对抗情报，乃至重要的军事情报。它不仅能够为干扰压制敌方通信提供所需要的参数，而且可以为我方制订通信对抗作战计划、研制和发展通信对抗装备提供重要依据。因此，通信侦察在通信对抗中占有极其重要地位。

一、通信侦察概述

1. 通信侦察的任务

通信侦察的主要任务如下。

（1）对敌方无线电通信信号特征参数和工作特征的侦察，包括侦察敌方无线电通信的工作频率、通信体制、调制方式、信号技术参数、工作特征（如联络时间、联络代号等）等内容。

（2）测向定位。测定敌方通信信号的来波方位并确定敌方通信电台的地理位置。

（3）分析判断。通过对敌方通信信号特征参数、工作特征和电台位置参数的分析，查明敌方通信网的组成、指挥关系和通联规律，查明敌方无线电通信设备的类型、数量、部署和变化情况，从而可进一步判断敌指挥所位置、敌军战斗部署和行动企图等。比如：①通过对某一地域内敌方通信网台数目的侦察可判断敌军的兵力部署情况。频率信息是通信侦察的最重要信息之一，通过对敌通信网台频率信息的侦察并结合测向及定位计算可以得到电台的地理坐标。通信台站在地域上的分布情况可以表明其部队的隶属关系，从而可以推断敌军的兵力部署情况。对频率信息侦察还可发现某个电台的消失或某些电台的出现。通信台站情况的变化在很大程度上反映了部队部署的变化。②通过对敌通信信号电平的侦测可判断敌指挥系统的配置情况。在确定了敌台位置之后，根据侦测得到的信号电平的大小，可以估算通信网台的发射功率等级。一般来讲，功率大的电台是指挥级别比较高的指挥机关，而功率小的则多为下级部队。③通过对敌通信网台的工作时间的侦测可以得知，那些通信频繁或通信信息密度大的通信网台可能是敌占区通信网的通信主台，一般来讲，这是敌人的指挥所所在。而另一些电台，不管它们工作在哪些频率上，则多半是属台，是敌军的下级部队。④通过对敌通信网台工作作风、纪律及保密安全情况等的分析可以判断敌方通信人员的素质、训练水平和管理情况，进而可以判断敌通信网台的级别。

2. 通信侦察的分类

通信侦察可以有不同的分类方法。

按工作频段划分，有长波侦察、中波侦察、短波侦察、超短波侦察、微波侦察等。在很长的时间内，通信对抗侦察主要是在短波和超短波两个频段展开的，到目前为止，这两个频段仍然是通信对抗侦察的主要频段。随着微波频段军用通信的日益增多，微波侦察在通信对抗侦察中也日益占有重要的地位。

按通信体制划分，有对接力通信的侦察、对卫星通信的侦察、对跳频通信的侦察、对直接序列扩频通信的侦察等。

按作战任务和用途划分，通常分为通信情报侦察和通信支援侦察。

按照侦察范围和作战级别的不同，通信侦察可分为战术通信侦察和战略通信侦察。战术通信侦察的对象是战术通信，其侦察范围相对较小，主要针对敌水面舰艇编队或编队与空中兵力的通信联络，频率范围从短波到超短波，侦察的实时性要求高。战术通信侦察在一般情况下以技术侦察为主。战略通信侦察的对象是战略通信，其侦察范围较大，包括陆、海、空、天，属全球性。侦察对象主要是敌本部军事指挥中心和战区指挥部之间及与执行特殊任务的作战部队之间的通信联络，频率范围从短波、超短波至微波。战略通信侦察在一般情况下以通信情报侦察为主。在实施战略通信侦察时，舰艇通信侦察只承担一部分工作，重点是对海、空通信信号的侦察。

3. 通信侦察的基本步骤

通信侦察的内容和步骤是随着侦察设备技术水平的不断提高而变化的。早期的通信侦察是以耳听侦察通联特征为主的。通联特征是指通信联络中所反映出来的一些特点，例如，信号频率、呼号、勤务通信用语、联络时间、电报信号的报头、人工手键报的音响特点（反映报务员的发报手法特征）等。现代的通信侦察已转变为以侦察通信信号的技术特征为主，主要步骤如下。

（1）对通信信号的搜索与截获。

由于敌方的通信信号是未知的，或者通过事先侦察已知敌方某些信号频率而不知道其通信联络的时间，因此，需要通过搜索寻找，以发现敌台信号是否存在以及是否有新出现的通信信号。

截获信号必须具备三个条件：一是频率对准，即侦察设备的工作频率与信号频率要一致；二是方位对准，即侦察天线的最大接收方向要对准信号的来波方向；三是信号电平不小于侦察设备的接收灵敏度。由于敌方信号的频率和来波方向是未知的，所以在寻找信号时，需进行频率搜索和方位搜索。

上述三个条件是对一般情况而言的，在实际侦察中，对于不同的通信体制，以及不同类型的信号要区别对待。对于短波和超短波常规电台信号的侦察，由于这两个频段的电台，一般都采用弱方向性或无方向性天线，侦察设备一般也都采用弱方向性或无方向性天线，因此，一般只进行频率搜索，而不进行方位搜索。对于接力通信和卫星通信信号的侦察，由于其通信体制都采用强方向性天线，要求侦察设备不仅具有频率搜索功能，也必须具有方位搜索功能。

频域截获主要由三个因素决定：接收机的搜索速度、信号持续时间和搜索带宽。而通信侦察系统的频域截获概率 P_{fi} 定义为

$$P_{\mathrm{fi}} = \frac{T_{\mathrm{d}}}{T_{\mathrm{sf}}} \tag{4-2-1}$$

式中，T_{d} 是通信信号的持续时间；T_{sf} 是通信侦察接收机搜索完指定带宽所需的时间。设搜索带宽为 W（MHz），接收机搜索速度为 R_{sf}（MHz/s），则搜索时间为 $T_{\mathrm{sf}} = W/R_{\mathrm{sf}}$，频域截获概率可以重新写成

$$P_{\mathrm{fi}} = \frac{T_{\mathrm{d}}}{W} R_{\mathrm{sf}} \tag{4-2-2}$$

设 T_{d} =1s，如果要求 P_{fi} =0.9，W =60MHz，则接收机搜索速度应该不小于 54MHz/s。设 T_{d} =0.1s，如果要求 P_{fi} =0.9，W =180MHz，则接收机搜索速度应该不小于 1.62GHz/s，这个搜索速度是非常高的。信号环境越复杂，所在区域的信号数量越多，进入接收机的信号就越多，当信号处理器能力一定时，需要的信号处理时间就越长，这样就会降低搜索速度，导致截获概率的降低。

（2）测量通信信号的技术参数。

各种通信信号共有的技术参数主要有：信号载频，或者信号的中心频率；信号电平，通常用相对电平表示；信号的频带宽度，可根据信号的频谱结构测量信号的频带宽度；信号的调制方式，根据信号的波形和频谱结构一般可分析得到信号的调制方式等。

不同的通信信号一般具有自身特有的技术参数，例如，调幅信号的调幅度，调频信号的调制指数，数字信号的码元速率或码元宽度，移频键控信号的频移间隔，跳频信号的跳频速率等。

以上技术参数的测量对于通信信号的识别分类是十分重要的。除了测量技术参数，记录信号的出现时间、频繁程度以及通信时间的长度等也是很有意义的情报资料。

（3）测向定位。

利用无线电测向设备测定信号来波的方位，并确定目标电台的地理位置。测向定位可以为判定电台属性、通信网组成、引导干扰和特定条件下实施火力摧毁提供重要依据。

（4）对信号特征进行分析、识别。

信号特征包括通联特征和技术特征。其中，技术特征是指信号的波形特点、频谱结构、技术参数以及电台的位置参数等。分析信号特征可以识别信号的调制方式，判断敌方的通信体制和通信装备的性能，判断敌方通信网的数量和地理分布以及各通信网的组成、属性及其应用性质等。当然，较低级侦察系统技术不够强，只记录存储，供较高级侦察系统分析。注意区分敌我识别和敌台识别，敌我识别是通过侦听呼号、代号、测定频率和测向定位来进行的；敌台识别是辨认出是哪一个敌台。敌台识别非常重要，这是因为：①对所有敌方信号进行干扰是不可能的，只能对较重要的信号进行干扰；②敌方受干扰后，会改变频率躲避干扰，需要重新找到此信号并正确识别。如何实现敌台识别呢？通过技术情报积累、军事情报和测向定位等，掌握电台属性、呼号、代号和方向位置。电台位置很重要，频率易变，但位置不易变。

（5）控守监视。

控守监视是指对已截获的敌台信号进行严密监视，及时掌握其变化及活动规律。在实施支援侦察时，控守监视尤为重要，必要时可以及时转入引导干扰。

（6）引导干扰。

实施支援侦察时，依据确定的干扰时机，正确选择干扰样式，引导干扰机对预定的目标电台实施干扰压制，在干扰过程中观察信号变化情况也可以对需要干扰的多部敌方通信电台按威胁等级排序进行搜索监视，一旦目标信号出现，及时引导干扰机进行干扰。

4．通信侦察系统

通信侦察系统包括侦察接收系统和无线电通信测向系统两类，这里仅讨论侦察接收系统。

（1）侦察接收系统的基本组成。

现代侦察接收系统的基本组成包括天线/天线共用器、接收机、终端设备和控制装置，如图 4-2-1 所示。

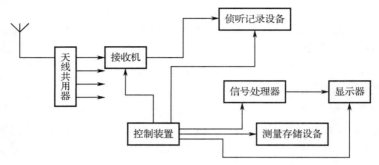

图 4-2-1　侦察接收系统的基本组成

① 天线/天线共用器。天线是侦察接收系统不可缺少的组成部分。天线共用器视情况而定，当由多部侦察接收系统组成侦察站时，通常需要共用天线，必须配置天线共用器。

② 接收机。接收机是侦察接收系统的核心，系统的性能在很大程度上取决于接收机的性能。接收机用于对信号的选择、放大、变频、滤波、解调等处理，并为后面的终端设备提供所需要的各种信号。

③ 终端设备。终端设备主要包括侦听记录设备、测量存储设备、显示器、信号处理器等。

④ 控制装置。现代侦察接收系统基本都是采用微处理机或微型计算机实现对设备的自动控制的，这不仅提高了侦察接收系统的自动化程度，也扩大了其功能。

需要指出的是，习惯上，常常把侦察接收系统称为侦察接收机。

（2）典型舰艇通信侦察系统。

典型舰艇通信侦察系统通常设有多个相同的操作席位，其组成如图 4-2-2 所示。操作席位可以增加或减少，这根据具体需要确定。操作席位可以按不同频段划分，也可以按功能划分。如几个操作席位都工作在同一频段，操作席位 1 设一部搜索接收机，用于快速搜索截获信号及网台分选；操作席位 2 设一部监测接收机，用于信号技术参数测量、解扩、解跳和解调；分析设备的任务通常是对信号调制方式及细微特征进行分析；记录设备包括录音机、打印机及磁带记录器等，完成声音、文字、图像的记录和存储功能；系统和外部的联系通过无线电台进行；通话装置用于系统内部各操作席位之间的话音通信；天线的配置主要取决于工作频段及接收机输入端口数量。这种配置模式适用于专用的电子侦察船和飞机等。

（3）侦察接收系统的主要性能指标。

① 工作频率范围。它是指侦察接收系统能正常接收通信信号的频率范围。其工作频率范围越宽，对不同频段信号侦察的适应能力越强。其工作频率范围可以从几千赫到一千多兆赫。

② 灵敏度。它是衡量侦察接收系统接收微弱信号能力的指标。灵敏度一般都在微伏数量级。现代通信侦察系统的系统侦收灵敏度为-110～-90dBm。

③ 动态范围。它是指保证侦察接收系统正常工作条件下，接收机输入信号的最大变化范围。动态范围的下限受设备灵敏度的限制，只有大于灵敏度的信号才能正常接收。动态范围上限受接收机最大输入功率的限制。接收机的动态范围越大越好，一般要求动态范围为70～80dB。

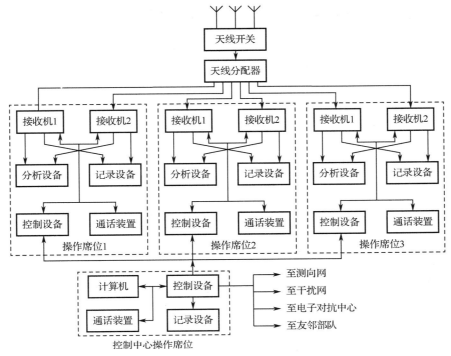

图 4-2-2　典型舰艇通信侦察系统组成

④ 频率稳定度。它表征了接收机频率稳定的程度,通常用相对频率稳定度 $\Delta f / f_0$ 衡量(f_0 为标称频率值, Δf 表示在测试时间内的频率偏移值)。频率稳定度通常在 $10^{-8} \sim 10^{-6}$ 数量级。

⑤ 频率分辨率。它是指侦察接收系统能区分两个同时存在的不同频率辐射源信号之间的最小频率间隔,反映了设备对相邻频率通信信号的分辨能力。短波一级接收机的最小频率间隔为 1Hz,短波二级接收机的最小频率间隔为 10Hz,在要求不太高的场合可达 100Hz;超短波接收机的最小频率间隔一般为 1kHz,在要求不太高的场合可达 25kHz。

⑥ 反应速度。侦察接收系统的反应速度包括搜索速度、对信号的分析处理速度等。理想的情况是能够实现快速搜索截获,实时测量和分析处理。

⑦ 侦察作用距离。侦察作用距离是舰艇通信侦察系统能依规定的概率截获和处理通信辐射源信号的最大距离。这是舰艇通信侦察系统的一项重要战术指标。换句话说,侦察作用距离是侦察接收系统输入端上的信号电平等于侦收灵敏度时的侦察距离。侦察作用距离与侦察系统的技术性能、通信发射机的技术性能和电波传播条件等有关。

5. 通信侦察的特点

(1)频率覆盖范围宽。无线电通信侦察需要覆盖无线电通信所使用的全部频率范围。从目前的技术发展情况看,这个频率范围大约从几千赫到几十千兆赫。当然,对一个具体的通信侦察设备而言并不一定要求其覆盖这样宽的频段,实际的通信侦察设备应根据其侦察目的、侦察对象、侦察方式、舰艇活动特点、电波传播特性及电磁环境的复杂程度等,实行分频段使用。

(2)信号电平起伏大。通信侦察所面临的一个非常令人头痛的问题就是要侦收的目标信号电平起伏大,存在远近效应现象。远近效应是指在同一工作区域内,同一系统中由于接收机对不同发射机的电波传播距离远近不同,形成电波传播路径的衰减不同,近距离发射机发送来的信号场强要远大于远距离发射机发送来的信号场强。在接收机中，强信号将对弱信号产生抑制作用，造成接收机不能很好地接收远距离发射机发送来的信号。目标信号电平起伏大的原因包括：①通信对象的地理配置及功率等级不同；②外部电磁环境的干扰，包括人为干扰和非人为干扰的影响；③电波传播衰落现象的影响，这些衰落包括吸收衰落、干扰衰落、极化衰落和跳跃衰落等。

（3）通信侦察对象信号复杂。侦察对象信号的复杂性表现在多个方面：首先，在无线电通信系统中，通信信号所传送的消息种类很多，通常有电话、电报、图像、数据等。根据它们的特点，通信信号可以区分为离散信号（又称为数字信号）和连续信号（又称为模拟信号）。为了侦察这些信号，应采用不同的侦察设备。根据信号调制方式的不同，通信信号通常可分为模拟调幅、模拟调频、数字调幅、数字调频等。侦察设备必须具有相应的解调方式才能侦收这些信号。作为通信侦察的对象，现在世界各国的通信电台种类和型号特别多。同一频段、同一用途的通信电台各式各样，不同型号的电台具有不同的技术特征，通信侦察设备必须能监测和识别这些特征。

（4）通信侦察隐蔽、安全。通信侦察一般不辐射电磁波，其主要功能是搜索和截获电磁信号，并从中获取信息内容。因此，通信侦察隐蔽性好，不易被敌方发现，可以免遭敌反辐射兵器的攻击。

（5）通信侦察需要实时。在战争中，战争形势瞬息万变，信息的时效性特别强。一方面，一份特别重要的情报在几个小时甚至几分钟之后就可能变得毫无意义。因此，通信侦察必须特别重视实时性。另一方面，无线电信号的留空时间很短暂，通信侦察设备的反应速度必须很快，搜索要快，截获处理要快，信息的传输要快。

（6）通信侦察面向指挥部。与雷达侦察不同，通信侦察不针对某一个通信个体，通信侦察的重点是敌各级指挥部。寻找和跟踪敌各级指挥机关是通信侦察的主要任务。

二、通信侦察接收机

从功能上分，传统的通信侦察接收机可以分为全景显示搜索接收机和监测侦听分析接收机两类。这两类接收机主要用于对常规通信信号的侦察，其中后者应用更为广泛。

在接收机体制上，由于超外差体制的接收机具有灵敏度高、选择性好的优点，并且技术上早已成熟，所以上述通信侦察接收机都采用超外差体制。随着跳频通信技术在军事通信中的应用，要求通信侦察接收机同时具有很高的频率搜索速度和频率分辨力。而超外差体制的接收机在提高频率搜索速度和频率分辨力方面存在自身不能解决的矛盾。于是，压缩接收机、信道化接收机和声光接收机三种体制被应用到通信侦察中，以适应对跳频信号的侦察。此外，数字接收机是通信侦察接收机的重要发展方向。在功能上，四种新体制的通信侦察接收机既可实现对信号的搜索截获，也可实现对信号的测量、分析和识别。

1. 全景显示搜索接收机

全景显示搜索接收机的基本功能有两个：其一，在预定的频段内自动进行频率搜索截获，并实时测量被截获信号的频率和相对电平；其二，将被截获信号在频率轴上的分布、频率和相对电平参数同时显示在显示器上。这种侦察接收机已在通信侦察中长期应用，通常称其为全景接收机。

图 4-2-3 所示为全景显示搜索接收机的原理。该接收机为二次变频超外差接收机，混频

器取差频，即 $f_i = f_L - f$。本振采用 VCO，锯齿波电压产生器输出的锯齿波电压作为 VCO 的控制电压。锯齿波电压又通过调谐控制电路，对预选器回路和射频放大器回路进行调谐，使回路中心频率与本振输出频率 $f_L(t)$ 同步变化。

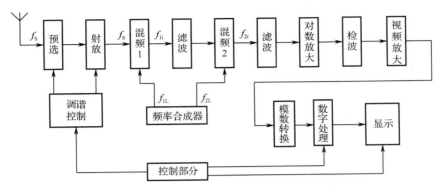

图 4-2-3 全景显示搜索接收机原理

设 VCO 的控制灵敏度为 K_L，锯齿波电压变化幅度为 U_m，则 $f_L(t)$ 的扫频范围为

$$\Delta f_{LM} = K_L U_m$$

$f_L(t)$ 的扫频速度为

$$V_f = \Delta f_{LM}/T = K_L U_m/T$$

式中，T 为锯齿波的变化周期。

当 $f_L(t)$ 加到混频器后，随着锯齿波电压的变化，即可实现对输入信号 f_S 的频率搜索。搜索的频率范围及搜索速度则完全取决于 $f_L(t)$ 的扫频范围和扫频速度。

若在频率搜索范围内存在两个信号频率 f_{S1} 和 f_{S2}，当 $f_L(t)$ 分别与 f_{S1} 和 f_{S2} 的差频落入混频器后的滤波器通带时，滤波器才有输出信号。该信号经过中放、检波和视频放大，加到显示器上。两个信号频率不同，显示器上出现的位置也不同（见图 4-2-4）。

其主要特点如下。

（1）采用二次变频方案，以提高接收机对中频干扰与镜像干扰的抑制能力。检波器之前采用对数放大，以增大接收机的动态范围。

（2）采用频率合成器为两次混频提供本振信号 f_{1L} 和 f_{2L}，其中 f_{1L} 在微机控制下可以改变，以实现频率搜索，f_{2L} 一般都为固定频率。

（3）视频放大器输出信号经模数转换后，先送到数字处理器进行数字处理，然后再送到显示器显示。经过数字处理，可以测量出信号的某些参数，并且使显示功能也大大增强。

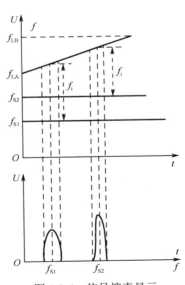

图 4-2-4 信号搜索显示

具体使用全景显示搜索接收机时，扫频速度的选择原则是在不牺牲接收机灵敏度的情况下，选择合适的扫频速度。在全景显示搜索接收机中，如果扫频信号扫过接收机通带（主要由中频带宽决定）的时间不小于信号的建立时间，就可以认为接收机的灵敏度基本不受影响。假设接收机的通带为 B_r，在工程上一般认为信号的建立时间为

$$T \approx 1/B_r \text{(s)} \tag{4-2-3}$$

在保证接收机灵敏度基本不受影响的条件下，接收机允许的最大扫频速度为

$$V_f = B_r / T_r = B_r^2 \text{(Hz/s)} \tag{4-2-4}$$

例如，若 $B_r = 10\text{kHz}$，则

$$V_f = B_r^2 = 100\text{MHz/s}$$

因此，在实用的全景显示搜索接收机中，通常设置不同的中频带宽和不同的扫频速度。在选用窄带工作时，应选择低的扫频速度，这样既可保证不降低接收机的灵敏度，又可比宽带工作（选用高的扫频速度）获得高的频率分辨率。

对于窄带搜索接收机，频率步进间隔可以为通信信号的最小信道间隔 Δf。相应的频率步进搜索过程中的本振频率点数 N_{nb} 为

$$N_{nb} = \frac{|f_2 - f_1|}{\Delta f} \tag{4-2-5}$$

窄带搜索接收机一次完成单个通信信道的搜索，它的频率搜索时间为

$$T_{fnb} = N_{nb}(T_{rs} + T_{st}) \tag{4-2-6}$$

设超短波通信电台的频率范围为 30～90MHz，信道间隔为 25kHz，本振换频时间为 100μs，搜索驻留时间为 1000μs。如果利用窄带搜索接收机，那么本振频率点数 N_{nb} 为

$$N_{nb} = \frac{(90 - 30) \times 10^6}{25 \times 10^3} = 2400$$

频率搜索时间为

$$T_{ab} = 2400 \times (100 + 1000) = 2640000\mu s = 2640 \text{ms}$$

可见频率搜索时间是比较长的。为了缩短频率搜索时间，有以下 4 个可能的途径。

（1）通过采用并行多信道搜索方式，缩小频率搜索范围。它可以缩短搜索时间，但是也会使设备量和成本增加。

（2）采用宽带搜索方式，减少频率步进搜索过程中的本振频率点数。

（3）采用换频时间短的高速频率合成本振。

（4）缩短搜索驻留时间。搜索驻留时间主要取决于频率测量和信号分析时间。在搜索驻留时间内，信号处理器需要完成给定的频率测量、信号参数分析等任务。

2. 监测侦听分析接收机

监测侦听分析接收机是通信侦察中应用最早，也是目前应用最多的一种侦察接收机，监测侦听分析接收机的主要功能有：用于对目标信号信息的监听，信号参数的测量、记录与存储，信号特征分析与信号识别。

（1）监测侦听分析接收机的基本组成。

图 4-2-5 所示为监测侦听分析接收机的基本组成原理框图。

下面简单说明它与通信接收机的主要不同之处。

① 由于侦察信号的形式多种多样的，故在电路中设置带通滤波器组和解调器组以及相应的控制电路，以适应对不同通信信号的解调。

② 信号的频谱结构是识别通信信号形式的重要依据，在实施瞄准式干扰时，也是选择干扰参数的重要依据。所以该接收机中一般具有频谱显示电路，通常显示中频信号的频谱。

③ 该接收机设置多个信号输出端口。一般都设有中频和低频输出端口。根据需要，这些端口可以接不同的终端设备，用于对输出信号进行处理、分析、测量、存储、记录等。

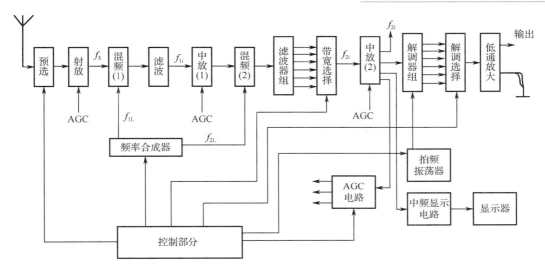

图 4-2-5 监测侦听分析接收机的基本组成原理框图

④ 该接收机在微机的控制下，可以进行自动频率搜索，以实现在频段内搜索截获通信信号。

（2）监测侦听分析接收机的主要功能。

① 具有解调多种通信信号的能力。信号经解调后，可以通过基带信号分析信号特征，进行技术参数测量，实施录音记录，监听敌方通信信息等，对于获取敌方通信对抗情报是十分重要的。

② 具有信号频谱和波形的显示分析功能。频谱显示方式有两种：一种是模拟频谱显示，中频频谱显示就属于这一种；另一种是数字化频谱显示，这种显示方式是把接收机输出的中频模拟信号（或者把中频信号再经过一次混频搬移到更低的频率上）经过模数转换，再经过数字信号处理单元得到信号的数字化频谱，然后传送给显示电路和显示器。由于数字信号处理需要一定的时间，因此，显示的实时性不及模拟频谱好。但是，数字化显示方式除了能够显示信号的瞬时频谱，还可以显示信号的平均频谱和信号频谱随时间的变化情况。另外，在对信号的处理中，可以测量出信号的某些参数，与信号的频谱同时显示在显示器上。

③ 具有测量信号技术参数，对信号进行分析识别的功能。测量信号的技术参数是该接收机的重要功能。

④ 具有频率预置和频率搜索功能。频率预置和频率搜索既可以人工进行，也可以自动实现。人工频率预置方式一般有两种：一种是利用键盘键入需要预置的频率；另一种是用调谐旋钮预置频率。监测侦听分析接收机和全景显示搜索接收机可以结合应用，后者截获到某一感兴趣的信号时，输出该信号的频率码，将监测侦听分析接收机自动预置到该信号频率上，对该信号进行精确分析测量。

⑤ 具有对信号波形、频谱参数与其他技术参数的存储与记录功能。存储由微机实现，记录方式有录音、照相等。

3. 中频信道化接收机

中频信道化接收机是在中频级使用邻接滤波器组实现宽开与高灵敏度的超外差接收机，其射频前端的带宽和频率步进间隔匹配于中频滤波器组的带宽。其特点是具有快的搜索速度和高的截获概率，缺点是体积大、质量重，成本较高，还有邻道识别模糊问题。

中频信道化接收机的典型原理框图如图 4-2-6 所示。

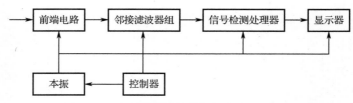

图 4-2-6　中频信道化接收机的典型原理框图

4. 数字信道化接收机

数字信道化接收机也称数字式 FFT（快速傅里叶变换）接收机，它使用数字滤波器组代替邻接滤波器组的中频信道化接收机。它具有非常快的搜索速度和非常高的截获概率，数字信道化接收机广泛用于跳频、扩频通信侦察设备中。其主要缺点是动态范围还不够宽，目前可达到的动态范围为 55～60dB。数字信道化接收机的典型原理框图如图 4-2-7 所示。

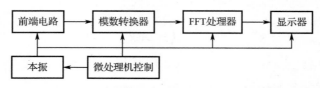

图 4-2-7　数字信道化接收机的典型原理框图

5. 压缩接收机

压缩接收机是利用快速扫描本振，截获侦察频带内所有信号，通过色散延迟线压缩，转换到时域进行测频的接收机。声表面波色散延迟线的频率分辨力是延迟时间的倒数。它相当于一个滤波器组，滤波器数目等于带宽和延迟时间的乘积。压缩接收机的特点是搜索速度快、体积小、质量轻、成本低，但目前所能达到的动态范围只有 30～40dB。压缩接收机的典型原理框图如图 4-2-8 所示。

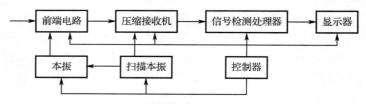

图 4-2-8　压缩接收机的典型原理框图

6. 声光接收机

声光接收机利用声光偏转器（布拉格小室）使入射光束受信号频率调制发生偏转，偏转角度正比于信号频率，用一组光检测器件检测偏转之后的光信号，从而完成测频目的。它的主要特点是瞬时带宽宽、搜索速度快，能够实现全概率截获信号，但动态范围较小。声光接收机的典型原理框图如图 4-2-9 所示。

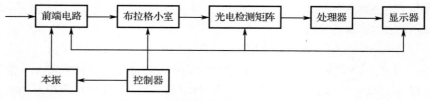

图 4-2-9　声光接收机的典型原理框图

三、通信侦察信号处理

对常规通信对抗侦察接收机而言，通信信号从天线进入接收机之后，经过放大、滤波、变频，把微弱的射频信号变为具有所需电平的中频信号。这种变换过程，无论是侦察接收机、通信接收机还是雷达接收机，都是相同的。对通信侦察而言，当前讨论的信号处理主要是指接收机中频信号输出之后进行的各种处理。其主要任务是，在一个由多种信号构成的复杂和多变的信号环境中，从其中分选和分离多个信号，测量和分析各个信号的基本参数，识别信号的调制类型和网台属性，并进一步对信号进行解调处理，监听或者获取它所传输的信息作为通信情报。

1. 基本内容

从侦察接收机对信号的处理功能看，通信侦察信号处理主要包括以下几个方面的内容。

（1）信号的分选。

在通信侦察系统瞬时带宽内，一般存在多个信号。预处理的任务之一是将多个重叠在一起的信号分离出来，称之为信号的分选或分离。信号的分选通常是一种盲分离，因为落在瞬时带宽内的信号的参数是未知的，这是信号分选的基本特点。通信侦察系统首先对信号进行粗略的频率分析，如采用窄带接收机、信道化接收机、DFT/FFT 分析等方法，粗略地分析和估计信号的中心频率和带宽，对多个信号进行分离，然后才能测量信号的各种参数，最后实现调制分类和识别等信号处理任务。这是因为大多数信号参数测量分析的方法都是在单个信号的条件下才能有效地发挥作用，也就是说，在进行参数测量分析时，带宽内最好只有一个信号。信号分选的任务通常是在接收机中完成的，如窄带接收机、信道化接收机，在完成信号载波频率粗分选测量的同时，也完成了信号分离的任务。而对于宽带搜索接收机，通常采用 DFT/FFT 分析或者其他分选方法实现信号分离的任务。

（2）信号体制识别。

信号形式复杂，不仅信号参数多变，采用的信号体制也差别很大。通过分析信号在时域、频域、时频域等的特点可以完成信号体制识别，如通过频域分析可将 FDMA、跳频信号与其他信号进行区分；通过时域分析可以区分 TDMA、跳频信号；通过时域相关分析可以区分直接序列扩频信号等。因为不同体制信号的参数及参数测量方法差别很大，所以信号体制识别是通信信号分析的重要组成部分。

（3）信号参数测量、分析与识别。

信号参数测量、分析与识别主要包括测量哪些参数，以及如何利用这些参数进行识别。

信号有多个技术参数，构成了信号的参数集。这些技术参数主要有中心频率、带宽、信号相对电平、调制参数、数据速率等。目前，对信号技术参数的测量多采用数字信号处理的方法实现，如利用频域分析方法测量信号的中心频率、带宽和相对电平，利用时域分析的方法测量码元宽度、码元速率等。

对信号进行调制识别时，根据信号各种调制方式的特点，提取反映信号调制类型的特征参数，构成识别特征参数集，按照一定的准则进行调制分类识别。信号调制识别可为识别通信辐射源的属性和信号解调提供支持。

在面对若干个电台辐射源组成的通信网时，需要区分不同辐射源对应的信号，以及各网台之间的通联关系等，这就是网台分析要完成的工作。网台分析通常需要在信号参数测量分析结果和测向（或定位）信息的支持下，利用综合分析的方法完成。

（4）信号的解调和信息恢复。

信号的解调一般由中频信号解调得到基带信号。通信侦察事先不知道敌方通信信号的形式，在截获到敌方通信信号以后，需首先经过分析识别，知道目标信号的调制方式和有关的技术参数，然后才能选择相应的解调方式。

在已知信号形式的情况下，侦察接收机采用的解调方式与通信接收机基本相同。然而，因为一般难以知道通信调制的具体参数，所以通信侦察的解调非常困难。例如，对跳频（FH）信号的解调，FH 信号采用常用的 2FSK（二进制频移键控）信息调制方式时，哪些频率代表"1"码，哪些频率代表"0"码，对通信接收方而言是已知的，可以实现正确解调；对通信侦察而言，则是未知的，即使能实时检测出各个跳变的频率，也不能正确解调出数字基带信号。

协议分析是恢复数字通信系统传输信息的必要前提。通信系统尤其是军用系统，常采用比较复杂的通信协议，如采用加密、信源编码、加扰和纠错编码技术；对于通信网信号还有网络协议等。作为非协作的第三方，通信侦察系统一般都不拥有被侦察对象的密码、纠错编码方式等通信协议的先验信息，要恢复信息、必须通过协议分析获取上述协议参数。

（5）信号的显示。

对信号的显示方式有模拟显示和数字显示两种。显示的内容主要有信号的波形、频谱和信号的技术参数。信号的波形和频谱都是采用显示器进行显示的，而信号的技术参数，有的用显示器显示，有的用数字显示。

（6）信号的记录和存储。

目前常用的记录和存储手段如下。

① 录音记录。受录音磁带频率响应的限制，录音需在音频范围内进行。实际应用中通常有两种情况，一种是将信号解调得到基带音频信号后，再进行录音记录。但是，信号经解调后，信号的调制特征丢失，所以，录音信号只能反映基带信号的特征。另一种是把侦察接收机的中频信号再进行一次频率搬移，使信号频谱落入录音机的工作频带内，然后进行录音记录。这样记录的信号能比较完整地反映信号的调制特征。

② 照相记录。照相记录主要用于记录疑难信号的波形或频谱。

③ 微机存储。在通信侦察中，目前已广泛应用微机对信号进行处理，处理的数据都存储到存储器中。利用射频数字存储技术可以直接经高速模数转换后将射频信号转换为数字信号进行存储。当需要对信号进行分析时，再经高速数模转换恢复出射频信号，这样可以更完整地保留信号的技术特征。但是，由于受器件速度和存储容量等条件的制约，微机存储目前尚未广泛应用。

2. 信号特征提取与分析识别

不同参数反映了不同的信号特征，信号分析和识别的基础是信号的特征。因此，在测量信号参数前，需要知道信号的特征。

1）信号特征

信号的特征通常分为两大类，即信号内部特征和信号外部特征。

信号内部特征通常指信号所包含的信息内容。除信息内容外，信号所具有的其他所有特征，统称为信号外部特征。所以，信号内部特征和信号外部特征是完整反映信号特征的两个方面。

信号外部特征包括通联特征和技术特征两类。

通联特征可以反映无线电通信联络的特点，如通信频率、电台呼号、联络时间等。

技术特征是指信号在技术方面反映出来的特点，主要是用信号的波形、频谱和技术参数来表征。信号的技术参数有：频率、电平、带宽、调制指数、跳频信号的跳速、数字信号的码元速率以及电台的位置参数等。信号的技术参数需要通过测量才能得到。通过对信号技术参数的分析、判断，可以得到信号种类、通信体制、网络组成等方面的情报。

（1）技术特征的分布"域"。

从信号技术特征直接表现的分布"域"看，可以分为频域特征、时域特征和空域特征。频域特征包括信号工作频率、信号带宽、频谱结构、FM 信号的最大频移、FSK 信号的频移间隔等；时域特征包括信号的波形特征、信号电平、数字信号的码元速率（或码元宽度）、跳频信号的跳速等；空域特征主要包括信号来波的方位和电波的极化方式。

所有的实际通信信号都是经过调制的，因此，它们都带有调制域特征。信号的调制参数，如 AM 信号的调幅度、FM 信号的调频指数、ASK 信号的码元速率、FSK 信号的频移间隔等，都属于调制域特征范畴。从严格意义上讲，信号的时域和频域特征包括了信号的调制域特征。

（2）信号的技术参数。

信号的常规技术参数是可以直接测量的，根据直接测量得到的技术参数，又可以推断出敌方通信系统的某些技术参数和技术特征。例如，根据信号的来波方位，可以利用测向定位确定发射台的地理位置；根据信号相对电平和发射台的地理位置，可以估算出发射台的发射功率等。

不同调制信号的技术特征可以从信号的时域波形和频谱结构上得到较为充分的体现，但是，上述常规技术参数并不能充分反映信号瞬时波形和频谱结构的特征，因此，若要对不同的信号形式进行识别，仅依赖常规技术参数是不够的，需要用到能反映信号波形和频谱结构的特征参数。例如，用信号波形的包络方差可以反映信号包络起伏的大小程度；用频谱对称系数反映信号频谱对称的程度；用谱峰数反映信号频谱包含的谱峰数目等。

信号的技术特征总体上变化较小，甚至有的技术参数长期不变，因此，信号的技术特征也称为固有特征。信号的通联特征"可变性"较大，因此，有的称之为可变特征（这里所讲的"变"与"不变"都是相对而言的，而不是绝对意义上的"不变"）。另外，通联特征和技术特征从内容上不是截然分开的，例如，信号频率、人工手键报的手法特点等，既是通联特征的内容，也是技术特征的内容。

在过去，对通联特征的侦察和分析是获取通信对抗情报的主要手段。今后，在通信侦察中，尤其在平时的侦察中，通联特征仍然是重要的侦察内容。但是，通联特征侦察分析靠人工进行，实时性差，可侦察的信号种类很少，不能提供敌方电台的技术参数等。由于通联特征侦察的局限性和存在的缺点，它已经不能适应现代战争的要求了，现代通信侦察必须转变为以侦察技术特征为主。

2）技术特征的提取与测量

（1）显示信号的波形和频谱。直接观察信号的波形和频谱，是对不同信号形式进行人工识别的主要依据。波形和频谱过去通常模拟显示，波形显示一般利用外接示波器实现。现代侦察接收机都采用 DSP 技术实现波形和频谱的显示。频谱显示是利用 FFT 得到信号的数字化频谱送到显示器中显示的。

（2）测量信号的常规技术参数。常规技术参数是描述信号技术特性，对信号进行识别分类的重要内容，目前，对大部分常规技术参数可进行实时测量。下面主要介绍信号共有技术参数的测量问题。

① 信号频率的测量。

信号频率通常是指信号的载频频率。信号中心频率是指信号频谱的中心频率。对大多数信号而言，信号载频和中心频率是一致的。如 AM 信号、ASK 信号等，既有信号的载频，其载频也是它们的中心频率。上述信号的共同特点是，理论上它们的频谱是对称的。但是有的信号，如 SSB（单边带）信号，载频与中心频率是不一致的，因为 SSB 信号的频谱不具有对称性，但频谱的中心频率仍然是存在的。在实际测量中，各种信号的中心频率易于测量，而 SSB 信号的载频是难以直接测量的。

在通信侦察接收机中，用于测频的方法很多，主要有：利用微机测频、利用测频电路测频。利用微机测频具有很大的灵活性，它根据信号的频谱进行测频，这样，信号频谱分析和测频可以结合起来，便于实现，实时性较好，并且具有较高的测频精度。下面主要介绍这种测频方法。

第一，对中频信号进行采样（序列长度为 N），再经 FFT 处理得到信号的数字化频谱。由于信号的平均频谱较稳定，所以利用信号频谱测量信号技术参数时，都是用信号的平均频谱。

第二，计算信号频谱的中心频率 f_0。f_0 的计算可以用不同的方法实现，下面介绍两种方法。

方法一：计算信号带宽的中心频率。

信号带宽的中心频率和信号频谱的中心频率是相等或非常接近的，于是，可以用信号带宽的中心频率近似代替信号频谱的中心频率 f_0。

关于信号带宽的测量将在后面讨论。用微机可以算出信号频带低端边界频率的位置序号 N_L 和高端边界频率的位置序号 N_H，信号带宽中心频率的位置序号则为

$$N_0 = \frac{1}{2}(N_L + N_H)$$

已知数字化频谱相邻谱线的间隔为

$$\Delta F = f_s / N$$

则信号带宽的中心频率为

$$f_0 = N_0 \Delta F = \frac{N_0}{N} f_s \tag{4-2-7}$$

这种计算信号带宽中心频率的方法适用于任何信号。

方法二：利用谱峰位置计算频谱的中心频率。

如 AM 信号、2ASK（二进制幅移键控）信号、2PSK 信号、窄带调频信号等，其信号频谱只有一个尖峰，并且尖峰所对应的频率就是频谱的中心频率。对于这一类信号，可用微机找出谱峰的位置序号 N_0，再按式（4-2-7）计算出 f_0。

对于 2FSK 信号，它有两个谱峰，对应的位置序号分别为 N_1 和 N_2，频谱中心频率对应的位置序号为 $N_0 = \frac{1}{2}(N_1 + N_2)$，由此可求出 f_0。

如果信号频谱包含多个谱峰（一般为偶数个谱峰），则频谱中心频率的计算可以参照 2FSK 信号的方法处理。

利用信号谱峰计算 f_0 的方法，其计算结果误差较小，实际应用比较多。但这种方法不适用于在理论上不存在谱峰的信号。

② 信号带宽的测量。

信号带宽也就是信号频谱的宽度，一般按信号功率的 90% 来确定。目前大多利用 FFT 后

的信号频谱，用微机自动计算信号带宽。计算方法可按以下两种情况处理。

第一，在已测得信号频谱中心频率 f_0 的位置序号（N_0）时，从 f_0 开始，分别向频谱的高端和低端，依次将各频谱分量的功率相加，当相加功率之和达到信号总功率的 90% 时，分别计算出高端和低端的频率位置序号 N_H 和 N_L，则信号带宽为

$$B_S = (N_H - N_L)\Delta F \tag{4-2-8}$$

式中，ΔF 为相邻谱线的频率间隔。

第二，在未测量出信号频谱中心频率 f_0 的情况下，分别从频谱的高端和低端，向频谱的中心频率方向，依次将各频谱分量的功率相加，当相加功率之和为总功率的 10% 时，分别计算出两端的两个频率位置序号 N'_H 和 N'_L，则信号带宽为

$$B_S = (N'_H - N'_L - 2)\Delta F \tag{4-2-9}$$

用微机计算出的信号带宽可以显示和存储。这种测量方法实时性好，测量精度与 ΔF 有关，ΔF 越小，测量精度越高。

③ 信号电平的测量。

严格地讲，测量的信号电平应当是接收机的输入信号电平，但是，输入信号电平都很低，并且往往多个信号混在一起，这给测量带来了很大困难。实际测量时，都是测量接收机的中频信号电平，通常用相对电平表示。

在全景显示搜索接收机和监测侦听分析接收机中，信号电平的测量一般是不同的。全景显示搜索接收机对截获到的信号实时地进行全景显示，为了增大信号电平显示的动态范围，在中频级一般采用对数放大器，中频信号经过对数放大、检波和视放后传送至全景显示器显示。全景显示器的纵坐标以对数显示信号幅度电平，横坐标为频率。这样，在全景显示器上就可以直接读出信号的对数电平值。

在监测侦听分析接收机中，都设有自动增益控制（AGC）电路。AGC 输出的控制电压 U_c 是由中频信号检波得到的，U_c 随中频信号电平近似呈线性变化。因此，通常用 AGC 检波输出电压作为信号电平大小的标志。但是，由于 AGC 对接收机增益具有控制作用，因此 U_c 只能近似反映信号电平的大小。只有 AGC 与受控级断开的情况下，U_c 才能比较准确地反映信号电平的大小。测量 U_c 电平的方法是 U_c 经模数转换采样变为数字信号，再传送至显示器显示。

（3）信号特征参数的提取与计算。其基本思路是：将信号不能直接测量的一些时域和频域特征（如信号瞬时包络的起伏程度、信号频谱的平坦性及对称性等）用数学方法描述；选择适当的特征参数和计算方法进行运算，得到能反映信号特征的参数值；根据参数值所在的值域或用不同信号的特征参数值进行比较，从而实现对不同信号的识别。

音频输出口输出的是经过解调后的基带信号，由此可以对基带信号的特征进行提取和测量。对模拟语音信号可以进行监听、录音，可以提取讲话者的语音特征；对数字信号可以测量其码元速率、码元宽度；对音频电报信号可以监听、录音等。基带信号频率较低，易于实现信号特征的自动提取和处理。但基带信号失去了原已调信号的调制特征，另外，受侦察接收机解调方式的限制，有些信号不能解调。

中频输出口输出中频信号，它基本上保留了已调信号的全部技术特征，另外，中频为固定频率且频率较低，易于实现信号数据采集和数字处理。例如，中频频谱和波形的显示，信号带宽、相对电平、AM 信号调幅度、FSK 信号频移间隔等参数的测量都是在中频信号上实

现的。

3）通信信号的分析识别

对截获的敌方通信信号进行分析识别是通信侦察工作的一个重要环节。信号分析识别包含的内容很多，根据通信侦察的任务要求，信号分析识别的主要内容如下。

（1）信号种类的分析识别，包括分析识别各种不同的信号形式和测量信号的技术参数。信号种类的分析识别可以为干扰敌方通信选择干扰样式和为干扰参数提供依据。

（2）敌方通信电台技术性能的分析识别，包括电台的通信体制、技术性能、特点和新技术的应用情况。敌方通信电台技术性能的分析识别，可以为我方研究通信对抗策略、研制和发展通信对抗装备提供重要参考依据。

（3）敌方通信网台的分析识别，包括敌方通信网的数量，各通信网的组成、地理分布、级别属性、应用性质（属于指挥网、后勤网、协同网等）、工作特点以及配备的电台类型等。通信网台的识别对于推断敌部队的指挥关系、战斗部署、行动企图等有重要价值，也是我方制订通信对抗作战计划的重要依据。

完成上述内容的分析识别，仅靠信号的技术特征是不够的，还需要信号的方位参数、通联特征以及从其他渠道获得的情报资料，对其进行综合分析判断。本书讨论的内容主要是根据信号的技术特征，分析识别信号的种类和信号的个体属性。通信信号自动分析识别的方法大致可以分为两种：特征参数值域判别法和信号模板匹配法。下面仅简要介绍特征参数值域判别法的基本原理。

特征参数值域判别法主要用于对不同信号形式的识别，它的分析识别思路是：提取信号的技术特征；适当选取多个能反映信号技术特征的特征参数并计算出特征参数值；根据各个特征参数所在的值域范围，采用模式识别的方法判别被截获信号的调制方式。信号的技术特征一般是在时域和频域进行提取的。

（1）时域特征，主要是指提取信号波形的瞬时包络、瞬时相位和瞬时频率。

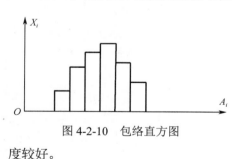

图 4-2-10　包络直方图

瞬时包络的分布特征通常用包络直方图来描述，如图 4-2-10 所示，横坐标表示包络值的大小，纵坐标表示各包络值出现的次数。不同的信号形式，包络直方图的分布特点不同，例如，FM、FSK、PSK 等信号为等幅类信号，包络直方图中包络分布的起伏范围很小，直方图的平坦度很差；AM、SSB 等调幅类信号，包络直方图中包络分布的起伏范围较大，而直方图的平坦度较好。

为了便于用计算机实现自动识别，需要选择不同的特征参数来描述瞬时包络的不同分布特征。例如，用包络熵或包络方差可以反映包络的起伏大小；包络直方图最大值对应的包络值反映信号出现最大概率的瞬时包络值；包络直方图最大值与其他值之和的比值可以反映瞬时包络分布曲线的尖锐程度等。

瞬时相位和瞬时频率的分布特征一般也是用相位直方图和频率直方图来描述的。瞬时相位和瞬时频率的起伏程度、直方图中"峰"的个数等特征都可用特征参数来表征，作为信号识别的依据。

另外，作为常规技术参数的调幅度 m_a 和信号频偏 Δf，也可以根据瞬时包络、瞬时频率计算出来，作为特征参数用于信号识别。

（2）频域特征，主要是指提取中频信号 FFT 频谱的特征。在信号频谱分布中，谱峰的个数、频谱对称系数、频谱的面积、频谱主峰面积与两侧频谱面积之比以及作为常规技术参数的频谱带宽等参数，都可以作为信号识别的特征参数。

信号的时域特征往往受随机因素的影响比频域特征大，所以在实际应用中，一般提取频域特征比时域特征更多。

在确定待识别信号的特征参数后，计算被截获信号的特征参数值。对于不同形式的信号，同一个特征参数的取值范围往往不同，这样，根据被截获信号各个特征参数所在的值域，经过比较判断，即可识别出该信号的调制方式。

（3）信号调制方式自动识别举例。为了加深对特征参数值域判别法的理解，下面以短波通信中常用的四种信号（AM、SSB、2ASK、2FSK）的分类识别为例，说明自动识别的过程和基本原理。

① 信号特征提取与特征参数选择。在时域提取信号的瞬时包络，四种信号的包络直方图如图 4-2-11 所示。横坐标将瞬时包络的变化范围分为 N 个等级，纵坐标 X_i 用归一化值来表示，故 $\sum_{i=1}^{N} X_i = 1$，它代表包络值在每一个等级中出现的频度。由图 4-2-11 可见，对于 AM 信号和 SSB 信号，瞬时包络变化范围大，直方图的分布较为平坦。2ASK 信号和 2FSK 信号的包络值分布比较集中，从理论上讲只有一个包络值，但由于噪声的影响，实际的包络值不止一个，只是有些等级的包络值出现的概率很小。

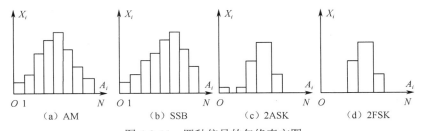

图 4-2-11　四种信号的包络直方图

时域特征参数选取包络熵来反映信号瞬时包络起伏的大小，记为

$$H_A = -\sum_{i=1}^{N} X_i \lg X_i \tag{4-2-10}$$

信号瞬时包络起伏越大，包络直方图的平坦度越好，则包络熵值越大；反之，包络熵值越小。

在频域提取中频 FFT 频谱，四种信号的频谱结构如图 4-2-12 所示。AM 信号上下两个边带基本是对称的，SSB 信号理论上只有一个边带，由于信号加窗处理引起的频谱展宽，另一边带也有很小的幅度。2ASK 信号为单峰谱结构，2FSK 信号则为双峰谱结构。

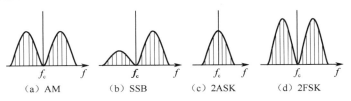

图 4-2-12　四种信号的频谱结构

对于频谱结构特征，选用以下两个特征参数来描述，其一

$$W_f = \frac{\sum\limits_{K=N_1}^{\frac{1}{2}(N_1+N_2)} V_K^2}{\sum\limits_{\frac{1}{2}(N_1+N_2)+1}^{N_2} V_K^2} \tag{4-2-11}$$

式中，V_K 表示数字化频谱中频率位置序号为 K 的频谱分量的幅度；N_1 表示最低频谱分量的频率位置序号；N_2 表示最高频谱分量的频率位置序号。

由式（4-2-11）可以看出，在信号频谱理想对称的情况下，$W_f=1$。

其二，反映信号谱峰多少的参数，用谱峰系数表示，记为

$$M_f = (N_{m1} + N_{m2}) / N_{m1} \tag{4-2-12}$$

式中，N_{m1} 为第一个谱峰对应的频率位置序号；N_{m2} 为第二个谱峰对应的频率位置序号，且 $N_{m2} > N_{m1}$。

若信号频谱有两个谱峰，则 $M_f > 2$，如果只有一个谱峰，则只有 N_{m2} 值，此时 $M_f = 1$。

以上三个特征参数（H_A、W_f、M_f）从信号的瞬时包络和频谱中进行提取计算，为信号的自动分类识别提供了条件。

② 自动分类识别的实现。用以上三个特征参数值的大小作为信号分类的依据。

首先用 H_A 分类。AM 信号和 SSB 信号的 H_A 值接近；2ASK 信号和 2FSK 信号的 H_A 值接近；而前两种信号的 H_A 值比后两种信号要大得多。据此，可以将 AM、SSB 信号和 2ASK、2FSK 信号区分开来。

用 W_f 参数对 AM 信号和 SSB 信号进行分类，前者 $W_f=1$；后者 $W_f \ll 1$（上边带信号）或 $W_f \gg 1$（下边带信号）。

用 M_f 参数对 2ASK 信号和 2FSK 信号分类，前者 $M_f=1$，后者 $M_f > 2$。

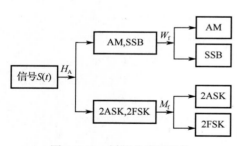

图 4-2-13　树状分类器结构

上述分类过程可以用图 4-2-13 来表示。它是模式识别中的一种树状分类器结构。在根据特征参数值进行分类时，需要设置参数的判决门限值。该门限值的大小是在一定的信噪比条件下经过大量实验统计确定的。树状分类器采用多级分类结构，每级结构根据一个或多个特征参数，分辨出某类调制模型，而下一级结构又根据一个或多个特征参数，再分辨出某类调制模型，最终能对多种类型进行识别。这种分类器结构相对简单，实时性好，但需要事先确定判决门限，自适应性差。

以上讨论了 AM、SSB、2ASK 和 2FSK 四种信号自动分析识别的基本原理。要求识别的信号种类越多，需要提取的信号特征和特征参数也越多，实现自动分类识别的难度就越大。在要求识别的信号种类已确定的情况下，由于待识别信号的技术特征是由信号本身决定的，提取信号的哪些特征和特征参数以及采用什么算法，成为实现自动分类识别的关键问题。

四、通信侦察方程

对于无线通信系统，无线信道的电磁波的主要传播方式有直接波、表面波、反射波、折射波、绕射波和散射波等。在视距范围内的地-空、空-空通信的主要传播方式是直接波，它的传播模型可以用自由空间传播模型描述。而地-地通信则复杂得多，需要采用地面反射传播模型描述。此处仅讨论地面反射传播模型。

在超短波工作时，信号会沿地面传播，到达接收天线的信号不仅有直射波，还有地面反射波和地面波，如图4-2-14所示。

在地面反射传播方式下，由于地面反射波和地面波的影响，接收功率近似为

$$P_R = P_T G_T G_R \left(\frac{H_T H_R}{R^2} \right)^2 \qquad (4\text{-}2\text{-}13)$$

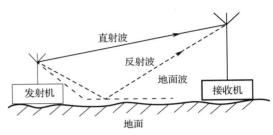

图 4-2-14　地面反射传播示意图

式中，H_T和H_R分别是发射天线和接收天线的高度；P_T是通信发射天线功率；G_T是发射天线增益；G_R是接收天线增益；R是通信发射机与侦察接收机的距离。通过式（4-2-13）可以发现，在地面反射传播的情况下，接收功率与距离的4次方成反比，因此，如果发射天线功率、天线增益不变，则接收功率会比自由空间传播时小得多，或者说此时传播损耗大得多。为了降低传播损耗，需要增加天线高度。从表面上看，接收功率似乎与频率无关，但是由于天线增益与频率有关，因此，接收机功率与频率是有关的。

在超短波工作时，一般采用地面反射传播模型，对应的侦察系统的最大作用距离为

$$R_{\max} = \left(\frac{P_T G_T G_R (H_T H_R)^2}{P_{r\min}} \right)^{1/4} \qquad (4\text{-}2\text{-}14)$$

式中，$P_{r\min}$是侦察接收机灵敏度。

第三节　通信干扰技术

无线电通信干扰是利用无线电通信发射机向敌方的接收机发射其所不需要的噪声或信号，迫使敌通信接收机在接收通信信号的同时接收干扰信号，以达到干扰敌方通信的目的。早期，窃听敌方无线电通信内容以获得情报比干扰破坏敌方信息传输更有利。由于现代数字和编码技术的广泛应用，使得从窃听敌方无线电通信中获取军事情报的可能性大大降低，而扰乱或破坏敌方信息的传输成为更现实、更实际的目标，通信干扰已成为现代战争中重要的组成部分之一。

一、通信干扰概述

1. 通信干扰的特点和用途

通信干扰的主要特点如下。

（1）通信干扰是针对通信接收端的，但由于截获到的信号都来自发射机，所以一般情况下干扰方难以确定目标接收机的位置，需要通信侦察提供帮助。

（2）同频干扰、中频干扰、镜像干扰、互调干扰、交调干扰、阻塞干扰是超外差接收机中常见的几种干扰。人为积极通信干扰通常都采用同频干扰，而其他几种干扰只有在特定的条件下才可能被采用，这是因为：①通常同频干扰只要大于或等于信号强度，干扰即可奏效，而其他几种干扰则要求干扰比信号强许多，从干扰功率利用率来看，同频干扰无疑是最好的；②某些干扰要满足一定的频率关系才能形成，例如，中频干扰和镜像干扰需要已知接收机的中频，一般情况下被干扰目标接收机的中频是无法确知的。

（3）突发性。关键时刻使用，因为通信一方一旦知道干扰以及干扰的方法，就可以找到抗干扰的方法，对抗失效。

（4）进攻性。无线电通信干扰是有源的、积极的、主动的，它千方百计地"杀入"到敌方通信系统内部去，所以通信干扰具有进攻性。即使是在防御作战中使用的通信干扰，也具有进攻性。

（5）反应速度快。在跳频通信、猝发通信飞速发展的今天，目标信号在每个频率点上的驻留时间已经非常短。通信干扰必须在这样短的时间和整个工作频率范围内完成对目标信号的搜索、截获、识别、分选、处理、干扰引导和干扰发射，可见，通信干扰系统的反应速度必须十分迅速。

（6）比通信和雷达干扰更难。与通信相比，通信干扰的要求更苛刻，因为目标接收机总是尽可能地利用各种技术和战术手段来选择信号并抑制干扰。与雷达干扰相比，通信干扰更困难，这是因为：①雷达发射机和接收机通常在同一地点，一般很容易知道被干扰目标雷达接收机的位置，而通信发射机和接收机配置在不同地点，一般通信接收机的位置是不知道的，因此在通信干扰中很难确定干扰的作用地点；②雷达信号是双路程传输的，而雷达干扰的传输是单路程的，对雷达干扰而言，干扰方具有传输路径上的优势，通信干扰面对的同样是单路程传播的通信信号；③由于通信采用了密码技术，所以实施欺骗干扰要比欺骗雷达系统困难得多；④雷达是宽带的，所以一般雷达干扰机所需频率瞄准精确度为几兆赫数量级，而通信是窄带的，通信干扰所需频率瞄准精确度为几十赫到几百赫，即频率瞄准精确度要求更高。

通信干扰的主要用途如下。

（1）破坏敌方指挥系统。

（2）对保密通信系统实施干扰，扰乱正常通信。

（3）迷惑敌人，产生虚假情报。正常信道，插入我方干扰机。

（4）配合通信侦察，获取更多情报。采用阻塞式干扰，把敌通信压缩到较窄的频带，便于侦听和测向。

值得一提的是，对无线电通信消息传输的破坏或削弱，除了上述的电磁波干扰外，对无线信道的破坏同样可以起到破坏或削弱通信消息传输的目的。由于无线信道是个开放的空间，对其媒介特性的破坏及扰乱，将阻碍信号的传输。例如，核爆炸引起的电离层剧变会中断短波的通信，在空中投放吸收或反射材料会中断微波的通信等。但其代价较大，作用时间有限，相比之下采用电磁波干扰则更行之有效。

2. 通信干扰信号特性

可用作干扰信号的波形有很多，我们希望能找到干扰效率高的干扰信号。要想获得高的干扰效率，针对不同的信号形式及接收方式，通常要相应地选择不同的干扰样式。研究干扰信号的特性，就是为了得到适合用作干扰信号的一般属性，为寻找最佳的干扰样式提供出发点及依据。

1）频域特性

当干扰和信号同时落入接收机通带内时，接收机输出的不仅有信号，而且落入接收机通带内的干扰也被解调输出。所以，为了提高干扰的效果，期望落入接收机通带内的干扰频谱分量应尽可能多些，故用作干扰的信号一般应具有较丰富的频率分量。但并不是干扰信号的频率分量越多越好，如果干扰信号的频谱宽度超过被干扰目标接收机的通带宽度，势必会有一部分干扰分量被接收机所抑制，而造成干扰能量的浪费。反之，若干扰信号的频谱宽度窄于接收机的通带宽度，虽然干扰可能会全部落入接收机通带内，但因干扰频谱分量少，必然导致干扰效果的降低。由此可见，干扰信号的频谱宽度接近但不超过目标接收机的通带宽度时有可能获得最好的干扰效果。由于接收机通带宽度是依据信号带宽来确定的，因此干扰信号的频谱宽度以与目标信号的频谱宽度一致为好，同时考虑采用同频干扰，故一般容易使干扰奏效的干扰频谱应是与目标信号频谱相重合的干扰频谱。

我们知道，有些信号并不是所有的频率分量都是用来传送信息的，如 AM 信号的载频就不含有信息，其存在仅仅是为了可采用简单的非同步解调来恢复基带信号，代价是至少浪费了 2/3 的功率。从干扰的角度来说，不需要在接收机输出中无失真地恢复基带干扰信号，即没有必要以 2/3 功率代价来换取基带干扰信号的无失真输出。所以一般干扰频谱只要与目标信号中载有信息的频谱成分相重合即可获得好的干扰效果，特别是在不清楚目标信号的接收方式时，这种干扰频谱是首选的干扰信号的频谱结构，通常把它称为绝对最佳干扰频谱。

2）时域特性

不同时域特性的干扰信号可能相对于同一频谱，而频谱相同的干扰信号，由于时域特性的不同可能会对接收机产生完全不同的作用结果。例如，窄带调频信号和振幅调制信号，它们具有相同的幅度频谱，都由一个载频和两个边频组成，而其时域特性完全不同，前者是振荡频率变化的等幅波，后者是振幅变化的正弦波。当采用振幅检波时，前者输出的是直流电压，而后者输出的是交变电压。

由此可见，为了全面描述干扰信号的特性，除了频谱，还必须了解干扰信号的时域特性。那么，什么样的时域特性是干扰信号所需要的呢？从理论上讲，任何规则的干扰都有可能被理想接收机所排除，对于那些随时间变化的特性为已知的干扰信号也是如此。例如，对于已知频率、振幅和相位的正弦波干扰，只要同时送入接收机一个与其频率、振幅相同，相位相反的正弦波，就可以消除它对信号接收的影响。只有干扰的时域特性是随机的，才有可能使干扰不被接收机所抑制。因此，干扰信号的时域特性应该是随机的。

与随机信号相同，随机干扰也是以其统计结构来表征它的特性的。一个随机信号的统计特性可由其概率分布及数字特征表述。但在工程计算中常采用更加简单的峰值因数来描述干扰信号的时域特性。

干扰或信号的峰值因数 α 定义为其电压的最大值（峰值）U_m 与它的均方根值 U 之比。即：

$$\alpha = \frac{U_m}{U} \tag{4-3-1}$$

峰值因数反映了干扰或信号幅度起伏的程度，通常将 $\alpha < 3$ 的干扰称为平滑干扰，将 $\alpha > 3$ 的干扰称为脉冲干扰。当干扰和信号的峰值因数相差不大时，说明它们的起伏程度接近，这时在时域上利用信号电平是很难区分二者的，一般干扰信号的峰值因数应与被干扰目标信号的峰值因数接近。

3）干扰信号应具有一定的电平

一个干扰能否对某一信号构成有效干扰，最根本的因素是干扰电平的大小。一个大的干扰，即使其频域、时域特性都没有满足干扰信号特性的要求，它也可能使干扰奏效。而一个小的干扰，即使其频域、时域特性都符合干扰信号特性的要求，也很难构成有效的干扰。显然，这里所说的大干扰或小干扰是指干扰与信号的相对比值。通常用干扰平均功率与信号平均功率之比来衡量干扰对信号的压制，称为干信比。

无论何种干扰，当接收机收到的干信比大到一定程度时，干扰总会使接收机不能正常接收信号。通常用压制系数来衡量干扰与信号电平的相对值达到多大时干扰才可以有效压制目标信号。设压制系数为 K，则有

$$K = \frac{P_{\mathrm{j}}}{P_{\mathrm{s}}} \tag{4-3-2}$$

式中，P_{s} 为接收机输入端的信号平均功率；P_{j} 为在保证干扰有效压制信号时，接收机输入端所需要的最小干扰平均功率。因此，压制系数也可以描述为使干扰有效压制信号时接收机输入端的最小干信比。

干扰有效压制信号是指由于干扰的作用使得被干扰接收机无法正常接收所需信号或者收到的信号质量达不到系统所要求的性能指标，从而破坏了信号的正常传输。例如，对于模拟语音通信，当接收机输出端噪声干扰功率为语音信号功率的 5～25 倍时，受话者就无法正确感知语音信号。干扰数字通信时，若干扰使得数字信号的误码率达到 20%，则对一般的数字通信系统来说，此时的信号质量已达不到性能指标的要求。

用不同的干扰信号去干扰同一目标信号时，所需的压制系数是不同的，即达到干扰奏效所需的干扰功率不一样。干扰信号在频域、时域满足干扰信号特性要求，干扰奏效所需的干扰功率一般比较小，即压制系数比较小，干扰的效率通常都比较高。而有的干扰虽然也能压制信号，但是它的压制系数可能会很大，需要很大的干扰功率。所以，为了尽可能地降低干扰功率，应选择压制系数小的干扰样式。

信号的峰值电平是不能超过放大器正常工作范围的，一部发射机无论发射何种干扰或信号，其峰值功率都是一定的，即发射机的功率受限于干扰或信号的峰值电平。所以在讨论干扰对信号的压制时还可按峰值功率计算，此时称为峰值压制系数，记为

$$K_{\mathrm{m}} = \frac{P_{\mathrm{jm}}}{P_{\mathrm{sm}}} \tag{4-3-3}$$

式中，P_{sm} 为接收机输入端的信号峰值功率；P_{jm} 为保证干扰奏效时的接收机输入端所需要的最小干扰峰值功率；K_{m} 是使干扰奏效的接收机输入端的峰值压制系数。显然，按平均功率计算的压制系数 K 与按峰值功率计算的峰值压制系数 K_{m} 是不一样的，两者的关系是

$$K_{\mathrm{m}} = K \frac{\alpha_{\mathrm{j}}^2}{\alpha_{\mathrm{s}}^2} \tag{4-3-4}$$

式中，α_{j}、α_{s} 分别为干扰、信号的峰值因数。

由于实际测量的信号或干扰功率通常都为平均功率，所以干信比一般指的是干扰与信号平均功率之比。由于发射机的功率受限于信号的峰值功率，对于给定的干扰发射机，其峰值

功率是一定的，发射平均干扰功率的大小取决于干扰信号的峰值因数。在实际应用中，为了形成大的干扰功率，以期获得大的平均功率，在满足干扰信号频域、时域特性的条件下，应尽可能选用峰值因数小的干扰信号。

以上从频域、时域及电平三个方面讨论了干扰信号的特性，它们仅为干扰信号的一般特性，并不是干扰奏效所必须具备的特性和条件。频域特性和时域特性表明了可用作干扰信号的一般属性，通常仅作为选择干扰信号时的出发点，而不是唯一的依据，例如，干扰数字通信的同步信号，干扰信号即使不满足上述频域特性和时域特性，仍然可获得很好的干扰效果。因此，最终确定的干扰信号样式要依据实际情况，针对不同的被干扰信号的形式和接收方式进行选择。

3. 影响干扰效果的因素及最佳干扰

1）影响干扰效果的因素

在无线电干扰的实施过程中，影响干扰效果的因素是多方面的，从技术角度主要包括以下几方面。

（1）干扰功率。在信号电平一定的情况下，干扰是否奏效主要取决于接收机输入端干扰功率的大小。干扰功率主要受干扰发射机输出功率、发射天线增益、天线方向性及电波传播损耗的影响。由于被干扰目标接收机的位置通常很难确定甚至不可确定，所以干扰天线的方向性一般不宜很强。在干扰目标位置不明确的情况下，采用弱方向性天线使干扰奏效的可能性反而会大一些。当然，使用强方向性天线可以在天线的辐射方向上获得较高的天线增益，但一定要在明确了被干扰目标接收机的大致方位后进行，否则可能适得其反。干扰电波的传播距离、传播路径、干扰信号波长、地理环境等都会对干扰带来不同的影响。在可能的条件下，应尽可能选择干扰电波传播损耗小的传播路径。

（2）频率重合度。要求发射的干扰信号与目标信号的频率必须一致，即二者实现频率重合，否则，干扰信号会受到目标接收机通带的抑制而导致干扰效果严重下降。一般二者频率重合度越高，干扰效果越好。在时间上，只有干扰与目标信号同时存在才能产生有效干扰，因此，为了准确地瞄准目标信号，希望干扰机的反应速度越快越好。

（3）时间对准。干扰对信号在时域上的瞄准可以是连续的，也可以是间断的，时域上的连续瞄准式干扰，即在信号存在期间一直发射干扰，信号始终为干扰所覆盖（见图 4-3-1）。间断的时域瞄准式干扰，是当信号存在时，干扰并不是连续覆盖，而是断续覆盖（见图 4-3-2）。干扰段的持续时间及其间隔可以是均匀的，也可以是随机的。这样的干扰由于在干扰的间歇期间通信接收终端仍能接收到通信系统传送的信息而可能获得部分信息，因此，这种间断干扰的效果要稍差些。但是在总的干扰裕量足够大时，可以利用这种干扰方式，在对一个目标信号干扰的间断期内，系统转而干扰另一个目标信号，即当两个或多个重要的通信目标同时出现时，使用这种时域瞄准方式可以实现准同时的多目标瞄准式干扰。这在通信干扰系统的实战应用当中是十分有意义的。

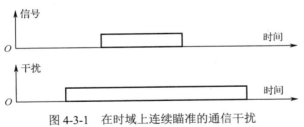

图 4-3-1　在时域上连续瞄准的通信干扰

图 4-3-2　在时域上间断瞄准的通信干扰

（4）干扰信号样式。干扰信号样式的影响主要表现在干扰效率上。不同的干扰信号样式压制同一目标信号所需的压制系数是不相同的，为了提高干扰效率，应尽可能地选择压制系数小的干扰信号样式。

（5）被干扰接收机的技术性能和使用条件。在干扰样式和功率一定的条件下，接收机的抗干扰性能越完善，干扰效果越差。因此，干扰方应尽量对所干扰的通信系统的抗干扰性能有所了解，这一般需要情报侦察和上级部门的帮助。针对被干扰目标的抗干扰措施进行干扰将大大提高干扰的效果。同时，被干扰目标接收机接收天线的方向性也会直接影响干扰效果。

应该说明，在施放干扰的过程中，干扰方是无法确知所施放干扰的效果的。但由于有效的干扰会迫使目标信号改变工作频率或增大发射功率，故在实施干扰时，干扰是否奏效所依据的明显标志就是目标信号工作频率的改变或增大发射功率。但它仍不能肯定敌方的通信一定被压制了，因为被干扰方经常会故意改变工作频率以迷惑干扰方。

2）干扰的有效性

干扰的有效性是在敌方进行通信时，人为发射干扰信号致使敌方的接收机无法获取有用信息、无法完全获取有用信息或无法及时获取有用信息。无法获取有用信息是指在给定时间内收不到任何消息或者只能收到零星的极少量消息；无法完全获取有用信息是指差错的存在使得消息总和的内含信息量减少，通信效能降低，通信接收机可获取的信息量不足，战争行为决策困难；无法及时获取有用信息是指由于干扰的存在所造成的通信的延误使得通信接收机不可能及时获取信息，专家系统（人或机）决策迟误，从而造成战机的贻误。如何衡量这种有效性呢？可用压制系数来衡量干扰有效性，并可通过压制系数来寻找最佳干扰信号。

3）最佳干扰

实施干扰时总希望采用最好的干扰，可什么是"最好的干扰"呢？我们知道，不加选择地随意采用某种干扰，往往不能收到好的干扰效果，甚至有时无法对目标信号构成干扰。这是因为与信号不相关或相关性很小的干扰，将受到接收机很大程度上的抑制，此时要想对信号构成有效干扰，则需要非常大的干扰功率，这不仅会造成干扰能量的浪费而且可能不可实现，所以实际中总希望能用较小的干扰功率达到最好的干扰效果。因此，针对某种信号形式的给定接收方式，能以最小干扰功率达到最好干扰效果的干扰就是最佳干扰。

实际上，目标信号的信号形式比较容易得到，可通过截获目标信号获得，而其接收方式则较难知道，因为信号的接收方式不是唯一的。对于某种信号的某一种接收方式的最佳干扰，可能由于受扰方采用针对这种干扰样式而设计的另一种接收方式，而使得这种干扰样式的干扰无法奏效，由此引出绝对最佳干扰的概念。所谓绝对最佳干扰是指对于已知信号形式的所有可能的接收方式，都有比较小的压制系数的干扰。

为了说明这些概念，我们举一个例子。某信号有五种不同的接收方式，对此信号施放四种不同的干扰，各种干扰对不同接收方式的压制系数如表 4-3-1 所示。针对这种信号的接收方式 1，干扰样式 3 的压制系数最小（0.12），故干扰样式 3 是所有四种干扰样式中，针对接收方式 1 的最佳干扰。但如果信号采用接收方式 2，则干扰样式 3 就不是最佳的了。最佳干扰一定是针对某种信号的某一特定接收方式而言的。

当干扰的目标具有多种接收方式或不清楚目标的接收方式时，从对所有的接收方式都有较好的干扰效果出发，应选择绝对最佳干扰样式。表 4-3-1 中，干扰样式 2 是对这五种接收方式的绝对最佳干扰。虽然对每一种接收方式而言，干扰样式 2 不如其他干扰样式，但针对五种接收方式，干扰样式 2 都有较小的干扰压制系数。

表 4-3-1　各种干扰对不同接收方式的压制系数

接收方式	压制系数 K			
	干扰样式 1	干扰样式 2	干扰样式 3	干扰样式 4
1	3	0.25	0.12	1
2	1.7	0.4	2	0.3
3	0.45	0.6	0.8	2.5
4	2.8	0.5	1.3	0.42
5	0.48	0.55	1.1	1.8

在选择干扰样式时，一般由于不知道目标信号所采用的接收方式，通常选用绝对最佳干扰，以保证对可能所有的多种接收方式都具有较好的干扰效果。但实际中，通信接收机定型生产后其接收方式就确定了，想要改变接收方式通常并不容易，若能确定目标信号的接收方式，则应选择针对这种接收方式的最佳干扰。

4. 通信干扰的分类

通信干扰按不同方法可以有多种分类，常用的分类方法主要有以下几种。

1）按作用性质分类

通信干扰按作用性质可分为欺骗性干扰和压制性干扰。欺骗性干扰，又可分为无线电通信冒充和无线电通信伪装。无线电通信冒充是指模拟敌方的通信信号来欺骗敌方，使其做出错误的判断和决策。实施通信冒充时，常常模仿敌人的一个外站，进入敌方的通信网络，根据推测发送坏的信息或错误的命令，也可模仿敌方更高一级指挥员的声音对敌军下达命令。一般来说，通信冒充较难获得成功，它要求干扰信号与敌方通信信号极其相似，需要充分掌握敌方通信电台的技术和战术特点、通联规律等资料。对于采用密码技术的通信系统，实现通信冒充比较困难。无线电通信伪装是通过改变己方电磁形象实施的，其实现方法是改变技术特征和变更可能暴露己方真实意图的电磁形象，或者故意发射虚假信息。通过隐真示假的方式达成欺骗目的，使敌方通信侦察难以分辨获取情报的真假。从技术机理分析，通信欺骗实际上不是干扰，它只是一种别有目的的通信。另外，欺骗性干扰与信息欺骗不同。后者是用通信、广播等手段，宣传战争的性质、虚假的作战态势和战果，以瓦解敌方民众和作战人员的意志与战斗力。

压制性通信干扰就是人为地发射干扰电磁波，使敌方的通信接收设备难于或完全不能正常接收通信信息。它以强的干扰遮盖通信信号，致使通信接收机降低或丧失正常接收信息的能力。有效的压制性通信干扰将使敌方接收机接收到的信号模糊不清或完全被掩盖，它是一种强有力的人为积极干扰，是通信干扰研究的主要对象。压制干扰信号通常有噪声调制干扰、单音和多音干扰、随机脉冲干扰、数字调制干扰、扫频干扰、梳状谱干扰等。

2）按同时干扰信道数分类

通信干扰按同时干扰信道的数目可分为拦阻式干扰和瞄准式干扰。

拦阻式干扰又称阻塞式干扰，是同时对某个频段内多个或全部信道的干扰，干扰的作用带宽等于目标信号的工作频率范围，或者覆盖目标信号的部分工作频率范围。由于干扰功率扩展在其覆盖的所有信道中，这种干扰技术通常要求干扰机具有大的输出功率或近的干扰距离，以保证在每个信道中的干扰功率足以压制通信信号。

按干扰频谱的形式，拦阻式分为连续拦阻式干扰和梳状拦阻式干扰。

实线为干扰频谱，虚线为信号频谱

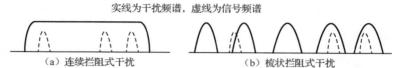

（a）连续拦阻式干扰　　　　　　　　（b）梳状拦阻式干扰

图 4-3-3　拦阻式干扰示意图

连续拦阻式干扰频谱在拦阻频段内是近似均匀连续分布的，干扰功率分散在整个干扰频段上。

梳状拦阻式干扰是一种改进了的拦阻干扰，干扰功率在工作频率范围内以规定间隔、强度相等的方式集中在各个信道内，形成梳齿状干扰频谱。由于梳状拦阻式干扰只对干扰带宽内梳齿上的信号产生干扰，所以采用梳状拦阻式干扰时，要先侦察、确定被干扰通信电台的信道间隔。梳状拦阻式干扰的优点：梳状拦阻式干扰比连续拦阻式干扰更集中了干扰功率于被干扰的目标信道中；干扰一方在施放干扰的同时可以利用梳状干扰频谱的已知"齿间"进行通信。

拦阻式干扰的优点：干扰带宽等于目标信号的工作频率范围，不需要频率瞄准；可以同时干扰拦阻带宽内所有同时工作的目标信号；由于拦阻式干扰不需要复杂的频率瞄准和信号引导设备，所以拦阻式干扰设备比较简单，操作也很简便。

拦阻式干扰的缺点：干扰功率占据了整个拦阻频段，干扰功率过于分散，若要保证对频段内每个信道中的干扰功率都大到足以压制通信，则要求干扰机具有非常大的输出功率，所以在拦阻式干扰中，首先需要解决的就是如何提高作用到目标接收机上的干扰功率，通常可采用缩短干扰距离、缩小拦阻带宽、增加干扰机数目等措施；由于拦阻式干扰不进行频率瞄准，会有很大一部分干扰功率不能落入目标接收机的通带，也不容易采用最佳干扰，干扰的盲目性比较大，所以，拦阻式干扰机的功率利用率很低；由于拦阻式干扰针对拦阻频段内的全部信道，所以有可能影响到己方的通信。

瞄准式干扰是针对一个无线电信道的同频干扰。与拦阻式干扰相比，瞄准式干扰的功率利用率更高，但干扰方需要掌握目标信号的中心频率及带宽的信息，使干扰信号的中心频率及频谱宽度与目标信号的中心频率及带宽相重合才能达到有效的干扰。

根据干扰瞄准信号程度的不同，瞄准式干扰又分为准确瞄准式干扰和半瞄准式干扰。通常把干扰与目标信号频谱重合程度高于 75% 的干扰称为准确瞄准式干扰，如图 4-3-4 所示。而把干扰与信号频谱不重合或不完全重合，但 75% 以上的干扰能量能通过接收机的选择电路的干扰称为半瞄准式干扰，如图 4-3-5 所示。一般准确瞄准式干扰比半瞄准式干扰的干扰效果好，但其对频率重合度的要求较高，设备复杂。在某些情况下，如对快速通信信号干扰时实现准确瞄准式干扰比较困难。

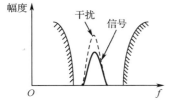

图 4-3-4　准确瞄准式干扰

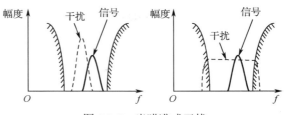

图 4-3-5　半瞄准式干扰

在瞄准式干扰中，按控制与实施干扰方式的不同又可分为转发式干扰、跟踪式干扰、扫频搜索式干扰、间断式干扰、连续式干扰及单一频率瞄准干扰、信号电平启动触发式干扰等。

从使用方式上区分，瞄准式干扰的类型很多，归纳起来主要有转发式干扰、点频式干扰、扫频搜索式干扰、跟踪式干扰以及多目标干扰五种。通常每部干扰机都具有两种以上的干扰类型供选择使用。

① 转发式干扰。这是一种将被干扰目标信号接收下来，经过延时、处理、放大后再发射出去的干扰方式。由于转发式干扰既简单而又行之有效，所以应用比较广泛。

② 点频式干扰。这是对某一固定信道的目标信号持续进行干扰。点频式干扰是对单个固定信道强有力的干扰形式，通常用来对重点目标信号实施点频守候干扰。在干扰过程中，也需要进行间断观察，监视被干扰信号是否消失。虽然点频式干扰有些浪费干扰资源，但是为了确保对重点目标的有效干扰，采用点频式干扰还是必不可少的。

③ 扫频搜索式干扰。这是一种在宽频段内搜索信号，并对其中某一信道干扰的瞄准式干扰。干扰机在工作频段内对各信道或被预置待干扰的信道进行搜索扫描，遇到需干扰的目标信号则锁定在这个信道上，对此目标信号进行干扰，直至目标信号消失，然后继续进行扫描搜索。与点频式干扰相比，扫频搜索式干扰可以更快地锁定在另一个频率上进行干扰，并且可以预置扫描频段及信道，对保护信道可不进行搜索。由于可能会同时存在几个待干扰的信号，所以一般应对干扰设置优先等级，对于等级高的目标信号优先进行干扰。扫频搜索式干扰中的间断观察非常重要，既要保证及时发现目标信号，又要尽可能地降低对干扰的影响。由于间断观察时间不发射干扰，所以会对干扰带来一定的影响，应将这种影响降到最低。

④ 跟踪式干扰。这是一种对被干扰目标信号能够进行跟踪瞄准的干扰，是智能化、自动化程度更高的一种瞄准式干扰，它主要用于干扰猝发通信和跳频通信。为了使干扰快速跟踪目标信号，要求引导接收机必须在信号的一半驻留时间内完成对信号的搜索、截获、分选与识别，并将干扰机的频率引导到目标信号的频率上，这样才能做到至少保证信号驻留时间的一半用于干扰目标信号。为此，要求干扰机从引导接收机搜索截获信号至发出干扰，必须有极高的反应速度。目前应用较多的是用压缩接收机作为跟踪干扰的引导接收机，并采用高速 DSP 器件对截获的信号进行实时处理，以满足干扰反应速度的要求。

瞄准式干扰的优点：能集中输出一个窄带的干扰功率谱，与同样输出功率的宽带拦阻式干扰相比，它能在更远的距离上有效地干扰通信。由于瞄准干扰机能在很窄的频谱中集中大量的能量，在一定条件下它可以使用足够大的功率使目标接收机中的放大器饱和或由于 AGC 的作用使增益下降，从而恶化接收机的性能。瞄准式干扰的另一个优点是可以采用最佳干扰实施对被干扰目标电台的干扰。由于瞄准式干扰是针对某一个通信信号的，所以它可以针对被干扰信号的种类选择相应的绝对最佳干扰样式进行干扰。如果知道了信号的接收方式，则它可以采用最佳干扰。此外，窄带瞄准式干扰只作用于被干扰目标电台的一个通信信道，而不会影响其他信道。

瞄准式干扰的缺点：操作人员必须适时调整干扰机，以保证干扰信号与被干扰目标信号的频谱重合。为了保证干扰的时效性，干扰机还需具有快速调谐能力，这就增加了干扰设备的复杂性。要想使干扰准确无误，瞄准式干扰需要进行干扰的引导，有时还需要 ESM 的支援。瞄准式干扰只能应用于要求干扰机干扰一个或少量通信信道的场合，这就局限了它的使用范围。由于干扰能量被集中在单一信道，所以有可能造成干扰资源的浪费。

3）按干扰机所在的平台分类

按干扰机所在的平台分类，有便携式、车载式、机载式、舰载式、摆放式、投掷式干扰机等。

无人干扰飞机能在靠近目标的近距离点上实施干扰，而不会对操作员产生危险。它能提供作用目标较佳的视距干扰而提高其干扰效率。如果无人干扰飞机飞的高度足够高，地形对电波传播的影响就非常小，在同等干扰功率的情况下，无人干扰飞机比地面干扰机更有效。

此外，通信干扰还有许多其他的分类方法。按电波传播方式分类，通信干扰可分为地波干扰、天波干扰和空间波干扰；按干扰机的工作频段分类，通信干扰可分为长波、中波、短波、超短波和微波干扰；按干扰作用时间可分为连续式干扰和间断式干扰等。除此之外，通信干扰还有按干扰强度、干扰信号形式、调制方式、作用距离等分类。

4）按干扰发射的控制方式分类

按照这种控制方式的不同，通信干扰可分为自动干扰和人工干扰。

自动干扰即信号电平启动的间断观察式干扰。干扰机在干扰一段时间之后，自动停止干扰转为侦收观察状态。如果此时被干扰目标还存在，而且目标信号电平足够高，干扰机则自动再度转为干扰发射状态，周而复始。如果信号消失则通信干扰系统自动停止干扰发射，转为搜索侦收状态，一旦目标信号再度出现则重新截获并自动施放干扰。自动干扰可以有优先级排序安排，在现行干扰过程中，如果有高优先级目标信号出现，则系统自动放弃对现行目标信号的干扰而转为对高优先级目标信号的干扰。

人工干扰又可分为人工随机干扰和人工定时干扰。人工随机干扰是干扰发射状态的起和止都由操作员人工控制，当截获目标信号之后，操作员先对其进行侦察监听，在监听过程中，如果对一个或几个目标确认为有立即施放干扰的必要，或者是到达了干扰地域、空域，到达了干扰时机，则立即发出干扰启动指令，对指定目标信道实施干扰；待认为干扰应该停止时，发出干扰停止命令，结束干扰；只要干扰停止命令不发出，干扰将一直发射而不管目标信号存在与否。人工定时干扰是在干扰发射之后，自动持续给定时间，时间到则干扰停止。

人工干扰与自动干扰相似，更适用于压制和干扰长时间工作于固定频率的无线电通信信号或战略通信信号；而自动干扰更适用于干扰和压制战术通信。

二、通信干扰信号分析

对模拟通信信号和数字通信信号的通信干扰信号分析分别采用不同的方法。对模拟通信信号的干扰分析，是在一定的输入干信比下，用接收机输出的干信比大小作为衡量干扰效果的标志，而干扰数字通信时，则是在一定的输入干信比下，用产生的误码率来衡量干扰的效果。

1. 通信信号受扰特性分析

1）模拟通信信号的受扰特性

通信中应用最多的模拟信号是语音信号。无线电话通信传送的消息是语音，语音通信接收终端的判决与处理机构是人。解调之后所得到的语音信号最终作用于人的耳朵。

人对语音信号的判听是耳与脑共同感知的结果，包括感受和判断两个过程。因此，当人从干扰的背景下判听语音信号时就必然受干扰的影响，这些影响表现在如下几个方面。

（1）压制效应。当干扰音响足够大时，人们无法集中精力于信号的判听，或者当干扰音响足够大而接近或达到人耳的痛感时，听者由于本能的保护行动而失去对信号的判听能力。

（2）掩蔽效应。当干扰音响与信号音响的统计结构相似时，信号被干扰搅扰，淹没于干扰之中，使听者难于从这种混合音响中判听信号。

（3）牵引效应。当干扰音响是一种更有趣的语言，或是节奏强烈的音乐，或是旋律优美的乐曲，或是能强烈唤起人们向往的某种音响，如田园中静谧夜空下的蛙鸣，狂欢节的喧闹声等，都能在听者感情上引起某种同步与共鸣，听者会不由自主地将注意力趋向这些音响而失去对有用信号的判听能力。

为了有效地压制语音信号，所需的干扰音响强度必须数倍乃至数十倍于该信号才行，复杂消息需要的干扰音响强度可以小些，而压制简单报文需要的干扰音响强度就要大些。对通信干扰而言，合理地选择干扰信号，可以用较小的干扰功率取得较大的干扰效果。例如，一个语音调幅信号的频谱包含着一个载频和两个边带，载频并不携带消息，所有消息都存在于边带之中。因此，可用调频法形成均匀频谱的无载波双边带干扰频谱进行干扰。

语音通信干扰效果的评价可采用语音清晰度来衡量。语音清晰度是指接收者正确判听被传送的彼此不相关的字数占传送总字数的百分比。而通常所说的可懂度是指接收者正确判听被传送的、由相关字组成的、有一定意义且彼此无关联的句子数占传送总句子数的百分比。由于语音信号的可预测性比较大，这种可预测性是收听者能力和先验知识的函数，主观成分很大。

2）数字通信信号的受扰特性

对数字通信的干扰有两条途径：一是干扰数字信号的信息流，使其比特错误概率增大到不能容许的地步；二是干扰接收机的同步系统，使得接收机不能正常工作。通常用误码率来衡量数字信号的传输质量。当误码率为 2%时，通常通信的信息就不可靠了，一般为了保证信息传送的可靠性，需要重复发送。当干扰使误码率下降为 50%时，数字信号就完全被扰乱了，信息无法进行传送，干扰彻底压制了通信。一般认为误码率为 20%时，数字通信就不能正常工作了，如果干扰使得数字信号的误码率达到 20%，则认为干扰有效地压制了目标信号。

数字通信系统传输的消息是一个编码的脉冲序列（见图 4-3-6），通常在这个脉冲序列中包括前后保护段、同步段和信息段。任何一个与信号功率相近的干扰脉冲进入数字接收系统时都可以搅乱原来的编码体系，从而有效地增加误码率。

对数字通信干扰的另一条途径是干扰接收机的同步系统。在数字通信系统中，"同步"是进行信息传输的前提，对同步系统的干扰会直接导致信号传输质量的下降，甚至使系统无法正常工作。数字通信系统中的同步包括载波同步、位同步、群同步以及通信网中的网同步，其中任意一种同步的性能下降都会影响信息的正常传输。

对于插入导频的载波同步干扰，一般都比较容易，这是因为通信系统中为了提高功率利用率，通常插入的导频都比较小。对于直接法提取载频，由于提取的载频来自信号本身，故在对信号干扰的同时也干扰了它的同步。随着频率合成技术的广泛应用，通信接收机、发射机都具有很高的频率稳定度，在相位误差可忽略的场合，采用本地高稳定度载波来代替同步载波的应用已相当广泛，对于这种使用本地高稳定度载波进行载波同步的通信方式，干扰其同步系统是极其困难的。

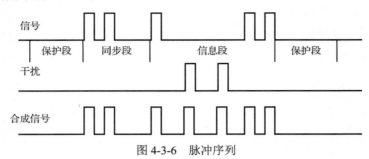

图 4-3-6　脉冲序列

3）已调波信号的功率关系

由于信道中传输的信号都是已调波信号，所以对已调波信号的功率关系及信号解调的讨论是分析通信干扰中必不可少的。

峰值功率和平均功率是在干扰分析中经常遇到的。峰值功率是信号的最大瞬时功率，它受限于发射机的放大器，当放大器一定时，峰值功率就确定了。平均功率是信号瞬时功率的统计平均值，当时间较长时，可由平均时间来代替。我们所说的干信比以及通信中的信噪比都是平均功率之比。峰值功率与平均功率的关系为

$$P_{\mathrm{p}} = \alpha^2 P \tag{4-3-5}$$

式中，P_{p} 为峰值功率；P 为平均功率；α 为峰值因数。

可见，当峰值功率一定时，信号的峰值因数越小，其平均功率越大。正弦波的平均功率是峰值功率的 1/2，而三角波的平均功率只有峰值功率的 1/3。在允许的条件下，为了获得较大的干扰功率，应尽可能地选择峰值因数小的干扰信号，所以在干扰中常选择等幅的调频波作为干扰信号。

2. 对 SSB 信号的干扰分析

针对单边带（SSB）信号，选择什么样的干扰信号是最佳干扰信号呢？对模拟通信信号的干扰分析，是在一定的输入干信比下，用接收机输出的干信比大小来衡量。那么干扰和信号是如何通过通信接收机的？SSB 信号接收机的解调通常采用相干调解。

设 SSB 信号为

$$s_{\mathrm{SSB}}(t) = m(t)\cos\omega_{\mathrm{c}}t \mp \hat{m}(t)\sin\omega_{\mathrm{c}}t \tag{4-3-6}$$

式中，$m(t)$ 为基带调制信号；$\hat{m}(t)$ 为 $m(t)$ 的正交分量；$\cos\omega_{\mathrm{c}}t$ 为载波。"−""+"分别表示上、下边带。

干扰信号的一般形式为

$$j(t) = J(t)\cos[\omega_{\mathrm{j}}t + \varphi_{\mathrm{j}}(t)] \tag{4-3-7}$$

解调器输入端的信号功率 P_{Si} 为

$$P_{\mathrm{Si}} = \overline{s_{\mathrm{SSB}}(t)} = \overline{[m(t)\cos\omega_{\mathrm{c}}t \mp \hat{m}(t)\sin\omega_{\mathrm{c}}t]^2} = \frac{1}{2}\overline{m^2(t)} + \frac{1}{2}\overline{[\hat{m}(t)]^2} = \overline{m^2(t)} \tag{4-3-8}$$

解调器输入端的干扰功率 P_{ji} 为

$$P_{ji} = \overline{j^2(t)} = \overline{\{J(t)\cos[\omega_j t + \varphi_j(t)]\}^2} = \frac{1}{2}\overline{J^2(t)} \tag{4-3-9}$$

作用到解调器输入端的信号与干扰之和为

$$\begin{aligned}
x(t) &= s_{\text{SSB}}(t) + j(t) \\
&= m(t)\cos\omega_c t \mp \hat{m}(t)\sin\omega_c t + J(t)\cos[\omega_j t + \varphi_j(t)] \\
&= \{m(t) + J(t)\cos[(\omega_j - \omega_c)t + \varphi_j(t)]\}\cos\omega_c t \mp \\
&\quad \{\hat{m}(t) + J(t)\sin[(\omega_j - \omega_c)t + \varphi_j(t)]\}\sin\omega_c t
\end{aligned} \tag{4-3-10}$$

在解调器中与本地载波 $\cos\omega_c t$ 相乘，得到

$$\begin{aligned}
x_0'(t) &= x(t)\cos\omega_c t \\
&= \frac{1}{2}\{m(t) + J(t)\cos[(\omega_j - \omega_c)t + \varphi_j(t)]\}(1 + \cos 2\omega_c t) \mp \\
&\quad \frac{1}{2}\{\hat{m}(t) + J(t)\sin[(\omega_j - \omega_c)t + \varphi_j(t)]\}\sin 2\omega_c t
\end{aligned} \tag{4-3-11}$$

经低通滤波器后输出为

$$x_0(t) = \frac{1}{2}\{m(t) + J(t)\cos[(\omega_j - \omega_c)t + \varphi_j(t)]\} \tag{4-3-12}$$

式中，第一项为信号项，第二项为干扰。

输出信号功率为

$$P_{s0} = \overline{\left[\frac{1}{2}m(t)\right]^2} = \frac{1}{4}\overline{m^4(t)} \tag{4-3-13}$$

输出干扰功率为

$$P_{j0} = \overline{\left\{\frac{1}{2}J(t)\cos[(\omega_j - \omega_c)t + \varphi_j(t)]\right\}^2} = \frac{1}{8}\overline{J^2(t)} \tag{4-3-14}$$

所以，输出干信比为

$$\frac{P_{j0}}{P_{s0}} = \frac{1}{2}\frac{\overline{J^2(t)}}{\overline{m^2(t)}} \tag{4-3-15}$$

由式（4-3-8）和式（4-3-9）可得解调器输入端的输入干信比

$$\frac{P_{ji}}{P_{si}} = \frac{1}{2}\frac{\overline{J^2(t)}}{\overline{m^2(t)}} \tag{4-3-16}$$

比较式（4-3-15）和式（4-3-16），得

$$\frac{P_{j0}}{P_{s0}} = \frac{P_{ji}}{P_{si}} \tag{4-3-17}$$

解调器的输出干信比等于输入干信比。这就是我们熟悉的 SSB 信号的调制度增益为 1。

SSB 信号的相干解调器如图 4-3-7 所示，式（4-3-17）的输入干信比是指图 4-3-7 中乘法器输入端的干信比，而边带滤波器的带宽窄于接收机前端带通滤波器的带宽，所以，只有落入边带滤波器的干扰分量才能对信号产生干扰。

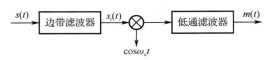

图 4-3-7　SSB 信号的相干解调器

同频干扰是指干扰全部落入接收机前端带通滤波器而不被抑制。对干扰 SSB 通信而言，由于边带滤波器的作用，使得落入接收机前端带通滤波器的干扰可能不会全部参加解调。下

面我们针对不同的情况及不同的干扰信号分别进行讨论。

1）瞄准载频的干扰

SSB 信号及干扰频谱如图 4-3-8 所示，我们选择干扰的调制信号带宽等于信号的调制信号带宽，假设干扰的调制信号为噪声，并设它在带内具有均匀的频谱。

AM 噪声调制干扰的频谱如图 4-3-8（b）所示。由于边带滤波器的作用，AM 噪声调制干扰的下边带及载波被抑制，设输入干扰功率为 P_j，则经边带滤波器后

$$P_{ji} = \frac{m_j^2}{4 + 2m_j^2} P_j \qquad (4\text{-}3\text{-}18)$$

式中，m_j 为 AM 噪声调制干扰的调幅度。

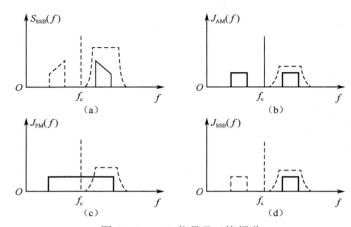

图 4-3-8　SSB 信号及干扰频谱

由于信号功率 P_s 全部通过边带滤波器，则输出干信比为

$$\frac{P_{j0}}{P_{s0}} = \frac{P_{ji}}{P_{si}} = \frac{m_j^2}{4 + 2m_j^2} \frac{P_j}{P_s} \qquad (4\text{-}3\text{-}19)$$

当 $m_j = 1$ 时

$$\frac{P_{j0}}{P_{s0}} = \frac{1}{6} \frac{P_j}{P_s} \qquad (4\text{-}3\text{-}20)$$

由此可见，使用 AM 干扰信号干扰 SSB 通信时，干扰效率很低，大部分干扰能量被抑制。

FM 噪声调制干扰的频谱如图 4-3-8（c）所示，设 FM 干扰信号的频谱在带内是均匀的，则边带滤波器将至少滤除一半的干扰分量。输出干信比为

$$\frac{P_{j0}}{P_{s0}} = \frac{1}{2} \frac{P_j}{P_s} \qquad (4\text{-}3\text{-}21)$$

式中，P_j 为 FM 噪声调制干扰的平均输入功率。

下面讨论输出平均干信比与输入峰值干信比的关系。FM 信号的峰值因数 α_{FM} 为 $\sqrt{2}$，而 SSB 信号的峰值因数等于其调制信号的峰值因数，模拟语音调制的 SSB 信号的峰值因数等于基带语音的峰值因数，它一般为 3～5。我们取 $\alpha_{SSB} = \alpha_\Omega = 4$，则

$$\frac{P_{j0}}{P_{s0}} = \frac{1}{2} \frac{P_j}{P_s} = \frac{1}{2} \frac{\alpha_s^2}{\alpha_j^2} \frac{P_{jp}}{P_{sp}} = \frac{1}{2} \frac{\alpha_{SSB}^2}{\alpha_{FM}^2} \frac{P_{jp}}{P_{sp}} = 4 \frac{P_{jp}}{P_{sp}} \qquad (4\text{-}3\text{-}22)$$

式中，P_{jp}、P_{sp} 分别为干扰、信号的输入峰值功率。

使用 SSB 干扰信号去干扰 SSB 信号的情况，如图 4-3-8（d）所示。输出干信比为

$$\frac{P_{j0}}{P_{s0}} = \frac{P_{ji}}{P_{si}} = \frac{P_j}{P_s} = \frac{\alpha_s^2}{\alpha_j^2}\frac{P_{jp}}{P_{sp}} = \frac{\alpha_\Omega^2}{\alpha_j^2}\frac{P_{jp}}{P_{sp}} \qquad (4\text{-}3\text{-}23)$$

白噪声的峰值因数一般很高，$\alpha_n = 5 \sim 10$，但是为了提高干扰功率的利用率，即在相同的峰值功率下尽可能获取较大的干扰平均功率，一般都对噪声进行限幅，设限幅后噪声的峰值因数为 2，则

$$\frac{P_{j0}}{P_{s0}} = \frac{\alpha_\Omega^2}{\alpha_j^2}\frac{P_{jp}}{P_{sp}} = \frac{4^2}{2^2}\frac{P_{jp}}{P_{sp}} = 4\frac{P_{jp}}{P_{sp}} \qquad (4\text{-}3\text{-}24)$$

比较式（4-3-23）和式（4-3-24）可知，采用 FM 干扰与采用 SSB 调制干扰，在输入峰值干扰功率相同的情况下，干扰效果不相上下。

需要说明的是，当使用 SSB 干扰信号去干扰 SSB 信号时，干扰信号的边带应与被干扰信号的边带相同。当被干扰信号是上边带时，干扰也应是上边带；当被干扰信号是下边带时，干扰也应是下边带。所以采用 SSB 调制干扰时，不仅要获得被干扰信号的载频，而且要知道该信号是上边带还是下边带。

2）瞄准频谱中心的干扰

当能够获得被干扰 SSB 信号的频谱时，就可以瞄准频谱中心实施干扰了，如图 4-3-9 所示。此时选用的干扰样式与图 4-3-8 中的完全相同，所不同的仅是干扰与信号频谱对准的位置。在图 4-3-9 中，使用的是干扰的频谱中心对准信号的频谱中心。

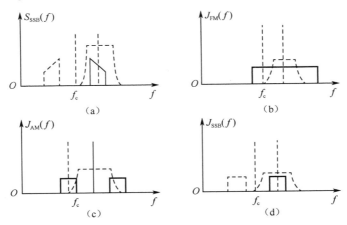

图 4-3-9　SSB 信号及干扰频谱

由图 4-3-9 可知，采用 FM 干扰时，瞄准频谱中心与瞄准载频时的干扰效果基本相同，输出干信比的计算仍可用前面的公式。对 SSB 干扰来说，瞄准频谱中心的干扰应该是使干扰与信号频谱完全重合。因此，与瞄准载频的 SSB 干扰效果是完全相同的。在这种情况下，干扰是上边带还是下边带就无关紧要了，只要保证干扰与信号频谱重合即可。

采用 AM 噪声调制干扰将有别于瞄准载频时的情况，此时的输出干信比近似为

$$\frac{P_{j0}}{P_{s0}} = \frac{P_{ji}}{P_{si}} \approx \left(\frac{1}{1+\dfrac{m_j^2}{2}} + \frac{m_j^2}{4+2m_j^2}\right)\frac{P_j}{P_s} \qquad (4\text{-}3\text{-}25)$$

当 $m_j = 1$ 时

$$\frac{P_{j0}}{P_{s0}} = \left(\frac{2}{3} + \frac{1}{6}\right)\frac{P_{ji}}{P_{si}} = \frac{5}{6}\frac{P_j}{P_s} \tag{4-3-26}$$

可见，当采用 AM 干扰时，瞄准被干扰的 SSB 信号频谱中心的干扰效果要比瞄准载频好得多。

既然可以瞄准频谱中心，我们也可以让干扰信号带宽等于被干扰信号一个边带的宽度。此时边带滤波器对干扰无抑制，其输出干信比就等于输入干信比。不难看出，在干扰峰值功率受限的情况下，由于等幅 FM 干扰信号的峰值因数小于 AM 和 SSB 干扰信号，因此，可以获得更大的平均干扰功率。

由于 SSB 信号的带宽较窄，所以在干扰 SSB 通信时，使干扰重合信号一般比较困难，故 SSB 系统抗干扰能力比较强。

3）干扰参数选择

由上述分析可知，对 SSB 信号的最佳干扰样式是噪声调频干扰。用噪声调频干扰样式干扰 SSB 信号时，选择干扰参数与采用瞄准载频干扰还是瞄准频谱中心干扰有关，两种不同瞄准方式所选用的干扰参数不同。

两种不同瞄准方式对调制噪声的要求基本一致，通常选择音频限幅噪声，其频谱范围为 20～1100Hz，主要能量在 100～500Hz。在干扰频偏的选择上，瞄准载频干扰的频偏可选得略大一些，大约为 800Hz。而瞄准频谱中心干扰的频偏则应选得较小些，以保证尽可能多的干扰分量进入边带滤波器的通带。对干扰与信号载频差的要求两者相差不大，一般不大于 400Hz，采用瞄准频谱中心干扰对频率瞄准的要求低一些。为获得有效干扰，要求干扰频谱要覆盖 85% 以上的信号频谱。无论何种瞄准方式，采用调频干扰对干扰与信号的频率重合程度要求都比较低。接收机输入端的峰值电压干信比一般大于 2。

3. 对 2FSK 信号的干扰分析

二进制频移键控（2FSK）信号是由两个不同频率的载波振荡传输数字信息 1 和 0 组成的。其表达式为

$$u_s(t) = \begin{cases} U_s \cos\omega_{s1}t, & \text{发1} \\ U_s \cos\omega_{s0}t, & \text{发2} \end{cases} \tag{4-3-27}$$

非相干解调是 2FSK 信号中最常用的解调方法之一，其原理框图如图 4-3-10 所示。其中的两个窄带带通滤波器可分别滤出频率为 f_{s1} 和 f_{s0} 的载波信号，包络检波器取出其幅度信息，输出采用择大判决准则。

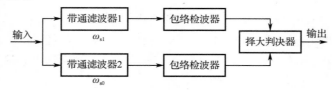

图 4-3-10 2FSK 非相干解调原理框图

1）频移键控干扰

频移键控干扰就是用 2FSK 干扰信号去干扰 2FSK 信号，干扰为

$$u_j(t) = \begin{cases} U_j \cos\omega_{j1}t, & \text{发1} \\ U_j \cos\omega_{j0}t, & \text{发2} \end{cases} \tag{4-3-28}$$

忽略干扰与信号的频差，即 $\omega_{j1} = \omega_{s1}, \omega_{j0} = \omega_{s0}$。由于信号与干扰分别都有两种状态，所以分析干扰时要考虑四种情况。

首先看一下信号与干扰都为传号的情况。如图 4-3-10 所示，此时干扰与信号的合成波经带通滤波器 1 输出到判决器，而带通滤波器 2 无信号输出。由于合成波的幅度是干扰与信号矢量和的模，所以，无论是干扰大于信号，还是信号大于干扰，只要干扰与信号的幅度差较大，带通滤波器 1 就有较大的信号输出，接收机将正确接收。而当干扰与信号的幅度基本相同时，即 $U_j \approx U_s$，一般情况下带通滤波器 1 有合成信号输出。但当干扰与信号反相时，带通滤波器 1 的输出就非常小甚至为 0。此时两路滤波器的输出都为 0，择大判决时就有可能产生错误，输出判决为 1 或 0 的概率各为一半。所以干扰与信号都为传号时的错误接收概率 $P(0/1)_1$ 为

$$P(0/1)_1 = \begin{cases} 0, & |U_j - U_s| \gg 0 \\ \dfrac{1}{2} P_a, & |U_j - U_s| \approx 0 \end{cases} \qquad (4\text{-}3\text{-}29)$$

式中，P_a 为干扰可能与信号相位相反的出现概率，实际情况下 $P_a \approx 0$，可以忽略。

同理，可得干扰与信号都为空号时的错误接收概率 $P(0/1)_0$，有 $P(0/1)_0 = P(0/1)_1$。由式（4-3-29）可知，当干扰与信号同为传号或同为空号时，几乎不发生错误接收。

当信号为传号，干扰为空号时，图 4-3-10 中的两路滤波器同时都有输出，择大判决的结果将会是：当 $U_j < U_s$ 时，带通滤波器 1 的输出幅度大于带通滤波器 2 的输出幅度，判为传号，为正确接收，即 $P(0/1)_0 = 0$；当 $U_j > U_s$ 时，带通滤波器 1 的输出幅度小于带通滤波器 2 的输出幅度，将判为空号，为错误接收，即 $P(0/1)_0 = 1$；当 $U_j \approx U_s$ 时两路滤波器的输出幅度不相上下，判决的结果将是随机的，正确或错误的概率各为一半，即 $P(0/1)_0 = \dfrac{1}{2}$。所以，此时的错误接收概率 $P(0/1)_0$ 为

$$P(0/1)_1 = \begin{cases} 0, & U_j < U_s \\ \dfrac{1}{2}, & U_j \approx U_s \\ 1, & U_j > U_s \end{cases} \qquad (4\text{-}3\text{-}30)$$

同理，可得信号为空号，干扰为传号时的错误接收概率 $P(1/0)_1$，有 $P(1/0)_1 = P(0/1)_0$。

设这四种情况发生的概率相等，则总的错误接收概率为

$$\begin{aligned} P_e &= \frac{1}{4}[P(0/1)_1 + P(1/0)_0 + P(0/1)_0 + P(1/0)_1] \\ &= \begin{cases} 0, & U_j < U_s \\ \dfrac{1}{4}, & U_j \approx U_s \\ \dfrac{1}{2}, & U_j > U_s \end{cases} \end{aligned} \qquad (4\text{-}3\text{-}31)$$

对二进制数字信号而言，当其误码率达到 1/2 时，收到的信号已无任何信息而言，所以采用 2FSK 干扰信号去干扰 2FSK 信号时，当输入干信比达到 1 以上时，2FSK 通信被完全压制。

2）双频同时击中干扰

干扰 2FSK 信号的另一种常用干扰样式是同时击中 2FSK 信号两个载频的双频干扰

$$u_j(t) = U_j \cos(\omega_{j1} t + \varphi_1) + U_j \cos(\omega_{j0} t + \varphi_0) \qquad (4\text{-}3\text{-}32)$$

式中，$\omega_{j1} = \omega_{s1}, \omega_{j0} = \omega_{s0}$。

当双频干扰同时击中 2FSK 信号的两个载频时，不论信号是传号还是空号，干扰的情况都是一样的。在每一瞬时，两路带通滤波器中，总有一路是干扰与信号的合成波输出，而另一路则仅是干扰输出。当干扰的幅度大于干扰与信号合成波的幅度时，2FSK 就将会出现错误接收。

合成波可能的最小幅度为干扰与信号反相的时候，当 $U_j < U_s/2$ 时，合成波可能的最小幅度仍大于干扰的幅度，故此时不会出现错误接收。

当 $U_j \geqslant U_s/2$ 时，有可能会出现错误接收。合成波矢量图如图 4-3-11 所示，其中 $\overrightarrow{OA}$ 为信号矢量，$\overrightarrow{AR}$ 为干扰矢量，$\overrightarrow{OR}$ 为合成矢量，此时 $|\overrightarrow{AR}| \geqslant \frac{1}{2}|\overrightarrow{OA}|$。图中 $|\overrightarrow{AR}| = |\overrightarrow{OR}|$，$|\overrightarrow{AR'}| = |\overrightarrow{OR'}|$，$\overrightarrow{AR}$ 与 $\overrightarrow{AR'}$ 所夹圆心角 θ 就是对应出现错误接收的相位范围。

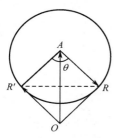

图 4-3-11　合成波矢量图

$$\theta = 2\arccos \frac{\frac{1}{2}|\overrightarrow{OA}|}{|\overrightarrow{AR}|} = 2\arccos \frac{U_s}{2U_j} \tag{4-3-33}$$

故可能出现错误接收的概率为

$$P_e = \frac{\theta}{2\pi} = \frac{1}{\pi}\arccos \frac{U_s}{2U_j} \qquad U_j > U_s/2 \tag{4-3-34}$$

比较式（4-3-34）与式（4-3-31）可得，当干扰幅度大于信号幅度时，采用 2FSK 干扰效果比双频同时击中干扰好。而当干扰幅度小于信号幅度时，则双频同时击中干扰效果更好些。

3）干扰参数选择

由上述对 2FSK 信号的干扰分析可知，频移键控干扰和双频同时击中干扰都有较好的干扰效果。尤其是在干扰幅度较大的情况下，频移键控干扰可以完全压制 2FSK 信号。对于人工 2FSK 信号，干扰参数的选择应尽可能与信号参数相同，其干扰参数须满足：载频差 Δf_{c1}、Δf_{c0} 皆小于或等于 $\frac{1}{2\tau}$（τ 为码元宽度），干扰键控频率 F_{mj} 约等于 F_{ms} 信号的键控频率，干信比大于或等于 1 时可达有效干扰，此时差错率达 50%。

三、通信干扰系统

无线电通信干扰的基本干扰方式可以分为瞄准式干扰和拦阻式干扰两大类，它们的系统组成、工作原理和性能指标各不相同。

1. 瞄准式干扰

用于干扰某一特定信道通信的干扰是瞄准式干扰。对常规通信来说，每个通信信道都是窄带的，所以瞄准式干扰都为窄带瞄准式干扰，"窄带"是指信号带宽远远小于信号工作频率。"瞄准"通常是指干扰的频率或频谱与信号对准。可以采用多种方法实现瞄准式干扰，下面主要讨论瞄准式干扰机的基本组成、工作原理及技术指标。

瞄准式干扰机的组成框图如图 4-3-12 所示。瞄准式干扰机一般由引导接收机、频率重合器、干扰源、发射机、监视控制器五大部分组成。

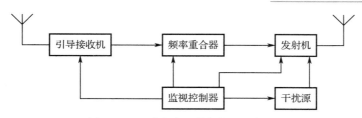

图 4-3-12　瞄准式干扰机的组成框图

（1）引导接收机：对于瞄准式干扰，首先就是要确定干扰目标。除了借助电子支援措施 ESM，干扰机本身也要具备搜索截获信号及对信号的分析、处理的能力，以便为实施干扰提供被干扰的信号及信号参数，这一任务由引导接收机完成。引导接收机输出信号通过频率重合器将干扰机发射的干扰频率设定到被干扰目标信号的频率上。在干扰的实施过程中，由引导接收机提供信号来监视被干扰目标的变化。

（2）频率重合器：由频率重合器来保证干扰机发射的干扰频率瞄准目标信号频率。为了使干扰迅速准确，要求频率重合器能够自动跟踪信号频率。一旦确定了干扰目标，频率重合器就要迅速地使干扰频率与目标信号频率重合，并能在整个干扰的实施过程中保持准确瞄准的状态。

（3）干扰源：又称干扰样式产生器，由于瞄准式干扰只干扰一个信道的信号，所以它可以根据被干扰的信号形式选择最佳或绝对最佳干扰。干扰源能够提供多种不同的基带干扰信号，根据目标信号形式选择适当的基带干扰信号，传送至发射机激励器，经调制后得到所需要的干扰样式。

（4）发射机：与一般无线电发射机一样，它用来放大、输出已调制的射频干扰信号。它决定输出干扰功率的大小。发射机应具有快速改频的能力，以适应瞄准式干扰机快速反应的要求。

（5）监视控制器：对通信干扰机来说，从截获目标信号开始，进行频率瞄准、选择干扰样式，到开始发射干扰信号，以及在干扰实施的全过程中都要在控制器的统一协调下进行。监视器则显示通信干扰机各部分传送来的信息，供操作人员观察、处理及操作。通信干扰效果监视是干扰机进行有效干扰不可缺少的重要环节。通常，干扰方很难准确地确定实施干扰的效果。但如果干扰是有效的，则会出现受干扰的电磁环境变化，敌方通信被迫做出相应的改变，如改变工作频率、增大通信发射功率、停止通信等。因此，干扰方可以监测对方的变化来评估干扰效果。此外，由于频率源不稳定等因素的影响，在通信、干扰的持续时间内，发射机、接收机的工作频率都可能会产生频率偏移。为此，干扰方应通过随时监视被干扰目标信号的频率、检查目标信号频率的变化，并及时修正干扰发射频率对被干扰目标信号的频率偏移，尽可能保证干扰发射频率始终与被干扰目标信号的频率相重合，提高干扰效率。通信干扰效果监视的内容主要包括：①被干扰目标通信是否中断；②被干扰目标信号频率是否变化；③被干扰目标信号的发射功率是否增大；④被干扰目标通信内容是否重发；⑤电磁环境是否变化、是否发现新信号等。如果干扰方发现了以上这些变化，则施加的干扰可能正在破坏敌方的通信，干扰有效；否则，干扰无效。干扰方针对通信干扰效果监视所掌握的变化情况，采取相应措施，如调整工作频率、增大干扰功率等。

瞄准式干扰机的工作过程是：由引导接收机获取被干扰目标信号的载频、调制方式、带宽、电平等参数；信号载频被传送至频率重合器，使干扰载频与目标信号实现频率重合；根据目标信号的其他参数，从干扰源中选取最适宜的基带干扰信号，送入发射机进行适当地调制和放大；发射机按所需的功率放大干扰信号后，由干扰发射天线发射出去，对目标信号进行瞄准干扰。整个干扰过程在监视控制器的协调下工作，干扰过程中实时监视目标信号的变化情况。瞄准式干扰机的工作流程如图 4-3-13 所示。设电台 A 向电台 B 发出呼叫，电台 B 做出应答。设电台 A 的呼叫在时刻 t 到达干扰机，侦察引导设备对其进行分析处理，得到它的载频、调制方式、带宽、到达方向等相关信息。侦察引导设备根据信号参数判断其网台关系，确定它的接收机的方位，并以此调整干扰波束指向，引导干扰机在时刻 t 发射干扰信号。经过一定时间（$T = t_1 - t_2$）的持续干扰，在 t_2 时刻暂停干扰，对目标进行监视，监视时间 $T_{\text{lock}} = t_3 - t_2$，查看被干扰目标信号的状态。如果信号消失，则停止干扰；如果信号没有消失，则在时刻 t_3 重新开始干扰；如果出现新的信号（如电台 B 的应答信号），则重新进入引导状态，使干扰波束指向电台 B，开始新一轮干扰。如此不断重复，直到干扰任务结束。

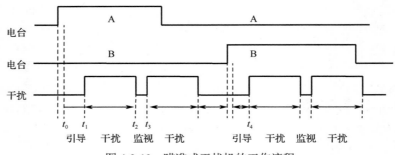

图 4-3-13　瞄准式干扰机的工作流程

瞄准式干扰机主要有以下技术指标。

（1）工作频率范围：指可实施瞄准式干扰的频率范围，随着现代通信系统的工作频段不断展宽，瞄准式干扰机的工作频率范围也在不断扩大。对瞄准式干扰机来说，被干扰的目标信号频率一定要在瞄准式干扰机的工作频率范围内。

（2）频率重合度或称频率瞄准精度：定义为干扰频率与被干扰目标信号频率之差，一般指干扰与信号频谱中心频率之差。二者频差越小，则频率重合度越高。要求瞄准式干扰机的频率重合度满足最佳干扰时选择干扰参数的要求，干扰的频率重合度越高越好。

（3）干扰样式：指实施瞄准式干扰时瞄准式干扰机能够提供的干扰信号形式，一般希望瞄准式干扰机能够提供的干扰样式多一些，并且干扰信号的参数可以调整，以便实施干扰时灵活地选用各种不同的干扰信号。

（4）发射功率：指干扰机输出到干扰天线上的功率。通常希望干扰机的发射功率大些。

（5）反应时间：从引导接收机截获到目标信号开始到发射机发射出干扰信号的这段时间称为瞄准式干扰机的反应时间，瞄准式干扰机的反应时间越短越好。有许多因素影响瞄准式干扰机的反应时间，但主要的影响来自引导接收机的信号处理时间、频率合成器的转换时间和发射机的调谐时间。

（6）谐波与杂散抑制：干扰机辐射的无用谐波和杂散频率分量，不仅浪费干扰功率，而且会对非目标信道造成干扰，因此，希望谐波与杂散输出电平越低越好。一般要求谐波与杂散抑制不小于 40dB。

（7）收发控制：包括收发控制方式、频率搜索方式、干扰信道预置数目、间断观察时间以及保护信道、优先等级的预置等。

2. 拦阻式干扰

拦阻式干扰机的组成框图如图 4-3-14 所示。

图 4-3-14　拦阻式干扰机的组成框图

干扰源产生干扰调制信号，经调制、放大得到所需带宽和频率的宽带干扰信号，再经宽带功率放大器放大到所需的功率电平，通过天线发射出去。

按拦阻式干扰信号产生的不同方法，主要有以下几种干扰：火花拦阻式干扰、扫频拦阻式干扰、多干扰源线性叠加干扰等。目前，扫频拦阻式干扰应用范围较广泛，故下面仅介绍其实现方法。

扫频拦阻式干扰机的组成框图如图 4-3-15 所示。其基本工作原理是：锯齿波产生器输出电压加到压控振荡器上，使输出频率在拦阻带宽范围内扫描，在拦阻带宽内产生一个较均匀的宽频带干扰频谱。同时在压控振荡器上附加窄带噪声调频，经宽带功率放大器放大后产生宽带拦阻式干扰。由加到压控振荡器的电压平均值，控制振荡器的输出拦阻中心频率。改变锯齿波电压的振幅，可以控制拦阻干扰的频带宽度。锯齿波电压的扫描速度决定输出频谱的谱线间隔，窄带噪声调频的频谱宽度一般等于该谱线间隔。当谱线间隔小于被干扰信号的信道间隔时，由于干扰中附加了窄带噪声调频，这时拦阻干扰频谱填满了拦阻带宽，构成了连续拦阻式干扰。当谱线间隔大于或等于被干扰目标信号的信道间隔时，则构成梳状拦阻式干扰。与火花拦阻式干扰相比，扫频拦阻式干扰在更宽的拦阻带宽内，具有更均匀的干扰频谱，对拦阻带宽内所有信道具有基本相同的干扰效果。此外，扫频波的峰值因数很低，可充分发挥干扰发射机的功率潜力。若图 4-3-15 所示的锯齿波产生器采用图 4-3-16 所示的数字锯齿波产生器产生，则称之为数字扫频拦阻式干扰机。由于采用了数字控制，可以灵活控制拦阻带宽的变化范围。

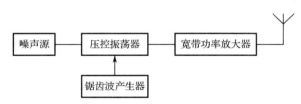

图 4-3-15　扫频拦阻式干扰机的组成框图

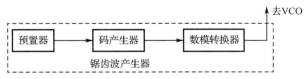

图 4-3-16　数字锯齿波产生器

拦阻式干扰机主要有以下技术指标。

（1）拦阻带宽。拦阻带宽是指拦阻式干扰机所能覆盖的干扰频率范围。这是拦阻式干扰机的一项重要指标，一般它根据被干扰目标信号的工作频率范围来确定。选择拦阻带宽要兼顾干扰功率的需要。一般拦阻式干扰机的整机功率是一定的，拦阻带宽越宽则干扰功率越分散，为了保证对各信道的有效干扰，拦阻带宽不宜选得太宽。

（2）干扰功率。干扰功率是指拦阻式干扰机的输出干扰功率。

（3）干扰方式。拦阻式干扰机的许多性能指标都与采用的干扰方式有关，所以拦阻式干扰机都要指明它所采用的干扰方式以及相应的参数，如扫频拦阻式干扰及其锯齿波频率。

（4）控制方式。拦阻式干扰机的控制方式有很多，如人工、自动、遥控、定时、触发等。

四、通信干扰方程及干扰功率概算

有效压制敌方通信的条件之一是目标接收机输入端必须达到一定的干扰电平，如何才能使目标接收机输入端有足够大的干扰电平呢？我们很容易地想到增加干扰功率或缩短干扰距离。那么干扰功率需要多大或干扰距离为多少才能达到我们所希望的要求呢？无限制地增大干扰功率或缩短干扰距离，可使任何一种干扰都成为有效干扰。然而，实际中这种情况是不可能实现的，通信干扰机只能配置在战术上允许的那些区域。在已知干扰路径下确定目标接收机处的干信比和所需发射的干扰功率以及干扰距离的估算，都是需要解决的问题。

（一）不同频段干扰可能性分析

作用于目标接收机上的干扰电平除了和发射功率有关，还与干扰电波的传播密切相关。下面通过分析各频段电波传播的特点，讨论各频段通信干扰的可能性。

电波传播方式可以归纳为如下几类：①地面波传播；②天波传播；③视距传播；④散射传播。不同频段的通信采用的传播方式不同，干扰可能性也不同。

1. 长波（LF）以下

频率低于 0.3MHz 的电波，这一频率范围的信号主要有两种传播方式，地波按地球曲率可以传播很远的距离，天波则在电离层与地面之间来回反射，如果发射机的功率足够大、天线与工作频率匹配，则传输距离可达到几千千米到上万千米。

虽然长波以下频段在地波传播时较稳定可靠且通信距离很远，但因该频段的通信成本高，天线庞大且辐射效率低，所需功率大，通信容量小。因此，它的实际应用较少，军事上仅在对潜艇通信中应用较多，美国海军将它用于远距离舰-岸通信，此外还作为短波通信的补充手段，如用于北极的陆基通信，这是因为短波通信易受极光和极区扰动的影响。

这一频段的信号易受到干扰，对此频段的信号实施干扰容易、可行，对干扰设备的配置条件无严格的要求。

2. 中波和短波（MF/HF）

这一频率范围（0.3～30MHz）的信号能以地波形式稳定而可靠地传播不太远的距离。但借助电离层传播，即使低功率发射机也可以传播很远（几千千米）的距离。

在军用和民用中，对中波和短波的利用都是很广泛的。这类通信对大多数应用来说，具有简单、成本低、远距离和可靠等优点。

这个频段的通信，用户拥挤，电台间相互干扰较严重。远离目标接收机的通信干扰机，容易使这个频段的通信受到干扰。在军事上，短波地面波常用作近距离战术通信，而短波天波传播大多用于几百到几千千米的远距离通信。对该频段实施干扰是完全可行的，短波是当前开展通信对抗的主要频段之一。此外，短波天波通信易受核爆炸的影响而中断。

3. 超短波（VHF/UHF）

该频段又可分为甚高频（30～300MHz）和超高频（300～3000MHz），它的传播特性可归纳如下。

（1）由于大气噪声随频率的增加而减少，所以对噪声而言，100MHz 以上的无线电通信质量比较高。

（2）超短波是在较稳定的下层大气层（对流层）传播，基本不受电离层的影响，但是，信号受压力、温度、湍流和大气层结现象的影响。

（3）只限于沿视线传播，只要各站彼此不在光学视界之内就能使用同一载频。

（4）可用频段宽，通信容量大，能传送宽带信号。

（5）受视距限制，根据天线高度和地面情况的不同，每段接力线路的距离为 32～64km。由于发射功率通常低于 10W，所以增设成本低的中继站是可行的。经过多个中继站转发可实现远距离通信。

（6）甚高频、超高频和更高频段的信号，同光波相似，不仅沿视线传播，而且也会受到反射面的反射。这样，在塔上安装无源反射器，就能改变信号的传播方向，在一定限度上克服直线传播的限制。另外，超短波信号像光波一样，在锐缘物体附近会产生绕射，这种现象称为"锐缘绕射"，用来使信号传播路径弯曲，从而能绕过山顶。

对视距通信而言，由于超短波通信是沿直线传播的，所以只受接收机视界内电子对抗干扰设备的干扰。对于 600MHz 以下的接力通信，可以采用升空干扰设备，以扩大干扰范围。对高于 600MHz 的接力通信，由于天线的强方向性，只有在接收天线宽度很小的波瓣方向上施放干扰才能有效。由于这个频段的接力电台配置的纵深较远，因此用无线电干扰来压制这些通信时，对干扰设备的配置要求十分严格。

甚高频和超高频的低端，利用地面波传播和地-空及空-空直射波传播方式，在军用战术通信中得到广泛应用，也是目前开展通信对抗的主要频段之一。地面战术电台通常采用无方向性或弱方向性天线，空中电台皆采用无方向性天线。实施干扰时，采用无方向性或弱方向性天线，适当配置干扰机的位置，一般都能获得良好的干扰效果。

4. 微波通信（SHF/FHF 以上）

微波通信信号（1000MHz 以上的信号）有许多特性与甚高频和超高频信号相同。微波也是直线传播的。微波不受电离层的反射，而受不透明物体的阻挡。微波接力通信系统采用强方向性天线，发射机功率低，通常在 1W 左右。由于视距限制，必须用很多中继站进行接力，才能进行远距离通信。

由于微波只沿视线传播，其通信设备的天线具有强方向性，因此对干扰设备配置要求十分苛刻，只有干扰设备的配置十分接近目标接收机，或者干扰设备位于通信链路瞄准线上才有可能实施有效干扰。由于这种通信通常配置的纵深更远，以及主瓣宽度很小，因此对其干扰十分困难。

（二）通信干扰方程

一旦通信干扰机和被干扰通信系统的位置确定后，在干扰实施之前以及过程中，总希望能够获得干扰目标处的干信比，以判断干扰的有效性。前面介绍过对干扰方来说是很难直接确定目标接收机的位置的，但是在实际的通信系统中，某一通信台站同时要进行收、发工作，尤其是对战术通信电台更是如此，这样就可以借助电子支援措施来获得被干扰接收机的位置信息了。本文的目的就是要给出干扰机与其作用目标通信链路之间相互关系的方程，从而确定目标接收机处的干信比，为进行干扰功率和作用距离的估算奠定基础。

用来确定目标接收机处干信比的方程就是干扰方程。为了获得干信比，先要计算接收机处的信号功率和干扰功率。

接收机处的信号功率 P_s 为

$$P_s = \frac{P_{Ts}G_{Ts}G_{Rs}}{L_s} \tag{4-3-35}$$

式中，P_{Ts} 为发射机输出的信号功率；G_{Ts} 为发射机到接收机方向的天线增益；G_{Rs} 为接收机到发射机方向的天线增益；L_s 为发射机到接收机的路径损耗。

信号功率仅存在传输损耗，而干扰功率除传输损耗外，还可能存在其他损耗，其中主要来自两方面的影响。

第一是滤波损耗，这是由接收机的带通滤波器引起的。当干扰信号带宽大于接收机带宽或者干扰频率偏离信号频率时，都会降低有效干扰功率，因为接收机将抑制通带以外的干扰，使一部分干扰功率浪费了。滤波损耗 F_b 定义为

$$F_b = \frac{进入接收机的干扰频谱密度}{干扰频谱密度}$$

滤波损耗反映了进入目标接收机的有效干扰功率占干扰总功率的比例，当全部干扰功率都进入接收机时，滤波损耗 $F_b = 1$。

第二是可能存在的极化损耗，这是由于干扰机可能不是以合适的极化电波发射干扰信号造成的，可以用系数 p 来表示，p 的取值范围为 $0 \sim 1$。

考虑滤波损耗和极化损耗后，接收机处的干扰功率 P_j 为

$$P_j = \frac{P_{Tj}G_{Tj}G_{Rj}}{L_j}F_bP \tag{4-3-36}$$

式中，P_{Tj} 为干扰机输出的干扰功率；G_{Tj} 为干扰机到接收机方向的天线增益；G_{Rj} 为接收机到干扰机方向的天线增益；L_j 为干扰机到接收机的路径损耗。

如图 4-3-17 所示为发射机、接收机、干扰机的地理位置示意图。干信比是指目标接收机处的干扰功率与信号功率之比。即

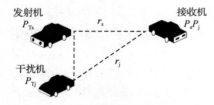

图 4-3-17　发射机、接收机、干扰机的地理位置示意图

$$\frac{P_j}{P_s} = \frac{P_{Tj}G_{Tj}G_{Rj}L_s}{P_{Ts}G_{Ts}G_{Rs}L_j}F_bP \tag{4-3-37}$$

由压制系数 k 的定义可知，当干扰有效时，目标接收机输入端的干信比 $\dfrac{P_j}{P_s}$ 应满足

$$\frac{P_j}{P_s} \geqslant k$$

将式（4-3-37）代入式（4-3-36）后可得

$$\frac{P_{Tj}G_{Tj}G_{Rj}L_s}{P_{Ts}G_{Ts}G_{Rs}L_j}F_bP \geqslant k \tag{4-3-38}$$

对瞄准式干扰而言，干扰信号带宽一般近似等于目标信号带宽，因此，可取 $F_b \approx 1$。极化损耗的影响难以准确估计，通常在计算干扰功率时留有适当的功率裕量加以弥补，则式（4-3-38）可简化为

$$\frac{P_{Tj}G_{Tj}G_{Rj}L_s}{P_{Ts}G_{Ts}G_{Rs}L_j} \geqslant k \tag{4-3-39}$$

式（4-3-39）称为通信干扰方程。

不同频段、不同电波传播方式的路径损耗不一样，通信干扰方程也表现出不同的形式。

（1）自由空间传播时

$$jsr_1 = \frac{P_{jr1}}{P_{sr1}} = \frac{P_{Tj}G_{Tj}G_{Rj}}{P_{Ts}G_{Ts}G_{Rs}}\left[\frac{r_c}{r_j}\right]^2 \qquad (4\text{-}3\text{-}40)$$

结论为在通信信号与干扰信号两者均为自由空间传播的条件下，干信比与干通比的平方成反比。此处，干通比是干扰机和接收机的距离与通信发射机和接收机之间距离的比值。某一干扰机所能达到的干通比越大，说明该干扰机的干扰能力越强。在评价一部干扰机的干扰能力时，不能只说明它的干扰距离，还需要说明在该干扰距离上，被干扰目标定的通信距离是多少。自由空间传播通信干扰示意图如图 4-3-18 所示。

（2）平坦地面传播时

$$jsr_2 = \frac{P_{jr2}}{P_{sr2}} = \frac{P_{Tj}G_{Tj}G_{Rj}}{P_{Ts}G_{Ts}G_{Rs}}\left[\frac{r_c}{r_j}\right]^4\left[\frac{h_j}{h_t}\right]^2 \qquad (4\text{-}3\text{-}41)$$

结论为在通信信号与干扰信号两者均为平坦地面传播的条件下，干信比不仅与干通比的四次方成反比，而且还与干扰天线和通信发射天线高度比的平方成正比。平坦地面传播通信干扰示意图如图 4-3-19 所示。

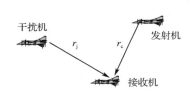

图 4-3-18　自由空间传播通信干扰示意图

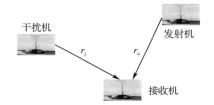

图 4-3-19　平坦地面传播通信干扰示意图

（3）通信信号为平坦地面传播，干扰信号为自由空间传播，见图 4-3-20，即升空干扰机对地-地通信实施干扰时，干信比为

$$jsr_3 = \frac{P_{jr1}}{P_{sr2}} = \frac{P_{Tj}G_{Tj}G_{Rj}}{P_{Ts}G_{Ts}G_{Rs}}\left[\frac{r_c^2}{r_j}\right]^2\left[\frac{1}{h_r h_t}\right]^2\left[\frac{\lambda}{4\pi}\right]^2 \qquad (4\text{-}3\text{-}42)$$

（4）通信信号为自由空间传播，干扰信号为平坦地面传播，见图 4-3-21，即陆基干扰机对地-空通信的地面站实施干扰时，干信比为

$$jsr_4 = \frac{P_{jr2}}{P_{sr1}} = \frac{P_{Tj}G_{Tj}G_{Rj}}{P_{Ts}G_{Ts}G_{Rs}}\left[\frac{r_c}{r_j^2}\right]^2\left[h_r h_j\right]^2\left[\frac{4\pi}{\lambda}\right]^2 \qquad (4\text{-}3\text{-}43)$$

综合分析，将干扰通过自由空间方式传播，从而增大干信比，可实现有效干扰。

如果将通信干扰方程和雷达干扰方程进行比较分析，可得出如下结论。相同点。有效干扰条件相同：接收机接收到的干扰信号功率和工作信号功率的比值大于压制系数。不同点：①通信系统工作利用直接波，而不是回波，在干扰功率上要求高，干扰这类系统比干扰雷达难；②干扰机不能放在发射机附近，而通信发射天线和接收天线是对准的，干扰信号由天线旁瓣进入，通信干扰更加不易（导弹制导系统），对没有方向性或方向性弱的通信系统（导航系统、通信系统），通信干扰能容易些；③通信干扰方程与目标反射截面积无关。

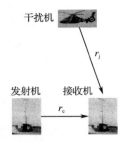

图 4-3-20　自由空间通信干扰与平坦
地面传播通信示意图

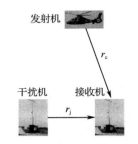

图 4-3-21　平坦地面传播通信干扰与
自由空间通信示意图

（三）干扰有效压制区

以自由空间传播的通信干扰方程为例，分析干扰有效压制区。

$$\left[\frac{r_c}{r_j}\right]^2 \geq K\frac{P_{Ts}G_{Ts}G_{Rs}}{P_{Tj}G_{Tj}G_{Rj}} = C$$

在给定目标通信系统和给定通信干扰系统的情况下，C 是一个常数。于是，在图 4-3-22 所示的坐标系中，便可以写出干扰有效压制区的边界方程式

$$[x + CD/(1-C)]^2 + y^2 = CD^2/(1-C) + [CD/(1-C)]^2$$

上式表明，干扰有效压制区的边界是一个圆，圆心 O 的坐标为 $[-CD/(1-C), 0]$，半径为 $r = \{CD^2/(1-C) + [CD/(1-C)]^2\}^{1/2}$。

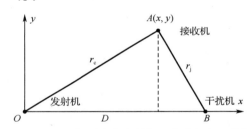

图 4-3-22　坐标系中的发射机、接收机与干扰机

（1）当 $C>1$ 时，即干扰功率不太大，或者要求的压制系数 K 比较高。这时圆心就在原点 O 的右方，距原点的距离 $d = |-CD/(1-C)|$，圆半径 $r = \{CD^2/(1-C) + [CD/(1-C)]^2\}^{1/2}$。一个包围干扰发射机的圆，圆周上及圆内为干扰有效区，圆外为干扰无效区，如图 4-3-23（a）所示。

（2）当 $C=1$ 时，即干扰功率较大，或者所需压制系数 K 不大。随着 C 值的减小，干扰有效区的圆逐渐扩大。当 $C=1$ 时，圆心移至无限远处，圆周变成平行于 x 轴的直线，直线的右边（干扰机一侧）为干扰有效区，直线的左边（发射机一侧）为干扰无效区，如图 4-3-23（b）所示。

（3）当 $C<1$ 时，即干扰功率足够大或干扰样式最佳，所需压制系数 K 较小。当 C 值继续减小时，干扰有效区的范围继续扩大，干扰有效区边界变成一个将通信发射机包围在内的圆，圆心移至坐标原点 O 的左边。圆内为干扰无效区，圆周上及圆外为干扰有效区，如图 4-3-23（c）所示。

上述分析表明，欲增加有效干扰范围就必须减小 C 值，其途径可以从 C 值的定义中得知。但是对跳频跟踪干扰时的干扰有效区域，需要进一步限制。根据对跳频通信干扰的分析可知，欲获得有效干扰，干扰信号就必须在每个跳频驻留时间 T_h 的中点之前到达通信接收机，即必

须满足下式

$$d_2 + d_3 \leqslant c \times (\eta T_h - T_p) + d_1$$

式中，c 为电磁波传播速度；T_p 为干扰系统的处理时间；η 为采样点位置系数（通常，$\eta \leqslant 0.5$）；T_h 为跳频信号在每个频率点上的驻留时间；d_1、d_2 和 d_3 为距离，如图 4-3-24 所示。

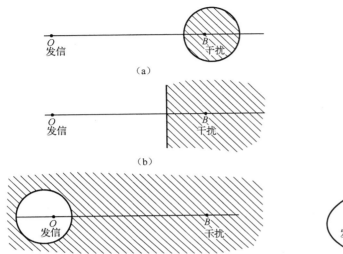

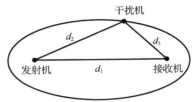

图 4-3-23 不同情况下的干扰有效区　　图 4-3-24 跳频通信发射机、接收机与干扰机的平面配置

上式中取等号，等号右边部分对给定的跳频通信系统与干扰系统而言等于一个常数，满足上式的点的轨迹是一个以跳频通信发射机和接收机位置为焦点的椭圆。如果干扰机位于椭圆之内，则干扰可能有效；如果干扰机位于椭圆之外，则干扰不可能有效。另外，从干扰功率方面讲，当 C 为不同值时干扰有效区域如图 4-3-25 所示（图中阴影区域）。

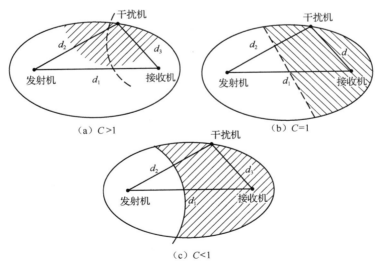

图 4-3-25 不同情况下的跳频通信干扰有效区域

（四）干扰功率概算

根据通信干扰方程可进行瞄准式干扰功率概算，干扰方程用分贝表示，则为

$$P_{\mathrm{Tj}}(\mathrm{dB}) \geqslant K(\mathrm{dB}) + P_{\mathrm{Ts}}(\mathrm{dB}) + [(G_{\mathrm{Ts}} + G_{\mathrm{Rs}}) - (G_{\mathrm{Tj}}G_{\mathrm{Rj}})](\mathrm{dB}) + (L_{\mathrm{j}} - L_{\mathrm{s}})(\mathrm{dB}) \qquad (4\text{-}3\text{-}44)$$

式中，K 和 G_{Tj} 是由干扰方确定的已知量。通信方的发射功率和天线增益只能根据通信侦察提供的情报进行估计或估算。干扰与通信的路径损耗也只能粗略概算。由此可知，利用干扰方程只能粗略计算需要的干扰功率。这种估算对确定干扰功率或合理配置干扰站都是有实用意义的。

估算干扰功率时，最困难的是电波传播路径损耗的计算。路径损耗与各天线附近及各天线之间的环境特性、电波的传播模式有关，这些又与发射频率、地形、天线高度等有关。下面以典型的地-地视距传播为例进行分析。

我们知道，地-地视距传播的路径损耗为

$$L(\mathrm{dB}) = 120 + 40\lg r(\mathrm{km}) - 20\lg h_{\mathrm{T}}(\mathrm{m})h_{\mathrm{R}}(\mathrm{m}) \qquad (4\text{-}3\text{-}45)$$

式中，r 为收、发天线间的距离；h_{T}、h_{R} 分别为发、收天线的高度，单位为 m。可见，路径损耗与传播距离的四次方成正比，随传播距离增加损耗迅速增大。

将其路径损耗公式（4-3-45）代入干扰方程，压制系数用接收机输入干信比代替，方程取等号后可得到

$$\frac{P_{\mathrm{j}}}{P_{\mathrm{s}}}(\mathrm{dB}) = 40\lg \frac{r_{\mathrm{s}}}{r_{\mathrm{j}}} + [P_{\mathrm{Tj}} - P_{\mathrm{Ts}}](\mathrm{dB}) - [(G_{\mathrm{Ts}} + G_{\mathrm{Rs}}) - (G_{\mathrm{Tj}} + G_{\mathrm{Rj}})](\mathrm{dB}) + 20\lg \frac{h_{\mathrm{jT}}}{h_{\mathrm{sT}}} \qquad (4\text{-}3\text{-}46)$$

可见，保持干扰功率不变，提高干信比的主要措施包括：①缩短干扰距离；②增加干扰天线的高度；③增加干扰天线的增益；④改善干扰的电波传播模式；⑤降低滤波损耗的影响；⑥增加干扰机数目。另外，利用式（4-3-46），如果干扰功率一定，那么反过来可以求取作用距离。

第四节 扩频通信对抗技术

扩频通信具有很强的抗截获和抗干扰能力，在军事通信领域中被广泛应用。扩频通信的基本含义是将待传信息的频谱用某个特定的扩频函数扩展成为宽带信号，送入信道中传输，在接收端利用相同的扩频函数对扩频数据进行频带压缩，恢复原始数据。其本质就是将普通通信的调制变为扩频调制，解调变为扩频解调。扩频时有两个基本准则：①传输带宽远大于被传输的原始信息的带宽；②传输带宽主要由扩频函数决定，扩频函数使用伪随机编码信号。由于扩频通信自身的特点，对扩频通信信号的干扰较之对常规通信信号的干扰要困难得多。近年来对扩频通信干扰的研究已成为通信对抗领域中的重点。按照扩频方法的不同，扩频通信分为直接序列扩频（Direct Sequence-Spread Spectrum，DS-SS）、跳频扩频（Frequency Hopping Spread-Spectrum，FH-SS）等。下面对应用较多的直接序列扩频通信和跳频扩频通信的基本原理及其对抗技术进行讨论，并对扩频通信的综合运用，即 Link16 数据链基本原理及其对抗技术展开分析。

一、直接序列扩频通信基本原理及其对抗技术

（一）基本原理

直接序列扩频（简称直扩，DS）通信原理框图见图 4-4-1。发送信息进行信道编码后，

进行调制和扩频，送入信道。扩频信号在信道中叠加噪声和干扰到达接收端，接收端先进行解扩、解调，然后进行信道译码，恢复发送端的信息。

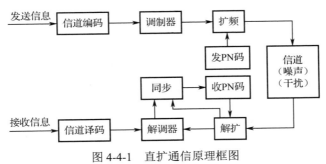

图 4-4-1　直扩通信原理框图

解扩、解调时需要严格同步的扩频码序列 PN，PN 对应的是伪随机序列，发送数据及 PN 序列见图 4-4-2。矩形波变化速度 T_c、信息码元速率 T。$T \gg T_c$。使用高速的伪随机码序列去调制相对低速的数据信息，达到扩展信号频谱（扩谱）的目的。伪随机序列的速率越高，频谱扩展的越宽，抗干扰能力越强，数字序列的扩频过程见图 4-4-3。例如，基带码元速率为5kBd，则码元持续时间为 0.2ms，带宽约等于 5kHz。若选用的扩谱码片持续时间为 0.2μs，则扩谱后的基带信号带宽约等于 5MHz。扩谱使信号带宽增大至 1000 倍，故信号功率谱密度将降低至 1/1000。

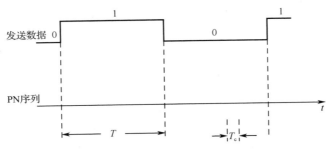

图 4-4-2　发送数据及 PN 序列

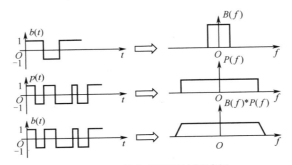

图 4-4-3　数字序列的扩频过程

直接序列扩频系统的调制方式通常采用二相相移键控（Binary Phase Shift Keying，BPSK）或四相相移键控（Quadrature Phase Shift Keying，QPSK），其优点是相位调制的传输性能好，扩频和解扩通过简单的乘法运算就能实现，以及 PSK 信号具有噪声谱特性，隐蔽性好。相移键控调制和解调示意图见图 4-4-4。接收机收到信号后，需要解除扩频调制的宽带信号，还原得到窄带的数据信号。解扩时，采用相乘变异或运算（相同等于 0，不同等于 1）。

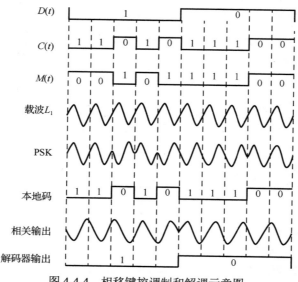

图 4-4-4 相移键控调制和解调示意图

直扩通信的显著特点如下。

（1）抗干扰能力强。

首先看一下干扰在 DS 接收机中的形成过程。若不考虑噪声的影响，有干扰时 DS 接收机收到的将是信号与干扰的叠加。

此时，收到的信号 $r(t)$ 为

$$
\begin{aligned}
r(t) &= s(t) + j(t) \\
&= A_c m(t) p(t) \cos \omega_c t + J(t) \cos[\omega_j t + \varphi_j(t)]
\end{aligned}
\tag{4-4-1}
$$

经过解扩后输出为

$$
\begin{aligned}
r_0(t) &= \{A_c m(t) p(t) \cos \omega_c t + J(t) \cos[\omega_j t + \varphi_j(t)]\} p(t) \\
&= A_c m(t) \cos \omega_c t + J(t) p(t) \cos[\omega_j t + \varphi_j(t)]
\end{aligned}
\tag{4-4-2}
$$

式中，第一项为信号项，第二项为干扰项。该信号经带宽为 B_m 的窄带滤波器后输出，信号项得以保留，其原因是本地 PN 码 $p(t)$ 只取+1 或-1，$p^2(t)=1$。而干扰项则被 $p(t)$ 扩展到比 B_s 宽的带宽上，使大部分干扰不能与信号频谱重叠，而被窄带滤波器滤除。图 4-4-5 给出了解扩前后信号和干扰的相对频谱，可形象地定性说明 DS 接收机对干扰的抑制。

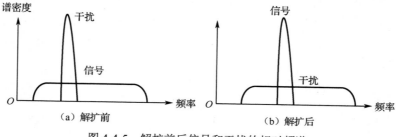

图 4-4-5 解扩前后信号和干扰的相对频谱

（2）隐蔽性好，保密性强。功率谱密度低，而且由于受伪随机信号控制，统计特性类似白噪声，完全淹没在噪声中，侦察设备很难发现。即使发现，若未掌握扩频码的规律，也无法正确接收信号（收到的只是类似噪声的信号）。

（3）具有选址能力，可实现码分多址通信。在多个用户通信时，扩频信号可以在相同时间内处于同一频带。不同用户选择不同的扩频序列作为地址码，只要选择的扩频序列具有尖锐的自相关特性和尽可能小的互相关特性，当不同扩频序列调制的多个扩频信号同时进入接收机时，只有与本地扩频码相同的扩频信号被解扩成窄带信号，而其他用户的信号不能被解扩，仍然是宽度类似白噪声的信号。

（4）在多径和衰落信道中传输性能好。扩频信号的频带很宽，小部分的频谱衰落不会让信号严重畸变。多径信号存在时延差，产生码间串扰，扩频接收机相关检测时，会检测到多个相关峰，可在接收机设置多个相关器，分别同步于多个多径信号，实现多径信号的分离与合并。

（二）侦察技术

对直扩信号的侦察主要包括直扩信号检测、参数估计和解扩等任务。

1. 直扩信号检测

对直扩信号的检测不同于对常规信号的检测，由于直扩信号的低谱密度和宽带特性，使它的检测变得困难。因此，这种信号被称为低检测概率信号或低概率截获信号。根据 DS 信号的特点，用普通侦察接收机是无法接收 DS 信号的，这是因为：①DS 信号一般频带较宽，而普通侦察接收机大多为窄带接收机，在工作频带上二者不相适应；②DS 信号虽然是一种 2PSK 信号，但信号电平很低，往往淹没于噪声之中；③扩频码在军用通信中是属于严格保密的内容，并且可以人为地加以改变。

在全然不知通信接收方的先验知识的情况下，扩频信号的检测就变得困难了。为了检测直扩信号，首先接收机必须具有大于或等于扩频信号带宽的宽带系统，并且能设法使信号恰恰落到接收机带宽内。在接收机不是全开的情况下，这通常是靠步进搜索来实现的。只有在接收信号落到接收机带宽内的前提下，才能进一步判定扩频是否存在。由于接收机带宽较宽，进入接收机的信号可能是多个，因此，这时已无法用瞬时采样电平来判断信号的有无。在使用频域搜索接收机时，可根据直扩信号频谱的特点，在已获得的频谱中去寻找直扩信号。当接收信号电平较高时，可以在显示器上看到某一较宽频率范围的信号电平，平稳地高于基底噪声，这样就可以初步判定有扩频信号的存在。在直扩信号谱密度很低，接收信号被淹没在基底噪声里，很难从显示器上看出信号特征时，对扩频通信信号检测常常需要能量累积，即在一段时间内，将多次采样信号的能量进行累积，能量累积到一定值后再来判定信号的存在。这种方法除了对高斯白噪声进行平均外，不能更有效地抑制噪声的存在和影响，并且需要较长时间。

侦察 DS 信号的一条有效途径，就是设法使侦察接收机靠近 DS 发射机。例如，用升空侦察，由于升空增益可以达到几十分贝，这样有可能侦收到比较强的 DS 信号，那么可以按 2PSK 信号的接收方法来处理 DS 信号。另外，还可以用投掷侦察设备的方法，对 DS 信号进行侦收和记录。但是，使侦察接收机靠近 DS 发射机，不是任何情况下都可以实现的。因此，多数情况下是在远距离上侦察微弱的 DS 信号，其难点就是如何从噪声中发现 DS 信号的存在并从中检测出来。

为了较快检测直扩信号，需要采用其他方法，以下是几种可能的检测方法：①平方倍频检测法；②功率谱集平均的检测法；③相关检测法，包括时域自相关检测法、谱相关检测法、空间相关检测法等；④倒谱检测法；⑤利用小波变换法检测扩频信号。平方倍频检测法最简单，但必须剔除单频信号和窄带信号，其检测深度即信噪比太低，检测效果不佳。功率谱集平均的检测法与平方倍频检测法相似，方法简单，但因信噪比太低导致检测效果不佳。时域自相关检测法利用直扩信号的自相关时延实现检测，但其相关峰受调制信号的影响，在低信噪比条件下，效果也不理想。谱相关检测法的检测性能较好，但实时实现困难。倒谱检测法相对而言效果较好，在信噪比较低的情况下，也有较好的检测效果，并且能对扩频信号的参数进行估测。小波变换法具有良好的空间局部化性质，利用小波变换分析信号的奇异性（奇异点的位置和奇异度的大小）是比较有效的，但检测深度也比较低。当前情况是对于信噪比不太低的信号，采用平方倍频检测法或功率谱集平均的检测法，对于信噪比较低的信号采用倒谱检测法。

此处主要介绍实现直扩信号检测的平方倍频检测法。这是一种有效的 DS 信号检测方法，技术实现较容易，可以测量 DS 信号载频，不能测量其他技术参数。平方倍频检测法的原理框图见图 4-4-6。它将接收到的 DS 信号分为两路，分别进行宽带放大，且具有完全相同的特性。设输入信号为

$$S(t) = A_c m(t) p(t) \cos(w_c t) \tag{4-4-3}$$

式中，A_c 为载波振幅；w_c 为载波角频率；$m(t)$ 为信息码，取值为 ±1，其码元速率和码元宽度分别用 R_m 和 T_m 表示；$p(t)$ 为扩频码，取值为 ±1，其码元速率和码元宽度分别用 R_m 和 T_m 表示。一般，$T_m / R_m = N$（正整数），为扩频码长度。

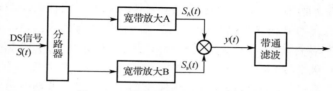

图 4-4-6 平方倍频检测法原理框图

经过两路宽带放大后，输出为

$$S_A(t) = S_B(t) = KA_c m(t) p(t) \cos(w_c t) \tag{4-4-4}$$

式中，K 为宽带放大增益。将 $S_A(t)$ 和 $S_B(t)$ 送入相乘器，整理后输出为

$$y(t) = S_A(t) S_B(t) = [A_m m(t) p(t) \cos(w_c t)]^2 \tag{4-4-5}$$

式中，$A_m = KA_c$。因为 $p^2(t) = m^2(t) = 1$，则有

$$y(t) = \frac{1}{2} A_m^2 + \frac{1}{2} A_m^2 \cos(2w_c t) \tag{4-4-6}$$

从式（4-4-6）中可以看出：该检测方法利用了信号的自相关性，把宽带的 DS 信号变为了直流分量和窄带的单频信号，从而实现了能量的聚焦。再经过窄带滤波器后就能够将 $2w_c t$ 分量检测出来，并测出 $w_c t$ 的值。

考虑到噪声的影响，两路宽带放大后的输出为

$$X_A(t) = S_A(t) + n_A(t), X_B(t) = S_B(t) + n_B(t) \tag{4-4-7}$$

则经过相乘器后输出为

$$y_n(t) = X_A(t) X_B(t) = S_A(t) S_B(t) + S_A(t) n_B(t) + S_B(t) n_A(t) + n_A(t) n_B(t) \tag{4-4-8}$$

式中，第一项为信号的平方项，得到 $2w_c t$ 分量；第二项、第三项为信号与噪声的互项，由于信号与噪声不相关，因此相乘后的输出仍然为宽带噪声，经窄带滤波后大部分被滤除；第四项为两路噪声相乘项，仍然占据很宽的频带，大部分能量会被窄带滤波器滤除。因此，即使考虑噪声的影响，窄带滤波器的输出仍可获得较高的信噪比，有利于 $2w_c$ 分量的检测和估计。

该方法需要注意两点：①由于 DS 信号的载波频率是未知的，因此应采用具有搜索功能的窄带滤波器来选择 $2w_c$；②如果有多个不同载频且互不相关的 DS 信号进入通带，那么相乘器的输出会包含各个 DS 信号的二倍载频，以及直流分量和不同 DS 信号相乘的多个宽带信号。

2. 直扩信号参数估计

DS 信号的参数估计包括信号的调制参数和伪码参数。除信号电平外，信号的其他参数都采用谱分析技术，其中心频率、信号带宽、功率重心频率、幅度重心频率和最大功率值频率等都可通过分析其谱结构得到。对于伪码速率，可通过信号的频谱第一零点获得，伪码长度可通过信号的倒谱获得。在获得直扩信号的载频、扩频码速率和信息码元宽度的基础上，利用信息码元宽度通常为地址码周期的整数倍（通常是 1），并且两者的起止时间保持同步这些条件获得信息码。如果伪码是 m 序列，则采用比特延迟相关法，求得一定码元后，可以求得伪码序列，据此还可以求得信息码。

利用自相关法可以估计直扩信号的码元宽度和码元速率，假设接收的信号与噪声经模数采样后表示为 $x(n) = s(n) + n(n)$，按下面的公式计算自相关函数，即

$$R(k) = \sum_{n=0}^{N-1} x(n)x(n+k) \tag{4-4-9}$$

式中，N 为相关长度。按上式计算时，不管时延点在何处，其求和项均保持 N 项不变。当时延值 kT_s 等于扩频码周期时，$R(k)$ 出现峰值，峰值对应的时延点时间即为扩频码周期。扩频码周期等于信息码元宽度 T_b，由此可以计算出信息码速率 $R_b = 1/T_b$。

3. 直扩信号解扩

信号检测解决了直扩信号的发现和部分参数的测量问题，如果需要获得其传输内容，还必须对其解扩，这也是对负信噪比的直扩信号进行侦察和干扰必不可少的关键环节。直扩信号的解扩是在不知道对方扩频码的情况下进行的被动处理方法，其目的是得到直扩信号的扩频码和信息码。

（1）解扩的主要作用。直扩信号的解扩应以对其检测为前提，并在测量或估计技术参数的基础上进行。其主要作用是：可提供高处理增益，恢复高信噪比的窄带信息流，即恢复基带信号，并得到扩频码，以便引导干扰设备进行相干干扰和欺骗干扰；进一步对基带信号解调，可获取情报信息。

（2）解扩的主要途径。直扩信号解扩的基本思路是：采用无码解扩技术，在不知道扩频码的基础上，对信息码进行估计；采用相关解扩技术，通过估计出扩频码，然后利用相关解扩方法对信息码进行恢复。

（三）干扰技术

（1）窄带干扰。由于 DS 信号带宽远大于窄带干扰的带宽，所以在一般情况下，窄带干扰的全部能量都可以进入宽带系统。解扩器将窄带干扰的频谱扩展到至少为 B_s 的宽度，使得大部分干扰被窄带滤波器滤除掉，而只有小部分干扰通过窄带滤波器的干扰分量才可以对系统形成干扰。单频干扰是窄带干扰的特例，单频正弦干扰进入相关解扩器，本地参考码 $p(t)$ 将对它进行相关处理，使其输出为一个伪码调相波。当正弦干扰频率与 DS 信号的伪噪声频谱中心频率相同或相近时，带内可按均匀谱处理。当正弦干扰频率偏离信号伪噪声频谱中心频率较大时，将有更多的干扰成分被窄带滤波器滤除。可见，在 DS 信号伪噪声频谱中心频率处的单频干扰，是对 DS 系统进行人为干扰的有效形式之一。

（2）宽带干扰。通常不相关的宽带干扰不会比窄带干扰的效果好，因为接收机前端滤波系统会对其有所抑制。即便是宽带干扰进入了接收机前端滤波系统，由于解扩器的相关处理，其带宽将会被进一步展宽，能够通过解扩后的窄带滤波器的干扰分量也会很少。

DS 系统的抗干扰能力，取决于 PN 码的完善程度。如果知道了 DS 系统的 PN 码，就可采用与 DS 信号具有完全相同扩频码型的干扰信号去干扰 DS 系统，对于这种干扰信号，相关解扩后干扰与信号一样不被衰减。无疑它是一种最佳的干扰样式，然而，采用此种干扰样式不仅需要掌握 DS 系统所使用的扩频码型，而且还需要干扰与信号两者精确同步，这显然是十分困难的。对于这种采用与 DS 信号相同 PN 码且能保证精确同步的干扰，我们称其为相关伪噪声扩频码干扰。

若干扰信号的时域特征是不规则的，或者说是随机的，如高斯白噪声，其统计结构十分复杂，直扩接收机对这种干扰就无法全部抑制。因此，通常在得不到扩频码结构的情况下，只要知道直扩信号的载波频率和扩频周期，甚至只要知道直扩信号分布的频段，采用高斯白噪声调制的大功率拦阻干扰，特别是梳状谱干扰，也能取得一定的效果。

一种实用的干扰方式是采用转发式干扰来逼近相关伪噪声扩频码干扰。转发式干扰也是在得不到扩频码结构的情况下，只要知道扩频周期，把截获的直扩信号进行适当的延迟，再以高斯白噪声调制经功率放大后发射出去，就产生了接近直扩通信所使用的扩频码结构的干扰信号，其效果介于相干干扰和拦阻干扰之间。假定转发式干扰机和 DS 系统的发射机、接收机的几何位置如图 4-4-7 所示。设 r_{tr} 为通信距离，r_{tj} 和 r_{jr} 分别为干扰机到发射机和接收机的距离。

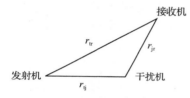

图 4-4-7　解扩前后信号与干扰的频谱

若 t_A 为干扰机处理时间，T_P 为码元宽度，c 为光速，则有

$$\frac{(r_{tj} + r_{jr}) - r_{tr}}{c} + t_A \leq \eta T_P \tag{4-4-10}$$

式中，η 小于 1，它是转发可延迟时间多少的量度。

由 PN 码自相关函数特性可知，η 越小，转发式干扰与信号的相关函数越接近自相关函数。当 $\eta = 0$ 时，转发式干扰就是相关伪噪声扩频码干扰。式（4-4-10）表明，当 T_P、t_A、η 确定后，转发式干扰机必须位于以接收机、发射机为焦点的一个椭圆内。由于实际战术应用中最小的 $r_{tr} > 5\text{km}$，而 T_P 一般不超过 $1\mu s$，故这是一个非常狭窄的椭圆，也就是说，只有当转发式干扰机位于 DS 系统接收机、发射机连线上或者附近很小的范围内时，转发式干扰才可能有效。

（3）系统自身存在的干扰。

上面这三种干扰是人为发射的，还有系统本身存在的一些干扰。

① 窄带信号。直扩宽带系统与某一窄带系统共存，窄带系统相当于一个很强的窄带干扰。

② 多址干扰。自相关性很好的伪随机码，互相关性为 0（理想情况）。在多个用户通信时，扩频信号可以在相同时间内处于同一频带。不同用户选择不同的扩频序列作为地址码，如果选择的扩频序列具有尖锐的自相关特性和尽可能小的互相关特性，那么当不同扩频序列调制的多个扩频信号同时进入接收机时，只有与本地扩频码相同的扩频信号被解扩成窄带信号，而其他用户的信号不能被解扩，仍然是宽度类似白噪声的信号。

③ 多径干扰。直接到达接收天线的信号，来自不同路径的反射信号和绕射信号，这些信号会对直达有用信号产生干扰。多径信号存在时延差，产生码间串扰，扩频接收机相关检

测时，会检测到多个相关峰，可在接收机设置多个相关器，分别同步于多个多径信号，实现多径信号的分离与合并。

（四）抗干扰技术

虽然直扩通信的特点之一就是抗干扰能力强，但其自身的抗干扰抑制能力是有限的，还需要采用其他途径对窄带干扰和宽带干扰进行抑制，主要措施如下。

1. 宽带干扰抑制

宽带干扰主要包括：系统内部产生的多径干扰和多址干扰、人为宽带干扰。多径干扰抑制方法有：分集、均衡、交织编码和多进制传输。多址干扰抑制方法有：多用户检测技术。人为宽带干扰抑制方法有：单用户检测。接收机只知道一个期望用户的扩频序列和时延，而无须知道其他用户的信息。

2. 窄带干扰抑制

滤波技术的基本思想是 DS 信号频谱宽而且扁平，窄带干扰频谱窄而且尖锐，因此，可挖去干扰频谱。例如，采用时域预测/估计滤波去除窄带干扰。窄带干扰的时间相关性很强，可以精确预测，而宽带扩频信号的时间相关性很弱，难以预测。因此，可以预测窄带干扰，在接收到的信号中将预测的干扰减去。

3. 增大扩频码位

如果码长超过 1000，则干扰功率要比干扰非直扩信号的功率大 1000 倍以上，这对干扰方而言也很难实现。

二、跳频扩频通信基本原理及其对抗技术

（一）基本原理

跳频扩频通信原理框图见图 4-4-8。发送信息进行信道编码后，进行调制和跳频，送入信道。发射机的跳频在一组预先指定的频率下跳变。每一跳的载波频率由"伪随机码产生器"产生的编码决定，跳变规律形成"跳频图案"。典型的跳频图案见图 4-4-9。跳频图案反映了通信双方的信号载波频率的规律，保证了通信方发送频率有规律可循，但又不易被对方发现。由于跳频图案的性质主要是依赖于伪码的性质，因此选择伪码序列成为获得好的跳频图案的关键。伪随机序列也称伪码，它是既具有近似随机序列（噪声）的性质，而又能按一定规律（周期）产生和复制的序列。因为随机序列是只能产生而不能复制的，所以称其是"伪"的随机序列。常用的伪随机序列有 m 序列、M 序列和 RS 序列。m 序列的优点是容易产生、自相关性好，且是伪随机的，缺点是可供使用的跳频图案少，互相关特性不理想，又因为它采用的是线性反馈逻辑，所以容易被破译，其保密性、抗截获性差。由于这些原因，在跳频系统中一般不采用 m 序列作为跳频指令码。M 序列是非线性序列，可用的跳频图案很多，跳频图案的密钥量也很大，并有较好的自相关和互相关特性，所以它是较理想的跳频指令码。其特点是硬件产生时设备较复杂。RS 序列的硬件产生比较简单，可以产生大量的可用跳频图案，适用于跳频控制码的指令码序列。一个好的跳频图案应考虑如下几点：①图案本身的随机性要好，要求参加跳频的每个频率出现概率相同；②图案的密钥量要大，要求跳频图案的数目要足够多，这样抗破译能力就强；③图案的正交性要好，使得不同图案之间出现频率重叠的机会要尽量小，这样将有利于组网通信和多用户的码分多址。

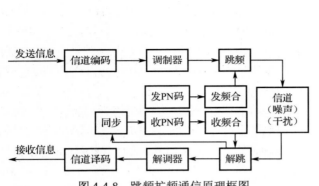

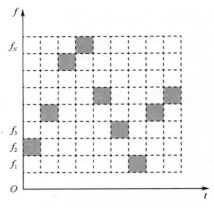

图 4-4-8　跳频扩频通信原理框图　　　　　图 4-4-9　典型的跳频图案

　　跳频信号在信道中叠加噪声和干扰到达接收端，接收方若要正确接收发送端的跳变信号，就必须知道发送端的跳变规律。接收端产生一个与发送端跳变规律相同，但频率差一个中频的本地参考信号与接收端的跳频信号进行混频，产生一个固定频率的中频窄带信号，使跳频信号解跳，变成载波频率固定的中频信号。再经中放、解调和信道译码，恢复发送端的信息。跳频通信需要严格同步的跳频序列。扩频码序列进行移频键控，使发射信号的载频不断地变化。在通信瞬间，通信信号的频谱形态与基带信号的频谱形态相同，只是载频的变化受扩展函数的控制，即信号频谱的中心频率随扩展信号变化，实现微观上窄带通信，宏观上宽带扩频通信。跳频通信的扩频和解扩过程如图 4-4-10 所示。

　　跳频通信的调制方式通常采用二进制或多级频移键控或差分相移键控。其主要原因如下。

　　（1）跳频等效为用码序列进行多频频移键控的通信方式，可以直接和频移键控调制相对应。

　　（2）解跳后信号载波不再具有连续的相位，因此，在解跳后采用非相干解调方式，而MFSK（多级频移键控）和 DPSK（差分相移键控）具有良好的非相干解调性能。

　　跳频系统可以按照跳频速率划分为快速跳频（FFH）、中速跳频（MFH）和慢速跳频（SFH），具体有两种划分方法：第一种按跳频速率与信息速率的大小关系进行划分：如果跳频速率 R_h 大于信息速率 R_a，即 $R_h > R_a$，则称为快速跳频；反之，则称为慢速跳频。第二种按照跳频速率进行划分：慢速跳频（SFH），R_h 的范围为 10～100h/s；中速跳频（MFH），R_h 的范围为100～500h/s；快速跳频（FFH），R_h 大于 500h/s。

　　跳频通信的显著特点如下。

　　（1）抗干扰能力强。频谱扩展得越宽，信号被干扰的概率越低。只有在每次跳变时隙内，干扰频率恰巧位于跳频的频道上时，干扰才有效。在接收端通过解跳处理，有用信号被还原成固定频率，而各种干扰的频率被扩展分布在很宽的频带上。通过窄带滤波器将有用信号提取出来，干扰得到了抑制。

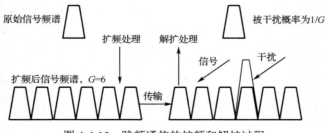

图 4-4-10　跳频通信的扩频和解扩过程

（2）具有选址能力，实现码分多址通信。当多个 FH 扩频信号同时进入接收机时，只有与本地跳频序列保持同步关系的 FH 扩频信号才被解跳成窄带信号。

（3）在衰落信道中传输效果好。跳频信号在很宽的频带内跳变，小部分的频谱衰落只会使信号在短时间内发生畸变。

（4）易与现有通信体制兼容。跳频通信只对载波进行控制，对现有常规通信系统，只要在设备上增加收发跳频器即可实现跳频通信。

（二）侦察技术

对跳频信号的侦察主要包括对跳频信号的截获、跳频网台分选、参数估计、解跳和解调等任务。

1. 对跳频信号的截获

由于跳频信号的瞬时频率不断快速跳变，所以截获跳频信号比定频信号困难得多。对跳频信号在整个跳频范围的快速搜索截获，是对跳频信号侦察的先决条件。为了在一跳的驻留时间内或在更短的时间内截获跳频信号，必须采用快速搜索截获接收机。目前实际应用较多的是压缩接收机和前端信道化的数字接收机。压缩接收机具有很高的频率搜索速度和频率分辨能力，技术上已经比较成熟，只要配置适当的数字终端处理设备和显示设备，就可以用于对跳频信号的侦察。但是，压缩接收机会丢失信号的调制信息，不能用于解调跳频信号，并影响对信号某些技术参数的测量。对性能而言，宽开数字化接收机具有较高的灵敏度、较大的动态范围和最快的搜索截获速度，因此被普遍应用。

2. 对跳频信号的跳频网台分选

在实际的通信对抗环境中，电磁环境十分复杂，密集的定频信号、噪声信号、外界干扰信号、各种突发信号以及多个跳频网台的跳频信号交织在一起，搜索截获是对每个信道的搜索。因此，截获的信号是在所有信道截获的，使得侦察接收机对跳频信号的检测和分选变得十分艰难。

1）跳频网台分选基本概念

跳频网台分选的目的就是在这样复杂的电磁环境下，在剔除定频信号、噪声信号、突发信号，检测出跳频信号的基础上，将交织混合在一起的不同跳频网台的跳频信号分选出来，完成跳频网台的分选。

为了分选，首先要了解接收机所接收信号的区别和不同特点，然后才能进行分选。各种被截获的信号可能包括以下几种。

（1）定频（固定信道）信号。定频信号是指信号在某一信道连续存在，存在时间在 3s 以上的信号，如语音广播信号和电视信号就是持续时间很长的信号。另一种信号是断续出现，中断时间可长可短的信号，如指挥控制通信、战场上的语音通信等。这类信号表现为频率为一常数，或者说占有固定信道，在时间频率图上，呈平行于时间轴的直线或断续的直线。

（2）猝发信号。这种信号持续时间很短，大约在数十至数百毫秒，并且出现一次后，下一次不知道什么时候再出现。

（3）脉冲信号。这种信号持续时间更短，往往在微秒量级，为 0.1～10μs，并且信号周期重复，重复频率为 1kHz 左右。雷达信号就是这种信号。

（4）扫频信号。这是一种频率随时间线性变化的信号，如扫频干扰信号。

（5）各种各样的随机噪声信号和人为、非人为的干扰信号。随机噪声信号呈闪烁状，与其他信号无明确的时间相关性，持续时间呈随机分布。非人为的干扰信号规律性差，而人为干扰信号有一定规律性，并且与通信信号相关。

（6）跳频信号。除上述信号外就是跳频信号，它具有与上述各种信号都不同的特点。这些特点包括以下几个方面：①跳频信号频率在不同信道间跳变；②跳频信号在每个信道驻留时间相等（或成倍数关系，通常是相等的）；③在一个信道持续时间的结束，就是在另一个信道工作的开始，二者在时间上接续，或有很小的时间中断（如微秒量级中断），或中断时间是有规律的，如为驻留时间的10%；④跳频信号跳变的信道个数（通常称为频率集）一定，且周期重复；⑤频率变化速率在每秒几次至数万次。

根据跳频信号的特点，以及它与其他信号的不同点，就可以将跳频信号从其他信号中分选出来。每个跳频网台特有的基本特征参数如下。

① 跳频速率：跳频信号在单位时间内的跳频次数。

② 驻留时间：跳频信号在一个频点停留的时间，其倒数是跳频速率，它和跳频图案直接决定跳频系统的很多技术特征。

③ 频率集：跳频电台所使用的所有频率的集合构成跳频网台的频率集，其完整的跳频顺序构成跳频图案。这些频率的集合称为频率集，集合的大小称为跳频数目（信道数目）。

④ 跳频范围：又称为跳频带宽，表明跳频电台的工作频率范围。

⑤ 跳频间隔：跳频电台工作频率之间的最小间隔，或称频道间隔。

上述参数中的跳频范围、跳频间隔、频率集、跳频速率是跳频网台的"指纹"参数，是通信侦察系统进行信号分选的基础。

2）跳频网台分选方法

分选过程首先是使用快速搜索截获接收机，截获整个频率范围内的所有信号。由于截获或扫描是周期进行的，对于扫描接收机，一次扫描就能依次给出与时序相对应的频率由低到高的信号，不断地扫描就可以将一直存在的信号接续起来，形成时频图。对于宽开数字化接收机，截获的是一段时间的信号，然后进行 FFT 处理得到频域信号。连续不断地截取与处理，就可以使一直存在的信号接续起来，形成信号的时频图。可见，该接收机对信号的截获是间断进行的，为了确定信号的时频图，记录、存储和处理所有数据是必要的。这些处理结果可以显示或打印出来，这样就可以一目了然地看到所有信号的时频图。与此同时，还应对某个信号的幅度和其他特征进行记录和存储。截获时间在时间允许的条件下应尽可能长，至少要长于一个最长跳频周期。如果截获时间长于两倍跳频周期，则还可以对频率集进行确认，使获得的频率集更准确。其次是对截获的信号进行分选，剔除非跳频信号。最后再对跳频信号进行分选。在时频不能奏效时，就需要使用信号的方向特征，或幅度特征，或信号的其他细微特征进行分选，通过这些过程即可获得各跳频网台的频率集、驻留时间、跳频速率等参数。

（1）到达时间分选法。

到达时间（TOA）分选法是到达时间与驻留时间分选法的简称，利用同一跳频网台信号出现时间上的连续性和跳频速率的稳定性对信号进行分类。其依据是：同一跳频网台的信号的跳速恒定不变，且每一跳都具有相同的驻留时间和频率转换时间。到达时间分选法的基本思路是：检测出每个信号的出现时刻和消失时刻，根据同一跳频网台信号在出现时间上的连续性以及跳频速率的相对稳定性，把出现时刻或消失时刻满足一定相关特征的信号归入一类，以达到跳频网台分选的目的。这种分选方法的优点是对恒跳速跳频网台分选能力较强；缺点是对侦察系统时间测量精度要求高，不具备对变速跳频网台与正交跳频网台的分选能力。接收系统的时间分辨率直接决定分选能力。图 4-4-11 所示为一种利用到达时间分选法进行跳频网台分选的示意图。

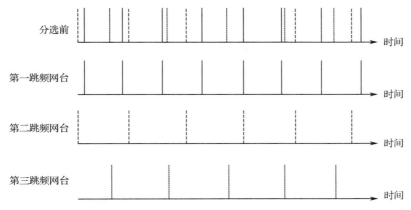

图 4-4-11　利用到达时间分选法进行跳频网台分选的示意图

假定在规定时间内有 N 个频率的信号到达，分别记下它们的到达时间和信号驻留时间。分选的步骤如下。

① 对信号驻留时间进行比较，找出 N 个信号中驻留时间最小且相等的那些，如有 M 个，排成一个序列。

② 计算 M 序列中相邻两个信号的到达时间间隔，以此为窗口尺度，分选出所有相同跳频周期的信号，完成一个跳频网台的信号分选。

③ 在提取出第一跳频网台信号之后剩下的 $N-M$ 个信号中，重复进行前面两个步骤，完成第二跳频网台的分选……以此类推，直至分选完毕。

若几个非正交跳频网台的跳速相同，由于非正交跳频网台的网与网之间互不相干，则可以按到达时刻建立相应频率表，每张频率表就是一个同跳速的非正交跳频网。

（2）到达方向分选法。

到达方向（DOA）分选法的依据是：同一跳频网台信号来波方位相同，不同跳频网台信号来波方位不同。其基本思路是：实时测量出信号的来波方位，按照信号的来波方位把同一来波方位的信号归入同一类，信号方位、频率图如图 4-4-12 所示。这种方法的优点是分选方法简单，实时性好；缺点是对侦察系统的测向能力要求较高，当不同跳频网台信号的来波方位趋向一致或跳频网台移动时，分选效果较差。到达方向分选法的分选能力主要取决于跳频测向设备的测向速度和精度。测向速

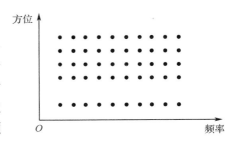

图 4-4-12　信号方位、频率图

度直接决定该分选方法对跳速的分辨率；测向精度直接决定该分选方法的空间分辨能力。

利用信号辐射源所在的方位进行分选，理论分析和实验都表明它是一种非常有效的方法。当然，为了保证时间分辨率，确定信号辐射源所在方位的测向应是实时的扫频测向。利用幅度特性有时也是可行的，它具有简单和实时性好的优点。利用信号形式往往比较麻烦，并且这种同步正交网又往往具有相同的信号形式，故一般较少采用。如果利用信号细微特征进行进一步分选，又有实时性差的缺点。因此，利用信号来波的方向特性，将那些时域无法区分的跳频网台分开是较好的方法。

3. 跳频信号参数估计

跳频信号参数的估计，包括估计信号的跳变周期（跳频速率）、跳变时刻、跳频的频率等参数。跳频信号由于其频率是时变的，所以它是一个非平稳的信号，由于考虑到其非平稳性，通常采用时频分析方法如 WVD（Wigner 分布）和短时傅里叶变换（STFT）对其进行分析，实现对其参数的估计。

下面讨论利用 STFT 实现跳频信号参数的估计。对观测信号采样后得到长度为 N 的序列 $x(n)$，$n=0,1,2,\cdots,N-1$，采样频率为 f_s，STFT 估计跳频信号参数的步骤如下。

（1）对信号 $x(n)$ 进行 STFT，得到 $x(n)$ 的时频图 $\mathrm{STFT}_x(m,n)$。

（2）计算 $\mathrm{STFT}_x(m,n)$ 在每个时刻 m 的最大值，得到 $y(m)$。

（3）用傅里叶变换（FFT）估计 $y(m)$ 的周期，得到跳频周期的估计值 T_h。

（4）求出 $y(m)$ 出现峰值的位置，得到峰值位置序列 $p(m)$，$m=1,2,\cdots,p$，p 为峰值的个数，可以求得第一跳频的跳变时刻。

（5）估计接收到的跳频信号第一跳的跳变时刻。首先求出第一个峰值出现的平均位置为

$$\hat{p}_0 = \frac{\sum_{m=1}^{p}(p(m)-(p-1)p\hat{T}_h/2)}{p} \tag{4-4-11}$$

跳频时刻可由下式求出

$$\hat{n}_0 = \frac{(p_0-\hat{T}_h/2)}{f_s} \tag{4-4-12}$$

（6）利用得到的 $\hat{T}_h$，可以求出观测间隔 N 内包含的完整跳频点个数为

$$N_p = \frac{[(N-\hat{n}_0)]}{\hat{T}_h} \tag{4-4-13}$$

式中，［·］代表取整。

（7）估计观测信号内包含的跳频频率，得到跳频图案

$$\hat{f}_k = \arg\max\left(\sum_{m=n_0+\tau\hat{T}_h}^{m=\hat{n}_0+(l+1)\hat{T}_h}\frac{\mathrm{STFT}(m,n)f_s}{2N}\right) \tag{4-4-14}$$

由以上步骤可知，在未知跳频信号任何先验信息的情况下，通过对时域信号进行 STFT 求得跳频信号的有关参数，实现对跳频信号参数的估计。

4. 跳频信号解跳和解调

跳频信号解跳和解调是对跳频信号的解扩与信息恢复过程，包括解跳和解调两部分内容。对于模拟跳频信号，侦收后可直接解调出音频信息。但目前广泛使用的是数字跳频设备，即使侦收并截获到跳频信号，也无法直接解调，必须先对跳频信号解跳（解扩），还原调制的基带信息，然后再对基带信息进行解调。

（1）跳频信号解跳。

为了对跳频信号进行解跳，首先需要进行跳频网台分选以提供跳频网的频率集。该频率集的主要作用是为解跳引导程序提供检测跳频信号的频率范围，提高解跳引导的效率。当解跳引导程序发现跳频信号后，由解跳拼接设备完成解跳功能，按照信号到达时间的先后顺序串接起来，将跳频信号搬移到基带，形成基带信息，即完成了对跳频信号的解跳工作。对于频率自适应跳频信号解跳，跳频引导程序不但要检测已知的频率点，而且要检测其他的频率

点，以期快速发现跳频信号频率的改变。因此，对频率自适应跳频信号的解跳引导程序除了能在已知的频率集中检测跳频信号，还必须具有在特定频段的重点信道内搜索跳频信号的能力。

（2）跳频信号解调。

在对跳频信号解跳后，当已知该基带跳频信号的调制方式时，可对其实现解调；当未知跳频信号调制方式时，还需要先对其进行调制方式识别，在搞清跳频信号调制方式的基础上，按照对常规定频信号的解调方式解调并恢复出跳频信号调制信息。跳频信号常用的调制方式不多，主要有 SSB、FSK、PSK 等，对调制方式的识别相对容易。

跳频解调的主要问题是如何降低误码率。由于跳频网台分选可能会存在错误，解跳过程可能会出现误判误引导，引导过程可能会出现信息遗失，因此，必须采取措施降低误码率。

（三）干扰技术

（1）定频瞄准的窄带干扰。窄带干扰能够针对某个频率集中较大的功率实施有效的干扰，但由于跳频系统是一种躲避式的抗人为干扰的通信体制，所以定频瞄准的窄带干扰很难有效地干扰跳频系统。

（2）频率跟踪式干扰。它要求干扰能够跟踪跳频信号频率的变化，以保证大部分干扰功率能够进入目标信道。它通常需使用压缩接收机、声光接收机、信道化接收机或多路超外差接收机等来截获所有可能的目标跳频信号，利用高速信号处理器来识别目标信号。为了对跳频信号实施有效的跟踪干扰，一般要求在一个载频上的干扰时间不小于信号驻留时间的一半，这就对干扰系统的反应速度提出了很高的要求。这种干扰对慢速跳频系统比较有效，但对快速跳频系统的效果不理想，因为干扰系统的反应时间很难达到对快速跳频系统干扰的要求。

实施跟踪干扰需要的反应时间主要包括：信号截获时间、信号分选识别时间、干扰引导时间以及在作用距离较远时还要考虑电波传播延迟时间。信号截获时间，取决于截获跳频信号的接收机，目前即使采用截获速度较高的压缩接收机或数字接收机，其截获时间最少也在 100μs 左右。若要在上百个信号中分选出某一跳频信号，信号分选识别时间也不会低于 100μs。干扰引导时间主要取决于频率合成器的转换时间和信号建立时间，以目前频率合成器最快的转换速度计算，干扰引导所需的时间约为 10μs。电波传播的延迟时间取决于干扰机到跳频接收机、发射机距离之和减去接收机、发射机之间距离差。假设该距离差为 5km，则电波传播引起的延迟时间约为 16μs。将以上四部分加起来，总的时间为 226μs。按有效干扰时间不小于信号驻留时间的一半计算，根据以上数据估算，跟踪式干扰至多可以有效干扰跳速不超过 2000 跳/s 的跳频系统。实际上，目前远未达到这样的跟踪干扰速度。对宽跳频范围、大频率集、快速跳频系统，频率跟踪式干扰很难对其构成威胁。此时可采用快速频率预测跟踪瞄准式干扰来减小干扰系统的反应时间，以增加有效干扰时间。由于实现正确快速频率预测难度很大，对信号处理水平提出了更高的要求。

（3）拦阻式干扰。从跳频系统的特性上看，采用全频段拦阻式干扰是对跳频通信有效的干扰方式。这时由于跳频系统所有可能的工作频道都被干扰，系统的正常通信无法进行。但采用全频段拦阻式干扰随之而来的是干扰功率的剧增，可能会使干扰功率大到难以接受的程度。除了采用各种降低干扰功率的措施外，采用部分频段拦阻式干扰是一种行之有效的干扰方式。当跳频系统的全部频道数中被干扰的频道数目大到一定程度时，跳频系统的通信就不能正常工作。实验表明，当 50% 的信道受到拦阻式干扰时，通信就会遭到完全破坏。此外，采用多部干扰机，每部干扰机负责对一定数量的信道实施干扰，可以大大减少每部干扰机的干扰功率。例如，干扰机为 4 部，各跳频通信网的工作频率是 6.4MHz，则可将其分为 4 段，每段为 1.6MHz。4 部干扰机每部负责干扰 1.6MHz。如果每个信道为 25kHz，则 1.6MHz 范围共有 64 个信道。如果只干扰 50%的信道，实际上，每部干扰机只对 32 个信道实施干扰即可，这样大大减小了每部干扰机干扰信道数量和频率变化范围。通过增加干扰机数量和干扰部分信道的方法，也就是多干扰机形成的半拦阻式干扰，干扰效果会更好。研究和实验也表明，干扰通信的每个频点的部分驻留时间也能使干扰有效。能干扰的信道多，要求干扰每个驻留时间的百分比就低；反之，能干扰的信道少，要求干扰每个驻留时间的百分比就高。

（4）跳频同步的干扰。跳频系统除要求实现载波同步、位同步、帧同步外，还必须实现跳频同步。只有建立了跳频同步，跳频系统才能正常工作，同步建立的快慢，同步系统的抗干扰能力，直接影响着整个跳频系统的性能。因此，通信干扰的策略之一就是破坏通信的同步。要想破坏跳频同步，首先必须知道通信方的跳频同步方法，只有清楚其跳频同步方法，才能有针对性地实施干扰。主要干扰方法如下。

① 独立信道同步的干扰。由于它是利用一个专门的信道来传送同步信号的，接收机从此信道中接收发射机送来的同步信号，因此只要有效干扰此信道即可破坏其跳频同步。

② 同步字头法的干扰。要想对同步字头法实施干扰，首先必须知道通信是如何将同步字头传到接收方的。如果它每次都是以一个固定频率发射，则干扰就比较容易，只需针对这个频率实施干扰即可。如果是在几个频率中的一个频率上发射，就要求搜索接收机实时发现传送同步字头的信号，并能及时实施干扰。

③ 自同步法的干扰。无论是对等待式，还是对步进串序捕获式，或是快速扫描式自同步法，都只能针对发射信号的形式和接收方式，采取快速发现，及时发出干扰信号，破坏其同步的建立。干扰可以是跟踪式，也可以是部分拦阻式。当跳频同步码是短码时，可采用延迟转发，使其对延迟码同步，也可达到破坏跳频同步的目的。这是因为如果通信接收设备与延时转发信号同步，产生的触发 PN 码的信号就会有一个相应的延迟，接收机就不能与接收信号同步，从而破坏了跳频同步。

④ 组合同步法的干扰。对于组合同步法的干扰应视不同组合分别予以考虑，重点应放在破坏初始同步捕获的破坏上，从而破坏其跳频同步。例如，对双码同步方法，就应该重点破坏短码的同步。

（四）抗干扰技术

在跳频电台里，有两种技术措施对付跟踪式干扰。

（1）提高跳频频率。当跟踪干扰到达接收机时，该接收机已经在接收下一个频率了。

（2）跳频信号采用直扩码调制，形成混合扩频方式。每个频率点都是以直扩信号出现的，这样功率谱密度低，信号隐蔽性强，会显著增加侦收时间，而跳频驻留时间又很短，因此，可增强跳频通信的抗干扰能力。

三、Link16 数据链基本原理及其对抗技术

Link16 是美国国防部选择的高速超视距战术数据链，美军及其盟军已经大量装备和推广使用。该数据链是美国和北约各国共同开发的，采用时分多址（Time Division Multiple Access，TDMA）的工作方式，是陆海空三军共同使用的一种具有大容量、抗干扰、高速度、保密、任务管理、识别、武器协同以及相对导航等能力的战术信息分发系统。由于数据链在现代战争中起着极其重要的作用，若对战术数据链信息进行截获，采用发假信息进行欺骗或占用以

及堵塞敌方信道等手段，扰乱和攻击敌方战术数据的信息传输，破坏敌指挥控制及情报信息的有效收集、获取和传输，就能将统一的作战装备体系割裂为相互独立的作战单元，达到降低其联合作战能力的目的。因此，本部分讨论 Link16 数据链基本原理，并对其侦察和干扰措施展开讨论。

（一）Link16 数据链基本原理

Link16 数据链由传输通道、通信协议和格式化消息三个基本要素组成。传输通道是联合战术信息分发系统（Joint Tactical Information Distribution System，JTIDS），如图 4-4-13 所示。JTIDS 包括射频设备、两类终端软件、硬件以及由它产生的具有保密、大容量和抗干扰特性的波形。通信协议采用 TDMA 接入方式，格式化消息采用 TADIL J 消息标准。由于 JTIDS 只使用在 UHF 频段，其通信距离受限（视距范围），只有在采用接力平台后才能超出视距，因此，Link16 数据链并不能完全替代其他数据链（如 Link11 和 Link4A）。

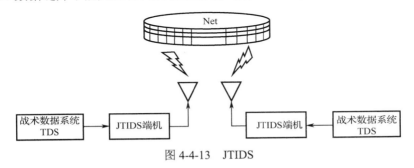

图 4-4-13　JTIDS

1. TDMA 接入方式

Link16 是一种采用 TDMA 方式的无线广播网络。每个网络成员按照要求，依次轮流占用一定的时隙广播平台产生的信息；当网络成员不广播信息时，则按照协议要求，接收其他网络成员广播的信息。Link16 以一个任意指定成员的时钟为基准时钟，其他成员的时钟与基准时钟同步，从而形成一个统一的系统时钟。其中，作为基准时钟的成员被称为网络时间基准（Network Time Reference，NTR）。因为网络中所有成员的设备功能均相同，所以 NTR 可以接替，但是在任何时候系统中都只能有一个 NTR。为了让广播能在成员间依次有序地轮转，Link16 把系统时间细分成时元、时帧和时隙，如图 4-4-14 所示。1 天 24h 被划分为 112.5 个时元，即一个时元 12.8min；每个时元又被划分为 64 个时帧，即一个时帧 12s；每个时帧再进一步被细分为 1536 个时隙，即一个时隙 7.8125ms。故每个时元包含的时隙数为 98304 个。其中，时隙是 Link16 的基本时间单位，网络成员按照管理要求按时隙发送消息和接收消息。

2. 消息结构

Link16 所辐射的是成串的脉冲信号，每个时隙发射的信息构成一条消息。每个脉冲的宽度是 6.4μs，可以用一个码片宽度为 0.2μs 的 32 位伪随机序列来表示。因为 $2^5=32$，所以每个脉冲可以载 5bit 信息。脉冲之间的间隔为 13μs。

1）脉冲字符格式

Link16 中采用了两种脉冲字符格式（见图 4-4-15）：一种是使相邻的两个脉冲成对使用，这两个脉冲所载信息完全相同，只是其载频不同，叫作双脉冲字符；另一种是每个脉冲都单独工作，叫作单脉冲字符。两种脉冲字符格式各有优势，采用双脉冲字符时，可以提高抗干扰能力；采用单脉冲字符时，可以提高传输速率。

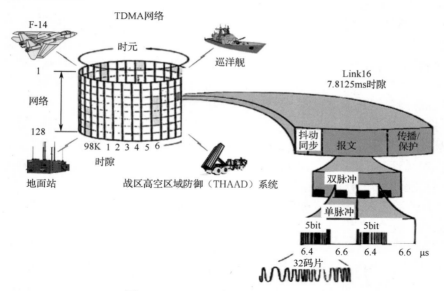

图 4-4-14　Link16 数据链的时隙分配

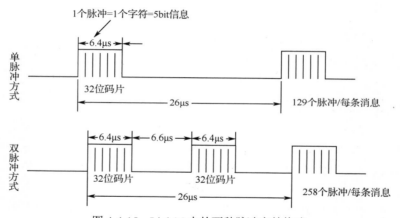

图 4-4-15　Link16 中的两种脉冲字符格式

2）基本的传输结构

Link16 信号源将 TADIL J 消息字转化为脉冲流再发送出去，而其中数据脉冲的个数将随着不同的消息类型和封装结构以及往返定时（RTT）而变化。时隙结构一般由抖动、粗同步、精同步、报头、数据与传输保护段六大部分组成，标准双脉冲消息结构如图 4-4-16 所示。

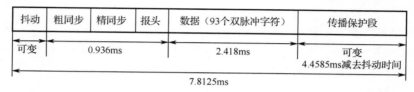

抖动	粗同步	精同步	报头	数据（93个双脉冲字符）	传播保护段
可变	0.936ms			2.418ms	可变 4.4585ms减去抖动时间

7.8125ms

图 4-4-16　标准双脉冲消息结构

（1）抖动。抖动，即跳时，是一个时隙传输起始时刻的一段随机可变的时延。可以通过随机改变传输的起始时刻来提高 Link16 的抗干扰能力。

（2）粗同步。粗同步头由 16 个双脉冲字符组成，占用 16×2×13=416μs。粗同步的作用就是认定有信号到来，并让接收机与发射机同步，为后续信息的解调和到达时间 TOA 的测量做准备。

（3）精同步。精同步头由 4 个双脉冲字符组成，占用 104μs。在消息中，粗同步是开端，精同步则是时间优化。精同步的作用就是减小由粗同步产生的信号到达时间的不确定范围。所有精同步脉冲采用的 32 位伪码都相同，均代表数据 00000。

（4）报头。报头由 16 个双脉冲字符组成，也占用 416μs。与同步头不同，报头载有对本时隙消息的封装和格式等的说明，如图 4-4-17 所示。其中，时隙类型占用 3bit，用于标识此消息的封装格式、消息类型（格式化消息/自由电文）以及自由电文是否带 RS 纠错编码。中继传输指示符/类型变更（RI/TM）占用 1bit，当传输的是自由电文时，这 1bit 用于标识此消息是双脉冲字符（RI/TM=0）还是单脉冲字符（RI/TM=1）；当传输的是其他消息时，这 1bit 用于标识这一时隙传输的信息是中继的还是非中继的。航迹号 TN 占用 15bit，用于标识本时隙消息的发射源的编号。保密数据单元 SDU 占用 16bit，用于标识本时隙的消息是如何加密的。

34	19 18	4 3 2	0
保密数据单元SDU	航迹号TN	RI/TM	时隙类型

图 4-4-17 报头格式

（5）数据（消息本体）。不同的封装格式，数据的长短不同，所采用的单脉冲或双脉冲字符也不同。

（6）传播保护段。一个时隙的最后一段则是传播保护段，它被用于信号在空中的传输。Link16 的作用距离有两种：一种是常规距离 300nmile（1nmile=1852m），另一种是扩展距离 500nmile。它们相应的电波传播时间分别是 1852μs 和 3087μs。保护段有两个作用：第一个是要保证在下一个时隙开始之前信号已经到达作用距离内的所有接收机，避免发生收发冲突；第二个是让端机为下一个时隙信息的发射或接收做好准备。

3. Link16 数据链基本参数

工作频段：960～1215MHz。

抗干扰体制：高速跳频、扩频、跳时。

跳速：72923 跳/s 或 38461.5 跳/s。

跳频点数：51。

扩频序列：32 位 M 序列。

多址体制：TDMA。

跳频点分布：969～1008MHz，1053～1065MHz，1113～1206MHz。共 51 个频率点，频率间隔 3MHz，跳频最小间距 30MHz。

（二）侦察技术

对数据链信号的侦察技术主要包括数据链信号截获和侦收、数据链信号分选和数据链信号识别等。

1. 数据链信号截获和侦收

JTIDS 采用了宽带高速跳频体制，跳频频率集包含 51 个频率点，在每个频率点上的信号驻留时间只有 6.4μs，而且跳频的频率范围宽，对 JTIDS 信号的截获必须同时满足宽带和实时性要求，采用常规的搜索体制显然不能满足需要，可行的方法是采用宽带信道化接收体制结合宽带数字化处理技术。信道化接收机对射频信号进行截获、滤波、放大、混频和分路等处理，输出多路并行信道，所有的信道共同完成对 JTIDS 工作频段（960～1215MHz）的瞬时覆盖。

2. 数据链信号分选

在对数据链信号的侦察中，对数据链信号分选是一个重要的环节。在电磁环境复杂的战场上，同时工作的既可能有正交的多个数据链网络，也可能有多个跳频网台，以及大量的定频电台，如果不从复杂的信号环境中将各个数据链信号分选出来，即使截获到所有正在工作的数据链网络的信号频率，实用意义也不大。信号的来波方位（DOA）是数据链信号分选的一个重要参数，来波方位需通过无线电测向来得到。对数据链网络而言，不同网络都使用相同的工作频率集，并且各个网络是同步跳频的，利用信号到达时间、信号驻留时间等参数无法进行分选。但是，网络中的各个数据链网台所处的地理位置往往是不同的，利用 DOA 进行分选是一种有效的办法。

DOA 估计算法中最经典的是 MUSIC 算法，其基本步骤如下。

（1）收集信号样本 $X(n)$，$n=0,1,\cdots,K-1$，其中 P 为采样点数，估计协方差函数为

$$\hat{R}_x = \frac{1}{P}\sum_{i=0}^{p-1} XX^H \tag{4-4-15}$$

（2）对 $\hat{R}_x$ 进行特征值分解，有

$$\hat{R}_x V = \Lambda V \tag{4-4-16}$$

式中，$\Lambda = \mathrm{diag}[\lambda_0,\lambda_1,\cdots,\lambda_{M-1}]$ 为特征值对角阵，并且从大到小顺序排列；$V=[q_0,q_1,\cdots,q_{M-1}]$。

（3）利用最小特征值的重数 K，按照 $\hat{D}=M-K$ 估计信号数 $\hat{D}$，并构造噪声子空间，即

$$V=[q_D,q_{D+1},\cdots,q_{M-1}] \tag{4-4-17}$$

（4）定义 MUSIC 空间谱为

$$P_{\mathrm{MUSIC}}(\theta) = \frac{a^H(\theta)a(\theta)}{a^H(\theta)V_N V_N^H a(\theta)} \tag{4-4-18}$$

按照式（4-4-18）搜索 MUSIC 算法的空间谱，找出 5 个峰值，得到 DOA 估计值。尽管从理论上讲，MUSIC 算法可以达到任意精度分辨，但是也有其局限性，其在低信噪比情况下不能分辨出较近的 DOA。另外，当阵列存在误差时，对 MUSIC 算法有较大影响。

3. 数据链信号识别

JTIDS 信号是一个具有跳频、直扩和跳时等多项功能的低截获概率信号，因此，常规的接收机既无法对其侦收，也无法对其检测和识别，同样必须采用宽带信道化接收体制和宽带数字化处理技术，针对信号的不同特性进行检测和识别。

由于 JTIDS 信号是脉冲信号，脉冲宽度只有 6.4μs，如果采用单脉冲检测，则检测器的积分时间是有限制的，即 $T \leq 6.4$μs，所以检测器的处理增益值是有限的，即检测器的处理增益不会很大，因此输入信噪比不能太低。另外，由于 JTIDS 信号的脉冲很密集，在检测时应着重考虑实时性，因此，检测算法应尽量简单，计算量要小。比较合适的方法是采用能量检测或单信道自相关检测。

在检测到信号后，还需要对信号进行识别。JTIDS 信号的跳速虽然很高，但跳频的频点很少，还可根据 JTIDS 信号的固有的特征，如脉冲宽度、脉冲周期、码元长度和发送（保护）段等特征对其进行识别。

（三）干扰措施

（1）频率跟踪式干扰。对 Link16 信号的检测与参数估计尚在研究中，频率跟踪式干扰不现实。

（2）窄带转发式干扰。其截获概率低，信号持续时间短（6.4μs），故对 Link16 信号进行侦察、测定载波频率等参数困难，难以实现窄带转发式干扰。

（3）宽带转发式干扰。因为跳频周期为 26μs，所以仅有 6.4μs 的信号持续时间。当侦察和干扰距离之和大于通信距离（2km），干扰信号到达接收机时，通信信号已接收完毕。因此，宽带转发式干扰也难以奏效。

（4）宽带阻塞式干扰。它不需要复杂的通信侦察，只需要提供信号方向、跳频频段和信号功率即可。采用大功率宽带干扰机，对至少 26 个跳频频道同时实施干扰，使信号接收误码率提高。当误码率高于纠错编码能力时，干扰有效。另外，多个信道同时干扰时，可降低跳频增益。部分频带宽带阻塞干扰频域效果如图 4-4-18 所示。

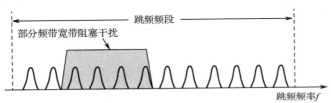

图 4-4-18　部分频带宽带阻塞干扰频域效果

（5）破坏同步信息。争取破坏每个时隙前的同步信息。

（6）连续波干扰。采用连续波进行干扰，破坏跳时增益，增加误码率。

（7）跳变碰撞阻塞干扰。

跳变碰撞阻塞干扰的基本原理是：需要获得跳频通信频段的信息，再采用比跳频通信高得多的跳速，在跳频全频段或者部分频段内进行高速的伪随机跳变，以实现对该频段内的每一个跳频点的碰撞干扰。这是一种针对跳频通信新的动态阻塞干扰方法，其干扰频域效果如图 4-4-19 所示。这种方法的优点是干扰功率利用率高，因为在某一瞬间只出现一个干扰频谱，全部干扰功率都集中在这一个瞬时频率上。其干扰功率利用率比梳状拦阻式干扰高，因为梳状拦阻式干扰在某一瞬间会同时出现多个干扰频谱。缺点是不能对某一个跳频点形成连续的阻塞干扰使得这一跳形成整跳的突发误码，且只能在每次碰撞时形成突发误码，其突发误码的长度等于碰撞干扰的驻留时间，即整跳的突发误码被分成了许多小块。若交织处理足够快，就可以打散这些小块的突发误码，使误码在纠错码的纠错范围内。

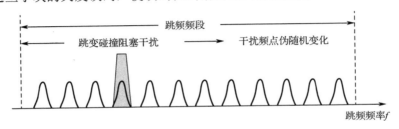

图 4-4-19　跳变碰撞阻塞干扰频域效果图

上述这几种干扰方式有一个共同点就是干扰与跳频图案无关。不同点是：宽带阻塞式干扰和梳状拦阻式干扰的干扰信号频谱是固定不变的，它们的干扰效果与跳速无关，所以这几种干扰被称为固定阻塞干扰；相反，跳变碰撞阻塞干扰的干扰信号频谱是不断变化的，不仅干扰功率更加集中，而且干扰效果与跳速有一定的关系，这种阻塞干扰方式被称为动态阻塞干扰。动态阻塞干扰可以看作时分意义上的单频瞄准式干扰，对跳频通信系统构成了很大的威胁。

（四）抗干扰措施

Link16 的主要作用是在作战单位间交换和共享信息，使各作战单位能够实时地掌握战场信息与传递指挥控制命令。特别是 Link16 采用了 7 种抗干扰措施，分别是循环冗余校验、高速跳频、随机交织、双脉冲符号、扩频、跳时和 RS 前向纠错编码，具有非常强的抗干扰能力，号称"不可对抗的通信系统"。抗干扰措施具体描述如下。

（1）高速跳频。采用了高速跳频方式后，跳频图案是随时隙号而变化的，即可以有 98304 种变化，这个变化规律是由密钥控制的，密钥每天改变一次，因此，跳频图案的变化规律也每天改变一次。另外，JTIDS 的信号脉冲宽度只有 6.4μs，即每一次跳频中信号的持续时间只有 6.4μs。在 6.4μs 中，电磁波的传输距离只有 1.9km，因此，无法对其实施跟踪式干扰，只有在掌握了跳频图案及其变化规律的前提下，才有可能实现干扰信号与 JTIDS 的跳频同步。

（2）直接序列扩频。JTIDS 使用了 32 位伪码序列，其中在信息段使用的是 32 位的 M 序列，在同步段使用的序列则是从所有的 32 位序列中任意挑选出来的，或者是从中挑选出来的自相关性能较好的二进制序列。JTIDS 所使用的扩频码同样也是随时隙号而改变的，且其变化规律也是由密钥控制的。因此，即使在截获到扩频码的情况下，也难以实现信息欺骗干扰，只有在掌握了扩频码变化规律的前提下，才可能实现信息欺骗干扰。

（3）跳时。JTIDS 为了增强时间上的抗干扰性能，采用了人为的定时抖动，即每个时隙发送段的起始时刻相对于该时隙的起点有一个偏移量，这一偏移量也是随时隙号而变化的。这个变化的规律也是由密钥控制的。JTIDS 终端机在接收信号时，并不是在时隙起点等候信号，而是在时隙起点偏移一段时间（定时抖动量）后再等待信号的到达。对每个 JTIDS 数据终端而言，信号到达时间等于时隙起点时间加上定时抖动量和电波传输时间。

（4）纠错编码。采用了（16，4）和（31，15）RS 编码，具有很强的检错和纠错能力。由于一条信息中的每个字符都采取了纠错编码措施，具有接近 30% 的纠错能力，所以，即使某些字符（脉冲）受到干扰后发生差错，在接收机也能将其纠正过来。另外，JTIDS 的 51 个跳频信道中，只干扰少量的信道，不会对 JTIDS 产生影响，其误码率不会降低；一定要干扰足够多的信道，让其接收机无法纠错后才能降低 JTIDS 正确接收概率，从而引起"字"差错或"信息"差错。

本章小结

本章首先从通信对抗的概念入手，阐述通信对抗的技术体系和作战对象，并对通信对抗系统进行了简要介绍，以及从技术角度总结了通信对抗的发展史和趋势；其次，对通信侦察技术进行了具体原理阐述；然后，对通信干扰技术进行了全面分析；最后，重点引入了扩频通信对抗技术，阐述通信对抗领域的最新进展。本章内容有助于读者全面了解和掌握通信对抗的基本原理。

复习与思考题

1．什么是通信对抗？通信对抗的作战对象是什么？

2．通信对抗和雷达对抗的主要区别有哪些？

3．什么是通信侦察？它有哪些特点？

4．通信侦察是如何分类的？具体分类是什么？

5．通信侦察系统的频域截获概率主要由哪三个因素决定？

6．通信侦察的主要指标有哪些？解释每项指标的含义。

7．通信侦察接收机有几种？各是什么？

8．全景显示搜索接收机的搜索范围和速度由什么决定？

9．设在 VHF 频段投入使用的某跳频电台，其频率覆盖范围为 50～90MHz，信道间隔为 $\Delta F = 25$kHz，跳频速率为 250h/s。请问：能否采用传统的全景显示搜索接收机来实现对上述跳频电台的侦察？

10．某频率搜索接收机的搜索带宽为 1MHz，测频范围为 30～90MHz，试计算该接收机的频率搜索概率。设信道间隔为 25kHz，本振换频时间为 50μs，搜索驻留时间为 500μs。如果利用窄带频率搜索接收机，其本振频率点数为多少？频率搜索时间是多少？

11．为什么说通信侦察中的信号解调是困难的？

12．什么是通联特征？什么是技术特征？它们有哪些区别和联系？

13．当利用 FFT 进行信号带宽测量时，如果 FFT 长度为 1024，采样频率为 100kHz，得到的两个 3dB 功率点的对应的数字频率序号分别为 249 和 261，试计算该信号的带宽。

14．设 FFT 长度为 1024，采样频率为 1MHz，那么 FFT 的频率分辨率是多少？利用 FFT 法测频的测频精度是多少？

15．试解释为什么 ASK 信号的瞬时包络直方图分布呈现明显的凹陷，而 AM 信号的瞬时包络直方图分布幅度起伏不明显。

16．设某通信发射机发射功率为 25W，G_T=3dB，G_R=8dB，f=10MHz，天线高度为 10m，侦察天线高度为 5m，侦察接收机灵敏度为-90dBm。试计算该系统在地面传播条件下的最大作用距离。

17．什么是通信干扰？它有什么特点？应用于什么场合？

18．为什么说通信干扰比雷达干扰和通信更难？

19．什么是峰值因数？它是如何描述干扰信号时域特性的？

20．什么是最佳干扰样式？什么是绝对最佳干扰样式？

21．通信干扰如何分类？

22．比较窄带瞄准式干扰和宽带拦阻式干扰的特点。

23．简述对模拟通信信号和数字通信信号的干扰分析方法。

24．对 SSB 信号干扰时，同频干扰能否全部进入解调器？为什么？

25．给出信号峰值功率和平均功率的关系式。说明其含义。

26．AM 干扰、FM 干扰和 SSB 干扰，哪个对 SSB 信号的干扰效果最好？为什么？

27．2FSK 干扰和双频同时击中干扰，哪个对 2FSK 信号干扰效果更好？为什么？

28．通信干扰系统由哪几部分组成？

29．为什么要进行通信干扰效果监视？有何必要性？

30．通信干扰的主要指标有哪些？

31．对通信干扰而言，干通比不同的干扰机对压制区域分布有何影响？

32．干通比和干信比的含义分别是什么？它们的区别和联系是什么？

33．设通信发射天线在通信接收方向的增益为 3dB，通信接收天线在通信发射方向的增益为 3dB，通信距离为 20km，通信发射机功率为 1W；干扰天线在通信接收方向的增益为 5dB，通信接收天线在干扰发射方向的增益为 0dB，干扰距离为 20km，干扰发射机功率为 10W。请计算在自由空间传播模式下的通信接收机输入端的干信比。

34．其他条件同习题 33，如果干扰天线高度为 10m，通信收发天线高度也为 10m，试计算在平坦地面传播模式下的通信接收机输入端的干信比。

35．设计一个舰载 VHF（30～100MHz）通信干扰系统，用于干扰空-舰通信链路。如果最大干扰距离为 10km，实施干扰后允许的最大通信距离为 1km（干通比 $r=10$），通信发射机最大有效辐射功率为 100W。试分析计算该干扰系统的干扰天线高度，及其所需的干扰有效辐射功率。

36．列举降低通信干扰功率的措施。

37．一个跳频电台信号既隐蔽，跳频速度又高，其抗干扰能力一定强吗？

38．直扩通信系统能对抗哪些类型的干扰？不能对抗哪些类型的干扰？

39．自相关法可以估计直扩信号的码元宽度和码元速率，试用 MATLAB 编程实现直扩信号的码元宽度和码元速率的估计。

40．对跳频系统有效的干扰方式有哪些？

41．如何有效干扰 Link16 数据链？

第五章 电子对抗新概念和新技术

电子对抗是一个动态变化的作战领域。新概念武器在工作原理、杀伤效应和作战方式上有别于传统电子对抗手段，导致电子对抗的概念、内涵、作战思想和作战方法发生了深刻的变化。目前新概念武器正受到世界各军事大国的青睐。微电子、光电子、微细加工技术、人工智能和大数据的发展，促进电子对抗系统越来越集成化和智能化。因此，本章根据不断变化的电子对抗作战对象和作战环境，探讨一些能适应未来高技术战争的电子对抗新概念和新技术，包括综合射频技术、认知电子战、定向能武器和电磁脉冲武器等。

第一节 综合射频技术

综合射频技术是国内外长期一直在探索和研究的课题，其目的是通过不同频段传感器的综合集成，减少作战平台的设备量、降低成本，同时使武器系统更能适应现代化战场的要求，实施更有效的武器攻击和电子攻击，夺取战场的主动权。美国的 F-22 战斗机和 F-35 联合攻击战斗机的 AESA 雷达系统就具备了电子战/雷达一体化功能，该系统除具有各种雷达功能外，某些 T/R 模块能产生强大的干扰波束，对敌目标实施电子干扰，还能实现电子侦察和通信功能。

一、综合射频技术概念

综合射频技术就是用几个分布式宽带多功能孔径取代目前平台上为数众多的天线孔径，采用模块化、开放式、可重构的射频传感器系统体系架构，并结合功能控制与资源管理调度算法、软件编程，同时实现雷达、电子战与通信、导航、识别等多种射频功能，实现资源共享，同时可大大提高平台的隐身性和作战能力。常用传感器的工作频段如图 5-1-1 所示。

例如，舰载综合射频系统是水面舰艇实现雷达、电子战和通信设备一体化的新一代产物。典型的综合射频系统包括：雷达通信一体化、雷达电子战一体化以及通信雷达电子战一体化。

（1）雷达通信一体化。

雷达通信系统在原理上都是通过电磁波的发射和接收实现各自不同功能的，在频段、天线、发射机、接收机、信号处理器中均会发生重叠，那么在重叠的部分进行一定程度的共享，雷达和通信可以通过时分的方式来利用发射/接收系统。对于可以共享的雷达天线，可利用其方向性提高通信的保密性，但由于受到雷达天线频段和带宽的限制，需要合理选择通信的上行频率和下行频率。

（2）雷达电子战一体化。

随着有源相控阵雷达的广泛应用，雷达与有源干扰不仅可以在硬件上共享，还可以在信号上共享。有源相控阵雷达可以分出若干发射/接收组件在某个频率范围内产生较大功率的干扰波束而不影响雷达的基本任务。信号共享是指通过随机多元码脉位调制和脉间二相码调制的混合波形来实现干扰/雷达信号的共享，发射出去的干扰信号可以进入对方雷达接收机，同时也接收对方雷达的反射回波来对雷达平台进行定位。

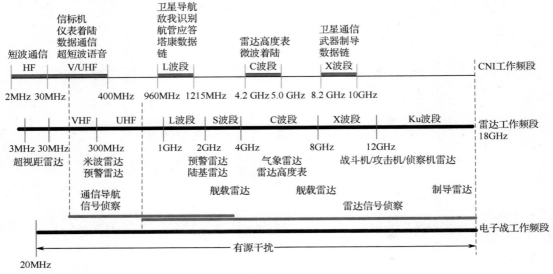

图 5-1-1　常用传感器的工作频段

（3）通信雷达电子战一体化。

采用综合射频系统将雷达通信电子战等多种功能集成在一起，利用一个共用的多通道数字接收机和数字信号处理硬件平台来同时完成各种不同的任务。这样，整个电子系统成本、质量和空间占用都会有所降低。虽然各系统的工作频段、工作带宽不尽相同，涉及多个技术层面，但一体化是一大趋势。

二、综合射频系统典型架构

图 5-1-2 所示为综合射频系统的典型架构。该系统通过射频阵列天线，可以实现全双工工作模式。发射时，系统利用计算机软件控制产生所需波形，合理分配信号的频谱资源，然后将信号经阵列天线发射出去。接收时，接收到的不同信号经过波束形成或窄带数字接收机解调后进入信号与数据处理中心，从而实现雷达、通信、电子战等多种功能。这些工作需要在同步时钟控制下经过计算机的资源调配进行。

采用综合射频技术后，引入的显著优点如下。

（1）综合作战效能高。采用综合的、开放的射频信号处理、软件体系架构，进行射频资源综合调度和处理，实现通信、雷达、电子战、导航、识别等多种射频功能协调工作。通过有源、无源等多源信息进行融合实现精确目标探测与识别。雷达能主动发射信号进行目标探测，探测精度较高，但雷达的发射信号容易被敌方侦察截获，易受电子对抗干扰和反辐射武器攻击。当雷达和电子侦察设备一体化后，侦察设备可以弥补雷达的不足，提供关于目标的详细识别信息，电子侦察系统测向精度不高的缺点也可以由雷达弥补。雷达和通信设备相结合，可利用雷达设备为通信服务，大大增加了通信距离，雷达的强方向性还为通信的保密提供了保障，增加了通信抗干扰能力。通过有源探测、无源侦察的相互引导，实现先敌发现、先敌干扰、先敌摧毁。电子战设备的目标探测距离比雷达远，目标识别能力强，能先于对方发现目标，并提供目标大致方位引导雷达进行探测，这样就能使雷达以最短的时间工作，并且在雷达受干扰的情况下仍然能够完成对目标的探测和跟踪。

（2）电磁兼容及隐身性能好。多功能综合射频孔径代替了舰艇、飞机平台上数量众多、各种功能用途的天线孔径。阵面综合集成布置，避免了主瓣相互照射，改善了电磁兼容性，同时，阵面平面化，采用频选天线罩，提高了隐身性，解决了舰艇、飞机平台上空间拥挤带来的电磁兼容及隐身问题。

（3）综合显控。面向作战应用，台位可实现重构。利用一套硬件系统，通过不同的软件实现综合射频系统内所有的电子功能，系统规模可伸缩，硬件平台统一，软件定义相应功能，满足不同平台的需求，实现预警探测、电子侦察、有源干扰、通信识别等多种功能。

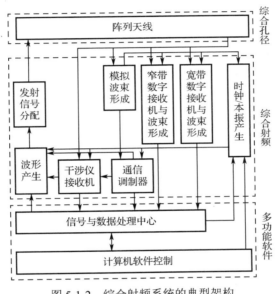

图 5-1-2　综合射频系统的典型架构

三、综合射频系统关键技术

综合射频系统需采用共用孔径实现探-干-侦-通一体化。因此，更宽的频谱覆盖范围、更复杂的电磁环境对射频系统的带宽、灵敏度、动态范围等提出了更高的指标要求，从而催生了综合孔径技术、综合射频通道、高性能计算技术、可重构软件体系架构技术、同时收发技术、一体化波形设计技术等关键技术的不断发展。

（一）综合孔径技术

综合孔径技术是综合射频系统的关键技术之一，它将满足多种功能的多个天线综合到一个射频孔径；要求综合天线孔径能以不同波束形状工作，在不同任务下，能够灵活地重构和分配，满足各种工作模式的需求；要综合考虑天线波束扫描、波束宽度、天线增益、天线副瓣、极化、互耦等问题。

多功能共享孔径技术，体现在对孔径资源的灵活分配上，更体现在波束的自适应形成和灵活控制方面。不同的功能任务对波束形状、扫描特性等有不同的要求，如何实现灵活的波束生成和控制，满足系统多功能的需求，对天线分子阵工作和全口径工作模式，以及根据不同功能要求进行天线重构等问题需要进一步研究。此外，轻小型高效率宽带宽角扫描天线阵可满足不同平台对综合孔径的需求，也是综合孔径的一个重要研究方向。

（二）综合射频通道

综合射频通道主要完成射频信号的接收和发射，是实现孔径综合、孔径共享的核心，也是实现系统可扩充、可升级的关键。射频部分不同组件之间的集成对系统的性能、成本和质量等指标有不同的影响，需要解决多种功能模式对带宽、动态范围、改善因子的综合要求，以及模拟电路和高速数字电路集成问题，同时减小体积和质量，综合考虑模块划分和集成方式应具备可重构、可扩展能力，同时兼顾考虑冗余度和灵活性之间的矛盾。

目前，为满足不同功能对综合射频的需求，普遍采用独立设计的通道来应对，如电子战采用宽带射频通道，而雷达采用具有大动态、高有效位数的窄带通道，这样不仅增加了系统的体积、质量和成本，也增加了系统的模块种类，降低了可维护性。基于目前的器件水平，应根据作战应用合理定位系统的主次功能，进而开展系统设计，满足高效费比的设计理念。此外，为有效减少系统的模块种类，真正实现综合射频一体化设计，需要采用统一的通道设计来满足系统不同功能的需求，采用基于微波光子学的光通道、光采样等技术有望解决这一问题。

（三）高性能计算技术

数字化靠近射频最前端，系统功能通过软件实现雷达、通信、电子战多功能一体化；计算资源模块化设计、并行计算，可灵活实现计算能力扩展；系统功能软件化、远程加载，可灵活实现系统功能升级。此外，综合射频系统需要极高的吞吐率来满足系统大瞬时带宽的要求，同时可根据不同的任务进行合理的数据转换和分发，因此，需要在高性能计算中开展大吞吐率数据的分发、转换和处理等方面的研究。

（四）可重构软件体系架构技术

系统功能主要由软件来定义，软件方案应支持系统各种功能实现所需的存储、输入/输出、信号处理和数据处理能力，系统在需要完成新任务或需要增加新功能时，如果当前硬件资源足以完成这项工作，那么只需要加装新的软件组件即可，在资源升级或增加新资源时，不需要重新设计整个系统或改写大量软件。

为了保证程序的可靠性，提高软件的可维护性和可移植性，有必要将应用软件与基础软件间的接口标准化、规范化，使基础软件（操作系统）与应用软件相对隔离，系统设计与功能软件隔离，实现软件的模块化设计。系统应采用开放式软件架构，采用分层形式，包括模块支持层、操作系统层、中间件层和应用软件层，通过系统蓝图进行配置和管理。

（五）同时收发技术

同时收发技术通过提高接收和发射分系统之间的隔离度、减小耦合干扰以确保在接收机获得理想的信噪比，从而满足综合射频系统的同时多功能需求。

近年来，国外主要从空间、时间、频率和相位差别上提出了多种解决收发隔离的方案。其中，在传播域的实现方法是将收发分置以及极化分级和解耦合；在时间域的实现方法是从接收波形中去除滤波后的发射波形以及自适应滤波和非线性均衡；在空间域的实现方法是采用多个接收（发射）天线以便在一个或多个接收（发射）天线处产生空间零点。

（六）一体化波形设计技术

传统信息化装备的雷达、通信、电子对抗等射频系统与射频功能是一一对应的，射频资源利用率较低，难以适应复杂战场环境的需求。探-干-侦-通一体化已成为信息化装备提升对复杂战场环境适应能力的主要方法。一体化共用信号设计可将雷达信号隐藏于通信信号之中，提高信号隐蔽性，增强抗干扰能力，并且共用信号可在接收时对宽脉冲信号进行时间压缩，避免降低目标分辨率。

四、综合射频系统研制现状及发展趋势

20 世纪 90 年代前后，美、英、德、荷等国开始了多功能一体化（隐形）桅杆方面的研究，随后又开展了综合射频系统的研究。

（一）美国

20 世纪 90 年代，美海军开始了综合射频技术的研究和论证。美海军研究部门为此实施了一系列的研究计划，包括全封闭桅杆/探测器系统（AEM/S）、多功能电磁辐射系统（MERS）、先进多功能射频系统（AMRFS）、多功能隐形桅杆（LMS），通过共用孔径同时实现雷达、电子战及通信等射频功能，减少上层建筑射频孔径数量，同时减小舰艇的雷达散射截面。

1995 年，全封闭桅杆/探测器系统开始实施。后续进行了持续的实验研究，美海军依据试验结果成功地将全封闭桅杆/探测器系统应用于 LPD-17 型两栖船坞运输舰圣安东尼奥号上，这标志着全封闭桅杆/探测器系统由试验阶段进入应用阶段。

1995 年，美海军开始了先进多功能射频系统的论证和研制，为此美海军投入了大量的人力和物力。其目标是实现雷达、通信和电子战天线装置的一体化，由此舰艇作战系统达到低成本、高效能的理想目标。通过试验，美海军证实了利用相控阵技术实现雷达、通信、电子战设备天线一体化的可能性，应用于 DDG1000 新型驱逐舰。

1997 年，美海军开始多功能电磁辐射系统的研制。它整合了四种探测和通信系统的天线，包括作战支持系统、V/UHF（甚高频、超高频）接收器、敌我识别器、联合战术信息分发系统（JTIDS）和 UHF 超高频通信系统。四个系统的天线被整合到一个八面体螺旋阵列天线上，该天线又称为卢比肯天线，应用于 DDG51 级驱逐舰等。

1998 年，美海军开始多功能隐形桅杆研究计划，主要用于验证水面舰艇安装多功能卫星通信阵列天线的可行性。多功能隐形桅杆采用了 UHF 超高频/L 波段的相控阵天线。上层建筑采用了隐身设计，它采用了多功能一体化的相控阵天线，天线孔径遍布上层建筑侧面和顶部。

2010 年，美海军启动"集成上层建筑"（InTop）项目，进一步推动综合射频技术的发展，基于 MOSA 开放式体系架构、软硬件共享，开发真正意义上可同时执行雷达、通信、电子战的舰载新一代、多功能、多波段、多波束、宽带综合射频系统。

2016 年，基于 InTop 成果，美海军启动"电磁指挥控制"（EMC2）项目，开发适用于水面舰艇、战机、潜艇等多种类型作战平台、同时执行雷达、通信、电子战、信息战功能的多功能、多波段、多波束、宽带一体化综合射频系统，并引入指挥控制功能，通过能量发射控制、实时频谱管理、动态资源分配，实现在战场态势感知、电子战、赛博战、频谱控制与优化，保障探-干-侦-通等各类射频系统的性能达到最佳。同年，DARPA（美国国防部高级研究计划局）启动"协奏曲"项目，旨在发展软硬件解耦、探-干-通功能可自由切换的无人机载多功能综合射频系统。

SEWIP 是一个分批次（Block）、多阶段的项目，旨在为舰艇作战系统提供增强的反舰导弹防御能力，同时提供抗目标瞄准与反监视能力以及增强的战场态势感知能力。2019 年交付

部署的 SEWIP Block3 着眼于电子攻击与主动干扰能力的改进，正式型号为 SLQ32(V)7。该增量技术方案的主要特点是采用基于氮化镓发射/接收模块的有源电扫阵列，并结合了 InTop 项目的成熟技术。

（二）英国

20 世纪 90 年代初期，英国海军开始实施先进技术桅杆（ATM）研究计划，并在 2005 年成功地将其应用于"皇家方舟"号航空母舰。据报道，其姐妹舰"卓越"号航母也将安装这种新型桅杆。"卓越"号航母的 ATM 增加了 HF（短波）环形天线和 NEST 卫星通信天线。

（三）德国

多探测器桅杆（MSEM）及集成天线，综合实现全舰探测、通信系统，包括 X 及 S 波段有源相控阵天线，分别用于对空、对海搜索及引导区域防空导弹，桅杆内雷达、电子战、通信天线均以不同孔径的方式集成，应用于"未来护卫舰"FDZ2020 计划。

（四）荷兰

2002 年，荷兰海军开始一体化探测器装置（ISA）的研制，ISA 探测器材的布置大体分为四层。由上至下，第一层安装有导航雷达天线、航行灯、电子侦察天线和光电预警探测器；第二层是三维警戒雷达；第三层是多功能雷达和通信设备（3～8.5GHz）；第四层是电子设备舱，主要包括通信、数据链（Link16）、卫星通信和敌我识别器等。

综上所述，国外海军采用射频集成技术，从射频系统的适装性、扩展性、重构能力和电磁兼容性方面综合设计，将雷达、通信和电子战等功能集成为一个射频一体化信息系统，实现资源综合利用并统一调度，有效提高舰艇的隐身性能和作战效能。综合射频技术的发展趋势如下。

（1）射频光电集成。射频光电集成是射频集成的进一步拓展，通过射频域、光电域的综合集成，实现资源统一调度、统一处理，提升探测-干扰-通信的整体效能。典型项目包括荷兰 I-Mast 综合桅杆系列、英国 UNIMAST 集成桅杆系统、意大利 MITOS 模块化集成桅杆、德国 IMSEM 多传感器集成桅杆等。I-Mast 综合桅杆系列是欧洲第一款舰载综合射频系统，在单部桅杆上集成了多种射频、光电系统，包括一部 S 波段雷达、一部 X 波段雷达、一部光电/红外监视告警系统、一部基于非旋转圆环形天线阵的敌我识别器以及集成通信系统等。此外，该系列采用高度模块化设计思路，通过模块增减，适装护卫舰、巡逻船等不同吨位舰船。目前，荷兰已推出 I-Mast50、I-Mast100、I-Mast400、I-Mast500 等多款型号。

（2）新一代综合射频系统。目前，针对复杂的网络信息体系电磁工作环境，综合射频系统面临的任务是支持广域范围内单平台及编队构建一张情报态势网，形成网络化棋局指挥控制结构，实施有/无人编队协同要素级火控制导。因此，新一代舰载综合射频系统与传统射频系统的最大不同就在于它既具有多功能集成一体化，又具有支持跨平台协同一体化特征，达到综合化隐身、时敏化响应、智能化控制、自主化行动的作战能力要求。通过借助新一代综合射频系统提升单平台在对空、对海、对陆及水下攻防作战中应对"高快隐"和"低小慢"目标时的快速响应能力，实现射频系统的"合成增效"，完成单平台自身的作战能力扩展和生存能力提升。

第二节　认知电子战

过去的二十年，雷达技术取得了巨大的进步，相参累积、功率管理、超低旁瓣天线等技术降低了信号被截获的概率；正交频分复用等新型信号的应用，使电子战系统难以推断雷达的行为意图；低截获概率（LPI）雷达、多功能雷达、认知雷达等新型雷达的出现增加了雷达侦察和干扰的难度。另外，在真实的作战状态下，我们所了解和记录的敌方威胁信号很可能是没有见过的，这是由于雷达可能通过软件改变发射信号波形和特征进入新的作战模式。通信技术的进步也是有目共睹的，认知无线电能够搜索并迅速将其信号转移到空闲频谱，或者跳变到以前从未用过的频段，这极大地增加了通信侦察发现短持续时间通信信号的难度。应该说，随着雷达和通信等作战对象转向自适应和不可预测的频谱使用，探测和干扰这些系统的电子战系统也必须对不断变化的频谱和信号做出自适应响应。另外，民用领域雷达和通信的不断发展也带来了海量数据的频谱拥堵。上述状况使电子战系统面临从未遇到过的复杂电磁环境。

然而，目前的电子战系统主要依靠已知辐射源（雷达、通信等）的威胁数据库工作，通常是在实验室研究并开发有效对抗措施。面对采用新型、未知波形和其他技术的辐射源，需要记录、回到实验室、研究对抗措施并将其带回战场，才能对其实施有效对抗。为了缩短这个时间，出现了电子战作战支持，可以在执行任务间隙快速实现对抗措施的定制。但这个过程还是太慢了，因为需求通常要求在数秒内完成。虽然专用的电子攻击飞机（如 EA-18G "咆哮者"）能通过机上的电子战军官来识别和干扰未知的威胁辐射源，但是这完全依靠电子战军官的技能。因此，作战对象（雷达和通信系统）的变化迫使电子战系统必须发展，目标是能够在密集的电磁环境中分离出未知的威胁信号，然后快速生成有效的电子对抗措施。人工智能和大数据技术的蓬勃发展，软件无线电技术的日益成熟，也正在推动传统电子战升级换代到认知电子战，解决作战对象技术进步带来的对抗难题。认知电子战将能够自主识别并干扰敌方信号，即使在作战过程中也能瞬时识别威胁数据库没有预编程的敌方信号，然后实时生成有效的波形实施对抗，即认知电子战能够在交战中进行学习并实时反应。美国国防部第三次"抵消战略"的核心是在各军种和任务领域快速研发和部署最新的技术能力，确保美军相对所有可能的对手继续拥有决定性的军事优势。目前，电子战领域受到较多关注的也是认知电子战，这充分说明了认知电子战的重要性。

"认知"一词的首次应用主要与通信有关，它是指系统搜寻特定频段，评估其是否未受干扰并可使用，然后引导无线电台使用该频段或转移到其他可选频段的能力。1999 年，瑞典的 Joseph Mitola 博士首次提出了认知无线电的概念。2006 年，顺应自适应智能的发展趋势，Simon Haykin 教授提出了认知雷达的概念。为了对抗认知无线电和认知雷达，2010 年，DARPA 开始启动"行为学习自适应电子战"（BLADE）等一系列认知电子战项目研制，目前已进入装备转化应用阶段。2008 年，杨小牛院士首次设计了一种新的以电子侦察为技术基础的认知无线电体系结构，标志着国内开始关注认知电子战领域。为了帮助电子对抗领域的学者能够更加全面和深入地了解认知电子战的研究情况，本节从为什么要发展认知电子战入手，对比分析认知电子战的相关概念，设计给出典型认知电子战的系统组成，重点对认知电子战技术的国内外现状和项目研制情况进行概括总结，并指出认知电子战需要重点发展的十个方向，供感兴趣的人员进行选择研究。

一、认知电子战概念

认知电子战的定义为：以具备认知能力的电子战装备为基础，注重运用自主交互式电磁环境学习能力与动态智能化对抗能力的电子战作战行动。它主要包含三个基本要素：①认知侦察，自适应智能感知电磁环境、确定存在的辐射信号及其位置和类型；②认知干扰，这是认知技术的本质，利用机器学习算法做出最佳决策，即用哪个干扰信号对哪一层（物理层、链路层或网络层）实施干扰；③认知防御，从认知技术角度做好己方雷达和通信系统的防御。

由于认知电子战技术非常先进、新颖，这一领域看起来复杂且难以理解，相关概念还需要通过对比分析来进一步澄清。下面从学习能力、自适应能力、预测能力和反应时间四个方面来分析认知电子战与自适应电子战的差异。

（1）学习能力。自适应电子战通常是根据预先定义的输入和预先确定的行动而产生的一系列响应，其运行均受到软件程序的制约。例如，目标改变发射带宽，系统就要调整接收机资源以匹配该带宽，不需要学习。认知电子战具有在线学习能力，能够自主从经验中学习如何对抗未知威胁，以及如何记录和应用这些经验。认知系统能够在程序框架外进行思考推断，不受基础程序的制约。它主要依赖机器学习技术，通过刺激敌方系统，观察敌方的反应并进行自动学习，尝试使用不同波形，从而快速找到有效的干扰信号。

（2）自适应能力。自适应电子战聚焦于实时适应威胁环境并根据不断变化的威胁特征自动改变电子战手段，前提是针对已知威胁信号。认知电子战对已知威胁信号和未知威胁信号均具有自适应能力，能够快速改变发射的信号，来响应接收到的信号变化。所以，认知电子战必定有自适应能力，而自适应电子战不一定具备认知能力。

（3）预测能力。自适应电子战系统通常没有存储器，这意味着其针对敌方的每次调整都是基于当前的信息。认知电子战系统具有经验累积能力，因此能知道敌方系统在较长时段内的反应情况，可以预测敌方系统可能采取的下一步动作。

（4）反应时间。针对已知威胁信号，认知电子战和自适应电子战都可在很短的时间内（数十微秒至数十秒）根据接收到的敌方辐射信号改变其干扰参数。针对未知威胁信号，自适应电子战的适应周期可能需要数年时间。当部队要部署到某一战区时，首先观测该地区的信号类型、频率、波长或带宽，并将其带回实验室进行分析和开发相应的对抗措施，然后再将对抗措施应用到系统中使用。而认知电子战则可以现场观测信号行为并自动生成和调整对抗措施，实时或近实时地实现对目标的有效干扰。

通过上述对认知电子战的概念分析和对比，可以概括出认知电子战的主要优点。

（1）有望彻底解决复杂电磁环境精确态势感知的难题。

认知电子战的动态学习能力可以以专家从未想过的方式学习和做出反应，可能会发现迄今无法想象的辐射源之间的区别，这些区别是由制造缺陷等因素引起的波形"无意调制"产生的，而传统基于专家知识的系统可能会丢弃这些数据。因此，精确态势感知是认知电子战的优势之一，它可以帮助我们识别出伪装的射频辐射源。

（2）有效对抗具有认知能力的系统。

认知雷达和认知无线电的最大特点就是其认知能力，即自主根据周边的电磁环境选择信号波形（如频率、脉冲宽度、调制方式等），传统的功能固化的电子战系统在应对这些认知系统时，其效能将大打折扣。认知电子战能够通过分析目标信号来推断其当前所处的状态，进而通过智能决策来实施最优干扰。干扰实施后，继续观察目标信号，评估判断施加干扰的好坏，反馈到智能决策模块，进一步优化干扰措施，以达到最佳的作战效能。

（3）极大增强电子干扰系统的隐蔽性和抗毁性。

传统的电子干扰系统只能依靠大功率压制手段来实现有效对抗，容易暴露并招致反辐射打击。而认知电子战系统以精确的态势感知为基础，干扰信号无须大功率发射。因此，干扰系统的隐蔽性和抗毁性大大提高。

（4）显著提高网电一体化的对抗水平。

由于赛博战主要是高层次（网络层、应用层）的信息对抗，缺乏低层次（物理层、链路层）的对抗手段与技术，传统电子战在态势感知、干扰与欺骗等环节的技术水平尚不足以支撑赛博战。认知电子战进一步拉近了电子战与赛博战之间的距离，将电子战和赛博战融为一体，可真正实现网电一体战。

二、认知电子战系统组成

为了实现认知电子战的能力，需要构建一个认知电子战系统。为了提高认知电子战系统的灵活性、通用性和电磁环境适应能力，王沙飞院士讨论了认知通信电子战体系架构和认知雷达电子战体系架构，并将认知电子战系统体系架构统一设计为由软件定义可重构侦察干扰设备、设备控制中间层、认知电子战应用程序、认知引擎中间层和认知引擎五部分组成。本文在上述工作的基础上，对认知电子战的系统组成进行细化，并梳理每个组成模块涉及的主要内容，见图5-2-1。

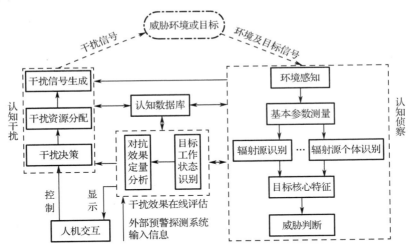

图 5-2-1　认知电子战系统组成框图

（1）认知侦察模块。该模块通过对战场电磁环境感知，截获辐射信号后，进行参数测量、信号分选、辐射源识别和辐射源个体识别等信号处理分析，提取出描述目标的核心特征数据，进行威胁判断，并传送至认知干扰和干扰效果在线评估模块。环境感知主要通过天线、模数转换器等硬件实现。基本参数测量结果会反馈给态势感知单元，调整态势感知参数，实现最优环境感知。辐射源个体识别是为了确定目标所在的具体平台，有利于进行威胁判断。

（2）认知数据库模块。该模块包括威胁目标库、干扰规则库、先验知识库等。认知数据库是动态更新的，为认知侦察模块、认知干扰模块、干扰效果在线评估模块提供先验信息，并将其学习成果进行经验累积。在传统的频率、脉宽、波形、功率等信号描述的基础上，认知数据库增加了识别信息、定位信息、电子防护模式信息、作战功能信息、目标行为等认知推理信息。

（3）干扰效果在线评估模块。该模块根据实施干扰前后目标信号参数的变化来识别目标工作状态和可能采取的抗干扰措施，并结合外部预警探测系统的输入信息，定量地分析对抗效果，得到当前干扰样式的评估结果，识别出目标系统的薄弱环节，指导干扰决策单元优选或生成干扰样式。多功能雷达的出现使得仅对雷达辐射源的型号进行识别已无法判断威胁等级，还需要进一步利用雷达工作状态来进行判断。因此，目标工作状态反馈输出到认知侦察模块。

（4）认知干扰模块。干扰决策是指根据认知侦察模块的分析结果、认知数据库中已有的数据和干扰资源以及干扰效果评估结果及目标工作状态进行干扰样式优选或生成。如果是已知威胁目标，则利用机器学习算法优选干扰样式，因为目标工作状态在对抗过程中可以快速切换，故干扰样式决策时应该建立目标状态与已有干扰样式之间的最佳对应关系；如果是未知威胁目标或目标未知状态，则需要动态地调整干扰参数、优化干扰波形，从而生成新的干扰样式输出，并将最终有效的干扰样式保存到干扰规则数据库中。干扰资源分配是指在干扰机为多个或需干扰目标为多个时，对干扰机功率等参数的选择使用智能算法进行优化，使系统的干扰性能达到最优。干扰信号生成是指产生相应的干扰信号，辐射到电磁环境并作用到干扰对象。

（5）人机交互模块。该模块主要包括目标参数、威胁判定、干扰效果等结果的显示，以及电子战职手纠错性的及时控制。

通过以上五个模块，认知电子战系统可以在无须人为干预（或少量干预）的情况下自主进行决策和学习。随着学习次数的增多，认知系统也会不断地累积经验和进化，实现对抗效果更好和对抗时间更短。

为了搞清认知电子战的对抗过程，我们还需要深入了解其作战对象，即威胁环境或目标。当前简单的静态参数已难以描述环境或目标的复杂性和动态性，因此，描述参数应该由静态参数与动态参数组成，包括物理层属性（频率、带宽、功率、波形等）、协议、功能和意图（探测距离、波形模糊度、状态转移等）、自适应行为和电子防护模式等，并通过信息模型的方式进行表示。在信息模型中，目标行为模型对认知过程的分析和判断最为重要。

若要实现一个认知电子战系统，在认知电子战系统组成框图的基础上，还需要结合具体硬件平台，设计系统软件。软件定义可重构侦察和干扰设备，是认知电子战系统适应电磁环境、对抗未知威胁目标的硬件基础，以便于认知侦察和干扰的分析结果对侦察和干扰设备的功能和参数进行在线重构。

三、认知电子战技术国内外研究现状

当前电子战系统的硬件在设计时并未考虑未来智能化的需求，而智能化要求电子战系统能够完成更多的运算。因此，合适的发展思路是首先以先进算法的形式在现有电子战系统中增加智能化功能，以便将成本降到最低，然后再提高硬件和系统的运算能力，以及传感器的探测能力。由于认知电子战比能量探测器要求更高，它需要更高质量的探测数据，因此必须改善传感器带宽、模数转换器功能、噪声系数等。当前认知电子战领域的核心是算法和技术，故下面主要论述认知电子战技术的国内外研究现状。

1. 目标行为建模技术

战场电磁环境是动态的，而且许多传感器的数据也是不完整的，有时在时域、频域和空域还可能是冲突的。因此，传统的统计参数模型已无法描述目标和环境，有必要将人工智能和机器学习领域的知识表示方法引入电子战领域。

此处重点研究目标行为建模技术。基本思路是通过对特定电磁辐射源的行为观察、描述和分析，建立该电磁辐射源的行为描述模型。该模型可以用在认知侦察中的目标工作状态估计、辐射源识别、目标行为预测以及认知干扰中的目标行为控制等。概括起来，行为描述模型主要包括四类。

（1）层级结构模型。针对目前电子情报系统无法对多功能雷达信号进行有效描述的问题，在分析多功能雷达信号产生机制的基础上，可建立其"功能、任务和波形"的层级结构模型。

（2）隐马尔可夫模型。为了反映系统内部的状态变化规律和信号的动态特性，将多功能雷达系统等效为一个有限状态机，采用隐马尔可夫模型对多功能雷达的脉冲序列信号直接进行建模。

（3）自然语言模型。参考自然语言中的语义结构关系，设计自适应雷达的行为描述模型，这是一个分层次的行为表示模型，其层次分别为脉冲描述、状态序列、雷达子行为、任务和状态转换与统计。

（4）分段式统计参数模型。用传统的统计参数模型来描述每个模式内信号的特征，然后通过实时检测信号中的模式变化来反映信号的动态特征，并结合神经网络分类器实现信号分段和模式判断。

2. 认知侦察技术

在复杂电磁环境中，如何以最快的速度了解电磁环境，选择最优侦察方式，是认知侦察技术需要解决的问题。认知侦察技术主要包括认知信号参数测量、认知信号分选、辐射源分类识别和辐射源个体识别等。

（1）认知信号参数测量。

和传统信号参数测量不同，认知信号参数测量在认知侦察模块的参数测量部分给出了认知处理方法，主要包括：基于认知技术的宽带数字信道技术，主要指频域参数测量时，利用认知结果对信道参数进行动态调整；基于认知技术的数字多波束形成技术，主要指空域参数测量时，利用认知结果对数字波束形成参数进行动态调整。

（2）认知信号分选。

当前的辐射源信号环境密集而复杂，侦察范围内可能同时存在几十部、上百部雷达，表示雷达特征的时域、空域、频域参数很可能发生全部或部分重叠，难以进行有效的分选，多功能雷达信号的特点使得分选处理的难度进一步增加。针对多功能雷达的波形特征变化给信号分选带来的困难，方法一是利用与雷达位置有关的多站时差信息来进行信号分选；方法二是采用包络智能判别方法和自适应通道管理技术，解决信号分选过程中通道脉冲采样的"边界效应"以及抑制并消除反射信号、剔除虚假目标和平滑目标角度跳变等。

（3）辐射源分类识别。

随着战场电磁环境的日益复杂和多功能雷达的出现，传统方法难以有效识别雷达辐射源。一是特征提取和选择比较困难，人为设计特征总是很难完整反映雷达辐射源特定型号和发射波形信号的细微差异；二是多数分类、回归等学习方法（如支持向量机）的实质为浅层结构算法，对于有限样本的复杂函数表示能力有限。

深度学习是机器学习的一个新分支，其主要优点是跨过整个特征设计阶段，直接从原始数据中进行特征提取和特征学习。现场可编程门阵列（FPGA）、图形处理单元（GPU）的加速处理方法使得运算的实时性能够保证。通常说深度学习的计算量大，是指训练时间长，但是实际应用的耗时很短。因此，利用机器学习自动提取特征已成为现实。典型的深度学习网络结构包括卷积神经网络（Convolutional Neural Networks，CNNs）、深度置信网络（Deep Belief Networks，DBNs）、深度玻尔兹曼机（Deep Boltzmann Machines，DBMs）和堆栈自动编码器（Stacked Auto-Encoder，SAE）等。有学者将深度玻尔兹曼机应用到辐射源信号特征提取和分类识别领域，具体模型由多个限制玻尔兹曼机组成，通过逐层自底向上无监督学习获得初始参数，并用后向传播算法对整个模型进行有监督的参数微调，最后利用 Softmax 进行分类识别。在低信噪比情况下，该模型具有较高的识别精度和较强的健壮性。考虑到辐射源射频信号时域特征易受到干扰，而雷达信号时频特征具有唯一可辨识性，可首先利用短时傅里叶变化（STFT）生成时频图像，并利用随机投影和主成分分析方法分别从维持子空间和能量角度对时频图像降维，然后利用无标签的样本信号训练 SAE 模型，利用带有类别标签的辐射源信号数据对深度网络进行精度调谐，最后也利用 Softmax 进行分类识别。也有学者利用 Choi-Williams 分布生成时频图像，结合 CNNs 实现了雷达辐射源信号识别。可见，将雷达信号转化为二维图像的方法有很多，具体用哪种方法好呢？其中的一种方法是首先生成不同的时频图像，再利用非负矩阵分解网络和不同的 CNNs 进行训练，对其结果利用 SAE 进行融合和 SVM 分类，最后利用人工蜂群算法进行集成学习。该方法充分利用了图像处理领域大量的 CNNs 网络，如 VGG-19、ResNet-50、GoogLeNet 等，适用于大量不同类型不同信噪比的雷达信号识别。针对伪随机序列相位调制信号的时频图像难以区分的问题，可采用特征融合的 CNNs 分类方法，即一类 CNNs 的输入为时频图像，一类 CNNs 的输入为经过预处理的相位信号，并设计一个特征融合层，最后仍是经过 Softmax 分类器输出。考虑到利用集成学习的思想能构建一个有效的组合分类器模型，因此，可用它来替代深度学习中的 Softmax 分类器进行辐射源识别。

针对雷达信号脉冲检测可能不准确的问题，可首先用 STFT 将信号转化成时频图像，然后在时频图像中利用 Hough 变换检测脉冲，最后用时频图像中包括脉冲的区域来训练 CNNs，识别 LPI 雷达信号。另辟蹊径，从深度神经网络入手，研究者采用 SSD（Single Shot MultiBox Detector）来进行 LPI 雷达信号的分类识别，也解决了时频图像中非目标脉冲信息的干扰问题。这是因为 SSD 不仅可以从时频图像中自动提取特征，还可以定位图像中目标信号的区域。当前，大多数 LPI 雷达信号的分类识别都是针对脉冲信号的，而连续波 LPI 雷达信号由于功率低，难以截获，研究较少。

在通信侦察与通信抗干扰领域中，为保证能在复杂的通信环境中对接收信号进行正确的解调，首先要准确识别出信号的调制方式。研究者在仅有少量已标记调制信号的条件下，首先使用卷积自编码器（Convolutional Auto-Encoder，CAE）进行无监督学习，得到信号的抽象表达特征，再结合 CNNs 对已标记的信号进行监督学习，实验结果证明该方法比仅利用同等数量的少量标记信号进行有监督学习的方法平均正确率高出 5%左右。考虑到 CNNs 的分类效果与训练数据紧密相关，可设计两个 CNNs，一个在同相正交信号数据库上训练，实现粗分类；另一个在星座图数据库上训练，进一步区分正交调幅信号为 16 状态还是 64 状态，实现精分类。与雷达辐射源识别类似，将通信信号转化成星座图以后，可以充分利用计算机视觉领域的成果，如 AlexNet 和 GoogleNet 来进行通信信号识别。

（4）辐射源个体识别。

在战时复杂电磁环境下，对每个电磁辐射源而言，很难获取充裕的已知类别的辐射源观测数据。针对小样本情况下的通信辐射源个体特征识别问题，研究者设计了一种堆栈自编码网络的通信辐射源细微特征提取算法。首先通过高阶谱分析将原始通信辐射源信号从时域转化到高维特征空间，然后利用大量无标签的通信辐射源高维样本来训练堆栈自编码器网络，在此基础上，通过少量有标签的通信辐射源样本对 Softmax 回归模型进行精校训练，从而获得面向通信辐射源个体特征提取的深度学习网络。深度学习是从训练数据中学习的，而强化学习采用试错机制，在与环境的交互中学习，学习过程中仅需要获得评价性的反馈信号，以极大化奖赏为学习目标，主要实现算法包括动态规划算法、蒙特卡罗算法、时序差分算法、Q-学习算法等。研究者将强化学习和 CNNs 结合，设计了一种深度强化学习的辐射源个体识别方法。因为雷达辐射源个体识别时，状态空间的状态数目无限，无法用有限空间存储所有状态动作对的 Q 值，因此，基于 CNNs 的函数泛化能力进行 Q 值函数的拟合。考虑到实时性要求，个体特征选用辐射源包络前沿。

3. 认知干扰技术

传统干扰方式一般只针对某种体制的雷达，而面对灵活多变的多功能雷达，本地数据库未存储该雷达信息或只存储了部分信息，传统干扰方式很难实施有效干扰，因此需要研究认知干扰技术。考虑到 Q-学习算法能够在缺乏立即回报函数和状态转换函数时依然可以求出最优干扰策略，可在假定雷达工作模式数目已知的条件下基于 Q-学习算法实现认知干扰。进一步讲，研究者设计了工作模式的判断和增加过程，使 Q-学习算法适用于雷达工作模式及数目未知情况的智能干扰。在设计基于 Q-学习的认知干扰决策时，可进一步考虑算法各参数、实际战场中转移概率和新状态引入对决策性能的影响。由于基于 Q-学习的认知干扰决策方法随着多功能雷达可执行的任务越来越多，决策效率明显下降，可采用基于深度 Q 神经网络的干扰决策方法，雷达任务越多，干扰决策越优于其他决策方法。

类似于雷达干扰领域，深度学习和强化学习在通信干扰领域也非常重要。智能干扰信道选择算法的核心问题是在相应的状态下提供有效的干扰信道，这实际上可以等效为一个序列决策的问题，而强化学习算法则是序列决策问题的一种有效的解决方案，因此，可基于 Q-学习算法进行智能干扰信道选择。如果通信方通过改变调制方式、发射功率等通信参数来改善通信效果，那么考虑到问题的复杂度及值函数近似的局限性，可进一步采用深度强化学习算法来实现智能干扰。Q-学习算法的主要不足是在线学习时间偏长，且仅仅保证逼近最优，然而在军事应用时，非最优干扰策略可能导致的后果是严重的。因此，可将用于无线通信场景中的多臂强盗（Multi-Armed Bandits）算法用于干扰优化，该算法收敛到全局最优，且学习速度快，计算量呈亚线性。为了在军事领域中更好地应用干扰优化方法，可采用贪婪强盗（Greedy Bandits）算法，基于功率和持续时间变化的奖赏标准，通过连续地交互发射和接收，可快速得到最优物理层干扰参数（如信号样式、功率大小和脉冲间隔等）。

4. 干扰效果在线评估

在实际作战环境中，由于被干扰对象是非合作目标，只能间接地根据实施干扰前后侦察设备侦收的被干扰目标的变化情况，并结合己方电子战经验和平时收集的情报数据来综合判断可能的干扰效果，因此，电子战干扰效果的在线评估非常困难。干扰效果在线评估的重点是评估指标的选取和评估方法的设计。

评估指标选择时，雷达工作状态的判断很重要，其原因如下。①只有明确了雷达的工作状态，才能为其分配相应的干扰措施。②工作状态的改变可以评价干扰效果。因此，反映工作状态的指标和推断工作状态的方法是研究热点。在指标选择方面，可利用截获信号的幅度变化趋势和干信比这两个指标来确定敌方雷达是否已偏离跟踪状态。在目标状态识别方面，结合相控阵雷达多功能、多工作方式的特点，可通过侦察雷达辐射信号判断相控阵雷达的工作状态。借鉴其他领域研究成果，也可解决目标状态识别问题。例如，引入生物序列分析中的点阵图分析技术和多序列比对技术，形成的基于序列相似性分析的搜索规律重建方法。该方法通过定量地对波形序列不同分段之间的相似部分进行检测和计算，能够实现高精度搜索规律重建。天线扫描方式对雷达类型和工作状态的识别非常关键。为了识别圆形扫描、扇形扫描、相控阵扫描等天线扫描方式，可将截获的雷达信号转化为可视图（Visibility Graph），然后从图中提取平均度、平均聚类系数等特征，并用 SVM、BP 网络、朴素贝叶斯、多层感知机和 DBN 进行分类，结果表明，多层感知机、DBN 和朴素贝叶斯对天线扫描方式的识别率比较高。

当评估方法设计时，可从侦察干扰系统的角度定量评估干扰效果，具体是根据干扰前后侦察系统截获的雷达脉冲幅度和数据率变化，将截获信号中积累的幅度作为统计特征，结合雷达受干扰后的响应机理，设计形成基于显著性检验的干扰效果检测器。机器学习算法能够较好地利用线下经验指导线上对抗，所以为实现智能化评估，引入机器学习算法是必然的趋势。针对雷达行为参数在不同工作模式下的变化规律，可构建干扰效果评估知识库，并将 SVM 理论应用于干扰效果在线评估，具有较高的可靠性。

当前干扰效果在线评估的研究大多集中在理论层面，结合工程项目的较少，编者所在课题组围绕舰载认知电子战初步做了一些研究工作，包括在线评估的准则和流程、SVM-DS 融合评估、DS 时空融合评估和目标轨迹估计等，需要克服的难点还比较多，如复合制导导弹的认知对抗、导弹目标轨迹估计的精确性、评估的实时性和外场测试验证等。

5. 认知数据库技术

围绕认知数据库的技术主要包括：①认知作战对象的行为模型数据以及动态环境数据的存储方式；②干扰规则库中干扰样式的存储方式；③数据库整体结构及索引方式的优化，以减少存储和调用的时间。

四、认知电子战项目研制情况

以美国为首的发达国家在认知电子战领域开展了广泛研究，典型项目如下。

（1）"行为学习自适应电子战"（BLADE）项目。

2010 年，DARPA 发布 BLADE 项目公告，然后授予洛克希德·马丁公司、雷声公司等开展研究，项目周期 51 个月。该项目是美国国防部认知电子战的先驱，致力于开发机器学习算法和技术，快速探测并表示新的无线电威胁，动态生成新的对抗措施，并根据空中观察到的威胁变化，提供精确的战斗损伤评估。新的机器学习算法和技术还能对敌方通信干扰信号进行特征识别和对抗。2016 年，洛克希德·马丁公司成功地演示了认知电子战系统通过机器学习实现动态对抗自适应通信威胁的能力。

2016 年，美国海军为了寻求缩短生成对抗无线电控制简易爆炸装置威胁的干扰波形的时间，由海军水面作战中心负责研制反简易爆炸装置电子战（CREW）独立高精度响应路径（SHARP）行为学习自适应电子战（BLADE）项目（SHARP BLADE for CREW）。该系统将缩短美国作战人员易损于新威胁的时间，并能减少开发波形的劳动力成本。

（2）"自适应雷达对抗"（ARC）项目。

2012 年，DARPA 发布 ARC 项目公告，然后资助 BAE 系统公司、Leidos 公司等 6 家公司开展研究。ARC 项目的目标是针对新的、未知的和自适应的雷达，采用先进的数字信号处理、智能算法和机器学习技术，在战场上实时地自动生成有效对抗措施。其主要功能包括：在存在敌方、友方和中立方信号的情况下，找出未知的雷达信号；判定该雷达的威胁等级；基于某种期望的效果来合成并发射对抗信号；通过观测威胁雷达的行为来评估对抗措施的有效性。无须大量改变前端射频硬件，ARC 算法和信号处理软件适用于新的电子战系统，并可用于改进现有的系统。

BAE 系统公司全程参与了 ARC 项目三个阶段的研发工作，2018 年完成项目技术成果的试飞验证。据称，ARC 的技术可部署在 F-35A 和 F-22A 战斗机上，未来还可能部署在 B-21 战略轰炸机上。2018 年 5 月，美国海军选定 Leidos 公司和哈里斯公司在 ARC 项目中开发的技术用于 F/A-18 "超级大黄蜂" 战斗机，实现认知电子战能力。

（3）"极端射频频谱环境下的通信"（CommEx）项目。

2010 年，DARPA 发布 CommEx 项目公告，然后资助 BAE 系统公司和频谱共享公司等开展研究。该项目是典型的认知电子防御项目，利用机器学习算法来识别干扰并选择一种应对措施（对消、规避、容忍或欺骗干扰等）来减轻干扰，并能够自适应和学习新的应对措施，特别是针对机载战术数据链的干扰。美国已决定将这一能力整合到 Link16 数据链中，以保护正在广泛使用的战术数据链免受干扰。

（4）"反应式电子攻击措施"（REAM）项目。

美国海军研究办公室在 2016 年启动了 REAM 项目，专门对 EA-18G 的干扰机系统进行改进。REAM 项目致力于应对敌方雷达频率的快速变化、识别频移模式，并在飞行过程中自动对这些频率进行干扰或欺骗，同时评估所应用的对抗措施的有效性。

2018 年 4 月，诺斯罗普·格鲁曼公司获得美国海军合同，为 REAM 项目开发机器学习算法，以实现"应对灵活、自适应、未知的敌方雷达"的目标，计划于 2025 年前后完成对整个 EA-18G 机群认知电子战能力的部署。

（5）"射频机器学习系统"（RFMLS）项目。

2018 年 11 月，BAE 系统公司开始研究由 DARPA 资助的 RFMLS 项目，该项目用于开发新的由数据驱动的机器学习算法，以识别不断增长的射频信号，利用特征学习技术鉴别信号，提供更好的对射频环境的感知能力。RFMLS 项目是一项基础性的工作，正在为许多深层次问题的解决奠定技术基础，包括如何改进电子战和雷达系统、如何更好地理解射频信号环境等。

（6）"电子支援关键试验"（ESCE）项目。

2017 年 10 月，美国空军研究办公室就 ESCE 项目授予雷声公司开发一种试验性的开放式机载电子攻击系统，以有效对抗当前及新出现的各种雷达威胁。ESCE 项目包含三个内容：确定一种电子战接收机架构，以满足应对当前或新出现的各种射频威胁的作战需求；验证关键的信号处理功能；评估关键使能技术。

（7）认知干扰机项目。

2010 年，美国空军研究中心（AFRL）启动了认知干扰机项目，用于开发第一代认知干扰机。其目的是开发一个基于网络化软件定义架构的自适应、多功能（通信、雷达）干扰机，提高干扰效果，缩短干扰学习的时间，同时使自扰最小。

（8）一些非典型认知电子战项目。

这些项目是认知电子战的基础性研究，或者是认知电子战的扩展性研究，比如：BAE系统公司集成自适应射频干扰和感知能力的项目，主要包括"射频任务行动融合协同单元"（CONCERTO）和"射频现场可编程门阵列"（RF-FPGA）等；佐治亚理工研究负责的"愤怒的小猫"项目，该项目结合了先进数字射频存储技术和认知学习算法等。

应该说，当前认知电子战已经从概念走向实践，在技术研究不断深化的同时，正逐步实现平台应用。2016年2月，DARPA的局长表示，DARPA正在与各军种协作，以便将其在认知电子战领域取得的技术成果转化为具体装备，以列装F-18、F-35、多功能电子战项目和下一代干扰机。其主要平台应用如下。

（1）EA-18G的电子战系统。

EA-18G是美军现役唯一的舰载和陆基战术雷达干扰和通信干扰飞机，当前其电子战系统是改进型的AN/ALQ-99干扰吊舱、ALQ-218接收机和ALQ-227通信对抗系统。为了满足对抗新型雷达和通信系统的需要，2019年，美国国会拨款近1亿美元明确要将美国海军研究办公室发起的认知电子战项目（ARC、BLADE等）转换到作战应用中，其目标是在2025年前后交付新系统。主要改进包括：加快研制下一代干扰机（型号为ALQ-249），采用先进的氮化镓技术、波束形成技术，内含采用机器学习算法的新型处理器；ALQ-218(V)2将能够探测并识别具有复杂波形的射频辐射源。

（2）F-35的电子战系统。

认知电子战是F-35这一世界先进战斗机上最重要的特性之一。2018年，BAE系统公司将数字信道化接收机/技术发生器和调谐器插入项目技术引入了生产流程；2019年，BAE系统公司完成了F-35电子战的升级改进，成功地将新技术插入AN/ASQ-239电子战系统，能为飞行员提供实时战场空间态势感知和快速反应能力。

（3）破坏者SRx电子战系统。

2016年，美国推出世界首套认知电子战系统，即Exelis公司研制的破坏者SRx电子战系统。该系统首次采用了认知电子战技术，已成为电子战技术发展史上的一个重要里程碑。该系统代表了下一代电子战技术，可以提供在不断变化的环境中夺取胜利所需的自适应、可远程重新编程等功能，并集成到手掌大小的模块中。破坏者SRx电子战系统可以实现全谱覆盖，与平台无关，非常适合海上、空中和地面作战环境。

俄罗斯作为一个老牌儿军事大国在认知电子战方面也投入了巨大的力量。下面简单介绍俄军几个认知电子战方面的项目。

（1）"克拉苏哈-4"电子战系统。

克拉苏哈-4是一种广频谱强噪声干扰系统，能够对300km范围内的敌方通信设备和雷达设备进行有效干扰。该系统运用了认知电子战技术，能够自主地进行侦察和干扰，使操作员从手动操作中解放出来。克拉苏哈-4的研发使得俄军的陆基电子战能力进一步提升。

（2）"希比内"电子战系统。

希比内电子战系统是一种典型的认知电子战系统，它应用了大量的人工智能技术，能够自主地进行电子对抗，其突出优点是实时性强、自适应能力好，且拥有威胁等级评定能力。

五、认知电子战发展趋势

通过对认知电子战技术以及研制项目的深入分析，归纳总结出认知电子战的 10 个发展方向，这也是认知电子战领域需要重点开展的工作，具体内容如下。

（1）推动雷达和通信一体化侦察。

过去，射频通信情报（COMINT）系统和执行雷达探测任务的非通信电子情报（ELINT）系统有很大的不同，如覆盖频段和信号类型不同、操作员必备的技能不同等。现在，远程 VHF 以及使用低功率低截获概率脉冲的超视距雷达的复兴又要求截获频率低至 30MHz，雷达系统所采用的技术、频率、甚至有些波形特征常常与现代通信系统所采用的一样。因此，低频段所需要的 ELINT 天线，会与 COMINT 系统的测向和监视天线相似或相同。这些接收机和模数转换器，必须提供与 COMINT 一样高的动态范围、频率分辨率和处理能力。

传统的射频系统对每个收到的信号采用相同的处理步骤，雷达和通信一体化侦察需要首先区分信号类型，然后采用不同的处理方法。在集成 SIGINT（信号情报）组件中，ELINT 系统已经具备了 COMINT 能力。例如，以色列埃尔塔公司研制的 ELI-3001 机载 SIGINT 装备，提供 ELINT 和 COMINT 能力，ELINT 覆盖的雷达频率范围是 0.5～18GHz，COMINT 的频率范围是 30MHz～1.2GHz。

（2）进一步提升电子战系统的认知能力。

人工智能和机器学习等技术的发展会进一步推动认知电子战的发展，其中，深度学习的应用还需要进一步拓展。

一是如何以合适的数值化形式将信号表示为网络的输入。常见基于 CNNs 的辐射源识别方法，其输入都是时频图像。为了充分利用一维雷达信号的特征，Sun 等用一个新的编码方法构建了同等长度的高维序列表示雷达信号，然后将二维 CNNs 改进为一维 CNNs 来分类雷达信号。结果表明，分类精度提高了 2%～3%，特别是对 12 个不易区分的雷达信号，分类精度提高了 15%，同时耗时非常少。不同的信号表示（如时域 IQ 数据、幅度相位表示、频域表示等）对 CNNs 的处理结果有影响，最大差别可达 29%；不同任务对信号表示的要求也不一样，幅度相位表示有利于识别调制方式，而频域表示有利于检测干扰信号。因此，针对不同任务，需要对输入信号的不同表示方法进行分析比较研究。

二是如何解决军事领域训练数据少的问题。在用 CNNs 识别通信调制模式时，可使用迁移学习方式，提高重新训练的效率。多任务神经网络是迁移学习的一个重要分支，它利用相关任务的信息来源来提高当前任务的学习性能，从而提高泛化准确率和加快学习速度。除了改进学习方法，还可以尝试构建和运用大数据库。有学者在 CNNs 训练时采用了自己构建的数据库（含 67 类雷达，227843 个样本）。REDB 公开数据库，其当前含有约 30000 行参数数据，描述了部署在全球各地的 14700 个不同类型的雷达。充分利用这个数据库，将有利于提高认知电子战系统的学习能力。

三是深度学习的架构，如多少隐藏层、每层的结构，以及层之间的连接等。在传统的深度神经网络中，为了保证不陷入局部最小，通常人工选择隐藏层节点的数量，可以利用粒子群优化算法来优化隐藏层节点的数量，提高网络构建的自动化水平；也可充分运用图像处理、语音信号处理等领域成功的神经网络架构，例如，将语音信号处理领域的 SDNN（Sequential Deep Neural Network）应用到雷达信号和通信信号识别领域。

干扰效果在线评估是电子战形成认知能力的关键。需要继续研究无监督机器学习算法，寻找减少对线下数据依赖的评估算法，实现真正的在线干扰效果评估；开展有源欺骗干扰与无源干扰的在线干扰效果评估方法研究等。

（3）加快硬件开发及架构设计水平。

认知电子战技术若想充分发挥预期目标，还需要依赖于电子战系统的硬件水平及架构设计。尽量利用 FPGA、DSP、高速存储器、模数和数模转换器等数字器件以软件方式实现其传统模拟器件的功能。这样认知电子战系统不仅可用预编程的波形进行重构，而且可用现场创建的波形进行重构，实时或近实时地针对许多复杂问题同时做出多个超前决策并采取行动。针对宽带雷达信号采集的难题，考虑到其信号的稀疏特性，可用压缩感知方法，以较低的采样率完成模拟信号的数字化，并高精度重构出原信号。

雷声公司研制的 AN/ALR-69A(V)全数字雷达告警接收机，是世界上首部全数字雷达告警接收机，是快速采用、实现和运用最佳算法（如复杂神经网络）的基础。雷声公司指出，为了给美国空军飞行员提供在当前及未来复杂辐射源环境下所需的态势感知，将继续改进接收机并增加基于机器学习的模块，这样系统就能自适应新型威胁。2019 年，AN/ALR-69A(V)系统已安装在 C-130H 和 KC-46A 飞机上，并在 F-16 上进行了试验。

电子器件的小型化和集成度持续提升，将极大地推动射频系统的功能整合和传感器的性能改进。目前有源电扫阵列仅实现了窄频段的多模式，BAE 系统公司的目标是构建全数字阵列，阵列中每个单元后面的电子组件都是数字的，实现单元级阵列控制。如果研制出非常大的、全数字的、精确受控的多功能、多模式阵列，就能够通过即时学习，根据需要进行协同或干扰，灵活自适应地同时实现认知电子战、雷达和通信。

（4）重视数据采集和模型测试完善。

认知电子战并非只涉及开发更精致的传感器或更智能的算法，也需要遵循严格的数据采集过程，即每次遇到新波形时，要做好数据记录。认知算法不会在部署后立即完美地发挥作用，需要对算法进行多次重新训练才能获得预期效果。所以，大量雷达和通信数据对提高认知电子战的侦察和干扰能力具有重要作用。

开发认知电子战比开发无人驾驶汽车要困难得多。后者可以获取无限的数据，但电子战没有一个巨大的未知雷达数据库，已有的信号数据质量较差、未进行标记或未及时标记。因此，商业领域的机器学习算法在电子战领域应用需要更多的优化和改进，特别要具有增量学习能力，随时间而逐渐学习，逐步修改完善模型，以使其下次干扰更加准确。

（5）构建认知电子战仿真系统。

随着认知电子战概念的发展，构建具有认知能力的电子战仿真系统也被提上了议事日程。研究者基于美国国家仪器公司的 NI USRP-2920 通用软件无线电设备，结合 LabVIEW 的框图编码和 MATLAB 脚本，快速模拟了无线信号的收发过程，自动识别出通信信号的调制方式。该实现方式避免了 FPGA 实现的高门槛，有助于快速构建信号级的认知电子战系统。

（6）完善测试仿真环境和评价手段建设。

要开发新一代电子战技术，在包含各种敌方辐射源、友方系统、民用信号的真实电磁环境中对这些技术进行测试是必不可少的。测试环境越真实，越早将电子战系统暴露在复杂威胁场景中，对后续的开发就越有利。要获得这样的逼真度，测试与评估过程中所使用的信号环境就必须能高度逼近遇到的真实环境。目前具有认知电子战测试能力的模拟器主要包括：诺斯罗普·格鲁曼公司的电磁战斗环境模拟器（CEESIM）和德事隆（Textron）公司的 A2PATS。

CEESIM 是最早出现且使用最广泛的模拟器之一，多年来随着技术的进步而不断发展，以满足用户新的需求。该模拟器利用商用现货处理及数字信号处理部件的软件定义，生成整个电磁频谱环境的综合控制层和多功能系统，为认知干扰功能的测试提供支持。2018 年年初，美国海军空战中心武器部接收了一套新型 CEESIM，为 F-35 战斗机 ASQ-239 电子战系统测试提供支持。

A2PATS 建立在一个几乎完全数字化的直接端口架构之上，将数字化过程前推到天线阵元级。利用直接数字合成器（DDS）的快速调谐功能开发了基于宽带 DDS 的合成激励器，然后通过专用信号源在每个天线阵单元上产生信号，这种直接端口方法提供了数字式脉冲描述字（PDW），这些 PDW 确定了到达阵元的每个脉冲的特性。该方法还能使一个信号发生器产生多个连续波与脉冲威胁信号。

如何开发具有认知电子战测试能力的模拟器以及评价认知电子战系统的认知能力还需要进一步深入展开。

（7）推进认知电子战技术的装备应用。

认知电子战系统发展的第一个阶段是在硬件架构不变和现有处理流程不变的情况下，提升处理流程中各个功能模块的自适应性；第二个阶段需要在硬件架构不变和处理任务不变的情况下，对信号处理流程进行自适应性改造；第三个阶段使硬件架构和处理架构可以随着处理任务的调整而改变，自适应地调整系统参数应对动态变化的复杂电磁环境。为了加快认知电子战技术的装备应用，各个认知电子战项目要采用开放式架构来开发认知技术，以允许插入、修改和删除软件模块，使其对系统其他单元的影响最小。这样，认知电子战的算法和信号处理软件不仅适用于新的电子战系统，也适合改进现有的电子战系统，有利于尽快提升电子战装备的认知水平。

（8）开展认知电子防御技术研究。

认知电子防御技术通过感知电磁环境，检测在时域、空域、频域和极化域中可以被利用的频谱资源，以动态频谱分配理论为基础，合理地分配频谱资源，确保雷达能够有效探测，信息能够快速传递；对敌方干扰信号认知后从知识库提供的先验知识中自适应地选择抗干扰策略，实时地调整频率及调制方式等工作参数，保证己方电子设备的正常工作。已有研究者将认知雷达防御技术概括为：干扰信号检测、估计干扰信号参数、识别干扰机、从数据库中选择或生成合适的抗干扰措施和评估应用效果，并将有效的抗干扰措施更新到数据库。将认知通信防御技术概括为：频谱认知、动态频谱分配、智能决策和自适应参数调整。认知电子防御技术和认知雷达防御技术以及认知通信防御技术有很多相通之处，将其结合，可达到相互促进的作用。

（9）网络化协同电子战。

传统电子战是多个单独系统对多个传感器实施的电子攻击，只能实现个别或局部效果，而"复仇女神"采用网络化协同电子战系统，能对敌方传感器网络实施大规模电子攻击。"复仇女神"是始于 2014 年的跨学科项目，采用投掷式无人蜂群系统，集成了认知处理能力并以通信网络来协调行动。众多舰载、潜射无人机和自主蜂群系统已经完成开发或处于开发状态，洛克希德·马丁公司的认知算法目前已用于小型平台。"复仇女神"的目的是将各种平台（电子战气球、无人机蜂群等）进行组合，通过组网协同作战，以迷惑、欺骗或致盲分布在广阔区域的敌方传感器。

网络化协同电子战的关键技术包括：网络化协同感知技术、干扰机联网技术、干扰机小型化技术、干扰资源分配方法、干扰机空间位置配置等。

（10）电子战与赛博战融为一体。

电子战与赛博战差异很大，但两者之间也有交叠。电子战着重于运用电磁频谱对抗雷达、无线电通信以及数据链路，赛博战则专门对付计算机、服务器及其之间的链接。电子战对信息的智能化和自动化处理使得赛博战介入电子战的空间增加，电子战与赛博战的融合正成为一种趋势。电子战为赛博战提供支持，赛博战依靠电子战来实现对电磁频谱的控制和自由接入。电子战平台可能会通过电子攻击手段给敌方雷达嵌入软件代码，而不是经由互联网向威胁系统发送代码。

除了物理层干扰，认知干扰还可以针对链路层及更高层的协议发起干扰攻击，从而达到更好的干扰效率和隐蔽性。美国空军已经成功地对其 EC-130 "罗盘呼叫"电子战飞机进行了改进，用于攻击敌方网络。2015 年，美国空军进行了一系列试验，结果表明，能够从空中接触网络目标并对其进行操控。从赛博防御角度看，雷声公司通过先进的指挥控制架构，在多种雷达中引入了最新的赛博安全技术。

综上所述，传统意义上，电子战系统总会滞后于作战对手的发展，其原因很简单，敌方系统是先于对抗措施开发的。因此，新型雷达和通信系统的应用往往会使当前的电子侦察系统对辐射源的识别越来越困难，并导致干扰技术也很快过时。认知电子战的出现将改变这种态势。认知电子战技术有望在今后几年实现无须预编程就能对敌方系统进行自主对抗，利用实时生成的对抗措施及时对抗新出现的雷达和通信信号。认知电子战将永远是一个精湛的工具，不能完全代替人类。随着发现威胁目标的时间越来越短，人类发挥的作用就会越来越小，但是，电子战职手将永远处于"观察、定位、决策和行动"（OODA）环中，一旦人工智能出错，则可以及时进行干预。这是目前自动目标识别的工作方式，也将是明天认知电子战的工作方式。

第三节 定向能武器

定向能武器是利用沿一定方向发射与传播的高能电磁波射束以光速攻击目标的一种新机理武器，包括高功率微波武器、激光武器、粒子束武器等类型。

定向能武器区别于现代武器的特征：一是以光波传播的速度把高能量射束直接射向目标，因而在攻击目标时不需要提前量，只要瞄准目标即能命中，有极高的命中率，使敌人难以躲避；二是射束指向控制灵活，能快速地扫掠战区内的特定空间，并瞬时指向任何位置上的目标，因而可快速改变指向同时攻击多个目标；三是射束能量高度集中，一般只对目标本身某一部位或目标内的电子设备造成破坏，而不像核武器、化学武器和生物武器那样，造成大范围的破坏或杀伤，因而可避免大量杀伤平民和破坏环境；四是该武器发射时无声、无形，因而攻击目标时隐蔽、突然、杀伤力大，能给敌人造成较大的心理压力；五是该武器既可用于进攻，也可用于防御。

定向能武器的杀伤力远大于普通炸药的爆炸能，如利用一个高能激光武器，能在 1～2min 内对付上百个目标，高功率微波（High Power Microwave，HPM）武器能烧毁敏感的传感器、电子器件、计算机芯片等，造成电子装备或系统的永久性损伤；粒子束武器能瞬间摧毁远距离的多批次、大量的高速飞行目标等。因此，定向能武器将成为未来信息化战场上对付飞机、军舰、坦克、导弹乃至空间卫星等高价目标的重要武器系统，是未来战区反导、反舰导弹防御、防空系统的组成部分。

2021 年 7 月，美国空军和国会分别发布《定向能未来 2060》报告及《防御入门：定向能武器》报告。前者指出，定向能特别适用于分层防御和信息优势战中的多项任务，主张从长期视角制定一个综合的定向能国家战略，定向能武器目前在应用上正接近或已跨越临界点，并预测未来空基或天基定向能系统将作为分层防御系统的一部分，提供"导弹防御伞"。后者提出了美国国防部定向能发展路线图：2022 财年前定向能武器的功率级别由 150kW 增至 300kW，2024 财年增至 500kW，2030 财年增为 1MW。概括未来定向能武器发展的显著特征如下。一是定向能武器由"新概念"逐步到"实战化应用"。美国开发的多项高能激光和高功率微波反无人机武器系统已完成了概念演示验证，并进行了部分采购，逐步形成实战化装备，未来将会纳入其空中和导弹近程防御武器库。二是定向能武器将成为反无人机蜂群的主流。传统的反无人机武器在应对无人机蜂群时显得力不从心。定向能武器特有的毁伤机理和作战效能，具备软硬多重的毁伤效应，能够有效地应对无人机蜂群的现实威胁。如 2017 年 5 月，美国陆军在"机动火力综合试验"演习中，利用高功率微波武器和高能激光武器击落了 45 架无人机，其中高功率微波武器与多个无人机群作战，击落了 33 架无人机，每次可击落 2～3 架。本节主要介绍各种定向能武器的杀伤机理和研究应用现状。

一、高功率微波武器

1967 年 7 月 29 日，美国"福莱斯特"航空母舰在越南沿海巡逻时，没有受到任何攻击而突然起火，检查结果发现，当时有一部大功率舰载雷达向着飞行甲板方向扫掠，由于雷达辐射的高频能量通过一个屏蔽不良的电缆触发一枚导弹，该导弹飞越甲板击中了一架装满各种弹药的舰载飞机，机上燃料箱爆炸，使 1000 磅炸弹爆炸，甲板上形成大火，造成 134 人死亡；自 1982 年以来，美国陆军 UH-60 武装直升机，在飞临地面、舰载雷达或通信发射机时突然坠毁，据分析可能是由于雷达或通信的射频能量对直升机的飞行控制系统产生干扰而造成的。这些意外发生的事件，表明了利用高功率微波武器或作战平台的可能性，从而极大地提高了各国对高功率微波武器的研究兴趣。到目前为止，各国对高功率微波武器的研制日趋成熟，并开始在现代高技术局部战争中应用。

（一）高功率微波武器的类型和工作机理

高功率微波是一种强电磁脉冲，其频段范围为 1～300GHz，峰值功率高于 100MW。其原理是将高功率微波能量通过定向天线进行辐射，产生高功率窄带微波波束，运用电、热、病等毁伤效应，对敌方的电子信息设备、武器系统和作战人员造成干扰、烧毁和杀伤。根据破坏机理的不同，高功率微波武器一般分为高功率微波定向发射系统、超级干扰机和高功率微波弹等类型。前两种高功率微波武器可重复使用，与高功率微波弹相比具有可在单次任务中实施多次攻击，从不同方向保护防御目标，功率大、作用距离远等优势，因此，此处主要讨论这两种高功率微波武器。

1. 高功率微波定向发射系统

高功率微波定向发射系统是定向能武器中发展较为成熟的一种类型。它由能源、高功率微波源、大型聚焦定向天线和电子设备等配套设备组成，见图 5-3-1。脉冲功率源主要用于产生初级能源，为高功率微波源提供低占空比的极高峰值脉冲功率源。其关键部件包括能量存储、脉冲形成网络和对高功率微波源的耦合机构。高功率微波源是利用相对论速调管、返波管、磁控管、回旋管以及虚阴极振荡器等，把电子束的动能转变成辐射电磁能；大型聚焦定向天线把高功率电磁能聚焦成极窄的波束，使微波能量高度集中，从而以极高的能量强度发射出去照射目标，破坏敌方武器系统和杀伤作战人员。从大型聚焦定向天线发射的高功率微波能量可以前门耦合和后门耦合两种形式传递到目标上。前门耦合是指高功率微波能量通过敌方目标上的天线、传输线等媒介线性耦合到其接收和发射系统内，以破坏其前端电子设备；后门耦合是指通过敌目标结构不完善屏蔽的小孔、缝隙等非线性耦合到坦克、飞机、导弹、卫星内部，干扰其电子设备，使其不能正常工作或烧毁电子设备中的微电子器件和电路，从而大大降低这些平台的作战效能。

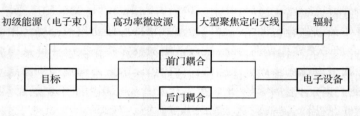

图 5-3-1　高功率微波定向发射系统原理框图

2. 超级干扰机

高功率微波与电子战之间的能量关系见图 5-3-2。从图中可以看出，电子战采用千瓦级的较低功率和使用复杂的技术来破坏敌方有效使用电磁频谱，同时保护己方电磁频谱的有效使用。但是由于新的威胁不断增加，以及电子对抗与电子反对抗技术之间的相互竞争，常规的电子战武器由于复杂性的不断增加而变得非常昂贵。另外，高功率微波是一种应用大功率简单脉冲攻击许多目标的手段，受到人们的广泛关注。但是由于技术、体积、质量、功率等的限制，在短期内要使高功率微波进入战术应用仍有一定困难，因此近年来国内外正在发展一种介于电子战和高功率微波之间的中间方案，称为灵巧微波或中功率微波（MPM）。其功率量级约为数兆瓦至吉瓦级。利用这种中功率微波加上重复脉冲或幅度调频、频率调制以及其他形式的脉冲波形，就构成了灵巧微波武器，现在人们普遍把它称为超级干扰机。与常规的电子干扰机相比它的优越性明显：一是超级干扰机的干扰功率提高了 3~6 个数量级，比现有的雷达功率大上千到上百万倍，因而具有更强的干扰能力；二是常规电子干扰机的任务是扰乱、欺骗或影响敌方电子设备，使其暂时失效，而超级干扰机是影响电子设备本身，它不仅能扰乱敌方电子设备的正常工作，而且能烧毁敌方电子元器件、集成电路、计算机芯片等，造成敌方电子设备的永久性损伤，因而具有更强的攻击能力。与高功率微波相比，超级干扰机所需的功率电平较低，便于采用各种先进的干扰调制技术，以提高其杀伤力。因此，以中功率微波为基础而构成的超级干扰机是一种新型的电子战进攻系统，它不仅能适应现代战场电子战需求，而且使这种新的电子进攻系统减少功率和体积要求，从而更易于实现。

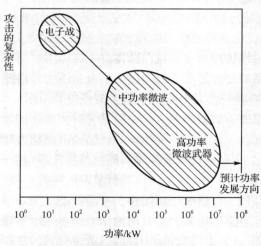

图 5-3-2　高功率微波与电子战之间的能量关系

（二）高功率微波武器的毁伤机理

高功率微波武器以所有的军事电子装备和系统、武器控制与制导系统，以及武器或平台结构本身为主要攻击目标，在未来的高技术战争中具有极其广泛的应用前景。

1. 毁伤途径

高功率微波武器对电子信息系统的毁伤途径主要是前门耦合、后门耦合。对于电子信息系统，高功率微波可通过天线耦合、线缆耦合、孔洞或缝隙耦合、壳体感应、微波穿透、回路耦合六种方式进入系统内部。

2. 毁伤方式

随着科技的进步，电子信息系统使用的电子器件数量越来越多，变相降低了系统的抗高功率微波毁伤能力。高功率微波对电子设备或其内部电子器件的毁伤方式主要有高压击穿、器件烧毁、微波加温、瞬时干扰、浪涌冲击等。

（1）高压击穿。若高功率微波被电子信息系统接收，则被转换为高电压或大电流，由此引起系统内部节点或部件损伤甚至回路的击穿。

（2）器件烧毁。由于高电压或大电流的作用，导致系统内部电子器件的烧毁或熔断器、金属连接线等熔断。

（3）微波加温。任何电子器件都有限定的工作温度阈值。高功率微波属于微波，微波照射对电子器件会产生一定的加温作用，若温度超过电子器件的工作温度阈值，则电子器件将无法正常工作甚至被烧毁。

（4）瞬时干扰。如果高功率微波辐射进入电子信息系统内部的功率较低，虽不足以毁坏系统，但由于感应瞬时电压或电流的作用，仍会对系统造成干扰，影响其正常工作。

（5）浪涌冲击。如果高功率微波由于电子信息系统的屏蔽措施而未能直接进入系统内部，仍有可能在设备壳体上感应出高电压或大电流。高电压和大电流通过设备的孔洞、缝隙等进入系统内部，会导致一些敏感器件受到干扰甚至毁坏。

3. 毁伤影响

高功率微波武器通过电效应、热效应等方式对电子信息系统甚至人畜进行杀伤，既具有"软"杀伤能力，又具有"硬"杀伤能力。表 5-3-1 列出了不同辐射功率密度的微波辐射对电子信息系统的影响。

表 5-3-1　不同辐射功率密度的微波辐射对电子信息系统的影响

辐射功率密度	毁伤影响
（0.01～1）$\mu W/cm^2$	可干扰雷达、通信、导航、敌我识别和计算机网络的正常工作
（0.01～1）W/cm^2	可使雷达、通信、导航、敌我识别和计算机网络的器件性能降低或失效，尤其会损伤或烧毁小型计算机芯片
（10～100）W/cm^2	在金属表面产生强大的感应电流，通过天线、金属开口或缝隙进入设备内部，可直接烧毁各种电子器件、计算机芯片和集成电路
（1000～10000）W/cm^2	可瞬间引爆导弹、炸弹、炮弹弹头或燃料库，从而破坏整个武器系统

高功率微波武器对电子武器装备毁伤机理主要包括电效应和热效应。电效应是在传感器前段通过前门耦合，大功率信号对抗烧毁模块进行冲击形成损伤，同时也会通过电缆、电连接器等后门耦合，在金属表面和导线产生电流，并在终端节点产生电压，使电子设备出现假信号或造成电击穿。热效应是电子武器装备表面吸收微波能量，引起过量发热，使电子设备

失效或使武器表面的物理形状变形，甚至直接烧毁。

高功率微波武器对人员毁伤机理主要包括热效应和病效应。热效应是指人体受到微波辐射后，全身或局部组织受热导致温度升高，可致皮肤或内部组织严重烧伤，甚至死亡。病效应是指人体受到一定强度微波辐射后，中枢神经系统及心血管系统等受到影响，产生神经错乱、记忆力衰退、行为错误，甚至致盲、致聋或心肺功能衰竭。表 5-3-2 列出了不同辐射功率密度的微波辐射对作战人员的影响。

表 5-3-2   不同辐射功率密度的微波辐射对作战人员的影响

毁 伤 机 理	辐射功率密度	毁 伤 影 响
热效应	$0.5W/cm^2$	人体皮肤轻度烧伤
	$20W/cm^2$	照射 2s，就可使人体皮肤三度烧伤
	$80W/cm^2$	照射几秒，人被烧死
病效应	（3～13）mW/cm^2	使作战人员神经紊乱，情绪烦躁不安，记忆力衰退，行为错误
	（20～50）mW/cm^2	人体出现痉挛或失去知觉
	$100mW/cm^2$	致盲，致聋，心肺功能出现衰竭

（三）高功率微波武器的军事应用

2015 年以前，美国政府只是把高功率微波技术视作一项有潜力的技术，并没有进行重点扶持。自 2015 年开始，这种情况发生了变化，加速了高功率微波技术从实验室到战场的过渡。典型军事应用项目如下。

（1）反电子高功率微波先进导弹（CHAMP）。CHAMP 是一种空射巡航导弹，由波音公司"鬼怪"工厂于 2009 年开始启动研制，可由 B-52 轰炸机发射。其飞行距离为 1126km，能够低空突入敌方空域辐射高功率微波脉冲，烧毁芯片等电子部件，使敌方电子设备失能，可以在运行期间发射上百个脉冲。2012 年，美国空军对 CHAMP 进行测试并取得成功。试验中，CHAMP 飞越了犹他州测试和射击靶场一栋两层的建筑。该建筑内有大量计算机和监控系统。CHAMP 破坏了该楼的所有电子系统，包括用于拍摄试验用的摄像机，但没有损坏其他任何东西。

当时，美国空军计划在 2016 年实现配装 AGM-86C/D 常规空射巡航导弹第二代高功率微波武器，可多次打击和多目标打击；在 2024 年之后实现可配装 AGM-158B 增程型联合空对地防区外导弹的高功率微波武器，优化波形以增强效力，提高能源效率，降低尺寸、质量和功耗；在 2029 年之后实现可配装第五代战斗机和无人机的高功率微波武器。

（2）相位器高功率微波武器。2016 年 6 月，美国国防部宣布，加快相位器高功率微波武器拦截"低慢小"无人机试验。这项技术主要配给美国陆军旅级作战部队，专门用于反小型无人机。该武器以柴油为动力燃料，在自带搜索雷达或其他高精度雷达的指引下跟踪无人机，通过蝶形密集天线发射高功率微波，击穿无人机内部的电子器件，使其坠机。相位器系统不仅可以快速发现并摧毁单架小型无人机，还可以同时对多架小型无人机进行攻击。

（3）反电子装置攻击项目。美国海军的"反电子装置攻击项目"将高功率微波武器和动能舰炮结合起来，研制海基高功率微波炮，用于防空和反巡航导弹，通过破坏其制导系统和通信装置达到防御目的。

综上所述，高功率微波武器是利用强功率电磁能来破坏或摧毁敌人的高技术武器系统，因而与其他武器相比具有许多优势。第一，能完全压制敌方军事信息系统（C⁴I）和武器制导系统，置敌方的整个战争机器和有生力量于无用武之地。第二，打击威力大、损失伤亡小。高功率微波武器利用非核的强电磁能通过破坏敌方最关键而又最脆弱的军事电子信息系统，达到瘫痪敌方整个战争机器的目的，其主要攻击对象是敌方作战系统本身，因此可避免作战人员和平民的大量伤亡以及造成对环境的破坏。第三，造成敌人心理上的压力，丧失其战斗意志。高功率微波武器能使武器操作人员和战场指挥人员在生理上造成不同程度的损伤直至死亡，因此能给他们造成强大的心理压力，使他们由于害怕受高功率微波武器的损害而不敢使用雷达、通信等电子设备和各种高技术武器。第四，软硬杀伤结合、攻防兼备。高功率微波武器既可完全干扰、致盲敌方军事电子信息系统，又可烧毁电子器件、集成电路、计算机芯片等关键器件和电路，造成军事电子信息系统和武器控制系统的永久性破坏，还可直接破坏武器结构。因此，高功率微波武器是集软硬杀伤和多种作战功能于一身的新概念电子战武器，是正在发展的一种具有战略、战术威慑的高技术武器。

二、激光武器

激光武器顾名思义就是利用高能量密度的激光束代替常规兵器中的子弹、炮弹的一种新型武器。虽然激光武器的研制可追溯至20世纪70年代，但由于激光武器与生俱来的短板，如交战视距受限、热晕效应、电力需求过大等问题，导致其至今仍然未能大规模进行舰上部署。正所谓瑕不掩瑜，激光武器具有其他武器所无法比拟的优点：第一，使用成本低，舰载激光武器的主要能量来源于舰船电力，单发成本甚至能低至1美元，而海军防空导弹成本从每枚90万美元到数百万美元不等；第二，隐蔽性好，激光武器大多采用红外光波段，肉眼不可见，只有当目标被击中后，才能被发现，因此具有极高的隐蔽性；第三，攻击速度快，激光是光速传播，转移火力快，可在360°范围内调整火力，是对抗蜂群目标的理想武器；第四，抗干扰能力强，在复杂的电磁环境下，激光武器不易受干扰，对方难以利用电磁干扰手段降低其命中概率，只要保证舰船电力充足和散热系统稳定，激光武器就可以不断发射；第五，精确打击目标，激光武器具有良好的准直性，光斑发散直径小，并且只对辐照区有毁伤作用，附带毁伤较低。正因为它有如此多的优点，才使世界各国不惜高昂代价进行种类繁多的激光武器工程应用研究。尽管高能激光武器的优点非常突出，但在实际运用中，并不是什么场合都合适的。在5km的距离上，使HgCdTe探测器饱和所需的激光能量较低，只有几十毫瓦，而要使它产生损伤效应则需几百千瓦，这么高的能量是战术激光器所无法提供的，只能利用高能化学激光器才能达到。但高能化学激光器的体积庞大，无法应用于飞机等机动平台。

激光武器以摧毁为目的，工作介质可选用氟化氘或氧碘激光器等。随着工作介质不同，它们发出的激光波长也不同。按工作介质物理状态，激光武器可分为固体激光器和气体激光器，如发出波长为10.6μm的二氧化碳激光器就是气体激光器，YAG激光器则是固体激光器；从提供能源方式命名，可称氟化氘和氧碘激光器为化学激光器，因为它们是通过化学反应而获得所需激光能量的。高能激光武器又可分为反卫星、反天基激光武器及反战略导弹等战略激光武器和用于毁伤光电传感器（包括人眼）、飞机及战术导弹等战术激光武器。

（一）激光武器的毁伤机理

本质上，激光与材料相互作用的过程是电磁场与物质结构的共振及能量转换。通过对能量的吸收、积累与转化，目标会相应地产生热力学效应、等离子体效应等，据此，激光对目标的毁伤方式可分为热烧蚀毁伤、激波毁伤和辐射毁伤。

热烧蚀毁伤在辐照激光能量较高时表现为对材料的熔融乃至汽化，并由此在材料表面形成凹坑或者穿孔，甚至会产生材料内部温度高于表面温度的现象，这时，由内而外产生的高压作用超过材料弹性阈值时，便会发生结构性的毁伤效果。当辐照激光能量较低时，虽不能对材料造成直接的毁伤，却可以通过加热软化效应来改变其屈服强度、拉伸强度等物理特性。对导弹等飞行目标而言，抗拉抗压强度的下降，会使其在飞行气动应力的作用下变形或解体。目前，热烧蚀毁伤是激光武器系统主要的攻击手段。

激波毁伤的热积累过程相对要弱很多，是高能脉冲激光特有的毁伤方式。由于高能脉冲具有很高的峰值功率，当它与目标材料相互作用时，会在材料表面形成等离子层，等离子层向外喷射对靶面形成一个反向冲击力，并产生称之为压缩加载波的冲击波向靶内传播，随着激光功率的下降，还会产生一个压缩加载波，两者叠加形成激波。经目标自由面反射后转换为拉伸应力，应力的大小达到材料的损伤阈值时，就会产生断裂破坏。

辐射毁伤的前提也是等离子体的产生，但该毁伤方式主要利用了等离子体辐射的紫外线和 X 射线，主要对目标的易损电子元器件造成电离毁伤。对导弹来说，其导引头最易受到辐射毁伤，而导引头作为导弹的"眼睛"，一旦受到致盲毁伤，将失去精确制导能力，那么导弹只能依靠惯性飞行，大大降低了其战场威胁。

由以上分析可知，激光的毁伤效应与激光功率（密度）是密切相关的。不同数量级的功率密度对应的毁伤效应如表 5-3-3 所示。

表 5-3-3　不同数量级的功率密度对应的毁伤效应

功率密度/kW·cm^{-2}	$10^0\sim10^1$	$10^1\sim10^3$	$10^3\sim10^5$	$10^5\sim10^7$
毁伤效应	热烧蚀	热熔化	汽化	激波/辐射

（二）典型场景下激光武器的工作原理

激光武器利用高功率激光的热效应、光电效应和热力耦合等直接使目标失效甚至毁伤，具有快速响应、打击精准、弹药成本低廉、战场保障简单和作战隐蔽不易追溯等优点，可以在诸如要地防御、导弹拦截、卫星对抗和蜂群对抗等现代局部作战场景中发挥独特作用，逐渐成为可适应未来信息化高技术战争的主战武器之一。下面以舰载激光武器反导和反无人机为例说明其工作原理。

1. 舰载激光武器反导原理

在反导作战中，当前兆瓦级舰载激光武器的技术已经逐步成熟，武器系统的跟瞄能力也已达到微弧度级，理论上舰载激光武器已经具备一定的中段反导能力，并且能够抗击超声速反舰导弹。在未来防空导弹射程有限的情况下，舰载激光武器将作为一种重要手段遂行中段反导任务，主要对导弹制导系统实施干扰、致盲。同时对于超声速反舰导弹，由于武器系统跟瞄能力的限制，舰载激光武器则主要担负远距离、中高空的反导任务。针对突防进入近末端飞行的反舰导弹，由于目标距离较近，舰载激光武器系统反应灵敏、相比于弹炮抗击速度更快，激光对导弹毁伤效果更加明显，因此，使用舰载激光武器更有利于把握战机。此时，作战舰艇可以舰载激光武器为主遂行近末端反导任务。如果面临多批反舰导弹饱和攻击，舰载激光武器还可凭借其转火迅速、可持续作战和无限载弹量的优势在作战中发挥出更加突出的作用。

巡航导弹体积小、质量轻,可由多种平台发射,突防能力强,美国近几年研制的 JASSM-ER 和远程反舰导弹 LRASM,智能化程度较高。但巡航导弹的固有弊端是亚声速飞行,为激光武器实施有效地空拦截提供了较长的时间窗口,而且最有利于激光攻击的部位为其前端的制导系统。当制导系统受到高能激光辐照时,很容易造成光电装置传感器的永久性损伤,丧失制导能力,此后依靠惯性飞行,丧失作战能力。在巡航导弹亚声速飞行状态下,从末段 10km 处开始实施拦截,有 40~50s 的时间窗口。此时,数十千瓦级的激光功率,聚焦光斑小于 100mm,10s 内基本可以完成对 10km 范围内巡航导弹导引装置、发动机和壳体的烧蚀甚至烧穿破坏。激光对不同导弹的破坏阈值见表 5-3-4。

表 5-3-4　激光对不同导弹的破坏阈值

导弹制导方式	攻击方式	阈值/W·cm^{-2}	持续时间/s
雷达	击穿整流罩	50~100	1
电视	击穿整流罩 破坏传感器	100~300 10^{-4}~10^{-2} 光学增益 10^6	3 1
红外	击穿整流罩 破坏传感器	50~300 10^{-4}~10^{-2} 光学增益 10^6	2 1
激光	击穿整流罩 破坏传感器	100~300 10^{-4}~10^{-2} 光学增益 10^6	3 1
金属外壳	燃料舱 战斗部	50~1000 3000~10000	2~3 4~5

由表 5-3-4 可知,在防御反舰导弹时,只有激光功率密度达到毁伤阈值和能量阈值后,才能起到破坏作用。达到能量密度的阈值后,通过时间积累,往往能够达到能量阈值的要求。激光武器根据不同类型的攻击目标,需要的功率密度有所不同,特别是烧穿金属外壳所需的能量密度要大于弹体的其他部分。另外,攻击目标舰艇水平方向时,反舰导弹会优先选取正面、正侧面或斜面打击,因此无论采取哪种方式,相较于反舰导弹其他部位,弹体头部整流罩是最容易攻击的部分。综上所述,通过烧毁整流罩和传感器的方式进行防御较为可行。

2. 舰载激光武器反无人机原理

在反无人机作战中,舰载激光武器由于其突出的作战效费比而成为舰艇的主要抗击手段,肩负拦截中高空飞行的大型无人机、战略无人机以及低空飞行的战术无人机和无人机蜂群的重任。针对海上反无人机作战,舰载激光武器锁定目标后会直接发射高能强激光照射目标壳体实现摧毁,无须选择特定的打击部位,从而减少系统的响应时间。当来袭目标数量少、距离较远、飞行高度较高时,舰炮和防空导弹拦截效能低或无法实施拦截,则率先由舰载激光武器对目标进行点对点快速打击。当目标数量多,或者多批目标远距离立体突防时,则由舰载激光武器和电子战系统担负主要的抗击任务,在电子战系统实施远距离电子干扰后,舰载激光武器负责对漏网的无人机实施精确拦截。而对于多批目标组成的无人机蜂群低空突防进入舰艇近末端时,由于舰炮的载弹量有限,一次拦截只能针对数批目标,同时系统反应时间长、应对困难,所以舰载激光武器成为担负舰艇末端防空任务最为有效的保底手段。

（三）激光武器的军事应用

美军对舰载激光武器的反导作战研究分为短期、中期、长期三个阶段。短期目标是研发功率为 10～15kW 的战术级舰载激光武器，用于对导弹导引头进行干扰致盲；中期目标是研发功率为 30～50kW 的高能战术级舰载激光武器，用于近距离抗击反舰巡航导弹；长期目标是研发功率为兆瓦级的舰载战略级激光武器，用于远距离摧毁超声速反舰巡航导弹甚至弹道导弹。美国海军正在重点开展的"海军激光系统族"计划包含四个项目，预计研发三型舰载激光武器系统："固体激光技术成熟化"系统、"高能激光与综合光学杀伤监视"系统和"光学眩目拦截"系统。

1. 固体激光技术成熟化系统

该系统与"海军激光武器系统"LaWS 一脉相承，均为固体激光武器。LaWS 曾于 2014 年 8 月部署在庞塞号两栖运输舰上，成为首个登上前线战舰的高能激光武器，并在随后进行的作战试验中成功击中了小型快艇上的目标、空中飞行的无人机以及其他移动海上目标。LaWS 项目的成功，激发了美国海军开展下一步舰载激光武器计划的雄心。2015 年 7 月，美海军发布固体激光武器研究指南，开展"固体激光技术成熟化"计划，该计划可分为三个阶段：第一阶段是开发输出功率 100～150kW 的激光器，可摧毁小型船只和无人机，以及导弹或舰船的光电探测器；第二阶段是进一步提升功率达到 300～500kW 的激光器，对抗反舰巡航导弹；第三阶段是继续提升输出功率至 1MW 级别，具备对抗超声速反舰导弹、弹道导弹及高马赫数飞行器的能力。2021 年 12 月，两栖运输船坞舰"波特兰"号（LPD 27）在亚丁湾航行时测试了高能激光武器，其搭载的"激光武器演示器"（LWSD）Mark 2 MOD 0 成功击中了一个海面训练目标。

2. 高能激光与综合光学杀伤监视系统

美海军计划配备的 HELIOS 高能激光炮，是首个在一个武器系统中集成了三大作战功能的激光武器，无须对战舰进行大规模改装就可以快速部署。第一个功能是"硬杀伤"，主要通过一种高能光纤激光器，可快速发射 60～150kW 的高能激光束，令敌方小型舰船或无人机瘫痪或毁坏。第二个功能是"软杀伤"，通过使用功率较低的激光，使敌方无人机上的光电/红外传感器"目眩"或被迷惑，精确瘫痪其"情报、监视及侦察"设备，适用于执行一些高敏感任务。第三个功能是除了"软、硬"杀伤目标外，还可以利用相关光学系统收集有关舰艇周围广大区域的情报、监视和侦察信息，与基于雷达的"宙斯盾"作战系统共享，让美军战舰在获得更强的态势感知能力的同时，具备更强大的反导能力。

3. 光学眩目拦截（ODIN）系统

ODIN 系统是目前美海军正在开发的 30kW 级低功率激光系统，计划在八艘海军舰艇上部署，用于致眩对方武器平台的光电传感器，以应对目前紧迫的无人机威胁。与前两者相比，该系统功率较低，能够发射"眩目"激光束使对方武器系统"失明"，从而失去战斗力。

此外，美海军还将计划在弗吉尼亚级攻击核潜艇的桅杆上安装高能激光武器，由潜艇核反应堆供电，该激光器功率可达 300kW。此外，还计划将多个激光眩光器与激光武器配合，分散布置在同一艘舰艇上，以对抗多个目标。

三、粒子束武器

粒子束武器是利用高速粒子加速器将原子粒子进行加速，使其接近光速，然后发射出去，利用其强烈的机械冲击波和辐射热脉冲能量穿透目标，并聚集在目标内几厘米深处进行破坏的一种定向能武器。它与军用高能激光武器有许多共同的特性，即利用其所辐射的极高脉冲能量聚焦在目标上，把目标烧毁或破坏目标上的电子设备。但两种武器破坏目标的机理有很大不同，因此它与高能激光武器相比具有许多重要的特点：高速粒子穿透能力强，可穿透大气进行传输，不受大气中的空气、云雨等任何气象的影响，因而抗干扰能力强，且传输距离比激光远；毁坏能量大，作为高能粒子武器，要求每个脉冲的能量达到 1.8MJ，用这么大的能量攻击目标，相当于 0.45kg 炸药在目标内爆炸的破坏力；目标毁坏能力大，当遇到传播方向的目标时，高速粒子的巨大动能会瞬时传输到目标上，使其顷刻毁坏，而无须像激光那样在目标表皮上烧一个洞；粒子束武器可击毁高速飞行的导弹，特别适用于对付带核弹头的洲际弹道导弹，能把导弹击毁在外层空间。

（一）粒子束武器的毁伤机理

粒子束一般可分为电子束、质子束、中子粒子束和显微镜可见粒子束四种类型。利用这些粒子束构成的武器大致可分为带电粒子束武器和中性粒子束武器两类。作为粒子束武器最重要的是其辐射的粒子束必须能在大气中传播相当远的距离，才能有效地对付洲际弹道导弹之类的精确制导武器。理论上，只有带电粒子才能被加速器加速形成高能粒子束。带电粒子束武器的应用受到两个主要因素的制约：一个是带电粒子束带有相同的电荷，它们之间往往存在相互排斥力，因此若没有外力的反作用，这种相互排斥力就会使粒子束在大气传输中产生粒子束发散，在用于物理学研究的粒子加速器中，通常采用一个庞大的强磁场作为外力，把发射的粒子束重新聚焦，但作为军用武器来说，这种庞大的磁场装置是不切合实际的；另一个是在大气中传输的粒子束，要受到地球磁场的作用而使粒子束弯曲，这对近距离攻击来说影响不大，但对远距离的目标就无法进行精确的直线瞄准。因此，为了使带电粒子武器成为可用的武器装备，当前研究的重点是探讨克服带电子粒子束的发散和弯曲两个限制因素和解决粒子束聚焦的方法。预计由于带电粒子束武器需要大型粒子加速器，因此最好的应用是作为陆基末段防御，一般配置在地下井周围或安装在军舰上。

中性粒子束武器主要用于距离超过 1000km 的外层空间摧毁洲际弹道导弹助推器或卫星之类的目标。由于中性粒子束没有电荷，它由原子氢（一个电子和一个质子）、原子氘（一个电子、一个质子和一个中子）、原子氚（一个电子、一个质子和两个中子）或其他中性原子组成。正是由于中性粒子束没有电荷，因而可避免带电粒子束造成的粒子束发散和由于地球磁场的影响所引起的弯曲问题。然而如上所述，只有在粒子上带有电荷时才能被加速而形成高能粒子束。因此在研制中性粒子束武器时，首先要解决内部没有电荷的中性粒子的加速问题。其中一种方法是先把一个额外电子加到中性氢原子上，并把这种带负电荷的氢原子加速，使其具有很高的能量，然后在粒子束从加速器发射出去时去掉额外的电子，剩下的就是高能的中性氢原子束，它可深深穿透目标进行破坏。另一种方法是利用已经加速到很高能量的质子轰击一个靶标，这些质子便把电荷与靶标内的中子交换，从而形成一个高能中性粒子束。

粒子束武器对目标的杀伤通常可分为"硬杀伤"和"软杀伤"两种形式。所谓"硬杀伤"是指高能粒子束直接击穿目标的壳体，并产生一连串的二次粒子辐射。这种二次粒子辐射对目标将产生下列影响：热辐射会直接引爆弹头上的常规炸药或使核装药塌落；电子串联效应能抹掉或改变计算机内存储器芯片中有关导弹制导系统或引信的信息；能彻底改变巡航导弹或反舰导弹中的光纤传输质量；在辐射影响下，绝缘材料能暂时变成导体。中性粒子束穿透目标的破坏效应是用目标内聚积的 J/g 表示，而不是像激光器那样用目标表面处的 J/cm^2 表示。

表 5-3-5 给出了几种物质材料被粒子束照射时产生一定的有害效应所需的能量聚积值。其他如塑料、胶结剂、制导敏感元件、计算机电路等的破坏效应是相当复杂的，需根据其具体设计进行分析。

表 5-3-5　粒子束照射产生有害效应所需的能量聚积值

有 害 效 应	能量聚积值/（J/g）
电子仪器击穿	0.01～1.0
电子仪器破坏	10
推进剂和高爆炸药引爆	200
铀和钚的软化	几百
铝的熔化	1000

所谓"软杀伤"是指带电粒子束并不总是直接入射到目标上，而是使粒子束停留在目标飞行弹道前方的某些地方，此时粒子束在导弹前方的大气中仍将产生一连串二次粒子，当巡航导弹等穿过布满二次粒子的大气时，其中许多带有足够能量的粒子便能穿透导弹外壳而进入壳体，并在导弹壳体内产生一种小的局部定向电磁脉冲，利用其电磁感应效应使导弹中的电子器件失效。此外，粒子束还能加热通道中的空气，大量空气被加热后会发出光来，从而可迷惑巡航导弹的光学探测器。同时电离的气体将反射雷达信号，因而也可以迷惑用作末制导的雷达系统。

（二）粒子束武器的军事应用

美国和苏联从 20 世纪 60 年代起就开始了粒子束武器的研究。美国曾于 1958 年制订了一个探索粒子束武器的"跷跷板"计划，主要内容是建造粒子加速器和研究粒子束通过大气传播以及同靶标的相互作用。但因当时技术上遇到困难导致该计划被搁浅，后来便举棋不定，没有一个通盘的研究计划。到了 20 世纪 80 年代，根据星球大战计划，美国又重新加紧研制三种粒子束反导弹系统：一是天基粒子束武器，即把粒子束武器部署在卫星或空间作战站上，用以截击飞到大气层外的洲际弹道导弹；二是舰载粒子束武器，用以对付巡航导弹；三是陆基粒子束武器，用以拦截袭击导弹发射井中的核弹。美国特别注重研究质子束武器，因为质子的质量是电子的 2000 倍，如果以同样速度射出，那么其能量相当于电子的 2000 倍。主要关键技术包括高亮度负离子源、加速器和中性化器、磁性光学装置、波束控制、射频动力源及其控制、射频四极加速器，以及波束传播和杀伤机理等。

苏联从 20 世纪 60 年代后期起，集中了 2000 多名一流的物理学家，一直在大约 350 多个粒子束武器实验室开展反复试验，以探索粒子束武器在反导系统中应用的可能性。到了 20 世纪 70 年代，该试验已取得了较大的突破，其技术已领先于美国，特别是在用于粒子束的离子源和四极射频加速器等方面更是遥遥领先于美国。实际上，美国研究粒子束武器所采用的大部分技术和知识，就是以苏联 20 世纪六七十年代的研制为基础的。

综上所述，作为一种定向能武器类型的粒子束武器，尽管其粒子很小，但它以光速运动。由于移动物体的能量等于质量与速度平方的乘积，所以粒子束具有很高的动能。在攻击目标时，这类武器能像子弹或固态弹丸那样依靠高速粒子的巨大动能穿透到目标内部，像一发高爆碎片弹头那样产生惊人的毁伤效果。然而，粒子束武器的概念十分复杂，涉及的关键技术众多，包括粒子束的产生和发射、粒子束的传播和聚焦、粒子束的控制以及动力源的产生等，对中性粒子束武器还应解决中性化技术，同时粒子束武器由于受到体积和质量的限制，特别是结构紧凑的加速器的限制，使得它作为战术电子战应用还需一定的时间。美空军 2021 年发布的先进电磁技术（AET）项目中，围绕带电粒子束相互作用等六项技术展开研究，寻求带电粒子束能够禁用或摧毁敌方电子元件和系统的高能粒子束武器技术。美空军在 2021 年 7 月《定向能未来 2060》中对近期粒子束领域的研发进行了描述，主要包括：粒子物理学的发展趋势是向越来越大的加速器发展；目前正对使用紧凑型 0.1～4m 线性粒子加速器产生 1～100GHz 的辐射进行研究，该加速器与高功率微波一样，可用于反电子设备。

第四节　电磁脉冲武器

1963 年 7 月，美国在太平洋海岛约翰斯顿岛上空 400km 处，进行了空中核爆试验，其结果使距离数千千米的檀香山全城的电力中断、通信中断，大大小小的报警装置全部失灵。距离近 1500km 的夏威夷军事通信指挥系统彻底失灵，许多民生照明设施相继短路起火被烧毁。其原因是核爆炸不仅会产生冲击波、放射性污染，还会产生电磁脉冲效应。

电磁脉冲武器是以核爆炸时产生的辐射现象与大气反应，或者用电子方法所产生的持续时间极短的宽频谱电磁能量脉冲，直接杀伤破坏目标或使目标丧失作战效能的一种武器。无论电磁脉冲武器什么样，它的爆炸源无非是两类：一类是核动力，另一类是常规动力。常规电磁脉冲炸弹对人没有任何伤害，也没有核污染，却有强大攻击力。研究显示，1kg 的电磁脉冲炸弹，足以摧毁用几十吨烈性炸药才能损毁的电子设备。自 20 世纪 80 年代以来，各发达国家对电磁脉冲武器的研制活动十分活跃，进展十分迅速，有些电磁脉冲武器已开始应用于战场上。本节主要介绍核爆炸产生电磁脉冲的机理、电磁脉冲对电子系统的破坏效应以及研究应用现状。

一、核爆炸产生电磁脉冲的机理

众所周知，核爆炸会产生冲击波、热辐射、初级及残留的辐射线等破坏效应，其中核辐射线由 γ 射线、X 射线及中子构成。在这些辐射线中，γ 射线是产生电磁脉冲的基本原因和最大的源，是伴随核爆炸最初辐射出持续时间为几微秒的高能脉冲。在高高度核爆炸时，最初辐射的 γ 射线脉冲从爆炸点以辐射状扩大，并高速到达大气层后与空气分子及原子碰撞而引起了康普顿反应，产生了很强的发射康普顿电子束流，此电子束流在地球磁场的作用下回转，并呈螺旋状前进，从而产生了电磁脉冲辐射。因此，电磁脉冲的产生机理与无线电波发射天线辐射电磁波的原理类似，核爆炸时会在发生源区和辐射区两个区域内产生两种电磁波，如图 5-4-1 所示。发生源区在物理上定义为：γ 射线与空气分子产生反应的大气容积（又称发生源容积）。这种反应产生了强烈的电子流流动，其能量就像发射天线一样无方向性地向外部辐射出去。由于这种辐射能是从发生源区扩散出去的，故称为辐射电磁脉冲。辐射区是指辐射的电磁脉冲从发生源区向外部扩散传播的区域，它类似于发射天线辐射的电磁波在空间传播的区域。发生源区和辐射区形成的电磁脉冲的强度和面积范围均取决于核爆炸的高度（通常分为大气层外的高高度爆炸、大气中的中高度爆炸和地面及地面附近的低高度爆炸）以及核武器的核功率。

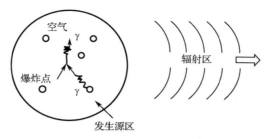

图 5-4-1 发生源区与辐射区的电磁脉冲

电磁脉冲现象与雷电现象类似，其比较如图 5-4-2 所示。表 5-4-1 所示为高高度核爆炸的电磁脉冲与闪电脉冲主要数据的比较。从这些图表中可以看出，电磁脉冲的电场强度急剧上升到峰值后又急速下降，因此具有很宽的电磁频率范围和很强的振幅。频率范围包含了从 10kHz 到最高频率 100MHz 的宽频频率成分，电场强度比普通的无线电波强百万倍。因此，尽管电磁脉冲的持续时间很短，但诸如兆吨级的核爆炸，电磁脉冲要转移大量的能量。这些从爆炸点以光速传播的所有电磁波与辐射波，可被远距离上的金属或其他导体（如无线电波的接收天线）所收集，其辐射能往往变换成强大的电流或高电压，从而能在极短的时间内造成接收到此能量的电子设备或电器的损坏。表 5-4-2 归纳了不同核爆炸高度的发生源区和辐射区的影响地面设备的电磁脉冲强度与波及的面积。可以看出，对地面设备而言，大气层外爆炸的辐射区和接近地面或地面爆的发生源区的电磁脉冲强度强、危害大，同时大气层外爆炸时电磁脉冲面积范围波及数万平方千米，接近地面或地面爆炸时电磁脉冲的面积范围也波及数十平方千米，因此地面设施会受到这些强度的电磁脉冲的破坏。

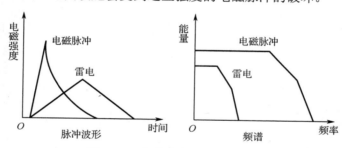

图 5-4-2 电磁脉冲与雷电的比较

表 5-4-1 高高度核爆炸的电磁脉冲与闪电脉冲主要数据的比较

	高高度电磁脉冲	闪电脉冲（直接落雷）
上升时间	8ns	5μs
持续时间	200ns	10μs
电场长度	50kV/m	15kV/m
磁场强度	100A/m	—
电　流	几百 A/m	100kA 以上
能　量	4×10^8J	10^6J
频率范围	10kHz～100MHz	10MHz 以下

表 5-4-2　影响地面设备的电磁脉冲强度与波及的面积

	发 生 源 区		辐 射 区	
	强　度	面积/km²	强　度	面积/km²
大气层外	—	—	强	10^6
接近地面	弱～强	10	弱	50
地　面	强	10	弱	50
地　下	强	<1	—	—

二、电磁脉冲武器的毁伤机理

电磁脉冲能量的收集与起天线作用的集流环（金属导体片）的尺寸、形状、离脉冲源的位置和脉冲的频谱成分有关。有代表性的集流环如埋设的电缆、管子、导管，大型天线、天线馈电、天线支柱、分支线，高架式输电线、电话线、金属支柱，建筑物的各种金属布线、电线、导管，金属结构桁架、加强筋、波形屋脊、金属柱、金属栅栏，铁道，飞机（金属机身）等。一般情况是收集到的能量大小随集流环尺寸的增大而增加。

电磁脉冲能量的耦合有三种形式。第一种是电感应式，即由金属导体长度方向的电场分量感应的电流；第二种是磁感应式，即与由导体构成的环平面垂直的磁场成分感应的电流；第三种是电阻耦合式，即当导体进入电离了的空气、盐水、大地之类的导电性媒质时产生的。若由前两种耦合模式之一在媒质中感应起电流，则导体便形成了另一条通路，与媒质分配电流。电磁脉冲能量的耦合是在导体的最大尺寸与辐射波长大致相同时效率最高。由于电磁脉冲的频谱很宽，因此，在与导体结构尺寸最接近的波长上的能量耦合最有效。

电磁脉冲对电子设备或电器的破坏过程大致分为三个阶段，即渗透、传输和破坏。首先电磁脉冲由天线、电缆、各种端口部分或飞机表面的媒质向内部渗透，其能量变换成随时间、空间变化的大电流、大电压，然后以电磁脉冲渗透的上述部分，作为能量传输的中转站传输到内部脆弱的部位（如电子元器件、集成电路等），最后进入空间很大的结构体的电磁脉冲作用于非常小的高密度的脆弱部位（如电子元器件、集成电路及连接部分等），由于能量密度极度增高而使上述部件损坏。

电磁脉冲的损害主要包括对电气、电子系统、电子元器件的损害。通常容易遭到电磁脉冲损害的装置是：电气、电子系统（特别是与输电线、天线那种长导线相连接时）、电容器、半导体器件的损坏，活动部分的电气，电子特性永久性损坏或动作不稳定，数字通信、计算机、存储设备等误动作或损坏；军用及工业电力设备的损坏；弹药、地雷等的异常引爆或不爆；导体和电缆的瞬态放电破坏等。

电磁脉冲使电子元器件烧毁或故障的能量如表 5-4-3 所示。通常假定烧毁真空管的电磁脉冲能量为 1 时，烧毁晶体管和集成电路的电磁脉冲能量分别约为 1/100 和 1/1000。大规模或超大规模集成电路则更脆弱，其烧毁能量也更低。

表 5-4-3　电磁脉冲使电子元器件烧毁或故障的能量

电子元器件	干扰能量的容许程度/J	破坏能量/J
CMOS	10^{-7}	10^{-6}

续表

电子元器件	干扰能量的容许程度/J	破坏能量/J
高频晶体管	10^{-6}	10^{-5}
开关三极管、晶体管	10^{-5}	10^{-4}
二极管整流器	10^{-4}	10^{-3}
齐纳二极管	10^{-2}	10^{-2}
类似齐纳二极管的特殊整流器	1	10
继电器（接点熔化）	—	10
功率晶体管	1	10
功率二极管	1	10^2

三、电磁脉冲武器的军事应用

当前人类在实验室可以产生高功率电磁脉冲辐射，其最小脉冲宽度已经达到 300ps，最快脉冲前沿已经达到 75ps、最高辐射功率已经达到 8GW、辐射频率已经可以覆盖 50MHz～4GHz 的频率范围。因此，实验室环境下可以模拟核爆产生的电磁辐射脉冲。在电磁脉冲技术研究领域，美国空军实验室不仅是这一研究领域的开拓者，而且在这一研究领域具有当今世界最高研究水平。其研制的 H-系列、IRA-系列、UWB-HPTS-系列电磁脉冲辐射源，代表着不同的核心技术突破，其中，H 表示其等离子开关采用 300atm 的 H_2 作为绝缘气体，其发射天线是 TEM 喇叭天线；IRA 表示其系统是冲击辐射源与反射天线组合系统，系统仍然采用 H_2 等离子体开关；UWB-HPTS 表示其电磁脉冲辐射源为超宽带辐射频率的高功率试验系统。

美国空军实验室在 2019 年 6 月公开演示了电磁脉冲摧毁无人机群的辐射效应实验，电磁脉冲将 50 架小型无人机从空中击落；德国将所研制的 DS-110 系列电磁脉冲辐射源装备到扫雷车中，为战场运输车队开道。对于所有型号的地雷，其扫雷效率可以达到 82%。

本章小结

随着电子对抗在现代战争中的地位越来越重要，催生了许多电子对抗新概念和新技术。本章新技术主要分析了综合射频技术和认知电子战的基本原理，新概念首先重点介绍了三种定向能武器，即高功率微波武器、激光武器和粒子束武器的基本原理及应用，然后对电磁脉冲武器的毁伤机理进行了分析。新技术可以提高传统电子对抗的智能化水平，新概念则丰富和发展了电子对抗概念的内涵，充分体现了电子对抗已上升为新型作战力量。

复习与思考题

1. 综合射频技术的主要优点有哪些？
2. 什么是认知电子战？它主要有哪些优点？它和干扰效果在线评估的关系是什么？

3. 什么是定向能武器？包括哪几大类？
4. 高功率微波武器的工作机理是什么？
5. 高功率微波武器有哪些军事应用？
6. 什么是激光武器？它有哪些优点？
7. 什么是粒子束武器？它有什么特点？
8. 什么是电磁脉冲武器？核爆炸产生电磁脉冲的机理是什么？
9. 电磁脉冲对电子系统的破坏机理是什么？

参考文献

[1] 王红军，戴耀，陈奇. 舰艇电子对抗原理[M]. 北京：国防工业出版社，2016.

[2] 徐敬，陈洪泉，李铁，等. 信息对抗原理[M]. 北京：海潮出版社，2007.

[3] 刘松涛，王龙涛，刘振兴. 光电对抗原理[M]. 北京：国防工业出版社，2019.

[4] 董军章，金伟其. 光电对抗装备的分类及其分析[J]. 光学技术，2006, 32(增刊): 37-41.

[5] 侯印鸣. 综合电子战[M]. 北京：国防工业出版社，2000.

[6] 樊祥，刘勇波，马东辉，等. 光电对抗技术的现状及发展趋势[J]. 电子对抗技术，2003, 18 (6): 10-15.

[7] 陈福胜，王国强，王江安. 光电对抗技术发展概况及装备需求[J]. 海军工程大学学报，2000(90): 109-112.

[8] 李世祥. 光电对抗技术[M]. 长沙：国防科技大学出版社，2000.

[9] 郭汝海，王兵. 光电对抗技术研究进展[J]. 光机电信息，2011, 28 (7): 21-26.

[10] 庄振明. 光电对抗的回顾与展望[J]. 飞航导弹，2000(2): 55-59.

[11] 梁百川. 干扰效果度量标准和方法[J]. 航天电子对抗，1988, 3 (1): 15-18.

[12] 陈健，于洪君. 光电对抗与军用光电技术研究进展[J]. 光机电信息，2010, 27(11): 12-17.

[13] 白宏，荣健，丁学科. 空间及卫星光电对抗技术[J]. 红外与激光工程，2006, 35 (增刊): 173-177.

[14] 易明，王晓，王龙. 美军光电对抗技术、装备现状与发展趋势初探[J]. 红外与激光工程，2006, 35 (5): 601-607.

[15] 马跃，程文. 现代航空光电技术[M]. 北京：海潮出版社，2003.

[16] 孙晓泉. 激光对抗原理与技术[M]. 北京：解放军出版社，2000.

[17] 张磊，熊波. 对搜索雷达的噪声压制干扰效果评估[J]. 四川兵工学报，2014, 35 (4): 113-115.

[18] 辛增献，陈煦，邓春. 多假目标对雷达导引头干扰效果分析与仿真[J]. 制导与引信，2015, 36 (2): 18-24.

[19] 张记龙，王志斌，李晓，等. 光谱识别与相干识别激光告警接收机评述[J]. 测试技术学报，2006, 20 (2): 95-101.

[20] 李云霞，蒙文，马丽华，等. 光电对抗原理与应用[M]. 西安：西安电子科技大学出版社，2009.

[21] 时家明. 红外对抗原理[M]. 北京：解放军出版社，2002.

[22] 李恩科. IRST 单站被动定位系统的关键技术研究[D]. 西安：西安电子科技大学博士学位论文，2008.

[23] 刘松涛，周晓东，王成刚. 红外成像导引头技术现状与展望[J]. 激光与红外，2005, 35 (9): 623-627.

[24] 陈友华，王丹凤，陈媛媛. 光电被动测距技术进展与展望[J]. 中北大学学报（自然科学版），2011, 32 (4): 518-522.

[25] 赵勋杰，高稚允. 光电被动测距技术[J]. 光学技术，2003, 29 (6): 652-656.

[26] P ATCHESON. Passive ranging metrology with range sensitivity exceeding one partin 10,000[A]. In Proceedings of SPIE Conference on Optical System Alignment, Tolerancing, and Verification, 2010: 77930H-1.

[27] C FANNIE. Comparison of the efficiency, MTF and chromatic properties off our diffractive bifocal intraocular lens designs[J]. Optics Express, 2010(18): 5245-5256.

[28] W JEFFREY, DRAPER J S, GOBEL R. Monocular passive ranging[A]. In Proceedings of IRIS Meeting of Specialty Group on Targes, Backgrounds and Discrimination, 1994: 113-130.

[29] 王曦. 基于图像数据链的目标被动测距技术研究[D]. 武汉：华中科技大学博士学位论文，2008.

[30] 蒋庆全. 21 世纪舰载激光有源干扰技术探析[J]. 舰船电子工程，2002(1): 2-10.

[31] 才干. 机载无源干扰技术应用的研究[D]. 西安：西北工业大学硕士学位论文，2007.

[32] 赵铭军，曹卫公，胡永钊，等. 扫描成像系统的激光干扰效果分析[J]. 电子科技大学学报，2004, 33 (1): 39-42.

[33] 宋炜. 激光对红外系统损伤阈值库的建立及计算软件开发[D]. 西安：西安电子科技大学硕士学位论文，2010.

[34] 付伟. 反空地导弹的光电对抗技术[J]. 红外与激光工程，2001, 30 (1): 51-55.

[35] 胡永钊，赵铭军，沈严，等. 激光技术在主动红外对抗中的应用研究[J]. 激光与红外，2004, 34 (1): 62-64.

[36] 周建民. 激光对光电制导武器跟踪系统的干扰技术研究[D]. 长春：中国科学院长春光学精密机械与物理研究所博士学位论文，2005.

[37] 王玺，聂劲松. 激光致盲技术及其发展现状[J]. 光机电信息，2007(10): 50-53.

[38] 马涛，赵尚弘，魏军，等. 高功率光纤激光器探测器致盲研究[J]. 激光杂志，2007, 28 (5): 40-41.

[39] 李源，陈治平，王鹏华. 高能激光武器现状及发展趋势[J]. 红外与激光工程，2008, 37 (增刊): 371-374.

[40] 孟跃宇，吴华，程嗣怡，等. 对雷达导引头多级模糊综合评估[J]. 火力与指挥控制，2015, 40 (11): 86-90.

[41] 刘安昌. 红外烟幕干扰效果仿真及评价方法研究[D]. 西安：西安电子科技大学硕士论文，2007.

[42] 胡碧茹，吴文健，满亚辉，等. 地面目标光电伪装防护难点及新技术分析[J]. 兵工学报，2007, 28 (9): 1103-1106.

[43] 刘松涛，雷震烁，温镇铭，等. 认知电子战研究进展[J]. 探测与控制学报，2020, 42(5): 1-15.

[44] 王沙飞，鲍雁飞，李岩. 认知电子战体系结构与技术[J]. 中国科学：信息科学，2018, 48 (12): 1603-1613.

[45] 马爽. 多功能雷达电子情报信号处理关键技术研究[D]. 长沙：国防科技大学，2013.

[46] LAVOIR P. Hidden Markov modeling for radar electronic warfare[R]. Technical Report, Defense Research & Development Canada, 2001.

[47] 黄旭佳. 自适应雷达行为分析与辨识技术研究[D]. 成都：电子科技大学，2015.

[48] KAUPPI J, MARTIKAINEN K, RUOTSALAINEN U. Hierarchical classification of dynamically varying radar pulse repetition interval modulation patterns[J]. Neural Networks, 2010: 1226-1237.

[49] 周东青，王玉冰，王星，等. 基于深度限制玻尔兹曼机的辐射源信号识别[J]. 国防科技大学学报，2016, 38(6): 136-141.

[50] GAO J, LU Y, QI J, et al. A Radar Signal Recognition System Based on Non-Negative Matrix Factorization Network and Improved Artificial Bee Colony Algorithm[J]. IEEE Access, 2019, 7: 117612-117626.

[51] WANG Y, LIU M, YANG J, et al. Data-driven deep learning for automatic modulation recognition in cognitive radios[J]. IEEE Transactions on Vehicular Technology, 2019, 68(4): 4074-4077.

[52] 张柏开，朱卫纲. 基于 Q-Learning 的多功能雷达认知干扰决策方法[J]. 电讯技术，2020, 60(2): 129-136.

[53] SUN J, XU G, REN W, et al. Radar emitter classification based on unidimensional convolutional neural network[J]. IET Radar, Sonar & Navigation, 2018, 12(8): 862-867.

[54] CUTNO P, CHENG C H. A software-defined radio based automatic modulation classifier[C]. 2017 Wireless Telecommunications Symposium (WTS). IEEE, 2017: 1-6.

[55] 周一宇，安玮，郭福成. 电子对抗原理与技术[M]. 北京：电子工业出版社，2014.

[56] 罗景青. 雷达对抗原理[M]. 北京：解放军出版社，2003.

[57] 赵国庆. 雷达对抗原理[M]. 西安：西安电子科技大学出版社，2001.

[58] 王铭山. 通信对抗应用技术[M]. 哈尔滨：哈尔滨工程大学出版社，2007.

[59] 冯小平，李鹏，杨绍全. 通信对抗原理[M]. 西安：西安电子科技大学出版社，2018.

[60] 邓兵，张韫，李炳荣. 通信对抗原理及应用[M]. 北京：电子工业出版社，2017.